Enz · v. Meyenn

Wolfgang Pauli

Wolfgang Pauli

Aufgenommen im Jahre 1953 in Zürich
anläßlich der Ernennung
zum Foreign Member der Royal Society

Charles P. Enz
Karl v. Meyenn
(Herausgeber)

Wolfgang Pauli

Das Gewissen der Physik

Mit 21 Bildern

Springer Fachmedien Wiesbaden GmbH

Ursprünglich erschienen bei Friedr. Vieweg & Sohn Verlagsgesellschaft mbH, Braunschweig 1988
Softcover reprint of the hardcover 1st edition 1988

ISBN 978-3-322-90271-9 ISBN 978-3-322-90270-2 (eBook)
DOI 10.1007/978-3-322-90270-2

Vorwort der Herausgeber

„By example and sharp criticism he constantly tried to maintain a similarly high standard in the work of other theoretical physicists. He was often called the living conscience of theoretical physicists. *The absence of his influence since his death is noticeable in the literature."*

Kronig und Weisskopf (1964), S. VIII

Im November 1983 fand in Wien eine kleine Gedenktagung zur Erinnerung an Paulis 25. Todestag statt. Der vorliegende Band enthält die zu diesem Anlaß von Freunden, Schülern und Historikern gehaltenen Vorträge, ergänzt durch einige andere biographischen Schriften, welche zusammen den ersten Teil ausmachen. Ein zweiter Teil enthält eine Auswahl aus Paulis wichtigsten Beiträgen zu den verschiedenen Gebieten der theoretischen Physik und der Naturphilosophie. Neben den bekannten klassischen Abhandlungen, welche jeweils grundlegend für ganze Forschungszweige wurden und deshalb auch noch für den heutigen Forscher von Bedeutung sind, enthält dieser Teil außerdem einige weniger zugängliche Schriften, die besonders die Aufmerksamkeit des historisch orientierten Lesers verdienen dürften.

So findet man beispielsweise in Kapitel II einen aus dem Russischen übersetzten Beitrag zur Geschichte des Neutrinos, während in Kapitel X Paulis berühmte Äußerung zur Paritätsverletzung wiedergegeben ist. Auch die anderen Kapitel enthalten mehrere historisch bemerkenswerte Schriften, die in Paulis *Collected Scientific Papers* nicht wiedergegeben sind (IV,1; VII,2; X,2; X,8; XII,1; bei dem Aufsatz VII,5 wurde im Hinblick auf die vorwiegend deutschsprachige Leserschaft eine deutsche Übersetzung gegenüber der französischen Originalfassung vorgezogen). Paulis Beiträge wie auch einige Beiträge anderer sind in der Einführung (I,1) in ihrem biographischen Zusammenhang beleuchtet.

In der Regel unterbreitete Pauli seine neuen Ideen seinen Freunden und Kollegen zuerst in der Form von Briefen, bevor er sie veröffentlichte. Deshalb haben wir einige Proben besonders interessanter Schriftstücke aus der publizierten Briefedition (siehe Schriftenverzeichnis) ausgewählt. In den meisten Fällen sind den Aufsätzen und Mitteilungen selbst kürzere Zitate Paulis oder anderer über ihn und seine Arbeiten vorangestellt, um so die Umstände ihrer Entstehung besser zu verstehen und um ihre Bedeutung hervorzuheben.

Zur Wahrung historischer Authentizität und zur besseren Orientierung für den Benutzer sind alle längeren Abhandlungen Paulis im Original wiedergegeben, wobei die ursprüngliche Paginierung als Marginalie angezeigt wird. Literaturangaben, soweit sie (bei den photomechanisch reproduzierten Texten) noch nicht in den Anmerkungen angeführt sind, findet man in den Schriftenverzeichnissen des Anhangs. Zur leichteren Einordnung biographischer Einzelheiten wurde auch noch eine Zeittafel sowie ein Namenverzeichnis angefügt.

Die Anregung zu diesem Band und zur Veranstaltung der Wiener Gedenktagung ist dem Enthusiasmus und der unermüdlichen Schaffenskraft unseres Kollegen Roman U. Sexl zu danken. Seine unbegreifliche Erkrankung und sein Hinschied am 10. Juli 1986 haben uns veranlaßt, diesen Band seinem Andenken in Freundschaft und Dankbarkeit zu widmen.

Während der Korrektur erreichte uns auch die Nachricht, daß Franca Pauli-Bertram am 11. Juli 1987 in Zumikon bei Zürich entschlafen ist. Wir sind betrübt, ihr, die sich stets so sehr für das würdige Nachleben ihres Gatten einsetzte, nicht mehr diesen Band vorlegen zu können.

Genf und Barcelona, im Januar 1988

Charles P. Enz
Karl v. Meyenn

Dem Andenken an
Roman U. Sexl gewidmet

Inhaltsverzeichnis

Anhang

Erster Teil
Leben und Wirkung

Kapitel I
Einführung

1
C. P. Enz
Wolfgang Pauli, Physiker und Denker des 20. Jahrhunderts

Einleitung

Im November 1983 trafen sich ehemalige Schüler und Freunde Wolfgang Paulis in seiner Vaterstadt Wien, um seinem Hinschied vor 25 Jahren zu gedenken. Obschon Pauli bei allen, die ihn näher gekannt hatten, in großer Verehrung stand und unter seinen Fachkollegen den Ruf genossen hatte, „das lebende Gewissen der theoretischen Physik"[1] (daher der Titel des vorliegenden Buches) und „ein Meister der Kritik"[2] zu sein, ist er außerhalb der Physik weniger bekannt wie seine gleich berühmten Zeitgenossen Bohr, Heisenberg und andere.[3] Er war eben trotz seiner bedeutenden Rolle als Mitbegründer der modernen Quantenmechanik doch eher ein Bewahrer als ein Revolutionär gewesen.[4] Er war es, der in Diskussionen und in einer ausgedehnten Korrespondenz (Pauli [1979/85], siehe dazu den Beitrag I,3 von K. von Meyenn) immer wieder die wesentlichen Fragen formulierte und Antworten im Rahmen des schon gesicherten Wissens suchte. Die Ambition, alle seine Ideen selber auszuwerten und zu publizieren lag ihm fern; er konnte sich über geglückte Arbeiten anderer genau so freuen wie über eigene. Diese echte Bescheidenheit kommt in seiner Autobiographie (II, 1) sehr schön zur Geltung.

---

1 Kronig und Weisskopf (1964), S. VIII
2 Heisenberg an Pauli, Brief [107] vom 21. November 1925, in Pauli [1979], S. 261
3 Pauli ist der einzige der Begründer der Quantentheorie, welcher in Encyclopaedia Universalis, 3ème publication (France SA, Paris, 1968) nicht erwähnt ist. Siehe jedoch Enz (1984a)
4 Mehra und Rechenberg [1982], Preface to Vol. 1, p. XXIV

Paulis Kindheit. Frühwerk über Relativitätstheorie

Wolfgang Pauli kam in einem intellektuellen Milieu Wiens am 25. April 1900 zur Welt. Sein aus Prag stammender Vater Wolfgang Joseph war Arzt und machte an der Universität Wien eine akademische Karriere. Dort wurde er Professor und später Direktor eines neuen Instituts für medizinische Kolloidchemie. Dort auch hatte sein berühmter Freund, der positivistische Philosoph und Physiker Ernst Mach seit 1895 eine neue Professur für „Philosophie, insbesondere Geschichte und Theorie der induktiven Wissenschaften" inne.

Mach wurde Taufpate des Sohnes Wolfgang, der als zweiten Vornamen denjenigen Machs erhielt, während ein dritter Vorname seinem Großvater mütterlicherseits, Friedrich Schütz, zu Ehren gewählt wurde.

Der junge „Wolfi" hing sehr an seiner Mutter Bertha, welche Mitarbeiterin bei der *Neuen Freien Presse* war. Und im Familienkreise genoß er eine wohlumsorgte Kindheit, die bis zum 9. Lebensjahr dauerte, als durch die Geburt seiner Schwester Hertha eine schwerwiegende Störung eintrat.

Mach hatte einen großen Einfluß sowohl auf den Vater wie auf den heranwachsenden Sohn, welcher im Gymnasium mit wissenschaftlicher Lektüre unterstützt wurde. Viel später noch beschrieb der Sohn Wolfgang diesen Einfluß mit folgenden Worten[5]:

> „ ... Unter meinen Büchern befindet sich ein etwas verstaubtes Etui, in diesem ist ein Silberbecher im Jugendstil und in diesem wiederum ist eine Karte ... Dieser Becher nun ist ein Taufbecher, und auf der Karte steht in altmodisch verschnörkelten Buchstaben:
>
> *Dr. E. Mach, Professor an der Universität Wien.*
>
> Es kam so, daß mein Vater sehr mit seiner Familie befreundet war, damals geistig ganz unter seinem Einfluß stand und er (Mach) sich freundlicherweise bereit erklärt hatte, die Rolle des Taufpaten bei mir zu übernehmen ... Er war wohl eine stärkere Persönlichkeit als der katholische Geistliche, und das Resultat scheint zu sein, daß ich auf diese Weise antimetaphysisch statt katholisch getauft bin. Jedenfalls bleibt die Karte im Becher und trotz meiner größeren geistigen Wandlungen in späterer Zeit bleibt sie doch eine Etikette, die ich selber trage, nämlich: *von antimetaphysischer Herkunft*. In der Tat betrachtete Mach die Metaphysik, etwas vereinfachend, als die Ursache alles Bösen auf Erden – also psychologisch gesprochen: als den Teufel schlechtweg –, und jener Becher mit der Karte darin bleibt ein Symbol für die *aqua permanens*, welche die bösen metaphysischen Geister verscheucht ...".

5 Siehe den in Enz (1973a), Anm. 2, S. 792, abgedruckten Brief Paulis vom 31. März 1953 an einen nicht genannten Empfänger.

Gegen Ende des Krieges, 1918, machte Wolfgang sein Abitur am humanistischen Gymnasium von Döbling, einem Stadtteil Wiens, in einer „Klasse von Genies“[6]. Zu dieser Zeit war er schon im Besitz des mathematischen und physikalischen Wissens, um drei Arbeiten über allgemeine Relativitätstheorie zu schreiben [Pauli (1919a, b, c)], welche sogleich die Aufmerksamkeit des illustren Mathematikers Hermann Weyl auf sich zogen.

Die Wahl für sein Studium der theoretischen Physik fiel auf Arnold Sommerfeld in München, wohin Pauli noch im selben Jahr 1918 zog. Sommerfeld gehörte mit Niels Bohr in Kopenhagen zu den Autoritäten der Quantentheorie der Atome, welche Pauli später scherzhaft als „altes Testament“ bezeichnete, wobei die Bezeichnung „neues Testament“ der Quantenmechanik vorbehalten war[7], die er seit 1925 mit Heisenberg, Schrödinger und Dirac mitbegründen half. Obschon Pauli es nicht nötig hatte, Sommerfelds Vorlesungen regelmäßig zu besuchen, bezeichnete er die Anregungen, die er von Sommerfeld und seinem Schülerkreis empfing als für seine wissenschaftliche Ausbildung entscheidend (siehe II,1). Ja, er bewahrte für seinen Lehrer Zeit seines Lebens eine beinahe unterwürfige Verehrung.

Es war auch auf Sommerfelds Vorschlag, daß Pauli mit kaum 21 Jahren den berühmten Artikel (Pauli [1921], siehe auch III,1) über Relativitätstheorie für die ***Encyklopädie der mathematischen Wissenschaften*** verfaßte, welcher die Bewunderung Einsteins selber auslöste. Abgesehen von Zusätzen auf Englisch, die Pauli in seinen letzten Lebensjahren hinzufügte (Pauli [1958a]), hat dieser Artikel bis auf den heutigen Tag unverändert überlebt. Die Zahl von Paulis späteren Beiträgen zur Relativitätstheorie ist erstaunlich gering und, gemessen an seinen übrigen Leistungen, von weniger großer Bedeutung. Daß ihm diese Theorie aber trotzdem stets ein Anliegen war, beweisen nicht nur die erwähnten Zusätze, sondern vor allem der kritische Überblick über die aktuellen Probleme im „Schlußwort durch den Präsidenten“ (III,3) am Berner Kongreß „Fünfzig Jahre Relativitätstheorie“. Von ganz besonderem Interesse in diesem Überblick ist, was Pauli über den klassischen Feldbegriff sagt, denn es stimmt genau mit dem überein, was er 36 Jahre vorher in seiner dritten publizierten Arbeit geschrieben hatte [Pauli (1919c)] und in seinem Brief (III,2) an Eddington wiederholte: Das elektrische Feld ist nur durch Messung mittels einer Probeladung definiert, also hat der Feldbegriff im Innern der Elementarteilchen keinen Sinn [siehe dazu auch Enz (1973a)].

Im selben Jahr 1921 erhielt Pauli sein Doktordiplom „summa cum laude“ von der Universität München. In seiner Doktorarbeit über das Wasserstoff-Molekülion (IV,1), ein Problem mit einem Elektron aber zwei attraktiven Zentren, stieß Pauli bei der alten Bohr-Sommerfeldschen Quantentheorie bis an ihre Grenzen. Aus dieser Münchner Zeit stammt auch Paulis Freundschaft mit dem um ein Jahr jüngeren Werner Heisenberg, der ebenfalls ein Schüler Sommerfelds war.

---

6 Enz (1973a), S. 767

7 M. Fierz, unpubliziert. Genau genommen bezogen sich diese Bezeichnungen auf Paulis beide Handbuch-Artikel „Quantentheorie“ (Pauli [1926]) und „Die allgemeinen Prinzipien der Wellenmechanik“ (Pauli [1933]).

Ausschließungsprinzip, Spin und Quantenmechanik

Seine Forschungen auf dem Gebiete der alten Quantentheorie, welche Pauli mit seiner Doktorarbeit begonnen hatte, führten ihn an die wichtigsten Zentren Europas auf diesem Gebiet. Wie man in seiner Autobiographie (II,1) erfahren kann, war er während des Winters 1921–1922 Assistent von Max Born in Göttingen, mit dem er die Übertragung der astronomischen Störungstheorie auf die Atomphysik formulierte [Born und Pauli (1922c)]. Nach einem Sommer in Hamburg als Assistent von W. Lenz – dieser war ebenfalls ein Sommerfeld-Schüler – verbrachte er ein Jahr in Kopenhagen auf Einladung von Niels Bohr. Dies war auch der Beginn seiner Beschäftigung mit der Spektroskopie der Atome und ganz besonders mit den Anomalien der Atomspektren in einem Magnetfeld, dem sogenannten anomalen Zeeman-Effekt. Diese oft entmutigende Forschung kulminierte Ende 1924 in der Formulierung des Ausschießungsprinzips (VI,3), für welches er im Jahre 1945 den ersten Nobelpreis der Nachkriegszeit erhielt.

Dieses Ausschließungsprinzip ließ keinen von Paulis direkten Fachkollegen gleichgültig. Während es Pauli selbst als „Unsinn" bezeichnete, der „zu dem bisher üblichen Unsinn konjugiert" ist (siehe den Brief VI,1 von Pauli an Bohr), sprach man in Kopenhagen von einem „Schwindel" (siehe die Briefe [76] und [77] in Pauli [1979]). Doch die Folgerungen aus diesem Prinzip waren fundamental, vor allem der Schalenaufbau der Elektronen im Atom. Denn aus diesem Schalenaufbau folgte nicht nur die Erklärung des periodischen Systems der Elemente (siehe dazu Paulis Autoreferat VI,5, sowie den Beitrag II,4 von R. Kronig), sondern auch die Stabilität der Materie schlechthin, wie dies sehr früh von Ehrenfest richtig erkannt, wenn auch nicht erklärt worden ist (siehe dessen Brief VI,2 an Pauli, ganz besonders aber dessen Ansprache II,2).

Die bahnbrechende Idee für das Ausschließungsprinzip war die Entdeckung Paulis, daß die drei Quantenzahlen der Energie, des Bahndrehimpulses und dessen Komponente entlang der Quantisierungsachse nicht genügen, um den Zustand eines Elektrons im Atom festzulegen, sondern daß dazu eine vierte nötig ist, die bisher dem Atomrumpf zugeordnet worden war und welche die „eigentümliche, klassisch nicht beschreibbare Art von Zweideutigkeit" des Elektrons fixiert (siehe dazu den im Beitrag II,4 von R. Kronig erwähnten Brief Paulis an Landé vom 24. November 1924, Pauli [1979], Brief [71]).

Die zitierte vorsichtige Ausdrucksweise Paulis ist natürlich nichts anderes als die Orientierung des Elektron-Spins entlang oder entgegengesetzt der Quantisierungsachse. Der Grund für seine Vorsicht war die in seinem Ringen um die Formulierung des Ausschießungsprinzips gewonnene Überzeugung, daß beim derzeitigen Stand der Theorie auf Anschaulichkeit verzichtet werden müsse (siehe dazu den Brief VI,1 von Pauli an Bohr). Dies war der Grund, warum Pauli die Idee des Spins nur sehr zögernd akzeptiert hat (siehe den Beitrag II,4 von R. Kronig). Doch einmal von der Richtigkeit dieser Idee überzeugt, lieferte Pauli seinen eigenen grundlegenden Beitrag durch die beiden Arbeiten über die Spin-Matrizen (VIII,2) und über die paramagnetische Suszeptibilität von Metall-Elektronen bei tiefen Temperaturen (VIII,1), welche von der Spin-Orientierung parallel zum Magnetfeld stammt.

Es ist interessant, daß Pauli schon vor dem Ausschließungsprinzip die Idee eines Kerndrehimpulses postuliert hatte (V,1), um gewisse „Satelliten einiger Spektrallinien" zu deuten – ein Mechanismus, der später als Hyperfein-Wechselwirkung bezeichnet wurde. Pauli hatte für diese fundamentale Idee nie die ihm gebührende Anerkennung erhalten. Selbst Goudsmit, der später ein Spezialist in dieser Frage wurde, hatte lange Zeit diese Arbeit ignoriert und merkte erst viel später, warum Pauli ihn stets mit der kryptischen Bemerkung begrüßte, er könne sich's leisten, nicht zitiert zu werden [Goudsmit (1961)].

Dies zeigt deutlich, daß die Idee für Pauli wichtig war; dem Atomkern hatte er gewagt, einen Drehimpuls zuzuordnen, nicht aber dem Elektron. Damit war er wohl mehr seiner intuitiven Überzeugung gefolgt als den bekannten mechanistischen Argumenten.[8] (Siehe dazu die Ansprache VI,4, die Pauli am Institute for Advanced Study in Princeton aus Anlaß der Feier für seinen Nobelpreis hielt.) Es ist eine Ironie des Schicksals, daß gerade Goudsmit, dem Pauli anfangs die Anerkennung für die Spin-Idee vorenthalten hatte, unbewußt Paulis Idee des Kerndrehimpulses ignorierte.

Paulis Bedeutung bei der Schaffung der neuen Quantenmechanik, welche 1925 durch Heisenbergs grundlegende matrix-mechanische Arbeit eingeleitet wurde, ist in erster Linie in seiner analytischen Begabung zu sehen, dank derer er komplizierte logische Zusammenhänge aufdecken konnte. Diese Fähigkeit, die bereits bei der Formulierung des Ausschließungsprinzips entscheidend war, wurde von seinen Kollegen, vor allem von Bohr und Heisenberg, als oberste Instanz angesehen. Dies ist im ausgedehnten Briefwechsel deutlich zu sehen (Pauli [1979]) und kommt auch in vielen der Pauli-Anekdoten zum Ausdruck (siehe dazu die von V. Telegdi in II,12 präsentierte Sammlung). Doch Pauli machte auch wesentliche eigene Beiträge zur Quantentheorie, in erster Linie die brilliante matrix-mechanische Lösung des Wasserstoff-Atoms (VII,1).

1933 faßte er den Stand der neuen Theorie in dem grundlegenden Artikel „Die allgemeinen Prinzipien der Wellenmechanik" (Pauli [1933], [1958b], [1980]) zusammen, welcher an Berühmtheit und Dauerhaftigkeit dem Relativitätsartikel von 1921 in nichts nachsteht. Dieser Übersichtartikel gibt in konzentriertester Form die physikalischen und mathematischen Grundlagen der neuen Theorie, ohne dabei axiomatisch zu sein. Es ist wohl die klarste Begründung der Notwendigkeit für die Einführung einer Wahrscheinlichkeitsdichte in die Quantenmechanik (siehe dazu IX,3).

In seiner ursprünglichen Form (Pauli [1933]) diskutierte der Artikel auch den derzeitigen Stand der Quantenelektrodynamik, die er in seinen früheren Arbeiten zur Quantenfeldtheorie mitbegründet hatte (siehe IX,1 und 2). Pauli zeigt dort sehr klar die Grenzen dieser Theorie auf, welche als Einschränkung der Analogie zwischen Elektron und Photon betrachtet werden kann (siehe dazu IX,3): Der Ort eines Photons hat außerhalb der klassischen Elektrodynamik keinen Sinn, und eine lokale Wechselwirkung mit dem Elektron führt auf eine unendliche Selbstenergie. Das Selbstenergieproblem wurde später in der sog. Renormierungstheorie wenigstens formal gemeistert [siehe dazu Villars (1960)], was Pauli bewog, den quantenelektrodynamischen Teil in der Edition von 1958 wegzulassen.

---

8 Siehe das Zitat S. 771 und die Anm. 17, S. 793 in Enz (1973a)

Neutrino und Erhaltungssätze

Nachdem Pauli fünf Jahre lang in Hamburg als Privatdozent und Assistent von W. Lenz verbracht hatte, wurde er 1928 zum Ordinarius für theoretische Physik an die Eidgenössische Technische Hochschule (ETH) in Zürich berufen. Es folgte eine bewegte Periode, markiert durch eine Heirat von kurzer Dauer und durch Paulis Begegnung mit dem bekannten Zürcher Psychiater Carl Gustav Jung. Dies war auch der Zeitpunkt, wo Paulis Interesse sich der Theorie der quantisierten Felder und der Elementarteilchen zuwandte (siehe dazu die Arbeiten IX,1 und 2). Seinem Lehrstuhl an der ETH war eine Stelle für einen Assistenten mit Doktorat zugeordnet, welche im Laufe der Jahre die brillantesten jungen Theoretiker anzog; vor dem Kriege waren es R. Kronig, F. Bloch, R. Peierls, N. Kemmer, H. B. G. Casimir, V. F. Weisskopf und M. Fierz (siehe die Beiträge II,4 und 6 bis 11).

Zu dieser Zeit, genauer vor 1932, als die einzigen bekannten Elementarteilchen das Photon, das Elektron und das Proton waren, hatte Pauli die Kühnheit, ein neues Teilchen zu postulieren, das wie das Photon elektrisch neutral und vermutlich masselos ist, aber ein magnetisches Moment und, wie Elektron und Proton, Spin 1/2 besitzt (siehe den Brief Paulis an Klein X,1). Er nannte dieses Teilchen deshalb „Neutron", doch als 1932 das Rutherfordsche Neutron entdeckt wurde, taufte Enrico Fermi Paulis Teilchen in „Neutrino" um (siehe Paulis Diskussion X,2). Die Motivierung für Paulis Postulat lag in der scheinbaren Verletzung des Satzes von der Erhaltung der Energie im radioaktiven Zerfall des Kernes von Radium-Emanation durch Emission eines Elektrons (siehe dazu Paulis Vortrag X,7, sowie den Beitrag II,5 von V. J. Frenkel). Zudem aber löste das hypothetische Teilchen das Problem der „verkehrten Statistik" (X,1).

Es war der unerschütterliche Glaube an die fundamentale Bedeutung der Symmetrie-Gesetze in der Physik und der daraus resultierenden Erhaltungssätze (siehe X,3), welcher Pauli bewog, ein Teilchen zu postulieren. Damit geriet er allerdings in Opposition zu Bohr, der davon überzeugt war, daß im Bereich der Atomkerne Energie- und Impulssatz nur noch statistische Gültigkeit hätten (siehe dazu X,7). Wie Paulis Doktorarbeit sowie seine Anstrengungen um den anomalen Zeeman-Effekt und die Formulierung des Ausschließungsprinzips schon vor 1925 gezeigt hatten, waren anschauliche Modelle keine zuverlässige Basis, um darauf die Quantenmechanik aufzubauen. Darin waren Bohr und Heisenberg mit Pauli einig. So war man Anfang 1925 in Kopenhagen zu einer allgemeinen Übereinkunft gelangt, konkrete Bilder durch mathematische Symbole zu ersetzen [siehe dazu die „Dedication" in X,5, sowie Enz (1985), dort insbes. Anm. 16].

Doch die Idee eines hypothetischen Teilchens war Pauli selbst anfangs zu spekulativ. Er betrachtete sie als „Ausweg der Verzweiflung" (X,1), und erst beim Solvay-Kongreß von 1933 hatte er gewagt, diese Idee zu publizieren (siehe X,2). Auch hielt sich das Teilchen lange Zeit versteckt. Und obschon der experimentelle Nachweis des (Anti-)Neutrinos im Jahre 1956 ein persönlicher Triumph für Pauli war (siehe X,6), so barg es immer noch Überraschungen für ihn: Weniger als sechs Monate später deckten in der Tat verschiedene Experimente eine Verletzung der Rechts-Links-Symmetrie – der Parität – des Neutrinos auf (siehe X,7 und 8). Und nach dem was über die Symmetrie-Gesetze gesagt wurde, versteht man Paulis Überraschung, zugeben zu müssen, daß „Gott doch nur ein Linkshänder"[9] sei.

---

9 Kronig und Weisskopf (1964), S. XVII

Ehe und USA. Spin und Statistik

1934, dem Jahr seiner Ehe mit Franca Bertram, seiner treuen Lebensgefährtin für den Rest seines Lebens, gelangte Pauli zusammen mit seinem Assistenten Weisskopf zu dem Schluß, daß gelandene Teilchen mit Spin 0 Antiteilchen mit entgegengesetzter Ladung haben (IX,4). Dieses Resultat, welches vollständig analog ist zum Fall des Elektrons und seines Antiteilchens, des 1932 entdeckten Positrons, ist von historischer Bedeutung, weil es unmittelbar auf die etwas später entdeckten Pi-Mesonen anwendbar ist.

Wichtiger jedoch ist die Feststellung von Pauli und Weisskopf, daß ihre Theorie nur mit der Abzählmethode der symmetrischen Zustände gleicher Teilchen, das heißt der Bose-Einstein-Statistik, verträglich ist, nicht aber mit derjenigen der antisymmetrischen Zustände des Ausschließungsprinzips, d. h. der Fermi-Dirac-Statistik. Dies war in der Tat der erste Hinweis auf eine Relation zwischen dem Wert des Spins und der Statistik gleicher Teilchen, welche Pauli 1940 in voller Allgemeinheit bewies [Pauli (1940b)]. Danach sind ganz- oder halbzahlige Spinwerte stets der Bose-Einstein-, beziehungsweise Fermi-Dirac-Statistik zugeordnet. (Siehe dazu die Arbeit von Pauli und Belinfante XI,2, welche die zugrunde liegenden Postulate sehr klar wiedergibt.)

Pauli hatte diese Arbeit über Spin und Statistik am Institute for Advanced Study in Princeton, USA, vollendet, wohin er Einstein im Jahre 1940 gefolgt war um der nationalsozialistischen Welle zu entrinnen, welche seine österreichische Heimat überflutet hatte und nun auch die Schweiz bedrohte. Während des Krieges in Princeton befaßte sich Pauli vorwiegend mit der Mesontheorie der Kernkräfte, in der er seine ausgedehnten quantenfeldtheoretischen Kenntnisse einsetzte[10]. Da Pauli einer der wenigen führenden Physiker in den USA war, die nicht mit kriegsbedingter Forschung zu tun hatten, war seine Tätigkeit mehr wie üblich mit der Betreuung junger Mitarbeiter ausgefüllt. Paulis ablehnende Haltung gegenüber kriegsbedingter Forschung ist im letzten Abschnitt seiner Princetoner Nobel-Ansprache (VI,4) sehr diskret begründet (siehe dazu den Beitrag I,2 von A. Hermann).

Pauli hielt diese Ansprache am 10. Dezember 1945 anläßlich eines Banketts, welches am Institute for Advanced Study zu Ehren seines Nobelpreises stattfand. An diesem Bankett erhob sich der alte Einstein unerwartet zu einer Tischrede (siehe die Fußnote auf der ersten Seite von VI,4) worin er Pauli als seinen Nachfolger am Institute bezeichnete und ihn seinen geistigen Sohn nannte.[11] (Pauli wurde bereits als künftiges permanentes Mitglied des Institutes betrachtet und erhielt kurz darauf die amerikanische Staatsbürgerschaft.) Doch ein Jahr später entschloß er sich, auf seinen Lehrstuhl an der ETH zurückzukehren, der all die Jahre unbesetzt geblieben und von seinem Freund Gregor Wentzel, Professor für theoretische Physik an der Universität Zürich, getreulich verwaltet worden war.

---

10 Siehe Pauli und Dankoff (1942), Pauli und Kusaka (1943c), Pauli (1943d), Pauli und Hu (1945b), Pauli [1946]

11 Siehe Enz (1973a), S. 791 und Anm. 128

Zürich. Philosophische Essays

Zurück in Zürich verfolgte Pauli zwar aktiv die faszinierende Entwicklung in der Quantenelektrodynamik und widmete sich seiner Lehrtätigkeit an der ETH (siehe dazu den Beitrag, II,10 von A. Thellung). Doch die „größeren geistigen Wandlungen", von denen im eingangs zitierten Brief die Rede war, äußerten sich im zunehmend philosophischen Aspekt seines Schaffens (siehe dazu auch den Beitrag II,11 von C. P. Enz).

Er kam wiederholt auf die Fragen der Interpretation der Quantenmechanik (VII,3 und 4) und der Möglichkeit einer deterministischen Formulierung (VII,4 und 5) zurück, die er beim Solvay-Kongreß von 1927 zum ersten Mal angeschnitten hatte (siehe VII,2). Dabei war er wohl der konsequenteste Verfechter der „Kopenhagener Interpretation" – einer rein statistischen Deutung der Wellenmechanik, wie sie seit dem erwähnten Solvay-Kongreß von 1927 weitgehend anerkannt wurde. Ein Grund, um immer wieder darauf zurückzukommen, war für Pauli der Umstand, daß mehrere seiner bedeutendsten Kollegen und Freunde, allen voran Einstein, Schrödinger und de Broglie, sich nie wirklich mit dieser Deutung hatten abfinden können (siehe VII,3 und 5).

In einer mehr philosophischen Formulierung stellt Pauli dem „irrationalen Aspekt der konkreten Erscheinungen" einer Beobachtung den „rationalen Aspekt einer abstrakten Ordnung der Möglichkeiten" gegenüber, welche durch die Wellenfunktion ψ symbolisiert ist.[12] Dem Experimentator stehen dabei verschiedene komplementäre, d.h. sich infolge der Heisenbergschen Unschärferelationen ausschließende, Anordnungen zu Gebote (siehe VII,4). Für Pauli war dieser Begriff der Komplementarität die zentrale Idee der von Bohr kommenden Inspiration während all ihrer „gemeinsamen Pilgerfahrt seit dem Jahre 1922, in welcher so viele Stationen vorkommen" (siehe die „Dedication" in X,5).

Bohrs Begriff der Komplementarität hat, ausgehend von der Quantenmechanik, zu einer neuartigen Synthese von gegensätzlichen Begriffen wie Teilchen und Welle geführt, von der Pauli in seinem Essay über „die philosophische Bedeutung der Idee der Komplementarität"[13] und besonders auch in seinem Kepler-Artikel (Jung und Pauli [1952a], siehe auch XII,1) erhoffte, sie könnte „als Korrektur der früheren Einseitigkeit den Keim eines Fortschrittes in sich tragen in Richtung auf ein einheitliches Gesamtweltbild, in welchem die Naturwissenschaften nur ein Teil sind"[14].

Die Einseitigkeit bezieht sich hier auf „die Abspaltung der Naturwissenschaften und der Mathematik als selbständige Teildisziplinen aus einer ursprünglich einheitlichen, aber vorwissenschaftlichen Naturphilosophie, welche im 17. Jahrhundert einsetzte"[13]. Die historisch-philosophische Analyse dieser Abspaltung war Paulis Motivierung für seine Studie über Kepler. In der Tat schien ihm „Johannes Kepler (1571–1630) besonders geeignet, da seine Ideen eine merkwürdige Zwischenstufe zwischen der früheren magisch-symbolischen und der modernen quantitativ-mathematischen Naturbeschreibung darstellen"[15].

12 In „Wahrscheinlichkeit und Physik", Pauli [1961/84], S. 21
13 Pauli [1961/84], S. 10
14 Jung und Pauli [1952a], S. 164
15 Jung und Pauli [1952a], S. 113

In dieser Studie tritt Kepler zunächst als der schöpferische Denker und Neuerer auf. Diesem stellt nun Pauli im 6. Abschnitt den in der alchemistischen Tradition verharrenden intuitiven Epigonen Robert Fludd gegenüber, mit welchem Kepler in eine Polemik verwickelt war. Und zur Überraschung des Lesers vollzieht sich eine subtile Vertauschung der Positionen. Denn Kepler ist der Vorbote nicht nur der klassischen Mechanik, sondern auch der deterministischen Naturbeschreibung, welche zur oben erwähnten Abspaltung führte. „Andrerseits deutet aber die Verwertbarkeit alter alchemistischer Ideen in der Psychologie C. G. Jungs auf eine tiefere Einheit von psychischem und physischem Geschehen hin“[16].
Zur Durchleuchtung dieser faszinierenden Zusammenhänge bedient sich Pauli in Jungschem Geiste einer Zeit- und einer Zahlensymbolik (siehe dazu den Beitrag II,11). Diese Symbolik ist das Verbindende zwischen Paulis Kepler-Artikel und Jungs Beitrag über Synchronizität im selben Band (Jung und Pauli [1952a]). Sie hatte auch einen Niederschlag in Paulis eigenem Leben, einerseits in seinen oben erwähnten „größeren geistigen Wandlungen“ und andererseits in der Bedeutung der Zahlen 4 und 137. Denn die Erkennung der Vierzahl der Quantenbedingungen des Leuchtelektrons im Atom hatte ihm das Tor zum Ausschließungsprinzip geöffnet. 137 aber ist sowohl die reziproke Feinstrukturkonstante Sommerfelds als auch die Kabbala der jüdischen Tradition[17] und auch die Nummer des Spitalzimmers in Zürich, in welchem Pauli am 15. Dezember 1958 verschied.[18]

16 Jung und Pauli [1952a], S. 163
17 Enz (1985), S. 251 und Anm. 44
18 Enz (1973a), S. 792

2

A. Hermann*

Paulis Auffassung von der Rolle der Wissenschaft**

Meine Damen und Herren,
ich stehe vor Ihnen als einer, dem es nicht vergönnt war, Pauli selbst persönlich kennenzulernen und der seine Kenntnisse auf historischem Wege gewonnen hat, d.h. durch das Studium der Schriften und Briefe, die Pauli uns hinterlassen hat.

Ich werde zunächst kurz ganz allgemein über die Rolle der Wissenschaft in der menschlichen Gesellschaft sprechen und mich dann Paulis Auffassung von der Rolle der Wissenschaft zuwenden.

Die Wissenschaft, so sagt man, ist um 600 vor Christus zur Zeit von Thales entstanden. Zwar besaßen auch schon die Babylonier und Ägypter einen beachtlichen Schatz von Kenntnissen in der Astronomie, Geometrie und Arithmetik, aber erst die Griechen waren es, die seit Thales nach allgemeinen Sätzen und nach Beweisen suchten. Warum besitzt ein Dreieck die Winkelsumme von 180 Grad? Dem Praktiker muß es als sinnlos erscheinen, einen umständlichen Beweis zu führen, wenn die Tatsache als solche feststeht.

Um sich zu schützen gegen solche Einreden, zogen die griechischen Gelehrten einen Trennungsstrich zur übergroßen Mehrheit der Zeitgenossen, denen es nur um das Nützliche zu tun war. Wer ein wahrer Philosoph sein wollte, der befaßte sich mit dem System von Lehrsätzen und Beweisen, wie es Euklid für die Geometrie zusammengestellt hatte, und dem ging es darum, ob Streckenverhältnisse kommensurabel sind oder nicht. So war es ausgesprochen verpönt, nach einer Nutzanwendung zu fragen.

Wissenschaft und Technik waren getrennt durch eine soziale Kluft. Die Wissenschaft wurde von freien Menschen betrieben um ihrer selbst willen; die Technik ist Beschäftigung für Handwerker und Sklaven zur Erreichung eines Nutzens oder Vorteils.

Es bestand aber zwischen der Technik und der Wissenschaft – und gerade der Wissenschaft von der Natur – noch eine zweite Kluft, und zwar auf der erkenntnis-

* *Armin Hermann* (1933 in Kanada geboren) ist Wissenschaftshistoriker und Inhaber des Lehrstuhls für Geschichte der Naturwissenschaft und Technik an der Universität Stuttgart. Er ist Verfasser zahlreicher Werke zur Geschichte der Quanten- und Relativitätstheorie und der Biographien von Max Planck und Werner Heisenberg.

** Vortrag, gehalten an der Universität Wien am 15. November 1983

theoretischen Ebene. Aristoteles sagte, daß der Mensch mit der Technik die Natur überliste. Die Physik ist die Wissenschaft von der Natur in ihrem ungestörten, natürlichen Ablauf; Technik aber bedeutet die Kunst, die Natur zu überlisten. Technik ist demnach Handeln wider die Natur: Wenn der Mensch mit Hilfe eines Hebels oder Flaschenzugs mit einer kleinen Kraft eine schwere Last hebt, dann übertölpelt er die Natur. Das Wort „*Mechane*" im Griechischen bedeutet ein listiges Hilfsmittel.
Auf Aristoteles zurückgehend gelten also in der Antike und noch mehr im Mittelalter Natur und Technik als Gegensätze. Erst Galileo Galilei hat dann betont, daß der Mensch, wenn er Technik verwendet, einen Hebel etwa, nicht gegen die Natur handelt, sondern immer nur mit der Natur. Die Einsicht, daß die von selbst in der Natur ablaufenden Vorgänge und die künstlich vom Menschen herbeigeführten ein- und denselben Gesetzen gehorchen, war ein wesentlicher und charakteristischer Aspekt der neuzeitlichen Naturwissenschaft. Für seine „*Nuove Scienze*" hat Galilei als Aufgabe definiert:

(1) Gottes Schöpfungsgeheimnis zu entschleiern und zugleich
(2) durch Anwendung der Forschungsergebnisse auf die Gewerbe das materielle Los des Menschen zu verbessern.

Für die Ausbreitung der Wissenschaft spielte dieser zweite Aspekt dann eine ganz ausschlaggebende Rolle. Das 17., das 18. Jahrhundert und noch die ersten beiden Drittel des 19. sind gekennzeichnet durch das oft etwas krampfhafte Bemühen der Forscher nachzuweisen, was man heute die „gesellschaftliche Relevanz" der Wissenschaften nennt.
Seit Ende des 19. Jahrhunderts konnten dann die Physiker triumphierend darauf verweisen, daß eine ganze Industrie – die Elektrotechnik – aus ihrer Wissenschaft hervorgegangen sei. Ein Beispiel von vielen für solche Argumentation ist eine Denkschrift von Philipp Lenard, die eine wichtige Rolle bei der Gründung der Kaiser-Wilhelm-Gesellschaft spielte. Als der Plan auftauchte, für die experimentellen Naturwissenschaften große neue Forschungsinstitute außerhalb der Universitäten zu schaffen und Lenard 1906, der gerade den Nobelpreis erhalten hatte, als „berufenster Gelehrter" um seine Meinung gebeten wurde, argumentierte er mit nichts anderem als mit der Elektrotechnik und dem wirtschaftlichen Nutzen der Physik. In den neuen Instituten sollte Grundlagenforschung getrieben werden, aber gleichzeitig sollte die Industrie als Geldgeber gewonnen werden, weshalb Adolf von Harnack die Formel gebrauchte, daß dem, was groß und rein gedacht sei, gewiß auch der materielle Segen nicht fehlen werde.
Zu dem wirtschaftlichen Nutzen kam noch der militärische. Nach 1871 gab es Gelehrte in Frankreich, die die Niederlage darauf zurückführten, daß das Land versäumt habe, seine Wissenschaft zu mobilisieren. 1914 stellten sich dann, wie Sie wissen, vor allem die deutschen Gelehrten vorbehaltlos in den Dienst der Kriegführung. 1915 führte Fritz Haber die erste der heute sog. „wissenschaftlichen Waffen" ein, die chemischen Kampfgase.
Als sie selber die Opfer der neuen Kriegführung sahen, so wird überliefert, wurden einige Gelehrte wie Otto Hahn und James Franck nachdenklich. Daß James Franck 1945 den Franck-Report verfaßte, noch vor Abwurf der Atombombe, geht auf seine Erfahrungen im Ersten Weltkrieg zurück.

Nachdenklichkeit war aber eher nur die Ausnahme. Im allgemeinen waren die Gelehrten stolz darauf, was sie mit ihrer Wissenschaft anfangen konnten in der Welt. Triumphierend empfanden sie, daß Wissen Macht ist, Macht über die Natur, und damit auch Macht über Menschen.

Zusammenfassend kann man also sagen, daß sowohl für das Selbstverständnis der Gelehrten wie für die Förderung durch den Staat entscheidend war, daß die Physik nicht nur Erkenntnis verhieß, sondern daß sie auch eine „*techne*“ ist, ein Mittel, etwas in dieser unserer Welt zu wirken. Auch Wolfgang Pauli hat es so gesehen. In seinem Mainzer Vortrag 1955 über „Die Wissenschaft und das abendländische Denken“ sagte er, „daß der stolze Wille, die Natur zu beherrschen, tatsächlich hinter der neuzeitlichen Naturwissenschaft steht und daß auch der Anhänger reiner Erkenntnis dieses Motiv nicht ganz leugnen kann.“ Diesen Willen, die Natur zu beherrschen, hat Pauli als einen integrierenden, nicht abtrennbaren Teil der Naturwissenschaft empfunden und in seinen Briefen von diesem Machtwillen als der „dunklen Rückseite“ oder der „bösen Hinterseite der Naturwissenschaften“ gesprochen. Paulis Auffassung von der Rolle der Wissenschaft möchte ich an vier Beispielen so deutlich als möglich hervortreten lassen. Diese Beispiele sind:

(1) Das Manhattan-Projekt, das heißt, die amerikanische Atombombenentwicklung, und Paulis Rolle dabei,
(2) der Fall J. Robert Oppenheimer und Paulis Kommentare,
(3) das Wettrüsten und die Bemühung der Physiker, dem Einhalt zu gebieten,
(4) Paulis Studien über Johannes Kepler.

Ich komme also zunächst auf das Manhattan-Projekt: Mochte in den zwanziger und dreißiger Jahren, als Pauli jung war, die theoretische Physik „noch ziemlich harmlos erscheinen“; nach der Entdeckung von Hahn und Straßmann wuchs sie sich schnell „zu einem Alptraum“ aus, wie Einstein einmal formuliert hat. Pauli arbeitete in Princeton am Institute for Advanced Study, als Oppenheimer für das Manhattan-Projekt Gehirne rekrutierte, und bald waren alle Physiker, die Rang und Namen hatten, für das Projekt tätig mit der Ausnahme Paulis. "I am very well here and belong to the very few people in the world, which are continuing their pure scientific work during the war", schrieb er am 3. November 1943 an Bohr: "Of course, I am a bit lonesome."

Pauli war ein entschiedener Gegner des Nationalsozialismus, worüber seine Briefe klare Aussagen enthalten; über die Gefahr, die der freien Welt drohte, konnte er nicht im Zweifel sein. Warum hat er sich nicht am Manhattan-Projekt beteiligt? Aus einem Brief* von J. Robert Oppenheimer an Pauli vom 20. Mai 1943 geht hervor, daß sich Pauli unsicher fühlte, wie er sich verhalten sollte. Oppenheimer war der Meinung, daß in den Vereinigten Staaten trotz aller Kriegsanstrengungen die reine Forschung nicht vernachlässigt werden dürfe und daß niemand die Lücke in der

* Unveröffentlichte Briefe wurden zitiert nach dem inzwischen von Karl von Meyenn herausgegebenen Band II des wissenschaftlichen Briefwechsels von Wolfgang Pauli und nach dem von Alfred Günther (head scientific information service) bei der Europäischen Organisation für Kernforschung (CERN) in Genf verwahrten Nachlaß von Wolfgang Pauli. Ich danke beiden Herren für ihre Mitarbeit bei der Vorbereitung dieses Referates.

Grundlagenphysik besser ausfüllen könne als Pauli. Tatsächlich vermochte er diese Aufgabe zu erfüllen, während es zweifelhaft ist, ob er in Los Alamos eine ihm gemäße Rolle hätte spielen können.
Pauli besaß eine tiefe Abneigung gegen jede angewandte Physik. Diese Abneigung hat sicher mit der Tatsache zu tun, daß es in der angewandten Physik nicht darum geht, fundamentale Strukturen zu finden, mehr aber noch damit, daß hier das Ziel der Arbeit konkrete Lösungen sind, die sofort und unmittelbar Auswirkungen haben in der realen Welt. Direkt hineinwirken in die Welt, das wollte Pauli gerade nicht. Das wird aus einem späteren Brief an Niels Bohr deutlich, in dem Pauli für die indirekte Wirkung der Wissenschaft und des Gelehrten plädiert:

> "My own attitude is therefore, that we have to be satisfied with the fact – well established by history – that ideas always had great influence on the course of history and also to the politicians, but that it is better, if we leave the direct actions in politics to other persons and remain on the periphery and not in the center of this dangerous and disagreable machinery. In my attitude in favour of an indirect effect only ... I am – last not least – also influenced by the philosophy of Laotse, in which so much emphasis is laid on the indirect action, that his ideal of a good ruler is one, whom one does not consciously notice at all."

Wir sind damit bereits beim zweiten von den angekündigten vier Beispielen, die Paulis Auffassung von der Rolle der Wissenschaft in der Gesellschaft und seine Funktion dabei hervortreten lassen sollen, dem Fall J. Robert Oppenheimer. In dem eben zitierten Brief an Bohr vom Juni 1950 geht es nämlich um Oppenheimer, um den sich schon das Unheil mit dem späteren Untersuchungsausschuß zusammenbraut. Pauli schreibt im gleichen Brief:

> "I thought very much about our old friend Robert Oppenheimer during the days after my leaving the States, and I found that he managed himself in a very unfavourable or even bad situation by staying too long in his jobs – which are so near to 'Narrenhaus, D. C.' (as I liked to call this place). Every child could have predicted that his whole attitude directed toward a peaceful agreement and against an increase of armaments ... will become more and more unpopular. He had or has therefore the choice either to go openly in an opposition against the Government or to stay out of politics entirely (and therefore also to quit the above mentioned jobs). Now looking at Robert it is my impression that he is not a person psychologically able to make a real fight (with all the dirt thrown at him unavoidably during such an enterprise and with his tender and nervous character). Therefore I tried to influence him as much as possible in the second direction (to retire from politics and everything which is connected with it as soon as possible) during my last private talk with him."

Soweit der Brief. Mir persönlich scheint, daß das, was Pauli hier über seinen alten Schüler und Freund J. Robert Oppenheimer sagt, noch viel mehr für ihn selbst zutrifft: Paulis Welt war die Welt des Gedankens, nicht die wirkliche Welt, in der letztlich Machtfragen im Vordergrund stehen. Die Spielregeln der geistigen Auseinandersetzung beherrschte Pauli, aber wie in der wirklichen Welt offene Fragen entschieden wurden, das durchblickte er nicht. Seinen Schülern und Freunden riet er, sich von Politik und Industrie fernzuhalten, und, wie Casimir berichtet hat, mochte er nicht, wenn ein Schüler diesen Rat verwarf. Casimir pflegte er immer anzüglich den „Herrn Direktor" zu nennen, und andere forderte er auf, es ebenso zu halten mit dem entwaffnenden Argument: „Das mag er nämlich nicht."

„Eines der stärksten Motive, die zu Kunst und Wissenschaft hinführen", so hatte Einstein 1918 zu Plancks 60. Geburtstag gesagt, ist „eine Flucht aus dem Alltagsleben mit seiner schmerzlichen Rauheit und trostlosen Öde ... Es treibt den feiner Besaiteten aus seinem persönlichen Dasein heraus in die Welt des objektiven Schauens und Verstehens; es ist dies Motiv mit der Sehnsucht vergleichbar, die den Städter aus seiner geräuschvollen, unübersichtlichen Umgebung nach der stillen Hochgebirgslandschaft unwiderstehlich hinzieht, wo der weite Blick durch die stille, reine Luft gleitet und sich ruhigen Linien anschmiegt, die für die Ewigkeit geschaffen scheinen."

So war es bei Pauli. Wenn man heute als Historiker sich mit der Korrespondenz Paulis beschäftigt, so ist man fasziniert, wie es ihm um die Wissenschaft geht, um die Wissenschaft und nichts sonst. Persönliche Belange sind ganz die Nebensache. Wenn überhaupt erwähnt, werden sie mit ein paar Sätzen abgetan. Wer Gelehrtenkorrespondenzen kennt, der weiß, welchen großen Raum in den Briefen eines Gelehrten und damit doch wohl auch in dem Denken dieses Gelehrten im allgemeinen die persönlichen Eitelkeiten, die Ereignisse in der großen Welt der Politik und der kleinen Welt seiner jeweiligen Universität einnehmen. Nicht so bei Wolfgang Pauli. Gerade im Vergleich tritt das Fehlen von Alltäglichkeiten als bemerkenswertes Faktum hervor. Bei ihm stoßen wir auf einen Menschen, dessen Existenz gleichsam nur im geistigen Raum faßbar wird.

Wir kommen damit zum dritten Beispiel, an dem Paulis Auffassung von der Rolle der Wissenschaft bzw. der Wissenschaftler deutlich werden soll, dem Wettrüsten. In den fünfziger Jahren fühlten sich viele Physiker gedrängt, die Weltöffentlichkeit und die Politiker auf die Gefahren des Wettrüstens aufmerksam zu machen. Um solchen Aufrufen das nötige Gewicht zu geben, wurden die namhaften Gelehrten, insbesondere die Nobelpreisträger, um ihre Unterschrift angegangen. So bat Max Born 1951 Pauli um seine Beteiligung. Bertrand Russell kam Mitte 1955 mit dem später sog. Russell-Einstein-Manifest und kurze Zeit später Graf Bernadotte mit der „Mainauer Kundgebung".

Pauli hat sich in keinem dieser Fälle beteiligt. Uns interessiert seine Begründung, in der sich Pauli einen „einsamen Wanderer" nennt:

> „Eben diese Haltung des einsamen Wanderers zwingt mich aber zu einer weitgehend passiven Zuschauer-Haltung der Öffentlichkeit gegenüber: Meine Wirkung soll darin bestehen, was ich *lebe*, woran ich *glaube* und auch welche Ideen ich mehr oder weniger direkt in einem kleineren Kreis von Schülern und Bekannten verbreite – nicht aber darin, daß ich in der großen Öffentlichkeit das Wort ergreife. Deshalb möchte ich es auch vermeiden, irgendwelche ‚offenen Briefe' zu unterzeichnen. (Ich will nicht gerade ein ‚absolutes Prinzip' daraus machen, habe aber eine starke Aversion gegen öffentliches Auftreten.)

. Ich weiß wohl, daß mein Standpunkt extrem individualistisch, extrem ‚passiv‘ und sicher nicht der einzig mögliche ist.“

Soweit der Brief an Born vom 21. Januar 1951. Insbesondere in den Briefen an Niels Bohr erörterte Pauli die Frage: Soll ein Wissenschaftler in die Politik eingreifen? Bohrs Antwort war ein entschiedenes Ja, Paulis Antwort ein Nein!

> „Wer dem ‚Willen zur Macht‘ etwas anderes, Geistiges entgegensetzen will, darf nicht selbst einem Machtwillen so weit erliegen, daß er sich einen größeren Einfluß auf die Weltgeschichte zurechnet, als er der Natur der Sache nach haben kann. Ein chinesisches Sprichwort sagt: ‚Ist das rechte Mittel in der Hand des verkehrten Mannes, so wird das rechte Mittel verkehrt. Daher lege man kein Mittel in die Hand des verkehrten Mannes.‘ “

Wir kommen damit zum vierten und letzten Beispiel, an dem Paulis Auffassung von der Wissenschaft und seine eigene Rolle, wie er sie gesehen hat, deutlich werden soll, seine Studien über Johannes Kepler. Pauli hat sich intensiv mit dem 17. Jahrhundert und insbesondere mit Kepler auseinandergesetzt. Interessiert haben ihn dabei besonders die Trennung des magisch-mystischen und des rationalen Denkens und der Erkenntnisprozeß.

In seinem Vortrag „Die Wissenschaft und das abendländische Denken“ hatte Pauli gesagt, wie bereits zitiert, daß „der stolze Wille, die Natur zu beherrschen, hinter der neuzeitlichen Naturwissenschaft“ stehe und „daß auch der Anhänger reiner Erkenntnis dieses Motiv nicht ganz leugnen“ könne. Markus Fierz hat darauf Pauli nach seinen Motiven gefragt und in einem Brief geschrieben:

> „Wir erforschen die Natur ... um sie zu beherrschen – technisch. Das ist sicher wahr. Aber bei Ihnen war das ja nie die Triebfeder. Was ist die aber? Man redet darüber nicht. Denn man redet wissenschaftlich objektiv.“

Was also war, wie Fierz gefragt hat, die „Triebfeder“ für Pauli? Ich zitiere aus Paulis Antwort:

> „Warum wir in der Physik die Natur erforschen? Die Alchemie sagte ‚um uns selbst zu erlösen‘, was durch die Herstellung des Lapis Philosophorum ausgedrückt wurde. Jungianisch formuliert wäre das die Herstellung eines ‚Bewußtseins vom Selbst‘, bzw. eines ‚bewußten Zustandes des Selbst‘. Nun ist dieses nicht nur licht, sondern auch dunkel und muß als Totalität auch den Willen zur Macht über die Natur mitenthalten, den ich als eine Art böse Hinterseite der Naturwissenschaften auffasse, die sich von diesen nicht abtrennen läßt. Aber die Antwort auf die gestellte Warum-Frage wird immer das den Rationalisten verhaßte Wort Heilsweg bleiben (*vide*: Kepler!), gegen das man sich vergeblich sträubt.“

Was versteht Pauli unter „Heilsweg“? Etwas weiter ausholend möchte ich anknüpfen an die Doppelaufgabe der Naturwissenschaften, wie sie in den letzten 350 Jahren immer wieder formuliert worden ist, nämlich

(1) Naturerkenntnis zu gewinnen und
(2) die Ergebnisse in der Technik zur Anwendung zu bringen.

Diese beiden Aspekte sind gelegentlich um einen dritten Punkt ergänzt worden, wie z.B. von Simone Weill. Die Motive für die Forschung seien, sagte die französische Philosophin, Gottsuche, Technik und Schachspiel.
Schachspiel ist Gebrauch des Verstandes, womöglich im Wettbewerb mit anderen, zur Bestätigung der eigenen geistigen Überlegenheit. Für Pauli trifft dieses gewiß auch zu, ist aber sozusagen nur die *eine* Seite. In seiner Antwort an Fierz hat Pauli auf Kepler verwiesen, respektive seinen Aufsatz über Kepler.
Was Pauli am Beispiel Kepler zutage förderte, ist ihm typisch für den Erkenntnisprozeß in der Physik. Kepler gehe bei seinen astronomischen Arbeiten gar nicht vom kopernikanischen Weltbild aus, sagte Pauli mit Nachdruck. Vielmehr sei Ausgangspunkt die göttliche Trinität, dessen Abbild für Kepler die Kugel sei.
Die vom Mittelpunkt zur Oberfläche verlaufende Bewegung oder Emanation sei das Sinnbild der Schöpfung, während die gekrümmte Oberfläche das ewige Sein Gottes darstelle. Pauli sagt dazu:

> „Weil Kepler Sonne und Planeten mit diesem archetypischen Bild im Hintergrund anschaut, glaubt er mit religiöser Leidenschaft an das heliozentrische System."

Primär sind also gewisse, in der Seele präexistente Urbilder oder Archetypen. Diese Urbilder dürfen *nicht* in das Bewußtsein verlegt oder auf bestimmte rational formulierbare Ideen bezogen werden, wie Pauli ausdrücklich betont. Vielmehr handle es sich um Formen des unbewußten Bereichs der menschlichen Seele, Bilder von stark emotionalem Gehalt, die nicht gedacht, sondern gleichsam malend geschaut werden.
Wenn also der Physiker, von bestimmten Beobachtungen oder Messungen ausgehend, letztendlich eine Theorie gefunden hat, dann war an diesem Erkenntnisvorgang neben der Ratio ganz entscheidend die Intuition, neben dem Bewußtsein auch der unbewußte Bereich beteiligt. Ich zitiere Pauli:

> „Der Vorgang des Verstehens der Natur sowie auch die Beglückung, die der Mensch beim Verstehen, d.h. beim Bewußtwerden einer neuen Erkenntnis empfindet, scheint demnach auf einer Entsprechung, einem Zur-Deckung-Kommen von präexistenten inneren Bildern der menschlichen Psyche mit äußeren Objekten und ihrem Verhalten zu beruhen."

Das also war der „Heilsweg", den Pauli für sich in der theoretischen Physik gesucht hat: Erfüllung zu finden im Denken und im Fühlen. Immer wieder formulierte er in seinen Briefen, „daß die Einheit der Persönlichkeit auch eine Frage des Vorhandenseins und des gesunden Funktionierens des Unbewußten" sei.
Den bewußten und den unbewußten Bereich der Seele in Harmonie zueinander zu setzen, sah Pauli aber nicht nur persönlich für sich als Ziel, sondern ganz allgemein für den abendländischen Menschen. 1958 hatte Karl Jaspers in seinem Buch *Die Atombombe und die Zukunft des Menschen* gesagt, daß wir mit unserer Rationalität Schiffbruch erlitten hätten. Jaspers unterschied zwischen „Verstand" und „Ver-

nunft": Der Verstand frage nach der Machbarkeit und dem Nutzen, die Vernunft frage nach dem Sinn. Bisher hätten wir uns nur an unseren Verstand gehalten; jetzt müßten wir, ehe es zu spät sei, die Vernunft einsetzen.
Jaspers sandte ein Exemplar an Pauli, und Pauli setzte sich mit diesen Gedanken auseinander. Für Jaspers ging der Begriff Vernunft über den Rahmen des Verstandes hinaus, schloß ihn aber als Teil in sich. Pauli wollte lieber von komplementären Begriffspaaren ausgehen. In einem Brief an Gerhard Huber lesen wir:

> „Jaspers Unterscheidung von Verstand und Vernunft ist mir keineswegs entgangen ... Seine Unterscheidung ist lehrreich, läßt aber bei mir ... den Einwand fortbestehen. Die in Frage stehenden komplementären (im Bohrschen oder taoistischen Sinne) Gegensatzpaare sind für mich: Bewußtsein — Unbewußtes, Denken — Fühlen, Vernunft — Instinkt, Logos — Eros. Die sprachliche Fixierung zugunsten der *einen* Hälfte eines solchen Gegensatzpaares ist nur ... das sichere Symptom, daß ... die menschliche Ganzheit psychologisch nicht erreicht, oder sogar blockiert ist."

Ich bin damit am Ende meiner Beispiele, an deren Hand die Auffassung Paulis von der Rolle und den Grenzen der Wissenschaft deutlich werden sollte. Ich komme zum Schluß: In Anspielung auf Goethes Faust, der im hohen Alter den letzten Sinn des Lebens darin sieht, neues Land zu gewinnen für die künftigen Generationen, hat Pauli gemeint:

> „Ich glaube nicht, daß ich bei zunehmendem Alter Sümpfe trocken legen werde (womöglich mit Atomenergie); ich muß mir etwas anderes aussuchen ..."

Das hatte er 1955 an Ralf Kronig geschrieben; drei Jahre später ist Pauli gestorben. Ein Vierteljahrhundert nun schon haben wir ohne ihn auskommen müssen und, wenn man die Welt heute betrachtet, die davorsteht, sich selbst zu vernichten mit den Waffen der Wissenschaft, empfindet man, daß er uns allen hätte eine Stütze und ein Trost sein können, selbst wenn mit ihm die Weltlage ebenso verzweifelt sich entwickelt hätte, wie sie jetzt ist.
Keinen Physiker hat es in unserem von der Physik geprägten 20. Jahrhundert gegeben, der so konsequent wie Pauli dem griechischen Ideal der Wissenschaft um ihrer selbst willen gelebt hat. In den 2500 Jahren seit Plato hat sich die Welt zutiefst verwandelt. Was aber der Geschichtsschreiber Plutarch einst über Archimedes geschrieben hatte, können wir heute noch zitieren, um unseren Wolfgang Pauli zu preisen:

> „Er fand jede Tätigkeit, die wegen praktischem Nutzen ausgeübt wird, niedrig und unedel, und er richtete sein Streben nur auf Dinge, die in ihrer Schönheit und Vortrefflichkeit außerhalb von jeglichem Kontakt mit der Nützlichkeit bleiben."

3

K. v. Meyenn*

Paulis Briefe als Wegbereiter wissenschaftlicher Ideen**

> *"We must refer to another aspect of Pauli's role in modern physics, through his participation in discussions and, above all, in correspondence. The neutrino hypothesis, which was put forward in private discussions and letters, ... , but it would be impossible to list all the ideas, constructive or critical, by which he has influenced the work of pupils and colleagues in innumerable letters. Some of these letters are written in reply to requests of advice. Others were spontaneous and written either by way of comment on somebody else's work or when he had arrivied at some new thought himself and just sat down to put the thoughts to somebody who he knew would be interested to hear of them. All of his pupils and friends are familiar with these letters, invariably written by hand, invariably relating to problems of crucial importance at the time, pungent in criticism."*
>
> *Peierls (1960), S. 183 f.*

Naturwissenschaftliche Ideenbildung und Möglichkeiten ihrer historischen Erfassung

Bei der Entstehung von wissenschaftlichen Ideen handelt es sich um einen komplexen Vorgang, der sich in der Regel stufenweise vollzieht und dabei verschiedene Phasen durchläuft. Sinngemäß kann man von einer individuellen Phase sprechen, solange noch kein Austausch mit anderen Fachgenossen stattgefunden hat. Ideen entstehen oft spontan, um nachher, wie Pauli es einmal treffend ausdrückte, „bei Konfrontation mit den Beobachtungsdaten wieder Modifikationen zu erfahren“[1], bis schließlich die rationale Fixierung im Kontext der jeweils zugelassenen Normen der Wissenschaft steht. Erst an dieser Stelle beginnt die eigentliche Fachwissenschaft.

---

* *Karl von Meyenn* (1937 in Potsdam geboten) ist Physikhistoriker und Herausgeber des Pauli-Briefwechsels. Zur Zeit ist er Gastprofessor am Seminari d'História de les Ciencies der Universität Autónoma in Barcelona.

** Vortrag, gehalten an der Universität Wien am 16. November 1983

1 Pauli [1961/84], S. 102. Mit dem inneren Vorgang der Ideenbildung hat sich Pauli in seinen späteren Jahren eingehend beschäftigt, wie seine Schriften und seine Briefe bezeugen. (Vgl. hierzu auch den in Kapitel XII wiedergegebenen Aufsatz.)

Mit dem Dialog, der Fachdiskussion, der Korrespondenz und der Veröffentlichung wird dann die kollektive Phase der wissenschaftlichen Tätigkeit eröffnet. Auch hier sind nur einzelne Bruchstücke des Geschehens erfaßbar und einer nachträglichen Rekonstruktion fähig. Der eigentliche Naturforscher ist jedoch nur an einem begrenzten Ausschnitt dieses Vorgangs interessiert, der durch die naturwissenschaftliche Methode vorgegeben ist und den Erfolg seines Unternehmens bestimmt. Dem Historiker fällt andererseits die schwierige und deshalb nur teilweise zu bewältigende Aufgabe zu, das tatsächliche Geschehen anhand fragmentarischer und unzulänglicher Daten möglichst getreu zu beschreiben und zu analysieren.

Ungeachtet der zahlreichen Berührungen handelt es sich also bei der Naturwissenschaft und ihrer Geschichte um zwei ganz verschiedene Anliegen. Während sich die exakte Naturwissenschaft auf eine empirisch-rationale Rekonstruktion der Naturerscheinungen beschränkt, geht es dem Historiker um den Prozeß der Erkenntnisgewinnung. Aus diesem Grunde sind für den Naturwissenschaftler die ihm zufällig erscheinenden Begleitumstände einer wissenschaftlichen Erkenntnis unwesentlich und manchmal sogar in seinem wissenschaftlichen Gedankensystem hinderlich. Wollen wir aber die allgemeinen Gesetzmäßigkeiten des stetigen Wandels unserer Naturauffassungen ergründen, so müssen wir unser Augenmerk gerade auf alle jene einmaligen Vorkommnisse richten, die bei einer wissenschaftlichen Entdeckung tatsächlich eine Rolle spielten.

Je nach den zugrundegelegten Voraussetzungen einer historischen Untersuchung ergeben sich verschiedenartige Geschichtsbilder. Eine unzureichende Klärung derselben ist künftig die Ursache von Kontroversen über Sinn, Inhalt und Ziele einer Wissenschaftsgeschichte.

So wird die individuelle Sphäre bei den meisten historischen Untersuchungen wegen ihrer Unzugänglichkeit ganz beiseite gelassen. Aber auch ein derart verkürztes Geschichtsbild läßt noch viele Möglichkeiten offen, die unter anderem durch die Wahl der benutzten Quellen bestimmt sind.

Sofern man sich allein auf die publizierten Schriften bezieht, spricht man von einer Darstellung im Rahmen des Begründungszusammenhangs. Für den historischen Prozeß werden hier lediglich die ausgereiften Endprodukte eines mehr oder weniger längeren Entwicklungsabschnittes verantwortlich gemacht. Durch Weglassung aller dazwischenliegender Stadien gehen natürlich wesentliche Bestimmungsstücke des wirklichen Ablaufes verloren. Wie oft entsprechen beispielsweise in einer Veröffentlichung die angegebenen Motive zur Einführung einer neuen Idee oder eines neuen Begriffes längst nicht mehr den ursprünglichen Beweggründen. Die eigentlichen Triebfedern der Forschung werden dadurch in zunehmendem Maße unsichtbar und einer systematischen Erforschung der historischen Gesetzmäßigkeiten ist damit weitgehend die Grundlage entzogen. Bereits höhere Ansprüche an die historische Wahrheit stellt die sog. Geschichte im Entstehungszusammenhang, welche neben den publizierten Werken vor allem auf Handschriften und andere Dokumente zurückgreift. „Der Widerspruch", befand Leopold von Ranke, „den ich zwischen den unzweifelhaften Urkunden und der gang und gäbe gewordenen Überlieferung wahrnahm, flößte mir ein solches Mißtrauen gegen diese ein, daß ich mich auch dann, wenn sie sich allenfalls mit jenen hätte vereinigen lassen, nicht entschließen konnte, sie zu wiederholen."[2]

2 v. Ranke [1874], S. VII

Briefen kommt im Zusammenhang mit wissenschaftlichen Entdeckungen eine herausragende Bedeutung zu. Weil sie in den Grenzbereich von individueller und kollektiver Sphäre fallen, sind sie ein vorzügliches Mittel zur Erforschung des Entstehungsvorgangs wissenschaftlicher Ideen. Der Briefschreiber stellt hier – zum Teil in sich selbst versenkt, zum Teil schon an den potentiellen Empfänger denkend – seine oft noch unfertigen Gedanken zur Diskussion. Zugleich sind Briefe auch eine Art Momentaufnahme einer bestimmten Phase des Ideenbildungsprozesses.
Obwohl sich die Bedeutung der Briefe für den wissenschaftlichen Meinungsaustausch in der letzten Zeit wegen den neuen Möglichkeiten moderner Nachrichtentechnik grundlegend gewandelt hat, waren sie in der ersten Hälfte unseren Jahrhunderts noch das vorrangige Kommunikationsmittel. Vielen Gelehrten war das Briefeschreiben eine Art Vorstufe zur wissenschaftlichen Veröffentlichung.
Auch Wolfgang Pauli gehörte in diesem Sinne noch zur älteren Generation.
„Mit zahlreichen Physikern seiner Zeit in persönlichem Gedankenaustausch stehend", urteilt Pascual Jordan, „hat er in Gesprächen und in den vielen eigenhändig geschriebenen Briefen seine kaum zu ermessende Anregung und Befruchtung ausgeübt. Jene uns Heutigen so ferne Zeit früherer Jahrhunderte, in denen das geistige Leben Europas noch in einem großen Anteil vom Briefwechsel der Gelehrten getragen wurde, sie kam gewissermaßen zu einer Erneuerung, als Pauli unter uns Physikern weilte."[3]

Briefe im „old Pauli style"

Die Gewohnheit des Briefeschreibens hatte Pauli von seinem verehrten Lehrer Arnold Sommerfeld übernommen. Sommerfeld, der selbst noch weitgehend in der Tradition des 19. Jahrhunderts verhaftet war, erreicht mit seinem Briefwechsel mehr oder weniger die gesamte Fachwelt seiner Zeit und dehnte damit seinen Einfluß weit über die Grenzen seines eigenen Instituts aus.
Als Pauli nach Abschluß seiner Matura im Herbst 1918 als vielbestaunter Wunderschüler nach München kam, stand Sommerfeld auf dem Höhepunkt seines wissenschaftlichen Ansehens. Dennoch sparte der vielbeschäftigte Gelehrte weder Zeit noch Mühe, um mit seinen Schülern und Mitarbeitern aktuelle physikalische Fragen zu diskutieren und sie mit anregenden Aufgaben zu betrauen. Wie Heisenberg berichtete, wurden Sommerfelds Vorlesungen in den Jahren nach dem Ersten Weltkrieg von etwa 80 bis 100 Studenten besucht.[4] Während der Übungsstunden löste man im Beisein des Assistenten Hausaufgaben. Sommerfeld hatte außerdem einen speziellen Seminarraum eingerichtet, in dem wissenschaftlich interessierte Studenten in Anwesenheit eines Assistenten Bücher und Zeitschriftenaufsätze lesen und Fragen stellen konnten. Insbesondere, weil nach dem Kriege die Geldmittel fehlten, wurde die theoretische Ausbildung jetzt stärker als bisher betont.
Von Anfang an spielte Pauli bei Sommerfeld eine Sonderrolle. An der Seite des damaligen Assistenten Gregor Wentzel half er den Studenten bei der Lösung schwie-

3 Jordan (1973), S. 292
4 Siehe SHQP, *Interview mit W. Heisenberg*, Nr. 2 (7. Februar 1963), S. 1 und *Interview mit O. Laporte* (29. Januar 1964), S. 9 f.

Pauli mit seinem ehemaligen Lehrer Arnold Sommerfeld (links) während des Genfer Metallkongresses im Oktober 1934

riger Aufgaben. Sommerfeld selbst zeigt ihm seine Korrespondenz und gelegentlich überließ er ihm auch speziellere Fragen zur Beantwortung. Während der Seminare übernahm Pauli zuweilen den Vortrag, wenn es sich um neuartige oder besonders schwierige mathematische Probleme handelte.

Später, nachdem Pauli als 21jähriger München bereits wieder verlassen hatte, holte Sommerfeld häufig Auskünfte bei seinem Meisterschüler ein. „Über die Störungsfragen bin ich nicht durch eigene Studien unterrichtet", schrieb er im September 1922 nach Pasadena. „Ich glaube aber, daß Paulis Genie Berge versetzen kann und sehe seiner Anwendung der Störungsmethode auf das He-Atom vertrauensvoll entgegen."[5]

Das Helium-Atom sollte – nach dem ersten Fehlschlag beim H_2^+-Molekülion, das Pauli in seiner Doktorarbeit behandelt hatte – in den Händen von Pauli und Heisenberg zum Prüfstein der sog. älteren Quantentheorie werden. Pauli veröffentlichte seine eigenen langwierigen Helium-Untersuchungen nicht mehr.[6] Von Bohr hatte er erfahren, daß auch dessen Mitarbeiter Hans Kramers daran rechnete. Doch entscheidender für seinen Verzicht war wohl das sich bereits abzeichnende negative Ergebnis. Während Born und Heisenberg sich weiterhin mit der detaillierten Analyse verschiedener Helium-Modelle abmühten, begann Pauli bereits von der Sommerfeldschen Modellphysik Abstand zu nehmen und nach abstrakteren, neutraleren Begriffsbildungen in der Quantentheorie Ausschau zu halten.

Von Sommerfeld übernahm Pauli den von Gauß überlieferten Grundsatz, nur wirklich – in formaler wie auch in empirischer Hinsicht – abgesicherte Ergebnisse zu publizieren.

Die Liste seiner Veröffentlichungen zeigt, wie sehr Pauli sich stets an dieses Vorbild gehalten hat. Gar manche Idee wurde aus diesem Grunde von ihm zurückgestellt; nicht selten haben andere, weniger kritisch eingestellte Forscher sie dann doch veröffentlicht. Hierüber geben nur noch die Briefe Aufschluß.

Innerhalb von wenigen Jahren hatte sich Pauli in der Welt der Wissenschaft einen Namen gemacht. Seine Briefe machten schon damals unter den Kollegen die Runde: „Ich sende Ihnen hierbei mit vielem Dank den Brief von Pauli zurück", schrieb Ehrenfest im Dezember 1924 an Landé, als er die briefliche Mitteilung des Ausschließungsprinzips kennenlernte. „Es war ein enormer Genuß für mich, ihn abermals durchzulesen. Pauli ist ein brillanter, artistischer Physiker."[7]

Es gab kaum einen Bereich in der sich rasch entwickelnden Quantentheorie, zu dem Pauli nicht kritisch Stellung genommen hätte. Mit großer Wachsamkeit verfolgte er alle ihn interessierenden Gebiete. Er duldete keine falschen Behauptungen, ohne ihnen nicht mündlich oder schriftlich zu widersprechen.[8] Er fühlte sich geradezu dafür verantwortlich, daß sich keine von ihm sogenannte „Irrlehren" verbreiteten. Urheber unzulänglicher, falscher oder trivialer Nachrichten empfingen gelegentlich

5 Sommerfeld an Epstein, 24. September 1922

6 Vgl. hierzu Borns Schreiben vom 22. März 1922 an Epstein: „Mit der Störungstheorie sind wir jetzt weitergekommen. Wir haben die Methode zur Berechnung des Orthoheliums, die offenbar auch Bohr hat. Pauli ist eben damit beschäftigt, das Spektrum auszurechnen."

7 Ehrenfest an Landé, 7. Dezember 1924

8 Vgl. Interview mit R. Peierls; New York, American Institute of Physics.

Verweise, oder er drohte, ihnen „seinen guten Willen zu entziehen."[9] Seiner Kritik konnte selbst Niels Bohr nicht widerstehen. Als Bohr im Frühjahr 1925 trotz allgemeiner Skepsis noch immer an seiner akausalen Strahlungstheorie festhielt, wurde er schließlich wie Kronig berichtete, „nach vieler Diskussion und namentlich unter dem katalytischen Einfluß von Pauli" von seiner „Irrlehre" bekehrt.[10]

Als junger Assistent in Hamburg zog Pauli bereits viele Wissenschaftler an. Bei den Hamburger Mathematikern Erich Hecke und Emil Artin stand er in hohem Ansehen. Wilhelm Lenz, sein offizieller Vorgesetzter, ließ ihm freie Hand und gab ihm jede Unterstützung, die er als Institutsdirektor gewähren konnte. Als Lenz im Winter 1925 wegen Krankheit beurlaubt wurde, empfahl er der Hochschulbehörde, die Hamburger Professur durch den „derzeitigen Inhaber der theoretisch-physikalischen Assistentenstelle, Herr Privatdozent Dr. W. Pauli, [der] ein international anerkannter und sehr hoch geschätzter Gelehrter" ist, trotz seiner Jugend ausfüllen zu lassen.[11] Doch Pauli war damals so sehr mit seinen eigenen Arbeiten beschäftigt, daß er dieses ehrenvolle Anerbieten ausschlagen mußte.[12]

Ebenso wie Paulis Wissenschaft schätzte man seinen scharfen, kritischen Verstand und seine unbestechlichen menschlichen Eigenschaften. Besonders mit Ehrenfest verstand er sich gut. „Wir hatten vorige Woche für drei Tage Pauli hier, der doch wirklich nicht nur wissenschaftlich, sondern auch rein menschlich *sehr* interessant ist", heißt es in einem Schreiben Ehrenfests an Born.[13] „Ich habe ihn ... gequält mit Schulmeisterfragen, die er aber alle mit einer geradezu rührenden Gemütlichkeit beantwortete, selbst wenn er dafür schwitzen mußte." Und unter dem Eindruck von Paulis Teilnahme am 5. Solvaykongreß bemerkte er: „Pauli ist immer ganz wunderbar klar. Fortwährend sagten wir beide einander solche Boßheiten, daß alle wir jüngeren aus dem Lachen nicht herauskamen."[14] Oder nach Paulis Besuch in Leiden im Frühjahr 1930: „Pauli war dieser Tage mit Peierls da. Pauli ist prachtvoll in der Klarheit und fleckenlosen Ehrlichkeit seines Denkens und Vortrags."[15] Mit gewissem Stolz erinnerte Pauli an diese Jugendzeit der Briefe im „old Pauli style".[16] Doch auch später scheute er sich nicht, Freunden und Kollegen direkt seine Meinung zu sagen: „Also: machen Sie Ihre Sache lieber gleich ganz: Konsequent, radikal, kein Gerede, keine Kompromisse, keine Leisetreterei. That's the line!"[17]

Ehrenfest verhalf Pauli 1931 zu seiner ersten höheren wissenschaftlichen Auszeichnung, indem er ihn als Kandidaten für die Verleihung der Lorentzmedaille vorschlug. In seiner Amsterdamer Ansprache faßte er Paulis Verdienste zusammen:[18]

9 Siehe Elsasser (1978), S. 315 f.
10 Kronig an Goudsmit, Tübingen 16. März 1925
11 Aus einem Schreiben von Lenz an die Hamburgische Hochschulbehörde vom 29. Oktober 1925
12 An seiner Stelle vertrat Gregor Wentzel dieses Amt im Wintersemester 1925/26.
13 Ehrenfest an Born, 25. Oktober 1926
14 Ehrenfest an Goudsmit, 3. November 1927
15 Ehrenfest an Casimir, 23. März 1930
16 Pauli an Fierz, 24. Mai 1950
17 Pauli an Fierz, 22. Juni 1955
18 Ehrenfest an Pauli, 25. März 1931. (Vgl. auch den hier wiedergegebenen Aufsatz II,2.)

> „Aber vielleicht noch von viel größerem Gewicht als seine Publikationen sind die unzähligen, unverfolgbaren Beiträge, die er zur Entwicklung der neueren Physik durch mündliche Diskussionen oder Briefe geliefert hat. Die enorme Schärfe seiner Kritik, seine außerordentliche Klarheit und vor allem die rücksichtslose Ehrlichkeit, mit der er stets den Nachdruck auf die ungelösten Schwierigkeiten legt, bewirkt, daß er als unschätzbare Triebkraft innerhalb der neueren theoretischen Forschung gelten muß."

Vielen Schülern und Mitarbeitern empfahl Ehrenfest eine theoretische Schulung bei Pauli.[19] Aber auch zur Besprechung besonders schwieriger theoretischer Probleme war Pauli oft die letzte Instanz. Als Goudsmit im Februar 1926 noch immer um die Anerkennung der Spinhypothese ringen mußte, riet ihm Ehrenfest im Hinblick auf Heisenbergs Abwesenheit, vielleicht diesmal Göttingen wegzulassen.

> „Falls es aber Deine Geldreste erlauben, versäume ja nicht, möglichst gründlich mit Pauli zu diskutieren."[20]

Das Briefwerk

Nach diesen allgemeinen Bemerkungen über Paulis Einfluß auf die Physiker seiner Zeit wollen wir uns nun etwas näher mit seinem Briefwerk befassen.
Pauli legte stets großen Wert auf Verbreitung seiner Briefe. In Anspielung auf die Geheimhaltungsvorschriften während des Krieges bat er beispielsweise Hans Bethe, seine Briefe und Kopien nicht in einem Safe als *top scret* aufzubewahren, sondern für ihre ausgiebige Verbreitung zu sorgen.[21]
Noch zu Lebzeiten Paulis und auch nach seinem Tode wurde immer wieder die besondere Bedeutung seiner Briefe bei der Entwicklung der modernen physikalischen Begriffe und Ideen hervorgehoben.[22] Niels Bohr und Paulis ehemalige Assistenten regten deshalb nach seinem Tode eine Sammlung dieser wertvollen historischen Dokumente an. Diese Sammlung bildet den Grundbestand der heute bei CERN in Genf aufbewahrten *Pauli Letter Collection* (PLC).
Naturgemäß sind aus den frühen Jahren nur relativ wenige Briefe erhalten. Dennoch spiegeln gerade diese Briefe aus den zwanziger Jahren sehr eindrucksvoll die Entwicklung und Ausgestaltung der Quanten- und Wellenmechanik.

---

19 Robert Oppenheimer (siehe hierzu Paulis Schreiben an Ehrenfest vom 15. Februar 1929), Walter Elsasser (siehe Ehrenfests Schreiben an Goudsmit vom 11. April 1928) und Hendrik Casimir (siehe Ehrenfests Schreiben an Pauli vom 28. November 1932) sind solche Beispiele. Als Gregory Breit zu einem zweiten Forschungsaufenthalt nach Europa kam, riet ihm Ehrenfest in seinem Brief vom 1. Juni 1928: „Pauli ist jetzt in Zürich. Ich glaube, Sie sollten dort arbeiten."

20 Ehrenfest an Goudsmit, 28. Feburar 1926. – Vgl. hierzu auch Nishinas Schreiben vom 1. September 1927 an Goudsmit: "In November I shall come to Hamburg to Pauli, to learn a little more on theoretical things. I do not know, how long I stay there."

21 Pauli an Bethe, 8. März 1949

22 Vgl. z.B. Peierls (1960), S. 183 f.; Kemmer (1959); Jordan (1973), S. 292.

Neue Brieffunde aus den letzten Jahren haben dieses Bild allenfalls ergänzt, aber nicht mehr verändert.[23] Schwerwiegender für eine Beurteilung von Paulis Anteil an dieser Entwicklung dürften die fehlenden Antworten auf über sechzig Heisenbergbriefe aus den 20er Jahren sein. Bisherige Nachforschungen nach dem Verbleib dieser Briefe waren erfolglos. Es ist aber nicht auszuschließen, daß noch Teile dieser Korrespondenz aus amerikanischen Militärarchiven zum Vorschein kommen.

Nur drei zufällig in Kopenhagen aufbewahrte Briefe Paulis an Heisenberg aus den entscheidenden Jahren 1925/26 sind erhalten. Sie weisen auf eine äußerst enge Zusammenarbeit der beiden hin. Da keine gemeinsamen Veröffentlichungen aus dieser Periode vorliegen, stellen diese Briefe die einzigen authentischen Zeugnisse dieses intensiven gestigen Zusammenspiels dar.

Der erste dieser Briefe wurde am 28. Februar 1925 – also etwa zur Zeit des Frühstadiums der Heisenbergschen Quantenmechanik - verfaßt. Pauli war ein erklärter Gegner der Kopenhagener Strahlungstheorie, der auch Heisenberg ursprünglich anhing. „Ich glaube kaum", schrieb Pauli damals Heisenberg, „daß wir uns da werden einigen können, denn ich habe eine prinzipiell ganz andere Einstellung zu diesen Fragen als die Herren in Kopenhagen." Seine weitere Kritik galt der Heisenbergschen Theorie der anomalen Zeeman-Effekte: „Wichtiger als das Aufstellen von Schimmeln [würde ich] einen Versuch halten, die ... Schwierigkeiten in nähere Verbindung zu bringen mit anderen Schwierigkeiten der heutigen Quantentheorie."

Während der Osterferien 1925 blieb Pauli sechs Wochen lang in Kopenhagen. Seine Diskussionen dort mit Heisenberg vermittelten ihm den Eindruck, er sei „jetzt hinsichtlich [seiner] wissenschaftlichen Ansichten Heisenberg sehr nahe gekommen."[24] Anfang Juni, nachdem Heisenberg während seines berühmten Helgolandaufenthaltes die Quantenmechanik gefunden hatte, war Pauli der erste, der von seiner neuen Entdeckung erfuhr.[25]

Der zweite Brief ist am 31. Januar 1926 datiert. Pauli hatte gerade seine meisterhafte Berechnung des Wasserstoffatoms nach der neuen Quantenmechanik abgeschlossen und stand jetzt mitten in der Auseinandersetzung um das Uhlenbeck-Goudsmitsche Elektronenmodell. Außer diesen Ergebnissen enthält der Brief Andeutungen über die Notwendigkeit einer physikalischen Deutung des quantenmechanischen Formalismus, Berechnungen von Übergangswahrscheinlichkeiten nach der Matrizenmethode und einen Formalismus der Quantenmechanik nicht-periodischer Systeme. Dieser Formalismus wurde gleichzeitig von Dirac entwickelt und erübrigte eine Veröffentlichung Paulis. Auch Paulis Berechnung der Übergangswahrscheinlichkeiten wurden überflüssig, weil Schrödinger sie kurz danach viel einfacher mit seiner Wellenmechanik bestimmen konnte. Ohne diesen Brief wüßte man heute kaum noch etwas über diese Beiträge Paulis. Auch wenn er sie nicht veröffentlichte, so haben sie doch zur Ideenbildung wesentlich beigetragen.

Das aufschlußreichste Dokument ist aber Paulis Schreiben an Heisenberg vom 19. Oktober 1926. Hier tauchen zum ersten Mal drei Begriffsbildungen auf, die zum Kernbestand der modernen Quantentheorie gehören: eine vage Formulierung der Unschärferelation, der Begriff der wellenmechanischen Wahrscheinlichkeitsdichte

23 15 neu aufgefundene Briefe sind in einem Nachtrag zu Band II der Pauli-Briefedition [1985] abgedruckt.

24 Pauli an Kramers, 27. Juli 1925

25 Siehe hierzu Heisenberg an Pauli, 21. Juni 1925.

im Impulsraum und die quantentheoretische Erklärung des Paramagnetismus.[26] Die rund 60 verschollenen Briefe an Heisenberg aus den 20er Jahren dürften also sensationelle Informationen enthalten!

Ohne jetzt weiter auf das Inhaltliche der Briefe einzugehen, wollen wir einen Blick auf den Umfang des gesamten Paulischen Briefwerkes werfen.

Mit dem Sammeln der Briefe wurde schon wenige Jahre nach Paulis Tod begonnen. Niels Bohr, Ralph Kronig, Franca Pauli und Victor F. Weisskopf unterzeichneten ein Rundschreiben, das an über 120 Gelehrte oder an deren Angehörige in aller Welt versandt wurde. Die Sammlung und Aufbewahrung der Briefe wurde anfangs von der Witwe persönlich betreut. Die heute bei CERN in Genf deponierte Sammlung enthält weit über 2000 Briefe oder Briefkopien von oder an nahezu 200 Wissenschaftler. Neben dieser *Pauli Letter Collection* (PLC) wurden inzwischen weitere Paulikorrespondenzen in amerikanischen und europäischen Archiven gefunden. Eine Zusammenstellung der wichtigsten Korrespondenzen aus vier Jahrzehnten ist im zweiten Band der Pauli-Briefedition [1985] enthalten. Während aus den drei ersten Jahrzehnten jeweils etwa 300 Briefe pro Jahrzehnt vorliegen, entfällt mehr als die Hälfte aller Briefe auf die letzten neun Jahre.

Grund für diese Asymmetrie sind durch den Krieg bedingte Verluste, zunehmender Bekanntschaftsgrad in den späteren Jahren und nicht zuletzt die Tatsache, daß sowohl Sender wie Empfänger öfters nur die ihnen besonders kostbar erscheinenden Schriftstücke aus älterer Zeit aufbewahrt haben.

Natürlich können Zahlenangaben nur zur ersten Orientierung dienen. Gehalt, Inhalt und Länge der Briefe sind jeweils durch das gegenseitige Verhältnis der Korrespondenten bestimmt. Die Frequenz und Dichte der Briefe, welche Pauli in den letzten Jahren mit Heisenberg austauschte, wird beispielsweise von keiner anderen Korrespondenz erreicht.

Die Opposition gegen den Elektronenspin. Ein Beispiel, dargestellt aus der Sicht der Briefe

Exemplarisch soll jetzt ausgeführt werden, wie überlieferte Darstellungen von Ereignissen mit Hilfe von Briefen korrigiert werden können.

Ein besonders interessantes und viel erörtertes Beispiel ist Paulis Stellungnahme zu der im Herbst 1925 von George Uhlenbeck und Samuel Goudsmit formulierten Spinhypothese. Viele Physiker behaupten, Pauli habe Ralph Kronig schon im Januar 1925 die Spinidee ausgeredet und ihn dadurch an einer großen Entdeckung gehindert.[27] Man vermutete, das gleiche Schicksal wäre auch Uhlenbeck und Goudsmit widerfahren, wenn Pauli nur rechtzeitig von ihrer Spinhypothese erfahren hätte. Hören wir Llevelyn Hillet Thomas' Meinung in seinem Schreiben an Goudsmit vom 25. März 1926: "I think you and Uhlenbeck have been very lucky to get your spinning electron published and talked about before Pauli heard of it. It appears that more than a year ago Kronig believed in the spinning electron and

26 Siehe hierzu Hund (1967), S. 145, und Wessels (1981).

27 Vgl. hierzu Goudsmit (1965) und Paulis eigene Äußerungen in einem Schreiben vom 5. April 1935 an Kronig.

J. Frenkel, O. Stern, W. Pauli und P. Debye
im September 1927 auf dem Volta-Kongreß in Como

worked out something; the first person he showed it to was Pauli. Pauli ridiculed the whole thing so much that the first person became also the last and no else heard anything of it. Which all goes to show that the infallibility of the Deity does not extend of his self-styled vicar on earth.“

Solche Äußerungen aus dem Munde eines Betroffenen sollen jetzt unter Berücksichtigung der historischen Umstände und mit Hilfe brieflicher Äußerungen anderer am Geschehen Beteiligter beurteilt werden.

Zunächst der allgemeine Rahmen: Die sog. „Göttinger Mechanik“ stand im Herbst 1925 vor ihrer ersten Bewährungsprobe. Die Eigenschaften des Elektrons waren in der nichtrelativistischen Theorie noch ungeklärt und stellten die Spektroskopiker vor große Probleme. Doch eine anschauliche Vorstellung des Elektrons im Sinne einer rotierenden Ladungskugel war für überzeugte Quantenmechaniker wie Pauli und Heisenberg undenkbar. Pauli selbst hatte ein Jahr zuvor dazu beigetragen, daß die damals allgemein verbreitete Auffassung des rotierenden Atomrumpfes zur Erklärung der anomalen Zemaneffekte aus der Physik verbannt und an seine Stelle „eine eigentümliche, klassisch nicht beschreibbare Art von Zweideutigkeit der quantentheoretischen Eigenschaften des Leuchtelektrons“ gesetzt wurde.[28] Der in dieser Formulierung zum Ausdruck gebrachte Verzicht auf Anschaulichkeit hatte die entscheidende Wende nach den vielen Mißerfolgen mit den Atommodellen der vorhergehenden Jahre eingeleitet. Heisenbergs Quantenmechanik war durch konsequentes Einhalten dieses neuen Rezeptes zustande gekommen. Deshalb bedeuteten rotierende Elektronen ein Rückfall in ältere Vorstellungsmuster, und den mußte man grundsätzlich mit allen Mitteln bekämpfen.

Aber es war natürlich nicht nur diese generelle Ablehnung alles Modellmäßigen, welche Pauli in seiner Auffassung bestärkte. Es gab zahlreiche theoretische Einwände, die gegen die Existenz eines ausgedehnten rotierenden Elektrons sprachen. Ein derartiger Einwand war von Fermi und Rasetti publiziert worden.[29] Aus der Feldenergie des magnetischen Dipolmomentes ($\mu = e\hbar/mc$) brauchte man nur den Elektronenradius von der Größenordnung 10^{-12} cm abzuschätzen. Die Atomkerne sollten aber gemäß der damaligen Auffassung mehrere solche Elektronen enthalten. Elektronen dieser Größe waren natürlich undenkbar.[30]

---

28 Pauli (1925), S. 385

29 Rasetti und Fermi (1926). – Siehe hierzu auch Pais (1972), S. 85, und Belloni (1981).

30 Dieses Ergebnis teilte Fermi am 25. Feburar 1926 in einem Brief an Goudsmit und Uhlenbeck mit: „Ich habe Ihre Arbeit in den Naturwissenschaften über das rotierende Elektron gelesen und die Idee hat mir wirklich sehr gefallen, da man mit ihr manche Sachen versteht, welche mit den älteren Vorstellungen ganz geheimnisvoll blieben. Es gibt jedoch einen Punkt, worüber ich mir nicht klar werden konnte. Denken wir uns nämlich das Elektron (selbst ohne nähere Angaben über seine Struktur) als ein Gebilde von den linearen Dimensionen r_0, was ein magnetisches Moment μ trägt, so kann man die Größenordnung seiner magnetischen Energie W_m auswerten, und es kommt heraus $W_m = \mu^2/3r_0{}^3$; und gewöhnlich wird $r_0 = 10^{-13}$ cm genommen. Als μ wollen wir ein Bohrsches Magneton $= 0{,}9 \cdot 10^{-20}$ nehmen; wir finden dann $W_m = 3 \cdot 10^{-2}$ erg. Das ist nun eine schrecklich große Energiemenge. Wenn man sie z.B. als Masse auswertet, bekommt man $Wm/c^2 = 3 \cdot 10^{-23}$, d.h. eine Masse ungefähr 20 Mal größer als die Masse des Wasserstoffatoms und mehr als 30000 mal größer als die Elektronenmasse. – Ich kann nur einen Ausweg aus dieser Schwierigkeit sehen, und nämlich den, daß man einen Elektronenradius der Größenordnung 10^{-11} annimmt. Dann würde seine Masse hauptsätzlich magnetischen (und nicht elektrischen) Ursprungs sein. Natürlich sehe ich jetzt nicht ein, ob nicht etwa eine solche Hypothese in anderen Gebieten der Physik gegen Schwierigkeiten stoßen würde.“

James Franck, Paul Ehrenfest und Georg Gamow im Freien diskutierend
(Ende der zwanziger Jahre)

Einwände fundamentalerer Art bewegten aber die Quantentheoretiker. Schon einen Tag nach dem Erscheinen der entsprechenden Mitteilung von Uhlenbeck und Goudsmit signalisierte Heisenberg seine Bedenken in einem Brief an Goudsmit:[31]

> „Ihre mutige Note in den Naturwissenschaften interessiert mich so sehr, daß ich gerne einige Fragen an Sie darüber richten möchte. Sie haben völlig recht, daß man alle prinzipiellen Schwierigkeiten bei der Multiplettstruktur nie mit einem Zauberschlag beseitigen kann, wenn man Ihre Annahme über das magnetische Moment des Elektrons macht; ...Aber ich möchte Sie nun gerne fragen, wie Sie den Faktor 2 losgeworden sind?"

Am gleichen Tag verschickte er eine Postkarte an Pauli, um von ihm als „Meister der Kritik" zu hören, was er von Goudsmits Note halte.[32] Auf Paulis Verlangen erläuterte Heisenberg dann, wie er den zusätzlichen Faktor 2 erhalten habe.[33]
Heisenberg hatte lediglich die magnetische Wechselwirkungsenergie berechnet, die infolge des elektrischen Kernfeldes (nach dem Biot-Savartschen Gesetz) am Orte des bewegten Magnetelektrons entsteht, wenn man über einen Bahnumlauf mittelte. Bei dieser Rechnung hatte er vorläufig noch das Störungsverfahren der älteren Quantentheorie angewandt.
Die Differenz zweier Energieniveaus ergab — bis auf einen Faktor 2 — überraschenderweise Sommerfelds relativistische Formel für den Termunterschied von zwei Keplerellipsen verschiedener Exzentrizität. Heisenberg fühlte sich durch Goudsmits Idee „so weit zur Zoologie animiert", daß er beschloß, das „Modell durch die Matrizenmühle" zu ziehen.[34]
Weder den beiden Urhebern der Spinhypothese noch ihrem Mentor Ehrenfest war das Problem mit dem Faktor 2 aufgefallen. Zunächst hatten sie die allergrößte Schwierigkeit, Heisenbergs Frage zu verstehen.[35] In dieser Not kam ihnen Einstein zu Hilfe, der um diese Zeit seinen alljährlichen Besuch in Leiden abstattete. Er erklärte den beiden, was Heisenberg mit seiner Frage meinte. Doch den rätselhaften Faktor 2 vermochte auch Einstein nicht zu deuten.
In diesem Stadium kam Niels Bohr zur Feier des 50jährigen Doktorjubiläums von Lorentz nach Leiden. Einsteins wohlwollender Zuspruch und die großen Vorteile der Spinhypothese beim Ordnen der Spektren bekehrten Bohr bald zu einem „Propheten des Elektromagnet-Evangeliums".[36] Vor seiner Rückreise nach Kopenhagen

31 Heisenberg an Goudsmit, 21. November 1925
32 Heisenberg an Pauli, 21. November 1925
33 Heisenberg an Pauli, 24. November 1925
34 Heisenberg an Pauli, 24. November 1925
35 Vgl. Uhlenbeck (1976), S. 47; Pais (1982), S. 143. — Am 9. Dezember schrieb Heisenberg abermals an Goudsmit: „Gegen die wörtliche Anwendung Ihrer Hypothese sprechen, glaub' ich, doch manche Argumente. Erstens ist da dieser Faktor 2, der wirklich eine direkte Übereinstimmung mit der Erfahrung verhindert."
36 Bohr an Ehrenfest, 22. Dezember 1925: „Nicht weniger Freude war es für mich, den Einsatz von Uhlenbeck und Goudsmit kennenzulernen. Ich bin überzeugt, daß es ein überaus großer Fortschritt in der Theorie des Atombaues bedeutet. Auf meiner weiteren Reise fühlte ich mich ganz wie ein Prophet des Elektromagnet-Evangeliums, und ich glaube, daß es mir gelungen ist, Heisenberg und Pauli wenigstens davon zu überzeugen, daß ihre bisherigen Einwände nicht entscheidend sind, und daß es äußerst wahrscheinlich ist, daß die quantenmechanische Durchrechnung alle Einzelheiten richtig wiedergeben wird."

Diecke mit Ehrenfest diskutierend

Otto Stern und Wolfgang Pauli im Frühjahr 1926

traf er sich mit Pauli in Berlin und versuchte, ihn für die neue Idee zu gewinnen. Offenbar nicht ganz ohne Erfolg, denn in seinem Schreiben an Pauli sagte Heisenberg:[37]

> „Auch mich hat Bohrs Optimismus hinsichtlich der Goudsmitschen Theorie so beeinflußt, daß ich gerne an das magnetische Elektron glauben möchte. Wie ausgemacht, haben wir [d.h. Heisenberg und Jordan] uns an die quantenmechanischen Rechnungen dieser Theorie gemacht."

Heisenberg, Bohr und Pauli glaubten zunächst, das Rätsel könne noch mit Hilfe der Matrizenrechnung aufgeklärt werden. In Berlin vereinbarten Pauli und Bohr ein Programm zu seiner Lösung.

„Mein Glaube ist weiterhin durch die große Schönheit begründet, die das Evangelium in Aussicht gestellt hat", schrieb Bohr aus Kopenhagen kurz nach seiner Rückkehr, „aber das Urteil sollte ja die Quantenmechanik abgeben."[38]

Die größten Schwierigkeiten bereitete die Berechnung der Mittelwerte von $1/r^2$ und $1/r^3$ mit Hilfe der Matrizenmethode zur Bestimmung der magnetischen und relativistischen Energieterme. Die Rechenarbeit teilten sich Pauli, Heisenberg und Jordan.

In Leiden war man inzwischen nicht weiter gekommen. Ehrenfest empfahl deshalb Goudsmit, einen taktischen Brief an Millikan zu entwerfen:[39]

> „Setzt *ganz dogmatisch ohne Beweis* die Behauptungen hin, zu denen Ihr kommt. Die Beweise soll [Millikan] selber trachten zu finden mit Hilfe von Epstein. Also Resultate sehr scharf formulieren, Weg zu den Resultaten nur ganz lose andeuten."

Zum Jahresende während seines Besuches bei den Eltern in Wien wurde Pauli „nach neuerlicher Überlegung doch wieder sehr skeptisch", obwohl auch er zugestand, „daß etwas Endgültiges erst auf Grund eingehender quantenmechanischer Rechnungen wird ausgesagt werden können".[40]

Paulis Bedenken veranlaßten Bohr, nun seinerseits nach Leiden zu schreiben und dort darauf zu dringen, daß man in einer Zuschrift an die Naturwissenschaften auf die noch ausstehende quantitative Bestätigung der Spinhypothese hinweisen sollte.[41]

Den ganzen Januar hindurch arbeiteten Pauli, Heisenberg und Jordan an dem Spinproblem. Die Bestimmung der Mittelwerte erforderte die schon erwähnte Erweiterung des Matrizenkalküls auf nicht-periodische Systeme. Als Ergebnis stellte sich heraus, daß auch die Quantenmechanik den Faktor 2 nicht deuten konnte. Bei der Zusammenfassung seiner Ergebnisse für Heisenberg wies Pauli auf einen „ganz merkwürdigen Umstand" hin. „Rechnet man mit der halben magnetischen Energie E_M, so hat die Summe $E_R + 1/2\ E_M$ genau alle Eigenschaften, die man braucht. ... Also:

37 Heisenberg an Pauli, 24. Dezember 1925. (Vgl. auch das in Amn. 40 zitierte Schreiben Paulis.)

38 Bohr an Pauli, 24. Dezember 1925

39 Ehrenfest an Goudsmit, 28. Dezember 1925

40 Pauli an Bohr, 30. Dezember 1925

41 Bohr an Ehrenfest, 5. Januar 1926

Ein halb, ein halb, ein Königreich für den Faktor 1/2."[42] Diese „Kuriosität" wurde wenige Tage später Bohr mitgeteilt.[43] Heisenberg unterrichtete Goudsmit von dem Ergebnis und stellte eine gemeinsame Veröffentlichung mit Jordan in Aussicht.[44] Für Heisenberg war damit diese Angelegenheit zunächst abgeschlossen.

Nicht aber für Pauli. Am 20. Februar traf aus Kopenhagen die überraschende Nachricht ein, ein junger Engländer namens Thomas habe herausgefunden, daß der Faktor 2 seinen Ursprung in einer fehlerhaften Berechnung der Relativbewegungen von Elektron und Kern habe.[45] Dem Schreiben war eine kurze zur Veröffentlichung in der englischen Zeitschrift Nature bestimmte Mitteilung von Thomas beigefügt.

Was war geschehen? Bohr hatte Goudsmit am 5. Februar zu einem zweiwöchigen Aufenthalt nach Kopenhagen eingeladen. Dadurch wurde die allgemeine Aufmerksamkeit der Institutsmitglieder auf das bestehende Elektronenproblem gelenkt. Unter diesen befand sich auch Thomas, ein Student aus Cambridge, der hier seit dem letzten Herbst seine Doktorarbeit vorbereitete.

Thomas selbst berichtete später über die Diskussionen zwischen Bohr und Kramers, die ihn zu seinen Rechnungen anregten.[46] Aus Eddingtons Cambridger Vorlesungen über Allgemeine Relativitätstheorie kannte er die relativistische Kinematik der Mondbewegung. Es bedurfte also nur noch einer Anpassung dieser Resultate an das atomphysikalische Problem. Er berichtet, daß er innerhalb von drei Tagen den Fall aufklären konnte.

---

42 Pauli an Heisenberg, 31. Januar 1926. E_M ist die Spin-Bahnkopplungsenergie und E_R die schon von Sommerfeld (1915) berechnete Korrektur der Terme infolge der relativistischen Masseveränderlichkeit des Elektrons bei einer Keplerbewegung. Landé (1924) hatte die Berechnung von E_M nach dem Verfahren der älteren Quantentheorie in einem anderen Zusammenhang schon ausgeführt. Die genannten Größen sind folgendermaßen definiert: $E_M = Ze^2/m^2c^2\ (\overline{1/r^3})\ \vec{s}\cdot\vec{k}$, $E_R = Z^2e^4/2mc^2\ (\overline{1/r^2})$. $\vec{s}$ und $\vec{k}$ sind Spin- und Bahndrehimpulsvektoren, r der Kern-Elektron-Abstand. Alle übrigen Größen haben die übliche Bedeutung.

43 Pauli an Bohr, 5. Februar 1926

44 Heisenberg an Goudsmit, 19. Feburar 1926: „Die Rechnungen über Ihr Modell nach der Quantenmechanik sind jetzt abgeschlossen (z.T. im Verein mit Pauli) und das Resultat ist in jeder Beziehung das erwartete: nämlich die Zeemaneffekte kommen sowohl was Intensitäten als Aufspaltung betrifft, richtig heraus; ... insbesondere ergibt sich bei dem D-Linientypus für Intensitäten und Aufspaltungen die Formel der Voigtschen Theorie. Für die Dublettfeinstruktur aber ergibt sich die Formel

$$W = W_0 + \frac{2\,R^2 h^2\,Z^4}{mc^2\,n^3}\left(\frac{j(j+1) - k(k+1) - \frac{1}{2}\frac{3}{2}}{k(k+\frac{1}{2})(k+1)} - \frac{1}{k+\frac{1}{2}} + \frac{3}{4\,n}\right).$$

Hierin ist k für den s-Term gleich Null genommen, $j = k \pm \frac{1}{2}$. Man sieht zunächst: Die Relativität gibt *nicht* die Sommerfeldsche Formel, bei Sommerfeld hießen ja die letzten beiden Glieder der Klammer $(-\,1/(k+1) + 3/4\,n)$. Also fällt jedenfalls die relativistische Erklärung der Dubletts for. Aber weiter: Ihre Theorie gibt genau das *Doppelte* der beobachteten Feinstrukturaufspaltung. Daher ergibt sich auch keine Trennung in Abschirmungsdubletts und magnetische Dubletts. Aber es gibt die merkwürdige Beziehung: Würde man bei Ihrem Elektron den Faktor 2 streichen, so ergäbe sich erstens die richtige Dublettgröße, zweitens die richtige Trennung in Abschirmungs- und magnetische Dubletts, d.h. exakt die Sommerfeldsche Formel. ... Die Rechnungen will ich an die Zeitschrift für Physik schicken."

45 Bohr an Pauli, 20. Feburar 1926

46 SHQP, Interview mit L. H. Thomas vom 10. März 1962

Wie sich jetzt herausstellte, hatte man bei der Berechnung des gemittelten magnetischen Feldes am Orte des bewegten Elektrons einen wichtigen Umstand übersehen. Wegen der Kreisbewegung des Elektrons hatte man es nämlich mit beschleunigten Bezugssystemen zu tun, die eine komplizierte Untersuchung über sukzessive Lorentztransformationen erforderten. Die genaue Durchrechnung ergab den Faktor 2![47]

Thomas' Mitteilung war so knapp, daß weder Pauli, Heisenberg oder Wentzel – der zu dieser Zeit gerade von seinem Aufenthalt in Hamburg für drei Tage nach Kopenhagen gereist war – seinen Überlegungen zu folgen vermochten.[48] Es bedurfte drei Wochen angestrengten Korrespondierens mit Bohr und Kramers, bis Pauli endlich Thomas' Rechnungen nachvollziehen konnte. Selbst ein Besuch von Goudsmit in Hamburg hatte keine Klärung gebracht.

Die nachträgliche Lektüre des Briefwechsels läßt die Vermutung aufkommen, man habe in Kopenhagen Einzelheiten der Thomasschen Rechnung nicht ganz ohne Absicht zurückgehalten. Schließlich war diese Aufklärung des „verdammten Faktors zwei" ja ein großer Erfolg für die Kopenhagener, und auf diese Weise konnte man unterstreichen, daß auch in Zukunft die stolzen Begründer der Matrizenmechanik keineswegs immer das letzte Wort in Sachen der Atomphysik behalten sollten.

„Einige Seiten, die Thomas aufgeschrieben hat" schickte Bohr schließlich am 9. März an Pauli.[49] Pauli „kapitulierte" daraufhin „vollständig"[50] und schrieb sogleich an Goudsmit, daß er mit seinen „Einwänden gegen Thomas Unrecht hatte und daß seine relativistische Überlegung in eine vollständig korrekte und einwandfreie Form gebracht werden kann."[51]

Erst nach Paulis Bekehrung fand der Elektronenspin allgemeine Anerkennung in den Fachkreisen. Jordan arbeitete das neue Ergebnis noch rasch in die gemeinsam mit Heisenberg vorbereite Untersuchung ein. Auch Goudsmit vermochte erst jetzt Landé eine zufriedenstellende Begründung der Thomas-Präzession zu vermitteln.[52] Landé antwortete aus Tübingen[53]:

---

47 Eine vereinfachte Ableitung des Thomas-Faktors lieferte Sommerfeld im Oktober 1931 – unter Berufung auf einen durch Pauli rekonstruierten Vortrag von Langevin – auf dem Kernphysikerkongreß in Rom. – Siehe auch Kramers [1937] und Mehra und Rechenberg [1982], I, S. 708 ff. und III, S. 270 ff.

48 Noch im April, als Pauli sich längst von der Richtigkeit der Rechnung überzeugt hatte, beschwerte sich Heisenberg (am 9. April) bei Jordan: „Daß Sie mir nicht schreiben, weshalb Thomas mit dem verdammten Faktor 2 Recht hat, ist ein schreiender Skandal."

49 Bohr an Pauli, 9. März 1926

50 Pauli an Bohr, 12. März 1926

51 Pauli an Goudsmit, 13. März 1926

52 Goudsmit an Landé, 21. März 1926: „Die genannte Hypothese [vom rotierenden Elektron] kann jetzt einwandfrei die Dublettspektren erklären. Das Elektron bewegt sich mit der Geschwindigkeit $\vec{v}$ im elektrischen Felde $\vec{E}$, d.h. es empfindet ein Magnetfeld $\vec{H} = \vec{E} \times \vec{v}/c$. Selber ist es ein Magnet mit dem magnetischen Moment

$$1 \cdot 2 \cdot h/2\pi \cdot e/2mc$$

und man rechnet, nach Einsetzen von $\vec{E}$ und $\vec{v}$ und Mitteln, leicht seine Larmorpräzession aus. Die Rechnung ist genau identisch mit der Ihrigen in Z. Phys. **24**, 88–97 (1924), nur be-

„Ihre und Uhlenbecks rotierendes Elektron, das ich zuerst gar nicht für diskutierbar hielt, hat sich ja als ein wahres Ei des Kolumbus herausgestellt, das mit einem Schlag alle Zweideutigkeiten löst."

Die dem anschaulichen Modell noch anhaftenden Unstimmigkeiten (wie die Vorstellung eines mit Überlichtgeschwindigkeit rotierenden Elektrons oder die sog. magnetomechanische Anomalie) gaben Pauli insofern recht, als sie erst durch eine relativistische Quantentheorie aufgeklärt werden konnten. In Anspielung darauf soll Sommerfeld einmal zu Goudsmit gesagt haben: „Und es dreht sich doch nicht."[54]
Als Pauli anschließend für einen Monat nach Kopenhagen ging[55], standen schon Schrödingers Mitteilungen zur Wellenmechanik im Zentrum des Interesses, und er fand, sie seien vielleicht doch nicht so „verrückt", wie Sommerfeld ihm zuvor geschrieben hatte.
Seit der ersten Formulierung der Spinhypothese bis zu ihrer allgemeinen Anerkennung war beinahe ein halbes Jahr verstrichen. Erst die Einwände gegen die neue Auffassung führten zu einer Unterteilung des Problems in mehrere Etappen, die dann Zug um Zug gelöst werden konnten. An der Debatte hatten die führenden Atomphysiker der Zeit mit dem Einsatz ihrer gemeinsamen Kräfte teilgenommen. Keiner von ihnen vermochte das Problem alleine zu bewältigen.[56] Durch die Formulierung eines sinnvollen Forschungsprogramms und durch ein konsequentes Beharren auf der Aufklärung der jeweils noch bestehenden Unklarheiten hatte Pauli die wesentlichen Anstöße zu dieser Begriffsklärung gegeben.[57]

Fortsetzung Fußnote 52

kommt man jetzt richtig Z^4. Es ist aber noch ein Faktor 2 zuviel da! Glücklicherweise hat nun ein junger Engländer aus Cambridge, jetzt in Copenhagen, L. H. Thomas, gefunden, daß man in dieser Rechnung eine Relativitätspräzession vergessen hat. Ein mit dem Elektron bewegtes Bezugssystem hat nach einem Umlauf nicht mehr denselben Stand in Bezug auf ein ruhendes System. Nur im bewegten System gilt aber die oben genannte Rechnungsweise. Die wirkliche Präzession ist also die Summe der oben angegebenen Larmorpräzession und der Präzession des mitbewegten Bezugssystems. Diese letztere ist nun gerade $-1/2 \times$ die erstere! Also bekommt man jetzt in der Tat die richtige Formel für die „relativistischen Dubletts" (die, wie Bohr sagte, eigentlich jetzt durch die Thomassche Rechnung mit mehr Recht diesen Namen verdienen als vorher!)."

53 Landé an Goudsmit, 20. Juli 1926

54 Goudsmit an van der Waerden, 14. Juli 1959

55 Vgl. hierzu Bohrs Schreiben vom 17. April 1927 an Goudsmit: „Augenblicklich ist Pauli hier und es herrscht im Institut die friedlichste Stimmung, indem ich glaube, daß wir alle ungefähr einig sind, sowohl über was bisher errungen ist wie über die Natur der Schwierigkeiten, die noch zurückstehen. Ich muß aber gestehen, daß es mir sehr schwierig ist, in Ihren Überlegungen eine ausreichende mechanische Begründung zu erkennen. Wenn man sich überhaupt auf Korrespondenzbetrachtungen stützen will, ist es kaum erlaubt sich auf die Quantisierbarkeit als ein Argument für eine spezielle Kopplungsart zu berufen. Denn schon von der jetzt altmodischen Theorie der Periodizitätssysteme wissen wir, daß es möglich ist, jeder mechanischen Kopplungsart eine angemessene quantenmechanische Einkleidung zu geben. ... Kramers und Pauli, mit denen ich Ihren Brief diskutiert habe, und die, wie ich glaube, meine Meinung teilen, senden mit mir die besten Grüße."

56 Als Kronig im November 1926 nochmals in Kopenhagen während eines allgemein besuchten Vortrags vor der Dänischen Physikalischen Gesellschaft auf seine Spinhypothese zurückkam, fand er auch hier abermals kein Gehör. Vgl. Kronig (1960), S. 26.

57 Siehe hierzu auch van der Waerden (1960).

Doch Pauli publizierte seinen Anteil an dieser Entwicklung nicht. Weil aber seine Opposition manchen Beteiligten Unbequemlichkeiten bereitete, waren seine Verdienste nach dem Erfolg schnell wieder vergessen. Die Briefe sind somit die letzten Zeugen, die noch ein annähernd zuverlässiges Bild des tatsächlichen Hergangs aus der Sicht der jeweils Beteiligten vermitteln können.

„Wie ich Sie kenne", schrieb Pauli am 8. März Kramers, „werden weder Bohr noch Sie es mir übelnehmen, daß die ‚Geißel Gottes' wieder das Kopenhagener Institut getroffen hat. Denn die Kritik der Thomasschen Arbeit ist ja meine Pflicht als verantwortungsvoller Wissenschaftler."[58] Wahrscheinlich meinte Niels Bohr diese Eigenschaft, als er Pauli als das „Gewissen der Physik" bezeichnete. Um so bemerkenswerter ist, daß gerade diese seine Haltung anderen Anlaß zur Kritik gab.[59]

58 Pauli an Kramers, 8. März 1926

59 Vgl. z.B. auch die in diesem Band wiedergegebenen Würdigungen von Paul Ehrenfest (II,2) und Oskar Klein (II,3).

Kapitel II
Erinnerungen

1
Wolfgang Pauli
Autobiographie*

Ich bin am 25. April 1900 in Wien als Sohn des Universitätsprofessors und Arztes Dr. Wolfgang Pauli geboren. Nachdem ich dort 1918 das humanistische Gymnasium absolviert hatte, studierte ich 6 Semester an der Universität München. Hier war mein Lehrer in theoretischer Physik Professor A. Sommerfeld, und die Anregungen, die ich von ihm und seinem Schülerkreis (dem auch mein jetziger Chef, Professor W. Lenz, angehörte) empfing, waren für meine wissenschaftliche Ausbildung entscheidend. Zunächst war ich mit Fragen der Relativitätstheorie beschäftigt, worüber ich einige kleinere Noten publizierte, vor allem aber im Auftrage Sommerfelds einen zusammenfassenden Artikel für die mathematische Encyklopädie verfaßte. Bald wandte ich mich aber Fragen der Quanten- und Atomphysik zu, welches Gebiet bis heute mein Arbeitsfeld geblieben ist. Es entstanden damals zwei Arbeiten, die speziell sich mit Fragen des Atommagnetismus beschäftigen. Im Juni 1921 promovierte ich in München mit einer Dissertation, die ein spezielles Molekülmodell zum Gegenstand hatte, das beim heutigen Stand der Physik allerdings als überholt gelten muß.

Im darauffolgenden Wintersemester 1921/22 war ich Assistent bei Professor Born in Göttingen. Es entstand damals eine gemeinsame Arbeit von Professor Born und mir, deren Ziel es war, die Methoden der astronomischen Störungsrechnung für die Atomphysik in systematischer Weise nutzbar zu machen. Nachdem ich im Sommersemester 1922 Assistent bei Professor Lenz in Hamburg gewesen war, ging ich für ein Jahr zu Professor Niels Bohr nach Kopenhagen. Hier hatte ich Gelegenheit, die

* Enthalten in Pauli [1964], Band I, S. V–VI. Wahrscheinlich verfaßte Pauli diese Autobiographie erst im Herbst 1927, als er für die Züricher Professur vorgeschlagen wurde.

besonderen wissenschaftlichen Methoden dieses berühmten Forschers kennenzulernen und ihm zu meiner Freude auch persönlich näher treten zu können. Meine Arbeiten aus dieser Zeit in Kopenhagen betrafen hauptsächlich die Folgerungen, die man aus dem sogenannten anomalen Zeeman-Effekt (Einwirkung von Magnetfeldern auf Spektrallinien) für den Atombau ziehen kann.

Im Herbst 1923 kehrte ich wieder nach Hamburg zurück, wo ich bis heute tätig bin und eine Assistentenstelle bei Professor W. Lenz innehabe. Anfang 1924 habilitierte ich mich hier mit einer Arbeit, die eine Verallgemeinerung der von Einstein in die Quantentheorie der Strahlung eingeführten statistischen Gesetze enthielt. Ende des Jahres 1924 verfaßte ich eine Arbeit, die unter anderem einen allgemeinen, den Atombau betreffenden Satz enthielt, der sich als für die Entwirrung komplizierter Spektren sehr fruchtbar erwiesen hat und seither in der Literatur vielfach zitiert wird. Diese Arbeit ging in der Richtung weiter, die ich in Kopenhagen zu verfolgen begonnen hatte; sie brachte auch den holländischen Physikern Goudsmit und Uhlenbeck verschiedene Anregungen, die durch ihre theoretische Entdeckung der magnetischen Eigenschaften der freien Elektronen diesen Problemkreis zu einem vorläufigen Abschluß brachten.

Nachdem ich für das im Verlag Springer erschienene *Handbuch der Physik* einen zusammenfassenden Bericht über die Methoden der älteren Quantentheorie verfaßt hatte, verfolgte ich in neuen Arbeiten seit Ende 1925 die neuere, von Heisenberg und de Broglie begründete und später von Schrödinger wesentlich weitergeführte wellenmechanische Fassung der Quantentheorie. Auch zur Zeit bin ich mit Problemen auf diesem Gebiet beschäftigt.

Im Juni 1926 erhielt ich eine Berufung an das Extraordinariat für theoretische Physik an der Leipziger Universität. Da mir bei dieser Gelegenheit in Hamburg der Professortitel verliehen wurde und ich einen besonderen Lehrauftrag erhielt, konnte ich diese Berufung ablehnen.

2

Paul Ehrenfest*

Ansprache zur Verleihung der Lorentzmedaille an Professor Wolfgang Pauli am 31. Oktober 1931**

„Wenn wir nochmals Ehrenfests wissenschaftliches Wirken rückschauend betrachten, so erscheint es uns als lebendiges Zeugnis der bleibenden Wahrheit: Wissenschaftlich objektive Kritik, und sei sie noch so scharf, wirkt stets anregend und befruchtend, wenn sie konsequent zu Ende gedacht wird.“

Pauli (1933e), S. 843

Sie kennen den Platz, den das Werk von *H. A. Lorentz* in der Entwicklung der Physik einnimmt. Auch persönlich haben Sie *Lorentz* kennen gelernt in seiner eigenartigen Wirkung auf die jüngeren Fachgenossen aller Nationen.

Sie müßten ihn aber auch noch in seinen Beziehungen zu Nederland und zu unserer Akademie gekannt haben! Dann würden Sie wissen, wie viel hier bei uns mitklingt, wenn wir den Namen *Lorentz* nennen. Der Gelehrte, dessen wissenschaftliche Leistung mit der *Lorentz*-Medaille geehrt werden soll, wird eben dadurch unserem Gefühl in besonderer Weise nahegebracht. Das durfte doch wohl in diesem Augenblick offen ausgesprochen werden.

Mit der heutigen – der zweiten – Verleihung der *Lorentz*-Medaille will unsere Akademie den Entdecker des tiefliegenden „Ausschließungs-Prinzipes“ ehren. Hat doch diese Entdeckung – um einen Ausdruck des Statutes der Medaille zu

* Als Wegbereiter der älteren Quantentheorie nimmt *Paul Ehrenfest* (1880 in Wien geboren) einen besonders wichtigen Platz unter den Physikern des frühen 20. Jahrhunderts ein. Durch einfallsreiche Betrachtungen hat er immer wieder die neuartigen Begriffsbildungen der Theorie zu veranschaulichen versucht und auf die paradoxen Quantenerscheinungen aufmerksam gemacht. Noch mehr beunruhigte ihn – wie auch Schrödinger, Einstein, von Laue und viele andere Physiker der älteren Generation – die Entwicklung der Quantenmechanik nach 1925, weil sie jetzt die völlige Aufgabe vieler vertrauter Denkgewohnheiten erzwingen wollte. Besonders in den Briefen an Pauli kam dieses Unbehagen öfters in bissigen Bemerkungen zum Ausdruck. Aber das persönliche Verhältnis zwischen den beiden Physikern war trotzdem sehr herzlich, wie die folgende Ansprache Ehrenfests zeigt. Äußere Umstände und vielleicht auch Unzufriedenheit mit den neuesten wissenschaftlichen Entwicklungen veranlaßten Ehrenfest im Herbst 1933, wie sein großes Vorbild Ludwig Boltzmann, freiwillig aus dem Leben zu scheiden. In einem Nachruf hat Pauli Ehrenfests wissenschaftlichen Leistungen gebührend gewürdigt.

** Ehrenfest (1931). – Die Anmerkungen wurden von den Herausgebern hinzugefügt.

gebrauchen – „einen großen Einfluß auf die Entwicklung der Wissenschaft" ausgeübt. Das sieht jeder klar, der die Entwicklung der theoretischen Physik im letzten Jahrzehnt verfolgt hat.
Wir bewundern die Schönheit und Rätselhaftigkeit dieses Prinzips und seine Fruchtbarkeit in den allerverschiedensten Gebieten der Physik. Aber nicht minder bewundern wir die Weise, in der Sie sich zu dieser Entdeckung durchgerungen haben.
Man kann in Ihrer berühmten Arbeit vom Januar 1925 nachschlagen, wie Sie dort Ihr „Ausschließungs-Prinzip" einführen. Das Prinzip, das wir andern das „*Pauli*-Verbot" zu nennen pflegen. Sie lassen es dort besagen: In einem Atom (im starken äußeren Feld) können keine zwei Elektronen einen und denselben Quantenzustand besitzen. Hat einmal ein Elektron einen bestimmten Quantenzustand gewählt, so ist *dieser* Quantenzustand schon für jedes andere Elektron „ausgeschlossen", schon „verboten".[1]
Auf den ersten Blick scheint so das *Pauli*-Verbot allein solche Leute was anzugehen, die sich mit der genauen Elektronen-Verteilung in *Bohr*schen Atomen beschäftigen, oder mit deren Spektren. Und der Titel der Arbeit scheint diesen Eindruck zu bestätigen. Lautet er doch: „Über den Zusammenhang des Abschlußes der Elektronengruppen im Atom mit der Komplex-Struktur der Spektren". Aber dieses so esoterisch aussehende Prinzip kann mitten in unsere Alltags-Welt hineingreifen! Es ist reizvoll, sich das an einem einfachen Beispiel deutlich zu machen.
Wir nehmen ein Stück Metall in die Hand. Oder einen Stein. Schon ein wenig Nachdenken macht uns erstaunt, daß dieses Quantum Stoff nicht einen viel geringeren Raum einnimmt. Denn wohl liegen die Moleküle schon ganz dicht aufeinandergepackt. Und ebenso die Atome im Molekül. – Gut. – Aber warum sind die Atome selber so dick?!
Betrachtet man zum Beispiel das *Bohr*sche Modell für ein Blei-Atom. Warum laufen von den 82 Elektronen des Atoms nur so ganz wenige auf den Quantenbahnen *dicht* um den Kern, alle anderen aber in immer weiteren und weiteren Bahnen? Die Anziehung der 82 positiven Ladungseinheiten des Atomkernes ist doch so mächtig. Viel mehr von den 82 Elektronen könnten sich also auf die inneren Quantenbahnen zusammenziehen, ehe ihre wechselseitige Abstoßung zu groß wird. Was verhindert dann also das Atom sich in dieser Weise viel kleiner zu machen?! Antwort: Nur das *Pauli*-Verbot: „Keine zwei Elektronen im selben Quantenzustand!" Darum also sind die Atome so unnötig dick; darum der Stein, das Metallstück etc. so voluminös! Sie müssen zugeben, Herr *Pauli*: Durch eine *partielle* Aufhebung Ihres Verbotes könnten Sie uns von gar vielen Sorgen des Alltags befreien: z.B. vom Verkehrsproblem unserer Straßen.
Aber nicht nur der Aufbau der Atome, das periodische System der Elemente und die Struktur der Spektren wird durch das *Pauli*-Verbot beherrscht. Gespenstisch-coquet winkt uns das *Pauli*-Verbot auch hinter allen möglichen anderen Erscheinungen der Physik und Chemie entgegen. Es versorgt uns z.B. mit zwei Sorten Wasserstoff-Molekülen (Ortho- und Para-Wasserstoff) und ohne Übertreibung darf man sagen, daß die Valenzstriche der Chemie ihre Anwendbarkeit in dieser Welt dem *Pauli*-Verbot verdanken. Entscheidend greift es in die magnetischen Eigenschaften der Materie ein und in die Elektrizitätsleitung und spezifische Wärme der Metalle.

1 Pauli (1925b). Wiedergegeben in Kapitel VI, 3.

Paul Ehrenfest (1931) vor der „scheuen" Tafel

Denn warum laufen doch die Leitungselektronen im Metall gemittelt mit so enorm großer kinetischer Energie herum? Auch bei den tiefsten Temperaturen – auch schon beim absoluten Nullpunkt? Nur weil das *Pauli*-Verbot sie verhindert, sich auf den bequemen Quantenbahnen langsamster Bewegung zu versammeln! Oder (wie man es zu formulieren pflegt): Weil in dieser Welt des *Pauli*-Verbotes die Elektronen der Fermi-Dirac-Statistik zu gehorchen haben.

Wahrlich nicht ohne Arbeit und nur durch eine überaus scharfsinnige Analyse der Erscheinungen ist Ihnen die große Entdeckung der vierten Quantenzahl des Elektrons und damit des *Pauli*-Verbotes gelungen.

Das Rätsel faszinierte Sie, das sich im anomalen *Zeeman*-Effekt hinter *Landés* *g*-Faktoren und den halben Quantenzahlen verbarg. In fast trotziger Selbst-Versagung verzichten Sie zunächst auf die Hilfe der verlockenden Modell-Vorstellung. Möglichst phänomenologisch analysieren Sie die Regeln des anomalen *Zeeman*-Effektes. So finden Sie April 1923 die Invarianz der reduzierten Energie-Summen bei Veränderung des Magnetfeldes.[2]

Auf das Exemplar dieser Arbeit, das Sie mir damals zusandten, haben Sie die Worte geschrieben: „Das ist eine scheußliche Arbeit!" Ich möchte vermuten, daß der nun älter gewordene *Pauli* – vielleicht mit etwas weniger Humor aber dafür mit mehr Respekt – auf diese Arbeit des jüngeren *Pauli* zurückblickt?

Um zu einer wechselseitigen Zuordnung der Terme im schwachen und starken Feld zu kommen, nehmen Sie in der folgenden Arbeit[3] (Oktober 1923) doch noch einmal das damalige Atommodell zu Hilfe. Das heißt, Sie lassen da das Leuchtelektron noch brav und normal mit seinen alten drei Quantenzahlen herumlaufen und der Atomrest bleibt für alle Sünden verantwortlich. Aber jedenfalls lassen Sie den Leser nicht im Zweifel, wie sehr Sie diesem sogenannten „Ersatzmodell" mißtrauen. Endgültig totgeschlagen haben Sie dieses Modell ein Jahr später – Dezember 1924.[4] Durch eine ebenso scharfsinnige, wie überzeugende Argumentation, indem Sie die relativistische Massenkorrektion und den anomalen *Zeeman*-Effekt miteinander konfrontieren.

Und nun erkennen Sie auch völlig klar: *Nicht der Atomrest, sondern das Leuchtelektron ist der Sitz der magneto-mechanischen Anomalie!* Der Atomrest kann erleichtert aufatmen: Sie haben ihn vom berüchtigten „unmechanischen Zwang" erlöst und auch vom „Verzweigungs-Satz", den die Boshaften unter uns doch den „Verzweiflungs-Satz" zu nennen liebten.

Unmittelbar daran anschließend (Januar 1925) können Sie nun den großen Fund publizieren:

Vier und nicht drei Quantenzahlen charakterisieren den Zustand eines *Elektrons und – keine zwei Elektronen im Atom dürfen* (im starken Feld) *den gleichen Quantenzustand besitzen*. Das *Pauli*-Verbot ist entdeckt![5]

Vermutlich hat Ihnen dieser Fund Freude bereitet. Ich sage „vermutlich". Denn wir Leser bekommen hauptsächlich zu hören, womit Sie noch *nicht* zufrieden sind. Besonders scharf betonten Sie sogleich, daß Sie für die vierte Quantenzahl des Elektrons keine Deutung geben können.

2 Pauli (1923b)
3 Pauli (1924a)
4 Pauli (1925a)
5 Pauli (1925b). Wiedergegeben in Kapitel VI, 3.

Da ist es amüsant, an einen biographischen Umstand zu erinnern, den vielleicht selbst mancher Ihrer Freunde übersehen oder jetzt schon vergessen haben könnte. Ich meine den folgenden Umstand: Ein halbes Jahr zuvor hatten Sie einen Brief in den „Naturwissenschaften" publiziert über die damals noch recht unbekannte Hyper-Feinstruktur der Spectra.[6] Sie schlagen dort eine kühne Hypothese betreffs des Atomkernes vor; daß er nämlich einen Drehimpuls besitze. Diese Hypothese ist seitdem der Leitstern eines tiefen, enorm wachsenden Forschungsgebietes geblieben. Sie sind also der Erfinder des Kern-Impulses oder, wie wir in der heutigen Terminologie sagen: des „Kern-Spins". Wie hat nun der Erfinder des Kern-Spins reagiert, als ihm später zur Deutung der rätselhaften vierten Quantenzahl des Elektrons ein Elektronen-Spin vorgeschlagen wurde?

Nun – eine mündliche Überlieferung murmelt, daß Sie dieses zarte, neugeborene Gedankenkind sehr wenig ermunternd, ja geradezu paulisch begrüßt haben! Aber natürlich; das Spin-Elektron wird Ihnen diese anfänglich lebensgefährliche Unfreundlichkeit schon lange verziehen haben. Denn Sie, Herr *Pauli*, haben ja das Spin-Elektron bald danach so liebevoll in die Welt der Wellenmechanik eingeführt. Ja Sie haben sogar seinetwillen die Physik mit einer ganz neuen Klasse von mathematischen Größen beschenkt: den Spinoren.[7]

So gehen gar viele Entwicklungslinien von diesen, Ihren Arbeiten aus. Gestatten Sie mir, nur noch kurz an eine einzige zu erinnern, weil sie uns direkt bis an den Rand der heutigen Physik führt. Ich meine die schöne Arbeit von *Heisenberg*, wo er uns zeigt, wie wir das *Pauli*-Verbot sinngemäß in der Sprache der Wellenmechanik formulieren sollen.[8] Er lehrt uns da, daß in der Natur wunderbarer Weise nicht alle möglichen Wellen-Lösungen für die Bewegung der Elektronen realisiert sind, sondern ausschließlich nur die sogenannten „antisymmetrischen" Lösungen! Warum nun just gerade nur die antisymmetrischen und nicht z.B. gerade nur die symmetrischen? Sie Herr *Pauli*, haben uns oft und hartnäckig daran erinnert, daß dieses „just so" eine beleidigende Herausforderung der Natur an die theoretischen Physiker vorstellt.

In der Tat: Die gegenwärtige Quantenmechanik beschreibt die Weltmaschine so, als ob sie charakterlos gleich bereit wäre, immerzu nur mit symmetrischen Lösungen zu spielen oder immerzu mit antisymmetrischen Lösungen. Und dann wird nur hinterher die Nachtragsbemerkung angeklebt: „De facto spielt die Natur nur mit den antisymmetrischen Lösungen". Das ist natürlich eine Schande. Aber wir sind hier eben am Rand der jetzigen Physik. Und jedesmal, wenn ein Atomkern bei einem Beta-Zerfall „ein neues Elektron in die Welt setzt" – jedesmal müssen wir mit Herzklopfen abwarten; wird sich nun das neue Elektron gehorsam dem *Pauli*-Verbot fügen oder wird es in boshaftem Übermut den Anti-Symmetrie-Tanz seiner älteren Geschwister verwirren?

Leider gibt mir der heutige Tag keine Gelegenheit auch über andere Ihrer Leistungen zu sprechen, wie z.B. Ihre Formel für die Wechselwirkung zwischen Strahlungsfeld und freien Elektronen[9]; oder über Ihre wunderbaren zusammenfassenden Be-

6 Pauli (1924c). Wiedergegeben in Kapitel V,1.
7 Pauli (1927b). Wiedergegeben in Kapitel VIII,2.
8 Heisenberg (1926)
9 Pauli (1923c)

richte[10] oder über die zahllosen wichtigen Anregungen, die Sie stets in mündlichen Diskussionen um sich streuen! Ich bedaure es. Man hätte Sie da so schön mit konzentriertem Lob quälen können, ungemildert durch adjungierbare Bosheiten.
Denn Sie selber, Herr *Pauli*, lieben es ja auch, Ihre Freunde – nicht zu verwöhnen. Bringen Sie es doch gelegentlich fertig, selbst Ihren größten und nächsten Freund aus seinem sonst so sorgfältig abgewogenen Vokabular und Satzbau ungeduldig herausspringen zu lassen. Dennoch mußten wir darauf vorbereitet sein, ihn heute inmitten vieler anderer Ihrer Freunde bei dieser Feier anwesend zu sehen.[11]
Ja Herr *Pauli;* es gelingt Ihnen halt doch nicht, alle Ihre Zeitgenossen zu verhindern, Sie sehr hoch zu schätzen, ja sogar zu lieben und also das Beste zu wünschen für Ihre Arbeit und für Ihr persönliches Glück.

Professor *Pauli*!
Heute, da mir die Ehre zuteil wird, Ihnen die *Lorentz*-Medaille zu überreichen, ist es mir lieb, mich daran zu erinnern, wie sehr *Lorentz* selber Sie geschätzt hat. Wegen Ihres Scharfsinns, Ihrer Klarheit und Ehrlichkeit und wegen der außerordentlichen Sorgfalt, mit der Sie stets die Verdienste anderer Forscher zur Geltung kommen lassen.

---

10 Pauli [1921] und [1926]. Teilweise wiedergegeben in Kapitel III,1.
11 Ehrenfest bezieht sich auf Bohr, der ebenfalls anwesend war. (Vgl. Pauli [1985], S. 95 ff)

3

Oskar Klein*

Wolfgang Pauli. Einige Worte zu seinem Gedächtnis**

Das unerwartete Hinscheiden von Wolfgang Pauli im Dezember des vorigen Jahres wurde als ein harter Schlag empfunden, überall da in der Welt, wo mit theoretischer Physik gearbeitet wird. Er war allmählich zu einer Art Institution geworden, der man seine Einfälle vorlegte ohne ausweichende Höflichkeit befürchten zu müssen. Es geschah wohl, daß er mit seiner Kritik den einen oder andern jungen schüchternen Physiker zum Verlassen einer unfertigen aber fruchtbaren Idee bewog. Aber selbst wollte er keineswegs als unfehlbare Autorität betrachtet werden, sondern nur seine Freiheit bewahren, das zu meinen, was er meinte, und es zu sagen. Typisch für ihn ist, daß er, nachdem die Ideen von *Lee* und *Yang* von den Versuchen bestätigt waren, Yang besonders lobte, weil er unbekümmert um Paulis Verstandskritik seine Arbeit ruhig fortgesetzt hatte. Auch wenn Paulis Unabhängigkeit und Ehrlichkeit manchmal etwas gewaltsamen Ausdruck annahm – nicht gerade geeigent als Beispiel für bewundernde Schüler – so trugen dieselben Eigenschaften zu dem Gefühl von Sicherheit bei, das er seinen Freunden einflößte.
Meine *erste Begegnung* mit Pauli fand im *Juni 1922* in Göttingen statt – er war 22 Jahre im vorhergehenden April geworden – wohin er etwas früher aus München übergesiedelt war, um Borns Assistent zu werden. Selbst war ich mit Niels Bohr gekommen, um ihm bei einer Reihe von Vorlesungen zu assistieren, die später „*Bohrfestspiele*" genannt wurden. Einige Monate vorher war Paulis Monographie über die Relativitätstheorie in der Encyklopädie der mathematischen Wissen-

* Oskar Klein (1894 in Schweden geboren und 1977 dort gestorben) gehörte damals, als der 22jährige Pauli für ein Jahr nach Kopenhagen kam, zur Gruppe der jüngeren bei Niels Bohr arbeitenden Physiker. Während dieser Zeit entwickelte sich zwischen den beiden ein besonders enges freundschaftliches Verhältnis, das auch durch zuweilen unterschiedliche wissenschaftliche Einstellungen nicht getrübt werden konnte. Obwohl Pauli anfangs über Kleins fünfdimensionale Formulierung der Relativitätstheorie spottete, hat er selbst diese Arbeiten später weitergeführt. (Siehe Enz (1985).) Auch ein von Klein gemeinsam mit Pascual Jordan eingeführter mathematischer „Trick" zur Beseitigung des Selbstenergieproblems aus den quantisierten Feldtheorien erregte Paulis Unwillen. Aber gerade wegen dieser Kritik schätzte man ihn, wie auch der folgende Nachruf beweist, den Oskar Klein persönlich für die trauernde Witwe Paulis aus dem Schwedischen übersetzt hat.

** Klein (1959). Aus dem Schwedischen übersetzt von O. Klein. Stilistische Unebenheiten wurden nicht beseitigt. Die Anmerkungen wurden von den Herausgebern hinzugefügt.

schaften[1] als Sonderband erschienen mit einem Vorwort von Sommerfeld, worin dieser geschrieben hatte: „Obgleich damals noch Student, war Herr Pauli nicht nur in den feinsten Gedankengängen der Relativitätstheorie durch eigene Untersuchungen heimisch, sondern auch mit der Literatur des Gegenstandes voll vertraut." Das Buch hatte uns allen, die wir angefangen hatten, mit demselben bekannt zu werden, unerhört imponiert. Für meine Generation wurde es zu einer unserer ganz wenigen *theoretisch-physikalischen Bibeln.* Viele Jahre später traf etwas ähnliches mit seiner *Wellenmechanik*[2] für eine jüngere Generation ein. Und immer noch dürften beide Bücher bezüglich der Darstellung der physikalischen Grundlagen der betreffenden Gebiete unübertroffen sein.

Als erste Erinnerung an Pauli schwebt mir vor, wie er in einem Kreis von älteren berühmten Physikern und Mathematikern ohne alle Hemmungen amüsante Anekdoten erzählte, die er sehr gut machte. Auf mich machte er unmittelbar einen sympathischen Eindruck. Hinter seiner starken Intellektualität und seinem ein wenig komischen unmanierlichen und etwas arroganten Äußeren gewahrte man einen im guten Sinne kindlichen Zug, der an eine reiche Persönlichkeit mahnte.

Während der Göttinger Tage lernte auch Ehrenfest Pauli kennen. Aus dieser Zeit stammt die erste Geschichte über ihren *Witzkrieg,* zu welcher gehört, daß Ehrenfest viele Jahre früher gemeinsam mit seiner Frau einen sehr originellen und gründlichen, aber auch sehr umstrittenen Artikel über statistische Mechanik für die Encyklopädie der mathematischen Wissenschaften verfaßt hatte.[3] Bei der betreffenden Gelegenheit stand Ehrenfest etwas abseits von Pauli und fixierte ihn in seiner spöttischen Weise, worauf er sagte: „Herr Pauli, Ihr Encyklopädieartikel gefällt mir besser als Sie selber." Worauf Pauli mit der größten Ruhe antwortete: „Das ist doch komisch, mir geht es mit Ihnen gerade umgekehrt." Später, während Ehrenfests letzter Jahre, wurden er und Pauli zu richtig guten Freunden, wobei der Witzkrieg in gemütlicher Form fortgesetzt wurde.

Ungeachtet seiner frühen Erfolge wurden Pauli die Mißerfolge und Schwierigkeiten keineswegs erspart, wie sie gewöhnlich einem Forscher begegnen, der nicht gebahnten Wegen folgt. Während der frühen Jahre trafen ihn solche Schwierigkeiten tief. Allmählich, besonders nachdem er um die Mitte der dreißiger Jahre eine glückliche Ehe geschlossen hatte, wurde er immer mehr zu dem harmonisch kontemplativen Betrachter der Rätsel des Daseins und der Menschenschicksale. Dies zusammen mit seiner sich rundenden Körperlichkeit und den länglichen Augen bewirkte, daß er bei scherzhaften Gelegenheiten *nicht länger mit Mephisto, sondern mit Buddha* verglichen wurde. Jedoch blieb er bis zum Ende ein intensiv lebendiger Mensch und sein Temperament brach dann und wann hervor in alter Stärke.

Während seines ersten Kopenhagener Jahres gleich nach der Göttinger Zeit rang er mit einem der schwierigsten Probleme der damaligen Atomtheorie, dem *anomalen Zeemaneffekt.* Er hat selbst erzählt wie ihm auf einer ziellosen Wanderung durch die Straßen Kopenhagens *Harald Bohr* begegnete, der freundlich zu ihm sagte: „Sie sehen so unglücklich aus", worauf er schroff antwortete: „Wie kann man glücklich aussehen, wenn man an den anomalen Zeemaneffekt denkt."

1 Pauli [1921]. Auszugsweise wiedergegeben in Kapitel III,1.
2 Pauli [1933]
3 P. u. T. Ehrenfest (1912)

Indessen war es gerade dieses Denken über den anomalen Zeemaneffekt, das Pauli zu „einer klassisch nicht beschreibbaren Zweideutigkeit" der Elektronenzustände führte, die ihn einerseits zu seinem wohl bedeutendsten Beitrag zur Entwicklung der Physik – zu dem Prinzip, das seinen Namen trägt – leitete und – andererseits – eine sehr wichtige Vorbereitung für die Entdeckung des Elektronenspins ausmachte. Pauli hat selbst in Verbindung mit seinem Nobelpreis in zwei charmvollen, kleinen Schriften seinen Weg zum Ausschließungsprinzip geschildert.[4]

Unter den vielen anderen Arbeiten von Pauli während dieser frühen Jahre möge hier sein Beitrag zum Verständnis der *Hyperfeinstruktur* der Spektrallinien auf Grund der Hypothese, daß gewisse Atomkerne ein Impulsmoment und ein magnetisches Moment besitzen, genannt werden.[5] Auch diese Arbeit wurde zu einer der Inspirationsquellen für die Entdeckung des Elektronenspins. Daß sich Pauli dann skeptisch verhielt gegenüber dem von *Kronig, Uhlenbeck* und *Goudsmit* aufgestellten *Modell eines rotierenden Elektrons* und dadurch möglicherweise die wichtige Entdeckung verzögerte, sollte ihn in keinem höheren Grad zur Last gelegt werden. Zeigte doch die spätere Entwicklung, zu der er selbst einen wichtigen Beitrag lieferte, daß seine Zweifel an das allzu handgreiflich mechanische Modell keineswegs unberechtigt waren. Andererseits erwies sich dieses als viel fruchtbarer, als er anfänglich glauben wollte.

Einige Jahre später lieferte Pauli noch einen Beitrag größter Bedeutung, indem er gegenüber von Bohrs sehr subtilen Zweifeln an der Gültigkeit der Energie- und Impulsgesetze bei den β-Prozessen die Hypothese von der buchstäblichen Existenz einer unbekannten, äußerst leichten, neutralen Partikel mit Spin 1/2 aufstellte.[6] Diese Hypothese führte dann Fermi zu derjenigen Theorie für die β-Radioaktivität, die der in den letzten Jahren erreichten großen Fortschritte bezüglich der sog. *schwachen Wechselwirkungen* zu Grunde liegt. Die direkte Bestätigung der *Neutrinohypothese* durch Cowan und Reines hat Pauli noch erlebt. Sie hat ihm viel Freude bereitet und er schrieb in seinem letzten Lebensjahr einen kleinen Artikel über die Entdeckungsgeschichte des Neutrinos für eine Festschrift zum achtzigsten Geburtstag von *Lise Meitner*.[7]

Ich will diese kurzen Andeutungen über Paulis Persönlichkeit und Werk, in denen nur einige wenige seiner vielfachen Beiträge zur Entwicklung der Physik berührt wurden, beschließen durch Zitieren einiger Zeilen aus dem Ende der ersten der obenerwähnten Schriften – eine Rede gehalten an einem Essen ihm zu Ehren an dem Institute for Advanced Study in Princeton an dem Tag, an dem ihm der Nobelpreis verliehen wurde –, nämlich:[8]

> "The essential advance of physics rests on the creative imagination of the experimental as well as the theoretical investigator, and, contrary to expensive applications of known principles, cannot be forced by planning on a grand

4 Pauli (1946a), wiedergegeben in Kapitel VI,4, und (1947a).
5 Pauli (1924c). Wiedergegeben in Kapitel V,1.
6 Siehe hierzu den in Kapitel X,1 wiedergegebenen Brief an O. Klein.
7 Siehe Pauli (1957a).
8 Pauli (1946a), S. 215.

scale. Therefore it is not possible to say beforehand where and when one can expect the further development of the basic principles of present-day physics, of which the problem of the exclusion principle is a part. We know, however, that this further development can take place only in the same atmosphere of free investigation and unhampered exchange of scientific results between nations that existed at the time of the desclosure of the exclusion principle."

4
R. Kronig*
Meine erste Begegnung mit Pauli**

> *"I am sure that the many physicists who have succeeded me in the post I then held [as Pauli's assistent] will look back on their stay in Zürich with as much gratitude as I do. After our first meeting, Pauli's orbit and my own have crossed repeatedly and in various ways, leaving me with the feeling of having received more than I ever could give in the vital atmosphere which surrounds him."*
>
> *Kronig (1960), S. 37*

Zwanzigjährig und in vieler Hinsicht unerfahren, traf ich am 7. Januar 1925 im kleinen, malerischen deutschen Städtchen Tübingen ein, wo ich im Hotel „Zum goldenen Ochsen" Quartier bezog. Ich war als Travelling Fellow der Columbia Universität dorthin gegangen und beabsichtigte, Landé und Gerlach zu besuchen, die an der Universität einen Lehrstuhl in theoretischer beziehungsweise experimenteller Physik innehatten. Zudem wollte ich auch Back kennen lernen. Am physikalischen Institut wurde ich von Landé freundlich und mit der Bemerkung empfangen, ich käme zu einem äußerst günstigen Augenblick, da er nämlich am folgenden Tag Pauli erwarte. In der Tat hatte ihm Pauli einen langen und sehr interessanten Brief geschrieben, den er mir zu lesen gab[1].

Dieser Brief nun enthielt eine Beschreibung des Ausschließungsprinzips, geschrieben in dem klaren und kritischen Stil, der so charakteristisch für dessen Verfasser ist. Er legte dar, wie in einem Atom in Anwesenheit eines starken Magnetfeldes *jedes* Elektron durch vier Quantenzahlen gekennzeichnet werden sollte, *wie sie zur Klassifikation der durch Anregung der Valenzelektronen entstehenden Terme der Alkali-Atome verwendet wurden*: nämlich die Hauptquantenzahl n, die azimutale Quantenzahl l und zwei magnetische Quantenzahlen m_1 und m_2. Von den letzteren

---

* *Ralph Kronig* (1904 in Dresden geboren) besuchte in den Vereinigten Staaten die Schule und begann auch dort sein Physikstudium. Während er zur weiteren Ausbildung in Europa weilte, erhielt er das Angebot, Paulis Assistent zu werden, als dieser im Sommer 1928 die Professur für theoretische Physik an der ETH in Zürich antrat. Anschließend war er vorübergehend in England, bevor er als Lecturer an der Universität in Groningen wirkte. 1939 wurde er zum ordentlichen Professor für theoretische Physik an der Technischen Hochschule in Delft ernannt, wo er 1959–1962 auch das Amt eines Rektors inne hatte. Nach seiner Emeritierung 1962 siedelte er in die Schweiz über.

** Gekürzte Fassung des Beitrags in Fierz und Weisskopf [1960]. Aus dem Englischen übersetzt von C. P. Enz.

1 Brief Paulis an Alfred Landé vom 24. Nov. 1924. Enthalten in Pauli [1979], S. 176–181.

bezog sich m_1 auf die Komponente des Drehimpulses in Richtung des Magnetfeldes und war die Summe der Komponente m_l des Bahnmoments l und der Komponente $m_s = \pm 1/2$ des Momentes $s = 1/2$, welches im Falle der Alkalien bisher dem Atomrumpf zugeordnet worden war. Demgegenüber bezog sich $m_2 = m_l + 2\,m_s$ auf die magnetische Wechselwirkungs-Energie mit dem äußeren Feld, ausgedrückt in geeigneten Einheiten. Zusätzlich wurde die Hypothese gemacht, daß in einem durch ein gegebenes Quadrupel von Werten der vier Quantenzahlen charakterisierten Zustand Platz für ein, und nur ein, Elektron wäre.

Auf Grund dieser Annahmen wurde eine große Zahl von Tatsachen auf einen Schlag geordnet. So waren die von Bohr in seiner Theorie des periodischen Systems eingeführten maximalen Besetzungszahlen eine direkte Folge. Zudem wurde es möglich, die Multiplets vorauszusagen, welche für eine Anzahl Elektronen mit vorgegebenen n und l auftreten können, indem man die Summen $\Sigma\, m_1$ und $\Sigma\, m_2$ für alle Elektronen des Atoms dem totalen Drehimpuls in Feldrichtung beziehungsweise der totalen Wechselwirkungs-Energie mit dem äußeren Feld gleichsetzte. Daraus folgt direkt, daß eine abgeschlossene Schale $L = S = 0$ hat und daß eine Schale mit k fehlenden Elektronen dieselbe Gesamtheit von Multiplets ergibt wie eine Schale mit k vorhandenen Elektronen. Insbesondere konnte man so die beobachtete Struktur der Röntgenstrahl-Niveaus verstehen, indem für diese die möglicherweise vorhandenen schwach gebundenen Elektronen außerhalb abgeschlossener Schalen vernachlässigbar sind, da ihre Kopplung an die inneren Elektronen im allgemeinen zu schwach ist, um einen Einfluß zu haben.

Für die Deutung der optischen Spektren war der neue Standpunkt außerordentlich fruchtbar. Im Fall der Elemente der ersten und dritten Kolonne des periodischen Systems, in welchem normalerweise alle außer einem Elektron in abgeschlossenen Schalen sitzen, werden die Quantenzahlen l und s dieses Elektrons identisch mit den Quantenzahlen L und S der Gesamt-Konfiguration des Atoms. Für die Elemente der zweiten Kolonne des periodischen Systems verschwindet l im allgemeinen für eines der Elektronen außerhalb abgeschlossener Schalen, so daß das l des andern Elektrons wieder mit L identifiziert werden kann, während für S die Werte 0 und 1 möglich werden, welche zu Singlet- und Triplet-Termen führen. Wohlbekannte Resultate konnten auf diese Weise im Lichte des allgemeinen Konzepts gesehen werden.

Interessanter war der Fall von Argon, dessen kompliziertes Spektrum vorher von Paschen analysiert worden war. Abgesehen vom Grundzustand haben wir es hier mit einer abgeschlossenen Schale zu tun, wo ein Elektron entfernt und eines außerhalb zugefügt ist. Was die Term-Mannigfaltigkeit betrifft, benimmt sich das System daher formal wie ein System mit zwei Elektronen außerhalb abgeschlossener Schalen und zeigt somit Singlet- und Triplet-Niveaus. Die reichste Ernte ergab sich jedoch für die Vorhersage der Multiplets von Elementen der andern Kolonnen des periodischen Systems und für die Übergangselemente. Der Zweck von Paulis Besuch in Tübingen galt ganz besonders der Verifizierung solcher Voraussagen anhand von konkreten Beispielen. Die Spektren der Elemente in der vierten Kolonne des periodischen Systems, ganz besonders von Blei, waren von Back untersucht worden, und deren niedere Niveaus stellten einen Testfall für Paulis Betrachtungen dar.

Es ist eine einmalige Erfahrung, einem schöpferischen Geiste an seinen Quellen zu begegnen, eine Erfahrung, die man nicht leicht vergißt. Paulis Brief machte einen

großen Eindruck auf mich, und natürlich war meine Neugierde geweckt, was wohl die Bedeutung der Aussage sei, *jedes individuelle* Elektron des Atoms sei durch Quantenzahlen zu beschreiben, welche von den Spektren der Alkali-Atome her bekannt waren, insbesondere die beiden dort angetroffenen Drehimpulse l und $s = 1/2$. Offensichtlich konnte nun s nicht mehr dem Atomrumpf zugeordnet werden, und es fiel mir sogleich ein, daß es als Eigendrehimpuls des Elektrons betrachtet werden könnte. In der Sprache der Modelle, welche vor der Einführung der Quantenmechanik die einzige Diskussionsbasis waren, die man hatte, konnte dies nur als Rotation des Elektrons um seine eigene Achse dargestellt werden. Solch ein Bild barg jedoch zahlreiche ernste Schwierigkeiten. Immerhin war es eine faszinierende Idee, und am selben Nachmittag, noch ganz unter dem Einfluß des Briefes, den ich gelesen hatte, gelang es mir, damit die sogenannte relativistische Doubletformel herzuleiten.
Am folgenden Tag gingen wir, um Pauli vom Bahnhof abzuholen. Aus irgendwelchem Grunde hatte ich ihn mir viel älter und mit einem Bart vorgestellt. Er sah ganz anders aus, als ich erwartet hatte, aber ich spürte sogleich das Kraftfeld, das von seiner Persönlichkeit ausging, eine faszinierende und zugleich beunruhigende Wirkung. Am Landéschen Institut entwickelte sich bald eine Diskussion, und ich hatte auch Gelegenheit, meine Ideen vorzubringen. Pauli bemerkte: „Das ist ja ein ganz witziger Einfall", glaubte aber nicht, daß der Vorschlag irgend einen Zusammenhang mit der Wirklichkeit hätte. Das Spektrum von Blei wurde sodann gebührend behandelt und wurde als in Einklang mit den durch Paulis Arbeit entfachten Erwartungen befunden. Diese erschien wenige Monate später im Druck[2], teils weiter ausgearbeitet, jedoch in ihren wesentlichen Zügen genau so wie der Inhalt des Briefes, den ich gesehen hatte.

2 Pauli (1925b). Wiedergegeben in Kapitel VI,3.

5
Viktor Jakov Frenkel*
Pauli in der UdSSR. Zur Frühgeschichte des Neutrines**

Als Anhang zur Veröffentlichung eines Aufsatzes[1] von Wolfgang Pauli erscheint es mir angebracht, zunächst einiges über seine Kontakte zur Physik unseres Landes zu sagen. Der erste Kontakt war offensichtlich die Bekanntschaft mit Jakov Ilić Frenkel, der im Herbst 1925 als Stipendiat der Rockefeller Foundation in Deutschland war. Den Aufenthalt bei Pauli vermittelte Paul Ehrenfest, Lorentz' Nachfolger am Lehrstuhl für theoretische Physik der Leidener Universität. Ehrenfest war ein großer Freund der sowjetischen Wissenschaft. Im Schriftwechsel von Ehrenfest und A. F. Ioffe taucht der Name Pauli mehrmals auf, insbesondere in Verbindung mit der beabsichtigten Auslandsreise Frenkels. Ehrenfest, dessen kritisches Talent von seinen Zeitgenossen sehr geschätzt wurde, erkannte seinerseits bereits früh Paulis außergewöhnlich scharfen Verstand und wies darauf in seinen Briefen an A. F. Ioffe hin. Er schrieb über den 24jährigen Pauli, der „sowohl schlagfertig als auch scharf denkend" sei.[2]

1925 war Pauli Dozent an der Hamburger Universität, an der damals unter anderen auch der Theoretiker G. Wentzel und O. Stern arbeiteten. Letzterer ist nicht nur durch seine klassischen experimentellen Untersuchungen, sondern auch durch detaillierte Arbeiten zur Thermodynamik und Quantentheorie bekannt. Der „Physik"-Herbst 1925 war von anstrengender Arbeit der Theoretiker geprägt: die Grundlegung der Quantenmechanik wurde abgeschlossen. Herausragendes Ereignis war die von den Ehrenfest-Schülern Goudsmit und Uhlenbeck vorgebrachte Hypothese des rotierenden Elektrons. An der gedanklichen Vorbereitung waren neben den Autoren und Ehrenfest viele Physiker beteiligt, angefangen bei Koryphäen wie Lorentz und Einstein. Pauli gehörte bekanntlich anfangs nicht zu den Befür-

* *Viktor Jakovlevic Frenkel* (1930 geboren) ist seit 1959 Mitglied des Physikalisch-Technischen Instituts A. F. Ioffe in Leningrad. U. a. verfaßte er mehrere physikhistorische Abhandlungen über den bekannten sowjetischen Physiker Jakov Frenkel (seinen Vater), der zeitweilig auch mit Pauli in Hamburg zusammenarbeitete.

** Aus dem Russischen übersetzt von Ottmar Pertschi, Übersetzungsstelle der Universitätsbibliothek Stuttgart.

1 Dieser Beitrag wurde als Einleitung zu dem im Kapitel X, 3 wiedergegebenen Aufsatz von Pauli über *Die Erhaltungssätze in der Relativitätstheorie und in der Kernphysik* geschrieben, den der Verfasser aufgefunden und den Herausgebern zur Veröffentlichung übermittelt hat.

2 Siehe Ehrenfest-Ioffe (1973), S. 178

wortern des Elektronenspins (obwohl er in seinen eigenen Arbeiten zum Ausschließungsprinzip und in der Theorie des Paramagnetismus eines Elektronengases eine Rolle spielte). Er war auch gegen die in diese Richtung weisenden Arbeiten, die Ja.I. Frenkel in Hamburg begann (und bereits ein halbes Jahr später in Göttingen erfolgreich abschloß).[3] Aber der Umgang mit Pauli (und Stern) hatte große Bedeutung für J. I. Frenkel, woran er häufig erinnerte.

Ein anderer sowjetischer theoretischer Physiker, auf den Pauli einen noch stärkeren Einfluß ausübte, war L. D. Landau. Er verkehrte mit ihm 1929 bis 1931 in Zürich. Darauf weist Landau ausdrücklich in einem Bericht vom 21. Mai 1931 hin: „Von Oktober 1929 bis April 1930 befand ich mich auf Auslandsreise für das NKP[4], danach bis März 1931 war ich Stipendiat der Rockefeller Foundation. In dieser Zeit hatte ich Gelegenheit, mit den bedeutendsten heutigen Physikern zusammenzuarbeiten. Den größten Einfluß übten von diesen N. Bohr (Kopenhagen), W. Pauli (Zürich) und W. Heisenberg (Leipzig) auf meine Arbeit aus".[5] Auch Ju. V. Rumer schreibt, daß „die Begegnung mit Pauli bei Landau einen starken Eindruck hervorrief"[6], und einen großen Einfluß auf die Entwicklung von Landaus theoretischem Denkstil ausübte.

Pauli arbeitete auch viel zusammen mit V.A.Fock (Rockefeller-Stipendiat 1928) während dessen Dienstreise nach Deutschland. Pauli zeigte lebhaftes Interesse an dessen Arbeiten: der Name Fock – und er ist nur einer aus der Schar sowjetischer Physiker – dominiert im 1. Band der Pauli-Briefe. (In seinen Briefen an Einstein und Ehrenfest erwähnt er Focks Arbeiten zur relativistischen Quantenmechanik.)[7]

Ende der 20er Jahre war Pauli bereits durch seinen klassischen Relativitätsartikel (der von Einstein und anderen bedeutenden Physikern hochgeschätzt wurde) und durch seine Beiträge zur Quantenmechanik und ihre Anwendung auf konkrete physikalische Probleme und Aufgabenstellungen berühmt.

Als man in unserem Sowjetland die Vorbereitungen für einen Physikkongreß begann (dies war der 7. Physikerkongreß seit der Revolution und der erste physikalische Allunions-Kongreß)[8], wurde auch Pauli neben W. Bothe, A. Sommerfeld, R. Peierls, K. Ramsauer und F. Simon eingeladen. Der Kongreß fand vom 19.–24. August 1930 in Odessa statt. Er spielte eine große Rolle bei der Weiterentwicklung der sowjetischen Physik, bei der Planung wissenschaftlicher Forschungen und bei der Einrichtung und dem Ausbau physikalischer Forschungszentren in verschiedenen Städten und Republiken unseres Landes.

Beiträge über nichtlineare Schwankungen lieferten Vertreter der Moskauer Schule (A.A.Andronov, A.A.Vitt, N.D.Papaleksi, S.E.Chajkin), der Leningrader Physikschule (V. R. Bursian, G. A. Grinberg, V. N. Kondratev, P. N. Lukirskij, P. S.

---

3 Diese Beziehungen spiegeln sich in Frenkels Briefen an die Heimat wider. Siehe Frenkel (1966), S. 169; Frenkel (1958), S. 463 und Frenkel (1971b).

4 Narodnyj kommissariat prosveščenija – Volkskommissariat für Volksbildung (Anm. d. Übers.)

5 Siehe Landau (1931), S. 4

6 Siehe Rumer (1974), S. 101

7 Siehe Pauli [1979/85], S. 523–526

8 Die ersten sechs Kongresse hießen „Kongresse russischer Physiker". Ab dem 4. Kongreß (Leningrad 1924) wurden auch ausländische Wissenschaftler zur Teilnahme eingeladen.

Tartakovskij), die Kiewer Physiker (L. I. Kordyč, V. K. Rośe, V. M. Tučkovič, P. V. Saravskij) u.a. Eine Sondersitzung des Kongresses war allgemeinen Fragen der Quantenmechanik gewidmet. Referenten waren W. Pauli, E. I. Tamm und Ja. I. Frenkel. Pauli (wie auch die anderen ausländischen Gäste) hatten hier die Möglichkeit, sich mit den Errungenschaften der sowjetischen Physik und ihren Vertretern vertrautzumachen. Nach einem reichen wissenschaftlichen Programm wurde eine Schwarzmeer-Kreuzfahrt auf dem Dampfer „Gruzija" mit Landgängen in Jalta, Sotschi und Batumi unternommen. Auf dem Dampfer setzte man die wissenschaftlichen Kontakte fort und entwickelte berufliche und freundschaftliche Beziehungen. Es gibt viele Aufnahmen von diesem Kongreß und von der Kreuzfahrt, von denen nach über 40 Jahren R. Peierls einige veröffentlichte. Ein Gruppenbild zeigt Pauli, Tamm, Frenkel und Simon in Männer-Badeanzügen, lebhaft diskutierend am Kieselstrand von Luzanovka bei Odessa.

Leider ist der Text von Paulis Vortrag (und anderer Kongreßteilnehmer) nicht erhalten. Es gibt nur eine unvollständige Liste der Vortragsreferate.[9] Somit war es leider nicht möglich, den Pauli-Forschern der Stuttgarter Universität weiterzuhelfen, als diese den Kongreß in Odessa mit dem Datum des berühmten Pauli-Briefs aus Zürich „an die radioaktiven Damen und Herren" (4. Dezember 1930) in Zusammenhang brachten, in der Hoffnung, in dem Vortrag einige Vor-Ideen über die Hypothese des Neutrinos zu finden.

Pauli wurde, wie man weiß, mehrmals zu spezielleren Konferenzen in die Sowjetunion eingeladen: zur Festkörperkonferenz (Leningrad 1932), zur 1. Allunions-Atomkonferenz (Leningrad 1933) und zur Konferenz über theoretische Physik (Charkov 1934), an der auch Bohr teilnahm. Aus dem einen oder anderen Grund konnte Pauli damals nicht kommen.

Er kam dafür aber zur großen 2. Allunionskonferenz über Kernphysik am 20.–26. Dezember 1937 in Moskau. An der Konferenz beteiligten sich etwa 120 sowjetische Physiker, die auf diesem sich stürmisch entfaltenden Wissensgebiet arbeiteten. Annähernd 20 Vorträge wurden in Moskau gehalten; unter den Vortragenden waren P. Auger (Frankreich), D. Williams und R. Peierls (England). Diesmal wurden die Vorträge veröffentlicht und gemäß der damaligen Tradition wurden auch die Diskussionen auf der Konferenz mitstenographiert, darunter auch die Beiträge Paulis.[10] Die Vorträge berührten folgende Themen: (1) Den Durchgang von Beta-Strahlen und schnellen Elektronen durch Materie (Vortrag von A. I. Alikhanov und Vortrag von L. V. Grośev und I. M. Frank über die Erzeugung von Elektron-Positron-Paaren unter Einwirkung von Gamma-Strahlen; von I. E. Tamm, I. M. Frank und P. A. Cerenkov über die Experimente und Theorien zum Vavilov-Cerenkov-Effekt und von D. V. Skobelizyn über Beta-Strahlen). (2) Kosmische Strahlen (P. Auger, V. I. Veksler, A. B. Berigo, S. N. Vernov). (3) Theoretische Arbeiten über Kernstruktur und Kernkräfte (L. D. Landau, I. E. Tamm, Ja. I. Frenkel). (4) Physik der Neutronen und ihre Wechselwirkung mit Materie (I. V. Kurčatov, A. I. Leipunskij, L. I. Risinov, I. Ja. Pomerančuk u.a.).

9 *1j (Pervyi) Vsesojuznyi s''ezd fizikov. Perečen' dokladov, predstavlennych nas s''ezd, s kratkim soderžaniem.* Leningrad: NChTI, 1930. (1. Allunions-Physik-Kongreß). Verzeichnis der Kongreßvorträge mit kurzer Inhaltsangabe; russisch.)

10 Pauli (1938e)

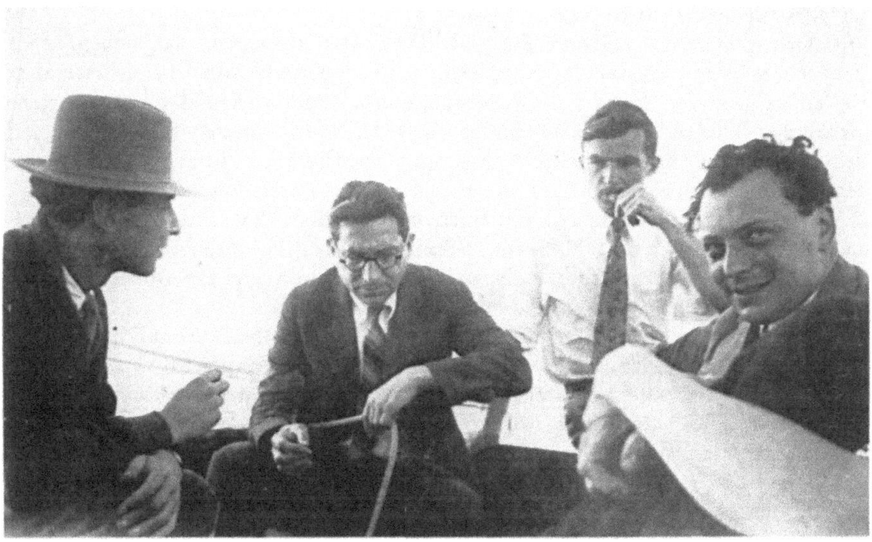

Pauli (rechts) mit (von links nach rechts) Robert Oppenheimer, Isidor Rabi und L. M. Mott-Smith auf dem Zürichsee (1929)

Zwei Vorträge waren auch den Problemen des Beta-Zerfalls gewidmet, einer zum Experiment von A. I. Alichanjan und einer zur Theorie von Pauli. Pauli äußerte sich kritisch über Fermis Theorie des Beta-Zerfalls und erörterte, wie unangebracht es sei, die Störungstheorie zur Beschreibung dieser Erscheinung anzuwenden und dementsprechend die quantenmechanische Gleichung nach Potenzen eines kleinen Parameters (der Fermi-Konstante) zu entwickeln.[11]
An den von Pauli gemachten Äußerungen ist auch die skeptische Einschätzung der Ideen von Breit und Condon über die Ladungsunabhängigkeit starker Wechselwirkungen interessant. Er schrieb, daß „die Annahme einer Kräftegleichheit zwischen den unterschiedlich schweren Teilchen, wie sie die amerikanischen Wissenschaftler machen, zu sehr vereinfacht und damit unrichtig ist". Wir haben hier eine im Russischen sehr eindrucksvolle Variante der Paulischen Zauberformel: „Das ist entweder falsch oder trivial", die er häufig – wenn auch nicht immer zutreffend[12] – auf verschiedene Arbeiten seiner Kollegen anwandte.
Im Bericht über die 2. Konferenz[13] wird darauf hingewiesen, daß neben den eigentlichen Vorträgen auf der Konferenz auch eine Reihe von Übersichtsreferaten für einen größeren Kreis von Wissenschaftlern, Studenten und fortgeschrittenen Arbeitern stattfand.[14] Wahrscheinlich hielt Pauli im Rahmen dieses Programms seinen bereits veröffentlichten Vortrag. Offensichtlich blieb kein deutsches Manuskript erhalten. Vielleicht hat es ein solches überhaupt nicht gegeben, weil Pauli seinen Vortrag ohne irgendeinen schriftlichen Text hielt. Als Übersetzer half I. E. Tamm. Nach I. M. Franks Meinung dürfte die vorliegende Übersetzung von Paulis Beitrag anhand von Notizen durch Tamm ergänzt worden sein, die irgend einer seiner Schüler während des Vortrags machte.
Paulis Vortrag wurde in einem Sammelband von der N. D. Zelinskij-Universität für physikalische Chemie und chemische Technologie veröffentlicht. Vor Paulis Artikel steht die erste Veröffentlichung der berühmten Memoiren des Akademiemitglieds P. L. Kapitza über E. Rutherford. Unter den anderen Autoren des Sammelbandes befinden sich N. D. Zelinskij und P. A. Rebinder. Ein Teil des Sammel-

---

11 Pauli (1938c). Wiedergegeben in Kapitel X,4. Wie nach den Literaturangaben beurteilt werden kann, wurde diese Kritik nicht weiter fortgesetzt. Wir beziehen uns auf F. Rasetti, der in seinem Kommentar zu Fermis fundamentalem Aufsatz über die Theorie des Beta-Zerfalls schrieb, daß diese „... Theorie fast ohne Veränderungen zweieinhalb Jahrzehnte revolutionärer Kernphysik zu bestehen vermochte". (Vgl. Fermi [1962], Band I, S. 538.) Derselben Meinung ist auch B. M. Pontekorvo: „Erstaunlicherweise existierte diese Theorie mit relativ geringen Änderungen, auch wenn äußerst wichtigen und zahlreichen Ergänzungen, beinahe unverändert bis zur vereinigten Theorie elektroschwacher Wechselwirkungen von Glashow-Weinberg-Salam" (Pontekorvo (1983), S. 47). Andererseits sagte selbst Fermi in seinen Vorlesungen 1950: „Die auf die Hypothese der Existenz eines Neutrinos gegründete Theorie des Beta-Zerfalls hatte einigen Erfolg bei der Erklärung einiger allgemeiner Eigenschaften der Erscheinungen ... Aber andererseits wurde bis heute keine völlig befriedigende Form dieser Theorie gefunden" (Fermi [1952], S. 3).

12 Siehe Frenkel (1966), S. 284 und Frenkel (1971b)

13 Siehe Dobrotin (1937)

14 Das Gleiche gab es auch während der vorhergehenden 1. Allunions-Atomkonferenz in Leningrad. So hielt damals F. Joliot einen Vortrag vor einem großen Zuhörerkreis im Vyborger Kulturhaus.

bandes ist Professor A. I. Bačinskij anläßlich des 25jährigen Bestehens seines Viskositätsgesetzes der Flüssigkeiten gewidmet.

Die Zelinskij-Universität wurde 1934 zu Ehren der 50jährigen wissenschaftlichen Tätigkeit von N. D. Zelinskij gegründet, und sie spielte die Rolle einer Gesellschaft zur Verbreitung wissenschaftlicher Kenntnisse im Bereich der physikalischen Chemie. Sie war damals in Moskau in einem Haus in der Staropanskij pereulok 1–5 untergebracht, wo heute das Institut für Geschichte der Naturwissenschaften und Technik der UdSSR beheimatet ist. Innerhalb einiger Fakultäten der Universität hielten hervorragende sowjetische Wissenschaftler populäre (und manchmal auch unpopuläre) Vorlesungen, die in einzelnen Broschüren veröffentlicht wurden. In dieser Form erschienen die Vorträge von A. A. Balandin, B. V. Derjagin, N. D. Zelinskij, I. V. Kurčatov, V. A. Fock, Ja. I. Frenkel, E. V. Spolskij und anderer.

Nun wollen wir aber zur „Geschichte des Neutrinos" zurückkommen. Wie schon bemerkt, hat Pauli zuerst seine Kollegen in Tübingen (vor allem H. Geiger und L. Meitner) in einem Schreiben vom 4. Dezember 1930 mit der Hypothese der neutralen Teilchen bekanntgemacht. Dieses Teilchen sollte durch seine Existenz die Schwierigkeiten beseitigen, die bei der Erklärung des kontinuierlichen Spektrums des Beta-Zerfalls aufgetreten waren. (Eine Abschrift dieses Briefes erhielt Pauli von L. Meitner Mitte der 50er Jahre.[15]) Das hypothetische Teilchen wurde aber in dem Brief „Neutron" genannt. Der Spin dieses Teilchens ist nach Pauli 1/2 und die Masse wurde gleich der Elektronenmasse angenommen (oder jedenfalls nicht mehr als 0,01 der Protonmasse). Ferner sollte das Neutron ein magnetisches Moment besitzen. In einer Arbeit von K. v. Meyenn (1982) wurde die damalige Situation in der Physik und in der wissenschaftlichen (und persönlichen) Laufbahn Paulis analysiert und beschrieben, wie es zu dieser Hypothese kam.[16]

Vor einem großen Publikum während seines Amerikaaufenthalts im Sommer 1931 sprach Pauli erstmals von einem Teilchen, das einen Teil der Energie beim Beta-Zerfall abtransportiert. Dies geschah im Juni 1931 in Pasadena, auf der 171. Sitzung der Amerikanischen physikalischen Gesellschaft. Der Sekretär dieser Sitzung, Prof. L. Loeb, bezeichnete sie „als die erfolgreichste, die jemals an der Küste des Stillen Ozeans stattfand".[17] Der Grund für Loebs Superlativ war der: unter den Sitzungsteilnehmern und Rednern befanden sich die Physiker P. Bridgeman, S. Goudsmit, W. Coolidge, K. Davisson, E. Lawrence (Vortrag über das Zyklotron!), Ch. Lauritzen, R. Oppenheimer, M. Tuve und H. Urey. Unter den europäischen Gästen befanden sich Pauli und R. Fowler.

Zum Kongreß in Pasadena kam auch der damals in den USA weilende Ja. I. Frenkel. Er schrieb aus Los Angeles am 15. Juni 1931 in die Heimat: „Ich traf auf dem Kongreß einige alte Bekannte, darunter Fowler und Pauli. Letzterer ist so dick wie

15 In russischer Sprache erschien er in den russischen Übersetzungen von Fierz und Weisskopf [1960] und Pauli [1964].

16 In dieser interessanten Arbeit ist ein kurzer Abriß der „Vorläufer" des 1932 entdeckten Chadwickschen Neutrons enthalten. Sie zeigt, daß nicht nur Rutherford auf die Hypothese von der Existenz eines neutralen Teilchens gekommen war (in seiner berühmten Baker-Vorlesung 1920), sondern bereits früher W. Nernst, 1909, und später R. Fürth, 1929. Pauli kannte Fürths Arbeit und diskutierte sie mit Ehrenfest.

17 Siehe Loeb (1931)

Pauli (Mitte), daneben Heinrich Sack und (ganz rechts) Peierls im August 1930 während des 7. Allunionskongresses in Odessa

im letzten Jahr [in Odessa]. Nach einer Stunde kam er mit Heitler und noch einem deutschen Physiker[18] zu mir ins Hotel, um irgendein gemeinsames Amüsement zu verabreden"[19].

Auf dem Kongreß wurden drei Symposien abgehalten: „Kristallphysik", „Die gegenwärtige Lage der Kernphysik" und „Die Erzeugung von geladenen Teilchen hoher Energie". Referate der Beiträge sind in den Kongreßberichten nicht enthalten. Somit ist nur der Titel *„Probleme der Hyperfeinstruktur"* von Paulis Vortrag auf dem zweiten Symposium bekannt.

Die nächste Episode in den „Neutrino-Annalen" ist der Oktober 1931. Während der Konferenz über Kernphysik in Rom traf sich die gesamte Elite der europäischen Physik. Hier hat Fermi in Gesprächen mit Pauli offenbar seine Gedanken über ein hypothetisches Teilchen entwickelt, das beim Beta-Zerfall emittiert wird.[20] Jedoch wurden in den Schriften der Rom-Konferenz keine Diskussionsbeiträge veröffentlicht, so daß es auch dort keine Spuren über das „Neutrino" gibt. Außerdem wurde das Interesse der Teilnehmer überwiegend durch N. Bohrs Vortrag in Anspruch genommen. Er schlug nämlich vor, das Rätsel des kontinuierlichen Beta-Spektrums durch Aufgabe des Energieerhaltungssatzes bei Mikroprozessen zu lösen. P. Ehrenfest, der an der Rom-Konferenz teilnahm, verriet in seinem Brief an Ioffe kein einziges Wort über Paulis Alternativlösung und beschränkte sich auf eine positive Einschätzung der Bohrschen Vorgangsweise.[21] Pauli war direkt aus den USA nach Rom gekommen und reiste von Italien direkt nach Leiden weiter, wo ihm am 31. Oktober die Lorentz-Medaille verliehen wurde. Bei der Aufzählung der wissenschaftlichen Verdienste und Leistungen des neuen Medaillen-Trägers wies Ehrenfest in seiner Grußrede mit keinem Wort auf das Neutrino hin.[22]

Kurz nach der Rom-Konferenz fand im Juli 1932 in Paris der Fünfte Internationale Elektrizitätskongreß statt. An der ersten (physikalischen) Sektion dieses Kongresses nahmen M. de Broglie, F. Bloch, P. Zeeman, Marie Curie, R. Kronig, W. Coolidge, F. London u.a. teil. Auf der Sektionssitzung am 7. Juli trug Fermi zum Thema *„Der gegenwärtige Stand der Kernphysik"*[23] vor. Zu dieser Zeit hatte Chadwick bereits das Neutron entdeckt, aber im Haupttext des Vortrags wird noch das Elek-

---

18 Vorträge hielten auf dem Kongreß O. Stern, R. Frisch und I. Estermann. Da der Adressat von Ja. I. Frenkels Brief mit Stern bekannt war, handelt es sich entweder um Frisch oder Estermann.

19 Siehe Frenkel (1966), S. 297

20 F. Rasetti (siehe Fermi [1962], Band I, S. 538) nimmt an, gerade damals sei die Bezeichnung „Neutrino" aufgekommen, aber Pauli sagte in seinem Vortrag in Zürich (1957a), in einer Nebenbemerkung auf eine Mitteilung E. Amaldis, sie sei später zustandegekommen, auf den Seminaren Fermis in Rom, d.h. nach Chadwicks Entdeckung des Neutrons (Februar 1932), um das „Pauli-Teilchen" vom schweren Neutron Chadwicks zu unterscheiden. Wir weisen auf eine weitere Ungenauigkeit im gleichen Kommentar Rasettis zu Fermis Aufsatz hin: Paulis Vortrag fand im Herbst 1931 statt. Wir fügen dieser interessanten Einzelheit hinzu: Hermann Weyl, der am 10. Dezember 1945 im Institute for Advanced Study in Princeton (sein Kollege war damals Pauli) anläßlich einer Festveranstaltung zur Verleihung des Physik-Nobelpreises an Pauli sprach, erinnert daran, daß man seinerzeit das Pauli-Teilchen – in Fermis Sinne – „Paulino" nannte (vgl. Weyl (1946), S. 217).

21 Siehe Ehrenfest-Ioffe (1973), S. 238

22 Siehe Ehrenfest [1959], S. 621. Wiedergegeben in II,2.

23 Fermi [1962], Band I, S. 489–508

tron-Proton-Modell des Atomkerns erwähnt. Über die Entdeckung des Neutrons gibt es dort nur fünf Zeilen am Schluß des Vortrags. Offensichtlich war er bereits im Februar 1932 eingereicht worden, und Fermi hatte ihn vor der Schlußredaktion, die bereits nach Abschluß des Kongresses stattfand, nicht mehr überarbeitet.
In § 4 behandelte Fermi unter dem Titel „*Beta-Strahlen*" die Paulischen Neutronen, die – wie er sich ausdrückt – „nach Paulis Annahme ... gleichzeitig mit den Beta-Teilchen emittiert werden. Diese Neutronen könnten eine große Materiemenge fast ohne Zeitverluste durchqueren, deshalb seien sie praktisch unbeobachtbar. Die Existenz von Neutronen könnte auf einfache Weise einige bislang unverstandene Fragen erklären, wie etwa die Statistik der Atomkerne"[24]. In der Diskussion zu dem Vortrag sagte Fermi, auf die Frage des polnischen Physikers Wertenstein zum Beta-Zerfall antwortend, die dabei emittierten Neutronen „sind nicht die von [Chadwick] entdeckten, sondern Neutronen mit viel geringerer Masse" (Kommentar von E. Segré).[25] Wie wir sehen, hält Fermi noch ein Jahr nach der Entdeckung des Neutrons voller Eifer und mit aller Zähigkeit an der Frage des Beta-Zerfalls fest, obwohl er, wie in B. M. Pontekorvos Kommentar zu Recht bemerkt wird, „... den Unterschied zwischen dem ‚kleinen' und dem ‚großen' Neutron erkannt hatte".[26] Für uns ist wichtig, daß in einer Nummer der italienischen Zeitschrift *Ricerca Scientifica* vom 15.–31. August 1932 der bereits ein Jahr zuvor von Pauli geäußerte Gedanke zusammenfassend dargelegt wurde.
In den genannten Kommentaren zu Fermis Pariser Vortrag weist E. Segré darauf hin, daß im Zeitraum 1931 bis 1933 drei wichtige internationale Physiker-Kongresse stattfanden: die Rom-Konferenz, der Pariser Kongreß (beide bereits erwähnt) und außerdem der 7. Solvey-Kongreß (Brüssel, Oktober 1933). Bei uns, wie auch im Ausland erregte in den letzten Jahren jedoch (mit Recht) die 1. Allunions-Atomkonferenz (Leningrad, Ende September 1933) größere Aufmerksamkeit. Aufgrund der Teilnahme von hervorragenden sowjetischen und ausländischen Wissenschaftlern (wie G. Beck, V. Weißkopf, P. Dirac, F. Joliot, F. Perrin, F. Rasetti) handelte es sich um eine internationale Konferenz, die eine große Rolle in der Entwicklung der Kernphysik spielte. An dieser Stelle soll mehr hierüber gesagt werden, was um so angebrachter ist, weil 1983 der 50. Jahrestag ihrer Durchführung war.
Im Zeichen der Entdeckung des Neutrons und des Positrons und der Schlußfolgerungen, die sich aus diesen Entdeckungen für ein breites Spektrum von Fragen der Kernphysik ergaben, wurde die Leningrader Konferenz abgehalten. Der Anfang galt dem neuen Proton-Neutron-Modell des Atomkerns. Eine Durchsicht der Vorträge und der darüber geführten Diskussionen (sie wurden in dem Sammelband der Vorträge der 1. Allunionskonferenz über Kernphysik[27] veröffentlicht) zeigt, daß

24 Fermi [1962], Band I, S. 499 ff.
25 Fermi [1962], Band I, S. 488.
26 Frenkel schreibt „Neutrino", es muß aber „Neutron" heißen (Anm. d. Übers.).
27 *Atomnoe jadro. Sbornik dokladov 1-oj [pervoj] Vsesojuznoj jadernoj konferencii.* Pod red. M. P. Bronštejna, V. M. Dukel'skogo, D. D. Ivanenko, Ju. B. Charitona. Leningrad/Moskva: GTTI, 1934. Das Teilchen wird während der Konferenz erstmals in dem Vortrag von D. D. Ivanenko (auf S. 53) genannt.

Pauli auf der Reise nach San Francisco im Sommer 1931

das Problem des Beta-Zerfalls auf der Konferenz entsprechend gewürdigt wurde. Mehrfach erwähnten die Konferenzteilnehmer Paulis „Neutron", sie nannten es bereits „Neutrino". Um den Beta-Zerfall geht es in den Vorträgen (von Ivanenko, Joliot und Perrin) und in den Diskussionsbeiträgen (von Ivanenko und Beck). Obwohl man den hypothetischen Charakter dieses neuen Teilchens hervorhob, gab man Paulis Hypothese den Vorzug (vor Bohrs Annahme). Die gesammelten Berichte der Leningrader Konferenz wurden Anfang 1934 veröffentlicht (Drucklegung 9. Februar 1934).

In diesem Jahr 1934 wurden auch die Ergebnisse des 7. Solvey-Kongresses veröffentlicht. Auf diesem Kongreß wurde ebenfalls über das Neutrino gesprochen, besonders ausführlich in Paulis Diskussionsbeitrag zu Heisenbergs Vortrag.[28] Das Wort Neutrino setzte Pauli in Klammern! Pauli spricht sich scharf gegen die Bohrsche Auffassung aus; außerdem geht er von seiner eigenen in seinem Brief vom 4. Dezember 1930 geäußerten Annahme der Existenz eines magnetischen Moments ab.

Vor diesem Hintergrund ist eine Zwischenbemerkung des Übersetzers (I. E. Tamm) von Paulis Moskau-Vortrag 1937 von besonderem Interesse. Tamm bemerkt, daß Paulis Hypothese erstmals in Carlsons und Oppenheimers Aufsatz (1932) (im *Physical Review* vom 15. September 1932) veröffentlicht wurde. In diesem Aufsatz wird die Frage der Wechselwirkung der relativistischen Elektronen und der magnetischen Neutronen (Pauli-Teilchen) mit der Materie erörtert. Es wird darauf hingewiesen, daß Pauli sie im Sommer 1931 auf einem Seminar über theoretische Physik in Ann Arbor zur Diskussion stellte, weil er hoffte, mit ihrer Hilfe „einige Schwierigkeiten in der Kerntheorie zu lösen"[29]. Anschließend wird die ursprüngliche und später von Pauli korrigierte Idee dargelegt, daß „... derartige Neutronen dritte Bausteine der Kernstruktur außer den Elektronen und Protonen sein könnten; auf diesem Wege könnte man die Anomalien des Spins, die Statistik einiger Kerne und die scheinbare Nichterhaltung der Energie beim Beta-Zerfall verstehen". Obwohl über die gleichzeitige Emission von Elektron und „Neutron" (d.h. dem Neutrino) beim Beta-Zerfall nichts gesagt wird, wird das von Pauli diskutierte Teilchen formal mit dem Problem des Beta-Zerfalls in Zusammenhang gebracht. In dem Artikel ist auch von Neutronen mit Proton-Masse die Rede („die durchdringende Beryllium-Strahlung"), aber ohne Hinweis auf Chadwicks Arbeiten, obwohl der Aufsatz im Juli 1932 einige Monate nach der Entdeckung des Neutrons in Druck ging.

Somit erschienen die ersten gedruckten Hinweise auf Paulis Hypothese nahezu gleichzeitig (in Abständen von insgesamt zwei Wochen) in E. Fermis Aufsatz *„Der gegenwärtige Stand der Kernphysik"* und im Aufsatz der amerikanischen Verfasser[30]. Darauf wird auch (offensichtlich auf Paulis Anregung) in I. E. Tamms

28 Pauli (1930 f), wiedergegeben in Kapitel X, 2

29 In Ann Arbor arbeitete damals eine kleine Gruppe von Theoretikern, zu denen Goudsmit und Uhlenbeck gehörten. Ja. I. Frenkel schrieb damals von dort (7. Mai 1931): „Zum Sommersemester kommen Sommerfeld und Pauli nach Ann Arbor" (Frenkel (1966), S. 292). Hier ist wegen einer Ungenauigkeit auf Seite 8 der Hinweis angebracht, daß Pauli, nach seinem Moskauer Vortrag zu urteilen, erstmals bei seinen Vorlesungen an der kalifornischen Universität im Sommer 1931 das Neutrino erwähnte. Offenbar hat er das Neutrino an allen drei Orten genannt, aber wohl zuerst auf dem Kongreß in Pasadena.

30 Carlson und Oppenheimer (1932), S. 763

Bemerkung hingewiesen. Der Begriff Neutrino entstand Anfang 1932 in Rom und spielte in den Diskussionen auf den Konferenzen des Herbst 1933 eine Rolle; zuerst in Leningrad, danach in Brüssel. Gedruckt tauchte er erstmals in E. Fermis Aufsatz auf, der in der damals zweimal wöchentlich erscheinenden italienischen Zeitschrift *Ricerca Scientifica* in der Ausgabe vom 31. Dezember 1933 veröffentlicht wurde.[31] Obwohl entgegen den Vorschriften des Herausgebers der Redaktionseingang nicht vermerkt ist, muß Fermis Aufsatz kurz nach dem Solvey-Kongreß bei der Redaktion eingetroffen sein. (In der Ausgabe vom 31. Dezember wurden Arbeiten veröffentlicht, die in der Zeit von August bis Dezember 1933 bei der Zeitschrift eingegangen waren.) Und schließlich ist vom Neutrino auch in Fermis berühmtem Aufsatz „*Versuch einer Theorie der β-Strahlen*" die Rede, der in der *Zeitschrift für Physik* erschien[32], worin der „Taufpate" des Neutrinos die Bezeichnung Pauli-Teilchen bei ihrer ersten Erwähnung in Klammern setzen läßt!

Abschließend halte ich es für meine Pflicht, A. P. Grinberg meinen Dank für die Begutachtung dieser Arbeit und seine wertvollen Hinweise auszusprechen.

31 Fermi (1933)
32 Fermi (1934)

6
Rudolf Peierls*
Was ich von Pauli lernte**

Ich war Paulis Student für ein Semester, und da sollte ich von ihm lernen; für drei Jahre war ich sein Assistent, da war er nicht mehr offiziell mein Lehrer, aber ich habe noch immer weiter von ihm gelernt. Mein Erfolg als Schüler war natürlich gemischt, und in einigen Punkten war ich hoffnungslos. In anderen war ich wohl schon ein besserer Schüler, aber das sollten andere beurteilen.

Ich kam an die E.T.H., nachdem ich in Berlin, München und Leipzig studiert hatte. Die letzten beiden Umzüge wurden durch die Abwesenheit von Sommerfeld und Heisenberg auf „sabbatischem" Urlaub verursacht. Ich muß daher dem System des „sabbatischen" Urlaubs und den Einladungen von amerikanischen Universitäten dafür sehr dankbar sein, daß sie mir eine solche Kombination von großen Lehrern verschafft haben. Es liegt daher nahe, ihre Methoden zu vergleichen.

Sommerfeld war ein Meister der mathematischen Methoden. Aber er stand gerne auf festem Fuße und fühlte sich bei den mehr philosophischen Seiten der Physik weniger zu Hause. Er begrüßte die Wellenmechanik enthusiastisch, zuerst in der Schrödingerschen konkreten Interpretation der Wellenfunktion als ein physikalisches Objekt; er bedauerte die Notwendigkeit für die statistische Deutung.

Heisenberg hatte dagegen das Abstrakte sehr gern. Die Mathematik war für ihn ein wesentliches Werkzeug, aber er hatte keine Freude an der Mathematik an sich. Wenn er ein Problem sah, dann entschied er intuitiv, was die Antwort sein müßte, und suchte sich dann eine mathematische Methode aus, die ihm diese Antwort liefern würde. Das kann eine sehr wirksame Methode sein, wird aber nicht für Leute empfohlen, die keine so zuverlässige Intuition wie Heisenberg haben.

---

* *Rudolf Peierls* (1907 in Berlin geboren) studierte bei Planck, Sommerfeld, Heisenberg und Pauli und promovierte 1929 in Leipzig mit einer von Pauli angeregten Arbeit über Wärmeleitung durch Gitterschwingungen. Die Festkörpertheorie blieb auch sein hauptsächliches Forschungsgebiet; 1954 schrieb er ein Buch über dieses Gebiet. Bis 1932 war er dann Nachfolger von Felix Bloch auf der Assistentenstelle bei Pauli. Anschließend folgten Aufenthalte in Rom und Cambridge, sowie zwei Jahre mit Hans Bethe in Manchester, bevor er 1935 eine Forschungsstelle im Mond-Laboratorium in Cambridge erhielt. 1937 wurde er schließlich in Birmingham zum Professor ernannt, wo er bis 1963 blieb, als er als Wykeham-Professor für theoretische Physik nach Oxford berufen wurde. Nachdem er 1940 gemeinsam mit O. R. Frisch die Möglichkeit der Atombombe gezeigt hatte, arbeitete er während des Zweiten Weltkrieges an ihrer Realisierung mit. Später hat er jedoch an verschiedenen Bestrebungen zur Vermeidung eines Kernwaffenkrieges teilgenommen. Seit der Emeritierung 1974 wirkt er als Gastprofessor an vielen europäischen und amerikanischen Forschungszentren.

** Vortrag, gehalten an der Universität Wien am 15. November 1983.

Pauli sah beide Seiten als notwendig an. Man konnte sehr gut von ihm lernen, was man dazu braucht, um von einer Schlußfolgerung überzeugt zu werden. Meistens muß der Schluß durch sehr solide Mathematik befestigt werden. Pauli betrachtete die Neutrino-Hypothese als provisorisch und tentativ, bevor Fermi daraus eine quantitative Theorie machte. Pauli hat die Hypothese nie veröffentlicht.

Wenn einer von uns ein neues und interessantes Resultat herausbekam, konnte er sehr begeistert werden, wenn er glaubte, daß es richtig war, aber das war noch nicht genug; viele Einzelheiten mußten noch ausgearbeitet werden; manchmal wurden viele Schlachten gekämpft, bevor das Resultat angenommen wurde. Nach einer solchen Diskussion sagte Landau: „Aber Herr Pauli, Sie glauben doch nicht, daß alles, was ich heute nachmittag gesagt habe, Unsinn war?" „Nein, gar nicht," war Paulis Antwort, „was Sie gesagt haben war so konfus, daß man nicht sagen konnte, ob es Unsinn war".

Aber Formalismus allein war nicht genug für ihn; selbst wenn er oder jemand anders die schönsten Gleichungen gelöst hatte, war er nicht zufrieden, bis er ein klares anschauliches Bild dafür hatte.

Ein interessantes Beispiel war das Problem der anharmonischen Kräfte und deren Effekt auf die Gitterschwingungen, das Pauli mir als Doktorarbeit vorgeschlagen hat. Er hatte schon selbst eine kleine Rechnung über die Dämpfung der Schallwellen in einer linearen Kette gemacht, und hat darüber auf einer Tagung berichtet, aber er hat das nicht veröffentlicht. Es stellte sich heraus, daß in seiner Rechnung ein Fehler war, weil die Drei-Phononen-Prozesse, auf die seine Betrachtung beschränkt war, bei dem Born-von Kàrmànschen Modell in einer Dimension gar nicht vorkommen. Er hatte den Fehler nicht bemerkt, und er konnte die Rechnung nicht durch ein klares physikalisches Bild unterstützen. Zweifellos war das der Grund, warum er sein Resultat nicht veröffentlichte, und auch warum er mich beauftragte, mir dieses Problem noch genauer anzusehen.

Natürlich soll man ein Resultat nicht veröffentlichen, bevor man sich von seiner Gültigkeit und seiner Bedeutung überzeugt hat. Das hat Pauli sehr schön in einer berühmten Bemerkung ausgedrückt: Als ein Kollege ihn mit den Worten: „Ich kann nicht so schnell denken wie Sie" bat, seine Argumente nicht so schnell vorzulegen, antwortete Pauli: „Ich habe nichts dagegen, wenn Sie langsam denken, Herr So-und-so, aber ich muß protestieren, wenn Sie schneller publizieren als Sie denken." Ich weiß nicht, an wen diese Bemerkung gerichtet war.

Er warnte vor zu großer Geschwindigkeit, nicht nur beim Schreiben. Er sagte über mich immer: „Der Peierls, der spricht so schnell; bis man verstanden hat, was er sagt, behauptet er schon das Gegenteil."

Etwas anderes, was man lernen konnte, wenn man Pauli beobachtete, war, in einer neuen Situation die richtigen Fragen zu stellen. Wir wissen alle, daß es oft schwerer ist, die richtigen Fragen zu stellen, als sie zu beantworten. Pauli verwandte viel Energie auf die Suche nach den richtigen Fragen. Ich habe versucht, dies mit einigen Beispielen zu illustrieren, aber ich gab das als sinnlos auf, denn jede seiner Arbeiten und jeder seiner Briefe enthält Beispiele dafür.

Die Übereinstimmung einer groben Theorie mit dem Experiment hat ihn nie sehr beeindruckt. Er zitierte gern das „Gesetz von der Erhaltung der Schlamperei". Dieses Gesetz sagt ungefähr, daß jede erste Näherung besser ist als man erwarten sollte, und wenn man weitere Näherungen ausrechnen würde, würden die Resultate viel schlechter werden. Ich habe viele Gelegenheiten gehabt, dieses Gesetz anzuwenden.

Man konnte auch von ihm lernen, daß die Priorität nicht wichtig ist. Er sagte immer: „Ich verstehe nicht, warum die Leute die Fragen der Priorität so ernst nehmen. Wenn eine Idee schon so nahe an der Oberfläche liegt, daß sie mehreren Leuten zu ungefähr derselben Zeit einfällt, dann ist sie schon gar nicht so wichtig. Was einem wirklich Freude macht, ist, etwas auszudenken, auf das sonst sehr lange niemand kommen würde!"

Natürlich konnte man auch von Pauli lernen, kritische Bemerkungen zu machen. Sie werden alle schon von vielen solchen Bemerkungen gehört haben, und ich brauche die Liste nicht zu verlängern. Vielleicht kann ich nur noch eine erwähnen, die nicht sehr bekannt ist: Im Jahr 1930 gab es eine Gelegenheit, bei der Pauli, Felix Bloch, Fokker und ich zusammen in einem Restaurant in Amsterdam gegessen haben. Pauli behauptete, daß Bloch in einer kürzlich veröffentlichten Arbeit sich um einen Faktor 10^4 verrechnet habe. (Es war nicht so einfach, aber das war, was Pauli behauptete.) Während des ganzen Essens neckte er Bloch mit diesem Faktor. Dann wandte er sich an Fokker: „Das würde Ihnen niemals passieren." Fokker sah sehr zufrieden aus. „In Ihren Arbeiten sind sicher alle Faktoren richtig". Fokker sah noch immer zufrieden aus. „Sie könnten schon eine Arbeit schreiben, die nicht den geringsten physikalischen Sinn hat, aber die Faktoren werden alle richtig sein." Ich glaube, in diesem Falle war seine Absicht, sich mit Bloch zu versöhnen.

Ich weiß nicht, ob es eine Erklärung für diese Bemerkungen gibt. Pauli erklärte mir einmal: „Es gibt Leute, die haben so empfindliche Hühneraugen, daß man mit ihnen so nicht leben kann. Man muß ihnen dann so lange fest auf die Hühneraugen treten, bis sie sich daran gewöhnen." Aber ich glaube, das war eine Rationalisierung. Man sollte auch schon verstehen, warum die „Opfer" dieser Bemerkungen ihm das nie nachtrugen, jedenfalls nicht sehr lange – vielleicht deswegen, weil wir alle wußten, daß er denselben strengen Maßstab und dieselbe scharfe Kritik auf sich selbst anwandte.

Ich hatte nicht den Ehrgeiz, in dieser Hinsicht ein sehr erfolgreicher Schüler zu sein, aber ich habe jedenfalls ein Zeugnis, daß ich einen gewissen Fortschritt gemacht habe. Das geschah auf die folgende Weise: Bei einer der Rochester-Konferenzen, die noch wirklich in Rochester gehalten wurden, sprach Schwinger über sehr komplizierte Eigenschaften der Funktionen von zwei komplexen Variablen. Der nächste Redner war Källén, und als er gerufen wurde, sagte Salam, der neben mir saß: „Jetzt wird es ein Feuerwerk geben." Källén widersprach Schwinger sehr gründlich und fand jeden Schritt in seinem Argument falsch und irreführend. Er nannte ihn sogar nicht beim Namen, sondern sprach immer nur von dem „vorhergehenden Redner". Salam fragte mich, ob das nicht wirklich ein Feuerwerk gewesen sei, und ich sagte: „Nein, Feuerwerke sind immer mit einer gewissen Beleuchtung verbunden." Viki Weisskopf zitierte meine Bemerkung in seiner Rede bei dem Bankett. Danach sagte Källén zu mir, jetzt sei er völlig mit Pauli einig. Ich fragte worüber, und er sagte: „Pauli hat immer gesagt, daß Ihre komischen Bemerkungen besser sind als Ihre Physik." Nicht sehr hohes Lob, aber immerhin positiv.

Aber ein sehr wichtiges Talent von Pauli habe ich nicht sehr gut nachzuahmen gelernt: Pauli hat ganz bewußt sein Interesse auf ihm wertvolle Probleme beschränkt. Er hat es immer sehr deutlich gemacht, wenn ihn ein Seminar langweilte oder wenn

Dirac, Pauli und Peierls besuchen das Institut für Theoretische Physik in Birmingham (um 1953)

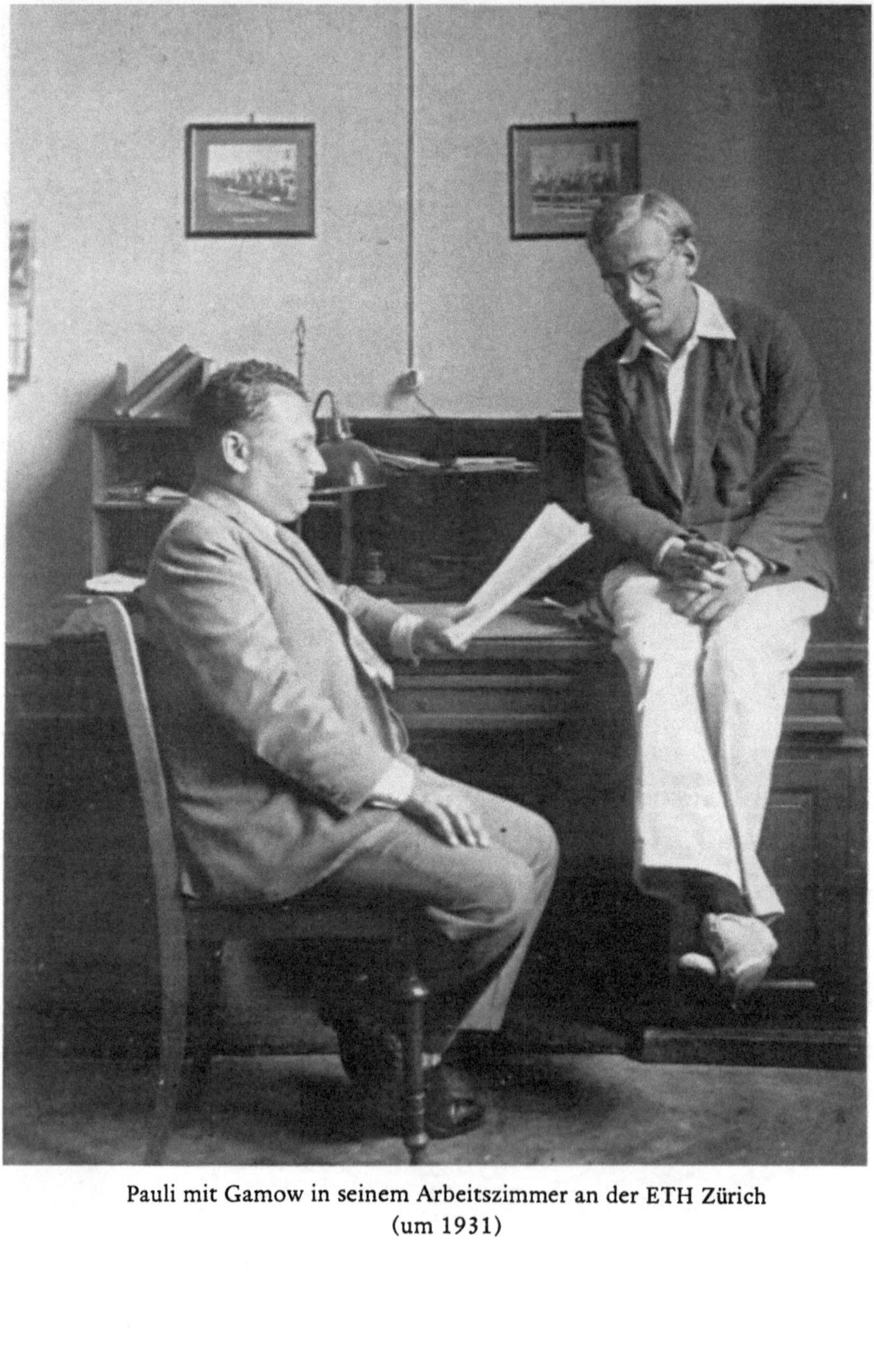

Pauli mit Gamow in seinem Arbeitszimmer an der ETH Zürich
(um 1931)

ein Besucher versuchte, ihn für seine Arbeit zu interessieren. Das soll aber nicht heißen, daß er sich nur für fundamentale Fragen interessierte – er war kein Snob und konnte oft an der Lösung eines technischen Problems ohne tiefere Bedeutung Freude haben. Aber dann sollte es einfach sein und eine hübsche Pointe haben.

Er hat sehr oft seine Verachtung für Festkörperphysik ausgesprochen, obwohl er selbst zu ihrer Begründung wesentlich beigetragen hat. Aber selbst in diesem Gebiet
selbst zu ihrer Begründung wesentlich beigetragen hat. Aber selbst in diesem Gebiet
gab es Probleme, die ihn interessierten. Dafür hatte ich einen Beweis im Jahr 1955, als ich ihm mein Buch über die Quantentheorie des festen Körpers schickte. Er hielt damals gerade eine Vorlesung, in der er die Theorie des de Haas-van-Alphen-Effekts erklären wollte. Er fand es bequem, daß die Gleichungen dafür in meinem Buch standen. Aber leider enthielten diese Gleichungen, wahrscheinlich die einzigen in dem Buch, die er sich angesehen hat, einen Fehler, und ich bekam einen sehr wütenden Brief.

In dieser Lehre, seine Interessen nicht über ein zu weites Feld zu zerstreuen, und die Auswahl auf das Wichtigste, das Elegante oder das Ungewöhnliche zu beschränken, habe ich sehr versagt.

Es gab ein anderes Gebiet, in dem ich Paulis Vorbild nicht folgen wollte. Das war seine Vorstellung über weibliche Physiker, insbesondere theoretische. Er hatte immer den Verdacht, sie hätten nur Physik studiert, um einen Mann zu finden. Das hat er in einer Bemerkung ausgedrückt, als er auf einer Tagung eine Theoretikerin traf, die früher bei ihm gearbeitet hatte; es stellte sich heraus, daß sie jetzt verheiratet war: „Ist es Ihnen also doch noch gelungen?"

Ich heiratete während meiner Zürcher Zeit, und meine Frau hatte Physik studiert. Pauli bestand darauf, daß sie nicht annehmen sollte, sie habe das Recht, immer im Institut zu sitzen. Diese Bedingung war leicht zu erfüllen, weil sie die Physik gar nicht fortsetzen wollte. Danach waren die Beziehungen freundlich, besonders bei der Gelegenheit einer Tagung der Schweizerischen Physikalischen Gesellschaft in Vevey, wo uns die Stadt zum Besuch der städtschen Weinkeller lud. Danach fanden wir uns in einem eleganten Hotel, wo die Kapelle zum Tee spielte. Pauli und meine Frau unterstützten die Musikanten zusammen auf der Trommel.

Er war bereit, Ausnahmen zu machen: Er hatte immer großen Respekt vor Lise Meitner und Madame Wu. Als er uns in den fünfziger Jahren besuchte, hatten wir Nina Byers als Research Fellow, und nachdem er sich mit ihr für eine Weile unterhalten hatte, sagte er: „Das ist ein sehr kluges Mädchen!"

Als Lehrer war Pauli am besten in persönlichen Diskussionen und im Briefwechsel. Seine Briefe mit ihrem kaustischen Stil, immer auf einem völligen Verständnis der diskutierten Probleme begründet, sind noch immer ein Vergnügen zu lesen. Wir schulden den Herausgebern der veröffentlichten Sammlung dieser Briefe großen Dank. Es ist schade, daß viele dieser Briefe verloren sind. Pauli schrieb immer mit der Hand und machte daher keine Kopien, so daß das Überleben der Briefe von der Ordentlichkeit der Korrespondenten abhing. Der Verlust wurde noch durch besondere Umstände vergrößert. Als Niels Bohr von den Nazis flüchtete, zerstörte er alle Dokumente, die möglicherweise Einzelheiten über Flüchtlinge enthalten konnten, und dabei verschwanden viele und zweifellos sehr interessante Briefe von Pauli.

Persönliche Diskussionen gingen mit demselben Stil vor sich. Sie waren kein Feuerwerk, aber sie brachten immer viel Beleuchtung. Natürlich hatte er nicht immer recht, aber er war immer bereit, ein Argument für einen anderen Standpunkt anzuhören, und man brauchte nicht sehr darauf zu bestehen.

Er war nicht ebenso gut in Vorlesungen, besonders für die allgemeineren Hörer. Er hatte nicht Sommerfelds Geschick, die Aufnahmefähigkeit der Hörer zu beurteilen (vielleicht weil Sommerfeld im Grunde naiv war) und erwartete zu viel. Er hatte nicht Heisenbergs Talent, die Anregung der Probleme an die Hörer zu übermitteln. Er wollte lieber eine kalte, logische Darstellung geben, und die Resultate für sich selbst sprechen lassen.

Ich hörte einen besonders mißglückten Vortrag, als er ein Kolloquium in Oxford gab. Das Thema waren die verschiedenen Greenschen Funktionen der Feldtheorie, die er gerade so klar untersucht hatte. Man warnte ihn, daß die Hörer meistens Experimentalphysiker sein würden, und nicht viel über Feldtheorie wußten. Seine Reaktion in dieser Situation war, alle Gleichungen an die Tafel zu schreiben, und alle Erklärungen auszulassen.

Aber seine Arbeiten und Artikel sind Meisterstücke der Darstellung. Der Unterschied ist vielleicht, daß der Leser mehr Zeit hat. Wenn ein Satz in einer Arbeit nicht sofort klar ist, kann man ihn ein zweites Mal lesen. In der Vorlesung ist das nicht möglich. Sogar sein Artikel über die Relativitätstheorie, den er im Alter von 21 Jahren geschrieben hat, hat bis heute seinen Wert durch den Inhalt und die Darstellung behalten.

Man konnte von ihm schon schreiben lernen, aber das ging nur dadurch, daß man sein Beispiel beobachtete. Er kritisierte die Form unserer Arbeiten nicht so, wie er unsere Argumente kritisierte. Es war damals nicht üblich, daß die Professoren darauf bestanden, daß die Arbeiten ihrer Schüler gut geschrieben wurden; ich finde es jetzt manchmal schwer, meine frühesten Arbeiten zu lesen. Im Laufe der Zeit hat sich das hoffentlich schon gebessert, und wenn das so ist, dann hat das Beispiel es jetzt manchmal schwer, meine frühesten Arbeiten zu lesen. Im Laufe der Zeit hat sich das hoffentlich schon gebessert, und wenn das so ist, dann haben das Beispiel von Pauli und die Erfahrung, mit ihm an einem seiner Artikel gearbeitet zu haben, dazu beigetragen.

In diesem Vortrage habe ich zu beschreiben versucht, wie es war, unter Pauli zu arbeiten und unter dem Einfluß dieses großen und weisen Mannes zu stehen. Andere werden die Einzelheiten anders ansehen; sie werden mir vielleicht, was einige der „Lehren" anbetrifft, widersprechen. Aber sie sind sicher mit mir darin einig, daß unsere Arbeit mit Pauli unser Verständnis für Physik erweitert und bereichert hat, was uns selbst in eine bessere Lage versetzt hat, zur Physik beizutragen. Sein früher Tod vor 25 Jahren hat anderen die Möglichkeit geraubt, dies zu erleben. Hoffentlich ist es uns gelungen, etwas von dem, was wir von Pauli gelernt haben, an unsere Schüler weiterzugeben.

7

Hendrik B.G. Casimir*

Erinnerungen aus den Jahren 1932 - 1933**

Von September 1932 bis August 1933 arbeitete ich als Assistent bei Pauli an der ETH; ich war Nachfolger von Peierls, Vorgänger von Weisskopf. Es war für mich eine schöne und fruchtbare Zeit. Die eigentlichen Assistentenpflichten waren gering. Mit Prüfungen und mit der Vorbereitung von Vorlesungen hatte ich nichts zu tun, obwohl das für meine Erziehung – und vielleicht sogar für die Vorlesungen – nützlich gewesen wäre. Meine einzige administrative Aufgabe war, darauf zu achten, daß die Separatensammlung alphabetisch geordnet war und blieb, wobei Pauli einen besonderen Wert darauf legte, daß bei Zweier- oder Dreierarbeiten für den zweiten (oder dritten) Autor ein Zettel angefertigt und an die entsprechende alphabetische Stelle zwischen den Separaten gelegt wurde. Obwohl ich nun im Allgemeinen jede Kartei, Dokumentation oder Buchhaltung in kürzester Zeit in Unordnung bringe, kann ich mit einigem Stolz erklären, daß ich dieser Aufgabe gewachsen war. Was die außerakademischen Anforderungen anbetrifft, beschränkten sich diese damals hauptsächlich darauf, daß ich gelegentlich bei Pauli zu Hause den „Mundschenk" spielen sollte. Nun hatte – und habe – ich auch in dieser Richtung keine besonderen Fähigkeiten, aber, nachdem Pauli mir einmal einen Korkenzieher reichte um eine Sektflasche zu öffnen, fühlte ich mich ihm auf diesem Gebiet wenigstens ebenbürtig.

---

* *Hendrik B. G. Casimir* (1909 in s'-Gravenhage geboren) besuchte die Schule in Den Haag und begann 1926 sein Universitätsstudium in Leiden. Besonders die Anwesenheit von Paul Ehrenfest dort bestimmte seinen weiteren wissenschaftlichen Werdegang. Nach kürzeren Studienaufenthalten bei Bohr in Kopenhagen und Doktorprüfung in Leiden begleitete er Ehrenfest 1931 auf seiner letzten Amerikareise. Im Sommer 1932 war er vorübergehend Lise Meitners, Haustheoretiker" am Kaiser-Wilhelm-Institut in Berlin-Dahlem, bevor er im Herbst die Züricher Assistentenstelle bei Pauli antrat. Doch diese Zusammenarbeit mit Pauli währte nur ein Jahr, weil Ehrenfest ihn dringend nach Leiden zurückforderte. Nachdem Ehrenfest im September 1933 seinem Leben ein Ende bereitet hatte, vertrat ihn Casimir, bis 1934 in H. A. Kramers ein Nachfolger gefunden war. In Leiden wandte er sich der Tieftemperaturphysik zu, die dort seit Kamerlingh Onnes in hohem Ansehen stand. Als während des Krieges die Universität geschlossen wurde, ging er zu den Philips-Forschungslaboratorien in Eindhoven, wo er in leitender Stellung bis 1972 blieb. Trotz seiner Direktorpflichten hat er weiterhin ein großes Interesse für die theoretische Physik bewahrt und wichtige Beiträge geliefert.

** Vortrag, gehalten an der Universität Wien am 15. November 1983.

Das Vorgehende heißt aber nicht, daß ich nicht zu arbeiten hatte. Im Gegenteil, Pauli verstand es, mir interessante Arbeitsthemen vorzuschlagen und hielt sich genau auf dem Laufenden über meine Fortschritte oder Fehlschläge. Ich habe die Neigung zu faulenzen, aber bei Pauli hatte ich dazu keine Gelegenheit. „Er hat geächzt", sagte Pauli später zufrieden zu Kramers.

Die erste Aufgabe, die er mir stellte, hatte einen recht merkwürdigen Ausgang. Im vorhergehenden Semester hatte der junge französische Theoretiker Jacques Solomon bei Pauli gearbeitet, und zwar hatte er auf Vorschlag von Pauli untersucht, wie man die Diracgleichung und die Spinoranalysis im Rahmen der neuen unitären Feldtheorie von Einstein und Mayer formulieren kann, und er hatte einen allgemeinen Ausdruck für den Energie-Impulstensor hergeleitet. Und nun schickte Solomon die zweite Korrektur seiner im *Journal de Physique* zu erscheinenden Arbeit und schlug vor, sie sollte als gemeinsame Arbeit von Pauli und Solomon veröffentlicht werden; Pauli hatte ja wesentlich zur Arbeit beigetragen. Pauli überlegte sich die Sache und war im Prinzip einverstanden: Er habe nicht nur das Thema vorgeschlagen, sondern auch Solomon genau gesagt, wie er das Problem anfassen sollte. Aber, wenn die Arbeit auch unter seinem Namen erscheinen würde, dann sollte ich doch mal schnell nachprüfen, ob die Formeln in Ordnung seien. Nun, ich war damals einigermaßen gewandt im Jonglieren mit Tensoren, und ich kam bald zum Schluß, daß viele Formeln, und speziell der Ausdruck für den Energie-Impulstensor, falsch waren. Pauli schickte sofort ein Telegram nach Paris: die Veröffentlichung sollte aufgehalten werden. Kurz nachher kam die Antwort von Jean Langevin, Sohn des bekannten Physikers und damals Herausgeber des *Journal de Physique*. Die zweite Korrektur war nicht rechtzeitig zurückgekommen, und weil Solomon in der ersten Korrektur nur einige, unbedeutende Fehler gefunden hatte, war die Arbeit inzwischen schon gedruckt und an die Abonnenten abgeschickt. Als Autoren wurden Pauli und Solomon genannt. Pauli war weniger empört als ich erwartet hatte. Er legte sich aber energisch ins Zeug, bestätigte meine Ergebnisse, korrigierte und erweiterte die Rechnungen, und schrieb eine neue Abhandlung, die er Solomon zuschickte mit dem Auftrag, er sollte sie übersetzen, aber nicht an einer einzigen Formel auch nur das geringste ändern. So entstand Pauli und Solomon II. Da kam nun eines Tages Pauli fast schüchtern in mein Arbeitszimmer. „Vielleicht sollten Sie Ko-Autor sein", sagte er, „oder wenigstens sollten wir Ihnen danken, aber die Sache sieht sowieso recht merkwürdig aus, ist für mich etwas peinlich, und ich möchte auch dem Solomon nicht schaden; was halten Sie davon?" Ich antwortete, daß es gar nicht notwendig sei, mich zu erwähnen. Die Sache wäre anders, hätte ich die Fehler selbständig entdeckt, aber davon war nicht die Rede. Pauli hatte mir aufgetragen, die Formeln nachzurechnen. Das war eine fast mechanische Arbeit, wobei ich zwangsläufig die Fehler finden mußte. Pauli war wirklich erleichtert. Ich erwähne diesen, an sich nicht sehr wichtigen Vorfall, weil er zeigt, daß Pauli zwar eine scharfe Zunge hatte, aber trotzdem in seinen Beziehungen zu jüngeren Physikern sehr gewissenhaft war. Die Arbeiten Pauli et Solomon, I & II, haben keine große Rolle gespielt in der weiteren Entwicklung der Physik. Sie ruhen in Frieden. Mir aber macht es Spaß, daß ich in meinem Leben doch noch einen kleinen Beitrag zur allgemeinen Relativitätstheorie geliefert habe, wenn auch einen völlig anonymen.

Ich glaube übrigens nicht, daß Pauli große Erwartungen hatte von dieser eigentümlichen Geometrie, bei der jedem Punkt im vierdimensionalen Raum ein fünfdimensionaler Raum zugeordnet wird. An einem Abend, wir hatten bei einem Kollegen von Pauli Wein getrunken, begleitete ich Pauli zu Fuß nach Hause. „Wir leben in einer merkwürdigen Zeit," sagte er auf einmal, „in einer kulturlosen Zeit. Das Christentum hat seinen Griff verloren; es muß etwas Neues kommen. Ich weiß, was kommen wird. Aber das sage ich lieber nicht, denn da würden die Leute sagen, ich sei verrückt. Da treibe ich noch lieber fünfdimensionale Relativitätstheorie, obwohl ich nicht viel davon halte. Aber ich weiß ganz genau, was kommen wird. Vielleicht erzähle ich Ihnen das ein anderes Mal." Das andere Mal ist nie gekommen. Ich hatte damals den Eindruck, er hatte etwas ganz bestimmtes im Sinn, aber auch aus seinen Schriften zur Erkenntnistheorie kann ich nicht herauslesen, um was es sich handelte.

Für technische Probleme interessierte Pauli sich nicht. Nicht einmal für die mathematischen Probleme, die aus technischen Fragestellungen hervorgehen – dies im Gegensatz zu seinem Lehrer Arnold Sommerfeld –, und erst recht nicht für die technologischen Details. Im Kolloquium, wo die verschiedenen Professoren der Reihe nach den Vorsitz hatten, wurde zufälligerweise unter dem Vorsitz von Pauli ein Vortrag über neuzeitliche Radioröhren gehalten. Schon bald nach dem Anfang sagte Pauli halblaut zu mir: „Das ist aber lustig, ich verstehe kein Wort. Verstehen Sie etwas?" Ich muß zugeben daß ich damals auch nicht viel verstand, und ich ahnte nicht, daß ich mich später noch einmal ziemlich eingehend mit Radioröhren zu beschäftigen haben würde. Im Laufe des Vortrages wurde Pauli immer besserer Laune. „Das ist aber wirklich lustig. Ich verstehe überhaupt kein einziges Wort." Am Ende dankte er dem Redner und sagte: „Ich hoffe, daß Ihr Vortrag diejenigen, die sich für solche Sachen interessieren, befriedigt hat."

Während meiner Zürcher Zeit haben Pauli und ich uns nur einmal wirklich gestritten. Es fing an im Kolloquium, und es handelte sich um eine ziemlich elementare Sache. Für die Theorie der „internal conversion" – inneren Umwandlung – der Gammastrahlen in einem Atom ist es wichtig, daß eine oszillierende Ladungsverteilung, die kein in der üblichen Weise definiertes Dipolmoment besitzt, trotzdem Dipolstrahlung emittieren kann. Um das einzusehen, muß man die Greensche Funktion nach Besselfunktionen entwickeln. Pauli aber bestand auf einer Potenzreihenentwicklung und wollte meine Betrachtungsweise nicht akzeptieren. Die Diskussion wurde nach dem Kolloquium fortgesetzt, und weil ich davon überzeugt war, daß ich – ausnahmsweise – recht hatte und deshalb bei meinen Formeln beharrte, wurde der Streit recht heftig. Schließlich haben wir uns geeinigt, und Pauli hat sich gewissermaßen entschuldigt. Aber da muß ich zunächst eine ganz andere Geschichte erzählen.

Pauli sprach gerne über sein „berühmtes Gespräch mit Nernst". Zeit und Ort wurden dabei genau mitgeteilt; ich habe sie vergessen. Das Gespräch verlief aber ungefähr folgendermaßen:

Nernst: „Also, Herr Pauli, ich habe neuerdings einen Vortrag von Ihnen gehört. War nicht schlecht. Vielleicht noch etwas schülerhaft, aber hat mir doch gefallen. Und wo sind Sie jetzt?"

Pauli: „Ich bin in Zürich, Herr Geheimrat."

Nernst: „Ach so. Arbeiten Sie da bei Herrn Meyer?"

Nun war Edgar Meyer der Ordinarius für Experimentalphysik an der Universität Zürich. Ich glaube, daß Pauli ihm wohlgesinnt war, aber er war alles mehr als ein Theoretiker, und der Gedanke, daß Pauli unter Edgar Meyer arbeiten würde, war recht komisch.

Pauli: „Nein, Herr Geheimrat, ich bin an der ETH."
Nernst: „Da arbeiten Sie wohl im Institut von Herrn Scherrer."
Pauli: „Jawohl, Herr Geheimrat, das heißt, ich arbeite im gleichen Gebäude und sehe Herrn Scherrer recht oft, aber als Theoretiker brauche ich kein Laboratorium."

Nun fing Nernst an zu verstehen, daß er die Situation falsch beurteilt hatte, und er versuchte das gutzumachen.

Nernst: „Also, Sie sind dort Ordinarius."
Und, auf Paulis Bestätigung:
„Aber lieber Herr Kollege, können Sie denn davon leben?"

Zurück zu meinem Streit mit Pauli. Als wir uns geeinigt hatten, sagte er: „Da haben wir einander richtig angebellt. Kommen Sie mal her. Ich zeige Ihnen, was Springer mir für meinen Handbuchartikel zahlt." Der Betrag war nicht überwältigend, aber ich war froh diese großmütige, wenn auch implizite Entschuldigung zu akzeptieren. Pauli war damals kein sehr glücklicher Mensch. Sein Handbuchartikel über Quantenmechanik – „nicht ganz so gut wie mein Artikel über die ältere Quantentheorie in der ersten Auflage, aber immerhin besser als irgendeine andere bisherige Darstellung der Quantenmechanik", pflegte er selber davon zu sagen – war eine große Leistung, und nun fiel es ihm schwer einen neuen Weg zu finden. Die Anwendungen der Quantenmechanik auf konkrete Probleme, die es in Hülle und Fülle gab, interessierten ihn weniger, und besonders die Festkörperphysik gefiel ihm gar nicht. Seine erste Ehefrau hatte ihn nach kurzer Ehe verlassen, und er lebte etwas vereinsamt in der von ihr eingerichteten Wohnung. Eine beliebte Zerstreuung war für ihn das Autofahren. Er hatte nicht ohne Mühe den Führerschein erworben, und ein guter Fahrer war er nicht. Es war aber fast, als ob ein spezieller Schutzengel über ihn wachte, und abgesehen von kleineren Schrammen und Beulen – meistens entstanden beim Ein- und Ausfahren durch die Garagentür – ist ihm meines Wissens kein Unfall passiert. Gelegentlich fuhr er am Abend mit mir aus der Stadt, um in irgendeinem einfachen Gasthaus auf dem Lande das Abendessen einzunehmen. Bei solchen Ausflügen trank Pauli nicht, oder nur recht wenig, was beruhigend war.

Einmal aber gab es eine Ausnahme, nämlich bei der Frühlingsversammlung der Schweizerischen Physikalischen Gesellschaft. Am Vormittag hatte Pauli David Inglis, Felix Bloch, Walter Elsasser und mich von Zürich nach Luzern gefahren. Das war ganz gut gegangen. Zwar fanden wir es etwas überflüssig, daß er von Zeit zu Zeit sagte „ich fahre ziemlich gut", wobei er sich seinen Passagieren zuwendete und manchmal das Lenkrad festzuhalten vergaß, aber sehr gefährlich war das nicht. Am Abend trank er mit saurer Miene Fruchtsaft. Plötzlich faßte er einen Beschluß und bestellte einen Whisky. Das war noch nicht schlimm, aber als er sich einen zweiten bestellte und wir den Eindruck hatten, daß es nicht der letzte sein würde, kam die Sache uns bedenklich vor. Wir hielten Kriegsrat und beschlossen, Pauli weitere Whiskys anzubieten. Nachher würde er selber einsehen, daß es vernünftiger war, Inglis den Wagen nach Hause fahren zu lassen. Der erste Teil dieser Operation gelang vorzüglich. Als wir aber den Vorschlag machten, Inglis sollte fahren, lehnte Pauli das kategorisch ab. Wir konnten mitfahren oder dableiben, das war ihm einerlei, aber er würde fahren. Der letzte Zug nach Zürich war inzwischen schon längst abgefahren; auch mochten wir Pauli keinesfalls allein fahren lassen. Wir stiegen ein. Inglis saß neben Pauli, Homi Bhabha, der wohl den Zug verpaßt hatte, fuhr auch noch mit, und saß am Fußboden. Pauli ließ die Hupe lang und laut ertönen, fuhr los, stieß an die Bordsteinkante, machte einen Schwung zur anderen Seite der Straße, stieß auch dort an die Bordsteinkante und fand erst dann den richtigen Kurs. Es wurde eine abenteuerliche Fahrt. Pauli fuhr schnell und unsicher, und die Straße hatte viele Kurven, aber gottlob wenig Verkehr. Auch jetzt sagte Pauli immer wieder: „Ich fahre ziemlich gut". Und neben ihm saß Inglis, gespannt, vorbereitet, um im Notfall das Rad zu ergreifen, aber hauptsächlich sich bemühend, Pauli langsamer fahren zu lassen. Wenn der Wagen durch die Kurven quietschte, sagte er langsam und nachdrücklich mit ausgeprägtem amerikanischem Akzent: „Das heißt nicht gut fahren", und das hatte in der Tat einen beruhigenden Einfluß. Einmal erschien der Mond gerade über einem Hang, und Pauli fing auf einen Fahrer zu schimpfen an, der nicht abblendete. Einmal sagte er: „Hier kenne ich eine Abkürzung", und schlug einen ungepflasterten Weg ein, der endete bei einem Wagenschuppen. Nach einigen abfälligen Bemerkungen über Leute, die während der Nacht Wagen und Schuppen über seine Abkürzung gestellt hatten, fuhr er zurück zur Straße. Wir kamen schließlich gut nach Hause. Ist meine Darstellung übertrieben? Mag sein, aber als ich nach dem Zweiten Weltkrieg Inglis wieder begegnete und ich ihn fragte, ob er sich an die Fahrt von Luzern nach Zürich erinnern konnte, war seine Antwort sofort: "Will I ever forget it." Für ihn war die Sache noch enervierender als für uns: er hatte das Gefühl, gewissermaßen verantwortlich zu sein, wußte aber, daß er wenig ausrichten konnte.

Was hat Pauli von meiner späteren Laufbahn gehalten? Einerseits hat es ihm wohl Spaß gemacht, daß sein früherer Assistent sich in einer ganz anderen Umgebung behaupten konnte. Er wird darüber gelacht haben, so, wie er damals im Kolloquium über die Radioröhren lachte. Andererseits hat er vielleicht bedauert, und es war für ihn unbegreiflich, daß ein Physiker, der etwas von Mathematik verstand, und den er auch sonst „nicht ganz dumm" fand (bei Pauli schon ein hohes Lob), der reinen Forschung den Rücken wendete. Jedenfalls hat er mich später immer mit Herr Direktor angeredet und sogar zu Kollegen gesagt: „Wenn Sie in Holland den Casimir treffen, grüßen Sie ihn von mir, und nennen Sie ihn Herr Direktor. Das ärgert ihn nämlich."

Wenige Jahre vor seinem Tod war Pauli zu Besuch in Holland, und eines Abends waren wir zusammen in einem kleinen Kreis von Freunden. Da fragte mich jemand: „War es nicht schwer damals, als ganz junger Mann Assistent bei Pauli zu sein?" Ich erfand folgende Antwort: „Nein, so schwer war es nicht. Pauli hat mich damals öfters mitgenommen in seinem Auto, und es war eine Art von stillschweigendem Abkommen, daß er meine Physik ebensowenig beanstanden würde wie ich sein Autofahren. Nun bilde ich mir gar nicht so viel auf meine Physik ein, aber etwas besser als Paulis Autofahren dürfte sie damals gewesen sein." Man hat gelacht, aber Pauli hatte das letzte Wort. „Mag sein", sagte er, „ich fahre schon längst kein Auto mehr. Aber, was viel schlimmer ist, Sie, Herr Direktor, treiben schon längst keine Physik mehr. Die Sache stimmt noch immer."

8

Viktor F. Weisskopf*

Meine Assistentenzeit bei Pauli**

> *"Pauli's work in physics encompasses more than one would think can be accomplished within one man's life. Very rarely has one man been able to make essential contributions not only to problems of a fundamental and abstract character, such as relativity theory and field theory, but also to the concrete analysis of undigested experimental facts, such as his work on spectroscopy and on the electrons in solids. This wide sweep of his interests is a testimony of his deep understanding of the essential things of nature."*
>
> *Kronig und Weisskopf* [*1964*], *S. VIII f.*

Meine lieben Freunde!
Es ist wirklich ein großes Vergnügen nach Wien zu kommen, um über eine Periode unseres Lebens – ich spreche von allen Pauli-Schülern und -Mitarbeitern – zu erzählen, die in vieler Hinsicht eine der vielleicht schönsten und fruchtbarsten Perioden unseres Lebens war, obwohl zu derselben Zeit in der Welt der Politik furchtbare Dinge vorgefallen sind. Diese Kombination hat mich immer tief bedrückt und beeindruckt, und mich an Dickens erinnert, der am Anfang der *Tale of two Cities* schreibt: "It was the best of times, it was the worst of times".

---

* *Viktor F. Weisskopf* (1908 in Wien geboren) studierte in Wien und Göttingen und promovierte 1931 bei Max Born mit einer Untersuchung über natürliche Linienbreiten von Spektrallinien. Nach kürzeren Aufenthalten in Leipzig, Berlin, Charkow, Kopenhagen und Cambridge, wo er mit den bedeutendsten Physikern jener Zeit in Berührung kam, wurde er im Herbst 1933 Paulis Assistent. Damals entstanden seine wichtigen Arbeiten zur Quantenfeldtheorie, die in einer gemeinsamen Publikation mit Pauli (1934a) gipfelten. Nach einem weiteren Forschungsaufenthalt bei Bohr in Kopenhagen ging er 1937 nach Amerika an die University of Rochester, wo sein neues Arbeitsgebiet die Kernphysik wurde. Über dieses Gebiet verfaßte er zusammen mit J. M. Blatt eine vielzitierte Monographie. Während des Krieges beteiligte er sich an der Entwicklung der Atombombe in Los Alamos. Danach übernahm er eine Physikprofessur am Massachusetts Institute of Technology, die er bis zu seiner Emeritierung 1974 behielt. Von 1961 bis 1965 war er außerdem Generaldirektor von CERN. Obwohl im Ruhestand lebend, nimmt er noch heute aktiv am wissenschaftlichen Leben teil und veröffentlichte mit Kurt Gottfried ein zweibändiges Werk „Concepts of Particle Physics".

** Vortrag, gehalten an der Universität Wien am 16. November 1983. Die vorliegende Fassung ist eine von R.U. Sexl überarbeitete Transkription einer Tonbandaufnahme.

Cambridge

Ich war von 1933 bis 1936 bei Pauli in Zürich. Doch möchte ich ein bißchen früher anfangen. 1932 hatte ich ein Rockefeller-Stipendium bekommen, um auf ein Jahr irgendwohin zu gehen, wo ich wollte. Und ich hatte mir damals ausgesucht, erst nach Kopenhagen und dann nach Cambridge, England, zu gehen; also zu Niels Bohr und Dirac. Um die Zeit war Dirac ja schon eine große Persönlichkeit. In Kopenhagen habe ich das Glück gehabt, nicht nur Niels Bohr kennenzulernen, sondern auch meine jetzige Frau. Dadurch hat sich dann der Kopenhagener Aufenthalt etwas ausgedehnt und der Cambridge-Aufenthalt etwas verkürzt. Der Cambridge-Aufenthalt war sehr wichtig für mich; aber eigentlich gar nicht aus dem Grund, aus dem ich hingekommen bin, nämlich um von Dirac etwas zu lernen. Das kann man nämlich nicht. Ich habe versucht, ihm zu sagen, wofür ich mich interessiere, da hat er immer nur "yes" und "no" geantwortet; und das hat mir nicht viel geholfen. Aber ich muß sagen – und das hat sehr viel mit Pauli zu tun –, ich habe damals sehr viel von Rudolf Peierls gelernt. Peierls war nur ein bißchen älter als ich, aber solche zwei, drei Jahre bedeuten einen ungeheuren Unterschied am Anfang und manchmal auch am Ende.

Es war schön und auch interessant, Peierls und seine Frau in Cambridge zu treffen. Er hatte ebenfalls ein Rockefeller-Stipendium und zwar – das hat mich natürlich ein bißchen geärgert – 200 Dollar im Monat, während ich nur 150 bekam. Der Grund war allerdings, daß er verheiratet war, und ich erst im Begriff war zu heiraten. Man mußte der Rockefeller-Gesellschaft regelmäßig berichten, was man geleistet hatte. Ich kann mich erinnern, daß damals in der Peierls-Familie das erste Kind geboren wurde und er die Geburtsanzeige als Leistungsbeweis einsandte; das konnte ich natürlich nicht tun. Ich glaube, es wurde ihm auch dort ein bißchen übelgenommen.

Eigentlich habe ich damals schon angefangen, indirekt von Pauli zu lernen, nämlich – via Peierls – wie man relativistische Quantenmechanik betreibt. Wir nannten das „Alphagymnastik". In diesem Zusammenhang möchte ich eine historische Frage stellen. 1932 war die Löcher-Theorie schon bekannt und wurde auch verwendet. Warum sind die Rechnungen von Bethe und anderen über die Paarerzeugung im Coulombfeld erst 1934 veröffentlicht worden? Die Rechnungen hätte man doch schon 1932 machen können. Das verstehe ich nicht. Vielleicht ist es so, daß man diese Theorie für so verrückt gehalten hat, daß sich niemand ernsthaft niedergesetzt hat, es zu rechnen. Wir hätten es damals rechnen können, wir haben es aber nicht gerechnet.

Als Assistent bei Pauli

Um die Zeit, es war im Mai oder Juni, kam der berühmte Brief aus Zürich, in dem stand: „Wollen Sie nicht mein Assistent werden? Der Casimir geht weg." Das war wie ein Lichtstrahl vom Himmel. Ein Assistent von Pauli – für mich war das die Erfüllung des größten Wunsches. Dazu kam noch Zürich – ich war ein begeisterter Skifahrer.

Nun bin ich natürlich gleich zu meinem Freund Rudi Peierls gegangen, der ja Erfahrung hatte, und habe ihn gefragt: „Also wie ist das eigentlich, Assistent bei Pauli zu sein?" Peierls hat ein bißchen den Kopf geschüttelt: „Na ja, man muß darauf vorbereitet sein." Und dann hat mir Peierls nicht nur Unterricht in Alphagymnastik gegeben, sondern auch Unterricht, „wie man mit dem Pauli umgeht". Unter seinen vielen Ratschlägen war auch folgender: „Wenn man in Zürich einen Kolloquiums-Vortrag hält, dann muß man sehr achtgeben, denn Pauli wird ihn unterbrechen, wird einen beschimpfen und von der Tafel wegjagen. Die beste Methode ist folgende: Am Vormittag des Vortragstages – das Kolloquium ist am Nachmittag – geht man zu Pauli und erzählt ihm genau, was man am Nachmittag sagen wird. Pauli hört zu und beschimpft einen und sagt „So ein Blödsinn, und wieder so dumm, und das können Sie nicht sagen, das ist trivial, das weiß sowieso jeder, das ist falsch ..." Wenn man dann am Nachmittag zum Kolloquium kommt – da sitzt Pauli dann in der ersten Reihe – dann soll man den Vortrag genauso halten, wie man ihn vorbereitet hat und nur das ändern, wovon Pauli einen überzeugt hat. Wenn man dann zu den Stellen kommt, die Pauli kritisiert hat, dann sitzt Pauli dort und sagt: „Ich hab's ihm sowieso schon gesagt." Es ist also gar nicht so schlimm.

Casimir hat uns bereits von den Pflichten eines Assistenten bei Pauli erzählt. Auch in meiner Zeit waren diese Verpflichtungen eigentlich gar nicht sehr groß. Vorher möchte ich aber noch eine Geschichte erzählen, die vielleicht schon bekannt ist, da ich sie schon publiziert habe. Nämlich die Geschichte, wie ich zu Pauli kam. Ich kam nach Zürich und ging dort zu seinem Zimmer im alten Institut. Eine große Tür, wie man sie heute nicht mehr macht, führt in ein großes Zimmer, und dort klopfe ich an – keine Antwort. Ich klopfe noch einmal an – keine Antwort. Dann höre ich ganz leise: „Wer ist denn da, wer ist denn da?" Wie ich die Tür aufmache sehe ich am anderen Ende beim Fenster den Schreibtisch. Dort sitzt Pauli und sagt: „Warten, warten, warten, erst muß ich x-en." Und so warte ich also fünf Minuten, dann dreht er sich um und fragt: „Wer sind Sie?" Ich sage: „Ja, ich bin der Weisskopf." Darauf er: „So, so, ja, ja, ich habe Sie als Assistent hergeholt. Eigentlich wollte ich den Bethe nehmen." Dann hat er gesagt: „Ja, aber der Bethe arbeitet jetzt am festen Körper, und den festen Körper mag ich nicht, obwohl ich mit ihm angefangen habe." Dann habe ich mit ihm einen Vertrag abgeschlossen: „Herr Prof. Pauli, ich bin natürlich begeistert, mit Ihnen zu arbeiten, aber das mit der General Relativity – Klein-Kaluza – das kann ich nicht. Ich möchte nicht gerne auf dem Gebiet arbeiten. Ich bin gerne bereit, alles andere zu tun," Das hat er angenommen, weil er damals sowieso schon von dieser Sache etwas gelangweilt war. Das war unser Vertrag. Dann hat er mir irgend ein Problem zu lösen gegeben – ich habe schon vergessen, was es war. Nach einer Woche kam er zu mir und fragte: „Was haben Sie denn da gemacht?" Ich zeigte ihm, was ich gemacht hatte, er schaute es sich an und meinte nur: „Ich hätte doch den Bethe nehmen sollen!" Na ja, ich war auf solche Sachen durch Rudi vorbereitet. Es hat mich schon ein bißchen getroffen, aber es hat mich auch amüsiert.

Assistentenpflichten

Nun zu den Pflichten: Pflichten hatte man an sich nur wenige. Man mußte die Übungen korrigieren, das schon. Aber man mußte nicht wie bei Schrödinger die Übungen auch formulieren und durchführen. Bei Pauli mußte man nur so ein bißchen korrigieren. Eine sehr wichtige Pflicht war folgende: Er war damals jung verheiratet – ich komme noch auf seine Heirat zurück –, und Franca, seine Frau, wollte, daß er nicht so viel ißt. Das ist verständlich, wenn man an sein Volumen denkt. Sie wollte nicht, daß er wie gewöhnlich am Nachmittag in die Konditorei geht, die ganz nahe beim Institut in der Rämistraße war. Dort war eine Konditorei, die er speziell gern gehabt hat. Eine meiner Pflichten war es, mit ihm zu der Konditorei zu gehen und ihm zu versprechen, Franca nichts davon zu sagen.

Ja, die Geschichte von der Heirat war auch ganz komisch. Ich hatte meine Frau in Kopenhagen kennengelernt, und wir waren zwar noch nicht verheiratet, aber wir haben geplant zu heiraten. Pauli war immer – komischerweise – sehr darauf erpicht, daß man während des Semesters nicht wegfährt, sondern da ist. Ich hatte große Angst, ihn während des Semesters im Januar 1934 um 10 Tage Urlaub zu bitten, um in Kopenhagen zu heiraten. Auf mein schüchternes Gesuch: „Ich möchte gerne für 10 Tage nach Kopenhagen. Ich möchte gerne heiraten", meinte er aber nur: „So, so, das billige ich; ich heirate nämlich auch." Also, da hab' ich Glück gehabt.

Andere Pflichten hatte ich auch. Damals fand eine sehr rege Korrespondenz zwischen Heisenberg und Pauli statt. Und zwar über Quantenelektrodynamik, und alle möglichen Probleme, deren Problematik man heute gar nicht mehr sieht, wie zum Beispiel die verschiedenen Eichmethoden, die Nebenbedingungen, Divergenzen und ähnliches. Die Sache war immer so: es kam ein Brief von Heisenberg, den Pauli mir zeigte und mit mir diskutierte. Dann sagte er oft: „Also, Sie müssen jetzt die Antwort skizzieren, und dann werde ich sehen, ob das geht. Dann schicken wir die Antwort ab." Einmal kam ein Brief von Heisenberg, ich kann eigentlich gar nicht mehr verstehen, warum wir uns da so über Dinge aufgeregt haben, die heute ganz trivial sind. Jedenfalls war Pauli schrecklich unzufrieden und sagte: „Was für ein Blödsinn, schon wieder so dumm; ganz blöd, ganz blöd." Dann meinte er noch: „Schreiben Sie ihm das!" Was sollte ich machen? Ich setzte mich zum Schreibtisch und versuchte, die Physik so gut ich konnte zu erklären. Zum Schluß habe ich ein Zitat aus *Don Giovanni* hinzugefügt: „Mein Herre läßt Euch sagen, ich selbst ich würd's nicht wagen." Dann schrieb ich, daß alles ein Blödsinn ist.

Die Selbstenergie des Elektrons

Dann kam die Geschichte mit den Divergenzen. Pauli hatte mich gebeten, nachzusehen, wie die Selbstenergie des Elektrons in der Löcher-Theorie aussieht. Das ist eines der dunkleren Kapitel meiner Karriere. Denn ich habe das zwar brav gerechnet, aber – wie bei mir üblich – einen Rechenfehler gemacht. In der publizierten Arbeit divergiert die Selbstenergie quadratisch, worüber wir etwas unglücklich waren. Pauli hätte natürlich die Rechnung kontrollieren können, er hat es aber nicht getan. Dann kam eines Tages ein Brief von Wendell Furry aus Amerika, der damals bei Oppenheimer in Berkeley war: Ich hatte einen Rechenfehler gemacht –

ein Plus mit einem Minus verwechselt. Tatsächlich heben sich die quadratischen Divergenzen auf. Für mich war das ein furchtbarer Schlag. Übrigens waren die Physiker damals im Vergleich zu heute wirkliche Gentlemen. Furry hat die Berichtigung nicht publiziert, sondern er hat mir einfach geschrieben. Ich habe ihm darauf geantwortet: „Ja, leider, ich werde sofort eine Berichtigung machen und natürlich Ihren Namen nennen, oder sollen wir eine gemeinsame Publikation ver-darauf geantwortet: „Ich werde sofort eine Berichtigung machen und natürlich Ihren Namen nennen, oder sollen wir eine gemeinsame Publikation veröffentlichen?" Er schrieb zurück: „Nein, eine Berichtigung von Ihnen ist gut genug." Daher geht heute die logarithmische Divergenz der Selbstenergie des Elektrons unter meinem Namen. Sie sollte eigentlich unter Furrys Namen zitiert werden.

Ganz niedergeschlagen ging ich zu Pauli und habe gesagt: „Pauli, das ist doch wirklich schrecklich, bei so einer wichtigen Sache ein Minuszeichen zu verwechseln, das alles verändert, und ganz was falsches zu publizieren. Ich glaube, ich bin eben doch nicht geeignet für die theoretische Physik; ich glaube, ich muß die Physik aufgeben." Pauli war dann sehr nett und hat so beruhigend gesagt: „Ach, nein, nein, das ist ja gar nicht so schlimm. Viele Leute haben falsche Papers publiziert. Ich nicht!"

Um diese Zeit war die politische Situation in Österreich nicht sehr erfreulich. Es gab Straßenkämpfe, die Heimwehr und das alles. Damals wurde in Österreich auch die allgemeine Wehrpflicht eingeführt. Nun waren Pauli und ich Österreicher. Da kam Pauli herein: „Also wie ist das nun, ich bin natürlich schon über das wehrpflichtige Alter, aber Sie?" Er hat dann mehrmals wiederholt: „Sie schon, ich nicht!" Das wurde eine sprichwörtliche Sache. Felix Bloch und ich haben uns dies bei jeder Gelegenheit gesagt.

Die zahlreichen Pauli-Anekdoten geben ein falsches Bild von Paulis Charakter. Er erscheint als jemand, der seine schwächeren Kollegen im schlechten Licht erscheinen läßt. Paulis gelegentliche und hoch publizierte Schärfe stammte von seinem starken Widerwillen gegen Halbwahrheiten und gegen schlampiges Denken; es war nicht gegen die Person gerichtet. Pauli war ein überaus ehrlicher Mensch, er hatte eine Art kindliche Ehrlichkeit. Er sagte immer direkt seine wirkliche Meinung, ohne Hemmungen. Wenn man sich daran gewöhnt, so ist es höchst befriedigend mit jemandem zu arbeiten, der immer klar ausspricht, was er meint. Pauli wollte niemanden beleidigen, obwohl er es manchmal tat, ohne es zu wollen. Er haßte Ideen, die nicht genug durchgedacht waren; er vertrug es nicht, sich mit unreifen Ideen zu befassen. Er war eben, wie viele seiner Kollegen sagten, das Gewissen der Physik. Er wollte, daß die Physiker ihre Probleme gründlicher durchdachten und sie richtig formulierten.

Die Pauli-Weisskopf-Arbeit

Ich möchte jetzt doch ein bißchen über die Geschichte dieser Pauli-Weisskopf-Arbeit sprechen. Das war eigentlich ungeheuer interessant, und da habe ich wirklich etwas von ihm gelernt. Es fing damit an, daß ich mich damals – vielleicht auf Paulis Anregung – sehr viel mit der Klein-Gordon-Gleichung beschäftigte. Mit Recht haßte Pauli nämlich die Löcher-Theorie und das Auffüllen der negativen Energiezustände. Beim Nachdenken über die Klein-Gordon-Gleichung fiel mir auf, was heute ganz klar ist, daß zwar der Strom, aber nicht die Teilchendichte $|\psi|^2$ er-

halten ist. Auch verhält sich das Feld sehr merkwürdig. Zum Beispiel ist mir damals aufgefallen, daß zwar die elektrische Ladung in der Klein-Gordon-Gleichung erhalten bleibt, wenn man elektrische Felder hat, $|\psi|^2$ aber nicht erhalten ist. Man kann zeigen, daß es unter gewissen Umständen anwächst oder auch abnimmt.
Das schien mir irgendwie verdächtig; vielleicht wird da Materie erzeugt? Ich konnte es aber nicht rechnen, trotz meiner Lehrzeit bei Rudi. Da bin ich dann zu Pauli gegangen. Das war noch vor seiner Hochzeit, was deshalb wichtig ist, weil er damals furchtbar schlecht aufgelegt war. Ich habe ihm meine Idee zu erklären versucht, er wollte aber nicht zuhören und sagte nur: „Dumm, dumm!". Da habe ich mit einem Zitat geantwortet: „Ach Meister, warum so viel Eifer, warum so wenig Ruh', mich dünkte, Euer Urteil wäre reifer, hörtet Ihr besser zu." Darauf schaut er mich an und fragt: „Was ist das?" Ich sage: „Das ist *Meistersinger* von Richard Wagner." Darauf er: „Wagner, mag ich überhaupt nicht." Damit war es zunächst aus. Am nächsten Tag komme ich wieder zu ihm und versuche es wieder. Da war er schon besser aufgelegt: „So, so, ja warum haben Sie mir das nicht gleich gesagt."
Dann lernte ich wirklich etwas, nämlich die zweite Quantisierung, die man braucht, um die Klein-Gordon-Gleichung zu lösen. Das hat mir Pauli schön in allen Einzelheiten erklärt. Ich hätte es wahrscheinlich auch in den Papers lesen können, aber ich war nie sehr gut dabei, und ich habe das lieber von ihm gelernt. Damit konnten wir zeigen, daß tatsächlich Paarerzeugung bzw. -vernichtung herauskommt, ohne daß man das Vakuum anzufüllen braucht. Man hatte natürlich eine Nullpunktenergie, aber man brauchte nicht unendliche Ladungen im Vakuum zu subtrahieren. Pauli war sehr erfreut darüber und nannte diese Arbeit immer die „Anti-Dirac-Theorie". Allerdings gab es damals gar keine geladenen Bosonen. Deswegen haben wir das als reine mathematische Theorie angesehen und in der ehrbaren, aber nicht sehr weit verbreiteten *Helvetica Physica Acta* publiziert.
Unsere Arbeit über die Quantelung der Bosonen hat noch eine Konsequenz gehabt, die mit mir wenig zu tun hat. Pauli hat aus diesen Ideen heraus seinen Beweis gefunden, warum Teilchen mit ganzzahligem Spin Bose-Statistik haben, und die mit halbzahligem Spin dem Pauli-Prinzip folgen. Das war das Großartige an Pauli: Zuerst entdeckte er das Pauli-Prinzip, und später zeigte er, daß es aus den Feldgleichungen abzuleiten ist.

Pauli als Lehrer

Jetzt möchte ich etwas über Pauli als Lehrer sagen. Ich bin ja nicht überzeugt, daß seine Vorlesungen die besten Vorlesungen in theoretischer Physik waren. Dem Inhalte nach ja, der gute Enz hat sie ja herausgegeben, und die sind natürlich wunderbar, aber das ist das gedruckte Wort. Wenn man wirklich dabei gewesen ist und etwas lernen wollte, war es ein bißchen schwierig. Pauli hat sich ja nicht immer gut vorbereitet. Er hat sich dann oft an die Tafel zurückgezogen und auf der Ecke der Tafel etwas ausgerechnet. Dazu gibt es eine berühmte Geschichte: Pauli sagte über irgendeine Behauptung: „Das ist trivial", worauf ein Student fragte: „Herr Professor Pauli, ich verstehe eigentlich nicht, warum das trivial ist?" Und dann – Pauli hat das oft gemacht, wenn er sich was überlegt hat – ist er hinausgegangen. Fünf Minuten war die Klasse ganz allein, nach fünf Minuten kam er zurück und sagte: „Es ist trivial".

Aber ich möchte doch sagen, wenn man mit ihm direkt "person to person" arbeitete, wie z.B. in dem Falle der zweiten Quantisierung, dann war er ein besonders guter Lehrer. Auch hatte er eine ungeheure Geduld und man konnte ihn alles mögliche fragen, das machte gar nichts. Wir jungen Leute haben immer gesagt: Für Pauli sind alle Fragen dumm. Deswegen macht es ihm nichts. Tatsächlich hatte er viel Geduld, ging auf Einzelheiten ein und ärgerte sich nicht, wenn man eine dumme Frage stellte. Es war wunderbar, von ihm direkt zu lernen. Nicht nur lernte man etwas von ihm, sondern man wurde auch erzogen, die theoretische Physik zu verstehen und in einer für Pauli ganz charakteristischen Weise zu behandeln.
Dazu gibt es eine wunderbare Geschichte: Oppenheimer kam zu Ehrenfest nach Leiden. Ehrenfest war ein bißchen unglücklich über Oppenheimer, weil dieser tat, als ob er alles wüßte, und es dann noch nicht ganz richtig war. Ehrenfest sagte: „Ich kann mit dem Mann nichts anfangen, er ist mir zu gescheit." Dann schrieb er an Pauli: „Ich habe hier so einen merkwürdigen, aber intelligenten Amerikaner. Kannst Du ihn nicht zu Dir nehmen und ihn moralisch und intellektuell zurechtprügeln?" Gerade das, das Zurechtprügeln, ist, was Pauli auch mit uns gemacht hat. Und dafür sind wir ihm tief dankbar.
Pauli war gegenüber den meisten Leuten sehr direkt und kritisch und scheute sich nicht, seine Meinung offen und oft auch agressiv zu sagen. Es gab aber eine Person, zu der Pauli ganz anders war, nämlich Sommerfeld. Wenn Geheimrat Sommerfeld nach Zürich kam, war es komisch, Pauli zu beobachten. Sommerfeld kam, hat Fragen gestellt, und Pauli saß ganz ruhig, die Hände auf dem Tisch, so wie ein Schüler in der Schule und sagte: „Ja, Herr Geheimrat, nein Herr Geheimrat, das ist vielleicht nicht ganz so wie Sie es ausdrücken", und hat ihm alles brav erklärt. Das war plötzlich ein ganz anderer Pauli.
Im letzten Jahr meines Zürich-Aufenthaltes habe ich noch etwas von ihm gelernt, aber auf indirekte Weise. Er wurde damals auf ein halbes Jahr nach Princeton berufen und ich mußte seine Vorlesungen über statistische Mechanik übernehmen. Ich hatte natürlich seine Vorlesungsnotizen, die wir ja kennen. Es war eine wunderbare Gelegenheit, die statistische Mechanik von Pauli zu lernen. Die Studenten lernen ja meist nur wenig in einer Vorlesung, aber der Professor lernt viel mehr.

Die Kriegszeit

Dann mußte ich weg. Ich war mit Peierls einer derjenigen Assistenten, die am längsten bei Pauli waren, drei Jahre. Jedenfalls mußte ich nach drei Jahren aus verschiedensten – zum Teil politischen – Gründen weggehen. Die Schweizer Fremdenpolizei war nicht sehr zufrieden mit mir. Das sind Geschichten, die wenig mit Pauli zu tun haben, eher mit der damaligen Zeit. Jedenfalls mußte ich weg, als er 1936 aus Amerika zurückkam.
Jetzt möchte ich noch ein paar Bemerkungen über die Zeit während und nach dem Krieg machen. Pauli ging zu Kriegsbeginn nach Princeton. Ich wurde oft gefragt, warum er sich nicht an der Kriegsarbeit beteiligt hat. Das hat verschiedenste Gründe. Pauli schrieb von Princeton einen Brief an Oppenheimer, in dem er seine Mitarbeit an der militärischen Ausnützung der Kernenergie anbot. Er fand, daß er als Gast in den USA dazu verpflichtet wäre. Nach einigen Diskussionen mit Paulis Freunden

lehnte Oppenheimer seine Mitarbeit ab. Pauli würde ja nicht gut in die technische Teamwork-Umgebung passen, und sein Interesse an der Kernphysik war nie sehr groß. Auch sollten doch einige der wirklich guten Physiker die Tradition weiterführen, so daß es nach dem Krieg leichter sein würde, wieder die Grundlagen-Physik aufzunehmen. Pauli war ja wirklich eine reine Seele und jeder militärischen Anwendung der Physik abhold. Ich bin sicher, daß ihn die Ablehnung sehr befriedigt hat.
Nach dem Krieg war er dann ungeheuer wichtig für uns. Er wurde aufgefordert, für uns Physiker, die zurückkamen und ihre Physik vergessen hatten, Vorträge über starke Wechselwirkungen zu halten. Da haben wir natürlich wieder viel gelernt.

Pauli und das Irrationale

Zum Schluß noch einige Worte über Paulis Interesse für das Irrationale. Er war ja ein schwieriger Mensch und ein sehr schwieriger Charakter, und ich glaube, daß einem oft nicht genug bewußt ist, was für eine wunderbare Leistung seiner Frau Franca Pauli es war, sein Leben erträglich und erfreulich zu machen. Es war eine großartige Ehe, es war aber auch eine sehr schwierige Ehe. Franca war imstande, ihm, der doch vorher so unglücklich war, ein Leben zu schaffen, das er behaglich genießen konnte.
Er war in psychoanalytischer Behandlung bei C. G. Jung und hat viel von Jung über verschiedene Mystizismen gelernt. Ihn interessierte auch die jüdische Mystik, die Kabbala. Er freundete sich damals mit dem vor kurzem verstorbenen Gershom Scholem, der Weltautorität der jüdischen Mystik, an. Mit ihm hat er viel korrespondiert und gesprochen.
Pauli hat diesbezüglich sein Leben immer sehr genau eingeteilt. Er hat mit uns, den Assistenten, fast nie über Mystik gesprochen; vielleicht etwas mehr mit Fierz als mit anderen, denn Fierz hat sich selbst für diese Dinge interessiert. Aber ich kann mich nur an eines erinnern: als ich in der Nachkriegszeit einmal Israel besuchte, da hat er mir angeraten, unbedingt Gershom Scholem zu besuchen. Daraus hat sich eine große Freundschaft zwischen ihm und mir entwickelt. Da ist mir auch einiges aufgegangen. Es ist doch so, daß die Physik und die rationale Wissenschaft nur eine Seite unserer Beziehung zur Außenwelt ist. Es gibt andere komplementäre Seiten – ganz im Sinne von Bohr: Wenn man die eine Seite betrachtet, dann ist die andere ungültig, wenn man die andere betrachtet, ist die eine ungültig. Das war etwas, was Pauli sehr angezogen hat. Dazu kommt noch sein sehr tiefes Interesse an der Frage der Evolution des Lebens. Denn er glaubte nicht – und da ist er ja nicht ganz allein –, daß die darwinistische Erklärung, selbst in der modernen Form, wirklich die Evolution ganz erklären kann. Das hat übrigens zu einem sehr interessanten Konflikt zwischen Pauli und Max Delbrück geführt, weil Delbrück von Bohrs Idee einer Art Komplementarität zwischen Physik und Leben sehr beeindruckt war. Als es sich dann herausstellte, daß dem nicht so ist – Delbrück hat wesentlich zur Klärung dieser Verhältnisse beigetragen und zeigen können, daß Evolution nicht im komplementären Widerspruch zur Physik steht – wurde er überzeugt, daß die Evolution die richtige wissenschaftliche Erklärung für das Leben ist. Da gab es ganz ganz schwere Auseinandersetzungen. Ich war Zeuge von einigen Kämpfen zwischen Delbrück und Pauli.

Das Gewissen der Physik

Ich kann nur sagen: Pauli ist ein Phänomen, das leider nicht wiederkommt, das die Physik aber braucht. Wir brauchen ein Gewissen der Physik, das es heute eigentlich nicht mehr gibt. Wenn eine neue Arbeit erschien, die ich Pauli zeigte, so meinte er manchmal: „Ja, ja, das hab' ich mir ja selbst schon überlegt, aber ich bin so froß, daß der Mann das publiziert hat, dann brauche ich es nicht auszuarbeiten." Wer würde das heute sagen? Wir werden seine kritische Einstellung vermissen. Nun, noch eine letzte Anekdote: Er war ein sehr großer Freund von Scherrer, der ein typischer Experimentalphysiker und ein ganz ausgezeichneter Lehrer war, der einfache, einleuchtende Erklärungen liebte. Scherrer kam einmal zu Pauli, als er seine Vorlesung vorbereitete, und sagte: „Ich zeig Dir was, das kann man so leicht erklären. Der eine Spin ist unten, und der andere Spin ist oben; und das ist doch so schön und einfach." Darauf Pauli: „Einfach ist es schon, aber auch falsch!"

9

Nicholas Kemmer*
Erinnerungen an Pauli**

Wir haben gestern und heute unter anderem viele persönliche Erinnerungen an Wolfgang Pauli gehört – zumeist von seinen ehemaligen Assistenten aus den Vor- und Nachkriegsjahren. Zu diesen Assistenten gehöre auch ich, allerdings nur in beschränktem Maße. Im Vergleich mit den anderen Vortragenden hatte ich persönliche Kontakte in Zürich nur über eine sehr kurze Zeit. Wenn ich trotzdem in meiner eigenen Laufbahn Pauli ungeheuer viel verdanke, beruht dies zum großen Teil auf späteren, meistens schriftlichen Verbindungen. Lassen Sie mich, bitte, von all diesem kurz berichten.

Ich erinnere mich genau, wie und wann ich Pauli zum ersten Mal vor mir sah. Es war im Herbst 1931. Meine Eltern siedelten kurz vorher nach Zürich um, und ich hatte beschlossen, ein paar Semester dort zu verbringen und dann nach Göttingen zurückzukehren mit der Hoffnung, unter Born zu arbeiten. Beim ersten Besuch in der Universität Zürich sah ich, daß am gleichen Abend Millikan einen Vortrag halten würde. Als ich in den Hörsaal eintrat, sah ich vorne eine Reihe von älteren Herren – offenbar Professoren und Würdenträger. In der zweiten Reihe hinter ihnen saßen bloß zwei, scheinbar unbedeutende Leute, die mir aber sofort auffielen, weil sie miteinander dauernd zu schwatzen schienen und auch weil der eine von ihnen – der nicht so schlanke und scheinbar nicht ganz so junge (da hatte ich ja unrecht!), dauernd mit dem ganzen Körper rhythmisch vor- und rückwärts schaukelte.

Als aber nach der Ansprache (die in einer sonderbaren amerikanischen Variante der deutschen Sprache gegeben wurde) die Diskussion begann, wurde sie fast vollständig von diesem Paar beherrscht!

Bald erfuhr ich natürlich, daß das Paar eben Wolfgang Pauli und Gregor Wentzel waren.

---

* *Nicholas Kemmer* (1911 in St. Petersburg geboren) besuchte die Schule in London und Hannover. Nach einem Studium in Göttingen und Zürich promovierte er 1935 bei Gregor Wentzel und wurde im Anschluß vorübergehend Paulis Assistent, bevor er eine Stellung am Imperial College in London antrat. Während dieser Zeit entwickelte sich eine intensive briefliche Zusammenarbeit mit Pauli über allgemeinere Formalismen der Quantenfeldtheorie. Von 1939–1946 war er Mitglied der Britischen Atomforschungsgruppe in Cambridge und Montreal. Nachdem er dann einige Zeit als Lecturer in Cambridge gewesen war, übernahm er 1953 die Nachfolge von Max Born als Tait Professor in Edinburgh. Seit 1979 lebt er daselbst im Ruhestand.

** Vortrag, gehalten an der Universität Wien am 16. November 1983.

Meine erste Einführung in die theoretische Physik erhielt ich durch Wentzels glänzende Vorlesungen; dann fuhr ich wieder nach Göttingen, nur um im Sommer 1933 wieder nach Zürich zurückzukehren, wo ich dann 1935 bei Wentzel doktorierte. Pauli war also anfangs im formalen Sinne nicht mein Lehrer, aber durch das wunderbare, einzigartige wöchtentliche Zürcher Kolloquium lernte ich ihn bald kennen. Wie alle anderen Beteiligten begann ich, von ihm Physik zu lernen, wie es kaum in irgendeiner anderen Umgebung möglich gewesen wäre. Pauli war natürlich nicht allein daran beteiligt – mit ihm wirkten Wentzel, Scherrer und viele andere. Besonders erinnere ich mich an Viki Weisskopf, an Marcel Schein und an Ernst Stueckelberg, und dazu kamen auch viele Jüngere, die erst später einen Namen für sich machten. Man lernte Physik direkt von den Quellen aus; sowie irgendwo etwas entdeckt oder erdacht wurde, wußte man es sofort. Pauli hatte einen Briefwechsel mit der ganzen Welt der Physik – mit Bohr, mit Heisenberg und nicht nur mit Europa, auch mit den Amerikanern. Nur die Yukawasche Idee schien an uns vorübergegangen zu sein. Als dann die ersten Berichte kamen, wurde sofort, möglichst für die nächste Woche, von jemandem ein Vortrag beauftragt – und dann kam die Kritik, teilweise am Vortragenden, aber viel wichtiger, an der eigentlichen neuen Arbeit. Die Zürcher Kritik wurde dann auch in der weiteren Welt bekannt – und damit meinte man in erster Linie Paulis Meinung. Nichts wurde mehr geschätzt als ein günstiges Urteil von ihm. Natürlich war Paulis typisches Eingreifen beim Kolloquiumsvortrag erheblich und einprägsam – oft klang es auch etwas boshaft. Doch wie es damit stand, haben andere schon berichtet, und ich kann dem nur zustimmen.

Als ich 1935 die Doktorprüfung bestanden hatte, war ich um meine Zukunft sehr besorgt. Es war für mich dringend, mich von meinen Eltern unabhängig zu machen, und meine ungefähr zehn Jahre vorher stattgefundene Einbürgerung in Deutschland war mehr Last als Hilfe. Meine Erfahrung in der Physik war dabei sehr beschränkt. Das erste Problem nach meiner Doktorarbeit wurde mir von Pauli vorgeschlagen.[1]

Außerdem begann ich etwas an Viki Weisskopfs Arbeit über Löcher-Theorie und Selbstenergie teilzunehmen. Doch erfuhr ich im Frühjahr 1936, während Pauli zu Besuch in Princeton war, daß Weisskopf Zürich zu verlassen plante. Die große Frage war, wo Pauli einen neuen Assistenten finden würde. Niemand mit einer Erfahrung vergleichbar mit Weisskopf und seinen Vorgängern schien verfügbar zu sein. Zu meiner großen Überraschung und Freude bekam ich aus Princeton einen Brief, in dem Pauli mich einlud! Bald kam aber die Enttäuschung. In Paulis Abwesenheit richtete Scherrer an die Behörden der ETH den Antrag, mir die Stellung anzubieten, was aber verweigert wurde. Es erwies sich, daß es sich nicht nur um meinen Mangel an Erfahrung handelte, sondern auch, daß es einen Schweizer gab, der mit mir ganz vergleichbar sei. Pauli kannte diesen Herrn überhaupt nicht, er hatte aber ein

1 Es handelte sich um eine Untersuchung des Proton-Neutron-Systems; die beiden Teilchen sollten einzeln die Diracgleichung befriedigen und miteinander durch ein statisches Potential verbunden sein. Solch eine Beschreibung ist relativistisch invariant nur im Falle eines δ-artigen Potentials, und die Frage war, ob in diesem Grenzfall die Bindungsenergie endlich sein könnte. Meine Antwort war negativ, aber bei der Arbeit lernte ich sehr viel angewandte Gruppentheorie.

Von links nach rechts: Ernst Carl Gerlach Stückelberg, Wolfgang Pauli, Erwin Schrödinger, Arnold Sommerfeld, Frau Stückelberg, Frau Scherrer und Carl Manneback

Doktorat von Sommerfeld in München – Dr. Guido Ludwig. So konnte Pauli mir nur eine *halbe* Assistentenstelle anbieten, und als er dies ankündigte, konnte ich nur antworten, daß ich hoffte, er würde es verstehen, wenn ich mich gleich vom Anfang nach einer besser bezahlten Stellung umsehen müsse.

So kam es, daß ich für ein paar Monate zusammen mit Ludwig am Delbrück-Effekt rechnete und solche Pflichten wie die Ordnung von Paulis Separatensammlung übernahm. Ich hatte kaum Zeit, persönliche Beziehungen mit Pauli aufzubauen, wie es den früheren Assistenten vergönnt war.

Schon irgendwann im Sommer entdeckte Wentzel irgendwo in den Räumen der Universität ein Plakat von dem Imperial College in London, das er sofort mir übergab. Es kündigte eine Bewerbung für ein "Beit Scientific Research Fellowship" an, ab 1. Oktober 1936. Der "fellow" mußte unter 25 Jahre alt sein. Mein 25. Geburtstag war im Dezember. Ich bewarb mich sofort, und Pauli und Wentzel waren natürlich meine Referenten. Was Wentzel über mich schrieb, erfuhr ich nicht, aber Pauli sagte mir: „Nun Herr Kemmer, da habe ich diesen Brief aus London. Sie sprechen ja besser Englisch als ich. Was soll ich denn sagen – 'one of the more promising' oder 'one of the most promising'?" Ich konnte nur antworten: „Ja, Herr Professor, das letztere ist viel stärker." „Nun gut, schreibe ich es also." So kam ich schon im Oktober nach London. Aber zum Abschied sagte Pauli: „Das Institut in London existiert ja gar nicht. Der Kronig ist von dort in Nacht und Nebel davongelaufen!"[2]

Meine Jahre im Imperial College waren trotzdem äußerst fruchtbar, weil Pauli sofort die Rolle meines Mentors zu spielen begann. Es ist gar nicht übertrieben, zu sagen, daß alles, was mir bis Kriegsausbruch zu schaffen gelang, unter seiner Leitung durchgeführt wurde. In den letzten zwei Jahren hatte ich schon zweimal Gelegenheit[3] zu berichten, wie ich Ende 1936 eine Postkarte von Pauli bekam, in der er mich auf die Arbeiten im Physical Review vom 1. November (Band 50) aufmerksam machte. Es handelte sich da um die neuen Befunde über Proton-Proton-Kräfte und deren Gleichheit mit den Neutron-Proton-Kräften in vergleichbaren Zuständen. Damit begann für mich zuerst im kernphysikalischen Zusammenhang und dann später in der Feldtheorie das Interesse am Isospin, obwohl ich damals gar nicht ahnen konnte, wie wichtig dieser Begriff später werden würde. Im Rückblick fällt es mir aber auf, daß Paulis Worte auf jener Postkarte: „Die dort diskutierte Möglichkeit ... [der Ladungsunabhängigkeit] ... hat eine gewisse innere Vernunft in sich", vielleicht die ersten Worte sind, mit denen die Geschichte der nicht-raumzeitlichen Symmetrien eingeleitet wurde.

---

2 Pauli hatte nur teilweise recht, das „Mathematics Department" im "Imperial College" so zu beschreiben. Der Senior, Professor Sydney Chapman, war ein hervorragender Gelehrter und wurde später der Urheber des IGY (International Geophysical Year). Er war auch ein äußerst gütiger Mensch, dem ich viel verdanke. Er hatte aber eigentlich außerhalb seines engeren Fachgebietes wenig Interesse und arbeitete mit nur zwei Schülern an Problemen der Elektrodynamik und der atmosphärischen Erscheinungen. Im ganzen Institut war niemand, der Kenntnis noch Interesse am Gebiet der relativistischen Quantentheorie hatte. Das einzige Ersuchen, das Chapman an mich richtete, das ich aber nicht zu erfüllen vermochte, war, daß ich die Arbeiten seines Freundes Eddington über Teilchen-Theorie deuten solle!

3 Kemmer (1982) und (1983)

Im Jahre 1937 kam dann die Entdeckung dessen, was wir heute Myon nennen und die darauf folgende schnelle Entwicklung der Mesonentheorie. Natürlich erhielten Pauli und Wentzel immer von mir Berichte über meine Arbeiten auf diesem Gebiet. Schon vor Kriegsausbruch wurde es klar, daß vieles mit unseren Theorien nicht klappte. Da wandte sich mein Interesse der Beschreibung von Teilchen, besonders für Spin 1, durch lineare Gleichungssysteme zu. Ich spielte mit den einschlägigen Matrizen herum und lernte von Duffin, wie man dafür Vertauschungsrelationen aufschreiben konnte. (Daß ein paar Jahre früher Petiau genau dieselben Relationen im Rahmen der de Broglieschen Zweiphotonentheorien aufgestellt hatte, bemerkte ich nicht.) Sobald ich den Entwurf meiner Arbeit an Pauli schickte, begann eine lebhafte Korrespondenz zwischen uns. Von der tieferen Struktur von Algebra verstand ich gar nichts, und ich bekam von Pauli sofort eine ganze Folge von Anweisungen, wie meine Untersuchungen weiterzuführen seien. Der Erfolg meiner Arbeiten war ziemlich beschränkt, weil es sich herausstellte, daß meine Methoden nicht gut auf Teilchen höheren Spins ausgedehnt werden konnten. Pauli griff aber den ganzen Fragenkomplex mit Fierz als Mitarbeiter mit anderen Methoden und viel weitergehendem Erfolg an.

Es folgte dann der Krieg, und für mich hörte bald die frühere Tätigkeit fast vollständig auf und gleichfalls der Briefwechsel mit Pauli. Nach Kriegsende bekam ich nur gelegentlich einen Brief. Einmal schrieb er etwas über meine Vorkriegsarbeiten, nämlich was ich damals hätte voraussagen können, wenn ich nur gescheiter gewesen wäre. Damals hatte ich ein paar Arbeiten ausschließlich über Neutron-Proton-Wechselwirkungen publiziert (die eine mit Fröhlich und Heitler), in denen das Vektormeson bevorzugt wurde, und dann in einer getrennten Arbeit die sogenannte "symmetric theory" entwickelt. Pauli machte mich darauf aufmerksam, daß, wenn ich nur den Faktor -3, der aus der letzteren Arbeit bei dem Deuteron-Grundzustand auftritt, berücksichtigt hätte, ich schon 1937 die Pseudoskalartheorie hätte vorschlagen können! Nach dem Krieg fand das erste Treffen zwischen Pauli und mir in New York statt bei einer Tagung der American Physical Society. Wenn mein Gedächtnis mich nicht trügt, war ich dort auch Zeuge der ersten Begegnung Paulis mit dem mir damals noch ganz unbekannten Richard Feynman. Ich habe ein klares Bild in meiner Erinnerung von Pauli, immer rhythmisch schaukelnd und wohlwollend lächelnd, wie er die Ideenflut und den Wortschwall von Feynman über sich ergehen ließ. Dies geschah an einer Kreidetafel in einem kleinen Raum, und ich war der einzige andere Anwesende. Ich verstand nichts von dem, was Feynman sagen wollte, aber Pauli muß offenbar schon etwas von Feynmans späterem Kaliber gespürt haben – von Ungeduld oder scharfer Kritik war da keine Spur.

Im Jahre 1946 kam ich nach Cambridge als Lecturer. Zuerst wußte ich dort nichts von Universitätsverwaltung und Politik, so daß ich nur Gerüchte hörte, daß es zumindest vorgeschlagen wurde, Pauli dort eine Professur anzubieten. Ob überhaupt je daraus mehr als ein Vorschlag wurde, ob Pauli der Lehrstuhl angeboten wurde, weiß ich nicht; daß daraus nichts wurde, war jedenfalls für mich eine große Enttäuschung. Wir bekamen aber doch von ihm einen Besuch. Er wurde eingeladen, die hochgeschätzte Rouse Ball Lecture zu geben. Leider war sein Vortrag ganz unpassend für die Hörerschaft und überhaupt für die Mehrheit des Publikums nicht nur unverständlich, sondern auch unhörbar. Nur mein Schüler Paul Matthews, dem ich riet, so weit vorne wie möglich zu sitzen, erzählte mir später, daß Paulis Denken über Regularisierung sein damaliges Forschungsprogramm ganz entscheidend beeinflußte.

Was mir sonst von jenem Besuch am klarsten im Gedächtnis geblieben ist, ist ein Spaziergang nach Grantchester mit Pauli, Dirac und Bhabha, im Verlauf dessen die beiden Nobelpreisträger (mit ein wenig Hilfe von mir) mit ihren verschiedenen Methoden das Problem angriffen, sich auf die andere Seite eines Stacheldrahtzaunes zu versetzen. (Dirac – Überschreiten, Pauli – Durchdringen.) Währenddessen filmte Bhabha den ganzen Prozeß.

In den folgenden Jahren traf ich Pauli nur noch drei- bis viermal. Einmal sah ich Pauli in Genf bei der Rochesterkonferenz, wo Heisenberg über seine nichtlineare Feldtheorie berichtete. Kurz vorher hatte die ganze Welt gehört, daß angeblich Heisenberg und Pauli zusammen publizieren würden, und dann, daß Pauli sich aus dieser Mitarbeit zurückgezogen hatte. Dort in Genf war Pauli „Chairman" und hatte die einleitenden Worte zu Heisenbergs Vortrag zu sprechen. Er stand da, hielt das gedruckte Programm mit beiden Händen, Daumen und Zeigefinger an den zwei unteren Ecken, und schien die Worte nicht gut lesen zu können: "We now come to the lecture by Mr. Heisenberg. On ... Heisenberg, what is your title?" Als das allgemeine Gelächter verklungen war, sagte er dann, kichernd: "I do not know why you are laughing. Wait till after the lecture, there will be much more to laugh about!"

Die lebhafteste Erinnerung für mich bleibt aber sein einziger Besuch bei uns in Edinburgh im März 1957. Am 11. Februar schrieb er mir aus Zürich: "I would like to ask you if a visit of mine in Edinburgh (where I have never been) by end of March or beginning of April would suit you. I plan to go to England at about that time (with the strict subsidiary condition that I don't wish to be present at the philosophical meeting in Bristol)." Natürlich antwortete ich mit einer begeisterten Annahme seines Vorschlags, lud ihn aber nicht zu einem formalen öffentlichen Vortrag, sondern nur zu einem Seminar für Spezialisten ein. Er sprach über Erhaltung der Leptonenzahl. Der wohlbekannte Pauli-Effekt offenbarte sich wieder. Das Wetter war sehr gut, mit Ausnahme des einen Tages, wo ein Ausflug in Sir Edward Appletons (unseres Vice Chancellors) Chauffeur-geführten Auto in die Highlands vorgesehen war. Wir fuhren in erbarmungslosem Regen, und Pauli sagte nur: „Nun ja, das bin ich ja gewöhnt. Das ist ja immer so". Glücklicherweise war der gefürchtete Effekt nicht wirksam bei der Geburt unserer Tochter. Als wir den Besuch planten, mußte ich ihm erklären, daß wir ihn im Hotel und nicht bei uns zuhause unterbringen müßten, weil meine Frau gerade dann möglicherweise schon im Spital sein würde. Er bemerkte in seiner Antwort, daß meine Frau besser getan hätte, bis zu seinem Geburtstag am 25. April zu warten. Glücklicherweise konnten meine Frau und ich ihn noch zuhause empfangen, und unsere Tochter kam erst am 18. April zur Welt – nicht ganz spät genug. Sowohl meine Frau wie ich haben noch Postkarten von Pauli, in denen er sich nach unserem Familienzuwachs erkundigt.

Später im gleichen Jahr traf ich Pauli im Weizmann-Institut, das war unser letztes Treffen.

10

Armin Thellung*

Pauli als Lehrer**

Meine Damen und Herren,
ich erinnere mich gut an den Anfang des Sommersemesters 1946. Damals verbreitete sich in Zürich die Nachricht, Wolfgang Pauli sei aus Amerika, wo er sich während des Krieges aufgehalten hatte, an die ETH zurückgekommen. Seinem Kommen gingen für uns Studenten furchterregende Gerüchte voraus. Es hieß, er sei ein schlechter Lehrer, seine Vorlesungen seien sprunghaft, oft unverständlich. Ich hatte damals fünf Semester an der ETH studiert und wurde durch diese Gerüchte so beunruhigt, daß ich mich ernsthaft mit dem Gedanken befaßte, an die Universität hinüberzuwechseln zu Gregor Wentzel, bei dem ich schon zwei oder drei hervorragende Vorlesungen über Theoretische Physik gehört hatte. Ich fragte meinen ehemaligen Physiklehrer am Gymnasium, Willy Hardmeier, um Rat. Dessen Antwort aber lautete: „Pauli ist trotz allem ein versierter Lehrer, der auf seine Schüler individuell eingeht und sie in hohem Maße zu fördern versteht."

Äußerst gespannt ging ich also in Paulis Vorlesung. Mit der Zeit entdeckte ich – so paradox das klingen mag –, daß beide Urteile über Paulis Lehrtätigkeit, das negative wie das positive, ihre Berechtigung hatten. Im folgenden will ich versuchen, das zu erklären.

Lassen Sie mich zunächst die negativen Seiten der Paulischen Vorlesungen schildern. Wenn man eine einzelne Stunde betrachtete, so war seine Vorlesung nicht geschliffen, oft lückenhaft, sogar zerfahren. Pauli konnte nicht gut zeichnen; seine Figuren an der Tafel waren eher rudimentär. Und das Schlimmste: Er war meistens nicht vorbereitet! Er brachte zwar ein altes Heft mit Notizen – zum Teil noch aus seiner Hamburger Zeit – mit, die er aber nicht im voraus studiert hatte. So mußte er sich den Stoff in der Vorlesung erarbeiten und blieb dabei oft stecken. Er ging dann schweigend hin und her oder sah zum Fenster hinaus oder blätterte in seinem Heft herum. Bei dieser Gelegenheit zeigte sich seine absolute Ehrlichkeit: Wenn Pauli nichts zu sagen hatte, so sagte er nichts! Dieses Schweigen konnte fünf oder gar zehn Minuten dauern, dann fing er an, Selbstgespräche zu führen, war sich aber

* *Armin Thellung* (1924 in Zürich geboren) hörte während seines Physikstudiums an der ETH in Zürich auch Paulis Vorlesungen und fertigte bei ihm seine Diplomarbeit an. Nach einem Aufenthalt an der Technischen Hochschule in Delft als wissenschaftlicher Mitarbeiter von R. Kronig promovierte er 1952 bei Pauli. Von 1953 bis 1956 war er dann Paulis Assistent und ging anschließend für zwei Jahre zu R. Peierls als Research Fellow und Lecturer nach Birmingham. Seit 1958 ist er Professor für Theoretische Physik an der Universität Zürich.

** Vortrag, gehalten an der Universität Wien am 15. November 1983.

der Anwesenheit seiner Zuhörer durchaus bewußt, denn zu ihnen sagte er von Zeit zu Zeit: „Jetzt kommt's dann!“ Und „es“ kam! Meistens noch in der gleichen Stunde, hin und wieder allerdings brachte er die Lösung des Problems erst in der folgenden Vorlesungsstunde, und das waren dann die seltenen Male, wo die Vorlesung wie am Schnürchen lief.

Bei der Begutachtung durch eine Didaktikkommission, wie man sie etwa für angehende Gymnasiallehrer hat, hätte Pauli also kaum eine Chance gehabt. Und wenn Studenten ihre Professoren selbst hätten wählen dürfen, so wäre er sicher nicht gewählt worden. Pauli kann geradezu als Paradeargument gegen ein zu weitgehendes Mitbestimmungsrecht der Studenten verwendet werden.

Wenn man also eine einzelne Stunde *im Detail* betrachtete, war Paulis Vorlesung, wie gesagt, nicht wohlgeordnet, oft zerfahren; sie wies starke Fluktuationen auf. Jedoch – und jetzt komme ich auf die positiven Aspekte zu sprechen – wenn man mehrere Stunden oder gar Wochen zusammenfassend betrachtete, sah es ganz anders aus. Es war nicht wie in der Physik der kritischen Erscheinungen, wo man beim Anlegen immer größerer Maßstäbe immer dasselbe Bild, dieselben Fluktuationen, dasselbe Chaos findet: Wenn man Paulis Vorlesung über einen größeren Zeitraum hin verfolgte, so fand man plötzlich den durchgehenden roten Faden, man erkannte einen systematischen, wohlgeordneten Aufbau und eine Souveränität der Präsentation *im Großen*, wie sie sich in einer Einzelstunde nicht erahnen ließ.

Um Paulis Vorlesung folgen zu können, mußte man selber die im Detail vorhandenen Lücken schließen, sei es durch eigenes Nachdenken, sei es durch Zuhilfenahme eines Buches, oder sei es, daß man das Glück hatte, bereits bei Wentzel über das betreffende Gebiet eine seiner ausgefeilten Vorlesungen gehört zu haben. Dann war es höchst interessant und lehrreich zu sehen, wie Pauli im stündlichen Ringen mit dem Gegenstand sich die Resultate erarbeitete. Wenn es einem gelang, Paulis Gedankengängen zu folgen, dann hatte man am Ende des Semesters eine großartige Übersicht über ein Gebiet der theoretischen Physik erlangt – vielleicht gerade *weil* die Darstellung knapp und oft unbelastet von didaktischen Details gewesen war – und man hatte machtvolle und elegante Methoden zur Behandlung der auftretenden Probleme kennengelernt. Daß dies in erster Linie den Studenten der Theoretischen Physik gelang und weniger den Experimentalphysikern, liegt auf der Hand. Es muß deshalb leider gesagt werden, daß eine ganze Generation von Experimentalphysikern an der ETH Zürich in ihrer theoretischen Ausbildung zu kurz gekommen ist, von einigen Ausnahmen abgesehen.

Wir alle kennen Paulis große Stärke – vielleicht seine größte Stärke –, nämlich Material kritisch zu sichten, zu verstehen und mit eigenen Überlegungen ergänzt in eine prägnante Form zu bringen, die Bestand hat. Diese Stärke Paulis zeigte sich auch, zwar nicht im Detail, nicht im mündlichen Vortrag, wohl aber in der großen Linie seiner Vorlesungen. So, wie man heute noch aus seinem Encyklopädieartikel über Relativitätstheorie oder aus seinem Handbuchartikel über die allgemeinen Prinzipien der Wellenmechanik diese Gebiete erlernen kann, so sind auch seine Vorlesungen immer noch modern. Die Statistische Mechanik beispielsweise kann man jetzt noch so lesen, wie Pauli das getan hat, vielleicht ergänzt durch Aufnahme der inzwischen erlangten exakten Resultate über den thermodynamischen Limes und durch ein oder zwei strenge Beispiele über das Zustandekommen von irreversiblem Verhalten. Aber das physikalisch Wesentliche war alles in Paulis Vorlesung bereits enthalten.

Wolfgang Pauli mit seinem Assistenten Armin Thellung
am Eingang des Physikalischen Instituts der ETH, Gloriastraße 35.
Paulis Arbeitszimmer befand sich zu dieser Zeit im 3. Stock genau
über dem Eingang (Aufnahme vom August 1955)

Seine Vorlesungen waren den damals bestehenden Lehrbüchern weit voraus. So betonte er in der Thermodynamik, wie wichtig es sei, zu den gegebenen Zustandsvariablen die richtigen thermodynamischen Potentiale zu verwenden. Das war damals nicht so selbstverständlich wie heute, und er sagte: „Wenn Sie sehen wollen, wie man es nicht machen soll, dann müssen Sie das Buch von Planck lesen!" In der Statistischen Mechanik verglich er die Standpunkte von Boltzmann und Gibbs, deren Originalarbeiten er offensichtlich gelesen hatte. Er fand den Standpunkt von Boltzmann den konsequenteren und lehrte uns, was die verschiedenen statistischen Gesamtheiten – die mikrokanonische, kanonische und großkanonische – bedeuten, welchen physikalischen Situationen sie entsprechen, wie sie auseinander hervorgehen und welches die richtigen dazugehörenden Potentiale sind – etwas, das erst viel später zum Allgemeingut geworden ist. (Das trifft ganz besonders auf die großkanonische Gesamtheit zu.) Aber nicht nur die allgemeinen Resultate waren ihm wichtig, sondern er behandelte auch viele konkrete Probleme, denn es lag ihm daran, uns mit möglichst vielen verschiedenartigen Methoden vertraut zu machen. So leitete er die Formel für das mittlere Verschiebungsquadrat bei der Brownschen Bewegung auf drei ganz verschiedene Arten her: nach Langevin (mit dem Virialsatz), nach H. A. Lorentz und nach Einstein (durch Vergleich mit der Diffusion).

Zu unserer Studentenzeit hielt Pauli vier regelmäßige vierstündige Kursvorlesungen: Thermodynamik, Statistische Mechanik, Elektrodynamik und, als vierte, Optik und (klassische) Elektronentheorie. Wie Sie sehen, fehlten Mechanik und Quantenmechanik. An der Universität wurden sie von Wentzel gelesen. An der ETH jedoch hörten die Studenten der Mathematik und Physik Mechanik bei einem speziellen Mechanik-Professor, zusammen mit den Ingenieuren. Quantenmechanik gehörte damals nicht zum Prüfungsstoff des Physikdiploms (obwohl sie für die Diplomarbeit meist benötigt wurde). Pauli hielt nur sporadisch eine zweistündige Spezialvorlesung über Wellenmechanik. Erst in seinen letzten Lebensjahren wurde Wellenmechanik zur vierstündigen Kursvorlesung erhoben. Jedoch entwickelte er in der Elektrodynamik und Optik die mathematischen Methoden so weit, daß die Wellenmechanik weitgehend vorbereitet wurde. Und in der Strahlenoptik behandelte er verschiedene Variationsprinzipien und den Hamiltonschen Formalismus, so daß man die Hamiltonsche und Jacobische Form der Mechanik gleich mitverstehen konnte.

Pauli spottete gern über mathematische Gelehrsamkeit. Aber selber verfügte er über ein umfassendes mathematisches Wissen. Er wandte es auch an, aber in schlichter Weise, ohne groß aufgezogenen Formalismus, eher fast beiläufig. Auch auf mehr abgelegenen Gebieten der Mathematik konnte es vorkommen, daß er sich überraschend gut auskannte. Ein Beispiel: In einem Seminar über die Grundlagen der Quantenmechanik, das Pauli mit Paul Bernays durchführte, hielt Armand Borel einen Vortrag über mehrwertige Logik. Für die meisten Anwesenden war das etwas Neues, nicht aber für Pauli; er saß lachend da, wackelte mit dem Kopf und irritierte den Vortragenden, indem er mehrmals laut sagte: „Das ist alles ziemlich banal."

Im Widerspruch zu seiner schlechten Vorlesungsvorbereitung nahm Pauli den Unterricht äußerst ernst. In den Übungen war er immer anwesend. Als fast einziger unserer Professoren sah er die Übungshefte der Studenten selber durch, schrieb Bemerkungen hinein und wußte fast von jedem, wie er die Aufgaben gelöst hatte! Um so mehr muß es erstaunen, daß er sich nicht für die Vorlesung vorbereitete.

Ich weiß, daß Schafroth, der mein Vorgänger als Paulis Assistent war, versucht hat, mit ihm darüber zu argumentieren. Auch ich habe es versucht. Aber wir stießen auf taube Ohren. Vielleicht war Pauli meistens zu stark von anderen Problemen fasziniert, oder vielleicht war er der Meinung, die Studenten lernten mehr, wenn ihnen die Schwierigkeiten ostentativ vor Augen geführt würden, als wenn alles glatt ginge – eine Auffassung, die z.B. Peierls ebenfalls vertritt. Wenn Pauli hingegen einen öffentlichen Vortrag für Nichtphysiker hielt, war er glänzend vorbereitet und verfügte oft sogar über ein maschinengeschriebenes Manuskript!

Bisher habe ich vor allem über Paulis Vorlesungen gesprochen. Ich will nun noch einiges sagen über den Einfluß, den er auf seine Schüler außerhalb des eigentlichen Unterrichts ausübte. Er war ja mein Diplom- und Doktorvater, aber am besten lernte ich ihn natürlich während meiner dreijährigen Assistentenzeit kennen.

Besonders eindrücklich ist mir Paulis enorme Arbeitskraft in Erinnerung geblieben. Wenn ihn ein Problem beschäftigte, war er davon Tag und Nacht wie besessen. Er redete ständig davon, auch auf Ausflügen, in Gesellschaften, beim Zusammensitzen nach Konzerten, mit allen Leuten, von denen er eine verständige Reaktion erwarten konnte.

Er nahm mit großem Interesse, man kann sogar sagen mit Neugier, Anteil an den wissenschaftlichen und menschlichen Problemen seiner Schüler und Mitarbeiter. In den Diskussionen drückte er sich klar und sehr direkt aus und brachte die Leute dazu, sich selber Klarheit über ihre eigenen Gedanken zu verschaffen. Das hat sich jedem von uns so eingeprägt, daß wir uns auch später bei unseren Arbeiten immer wieder fragten: „Was würde Pauli dazu sagen?" Nicht umsonst nannte man ihn „das Gewissen der Physik".

Seine Argumente in einer Diskussion waren vielfach nicht rein verstandesmäßig; sie konnten sogar höchst intuitiv sein. Wir studierten einmal zusammen eine kleine Arbeit, in der jemand eine Formel herleitete, die uns merkwürdig erschien. Nachdem wir einige Argumente dagegen gefunden hatten, die noch nicht ganz zwingend waren, setzte Pauli den Schlußstrich unter die Angelegenheit, indem er sagte: „Die Formel sieht auch schon so blöd aus!"

Auch in der Art, wie er seine Mitarbeiter behandelte, zeigte sich sein wunderbares Gemisch von Intuition mit scharfem analytischem Verstand. Er konnte, vor allem wenn es um wissenschaftliche Fragen ging, sehr spontan und aggressiv sein. Andere Male wiederum, besonders wenn es sich um persönliche Probleme handelte, ging er zögernd, vorsichtig abwägend vor, um ja nichts zu verderben.

Er war sehr besorgt um das seelische Wohlergehen seiner Mitarbeiter und Studenten. Wenn jemand in seiner Umgebung unglücklich war, und es stellte sich heraus, daß ein Mädchen dahintersteckte, war Pauli tatsächlich imstande, das dem Mädchen persönlich übelzunehmen. Ich war einmal dabei, wie er in einem solchen Fall einer jungen Dame unverblümt seine Meinung sagte.

Mit außergewöhnlichem Einfühlungsvermögen ging Pauli auf die Art eines jeden seiner Schüler ein und ließ ihn seinen eigenen Stil entwickeln. Ich habe es nie erlebt, daß er zu einem vorgelegten Manuskript Änderungen in Darstellung oder Sprache vorgeschlagen hätte. Über spezielle Eigenheiten machte er sich zwar gerne lustig, aber in einer freundlichen Art, die niemals verletzte. Eine Zeitlang verwendete Res Jost häufig Laplace-Transformationen. Wenn Jost in jener Zeit einen Vortrag hielt, sagte Pauli in einem gegebenen Augenblick schmunzelnd: „Jetzt machen Sie dann

Pauli und Thellung
(Schwägalp, 28. Juli 1953. Ausflug des
Physikalischen Instituts der ETH)

sicher eine Laplace-Transformation!" Und er hatte meistens recht! Pauli amüsierte sich darüber, aber er versuchte nie, Jost von den Laplace-Transformationen abzubringen – mit Recht, denn Jost erzielte damit eine Reihe von schönen Resultaten.
Hatte Pauli hingegen den Eindruck, jemand sei auf der falschen Fährte, dann sagte er ihm das, je nach Fall recht brüsk oder auch nur mit sanftem Druck. Nachdem er mir das Thema für eine Doktorarbeit gegeben hatte – es war ein Thema aus der Quantenfeldtheorie – arbeitete ich zunächst das Buch von Wentzel durch und begann dann, die Arbeiten von Schwinger, Feynman und Dyson zu lesen. Auf Paulis wiederholte Fragen nach dem Stand meiner Arbeit teilte ich ihm dies mit, und die ersten Male war sein Kommentar: „Aha, Sie lesen!" Sonst nichts. Nach einigen Malen lautete seine Frage schon so: „Sagen Sie, sind Sie immer noch am Lesen?" Oder: „Wenn ich Sie frage, was Sie tun, weiß ich schon Ihre Antwort: Sie lesen!" Schließlich wurde er direkter und sagte, immer noch lachend: „Sie sollen nicht so viel lesen! Soviel wie Sie habe ich in meinem ganzen Leben nicht gelesen!" Das stimmte natürlich nicht, aber ich hörte auf zu lesen und fing an zu rechnen.

Was übrigens den Feynmanschen Zugang zur Quantenelektrodynamik betrifft, so konnte ihn Pauli damals (1949), wie die meisten Physiker, nicht verstehen. Und die Feynmanschen Graphen liebte er gar nicht. Wenn jemand Feynman-Graphen an die Tafel zeichnete, sagte er: „Das ist Stimmungsmalerei."

Zum Schluß möchte ich Ihnen mit Paulis eigenen Worten ein Beispiel dafür geben, mit welcher Anpassungsfähigkeit er auch auf einen ausgefallenen Kommunikationsstil eingehen konnte, wenn er das Gefühl hatte, daß etwas Richtiges dahintersteckte. Es betrifft nochmals Feynman. Ich zitiere aus einem Brief, den mir Pauli am 28. Januar 1954 aus Princeton geschrieben hat. Darin berichtet er u.a. über Feynmans Theorie des superfluiden Heliums (der entsprechende Abschnitt des Briefes ist als Faksimile wiedergegeben):

> „*Bericht über Feynmans neues paper.*
> Mit dem λ-Punkt ist F. gar nicht weiter gekommen und er ist nun daran gegangen, den Fall $T \ll T_\lambda$ (T_λ = Temperatur des λ-Punktes) zu behandeln. Es wird wesentlich benützt, daß He ein Bose-Gas ist; über den Fall eines Fermi-Gases kann F. *nichts* aussagen (siehe unten). Wechselwirkungskräfte zwischen den He-Atomen sind ausdrücklich zugelassen.
> F. beginnt damit, die Schrödingerfunktion des Grundzustandes $\varphi(\vec{x}^{(1)} \ldots \vec{x}^{(N)})$ zu *nennen*.[1] Sie ist überall positiv und symmetrisch. Dann macht F. sehr lebhafte Bewegungen mit Füßen und Händen, die zunächst ganz unartikuliert sind. Zuerst hören die Bewegungen der Füße auf, dann versteht man solche Worte wie „stir" und „liquid", dann beschreiben die Hände eine Art Bewegung des Umrührens. Dann spricht F. über die *angeregten* Zustände und versucht zunächst klarzumachen, daß die kleinen Anregungsenergien mit dem zusammenfallen, was man gewöhnlich „Phononen" nennt. Er betont aber, daß die Begriffe „Phononen" und „Rotonen" bei ihm nicht explizite vorkommen.

1 Für ein *ideales* Bose-Gas ist $\varphi = 1$.

A

Bericht über Feynmans neues paper.

Mit dem λ-Punkt ist F. gar nicht weiter gekommen und er ist nun daran gegangen, den Fall $T \ll T_\lambda$ (T_λ = Temperatur des λ-Punktes) zu behandeln. Es wird wesentlich benützt, daß He ein Bose-Gas ist; über den Fall eines Fermi-Gases kann F. nichts aussagen. (nicht infin.) Wechselwirkungskräfte zwischen den He-Atomen sind ausdrücklich zugelassen.

F. beginnt damit, die Schrödingerfunktion ~~φ(x⃗(1) ... x⃗(N))~~ des Grundzustandes $\varphi(\vec{x}^{(1)} \dots \vec{x}^{(N)})$ zu nennen.¹) Sie ist überall positiv und symmetrisch. Dann macht F. sehr lebhafte Bewegungen mit Füßen und Händen, die zunächst ganz unartikuliert sind. Zuerst hören die Bewegungen der Füße auf, dann versteht man solche Worte wie „stiff" und „liquid". Dann beschreiben die Hände eine Art „Bewegung des Umrührens". Dann spricht F. über die angeregten Zustände und versucht zunächst klarzumachen, daß die kleinen Anregungsenergien mit dem zusammenfallen, was man gewöhnlich „Phononen" nennt. Er betont aber, daß die Begriffe „Phononen" und „Rotonen" bei ihm nicht explizite vorkommen.

F's Handbewegungen werden nun noch mehr artikuliert: er beginnt kleine Kreise mit einem + darin, wie ⊕, in ziemlich unregelmäßiger Verteilung auf ein Papier zu zeichnen. Dies alles sollen die Stellen (Gebietes) bedeuten, an denen die Wellenfunktion des angeregten Zustandes positiv ist.

Schließlich schreiben F's Hände die Formel auf das Papier auf die es ankommt, nämlich

¹) Für ein ideales Bose-Gas ist $\varphi = 1$.

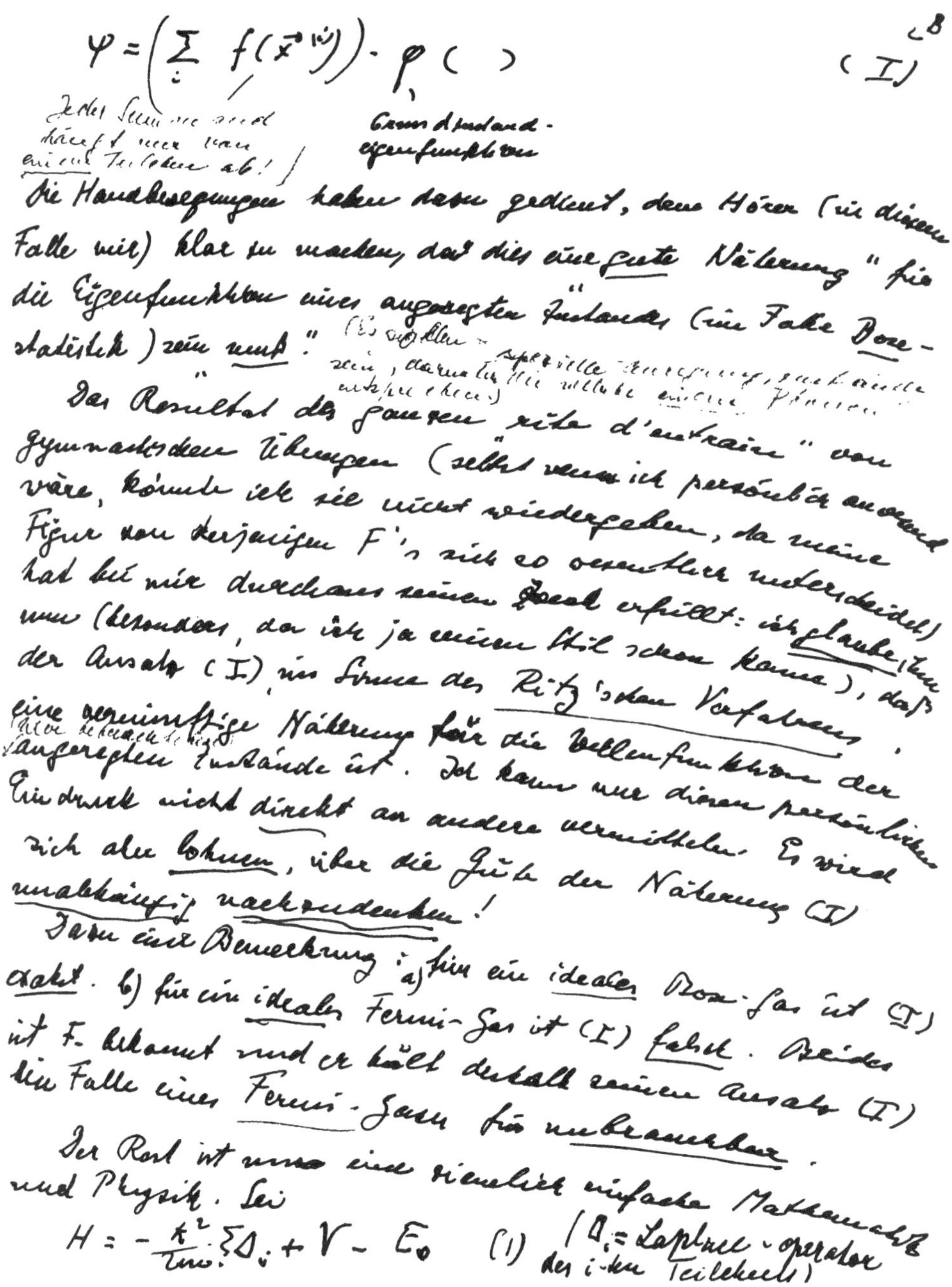

$$\Psi = \left(\sum_i f(\vec{x}^{(i)})\right) \cdot \varphi(\ ) \qquad (I)$$

Jeder Summand hängt nur von einem Teilchen ab! / Grundzustand-Eigenfunktion

Die Handbewegungen haben dazu gedient, dem Hörer (in diesem Falle mir) klar zu machen, daß dies eine gute „Näherung" für die Eigenfunktion eines angeregten Zustandes (im Falle Bose-Statistik) sein muß!" (Es sollten = spezielle Anregungen sein, darunter die selbst einzelnen Phononen entsprechen)

Das Resultat des ganzen „rite d'entraîn" von Gymnastischen Übungen (selbst wenn ich persönlich anwesend wäre, könnte ich sie nicht wiedergeben, da meine Figur von derjenigen F's sich so wesentlich unterscheidet) hat bei mir durchaus seinen Zweck erfüllt: ich glaube nun (besonders, da ich ja seinen Stil schon kenne), daß der Ansatz (I) in Form des Ritz'schen Verfahrens eine vernünftige Näherung für die Wellenfunktionen der angeregten Zustände ist. Ich kann nur diesen persönlichen Eindruck nicht direkt an andere vermitteln. Es wird sich aber lohnen, über die Güte der Näherung (I) unabhängig nachzudenken!

Dazu eine Bemerkung: a) für ein ideales Bose-Gas ist (I) exakt. b) für ein ideales Fermi-Gas ist (I) falsch. Beides ist F. bekannt und er hält deshalb seinen Ansatz (I) im Falle eines Fermi-Gases für unbrauchbar.

Der Rest ist nun eine ziemlich einfache Mathematik und Physik. Sei

$$H = -\frac{\hbar^2}{2m}\sum_i \Delta_i + V - E_0 \quad (1)$$

(Δ_i = Laplace-operator des i-ten Teilchens)

Bericht über Feynmans neues paper

F's Handbewegungen werden nun noch mehr artikuliert: er beginnt kleine Kreise mit einem + darin, wie ⊕, in anscheinend unregelmäßiger Verteilung auf ein Papier zu zeichnen. Dies alles sollen die Stellen (Gebiete) bedeuten, an denen die Wellenfunktion des angeregten Zustandes positiv ist.
Schließlich schreiben F's Hände die Formel auf das Papier, auf die es ankommt, nämlich

$$\varphi = \sum_i f(\vec{x}^{(i)}) \cdot \varphi(\quad) \tag{I}$$

Jeder Summand hängt nur von *einem* Teilchen ab!	Grundzustand-eigenfunktion

Die Handbewegungen haben dazu gedient, dem Hörer (in diesem Falle mir) klar zu machen, daß dies eine „*gute* Näherung" für die Eigenfunktion eines angeregten Zustandes (im Falle Bosestatistik) sein *muß*. (Es sollen spezielle Anregungszustände sein, darunter die, welche einem „Phonon" entsprechen.)
Das Resultat des ganzen "rite d'entrain" von gymnastischen Übungen (selbst wenn ich persönlich anwesend wäre, könnte ich sie nicht wiedergeben, da meine Figur von derjenigen F's sich so wesentlich unterscheidet) hat bei mir durchaus seinen Zweck erfüllt: ich *glaube* ihm nun (besonders, da ich ja seinen Stil schon kenne), daß der Ansatz (I), im Sinne des *Ritzschen Verfahrens*, eine vernünftige Näherung für die Wellenfunktion der (hier betrachteten) angeregten Zustände ist. Ich kann nur diesen persönlichen Eindruck nicht *direkt* an andere vermitteln. Es wird sich aber *lohnen*, über die Güte der Näherung (I) *unabhängig nachzudenken*!
Dazu eine Bemerkung: a) für ein *ideales* Bose-Gas ist (I) *exakt*. b) für ein *ideales* Fermi-Gas ist (I) *falsch*. Beides ist F. bekannt und er hält deshalb seinen Ansatz (I) im Falle eines *Fermi*-Gases für *unbrauchbar*.
Der Rest ist nun eine ziemlich einfache Mathematik und Physik ..."

Meine Damen und Herren, ich vermute, gerade diese Gabe, mit Einfühlungsvermögen und Humor auf jede Persönlichkeit eingehen zu können, war es, neben seinen bekannten Qualitäten als Physiker, die Pauli zum großen Lehrer gemacht hat.

11

Charles P. Enz*

Paulis Schaffen der letzten Lebensjahre**

Eine der Aufgaben des Pauli-Assistenten an der ETH war, wenigstens zu meiner Zeit, da zu sein, wenn Pauli da war, denn er war sehr ungern allein am Institut. Eine weitere Aufgabe war das Organisieren von Konzertbesuchen. Dies lernte ich gleich am Anfang meiner Assistenz, als ich eine Ansichtskarte von der Schiffländebar, unten in der Stadt, erhielt mit dem Datum 4. Oktober 1956 und adressiert an „Dr. Ch. Enz (vormals Dr. A. Thellung). Nicht amtlich". Darauf beklagte sich Pauli, daß er jetzt in der Bar sitze, statt im Konzert, wo Isaak Stern spielte, und schloß mit der „Hoffnung auf eine bessere Zukunft".

Wie alles, was Pauli tat oder sagte, machte mir die Karte einen überdimensionierten Eindruck, und ich verarbeitete die innere Krise mit guten Vorsätzen. So ließ ich mir nur noch ganz selten eine Unterlassung zu Schulden kommen. Die letzte allerdings war ernst, wenn auch nicht voraussehbar. Am Freitag, den 5. Dezember 1958 war ich in Bern zu einem Kolloquiumsvortrag über den sogenannten „Casimir-Effekt" eingeladen und konnte deshalb nicht an Paulis Vorlesung teilnehmen, die van Hoves Arbeit zur Master-Gleichung besprach. Während der Vorlesung hatte Pauli eine Schmerzattacke und mußte nachher ohne meine Hilfe ein Taxi rufen, um nach Hause zu kommen. Es war Paulis letzte Vorlesung gewesen, denn am folgenden Tag schon war er im Spital, wo er 9 Tage später verschied.

Dies kam alles sehr unvermittelt. Und dennoch hätte man rückblickend seit seiner Abwendung von Heisenbergs „Weltformel", deren Siegeszug inzwischen sogar die Tagespresse erreicht hatte, im Frühjahr 1958 bei Pauli vielleicht eine Veränderung feststellen können: Außer einer Notiz zur CERN-Konferenz vom Juli 1958 über indefinite Metrik im Lee-Modell existiert aus dieser letzten Zeit weder eine Publikation noch ein publizierbares Manuskript. Die Euphorie der Zusammenarbeit

---

* *Charles Paul Enz* (1925 in Zürich geboren) promovierte Anfang 1956 während seiner Assistenz in Festkörperphysik bei Busch mit einem Beitrag zur Quantenelektrodynamik bei Pauli an der ETH in Zürich. Anschließend wurde er dort Paulis letzter Assistent. 1959 verließ er die ETH und war zwei Jahre Mitglied des Institute for Advanced Study in Priceton, worauf er 1961 das Ordinariat für theoretische Physik an der Universität in Neuchâtel erhielt. Nach einem Aufenthalt an der Cornell University wurde er 1964 an die Universität Genf berufen, wo er seitdem wirkt. 1971 verbrachte er ein Jahr als Gastwissenschaftler am IBM-Forschungslabor in Rüschlikon, Zürich. 1977–1983 war er Vorsteher der Sektion Physik und 1983–1986 Direktor des Departments für theoretische Physik der Universität Genf.

** Vortrag, gehalten an der Universität Wien am 15. November 1983

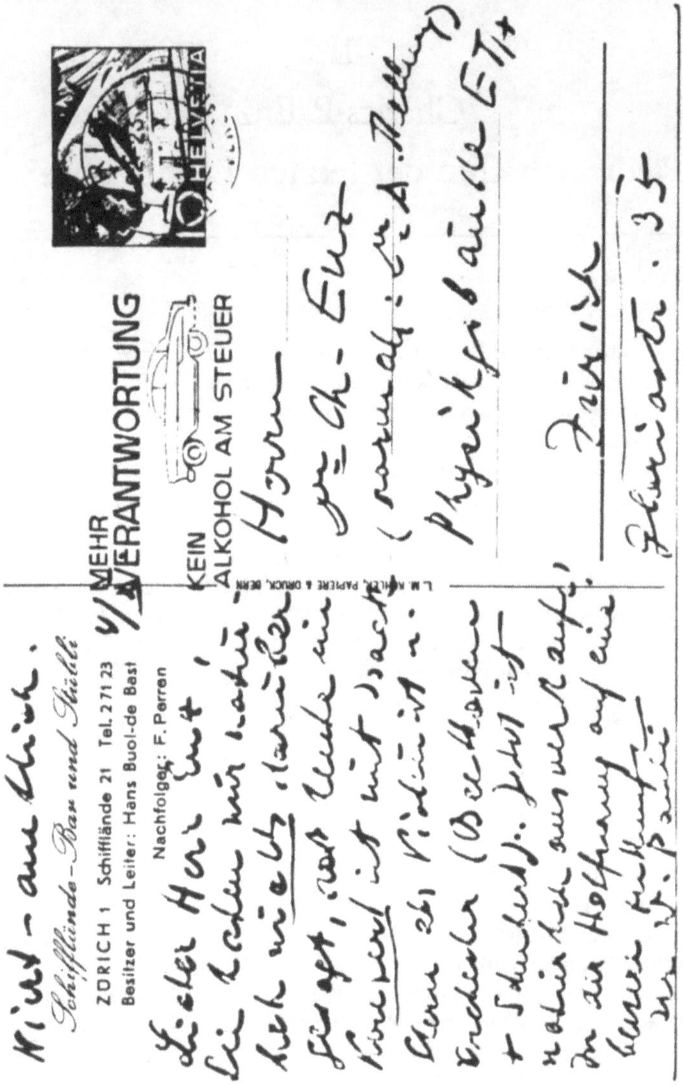

Ansichtskarte von Pauli an Enz vom 4. Oktober 1956

Nicht-amtlich

Lieber Herr Enz,
Sie haben mir natürlich *nichts* darüber gesagt, daß heute ein *Konzert* ist mit Isaak Stern als Violinist u. Orchester (Beethoven + Schubert). Jetzt ist natürlich ausverkauft!

In der Hoffnung auf eine bessere Zukunft

Ihr W. Pauli

mit Heisenberg hatte bei ihm einer uncharakteristischen Verzagtheit Platz gemacht. Und die Frage, die sich damals viele seiner Freunde und Kollegen gestellt haben müssen, ist, warum sich Pauli, der bekannte und oft gefürchtete Kritiker, nach jahrelanger Immunität doch noch von Heisenbergs nichtlinearer Spinorgleichung hatte anstecken lassen.

Diese Immunität kam von einer tiefen Abneigung Paulis gegen die unkontrollierbare Tamm-Dankoff-Näherung, mit der Heisenberg Massen und Kopplungskonstanten, ganz besonders aber Sommerfelds Feinstrukturkonstante $\alpha \cong 1/137$, auszurechnen pflegte (Heisenbergs neuester Wert war $\alpha \cong 1/250$). In einem Brief an Landau in Moskau, geschrieben in Berkeley am 11. März 1958, in welchem Pauli die Entstehung des Manuskripts mit Heisenberg beschreibt, kann man dazu folgendes lesen:

> "I believe that it is one of the worst approximation methods ever invented in the history of physics (an opinion which is in no way shared by Heisenberg. My very best regards to our excellent friend Tamm)".

Rational hat Paulis Zuwendung zur Heisenbergschen Formel verschiedene Wurzeln in seinem unmittelbar vorangehenden Schaffen. Gerade vor Antritt meiner Assistenz waren Pauli zwei bedeutende Arbeiten geglückt. Die eine, die Niels Bohr zum 70. Geburtstag gewidmet war, enthielt das berühmt gewordene CPT-Theorem (er nennt es "strong reflexion"), welches eine sehr allgemein gültige Invarianz unter den kombinierten Symmetrie-Operationen der Ladungskonjugation (C), der Parität (P) und der Zeitumkehr (T) aussagt. Die andere Arbeit, welche er zusammen mit Källén geschrieben hatte, war eine brillante Analyse des sogenannten Lee-Modells der Pion-Nukleon-Streuung. Darin wurde gezeigt, daß bei zu starker Kopplung ($g > g_{crit}$) eine indefinite Metrik und eine nicht-unitäre S-Matrix auftreten.

In die hiernach sich ausbreitende flaue Zeit in der feldtheoretischen Forschung, über die sich Pauli öfters beklagte, fielen zwei für Pauli bedeutende experimentelle Resultate. Einmal erreichte ihn im Juni 1956 die Kunde vom Nachweis des von ihm 25 Jahre früher postulierten Neutrinos durch Cowan und Reines. Andererseits lag Davis negatives Resultat vor, daß der radioaktive Beta-Zerfall von ^{37}Cl durch Reaktor-Neutrinos nicht induziert wird. Letzteres Resultat konnte aber gedeutet werden als eine Konsequenz der Erhaltung der „Leptonen" genannten leichten Teilchen. Diese experimentellen Resultate erweckten in Pauli wieder das Interesse für das Neutrino und seine Wechselwirkungen. Und als ihn am 21. Januar 1957 die sensationellen Nachrichten vom experimentellen Nachweis der Paritätsverletzung erreichte, schaltete sich Pauli nach dem ersten Schock in die einsetzende weltweite fieberhafte Forschungstätigkeit ein. Er zeigte, daß für masselose Neutrinos die schwachen Wechselwirkungen vom Typ des Beta-Zerfalls eine Gruppe von Transformationen zulassen, die rechts- und linkshändige Neutrinos und Antineutrinos nach einem bestimmten Rezept mischen, welches in der Folge „Pauli-Gruppe" genannt wurde. Pauli bemerkte sodann, daß die Wahrscheinlichkeiten für alle Teilchenreaktionen nur von Invarianten dieser Pauli-Gruppe abhingen und daß insbesondere die Leptonzahl-Erhaltung das Verschwinden gewisser Invarianten verlangte.

Dies war die Situation, als Heisenberg im Spätherbst 1957 nach Zürich kam, um seine neuen Ideen Paulis Kritik zu unterbreiten. Nun hatte Gürsey in einer am 5. November 1957 eingereichten Arbeit eben gezeigt, daß die Neutrino-Symmetrie der Pauli-Gruppe auch als Isospin-Symmetrie der Nukleonen geschrieben werden konnte. Da es Heisenberg andererseits gerade gelungen war, den Isospin in seine Spinorgleichung einzubauen, lag es nahe, letzteren im Sinne Gürseys auf die Pauli-Gruppe zu erweitern. Dies war der Auftakt zur Euphorie der Pauli-Heisenbergschen Zusammenarbeit. Im zitierten Brief an Landau schreibt Pauli:

> "The possibility of a synthesis of all these somewhat heterogenous ideas occurred to Heisenberg and me and the result of it is the preprint which you got."

Ein zweiter Impuls kam von der Beschäftigung mit dem Lee-Modell, an der Heisenberg, angeregt durch Paulis Arbeit, ebenfalls teilgenommen hatte. Dies war die Idee der „indefiniten Metrik", die nun aber durch Kombination mit einem doppelt entarteten Vakuum verallgemeinert wurde. Diese Idee scheint mir historisch von Bedeutung zu sein, weil sie der Vorläufer der heute in allen Gebieten der Physik benützten Idee der spontanen Symmetriebrechung ist[1]. Im zitierten Brief an Landau schreibt Pauli:

> "The problem of the connection between the vacuum-expectation values (of two or more factors of localized field operators) on the one hand and the Lagrangian on the other hand is a very fundamental one. The idea seemed to me seductive, that in an idenfinite metric it may be possible, that the former could have a lesser symmetry (group-invariance) than the latter and that in this way one could reach an interpretation of the gradual breakdown of invariances by passing from the strong interactions to the electromagnetic ones and again from these to the weak interactions."

Der indefiniten Metrik kam aber noch eine weitere Bedeutung zu, indem Pauli und Heisenberg auf diese die Hoffnung setzten, daß sie die bekannten Singularitäten der Vakuum-Erwartungswerte lindern würden. Im unpublizierten Manuskript "*On the Isospingroup in the Theory of the Elementary particles*" von Heisenberg und Pauli heißt es auf Seite 8:

> "The functions $\Delta_+(s)$, $\Delta_1(s)$ and $\Delta(s)$ will in a convergent theory have to be replaced by more general analytic functions which are less singular at the light cone and are closely connected with the mass spectrum."[2]

Und im zitierten Brief an Landau heißt es:

> "In any case it is clear to me, that the indefinite metric in Hilbert-space is the last attempt to save a theoretical description using field operators, which depend continuously on space and time."

---

1 Siehe z.B. Bernstein (1974)

2 Siehe auch Villars (1960), S. 91

Schwägalp mit Säntis-Bahn
(Ausflug des Physikalischen Instituts am 28. Juli 1953)

Bei Pauli klang dabei aber auch seine alte ungelöste Frage des Gegensatzes zwischen Feld und Probekörper mit, welche sich wie ein roter Faden durch sein gesamtes Werk hindurchzieht. Im zitierten Manuskript heißt es auf Seite 7:

> "However, the space-time description in the small can only be defined with an indefinite metric, which can not be interpreted in a simple way with the physical concept of probability. Therefore the concept of probability seems to be in some way complementary to the space-time description in the small."

Schon der 19jährige hatte in seiner dritten publizierten Arbeit[3] auf den Gegensatz zwischen der Kontinuumsdefinition des elektrischen Feldes und der Atomistik der elektrischen Ladung aufmerksam gemacht. In einer Besprechung des ersten Bandes von Pauli-Briefen schreibt J. Hendry[4]: "Paulis later papers include no direct references to these early assertions". Diese Behauptung, daß Pauli später nicht mehr auf das erwähnte Problem zurückgekommen sei, ist durch viele Stellen in Paulis Werk widerlegt, insbesondere durch das folgende Zitat, in welchem Pauli auch Hendrys Fußnote über die Maxwellschen Gleichungen im Vakuum vorwegnimmt. In der Tat sagte Pauli 1955 im Schlußwort zum Berner Kongreß über Relativitätstheorie (siehe III,3):

> „Daß es zum Beispiel logisch möglich ist, die Maxwellschen Gleichungen im Vakuum hinzuschreiben ohne eine Ladung einzuführen, das stört mich; denn wenn es keine Ladung gäbe, so würde man ja dieses Feld nicht messen können... Deshalb war ich sehr befriedigt, als die Quantenmechanik entstand; denn ich hoffte noch immer, daß dieses Gegensatzpaar Probekörper und Feld sich vielleicht doch einmal analog fassen lassen wird, wie das andere Gegensatzpaar Impuls und Ort."[5]

Der numerische Wert der Elementarladung hatte insbesondere in der Form der schon erwähnten Feinstrukturkonstanten $\alpha = 1/137$ sowohl eine tiefe physikalische, wie auch eine magisch-symbolische Bedeutung für Pauli. Letztere erleuchtet aus Paulis besorgter Frage bei meinem ersten Spitalbsuch am 8. Dezember 1958, ob ich seine Zimmernummer gesehen hätte: 137! Die physikalische Bedeutung von α, andererseits, hat Pauli während seiner gesammten wissenschaftlichen Laufbahn immer wieder hervorgehoben. So sagte er z.B. am Schluß seines Nobelvortrages, gehalten in Stockholm am 13. Dezember 1946:

> „Vom Standpunkt der Logik aus hat mein Bericht über das Ausschließungsprinzip und die Quantenmechanik kein Schlußwort. Ich glaube, daß man dieses erst wird schreiben können, wenn eine Theorie entwickelt worden ist, die den Wert der Feinstrukturkonstanten ergibt und so die atomistische Struktur der Elektrizität erklärt, die eine so wesentliche Eigenschaft aller atomaren Quellen elektrischer Felder ist, die wirklich in der Natur vorkommen."[6]

3 Pauli (1919c)
4 Hendry (1981)
5 Pauli (1955i), S. 266
6 Pauli [1961/84], S. 145

Es scheint mir, daß sich dieses Problem in jüngster Zeit etwas verschoben hat, indem die Feinstrukturkonstante (in ihrer Bedeutung als Kopplungskonstante, aber nicht in derjenigen als Ladungsquantum) in den "grand unified theories" (GUT) eine anwachsende Funktion der Masse wird. Schon bei der Masse der Vektorbosonen ist $\alpha \cong 1/128$[7], und bei der „Vereinigungsmasse" M_X ($> 10^{14}$ GeV) soll α mit der entsprechend normierten starken Kopplungskonstanten übereinstimmen. Letzterer Wert sollte dann wohl als die primäre Größe angesehen werden, welche die Theorie zu bestimmen hätte, während der Wert $\alpha = 1/137$ bei Masse null von M_X aus zu extrapolieren wäre. Vom Standpunkt der GUT aus gesehen hat sich also Paulis Problem verschoben, ohne aber weniger dringlich zu sein, während andererseits Heisenbergs Bestimmung von α aus der nichtlinearen Spinorgleichung an Interesse eingebüßt hat.
Die Frage nach der Feinstrukturkonstanten tritt bei Pauli meist im Zusammenhang mit dem erwähnten Problem des Gegensatzes zwischen Feld und Probekörper auf. Und man kann sich mit Hendry[4] die Frage nach dem Ursprung dieser philosophischen Idee beim 19jährigen Pauli stellen. Daß in ihr der Einfluß seines berühmten Wiener Taufpaten Ernst Mach durchschimmert, ist wohl nicht abzuleugnen. Doch scheint die Beharrlichkeit, mit der diese Idee bis zu Paulis Tod immer wieder auftaucht, darauf hinzudeuten, daß er sich sehr stark mit ihr identifiziert hat.
Etwas allgemeiner handelt es sich dabei um die Beziehung zwischen Objekt und Meßapparat im atomaren Bereich, die von Bohr als Komplementarität bezeichnet worden ist. Bekanntlich hat Bohr den Begriff der Komplementarität in philosophisch-psychologischer Richtung verallgemeinert. Pauli ist ihm auf diesem Weg gefolgt, vor allem 1949 in seinem Vortrag in der Züricher Philosophischen Gesellschaft „Die philosophische Bedeutung der Idee der Komplementarität", aber auch in seinem großen geistesgeschichtlichen Mainzer Vortrag von 1955 „Die Wissenschaft und das abendländische Denken", wo er die beiden abendländischen Grundhaltungen des kritisch rationalen Verstehen Wollens und des mystisch irrationalen Erlösung Suchens als komplementär einander gegenüberstellt.
Damit komme ich zu Paulis drei großen philosophischen Essays der letzten Lebensjahre, die ich hier, etwas willkürlich, zusammen betrachte, weil sie verwandte Themen anschneiden. Dem schon erwähnten Mainzer Vortrag zeitlich voran geht der Aufsatz von 1954 zum 80. Geburtstag von C. G. Jung „Naturwissenschaftliche und erkenntnistheoretische Aspekte der Ideen vom Unbewußten", in welchem sich Pauli mit Jungs Begriffen des Unbewußten und des Archetypus auseinandersetzt. Dieser Essay steht aber natürlich in engem Zusammenhang mit Paulis großem Kepler-Artikel „Der Einfluß archetypischer Vorstellungen auf die Bildung naturwissenschaftlicher Theorien bei Kepler", der 1952 im Band „Naturerklärung und Psyche" zusammen mit Jungs Artikel „Synchronizität als ein Prinzip akausaler Zusammenhänge" erschienen ist. Ich kann hier nicht im Einzelnen auf den großen Ideenreichtum dieser schönen und tiefen Essays eingehen, sondern begnüge mich mit der Beleuchtung zweier Themen, nämlich den Zeitbegriff und die Zahlensymbolik. Ich hoffe, damit die Überzeugung vermitteln zu können, daß diese Essays ein Stück großer europäischer Literatur darstellen und daß Pauli zu den bedeutenden zeitgenössischen Denkern zu rechnen ist.

---

7 Siehe z.B. Langacker (1981), Table 4.1

In seinem Kepler-Artikel motiviert Pauli Keplers Forschungstätigkeit wie folgt: „... die symbolischen Bilder und archetypischen Vorstellungen sind das, was ihn zum Suchen nach den Naturgesetzen veranlaßt". Keplers Symbolik beruhte auf der Trinität, welche für ihn durch eine Kugel mit Gottvater im Zentrum, Gottes Sohn auf der Oberfläche und dem Heiligen Geist im Zwischenraum dargestellt war, aber auch durch die Dreidimensionalität des Raumes. In einer faszinierenden Fußnote beschreibt Pauli, wie diese Symbolik „mit der heliozentrischen Idee auf's engste verknüpft ist" und „daß das Planetensystem mit der Sonne als Zentrum zum Träger des Mandalabildes geworden ist", wobei die Bezeichnung „Mandala" für die sphärische Form von C. G. Jung stammt. Diese extravertierte Trinitätssymbolik, in der die Zeit keinen Platz hat, dominiert auch die spätere klassische Mechanik. In der Tat ist die reversible Zeit der letzteren keine „kreative" Zeit, da ja alles durch die Anfangsbedingungen bestimmt ist.

Dieser vorwissenschaftlichen Situation stellt Pauli die alchemistische Tradition in der Person Fludds gegenüber, gegen welchen Kepler polemisiert hatte. Für den Alchemisten aber ist das zentrale Erlebnis das Wandlungsmysterium, in welchem die Zeit ein Werden ist. Bergson hat die beiden Zeitbegriffe trefflich wie folgt charakterisiert: "le temps est invention, ou il est rien du tout." Die gerichtete Zeit, das Werden, "le devenir" ist auch die Zeit Prigogines in seinem Buch mit Isabelle Stengers *La nouvelle alliance,* nämlich die Zeit, deren Richtung durch die innere Entropiezunahme bestimmt ist und in der die dissipativen Strukturen entstehen. Das Phänomen der Wandlung vergleicht Pauli sodann mit dem Meßprozeß in der Quantentheorie, bei dem der Eingriff des Beobachters eine nicht kontrollierbare Änderung im Objekt hervorruft, nämlich die sogenannte „Reduktion der Wellenfunktion". Auch dieses Phänomen spielt sich in der kreativen Zeit ab. Sehr ähnlich klingt Jungs Charakterisierung seines Begriffs „Synchronizität" im selben Band, wo er sagt:

> „Diese Form des Angeordnetseins unterscheidet sich dadurch vom Angeordnetsein der Eigenschaften ganzer Zahlen oder der Diskontinuitäten der Physik, daß letztere von jeher und regelmäßig vorgefunden sind, während erstere *Schöpfungsakte in der Zeit* darstellen."[8]

Was nun andererseits die Zahlensymbolik betrifft, so ist sie bei Fludd wie bei allen Alchemisten dominiert von der Vierzahl. Denn wie Pauli in einer anderen Fußnote im Kepler-Artikel schreibt, ist es so, daß „erst die Totalität aller vier Elemente die Herstellung der quinta essentia und des lapis, das heißt eigentlich Wandlung ermöglicht". Sicher ist, daß Pauli diese Symbolik fasziniert hat, denn Jung erwähnt in seinem Synchronizitätsartikel, daß er mit Paulis Hilfe das dort abgebildete Quaternio konstruiert habe, welches aus den zwei Gegensatzpaaren besteht: „Unzerstörbare Energie" – „Raum-Zeitkontinuum" und „Kausalität" – „Synchronizität".

Die Vierzahl oder Tetraktys hatte, wie Pauli in seinem Mainzer Vortrag erklärt, bei den Pythagoräern eine besondere Bedeutung; ihre Symbolik wurzelte aber letztlich in der babylonischen Zahlenmystik. Um auf unsere moderne Zeit zu

8 Jung und Pauli [1952a], S. 104

Pauli und seine Sekretärin Fräulein Schmid
(Säntis-Gipfel 28. Juli 1953. Ausflug des
Physikalischen Instituts der ETH)

kommen, so möchte ich die folgende Fußnote zum Geburtstagsartikel für Jung erwähnen, in welcher Pauli sich zum genetischen Code äußert:

> „Die alten Pythatoräer hätten, die Vierzahl verehrend, eine besondere Freude an der quaternären, auf zwei Gegensatzpaaren aufgebauten chemischen Struktur einer Nukleinsäure (abgekürzt als ‚DNA' bezeichnet), die für die Vorgänge der Vererbung und Fortpflanzung wesentlich ist."

Schließlich ist auch folgende Variation des vorher zitierten Satzes von den vier Elementen nicht uninteressant: „Erst die Totalität der vier Quantenzahlen ermöglichte die Aufstellung des Ausschlußprinzips." (Pauli war dieser Aspekt seiner berühmtesten Entdeckung bewußt.) Dies zeigt, daß die Vierzahl für Pauli ebenfalls eine schicksalshafte Bedeutung gehabt hatte.
Was nun nochmals die Bedeutung der Zeit betrifft, so möge die Marschallin aus dem *Rosenkavalier* von Hofmannsthal das letzte Wort haben:

> Die Zeit, die ist ein sonderbar Ding.
> Wenn man so hinlebt, ist sie rein gar nichts.
> Aber dann auf einmal, da spürt man nichts als sie.
>
> Manchmal hör' ich sie fließen – unaufhaltsam.
> Manchmal steh' ich auf mitten in der Nacht
> und laß die Uhren alle, alle stehn.
> Allein man muß sich auch vor ihr nicht fürchten.
> Auch sie ist ein Geschöpf des Vaters, der uns alle erschaffen hat.

12

Valentin L. Telegdi*

Pauli-Anekdoten**

„Hier hat sich ereignet, daß das ganze Zyklotron der Princeton-University vollständig abgebrannt ist (die Ursache der Entstehung des Brandes ist nicht bekannt). Ist es ein ‚Pauli-Effekt'?"

Pauli an Meier, 26. Februar 1950

1

Pauli, damals noch ein Student, und Ehrenfest, schon ein angesehener Physiker, hatten beide Artikel zur Enzyklopädie der mathematischen Wissenschaften beigetragen – Pauli den heute noch lesenswerten Artikel über Relativitätstheorie, Ehrenfest (zusammen mit seiner Frau) den Artikel über statistische Mechanik. Als Ehrenfest einmal in der Deutschen Physikalischen Gesellschaft einen Vortrag hielt, wurde er dabei häufig von Pauli mit kritischen Kommentaren unterbrochen. Nach dem Vortrag ging Ehrenfest zu Pauli und sagte: „Na, Herr Pauli, ich muß schon sagen, Ihr Artikel gefällt mir besser als Sie selbst!" worauf Pauli erwiderte: „Bei mir ist es, Herr Professor, gerade umgekehrt ..."

---

* *Valentin L. Telegdi* (1922 in Budapest geboren) kam nach seiner Ausbildung als Chemie-Ingenieur an der Universität Lausanne Ende 1946 an die ETH Zürich. Dort promovierte er 1950 mit einer kernphysikalischen Arbeit bei P. Scherrer (Korreferent war W. Pauli). 1951 ging er als Instructor an die Universität Chicago, wo damals Fermi tätig war. 1958 wurde er dort zum o. Professor ernannt und 1971 zum "Enrico Fermi Distinguished Service Professor" befördert. 1976 verließ er Chicago, um einem Ruf an die ETH Zürich zu folgen, wo er noch heute tätig ist und gegenwärtig – neben Arbeiten am CERN – Untersuchungen über Paritätsverletzung in Atomen leitet.
Telegdis Arbeiten umfassen viele Gebiete der Experimentalphysik und wurden meist an Teilchenbeschleunigern (Chicago, Argonne, Fermilab, SIN, CERN) ausgeführt. Die wichtigsten Ergebnisse liegen auf dem Gebiet der schwachen Wechselwirkungen; u.a. zählt Telegdi zu den Entdeckern der Paritätsverletzung im π-μ-e-Zerfall.
Telegdi war Gastprofessor an verschiedenen Hochschulen (u.a. Harvard, Caltech, Yale) und 1981–1983 Vorsitzender des CERN-Wissenschaftsrates. Er ist Mitglied mehrerer wissenschaftlicher Akademien.
V. L. Telegdi ist seit 1950 mit Lidia Leonardi verheiratet. Ihr Hauptwohnsitz ist Genf.

** Vorgetragen an der Universität Wien am 16. November 1983.

2

Pauli hatte eine besondere Fähigkeit, seine satirischen (aber oft wohlgemeinten) Bemerkungen in die Form geistreicher Wortspiele zu kleiden. Leider sind von diesen verbalen Stilblüten viel zu wenige überliefert worden, wogegen in seinem Briefwechsel noch viele literarische zu pflücken sind. Ein Beispiel sei gegeben; zu dessen Genuß muß man jedoch wissen, daß viele Schweizerinnen den Vornamen „Verena" tragen, dem der Kosename „Vreneli" entspricht. Ein junger, aber angesehener Theoretiker, der eben mit einer solchen Schweizerin verheiratet war, besuchte mit ihr Pauli in Zürich. Pauli hatte über den Geisteszustand dieses Ehepaars eigentümliche Ansichten und begrüßte die beiden mit den Worten: „Da kommt er schon, der Neurosenkavalier mit seiner Schizovreneli!"

3

Sogar auf Englisch gelang es Pauli oft, geistreiche Wortspiele zu machen. So sagte er zu einem bombastischen Redner: "Your remarks are like fireworks – very noisy, but not very illuminating." (Diese Bemerkung soll auch Peierls nach einem Vortrag von Källen gemacht haben.)

4

Pauli war gegenüber den deutschen Kollegen, die im tausendjährigen Reich mitgemacht hatten, eigentlich eher großzügig, d.h. nachsichtig – konnte aber gewisse Sticheleien doch nicht lassen. Als er z.B. hörte, daß sich Pascual Jordan nach Kriegsende als CDU-Abgeordneter in den Bundestag wählen ließ, da kommentierte er: „Ach der gute Jordan, der hat ja allen Regimen auf das Treueste gedient ..." Als er F. Möglich, den er seit zwanzig Jahren nicht mehr gesehen hatte, nach dem Krieg in Deutschland auf einer Tagung wiedersah, so sprach er ihn mit dem Satz: „Sind Sie immer noch möglich!" an.

5

Nach seiner Entnazifizierung wollte man Jordan in Hamburg eine Stelle schaffen, für die er Pauli um einen Empfehlungsbrief bat. Nun hatte Jordan im Krieg eine kleine Vortragssammlung herausgegeben, in der unter anderem auch stand, „die Ambitionen eines Gelehrten sollten nicht auf Lehrstühle gerichtet sein, sondern darauf, das Blut im Niemandsland zwischen Stacheldrahtverhauen zu vergießen." Pauli schrieb ihm, er wolle ihm wohl ein Zeugnis ausstellen, nur müsse Jordan ihm versprechen, zukünftig seine Ambitionen auf Lehrstühle zu beschränken.

6

Jordan ließ Pauli durch den Verlag ein Exemplar seines Buches „*Schwerkraft und Weltall*" zuschicken. Als Pauli das Buch öffnete, enthielt der Band nur leere Seiten – der Verlag hatte ihm versehentlich das Einbandmuster zugeschickt. Pauli war dadurch sehr belustigt und schrieb an Jordan, er habe ihm wohl deshalb ein leeres Buch geschickt, damit er (Pauli) das Buch selbst schreibe und demnach nichts zu kritisieren hätte.

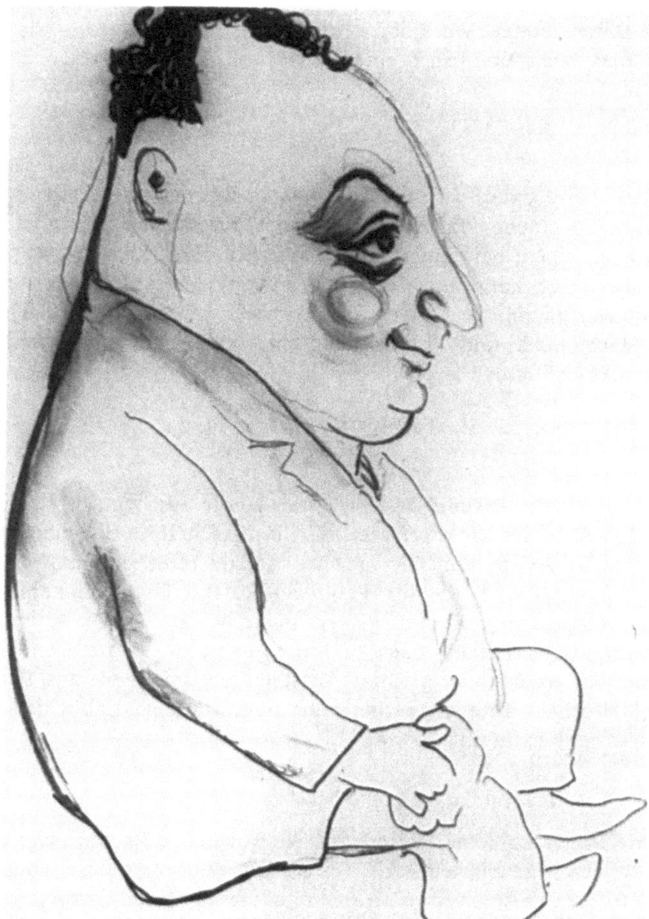

Wolfgang Pauli
Karikatur (1930) des Zürcher Künstlers
Gregor Rabinowitch (1884–1958)

7

Pauli interessierte sich auch für mystische Themen, unter anderem für Meister Eckhart. In dessen Nachfolge erschien im 14. Jahrhundert ein Büchlein, das Luther dermaßen gefiel, daß er es ins Deutsche übersetzte und als *„Theologia Deutsch"* herausgab. Dieses letztere Werk hatte Pauli gelesen und er sagte zu Fierz über seinen Eindruck: „Da ringt und ringt einer mit Gott. Aber Gott sagt: Schwab' bliibt Schwab'."

8

Vieles, meist Apokryphes, ist schon über Paulis Empfehlungsbriefe erzählt worden. Pauli wurde von einem jungen Mann gebeten, für ihn einen Empfehlungsbrief an Einstein zu schreiben, bei dem er arbeiten wollte. Pauli schrieb ungefähr wie folgt: „Lieber Albert! Ich kann Dir Herrn Dr. X wohl empfehlen, denn er ist ein sehr tüchtiger junger Mann. Er hat nur einen Fehler, nämlich den, daß er manchmal zwischen Mathematik und Physik nicht unterscheiden kann. Das sollte Dir aber nichts ausmachen, denn Du selbst bist ja auch schon fast an diesem Punkt angelangt ..."

9

Wegen der allgemeinen Reiseschwierigkeiten wurde aus dem Physikalischen Kolloquium in Zürich in der unmittelbaren Nachkriegszeit zeitweilig ein bloßer „Journal Club", wo meist Assistenten über gewisse Artikel referieren mußten, die die Professoren interessierten. So wollte Pauli ein Referat über den Lamb-Shift hören, und zwar wohlgemerkt über das Experimentelle. Der arme Assistent, dem die Aufgabe zufiel, war zwar vom Fach ein Experimentator, wollte aber dennoch seinen Vortrag mit ein paar theoretischen Ansätzen beginnen, worauf Pauli wie folgt reagierte: „Herr M., Ihre erste Gleichung ist zwar falsch, aber daraus folgt Ihre zweite längst noch nicht ..."

10

Die Gefühle Paulis zu seiner Vaterstadt Wien waren eher gemischt, bzw. modern ausgedrückt, etwas ambivalent. Als Telegdi ihm zum erstenmal vorgestellt wurde (Ende 1946), so fragte er ihn: „Wann sind Sie aus Wien fortgegangen?" „1938, Herr Professor", war die Antwort. Worauf Pauli erwiderte: „Ich schon 1918. Ich hatte immer schon eine gute Intuition gehabt."

11

Zum Thema „Wien" gehört auch folgende Anekdote: Ehrenhaft, der vor der Nazizeit Professor für Experimentalphysik in Wien gewesen war, stellte als Emigrant in USA Versuche an, deren Ergebnisse er als Nachweis magnetischer Monopole ankündigte. Er stand bei Pauli nicht in hohem Ansehen, was durch folgende Bemerkung zum Ausdruck kam: „Ja, der Ehrenhaft ist gerade das Gegenteil von Hitler. Man hätte den Ehrenhaft nie aus Wien herauslassen sollen und den Hitler nie hinein!"

12

Pauli hatte an der ETH kein eigenes Institut, sondern war formell am Physikalischen Institut, das Scherrer leitete, tätig. So mußte er sich ab und zu wegen praktischer Dinge an Scherrer wenden. Dazu kommentierte er: „Dieser Scherrer ist merkwürdig. Wenn ich mich zum ersten Mal an ihn wende, dann sagt er mir: „Pauli, das will ich nicht hören!" Wenn ich ihn in der gleichen Sache nochmals anspreche, dann erwidert er: „Pauli, das habe ich schon gehört!"

13

Während eines Solvay-Kongresses verbrachten die jungen Physiker Dirac, Heisenberg und Pauli in einem Hotel-Foyer ihre Zeit damit, über Religion zu diskutieren. Allerdings führten zumeist Heisenberg und Dirac das Wort während Pauli eher schwieg. Heisenberg zeigte für Religion im Sinne der mystischen Bedürfnisse der Menschen ein gewisses Verständnis, während Dirac all dies abschlug und eher die Linie: „Religion ist Opium für das Volk" vertrat. Als Heisenberg Pauli veranlassen wollte, auch seinen Standpunkt darzutun, so bemerkte Pauli nur: „Jetzt versteh' ich's. Es gibt keinen Gott, und Dirac ist sein Prophet!"

14

Pauli war sehr stolz auf den „Pauli-Effekt", nämlich auf die ihm zugeschriebene Fähigkeit, durch seine bloße Anwesenheit das Funktionieren experimenteller Apparaturen negativ zu beeinflussen. Pauli sollte Occhialini in Brüssel besuchen, und Occhialini wollte ihn mit einem sorgfältig inszenierten „Pauli-Effekt" Freude bereiten. Eine in Occhialinis Labor befindliche Hängelampe wurde so mit der Eingangstüre verbunden, daß sie in dem Moment mit Getöse herunterstürzen mußte, als Pauli das Labor betrat. Diese Einrichtung bestand die Generalprobe vor Paulis Eintreten perfekt – nur versagte sie gänzlich, als Pauli wirklich durch nämliche Türe eintrat!

15

Auch sich selbst gegenüber konnte Pauli sarkastisch sein. Als reifer Mann bemerkte er: „Ja, das Wunderkind – das Wunder vergeht und das Kind bleibt ...".

16

Casimir, der einst Pauli-Assistent gewesen war, verließ eine sehr erfolgreiche Laufbahn als Professor, um bei Phillips Leiter der Forschungsabteilung und Direktor zu werden. Pauli mißfiel diese „Industrialisierung" seines begabten ehemaligen Assistenten, und er führte ihn einmal im Kolloquium wie folgt ein: „Heute spricht Herr Direktor Casimir über (Titel)", dann, zu Casimir gewendet: „Ich hoffe, Sie schreiben noch i und nicht j für die imaginäre Einheit!"

17

Witze anderer, Anekdoten usw. erzählte Pauli selten. Deshalb dürfen wir annehmen, daß die nachfolgende Scherzfrage wohl sein Eigenfabrikat war: „Was sind die beiden größten jüdischen Feiertage des Jahres?" Antwort: „Affidavitverkündigung und Affidavitempfängnis!" (Die Bemerkung stammt aus der Zeit, zu der die Emigration nach Amerika der Traum vieler war.)

18

Pauli über einen jüngeren wenig erfolgreichen Physiker: „Was, so jung und *schon* unbekannt?"

Zweiter Teil
Schriften

Kapitel III
Relativitätstheorie und Feldbegriff

1
Wolfgang Pauli
Relativitätstheorie*
Grundlagen der speziellen Relativitätstheorie

„Paulis Encyklopädieartikel soll fertig sein und 2 1/2 kg Papiergewicht haben – woraus das geistige Gewicht zu ermessen ist. Der kleine Kerl ist doch nicht nur klug, sondern auch fleißig."

Born an Einstein, 12. Februar 1921

„Pauli ist ein feiner Kerl mit seinen 21 Jahren; er kann auf seinen Encyklopädie-Artikel stolz sein."

Einstein an Born, 30. Dezember 1921

„Wer dieses reife und groß angelegte Werk studiert, möchte nicht glauben, daß der Verfasser ein Mann von einundzwanzig Jahren ist. Man weiß nicht, was man am meisten bewundern soll, das psychologische Verständnis für die Ideenentwicklung, die Sicherheit der mathematischen Deduktion, den tiefen physikalischen Blick, das Vermögen übersichtlicher systematischer Darstellung, die Literaturkenntnis, die sachliche Vollständigkeit, die Sicherheit der Kritik. [...] Paulis Bearbeitung sollte jeder zu Rate ziehen, der auf dem Gebiete der Relativität schöpferisch arbeitet, ebenso jeder, der sich in prinzipiellen Fragen authentisch orientieren will."

Einstein (1922)

* Pauli [1921], Kap. I, S. 543–566

543 ## I. Grundlagen der speziellen Relativitätstheorie.

1. Historisches (Lorentz, Poincaré, Einstein). Die Umwandlung der physikalischen Begriffe, welche die Relativitätstheorie bewirkt hat, war seit langer Zeit vorbereitet. Bereits im Jahre 1887 bemerkte *Voigt*[1]) in einer Arbeit, die noch auf dem Standpunkt der elastischen Lichttheorie steht, daß es mathematisch bequem ist, in einem bewegten Bezugssystem eine Ortszeit t' einzuführen, deren Anfangspunkt eine lineare Funktion der räumlichen Koordinaten ist, während jedoch die Zeiteinheit als unveränderlich angenommen wird. Man kann nämlich auf diese Weise erreichen, daß die Wellengleichung

$$\Delta\varphi - \frac{1}{c^2}\frac{\partial^2\varphi}{\partial t^2} = 0$$

auch im bewegten System gültig bleibt. Diese Bemerkung blieb jedoch vollständig unbeachtet, und erst in den grundlegenden Arbeiten, die *H. A. Lorentz*[2]) 1892 und 1895 veröffentlichte, tritt eine derartige Transformation wieder auf. Zu der formalen Erkenntnis, daß die Einführung einer Ortszeit t' im bewegten System mathematisch bequem ist, kamen hier wesentlich physikalische Ergebnisse hinzu. Es wurde der Nachweis erbracht, daß bei Berücksichtigung der Bewegungen der in den Äther eingelagerten Elektronen alle Effekte 1. Ordnung in
544 dem Quotienten $\frac{v}{c}$ aus Translationsgeschwindigkeit der Materie und Lichtgeschwindigkeit, welche die Beobachtungen kennen gelehrt hatten, quantitativ theoretisch erklärt werden können. Insbesondere ergab die Theorie eine Erklärung dafür, daß eine *gemeinsame* Geschwindigkeit von Materie und Beobachter gegen den Äther, was die Größen 1. Ordnung anlangt, auf die Erscheinungen keinen Einfluß hat.[3])

---

543 1) *W. Voigt,* Über das Dopplersche Prinzip, Gött. Nachr. 1887, p. 41. Man erhält die *Voigt*schen Formeln, wenn man in den weiter unten angeschriebenen Gleichungen (1) $\varkappa = \sqrt{1-\beta^2}$ setzt.

2) *H. A. Lorentz,* La théorie éléctromagnetique de Maxwell et son application aux corps mouvants, Arch. Néerl. 25 (1892), p. 363; Versuch einer Theorie der elektrischen und magnetischen Erscheinungen in bewegten Körpern, Leiden 1895.

544 3) Das von *Fizeau* gefundene, sowohl dem Relativitätsprinzip als auch der Theorie von *Lorentz* widersprechende Resultat bezüglich der Beeinflussung der Azimutänderung der Polarisationsebene des Lichtes beim schiefen Durchgang durch eine Glasplatte durch die Erdbewegung wurde hernach von *D. B. Brace* [Phil. Mag. 10 (1908), p. 591] und *B. Straßer* [Ann. d. Phys. 24 (1907), p. 137] als irrtümlich nachgewiesen. — Ferner ist zu erwähnen, daß die Theorie von *Lorentz* die Möglichkeit offen ließ, mit Hilfe der Gravitation auch Effekte erster Ordnung des „Ätherwindes" zu konstatieren. So müßte, wie *Maxwell* bemerkt

Das negative Ergebnis des *Michelson*schen Interferenzversuches[4]), bei dem es sich um einen Effekt *zweiter* Ordnung in $\frac{v}{c}$ handelt, machte jedoch der Theorie große Schwierigkeiten. Um diese zu beseitigen, verfielen *Lorentz*[5]) und unabhängig von ihm *Fitzgerald* auf die Hypothese, daß alle Körper bei einer Translationsbewegung mit der Geschwindigkeit v ihre Dimensionen verändern. Und zwar müßte die Veränderung der Längsdimensionen durch den Faktor $\varkappa\sqrt{1-\frac{v^2}{c^2}}$ bestimmt sein, wenn $\varkappa$ die Veränderung der Querdimensionen angibt; $\varkappa$ selbst bleibt unbestimmt. Zur Begründung dieser Hypothese führt *Lorentz* an, daß es sehr wohl möglich sei, daß die Molekularkräfte bei der Translationsbewegung geändert würden. Nehme man überdies an, daß die Moleküle in Gleichgewichtslagen ruhen und rein elektrostatisch aufeinander wirken, so folge aus der Theorie von selbst, daß im bewegten System Gleichgewicht vorhanden sei, wenn alle Abstände in der Translationsrichtung sich bei ungeänderten Querdimensionen um $\sqrt{1-\frac{v^2}{c^2}}$ verkürzen. Nun galt es, diese „Lorentz-Kontraktion“ organisch in die Theorie einzuarbeiten und auch die anderen negativen 545
Versuche[6]), einen Einfluß der Erdbewegung auf die Erscheinungen festzustellen, zu deuten. Da ist zunächst *Larmor* zu nennen, der bereits 1900 die heute allgemein als Lorentz-Transformation bekannten Formeln aufgestellt, also auch die Veränderung des Zeitmaßstabes bei der Bewegung ins Auge gefaßt hat.[7]) *Lorentz'* zusammenfassender Artikel[8]), der Ende 1903 abgeschlossen wurde, brachte einige kurze

---

hat, die Translation des Sonnensystems gegen den Äther eine Ungleichheit von 544
erster Ordnung in den Verfinsterungszeiten der Jupitermonde zur Folge haben; *C. V. Burton* [Phil. Mag. 19 (1910), p. 417; vgl. auch *H. A. Lorentz*, Das Relativitätsprinzip, 3 Haarlemer Vorträge, Leipzig 1914, p. 21] fand jedoch die zu gewärtigenden Fehlerquellen ebenso groß wie den zu erwartenden Effekt, so daß die Beobachtungen der Jupitermonde zur Entscheidung für oder gegen die alte Äthertheorie nicht herangezogen werden können.

4) Eine Beschreibung desselben gibt *H. A. Lorentz* im Artikel V 14 dieser Encyklopädie.

5) *H. A. Lorentz*, De relative beweging van de aarde en dem aether, Amst. Versl. 1 (1892), p. 74.

6) *F. T. Trouton* u. *H. R. Noble*, London Phil. Trans. A 202 (1903), p. 165; 545
Lord *Rayleigh*, Phil. Mag. 4 (1902), p. 678.

7) *J. J. Larmor*, aether and matter, Cambridge 1900, p. 167—177.

8) Artikel V 14 dieser Encyklopädie, Schlußabsatz Nr. 64 und 65.

Andeutungen, die sich hernach als sehr fruchtbar erwiesen. Er vermutet, daß bei Übertragung der Veränderlichkeit der Masse von der elektromagnetischen auf alle ponderablen Massen die Theorie darüber werde Rechenschaft geben können, daß auch bei Vorhandensein der Molekularbewegung die Translation keine anderen Folgen hat als die erwähnte Kontraktion. Hiermit wäre auch der Versuch von *Trouton* und *Noble* erklärt. Nebenbei wird die bedeutungsvolle Frage aufgeworfen, ob vielleicht auch die Dimensionen der Elektronen durch die Translation geändert werden[9]). Doch stellt sich *Lorentz* in der Einleitung zu seinem Artikel noch prinzipiell auf den Standpunkt, daß die Erscheinungen nicht nur von der relativen Bewegung der betrachteten Körper, sondern auch von der Bewegung zum Äther abhängen[9a]).

Wir kommen nun zur Besprechung der drei Arbeiten von *Lorentz*[10]), *Poincaré*[11]) und *Einstein*[12]), welche diejenigen Überlegungen und Entwicklungen enthalten, die den Grundstock der Relativitätstheorie bilden. Zeitlich voran geht die Arbeit von *Lorentz*. Es wird vor allem der Nachweis erbracht, daß die *Maxwell*schen Gleichungen gegenüber der Koordinatentransformation

$$(1)\quad x' = \varkappa\frac{x - vt}{\sqrt{1-\beta^2}},\quad y' = \varkappa y,\quad z' = \varkappa z,\quad t' = \varkappa\frac{t - \frac{v}{c^2}x}{\sqrt{1-\beta^2}}\cdot\left(\beta = \frac{v}{c}\right)^{13)}$$

546 invariant sind, sofern man gleichzeitig die Feldstärken im gestrichenen System passend wählt. Dies wird jedoch nur für die Gleichungen im ladungsfreien Raum exakt nachgewiesen. Die Terme, welche Ladungsdichte und Geschwindigkeit enthalten, sind bei *Lorentz* im gestrichenen System nicht dieselben wie im ruhenden System, da er diese Größen nicht ganz richtig transformiert. Er sieht deshalb auch die beiden Systeme nicht als völlig, sondern nur sehr angenähert als

---

545 9) l. c. Anm. 8), p. 278.

9a) l. c. p. 154.

10) *H. A. Lorentz*, Amst. Proc. 6 (1904), p. 809 [Versl. 12 (1904), p. 986]: Electromagnetic phenomena in a system moving with any velocity smaller than that of light.

11) *H. Poincaré*, Paris C. R. 140 (1905), p. 1504, Rend. Pal. 21 (1906), p. 129 sur la dynamique de l'électron.

12) *A. Einstein*, Ann. d. Phys. 17 (1905), p. 891: Zur Elektrodynamik bewegter Körper.

13) Um aus den Formeln bei *Larmor* und *Lorentz* (1) zu erhalten, muß man in jenen noch x durch $x - vt$ ersetzen, weil dort zuerst der gewöhnliche Übergang zum bewegten System gemacht wird.

gleichwertig an. Unter der Voraussetzung, daß auch die Elektronen bei der Translation die oben erwähnte Deformation erfahren, sowie daß alle Massen und Kräfte genau so von der Geschwindigkeit abhängen wie rein elektromagnetische Massen und Kräfte, kann *Lorentz* das Auftreten der Kontraktion bei allen Körpern (auch bei Vorhandensein von Molekularbewegung) sowie das negative Ergebnis aller bekannten Versuche, einen Einfluß der Erdbewegung auf die optischen Erscheinungen festzustellen, erklären. Als entfernte Folgerung ergibt sich übrigens, daß $\varkappa = 1$ gesetzt werden muß, d. h. daß die Querdimensionen bei der Translation ungeändert bleiben, wenn anders diese Erklärung überhaupt möglich ist. Wir möchten noch ausdrücklich betonen, daß auch in dieser Arbeit *Lorentz* das Relativitätsprinzip keineswegs evident war. Ferner ist für ihn im Gegensatz zu *Einstein* charakteristisch, daß er die Kontraktion kausal zu verstehen sucht.

Die formalen Lücken, die die Arbeit von *Lorentz* übrig ließ, wurden von *Poincaré* ausgefüllt. Das Relativitätsprinzip wird von ihm als allgemein und streng gültig ausgesprochen. Da er die *Maxwell*schen Gleichungen für das Vakuum wie die übrigen bisher genannten Autoren als gültig annimmt, so kommt das auf die Forderung hinaus, daß alle Naturgesetze gegenüber der „Lorentz-Transformation"[14]) kovariant sein müssen. Die Unveränderlichkeit der Querdimensionen bei der Translation wird ganz naturgemäß aus dem Postulat hergeleitet, daß die Transformationen, die den Übergang von einem ruhenden zu einem gleichförmig bewegten System vermitteln, eine Gruppe bilden müssen, welche die gewöhnlichen Verlagerungen des Koordinatensystems als Untergruppe enthält. Ferner werden die *Lorentz*schen Transformationsformeln für Ladungsdichte und Geschwindigkeit korrigiert und damit die völlige Kovarianz der Feldgleichungen der Elektronentheorie hergestellt. Auf die Behandlung des Gravitationsproblems und die Verwendung der imaginären Koordinate ict in dieser Arbeit werden wir noch zu sprechen kommen (vgl. Nr. **50** und **7**).

Durch *Einstein* wurde endlich die Grundlegung der neuen Diszi- 547
plin zu einem gewissen Abschluß gebracht. Seine Arbeit von 1905 wurde fast gleichzeitig mit *Poincarés* Abhandlung eingesendet und ist ohne Kenntnis der *Lorentz*schen Abhandlung von 1904 verfaßt worden. Sie enthält nicht nur alle wesentlichen Resultate der beiden genann-

14) Die Bezeichnungen „Lorentztransformation" und „Lorentzgruppe" finden 546
sich in dieser Arbeit *Poincarés* zum erstenmal.

ten Arbeiten, sondern vor allem auch eine völlig neue, viel tiefere Auffassung des ganzen Problems. Im folgenden wird dies im einzelnen dargelegt.

2. Das Relativitätspostulat. Die vielen negativen Versuche[15]), einen Einfluß der Erdbewegung auf die Erscheinungen durch Messungen auf der Erde selbst festzustellen, lassen mit aller Wahrscheinlichkeit, man kann wohl sagen mit Sicherheit, den Schluß zu, daß prinzipiell die Erscheinungen in einem System unabhängig von der Translationsbewegung sind, die es als Ganzes hat. Präziser gesagt: Es gibt eine dreifach unendliche Schar[16]) von geradlinig und gleichförmig gegeneinander bewegten Bezugssystemen, in denen sich die Phänomene in vollkommen gleicher Weise abwickeln. Wir werden sie im folgenden mit *Einstein* Galileische Bezugssysteme nennen, weil in ihnen das Galileische Trägheitsgesetz gilt. Es ist unbefriedigend, daß nicht *alle* Systeme als gleichwertig angesehen werden oder wenigstens eine kausale Begründung für die Auszeichnung einer gewissen Schar von Systemen gegeben wird. Diesem Mangel hilft die *allgemeine* Relativitätstheorie ab (vgl. Abschnitt IV). Vorläufig müssen wir uns auf die Galileischen Bezugssysteme, also auf die Relativität bei gleichförmigen Translationsbewegungen beschränken.

Durch das Postulat der Relativität wird der Äther als *Substanz* aus den physikalischen Theorien entfernt, da es keinen Sinn mehr hat, von Ruhe oder Bewegung relativ zum Äther zu sprechen, wenn diese
548 durch Beobachtungen prinzipiell nicht konstatiert werden können. Es wird uns dies heute um so weniger befremden, als man nunmehr bereits mit Erfolg begonnen hat, die elastischen Eigenschaften der Materie

---

547 15) Neben der unter 6) genannten Literatur ist anzuführen: Die Wiederholung des Michelsonschen Versuches von *E. W. Morley* und *D. C. Miller*, Phil. Mag. 8 (1904), p. 753 und 9 (1905), p. 680. [Man vgl auch die Diskussion bei *J. Lüroth*, München Ber. 7 (1909); *E. Kohl*, Ann. d. Phys. 28 (1909), p. 259 u. 662; *M. v. Laue*, Ann. d. Phys. 33 (1910), p. 156.] Weitere Versuche, eine durch die Erdbewegung verursachte Doppelbrechung zu finden *D. B. Brace*, Phil. Mag. 7 (1904), p. 317; 10 (1905), p. 71; Boltzmann-Festschrift 1907, p. 576 und einen Versuch von *F. T. Trouton* und *A. O. Rankine*, Proc. Roy. Soc. 8 (1908), p. 420, eine Änderung des elektrischen Widerstandes eines Drahtes je nach seiner Orientierung zur Richtung der Erdbewegung festzustellen. Man vgl. dazu auch den zusammenfassenden Bericht von *J. Laub*, Jahrb. f. Rad. u. El. 7 (1910), p. 405 über die experimentellen Grundlagen des Relativitätsprinzips.

16) Von den trivialen Verschiebungen des Koordinatenursprungs und den Verlagerungen der Achsen ist hier abgesehen.

auf elektrische Kräfte zurückzuführen und es ganz widersinnig wäre, wollte man hernach wieder versuchen, die elektromagnetischen Erscheinungen durch die elastischen Eigenschaften eines hypothetischen Mediums zu erklären[17]). Die mechanische Äthervorstellung war eigentlich bereits überflüssig und hemmend geworden, als die elastische Lichttheorie durch die elektromagnetische ersetzt wurde. In dieser war die Äthersubstanz immer ein Fremdkörper geblieben. Neuerdings hat *Einstein*[18]) vorgeschlagen, den Begriff Äther weiter zu fassen und darunter keine Substanz zu verstehen, sondern einfach den *Inbegriff derjenigen physikalischen Zustandsgrößen, die dem von gewöhnlicher Materie freien Raume zugeordnet werden müssen.* In diesem weiteren Sinne gibt es natürlich einen Äther, man hat nur zu beachten, daß er keine mechanischen Eigenschaften hat, d. h. daß zu den physikalischen Zustandsgrößen des materiefreien Raumes keine Lagenkoordinaten und Geschwindigkeiten gehören.

Es könnte scheinen, daß das Relativitätspostulat, nachdem man die Äthervorstellung aufgegeben hat, unmittelbar evident ist. Eine genauere Überlegung zeigt jedoch, daß dies nicht zutrifft[19]). Wir können selbstverständlich nicht dem ganzen Weltall eine Translation erteilen und dann prüfen, ob die Erscheinungen sich dadurch ändern. Einen heuristischen und physikalischen Wert hat also unser Satz nur dann, wenn man ihn für jedes abgeschlossene System als gültig ansieht. Wann aber ist ein System abgeschlossen? Genügt es, daß alle Massen hinreichend entfernt sind?[20]) Die Antwort lautet erfahrungsgemäß: Bei gleichförmigen Translationsbewegungen genügt es, bei anderen Bewegungen genügt es nicht. Für diese Vorzugsstellung der ersteren muß noch eine Erklärung gegeben werden (s. Abschn. IV, Nr. 62). Zusammenfassend können wir sagen: Das Relativitätspostulat besagt implizite, daß eine gleichförmige Translation des Schwerpunktes des Weltalls relativ zu einem abgeschlossenen System auf die Erscheinungen in diesem ohne Einfluß ist.

---

17) Diesen naheliegenden Gedanken hat gelegentlich *M. Born* vorgebracht [Naturw. 7 (1919), p. 136].

18) *A. Einstein*, Äther und Relativitätstheorie, Berlin 1920, Rede gehalten in Leiden.

19) Vgl. dazu *A. Einstein*, Ann. d. Phys. 38 (1912), p. 1059.

20) Auf die Notwendigkeit, auch in der speziellen Relativitätstheorie die fernen Massen mit in Betracht zu ziehen, hat in anderem Zusammenhang *H. Holst* hingewiesen (vgl. unten Anm. 43).

549 **3. Das Postulat von der Konstanz der Lichtgeschwindigkeit. Die Theorie von Ritz und verwandte Theorien.** Die Forderung der Relativität genügt noch nicht, um die Kovarianz aller Naturgesetze gegenüber der Lorentz-Transformation zu folgern. So ist z. B. die klassische Mechanik mit dem Relativitätsprinzip durchaus im Einklang, obwohl die Lorentz-Transformation auf ihre Gleichungen nicht anwendbar ist. *Lorentz* und *Poincaré* hatten nun, wie wir gesehen haben, die *Maxwell*schen Gleichungen ihren Betrachtungen zugrunde gelegt. Es ist aber durchaus zu verlangen, einen so fundamentalen Satz wie die Kovarianz aller Naturgesetze gegenüber der Lorentz-Gruppe aus möglichst *einfachen* Grundannahmen herzuleiten. Dies geleistet zu haben, ist das Verdienst *Einsteins*. Er hat gezeigt, daß bloß folgender Satz der Elektrodynamik vorausgesetzt werden muß: *Die Lichtgeschwindigkeit ist unabhängig vom Bewegungszustand der Lichtquelle.* Ist diese punktförmig, so sind die Wellenflächen also auf jeden Fall Kugeln mit ruhendem Mittelpunkt. Wir wollen diesen Sachverhalt wie üblich der Kürze wegen mit dem Schlagwort „Konstanz der Lichtgeschwindigkeit" bezeichnen, obwohl diese Bezeichnung zu Mißverständnissen Anlaß geben kann. Von einer *universellen* Konstanz der Vakuum-Lichtgeschwindigkeit kann schon deshalb nicht die Rede sein, weil diese nur in den Galileischen Bezugssystemen stets denselben Wert c hat. Ihre Unabhängigkeit vom Bewegungszustand der Lichtquelle besteht jedoch auch in der allgemeinen Relativitätstheorie zu recht. Sie erweist sich als der wahre Kern der alten Ätherauffassung. (Über die Gleichheit der *numerischen Werte* der Lichtgeschwindigkeit in allen Galileischen Bezugssystemen vgl. Nr. 5.)

Wie im folgenden Abschnitt gezeigt wird, führt die Konstanz der Lichtgeschwindigkeit im Verein mit dem Relativitätspostulat zu einer Neuerung des Zeitbegriffes. Es ist deshalb von *W. Ritz*[21]) und unabhängig von ihm von *Tolman*[22]), *Kunz*[23]) und *Comstock*[24]) die Frage aufgeworfen worden, ob man nicht diesen radikalen Folgerungen entgehen und dennoch in Übereinstimmung mit der Erfahrung bleiben

21) *W. Ritz,* Recherches critiques sur l'éléctrodynamique générale. Ann. de chim. et phys. 13 (1908), p. 145 [Ges. Werke p. 317]; Sur les théories éléctromagnétiques des Maxwell-Lorentz, Arch. de Génève 16 (1908), p. 209 [Ges. Werke, p. 427]; Du rôle de l'éther en physique, Scientia 3 (1908), p. 260 [Ges. Werke, p. 447]; vgl. auch *P. Ehrenfest*, Zur Frage nach der Entbehrlichkeit des Lichtäthers, Phys. Ztschr. 13 (1912), p. 317; Zur Krise der Lichtätherhypothese, Rede gehalten in Leiden 1912, Berlin 1913.

22) *C. Tolman,* Phys. Rev. 30 (1910), p. 291 und 31 (1910), p. 26.

23) *J. Kunz,* Am. J. of Science 30 (1910), p. 1313.

24) *D. F. Comstock,* Phys. Rev. 30 (1910), p. 267.

kann, wenn man die Konstanz der Lichtgeschwindigkeit leugnet und 550
bloß das erste Postulat beibehält. Es ist klar, daß damit nicht nur die Existenz des Äthers, sondern auch die *Maxwell*schen Gleichungen für das Vakuum verworfen werden, so daß die ganze Elektrodynamik neu aufgebaut werden muß. Dies hat in einer *systematischen* Theorie nur *W. Ritz* getan. Er behält die Gleichungen

$$\text{rot}\,\mathfrak{E} + \frac{1}{c}\dot{\mathfrak{H}} = 0, \quad \text{div}\,\mathfrak{H} = 0 \tag{2}$$

bei, so daß die Feldstärken sich in der gewöhnlichen Elektrodynamik aus einem skalaren und einem Vektorpotential herleiten lassen:

$$\mathfrak{E} = -\,\text{grad}\,\varphi - \frac{1}{c}\dot{\mathfrak{A}}, \quad \mathfrak{H} = \text{rot}\,\mathfrak{A}. \tag{2a}$$

Die Gleichungen

$$\varphi(P,t) = \int \frac{\varrho\, dV_P}{[r_{PP'}]_{t'=t-\frac{r}{c}}}, \quad \mathfrak{A}(P,t) = \int \frac{\frac{1}{c}\varrho\,\mathfrak{v}\, dV_{P'}}{[r_{PP'}]_{t'=t-\frac{r}{c}}} \tag{3}$$

der gewöhnlichen Elektrodynamik werden jedoch ersetzt durch

$$\varphi(P,t) = \int \frac{\varrho\, dV_{P'}}{[r_{PP'}]_{t'=t-\frac{r}{c+v_r}}}, \quad \mathfrak{A}(P,t) = \int \frac{\varrho\,\mathfrak{v}\, dV_{P'}}{[r_{PP'}]_{t'=t-\frac{r}{c+v_r}}} \tag{4}$$

entsprechend dem Prinzip, daß nur die Geschwindigkeit einer Lichtwelle *relativ zur Quelle*, von der sie ausgeht, sowie die Geschwindigkeit einer elektromagnetischen Störung *relativ zum Elektron*, das sie verursacht, gleich c ist. Wir wollen alle Theorien, welche diese Annahme machen, kurz Emissionstheorien nennen. Da das Relativitätspostulat bei ihnen von selbst erfüllt ist, erklären sie alle den *Michelson*schen Interferenzversuch, und wir haben nun zu prüfen, ob sie mit den sonstigen optischen Erfahrungen verträglich sind.

Da ist zunächst zu bemerken, daß sie mit der elektronentheoretischen Erklärung der Reflexion und Brechung unvereinbar sind, für welche die Interferenz der von den Dipolen der Substanz ausgehenden Kugelwellen mit der einfallenden Welle wesentlich ist. Denken wir uns nämlich die Substanz ruhend und die Lichtquelle gegen sie bewegt, so haben nach *Ritz* die von den Dipolen ausgehenden Wellen eine andere Geschwindigkeit (nämlich c) als die einfallende Welle, Interferenz ist also nicht möglich. Die Emissionstheorien sind ferner nur durch künstliche Zusatzhypothesen imstande, von dem für die Optik bewegter Medien fundamentalen *Fizeau*schen Strömungsversuch (vgl. Nr. 6) Rechenschaft zu geben, was sehr schwer ins Gewicht fällt. Wir wollen noch genauer betrachten, was sie über den Dopplereffekt aussagen. Eine einfache Überlegung lehrt, daß die Frequenz sich genau so ändern muß, wie es die Äthertheorie verlangt, die Wellenlänge dagegen wegen der

551 veränderten Geschwindigkeit dieselbe bleibt wie bei ruhender Quelle.[22a]) Es fragt sich also, ob bei den gewöhnlichen, astronomischen Beobachtungen des Dopplereffektes die Änderung der Wellenlänge oder die der Frequenz konstatiert wird. Man kann zugunsten der Emissionstheorien annehmen, daß es sich bei Beobachtungen mit Prismen um die Frequenz handelt. Bei den Beobachtungen mit Beugungsgittern ist die Frage viel schwieriger zu entscheiden. *Tolman* ist der Ansicht, daß hier die Wellenlänge in Betracht kommt, die Emissionstheorien also dadurch widerlegt seien, *Stewart*[25]) dagegen vertritt die entgegengesetzte Anschauung. Es läßt sich hier nicht ohne weiteres eine Entscheidung treffen, da die Auffassung der Beugung bei den Emissionstheorien schon an sich sehr unklar ist. In den Aussagen über den Dopplereffekt am bewegten Spiegel gehen die verschiedenen Emissionstheorien auseinander. Nach *J. J. Thomson*[26]) und *Stewart*[25]) ist der bewegte Spiegel, was die Geschwindigkeit des reflektierten Strahles anlangt, äquivalent mit dem Spiegelbild der Lichtquelle, nach *Tolman* wirkt er wie eine neue Lichtquelle an seiner Oberfläche, nach *Ritz*[21a]) endlich ist die Geschwindigkeit des reflektierten Strahles gleich der eines parallelen, von der ursprünglichen Lichtquelle ausgehenden Strahles. Bei ruhender Quelle und bewegtem Spiegel ist also nach *Thomson-Stewart* kein Dopplereffekt der Wellenlänge zu erwarten, nach *Tolman* ist er halb so groß wie der der gewöhnlichen Optik, nach *Ritz* stimmt er mit diesem überein. Nun ist der Dopplereffekt der Wellenlänge des von einem bewegten Spiegel reflektierten Lichtes neuerdings wiederholt mit dem Interferometer bestimmt worden[27]) mit dem unzweifelhaften Ergebnis, daß er mit dem von der klassischen Optik geforderten übereinstimmt. Die Annahmen von *Thomson-Stewart* und *Tolman* sind damit widerlegt. Weiter hat *Q. Majorana*[28]) auch den Dopplereffekt bei einer bewegten Lichtquelle mit dem Interferometer bestimmt und hat gefunden, daß er ebenfalls dem nach der klassischen Optik zu erwartenden entspricht. Sein Ver-

---

22a) Dies wurde zuerst von *Tolman* (Phys. Rev., l. c. Anm. 22) hervorgehoben.

25) *O. M. Stewart,* Phys. Rev. 32 (1911), p. 418.

26) *J. J. Thomson,* Phil. Mag. 19 (1910), p. 301.

21a) *W. Ritz* u. *P. Ehrenfest,* l. c., Anm. 21); s. auch *C. Tolman,* Phys. Rev. 35 (1912), p. 136. Wenn im folgenden von „*Ritz*scher Theorie" gesprochen wird, so ist dabei die hier erwähnte, von Willkür nicht freie Vorschrift mitinbegriffen zu denken.

27) *A. A. Michelson,* Astroph. J. 37 (1913), p. 190; *Ch. Fabry* u. *H. Buisson,* Paris C. R. 158 (1914), p. 1498; *Q. Majorana,* Paris C. R. 165 (1917), p. 424, Phil. Mag. 35 (1918), p. 163 und Phys. Rev. 11 (1918), p. 411.

28) *Q. Majorana,* Phil. Mag. 37 (1919), p. 190.

such ist jedoch gegen *Ritz* nicht entscheidend, worauf besonders 552
Michaud[29]) hingewiesen hat. Sei nämlich L eine mit der Geschwindigkeit v vom ruhenden Spiegel S sich entfernende Lichtquelle, A ein fester Punkt vor dem Spiegel, so kommt es in *Majoranas* Versuch in letzter Linie auf die Veränderung des Gangunterschiedes an, der beim Hin- und Zurücklaufen des Lichtes auf der Strecke $AS = l$ entsteht, wenn die Geschwindigkeit der Lichtquelle von Null auf v anwächst. Auf dem Hinweg haben wir nun: Geschwindigkeit gleich $c - v$, Frequenz $\nu_1 = \nu\left(1 - \frac{v}{c}\right)$, also $\lambda_1 = \frac{c - v}{\nu_1} = \lambda$. Bei der Reflexion am (ruhenden) Spiegel S bleibt zwar die Frequenz die gleiche, die Geschwindigkeit wird aber hernach $c + v$, also die Wellenlänge $\lambda_2 = \frac{c + v}{\nu_1} = \lambda\left(1 + \frac{2v}{c}\right)$, wenn wir uns auf Größen 1. Ordnung beschränken. Die gesuchte Änderung des gesamten Gangunterschiedes ist also

Fig. 1.

$$\varDelta = \frac{2v}{c} l = \frac{v}{c} \cdot 2l,$$

genau wie in der klassischen Theorie. Man kann überhaupt allgemein zeigen, daß in den Größen 1. Ordnung, solange es sich um geschlossene Lichtwege handelt, zwischen der *Ritz*schen und der gewöhnlichen oder der relativistischen Optik kein Unterschied besteht. Terrestrische Versuche können also nur dann zwischen beiden Anschauungen entscheiden, wenn sie sich auf Effekte 2. Ordnung erstrecken.[30]) Als derartiges experimentum crucis könnte nach *La Rosa*[31]) und *Tolman*[32]) der *Michelson*sche Interferenzversuch dienen, wenn man ihn nicht mit irdischen Lichtquellen, sondern mit Sonnenlicht ausführt. Die *Ritz*sche Theorie würde im Gegensatz zur Relativitätstheorie verlangen, daß sich dann eine Streifenverschiebung bei Drehung des Apparates zeigt.

Effekte 1. Ordnung, die gegen *Ritz* entscheiden können, gibt es jedoch sehr wohl, wenn man es nicht mit geschlossenen, sondern mit offenen Lichtwegen zu tun hat. Diese Möglichkeit ist zwar nicht

29) *P. Michaud,* Paris C. R. 168 (1919), p. 507.

30) Dies wird gelegentlich von *Ehrenfest* bemerkt (Phys. Ztschr., l. c. Anm. 21).

31) *M. La Rosa,* Nuovo Cimento (6) 3 (1912), p. 345 und Phys. Ztschr. 13 (1912), p. 1129.

32) *C. Tolman,* Phys. Rev. 35 (1912), p. 136.

553 bei terrestrischen, wohl aber bei astronomischen Messungen vorhanden. Schon *Comstock*[24a]) hat auf mögliche Effekte bei Doppelsternen hingewiesen. *De Sitter*[33]) hat dann die Verhältnisse quantitativ diskutiert und kam zu folgendem Ergebnis: Bei in Wirklichkeit kreisförmigen Bahnen spektroskopischer Doppelsterne müßte bei Inkonstanz der Lichtgeschwindigkeit der tatsächlich zur Beobachtung kommende zeitliche Verlauf des Dopplereffektes dem einer exzentrischen Bahn entsprechen. Aus den vorhandenen Bahnen mit sehr kleiner Exzentrizität läßt sich entnehmen, daß die Lichtgeschwindigkeit von der Geschwindigkeit v des Doppelsternes weitgehend unabhängig ist. Setzt man sie in der Form $c + kv$ an, so muß $k < 0{,}002$ sein. Hält man dieses Ergebnis mit den erwähnten Schwierigkeiten der Emissionstheorien bei der Erklärung des *Fizeau*schen Versuches und bei der atomistischen Deutung der Brechung zusammen, so kann man wohl mit Sicherheit sagen, daß sich das Postulat von der Konstanz der Lichtgeschwindigkeit als richtig, der von *Ritz* und anderen eingeschlagene Weg, den *Michelson*schen Versuch zu erklären, als ungangbar erwiesen hat.

4. Relativität der Gleichzeitigkeit. Ableitung der Lorentz-Transformation aus den beiden Postulaten. Axiomatik der Lorentz-Transformation. Bei oberflächlicher Betrachtung scheinen die beiden Postulate unvereinbar. Denken wir uns nämlich eine Lichtquelle L, die sich relativ zum Beobachter A mit der Geschwindigkeit v bewegt, während der Beobachter B relativ zu L ruhen möge. Beide Beobachter müssen dann als Wellenflächen Kugeln sehen, deren Mittelpunkte relativ zu ihnen ruhen, also *verschiedene* Kugeln. Der Widerspruch verschwindet jedoch, wenn man zuläßt, daß Raumpunkte, die für A gleichzeitig vom Licht durchlaufen werden, für B nicht gleichzeitig durchlaufen werden. Wir sind damit unmittelbar zur Relativität der Gleichzeitigkeit gelangt. Damit hängt zusammen, daß überhaupt erst eine Definition des Synchronismus zweier Uhren an verschiedenen Orten gegeben werden muß. Als solche wählt *Einstein* folgende. Vom Punkt P gehe ein Lichtstrahl zur Zeit t_P aus, werde zur Zeit t_Q in Q reflektiert und gelange zur Zeit t'_P wieder nach P zurück. Die Uhr in Q läuft synchron mit der Uhr in P, wenn $t_Q = \frac{t_P + t'_P}{2}$ ist. Das Licht verwendet *Einstein* deshalb zur Zeit-

24a) *D. F. Comstock*, Phys. Rev., l. c., Anm. 24).

33) *W. de Sitter*, Amst. Proc. 15 (1913), p. 1297 u. 16 (1913), p. 395; Phys. Ztschr. 14 (1913), p. 429 u. 1267; vgl. auch die Diskussion bei *P. Guthnik*, Astr. Nachr. 195 (1913), Nr. 4670, sowie den durch *De Sitters* zweite Note widerlegten Einwand von *E. Freundlich*, Phys. Ztschr. 14 (1913), p. 835. Vgl. auch *W. Zurhellen*, Astr. Nachr. 198 (1914), p. 1.

regulierung, weil wir über den Vorgang der Lichtausbreitung auf Grund 554
unserer Postulate bestimmte Aussagen machen können. Es sind natürlich auch andere Möglichkeiten der Uhrenvergleichung denkbar wie Transport von Uhren, mechanische oder elastische Koppelungen u. dgl. Wir müssen verlangen, daß sich bei diesen kein unlösbarer Widerspruch zur optischen Uhreneinstellung ergibt.

Wir sind nun imstande, die Transformationsformeln, welche die Koordinaten x, y, z, t und x', y', z', t' zweier gleichförmig gegeneinander bewegter Bezugssysteme K und K' verknüpfen, herzuleiten. Die x-Achse legen wir in die Bewegungsrichtung derart, daß K' gegen K sich in der positiven x-Richtung mit der Geschwindigkeit v bewegt. Von sämtlichen Autoren wird davon ausgegangen, daß die Transformationsformeln linear sein müssen. Man kann dies damit begründen, daß gleichförmige, geradlinige Bewegungen in K auch in K' gleichförmig und geradlinig sein sollen (wobei überdies noch als selbstverständlich angenommen wird, daß endliche Koordinatenwerte in K auch in K' endlich bleiben. Es steckt darin auch die Annahme der Gültigkeit der euklidischen Geometrie und der Homogenität von Raum und Zeit). Gemäß den beiden Postulaten muß nun die Gleichung

$$x^2 + y^2 + z^2 - c^2t^2 = 0 \tag{2}$$

die entsprechende Gleichung

$$x'^2 + y'^2 + z'^2 - c^2t'^2 = 0 \tag{2'}$$

nach sich ziehen, was wegen der Linearität der Transformation nur möglich ist, wenn

$$x'^2 + y'^2 + z'^2 - c^2t'^2 = \varkappa(x^2 + y^2 + z^2 - c^2t^2)$$

ist, wo $\varkappa$ eine von v abhängige Konstante bedeutet. Berücksichtigt man noch, daß jede Bewegung parallel der x-Achse nach der Transformation wieder parallel der x-Achse sein muß, so folgen daraus durch ganz elementare Überlegungen die Formeln (1) der Nr. **1**. Es ist jetzt noch eine besondere Betrachtung nötig, um zu zeigen, daß $\varkappa = 1$ zu setzen ist. *Einstein* geht so vor, daß er auf K' noch einmal die Transformation (1) mit entgegengesetzter Geschwindigkeit anwendet.

$$x'' = \varkappa(-v)\frac{x' + vt'}{\sqrt{1-\beta^2}}, \quad y'' = \varkappa(-v)y', \quad z'' = \varkappa(-v)z',$$

$$t'' = \varkappa(-v)\frac{t' + \frac{v}{c^2}x'}{\sqrt{1-\beta^2}}.$$

Man findet

$$x'' = \varkappa(v)\varkappa(-v)x, \quad y'' = \varkappa(v)\varkappa(-v)y, \quad z'' = \varkappa(v)\varkappa(-v)z,$$

$$t'' = \varkappa(v)\varkappa(-v)t.$$

555 Da nun K'' relativ zu K ruht, muß es mit diesem identisch sein, d. h. es muß gelten
$$\varkappa(v)\varkappa(-v) = 1.$$
Nun bedeutet aber $\varkappa(v)$, wie wir bereits in Nr. 1 bemerkt haben, die Veränderung der Querdimension eines Stabes, und diese muß aus Symmetriegründen von der *Richtung* der Geschwindigkeit unabhängig sein: $\varkappa(v) = \varkappa(-v)$, woraus im Verein mit obiger Relation wegen des positiven Vorzeichens von $\varkappa$, $\varkappa(v) = 1$ folgt. In ähnlicher Weise schließt *Poincaré*. Er betrachtet die Gesamtheit aller linearen Transformationen, welche die Gleichung (2) in sich überführen (diese Gesamtheit bildet natürlich eine Gruppe), und fordert, daß sie als Untergruppe enthält:

a) die einparametrige Gruppe der Translationen parallel der x-Achse (als Gruppenparameter fungiert die Geschwindigkeit v),

b) die gewöhnlichen Verlagerungen der Koordinatenachsen. Hieraus folgt wieder $\varkappa = 1$. *Einsteins* Symmetrieforderung $\varkappa(v) = \varkappa(-v)$ ist nämlich in b) mitenthalten. Wir sind also zu dem definitiven Resultat gekommen:

$$\text{(I)} \qquad x' = \frac{x - vt}{\sqrt{1-\beta^2}}, \quad y' = y, \quad z' = z, \quad t' = \frac{t - \frac{v}{c^2}x}{\sqrt{1-\beta^2}}$$

$$\text{(II)} \qquad x'^2 + y'^2 + z'^2 - c^2t'^2 = x^2 + y^2 + z^2 - c^2t^2.$$

Die zu (I) inverse Transformation erhält man, wenn man v durch $-v$ ersetzt:

$$\text{(Ia)} \qquad x = \frac{x' + vt'}{\sqrt{1-\beta^2}}, \quad y = y', \quad z = z', \quad t = \frac{t' + \frac{v}{c^2}x'}{\sqrt{1-\beta^2}}.$$ [34]

Der einfache Bau der Formeln (I) legt die Frage nahe, ob sie nicht

---

34) Es ist für manche Anwendungen von Wert, auch die Formeln für die Koordinatentransformation in dem allgemeinen Fall zu kennen, wo die x-Achse nicht die Richtung der Translationsgeschwindigkeit hat. Man erhält sie, indem $\mathfrak{r}$ in eine Komponente $\mathfrak{r}_{\parallel}$ in der Richtung der Translationsgeschwindigkeit $\mathfrak{v}$ des Systems K gegen K' und eine zu $\mathfrak{v}$ senkrechte Komponente $\mathfrak{r}_{\perp}$ spaltet. Aus (I) folgt zunächst

$$\mathfrak{r}'_{\parallel} = \frac{\mathfrak{r}_{\parallel} - \mathfrak{v}t}{\sqrt{1-\beta^2}}, \qquad \mathfrak{r}'_{\perp} = \mathfrak{r}_{\perp}, \qquad t' = \frac{t - \frac{v}{c^2}\mathfrak{r}_{\parallel}}{\sqrt{1-\beta^2}};$$

wegen

$$\mathfrak{r}_{\parallel} = \frac{(\mathfrak{r}\mathfrak{v})\mathfrak{v}}{v^2}, \qquad \mathfrak{r}_{\perp} = \mathfrak{r} - \mathfrak{r}_{\parallel} = \mathfrak{r} - \frac{(\mathfrak{r}\mathfrak{v})\mathfrak{v}}{v^2}, \qquad \mathfrak{r}' = \mathfrak{r}'_{\parallel} + \mathfrak{r}'_{\perp}$$

kann dies aber auch geschrieben werden

$$\text{(1a)} \qquad \mathfrak{r}' = \mathfrak{r} + \frac{1}{v^2}\left(\frac{1}{\sqrt{1-\beta^2}} - 1\right)(\mathfrak{r}\mathfrak{v})\,\mathfrak{v} - \frac{\mathfrak{v}t}{\sqrt{1-\beta^2}}, \qquad t' = \frac{t - \frac{1}{c^2}(\mathfrak{r}\mathfrak{v})}{\sqrt{1-\beta^2}}.$$

Diese Formeln finden sich bei *G. Herglotz*, Ann. d. Phys. 36 (1911), p. 497 Gl. (9).

schon aus allgemeinen gruppentheoretischen Gesichtspunkten gefolgert 556
werden können, ohne daß die Invarianz von (2) vorausgesetzt werden muß. Inwiefern dies der Fall ist, zeigen die Arbeiten von *Ignatowsky* und von *Frank* und *Rothe*.[35]) Setzt man bloß voraus:

1. daß die Transformationen eine einparametrige homogene lineare Gruppe bilden,
2. daß die Geschwindigkeit K gegen K' entgegengesetzt gleich der von K' gegen K ist, und
3. daß die Kontraktion der von K gesehenen, in K' ruhenden Längen gleich ist der Kontraktion der von K' gesehenen in K ruhenden Längen,

so folgt bereits, daß die Transformationsformeln die Gestalt haben müssen

$$x' = \frac{x - vt}{\sqrt{1 - \alpha v^2}}, \quad t' = \frac{t - \alpha v x}{\sqrt{1 - \alpha v^2}}. \tag{3}$$

Über das Vorzeichen, die Größe und die physikalische Bedeutung von α folgt natürlich nichts. Aus den gruppentheoretischen Forderungen läßt sich also bloß die äußere Form der Transformationsformeln ableiten, nicht ihr physikalischer Inhalt. Man bemerkt übrigens, daß aus (3) die Transformationsformeln

$$x' = x - vt, \quad t' = t \tag{4}$$

der gewöhnlichen Mechanik hervorgehen, wenn man $\alpha = 0$ setzt. Sie werden jetzt allgemein nach dem Vorgang von *Ph. Frank* „Galilei-Transformation" genannt. Man erhält sie natürlich ebenso, wenn man in (I) $c = \infty$ setzt.

5. Lorentz-Kontraktion und Zeitdilatation. Die Lorentz-Kontraktion ergibt sich als einfachste Folge der Transformationsformeln (I) und damit auch der beiden Grundannahmen. Betrachten wir einen in der x-Achse liegenden Stab, der im Bezugssystem K' ruht. Die Koordinaten seiner Enden x_1' und x_2' sind also von t' unabhängig, und es ist

$$x_2' - x_1' = l_0 \tag{5}$$

gleich der Ruhlänge des Stabes. Wir denken uns andererseits im System K die Länge des Stabes folgendermaßen bestimmt. Wir ermitteln x_1 und x_2 als Funktion von t. Den Abstand zweier Lagen, die vom Anfangs- und Endpunkt des Stabes im System K gleichzeitig eingenommen werden, nennen wir die Länge l des Stabes im bewegten System:

$$x_2(t) - x_1(t) = l. \tag{6}$$

35) *W. v. Ignatowsky*, Arch. Math. Phys. 17 (1910), p. 1 und 18 (1911), p. 17; Phys. Ztschr. 11 (1910), p. 972 und 12 (1911), p. 779; *Ph. Frank* u. *H. Rothe*, Ann. d. Phys. 34 (1911), p. 825 und Phys. Ztschr. 13 (1912), p. 750.

557 **Da diese Lagen in K' nicht gleichzeitig sind, haben wir auch nicht zu erwarten, daß l gleich l_0 wird. In der Tat folgt aus (1):**

$$x_2' = \frac{x_2(t) - vt}{\sqrt{1-\beta^2}}, \quad x_1' = \frac{x_1(t) - vt}{\sqrt{1-\beta^2}}, \quad \text{also}$$

$$l_0 = \frac{l}{\sqrt{1-\beta^2}}, \qquad l = l_0\sqrt{1-\beta^2}, \tag{7}$$

der Stab ist im Verhältnis $\sqrt{1-\beta^2}:1$ kontrahiert, wie bereits *Lorentz* angenommen hatte. Da die Querdimensionen eines Körpers unverändert bleiben, kontrahiert sich auch sein Volumen nach der gleichen Formel

$$V = V_0\sqrt{1-\beta^2}. \tag{7a}$$

Wir haben gesehen, daß diese Kontraktion mit der Relativität der Gleichzeitigkeit zusammenhängt, und es ist deshalb die Ansicht geäußert worden[36]), daß sie nur „scheinbar", von unserer Raum-Zeitmessung vorgetäuscht ist. Nennt man nur dann einen Tatbestand wirklich, wenn er von allen Galileischen Bezugssystemen aus in derselben Weise konstatiert wird, so ist die Lorentz-Kontraktion allerdings nur scheinbar, denn der relativ zu K' ruhende Beobachter sieht den Stab unverkürzt. Wir halten das aber nicht für zweckmäßig, jedenfalls ist die Lorentz-Kontraktion prinzipiell beobachtbar. Zur Beurteilung dieser Frage ist ferner ein von *Einstein*[37]) angegebenes Gedankenexperiment lehrreich, welches zeigt, daß die zur Beobachtung der Lorentz-Kontraktion nötige Konstatierung der Gleichzeitigkeit räumlich entfernter Ereignisse durch Maßstäbe allein, ohne daß Uhren verwendet werden, vorgenommen werden kann. Verwenden wir nämlich zwei Maßstäbe A_1B_1 und A_2B_2 von der gleichen Ruhlänge l_0, die sich relativ zu K mit absolut genommen gleicher, aber entgegengesetzt gerichteter Geschwindigkeit v bewegen, und markieren den Punkt A^*, in dem sich A_1 und A_2, und den Punkt B^*, in dem sich B_1 und B_2 überdecken. (Aus Symmetriegründen folgt, daß diese Ereignisse in K gleichzeitig stattfinden.) Der Abstand A^*B^*, mit in K ruhenden Stäben ausgemessen, hat dann den Betrag

$$l = l_0\sqrt{1-\beta^2}.$$

Man muß also sagen: Die Lorentz-Kontraktion ist nicht eine Eigenschaft *eines* Maßstabes allein, sondern eine prinzipiell beobachtbare, reziproke Beziehung zweier relativ zueinander bewegten Maßstäbe.

Eine analoge Veränderung wie die Längeneinheit erfährt die Zeiteinheit bei Bewegung. Betrachten wir wieder eine in K' ruhende Uhr.

36) *V. Varičak,* Phys. Ztschr. 12 (1911), p. 169.
37) *A. Einstein,* Phys. Ztschr. 12 (1911), p. 509.

Die Zeit t', welche sie in K' anzeigt, ist ihre Normalzeit τ, ihre Koordinate x' können wir gleich 0 setzen. Aus (I) folgt dann 558

$$t = \frac{\tau}{\sqrt{1-\beta^2}}, \quad \tau = \sqrt{1-\beta^2}\, t. \tag{8}$$

Gemessen in der Zeiteinheit von K geht also die mit der Geschwindigkeit v bewegte Uhr im Verhältnisse $\sqrt{1-\beta^2} : 1$ langsamer, als wenn sie ruhte. Diese Folgerung aus der Lorentz-Transformation ist zwar in den Ergebnissen von *Lorentz* und *Poincaré* bereits implizite enthalten, wurde jedoch erst von *Einstein* klar ausgesprochen.

Die Zeitdilatation gibt Anlaß zu einer scheinbar paradoxen Folgerung, die bereits in *Einsteins* erster Arbeit erwähnt und später von *Langevin*[38]), *Laue*[39]) und *Lorentz*[40]) genauer diskutiert wurde. Im Punkt P mögen sich zwei synchron gehende Uhren U_1, U_2 befinden. Bewegt man dann zur Zeit $t = 0$ eine von ihnen U_2 mit der konstanten Geschwindigkeit v während der Zeit t auf irgendeiner Kurve nach P', so geht sie hernach nicht mehr synchron mit U_1. Sie zeigt bei ihrer Ankunft in P' die Zeit $t\sqrt{1-\beta^2}$ statt t an. Insbesondere gilt das auch noch, wenn der Endpunkt P' der Bahn mit dem Anfangspunkt zusammenfällt. Der Einfluß der Beschleunigung auf den Gang der Uhr kann vernachlässigt werden, so lange wir uns in einem Galileischen Bezugssytem befinden. Betrachten wir insbesondere den Fall, daß U_2 auf der x-Achse bis zu einem Punkt Q und dann wieder zurück nach P bewegt wird — wobei die Geschwindigkeitsänderungen in P und Q ruckweise erfolgen sollen —, so wird dieser Einfluß jedenfalls unabhängig von t und leicht zu eliminieren sein. Das Paradoxon liegt im Folgenden: Beschreiben wir den Vorgang von einem Bezugssystem K^*, welches relativ zu U_2 dauernd ruht. Die Uhr U_1 bewegt sich dann relativ zu K^* genau so wie U_2 relativ zu K. Dennoch geht am Ende der Bewegung U_2 gegenüber der Uhr U_1 nach, U_1 also gegenüber der Uhr U_2 vor. Die Auflösung des Paradoxons besteht in der Bemerkung, daß das Koordinatensystem K^* kein Galileisches ist und in einem solchen der Einfluß der Beschleunigung auf eine Uhr nicht vernachlässigt werden kann, weil hier die Beschleunigung nicht durch eine äußere Kraft, sondern, wie man in der Newtonschen Mechanik sagt, durch eine Trägheitskraft erzeugt wird. Die volle Aufklärung des Problems kann naturgemäß erst im Rahmen

38) *P. Langevin*, L'évolution de l'espace et du temps, Scientia 10 (1911), p. 31.

39) *M. v. Laue*, Phys. Ztschr. 13 (1912), p. 118.

40) *H. A. Lorentz*, Das Relativitätsprinzip, 3 Haarlemer Vorlesungen, Leipzig 1914, p. 31 u. 47.

559 der allgemeinen Relativitätstheorie gegeben werden (vgl. Abschn. IV, Nr. **53** b); über die vierdimensionale Formulierung des Uhrenparadoxons siehe Abschn. III, Nr. **24**). Wir bemerken ferner, daß die Zeitregulierung durch Uhrentransport, die wir in der vorigen Nummer ins Auge gefaßt haben, nicht ohne weiteres möglich ist, sondern erst richtige Resultate liefert, wenn man die Zeitangaben der Uhren auf die Transportgeschwindigkeit Null extrapoliert.

Daß Versuche, einen Einfluß der Gesamttranslation eines Koordinatensystems auf die Erscheinungen innerhalb dieses Systems festzustellen, gemäß der Relativitätstheorie ein negatives Ergebnis haben müssen, ist evident. Dennoch ist es lehrreich nachzusehen, wie die Versuche von einem nicht mitbewegten System K aus gesehen werden. Wir wollen hier eine derartige Betrachtung für den *Michelson*schen Interferenzversuch durchführen. Ist l_1 die in K gemessene Länge des zur Bewegungsrichtung parallelen, l_2 die Länge des zur Bewegungsrichtung senkrechten Apparatarmes, so sind die Lichtzeiten t_1, t_2, die zum Durchlaufen der Arme gebraucht werden, bekanntlich bestimmt durch

$$ct_1 = \frac{2l_1}{1-\beta^2}, \qquad ct_2 = \frac{2l_2}{\sqrt{1-\beta^2}}.$$

Nun ist wegen der Lorentz-Kontraktion

$$l_1 = l_0\sqrt{1-\beta_2}, \qquad \text{dagegen} \qquad l_2 = l_0,$$

also

$$ct_1 = ct_2 = \frac{2l_0}{\sqrt{1-\beta^2}}.$$

Es scheint also, daß der mitbewegte Beobachter in K' eine andere Lichtgeschwindigkeit

$$c' = c\sqrt{1-\beta^2}. \tag{9}$$

beobachtet als der Beobachter in K. Dies ist eine Auffassung, die *Abraham*[41]) vertritt. Nach *Einstein* ist dagegen noch die Zeitdilatation

$$t' = t\sqrt{1-\beta^2}$$

zu berücksichtigen, so daß

$$ct_1' = ct_2' = 2l_0$$

wird und die Lichtgeschwindigkeit in K' dieselbe ist wie in K. Nach *Abraham* gibt es keine Zeitdilatation. Die *Abraham*sche Auffassung ist zwar mit dem *Michelson*schen Versuch im Einklang, steht aber im Widerspruch mit dem Relativitätspostulat, da sie prinzipiell Versuche zuläßt, welche die „absolute" Bewegung eines Systems zu bestimmen gestatten.[42])

41) *M. Abraham,* Theorie d. Elektrizität 2, 2. Aufl., Leipzig 1908, p. 367.

42) Es mögen an dieser Stelle auch die Gedankenexperimente von *W. Wien* [Würzb. phys. med. Ges. 1908, p. 29 und Taschenb. f. Math. u. Phys. 2 (1911),

Gehen wir nun noch genauer auf den Unterschied zwischen dem *Einstein*schen und dem *Lorentz*schen Standpunkt ein. Vor allem hat *Einstein* gezeigt, daß bei einer tiefer gehenden Fassung des Zeitbegriffes der Unterschied zwischen „Ortszeit" und wahrer Zeit verschwindet. Die *Lorentz*sche Ortszeit erweist sich als die Zeit im bewegten System K' schlechtweg. Es gibt ebenso viele Zeiten und ebenso viele Räume, als es Galileische Bezugssysteme gibt. Sehr wertvoll ist es weiterhin, daß *Einstein* die Theorie unabhängig gemacht hat von speziellen Annahmen über die Konstitution der Materie. 560

Ist aber deshalb das Bestreben, die Lorentz-Kontraktion atomistisch zu deuten, vollkommen zu verwerfen? Wir glauben diese Frage verneinen zu müssen. Die Kontraktion eines Maßstabes ist kein elementarer, sondern ein sehr verwickelter Prozeß. Sie würde nicht eintreten, wenn nicht schon die Grundgleichungen der Elektronentheorie sowie die uns noch unbekannten Gesetze, welche den Zusammenhalt des Elektrons selbst bestimmen, gegenüber der Lorentz-Gruppe kovariant wären. Wir müssen eben postulieren, daß dies der Fall ist, wissen aber auch, daß dann, wenn dies zutrifft, die Theorie imstande sein wird, das Verhalten von bewegten Maßstäben und Uhren atomistisch zu erklären. Nur muß man sich dabei stets der Gleichwertigkeit der beiden relativ zueinander bewegten Koordinatensysteme bewußt bleiben.

Die erkenntnistheoretischen Grundlagen der Relativitätstheorie sind neuerdings auch von philosophischer Seite einer eingehenden Prüfung unterzogen worden.[43]) Dabei ist auch die Meinung vertreten worden, daß die Relativitätstheorie den Ursachbegriff über Bord wirft. Wir sind der Ansicht, daß es erkenntnistheoretisch vollkommen befriedigt, zu sagen, die Relativbewegung ist die Ursache der Kontraktion, da diese nicht die Eigenschaft *eines* Maßstabes, sondern eine Relation zwischen zwei Maßstäben ist, und daß man, um der Kausalität zu genügen, sich nicht wie *Holst* auf die Massen des Weltalls berufen muß.

---

p. 287] und von *G. N. Lewis* und *C. Tolman* [Phil. Mag. 18 (1909), p. 516, Fußnote] erwähnt werden, welche den Term $-\frac{\frac{v}{c^2}x}{\sqrt{1-\beta^2}}$ in der Transformationsformel für die Zeit veranschaulichen.

43) S. insbesondere *J. Petzold,* Ztschr. f. pos. Phil. 2 (1914), p 40; Verh. d. deutsch. phys. Ges. 20 (1918), p. 189 und 21 (1918), p. 495; Ztschr. f. Phys. 1 (1920), p. 467; *M. Jakob,* Verh. d. d. phys. Ges. 21 (1919), p. 159 und 501; *H. Holst,* Kgl. danske Vid. Selsk. Math.-fys. Meddelelser II (1919), p. 11; Ztschr. f. Phys. 1 (1920), p. 32 und 3 (1920), p. 108.

561 **6. Einsteins Additionstheorem der Geschwindigkeiten und seine Anwendung auf Aberration und Mitführungskoeffizient. Dopplereffekt.** Es ist ohne weiteres zu sehen, daß die Art, wie man in der alten Kinematik Geschwindigkeiten zusammengesetzt hat, in der relativistischen Kinematik nicht mehr zu richtigen Resultaten führt. Z. B. ist klar, daß eine Geschwindigkeit $v < c$ mit c zusammengesetzt, wieder c geben muß und nicht $c + v$. Die Transformationsformeln (I) enthalten vollständig die Regeln, wie man hier zu verfahren hat. Es sei in K' irgendeine Bewegung

$$x' = x'(t'), \quad y' = y'(t'), \quad z' = z'(t')$$

gegeben. Durch (I) wird ihr eine Bewegung

$$x = x(t), \quad y = y(t), \quad z = z(t)$$

in K zugeordnet. Es ist gefragt nach dem Zusammenhang der Geschwindigkeitskomponenten

$$\frac{dx'}{dt'} = u_x' = u' \cos\alpha', \quad \frac{dy'}{dt'} = u_y', \quad \frac{dz'}{dt'} = u_z', \quad u' = \sqrt{u_x'^2 + u_y'^2 + u_z'^2}$$

in K' mit den entsprechenden Größen

$$\frac{dx}{dt} = u_x = u \cos\alpha, \quad \frac{dy}{dt} = u_y, \quad \frac{dz}{dt} = u_z, \quad u = \sqrt{u_x^2 + u_y^2 + u_z^2}$$

in K. Aus (Ia) erhält man

$$dx = \frac{dx' + v\,dt'}{\sqrt{1-\beta^2}}, \quad dy = dy', \quad dz = dz', \quad dt = \frac{dt' + \frac{v}{c^2}dx'}{\sqrt{1-\beta^2}}$$

und daraus mittels Division durch die letzte Gleichung

$$(10) \quad u_x = \frac{u_x' + v}{1 + \frac{v u_x'}{c^2}}, \qquad u_y = \frac{\sqrt{1 - \frac{v^2}{c^2}} \cdot u_y'}{1 + \frac{v u_x'}{c^2}}, \qquad u_z = \frac{\sqrt{1 - \frac{v^2}{c^2}} \cdot u_z'}{1 + \frac{v u_x'}{c^2}}.$$

Diese Relationen finden sich auch in der eingangs zitierten Arbeit von *Poincaré*. Aus ihnen folgt sogleich

$$(11) \qquad u = \frac{\sqrt{u'^2 + v^2 + 2u'v\cos\alpha' - \left(\frac{u'v\sin\alpha'}{c}\right)^2}}{1 + \frac{u'v\cos\alpha'}{c^2}},$$

was man auch schreiben kann

$$(11\text{a}) \qquad \sqrt{1 - \frac{u^2}{c^2}} = \frac{\sqrt{1-\frac{v^2}{c^2}}\sqrt{1-\frac{u'^2}{c^2}}}{1 + \frac{u'v\cos\alpha'}{c^2}}$$

und

$$(12) \qquad \operatorname{tg}\alpha = \frac{\sqrt{1-\frac{v^2}{c^2}}\, u'\sin\alpha'}{u'\cos\alpha' + v}.$$

Die inversen Formeln resultieren daraus, wenn man v durch $-v$ ersetzt. Für die absoluten Beträge gilt also das kommutative Gesetz, nicht aber für die Geschwindigkeitsrichtungen. Die Regeln für die Spezialfälle, daß die zusammenzusetzenden Geschwindigkeiten parallel bzw. senkrecht zueinander stehen, können aus den Formeln (10) sofort abgelesen werden. 562

Ferner entnimmt man aus (11a), daß Unterlichtgeschwindigkeit zu Unterlichtgeschwindigkeit hinzugefügt, immer wieder nur Unterlichtgeschwindigkeit gibt. Daß überdies materielle Körper sich nicht relativ zueinander mit Überlichtgeschwindigkeit bewegen können, folgt schon daraus, daß die Transformation (I) in diesem Fall imaginäre Werte für die Koordinaten liefert. Man kann aber noch mehr behaupten: Pflanzte sich eine Wirkung in einem System K mit Überlichtgeschwindigkeit fort, so gäbe es ein (gegen K mit Unterlichtgeschwindigkeit bewegtes) System K', in dem ein Ereignis, das in K ein zweites, zeitlich nachfolgendes verursacht, erst *nach* dem letzteren eintrifft. Setzten wir nämlich an $u_y = u_z = 0$, $u > c$, so wird nach der Umkehrung von (10)

$$u' = \frac{u - v}{1 - \frac{uv}{c^2}} < 0,$$

sobald man $\frac{c}{u} < \frac{v}{c} < 1$ wählt. Die Begriffe Ursache und Wirkung wären umgestoßen, so daß man auf die Unmöglichkeit, mit Überlichtgeschwindigkeit Signale zu senden, schließen kann.[44]) Die Lichtgeschwindigkeit spielt also in der Relativitätstheorie in vieler Hinsicht die Rolle einer unendlich großen Geschwindigkeit. Um gelegentlich aufgetauchten Mißverständnissen vorzubeugen, möchten wir jedoch noch besonders betonen, daß der Satz von der Unmöglichkeit der Überlichtgeschwindigkeit seiner Herleitung nach nur in den Gaiileischen Bezugssystemen gilt.

Wir wollen nun den Fall genauer betrachten, daß die eine der Geschwindigkeiten, die zusammengesetzt werden, gleich der Lichtgeschwindigkeit wird, wobei wir aber die Richtung des Lichtstrahles beliebig lassen; wir haben also $u' = c$. Dann folgt zunächst aus (11) $u = c$, d. h. Lichtgeschwindigkeit + Unterlichtgeschwindigkeit gibt wieder Lichtgeschwindigkeit. Die Beziehung (12) ergibt sodann in unserem Fall

$$\operatorname{tg} \alpha = \frac{\sqrt{1-\beta^2} \sin \alpha'}{\cos \alpha' + \beta}. \tag{13}$$

Dies ist die relativistische Aberrationsformel, die bereits *Einstein* in

44) *A. Einstein*, Ann. d. Phys. 23 (1907), p. 371.

563 seiner ersten Arbeit hergeleitet hat. Eine strengere Begründung für dieselbe werden wir weiter unten geben. In Größen 1. Ordnung stimmt sie mit der klassischen Formel überein. Die Relativitätstheorie bringt hier insofern eine prinzipielle Vereinfachung, als die Fälle bewegte Lichtquelle — ruhender Beobachter und ruhende Lichtquelle — bewegter Beobachter völlig identisch werden.

Eine zweite wichtige Anwendung des *Einstein*schen Additionstheorems der Geschwindigkeiten, auf die nach einem unvollkommenen Versuch von *J. Laub*[45]) zuerst *Laue*[46]) hingewiesen hat, besteht in der Erklärung des *Fresnel*schen Mitführungskoeffizienten. Gegenüber der elektronentheoretischen Erklärung von *H. A. Lorentz*[47]) kann die Relativitätstheorie ebensowenig wie bei der Aberration im Ergebnis etwas Neues liefern, wenigstens was die der Beobachtung allein zugänglichen Größen 1. Ordnung anlangt. Die relativistische Ableitung hat jedoch den großen Vorzug, daß sie einfacher ist als die elektronentheoretische und vor allem, daß sie die Unabhängigkeit des Endresultates von speziellen Annahmen über den Mechanismus der Lichtbrechung in Evidenz setzt. Auch ist die Auffassung eine andere. Man hat früher den *Fizeau*schen Versuch geradezu als einen Beweis für die Existenz eines ruhenden Äthers angesehen, indem man ihn dahin interpretierte[48]), daß die Lichtwellen sich relativ zum bewegten Medium nicht mit der Geschwindigkeit $\frac{c}{n}$, sondern mit der Geschwindigkeit $\frac{c}{n} - \frac{v}{n^2}$ ausbreiten. Es liegt hier eine vom relativistischen Standpunkt unberechtigte Anwendung der gewöhnlichen Kinematik vor. Man hat die Sache vielmehr so aufzufassen, daß für einen mit dem Medium mitbewegten Beobachter das Licht sich normal mit der Geschwindigkeit $\frac{c}{n}$ nach allen Richtungen fortpflanzt. Gerade deshalb breitet es sich jedoch relativ zu einem mit der Geschwindigkeit v gegen das Medium bewegten Beobachter nicht mit der Geschwindigkeit $\frac{c}{n} + v$ aus, sondern mit einer anderen V, die sich aus (10) bestimmt. Wir wollen uns hier auf den Fall beschränken, daß die Strahlrichtung mit der Bewegungsrichtung des Beobachters gegen das

45) *J. Laub*, Ann. d. Phys. 23 (1907), p. 738.

46) *M. v. Laue*, Ann. d. Phys. 23 (1907), p. 989.

47) Vgl die Darstellung im Artikel V 14, Nr. 60 dieser Encyklopädie. Eine vereinfachte Ableitung des Mitführungskoeffizienten vom elektronentheoretischen Standpunkt gibt *H. A. Lorentz* in der Naturw. Rundsch. 21 (1906), p. 487.

48) Siehe z. B. den Artikel V 13, Nr. 21, p. 103 dieser Encyklopädie von *H. A. Lorentz*.

Medium übereinstimmt. Im allgemeinen Fall, auf den wir im Abschnitt III, Nr. 36 γ) zurückkommen werden, ist das Additionstheorem der Geschwindigkeiten mit Vorsicht zu handhaben. Es ist also zu setzen $u_x' = u' = \frac{c}{n}$, $u_x = u = V$, und die erste Gleichung (10) liefert 564

$$V = \frac{\frac{c}{n} + v}{1 + \frac{v}{cn}} \sim \frac{c}{n} + v\left(1 - \frac{1}{n^2}\right), \tag{14}$$

wenn wir nur die Glieder 1. Ordnung beibehalten. Für dispergierende Medien ist, wie bereits *H. A. Lorentz*[49]) bemerkt hat, auf der rechten Seite noch eine Korrektur anzubringen. Wie aus der Ableitung hervorgeht, bedeutet dann nämlich n den Brechungsindex derjenigen Wellenlänge λ', welche im mitbewegten System K' wahrgenommen wird. Wegen des Dopplereffektes, dessen Theorie wir sogleich darlegen werden, bestimmt sie sich aus der für das System K gültigen Wellenlänge λ zu

$$\lambda' = \lambda\left(1 + \frac{v}{u'}\right) = \lambda\left(1 + \frac{nv}{c}\right).$$

(Wir beschränken uns wieder auf Größen 1. Ordnung.) Also wird

$$\frac{c}{n(\lambda')} = \frac{c}{n(\lambda)} - \frac{c}{n^2}\frac{dn}{d\lambda} \cdot \lambda \frac{nv}{c},$$

und wenn wir noch n statt $n(\lambda)$ schreiben, erhalten wir endlich

$$V = \frac{c}{n} + v\left(1 - \frac{1}{n^2} - \frac{\lambda}{n}\frac{dn}{d\lambda}\right). \tag{14a}$$

Zeeman[50]) ist es gelungen, das Vorhandensein dieses Zusatzgliedes auch experimentell sicherzustellen.

Die Versuchsanordnung wurde neuerdings mehrfach modifiziert, indem man das Licht nicht an festen, sondern an bewegten Flächen austreten ließ, und zwar auch senkrecht auf der Bewegungsrichtung des Körpers, in dem die Mitführung bestimmt wird. Es wurden dabei bewegte Glas- oder Quarzkörper statt der Flüssigkeit bei *Fizeau* verwendet. Die Theorie bedarf dann gewisser Modifikationen gegenüber der des *Fizeau*schen Versuchs, und es resultieren andere Endformeln.[51]) Auch ersetzte man die translatorische Bewegung durch

49) *H. A. Lorentz,* Versuch einer Theorie d. elektrischen und optischen Erscheinungen in bewegten Körpern, Leiden 1895, p. 101.

50) *P. Zeeman,* Amst. Versl. 23 (1914), p. 245; 24 (1915), p. 18.

51) Solche Experimente wurden ausgeführt von *G. Sagnac,* Paris C. R. 157 (1913), p. 708 u. 1410; J. de Phys. (5) 4 (1914), p. 177 [Theorie bei *M. v. Laue,* München Ber. 1911, p. 404 und Das Relativitätsprinzip, 3. Aufl. 1919]; *F. Harreß,* Diss. Jena 1911 und Bericht von *O. Knopf,* Ann. d. Phys. 62 (1920), p. 389 [Zur theoretischen Deutung vgl.: *P. Harzer,* Astron. Nachr. 198 (1914), p. 378 und 199

565 eine Drehung. Besonders bemerkenswert ist der Versuch von *Sagnac*[51]), bei dem alle Apparatteile mitrotiert werden, weil er zeigt, daß die Rotation eines Bezugssystems relativ zu einem Galileischen System durch optische Experimente innerhalb des Systems selbst festgestellt werden kann. Das Ergebnis des Experiments ist mit der Relativitätstheorie völlig im Einklang. Schon früher hatte *Michelson*[51a]) einen ähnlichen Versuch vorgeschlagen, um die Drehung der Erde optisch nachzuweisen, und *Laue*[51a]) hat diesen Vorschlag vom theoretischen Standpunkt aus eingehend besprochen. Wir haben es hier mit einem optischen Gegenstück zum *Foucault*schen Pendelversuch zu tun.

Als letzte der drei für die Optik bewegter Körper fundamentalen Erscheinungen besprechen wir hier gleich den Dopplereffekt, obwohl er nichts mit dem Additionstheorem der Geschwindigkeiten zu tun hat. Betrachten wir eine sehr weit entfernte Lichtquelle L, die im System K ruht. Mit einem zweiten System K' bewege sich ein Beobachter in der positiven x-Richtung mit der Geschwindigkeit v relativ zu K. Die Verbindungslinie Lichtquelle-Beobachter schließe in K gemessen einen Winkel α mit der x-Achse ein, und die z-Achse liege überdies senkrecht auf der durch diese beiden Richtungen bestimmten Ebene. Dann ist in K die Lichtphase bestimmt durch

$$e^{2\pi i\nu\left[t-\frac{x\cos\alpha+y\sin\alpha}{c}\right]},$$

wo ν die Normalfrequenz der Lichtquelle bedeutet. Wie wir im Abschnitt III, Nr. 32 δ) noch genauer ausführen werden, muß die Phase eine Invariante sein. Es gilt also

$$e^{2\pi i\nu'\left[t'-\frac{x'\cos\alpha'+y'\sin\alpha'}{c}\right]}=e^{2\pi i\nu\left[t-\frac{x\cos\alpha+y\sin\alpha}{c}\right]}.$$

Mittels (I) folgt daraus sofort

$$\nu'=\nu\frac{1-\beta\cos\alpha}{\sqrt{1-\beta^2}},\tag{15}$$

$$\cos\alpha'=\frac{\cos\alpha-\beta}{1-\beta\cos\alpha},\qquad \sin\alpha'=\frac{\sin\alpha\sqrt{1-\beta^2}}{1-\beta\cos\alpha},\tag{16}$$

woraus man weiter entnimmt

$$\operatorname{tg}\alpha'=\frac{\sin\alpha\sqrt{1-\beta^2}}{\cos\alpha-\beta}\tag{16a}$$

(1914), p. 10; *A. Einstein*, Astron. Nachr. 199 (1914), p. 9 und 47]; endlich *P. Zeeman*, Amst. Versl. 28 (1919), p. 1451 und *P. Zeeman* u. *A. Snethlage*, Amst. Versl. 28 (1919), p. 1462; Amst. Proc. 22 (1920), p. 462 u. 512; Die Theorie *aller* dieser Versuche wird ausführlich entwickelt durch *M. v. Laue*, Ann. d. Phys. 62 (1920), p. 448.

51a) *A. A. Michelson*, Phil. Mag. 8 (1904), p. 716; *M. v. Laue*, München Ber., math.-phys. Kl. 1911, p. 405.

und 566

(16b) $$\operatorname{tg}\frac{\alpha'}{2} = \sqrt{\frac{1+\beta}{1-\beta}}\operatorname{tg}\frac{\alpha}{2}.$$

Wir fügen noch die Transformationsformel für den räumlichen Winkel $d\Omega$ eines Strahlenbündels hinzu. Da

$$\frac{d\Omega'}{d\Omega} = \frac{d\cos\alpha'}{d\cos\alpha},$$

folgt aus

(16c) $$1 + \beta\cos\alpha' = \frac{1-\beta^2}{1-\beta\cos\alpha}$$

durch Differenzieren sofort

(17) $$d\Omega' = \frac{1-\beta^2}{(1-\beta\cos\alpha)^2}\,d\Omega.$$

Formel (15) bringt den Dopplereffekt zum Ausdruck, (16a) ist die Umkehrung unserer früheren Gleichung (13). Wir haben also zugleich eine neue, strengere Ableitung der relativistischen Aberrationsformel gewonnen. Wie zu erwarten war, stimmt auch der Ausdruck für den Dopplereffekt mit dem klassischen in den Größen 1. Ordnung, die allein der Beobachtung zugänglich sind, überein. Wie bei der Aberration bringt hier die Relativitätstheorie insofern eine prinzipielle Vereinfachung, als die in der alten Theorie und beim Schall auch tatsächlich verschiedenen Fälle: ruhende Lichtquelle — bewegter Beobachter und bewegte Lichtquelle — ruhender Beobachter vollkommen identisch werden.

Für die Relativitätstheorie charakteristisch ist der Umstand, daß auch dann, wenn die Geschwindigkeit der Lichtquelle senkrecht zur Blickrichtung gelegen ist ($\cos\alpha = 0$), der Dopplereffekt nicht verschwindet. Vielmehr wird nach (15) in diesem Fall

(17a) $$\nu' = \frac{\nu}{\sqrt{1-\beta^2}}.$$

Diese transversale Dopplerverschiebung nach Rot ist vollkommen im Einklang mit der für jede bewegte Uhr postulierten Zeitdilatation (Nr. 5). Bald nachdem *Stark* den Dopplereffekt in dem von den Kanalstrahlteilchen emittierten Licht beobachtet hatte, wurde von *Einstein*[52]) auf die Möglichkeit hingewiesen, diesen transversalen Dopplereffekt durch Beobachtungen an Kanalstrahlen zu verifizieren. Bisher ist es jedoch nicht gelungen das Experiment durchzuführen, da es äußerst schwierig ist, α genau gleich 90^0 zu machen und den relativistischen transversalen Dopplereffekt vom gewöhnlichen longitudinalen zu trennen.

52) *A. Einstein,* Ann. d. Phys. 33 (1907), p. 197.

2
Brief Paulis an Arthur S. Eddington*
20. September 1923

Sehr geehrter Herr Professor!

Ich möchte Ihnen noch vielmals danken für die freundliche Zusendung Ihres Buches, mit der Sie mir viel Freude gemacht haben[1]. Ich habe inzwischen Zeit gehabt, es genauer zu studieren, auch habe ich nunmehr Einsteins letzte Arbeit in den Berliner Berichten gelesen[2]. So viel ich sehe, steht alles wesentliche bereits in Ihrem Buche und Einstein hat nur die mathematische Formulierung des Wirkungsprinzips modifiziert, indem er im Wirkungsintegral zunächst nach den $\Gamma^{\mu}_{\nu\alpha}$ variiert und spezielle Ansätze für die Wirkungsfunktion verfolgt. In sehr vielen Punkten habe ich ganz dieselbe Ansicht wie Sie, namentlich in Bezug auf das Prinzip der kleinsten Wirkung. Im Gegensatz zu Ihnen und auch zu Einstein glaube ich jedoch *nicht*, daß die formale Zusammenfassung von elektromagnetischem und Gravitationsfeld, wie sie in Ihrer affinen Feldtheorie erfolgt, wirklich physikalisch richtig ist und uns der Lösung der hierher gehörigen physikalischen Probleme näher bringt. Ich möchte nun gerne bei dieser Gelegenheit meine Ansichten über diese Fragen etwas ausführlicher darlegen, möchte aber gleich um Nachsicht bitten, falls mir irgend ein Irrtum unterlaufen sollte: ich habe mich jetzt 2 Jahre nicht mehr mit Relativitätstheorie beschäftigt.

1. Das Unbefriedigendste an der Elektronentheorie von H. A. Lorentz und Larmor ist wohl, daß sie keine Theorie des Elektrons ist, wie man etwas scherzhaft sagen kann. Warum gibt es nur zwei Arten von Elementarteilchen, negative und positive Elektronen (Wasserstoffkerne)[3]? Warum haben deren elektrische Ladungen den gleichen Betrag, wenn ihre Massen so ganz verschieden sind? Wieso kann überhaupt

---

* Enthalten in Pauli [1979/85], Band I, S. 115–119. Die gesternten Fußnoten sind vom Autor.

1 A. S. Eddington: The Mathematical Theory of Relativity. Cambridge 1923. Eine deutsche Übersetzung von Alexander Ostrowski und Harry Schmidt erschien 1925 unter dem Titel: Relativitätstheorie in mathematischer Behandlung. Berlin 1925.

2 Albert Einstein veröffentlichte im Jahre 1923 zu dem gleichen Thema mehrere Aufsätze in den Sitzungsberichten der Preußischen Akademie der Wissenschaften, Physik.-Mathem. Klasse: Zur allgemeinen Relativitätstheorie, S. 32–38 und S. 76–77. Zur affinen Feldtheorie. S. 137–140. Die letzte, auf die Pauli sich hier bezieht, wurd am 31. Mai vorgelegt und erschien am 28. Juni 1923.

3 Nach Entdeckung der Antiteilchen wurde dieser Einwand hinfällig.

ein Elementarteilchen trotz der Coulombschen Abstoßungskräfte zwischen seinen Teilen bestehen? Da letzteres nach der Maxwell-Lorentzschen Theorie nicht der Fall sein kann, so kann auch nicht sowohl Impuls als auch Energie eines gleichförmig bewegten Elektrons zur Gänze auf Grund dieser Theorie aus dem elektromagnetischen Feld berechnet werden. Die Zurückführung der ganzen Trägheit auf das elektromagnetische Feld gelingt also, solange man sich an diese Theorie hält, *nicht*.

Ich glaube nun überhaupt nicht, daß dieses Problem der elektrischen Elementarteilchen von irgend einer Theorie gelöst werden kann, die den Begriff der kontinuierlich variierenden Feldstärken, die gewissen Differentialgleichungen genügen, auf die Gebiete im Inneren der Elementarteilchen anwendet. Die Gründe habe ich am Schluß meines Encyklopädiereferates[4] zusammengestellt und halte sie auch jetzt noch für überzeugend. Das schwerwiegendste Argument scheint mir dabei dasjenige zu sein, daß die Ungleichwertigkeit von positiver und negativer Elektrizität mit der Kovarianz der Gleichungen bei Umkehr der Zeitkoordinaten formal in Widerspruch ist. Andererseits bringt auch Weyls Auffassung der Teilchen als echte Singularität das Problem in keiner Hinsicht auch nur um einen Schritt weiter. Auch sie verwendet ja den klassischen Feldbegriff und kann überdies keine einzige der oben erwähnten Fragen beantworten.

2. Wie in der Quantentheorie gezeigt wird, versagt die klassische Elektrodynamik auch in Gebieten, deren Dimensionen groß sind gegenüber den Dimensionen der Elementarteilchen, sobald es sich um rasch veränderliche Felder handelt. Sie trifft (in diesen Gebieten) nur zu, wenn die Felder statisch oder quasistatisch sind, wie zum Beispiel bei einem mit konstanter Geschwindigkeit sich bewegenden Elektron. Für die anderen Fälle führt sie nur in Bezug auf die statistischen Mittelwerte über viele Einzelprozesse in gewissem Umfang zu richtigen Resultaten.

Ich möchte besonders betonen, daß die Quantentheorie keineswegs nur eine Modifikation der Lichttheorie verlangt, sondern überhaupt eine neue Definition des Begriffs des elektromagnetischen Feldes für nichtstatische Vorgänge. So versagt ja die klassische Theorie auch bei der Beschreibung des Zusammenstoßes von Elektronen mit Atomen sowie des Verhaltens der Elektronen im Atom in einem zeitlich veränderlichen Feld (Dispersionstheorie). Die berühmten Widersprüche zwischen Interferenzfähigkeit des in den verschiedenen Richtungen emittierten Lichtes und dessen Eigenschaft, zum Beispiel beim lichtelektrischen Effekt stets in Energiequanten $h\nu$ disponibel zu bleiben (Einsteins „Lichtquanten"), die kommen nur daher, daß wir zwar die *Gesetze* der klassischen Theorie aufgeben, aber doch noch immer mit den *Begriffen* dieser Theorie operieren. Was meinen wir denn eigentlich mit der Angabe, in einer linear polarisierten Lichtwelle sei die elektrische Feldstärke $E_x = A \cos 2\pi\nu \; t - \frac{z}{c}$, $E_y = E_z = 0$?

Wir meinen nur, wenn wir ein Elektron in die Lichtwelle hineinsetzen, so vollführt es eine vibratorische Bewegung in der x-Richtung und es ist in jedem Augenblick die Beschleunigung $\ddot{x} = \frac{e}{m} A \cos 2\pi\nu \left(t - \frac{z}{c}\right)$.

4 Pauli [1921]. Paulis späterer Standpunkt wird in den ergänzenden Anmerkungen zu der späteren englischen und der italienischen Ausgabe dargestellt.

(Wir können dabei die Bewegung des Elektrons ruhig als prinzipiell beobachtbar ansehen, etwa nach Art der C. T. R. Wilsonschen Bilder. Um *technische* Schwierigkeiten brauchen wir uns bei *prinzipiellen Betrachtungen* nicht zu kümmern.) Wir wissen nun sowohl aus experimentellen Ergebnissen wie aus quantentheoretischen Betrachtungen, auf die ich hier jedoch der Kürze wegen nicht eingehen will, daß sich das Elektron in der Lichtwelle in Wirklichkeit keineswegs in der angegebenen Weise bewegen wird. Das Feld einer Lichtquelle ist also zunächst nicht definiert. Aber der Ort des Elektrons (allgemein in einem rasch veränderlichen Feld) ist es ebensowenig. Diesen könnte man ja nur durch die Wirkung des Elektrons auf andere Elementarteilchen definieren und diese genügt im nicht statischen Feld wiederum nicht den klassischen Gesetzen. Manche Physiker sind auf den Gedanken verfallen, angesichts der früher erwähnten beim Licht auftretenden Paradoxien den Begriff des Feldes der Lichtwelle gänzlich aufzugeben und nur die Bewegung der Elektronen zu beschreiben. Dies müssen wir gänzlich ablehnen; denn einerseits hilft dieser Gedanke gar nicht über die Schwierigkeiten hinweg und andererseits macht er den Anschluß an die klassische Theorie, die sich doch in großen Erscheinungsgebieten so glänzend bewährt hat, gänzlich unmöglich. Es kann sich nur um eine Modifikation, nicht um ein Aufgeben des Feldbegriffs handeln. So sehr also das Zurückgehen auf den Vor-Maxwellschen Standpunkt einen Rückschritt bedeuten würde, so sehr müssen wir uns vor Augen halten, daß der Feldbegriff nur einen Sinn hat, wenn wir eine Reaktion angeben, die prinzipiell gestattet, in jedem Raumzeitpunkt die Feldstärke zu messen, wenn wir dies wollen. Wir können sodann dem Feld eine Realität auch dann gedanklich zuordnen, wenn wir nicht gerade die Reaktion ausführen. Wesentlich ist nur, daß wir sie prinzipiell stets ausführen *können*, wenn wir *wollen*. Sobald aber die Reaktion nicht stets angebbar und prinzipiell ausführbar ist, ist der betreffende Feldbegriff nicht mehr definiert*.

In der Definition der elektromagnetischen Feldstärke in der klassischen Theorie ist nun die betreffende Reaktion die Kraft auf einen geladenen Probekörper. Dies bringt mit sich, daß schon bei der Definition der elektromagnetischen Feldstärke die Mechanik (Kraft- und Massenbegriff) benutzt wird. Schon deswegen ist die Zurückführung der Mechanik auf die Elektrodynamik nur Schein, solange die letztere nicht wesentlich modifiziert wird. Viel befriedigender wäre es, wenn die Messung der Feldstärken allein auf *Abzählungen* gegründet werden könnte, ohne Benutzung der mechanischen Begriffe. Statt diskontinuierliche Funktionen einzuführen, wird man vielleicht zweckmäßig dieselben willkürlich zu kontinuierlichen Funktionen ergänzen, und so wie die Gesetze der Relativitätstheorie gegenüber Koordinatentransformation invariant sind, so werden die Gesetze der zukünftigen Quantenphysik vielleicht auch gegenüber Abänderungen der Feldfunktionen selbst invariant sein, sofern diese nur gewisse Abzählungsergebnisse unverändert lassen.

* Es ist oft gesagt worden, man könne die Maxwellschen Gleichungen im Vakuum (ladungsfreien Raum) beibehalten. Nur die Wechselwirkung zwischen Licht und materiellen Systemen könne mit Hilfe der klassischen Theorie nicht beschrieben werden. In Wirklichkeit ist jedoch beides nicht trennbar. Nur mittels dieser Wechselwirkung kann das elektromagnetische Feld der Lichtwelle definiert werden. Die Maxwellschen Gleichungen im Vakuum sind weder richtig noch unrichtig; sie sind *sinnlos* in allen Anwendungen, wo die klassische Theorie versagt, und wo es sich nicht um statistische Mittelwerte handelt.

Zusammenfassend möchte ich also sagen: Wir wissen heute noch nicht, was wir an den rasch veränderlichen elektromagnetischen Vorgängen prinzipiell beobachten können und was nicht. Sobald wir dies wissen werden, wird das Quantenrätsel gelöst sein. Wegen der Stellung der Definition der elektromagnetischen Feldstärken in der klassischen Theorie zur Mechanik glaube ich, daß *dieselbe* Loslösung des Feldbegriffs von der Mechanik mit gleichzeitiger Einführung von irgend einer Art von Atomismus (abzählbare Mengen statt Kontinuen) das Verständnis der Quantentatsachen und der elektrischen Elementarteilchen bringen wird.

3. Wir wollen nun von diesen schwierigen Fragen ganz absehen und in dem Gültigkeitsbereich der klassischen Theorie bleiben. Hier erhebt sich die Frage: Sind elektromagnetisches und Gravitationsfeld ihren Gesetzen und ihrer Beschaffenheit nach wirklich so weitgehend unabhängig voneinander, als es nach dem bisherigen Stand der Relativitätstheorie zu sein scheint? Kann man nicht besser theoretisch verstehen, warum die elektromagnetischen Feldstärken geraden einen antisymmetrischen Flächentensor bilden? Gelingt es nicht einen Standpunkt zu gewinnen, von dem aus elektromagnetisches und Gravitationsfeld als eine Wesenseinheit erscheinen? Wir wissen nicht a priori, ob es möglich sein wird, diese Fragen ohne Rücksicht auf die Quanten zu beantworten. Es *kann* ja der Fall sein. Dann muß aber die Frage nach meiner Meinung rein phänomenologisch behandelt werden, ohne Rücksicht auf die Natur der elektrischen Elementarteilchen.

Ferner stehe ich auf dem (natürlich nicht beweisbaren) Standpunkt, daß eine jede physikalische Theorie, die eine sinngemäße Antwort auf diese Frage zu geben beansprucht, mit einer Definition der in ihr verwendeten Feldgrößen beginnen muß, die angibt, wie diese Größen gemessen werden können. Sie muß ferner Beziehungen zwischen elektromagnetischen und auf andere Weise gemessenen Größen aufdecken. (Die schönste Leistung der Relativitätstheorie war ja, die Meßergebnisse von Maßstäben und Uhren, die Bahnen der frei fallenden Massenpunkte, und die der Lichtstrahlen miteinander in eine feste, innige Verbindung gebracht zu haben.) Logisch, oder erkenntnistheoretisch, beweisen lassen sich diese Postulate nicht. Ich bin aber von ihrer Richtigkeit überzeugt.

Die ursprüngliche Form der Weylschen Theorie erfüllt diese Forderungen. Sie ist jedoch bekanntlich nicht im Einklang mit der Erfahrung. Die Längen der Maßstäbe und die Perioden der Uhren hängen in Wirklichkeit von ihrer Vorgeschichte nicht ab[5]. Auch scheint dem Viererpotential φ_i nur die Bedeutung einer Rechengröße zuzukommen; physikalische Bedeutung haben nur die F_{ik}*. In der zweiten Form der Weylschen Theorie und in Ihrer affinen Feldtheorie wird jedoch ein ganz neuer Standpunkt eingenommen, den Sie so treffend durch den Unterschied von „natural

* Weyl postuliert Invarianz der Naturgesetze gegenüber der Substitution

$$g_{ik} = \lambda g_{ik}, \varphi_i = \varphi_i + \frac{\partial}{\partial x_i} \log \lambda.$$

In Wirklichkeit muß dann jedenfalls bei der letzteren Substitution und unveränderten g_{ik} auch Invarianz vorhanden sein.

5 Zu diesem auf Einstein zurückgehenden Einwand (siehe z. B. die Diskussion nach dem Vortrag von Weyl auf der 86. Naturforscherversammlung in Nauheim vom 19.–25. September 1920, Physik. Z. 21, 651 (1920)) wurde später von Weyl ein Ausweg vorgeschlagen.

geometry" und „world geometry" gekennzeichnet haben, von denen die letztere nur eine „graphische Darstellung" der Wirklichkeit ist. (In den Einsteinschen Arbeiten habe ich die Hervorhebung dieses Unterschiedes sehr vermißt.) Diese Theorien genügen nicht den angegebenen Postulaten. Die Größen $\Gamma^{\mu}_{\nu\alpha}$ können nicht direkt gemessen, sondern müssen aus den direkt gemessenen Größen erst durch komplizierte Rechenoperationen gewonnen werden. Niemand kann empirisch einen affinen Zusammenhang zwischen Vektoren in benachbarten Punkten feststellen, wenn er nicht vorher bereits das Linienelement ermittelt hat. Deswegen halte ich im Gegensatz zu Ihnen und Einstein die Erfindung der Mathematiker, daß man auch ohne Linienelement auf einen affinen Zusammenhang eine Geometrie gründen könne, zunächst für die Physik bedeutungslos. Wenn die direkt aus den Messungen entnommenen Größen $(g_{ik} - F_{ik})$ in der Theorie als abgeleitete Größen erscheinen und umgekehrt die in der Theorie als Grundbegriffe fungierenden Größen $(\Gamma^{\mu}_{\nu\alpha})$ nur durch komplizierte Rechenoperationen aus den gemessenen Größen gewonnen werden können – dann haben wir nicht nur keine „natural geometry", sondern auch keine „natural theory". Es handelt sich wie gesagt um keinen logischen Widerspruch in Ihrer Theorie, aber ich bin von der physikalischen Unfruchtbarkeit dieser Betrachtungsweise überzeugt.

Eine geometrische Interpretation des elektromagnetischen Feldes scheint überhaupt zunächst nicht sehr aussichtsvoll: Ein Analogon zum Äquivalenzprinzip bei der Gravitation besteht hier nicht. (Deswegen haben auch die geodätischen Linien in Ihrer und Weyls Theorie keine unmittelbare physikalische Bedeutung.) Ich sehe zunächst noch keinen physikalischen Zugang zum elektromagnetischen Feld, wenn man vom Gravitationsfeld ausgeht. Wie gesagt: ich halte es für möglich, daß *dieses* Problem auch ohne Rücksicht auf die Quanten lösbar ist. Für gelöst halte ich es aber jedenfalls noch nicht.

Nun habe ich Ihre Geduld aber schon zu lange in Anspruch genommen. Nochmals bestens dankend

Ihr sehr ergebener
Pauli

3
Wolfgang Pauli
Schlußwort durch den Präsidenten der Konferenz*

„Die menschliche und geistige Einstellung zu mir, die Sie damals (1945) zum Ausdruck gebracht haben, soll mir eine Mahnung sein, dem uns verbindenden geistigen Ideal immer treu zu bleiben, das im wissenschaftlichen Werk volle Aufrichtigkeit gegen sich selbst und gegen die Mitwelt über die diesen Ideen zu grunde liegenden Motive verlangt. Es ist diese klare Einfachheit und Aufrichtigkeit in Ihren Arbeiten, die mich jetzt noch ebenso fesselt wie früher als junger Schüler bei meinem ersten Studium der Relativitätstheorie."

Pauli an Einstein, 7. März 1949

Geehrte Anwesende, 261

ich werde dieses Schlußwort auf Deutsch halten, weil dadurch vielleicht eine gewisse Symmetrie in den Sprachen hergestellt wird und auch, weil ich in dieser Sprache leichter improvisieren kann und meine Worte weniger offiziell klingen.

Bevor ich auf den Inhalt eingehe, möchte ich bei dieser Gelegenheit allen denen danken, die bei der Organisation dieses Kongresses so viel Mühe und Arbeit getan haben. Insbesondere danke ich dem Sekretär der Konferenz, Prof. Mercier, ohne dessen mühsame und ausdauernde Arbeit dieser Kongress gar nicht möglich gewesen wäre.

Ich kann ja nicht alle Referate wiederholen, und so muß ich mich wohl darauf beschränken, einige vielleicht willkürlich ausgewählte Bemerkungen zu machen über verschiedene Seiten der Probleme, die wir hier diskutiert haben und über die wir teils Hauptreferate, teils kleinere Mitteilungen gehört haben. Falls ich etwas Unkorrektes sage, haben Sie leider nur mehr Gelegenheit, mich im privaten Gespräch zu korrigieren.

Ich möchte einiges sagen über meine Eindrücke aus den Referaten und Diskussionen dieses Kongresses über die experimentelle Prüfung der allgemeinen Relativitätstheorie, die Kosmologie, die mathematischen Methoden der allgemeinen Relativitätstheorie, die Erweiterungen der Theorie

* Pauli (1955i), S. 261–267

und über die Quantisierung der Feldgleichungen. Vielleicht kann ich auch die Gelegenheit benützen, um einiges zu sagen, was ich in der Diskussion aus Zeitgründen nicht mehr sagen konnte.

Ich habe nicht sehr viel hinzuzufügen zur Frage der *experimentellen Prüfung der allgemeinen Relativitätstheorie:* Sie haben das Hauptreferat von Herrn Trümpler gehört und auch das Minoritätsvotum von Herrn Freundlich. Nun mögen Sie sich selbst ein Urteil bilden über diese Diskrepanz, da ich ja nicht Experte bin in technischer Astronomie. Ich darf vielleicht nur, ohne Stellung zu nehmen, darauf hinweisen, daß die Klassen-Einteilung je nach dem Eindruck, welchen diese Referate gemacht haben, nicht einfach zusammenfiel mit der Klassen-
262 Einteilung nach Wärme oder Kühle der Einstellung zur Relativitätstheorie. Es waren daran auch viele beteiligt, denen nicht die ganze Theorie so primär am Herzen liegt, sondern die experimentellen Methoden. Mehr kann ich nicht sagen über die Rotverschiebung und die Lichtablenkung.

Etwas mehr kann ich wohl sagen über die *Kosmologie*. Wir haben das experimentelle Referat Baade und das theoretische Referat Robertson gehört, und es hat sich das neue Resultat ergeben, daß keine Diskrepanz zwischen den experimentellen Resultaten und dem alten Friedmann-Lemaîtreschen kosmologischen Modell besteht. Die experimentellen Ergebnisse zeigen, daß man keine Spuren in unserem Universum finden kann, die auf eine frühere Zeit als auf 5.10^9 Jahre hinweisen oder zurückgehen. Was vorher war, das wissen wir nicht, und das, was man sieht, ist manchmal jünger aber niemals älter als diese 5.10^9 Jahre. Die Relativitätstheorie und die Friedmannsche Lösung verknüpfen dieses Weltalter mit der mittleren Dichte der Materie in der Welt. Ich glaube, wir sollen uns Einsteins Meinung anschließen, wonach das kosmologische Glied gleich Null zu setzen ist. Von Robertson haben wir gehört, daß dann auch eine genügende Übereinstimmung zwischen der empirischen Sterndichte und dem Alter 5.10^9 mit den theoretischen Relationen besteht. Das war früher anders, und es scheint mir, daß damit ein auch in der neuen Auflage von Jordans Buch „Schwerkraft und Weltall“ zu findendes Argument gegen diese einfache Theorie, das immer schon schwach war, nun praktisch auf Null zusammengeschmolzen ist; und das ist in vieler Hinsicht erfreulich. Ich komme auf diese Frage später noch zurück bei den Erweiterungen der Theorie. In Verbindung mit der Kosmologie gibt es noch fundamentalere Fragen, auf die ich hier nur kurz hinweisen kann. Es scheint mir wesentlich, daß die Erhaltungssätze von Materie, also von Energie-Impuls und von Ladung einer mathematisch formulierten Feldtheorie tief in den Knochen sitzen. Wenn man daran etwas ändern will, muß man wohl schon eine fundamentale Idee haben. Ich bestreite nicht, daß in der Natur es vielleicht doch auch so sein könnte, daß diese

Erhaltungssätze irgendwie nicht gelten würden im Sinne einer creatio continua, wie ich es lateinisch sagen will (die creatio continua ist nämlich eine alte Vorstellung aus dem Mittelalter), und es liegt auch eine gewisse Schönheit darin, einen stationären Zustand anzunehmen. Ich glaube aber, das ist ein Problem, das wir der Zukunft zur Entscheidung überlassen müssen, wie so vieles, was hier besprochen wurde. Ob nun im Sinne der jetzigen Theorie mit ihren Erhaltungssätzen oder im Sinne eines stationären Zustandes mit ihrer creatio continua der Kosmos zu deuten ist, so scheint es mir aber auf jeden Fall mehr im Sinne der theoretischen Physik mit ihrer Anlehnung an bestimmte mathematische Gleichungen, wenn wir einen Grundstein wie die Erhaltungssätze nicht eher verlassen, als 263
bis eine ganz bestimmte experimentelle Evidenz uns dazu zwingt. Gegen die logische Möglichkeit will ich gar nichts sagen. Aber es scheint mir eigentlich besser, nicht ad libitum Grundlagen wegzuwerfen, solange man nicht empirisch dazu gezwungen ist; und wenn ich richtig verstanden habe, ist man bis jetzt empirisch nicht dazu gezwungen, Erhaltungssätze aufzugeben. Das, was früher als 5.10^9 Jahre war, bleibt dabei natürlich im Dunkel. EINSTEIN hat darüber nur gesagt, die Materie war früher in einem solchen Zustand, den wir vorläufig nicht weiter berechnen können.

Ich glaube, das Wichtigste, das wir sonst gehört haben, war das Referat von LICHNEROWICZ über das *Cauchysche Anfangswertproblem* in den nichtlinearen Feldgleichungen der allgemeinen Relativitätstheorie. Ich lege sehr großen Wert auf das Studium dieser Probleme, weil ich bestimmt meine, daß es auch bei der Feldquantisierung, auf die ich zu sprechen komme, eine wesentliche Rolle spielen wird. Ich zweifle auch nicht daran, daß Herr LICHNEROWICZ unabhängig von JORDAN viele mathematische Sätze, über die uns Herr JORDAN vorgetragen hat, auch schon gefunden hat, wie er sagt.

Ich will nun noch auf einige speziellere Fragen eingehen, welche mehr in den kleineren Mitteilungen diskutiert worden sind und die eigentlich die Anwendung der allgemeinen Relativitätstheorie betreffen.

Da ist die von EINSTEIN betonte Tatsache, daß die *Existenz von Maßstäben und Uhren* nicht aus den Feldgleichungen der Relativitätstheorie allein folgt, worauf auch verschiedentlich von Herrn INFELD hingewiesen worden ist. Wenn EINSTEIN sagt, daß die Existenz von Maßstäben und Uhren nicht aus der Relativitätstheorie folgt, so bezieht sich das darauf, daß die Existenz von Materie nicht aus der allgemeinen Relativitätstheorie folgt, sondern als besondere Annahme hinzugenommen wird. Das hat EINSTEIN sehr beschäftigt, er hat das immer wieder gesagt, deswegen wiederhole ich es. Wenn man aber die Existenz der Materie zugibt, dann halte ich es für unwesentlich, ob das in Form von Punktsingularitäten oder in der Form von ausgedehnter Materie geschieht. In beiden Fällen kann man ja, wie Sie gehört haben, die Bewegungsgleichungen aus den

Feldgleichungen ableiten, vermöge der vier Identitäten, die aus der Gruppe der allgemeinen Relativitätstheorie folgen. Ich glaube, wenn man einmal die Existenz der Materie in der mathematischen Darstellung der Theorie ausgedrückt hat, ist es nicht sehr schwierig, *Modelle für Uhren* zu konstruieren. Alle stimmen darin überein, daß natürlich nicht jedes System als Uhr bezeichnet werden kann, sondern nur solche, welche die Eigenzeit ds^2 messen; aber ich glaube, wenn jemand sich nun die Aufgabe stellt, ein Modell für eine solche Uhr zu konstruieren, so kann er das schon, wenn ihm die Existenz der Materie zugestanden wird; wenn man nicht so
264 ehrgeizig ist, die Atomuhren modellmäßig behandeln zu wollen, so kann man überdies auch klassische Modelle für Uhren machen. Wenn man einen Körper hat, sagen wir einen Planeten, der von einem Mond umkreist wird, dann wird unter bestimmten zu präzisierenden Voraussetzungen mit vielen Kautelen, ein solches System mit einer gewissen Annäherung als Uhr zu betrachten sein. Wenn wir dieses System „adiabatisch", d. h. nicht zu plötzlich in ein starkes äußeres Gravitationsfeld bringen, dann muß schon die Periode in der gewöhnlichen Zeit sich entsprechend der Rotverschiebung verhalten; wenn man das mathematisch diskutieren will, muß man natürlich die Vorsichtsmaßregel anbringen, daß die Inhomogeneität des Gravitationsfeldes für Mond und Zentralkörper nicht zu groß wird, sonst bleibt die Periode nicht konstant. Entsprechendes gilt für die zeitliche Inhomogeneität des äußeren Gravitationsfeldes: im Laufe einer Umlaufsperiode muß die Änderung des äußeren Gravitationsfeldes relativ klein bleiben. Aber, wenn man die nötigen Kautelen anbringt und die Voraussetzungen mathematisch präzisiert, so könnte man es m. E. durchaus rechtfertigen, ein solches System als Uhr zu betrachten.

Wenn man andrerseits, entsprechend der Mode unserer Zeit, eine Atomuhr modellmäßig behandeln will, dann ist es natürlich kein Bewegungsproblem, sondern ein Problem der Wellenmechanik, und man müßte das dementsprechend nicht mehr klassisch machen, sondern wellenmechanisch. Ich vermute, daß die Kautelen in der Wellenmechanik ganz ähnlich sein werden wie in der klassischen Mechanik. Zum Beispiel gibt in der Wellenmechanik die Inhomogeneität des Gravitationsfeldes zu einem Effekt Anlaß, der dem Stark-Effekt ähnlich ist und Entsprechendes gilt auch bei der zeitlichen Veränderung des äußeren Feldes. Ich vermute, daß beide Diskussionen, die klassische und die wellenmechanische, eine gewisse Ähnlichkeit haben werden. Doch wollte ich besonders betonen, daß hier die Größe des Wirkungsquantums nicht prinzipiell und direkt eingeht, so, daß es auch klassische Modelle für Uhren gibt. So viel ich weiß, ist das auch die Meinung von Herrn Møller.

Von dem Uhrenmodell ist das tiefer liegende Problem zu unterscheiden: wie die Materie überhaupt in die Theorie eingebaut wird.

Zu den mathematischen Fragen gehört auch die, wie weit die *Auszeichnung spezieller Bezugssysteme* nützlich ist. Ich finde die Theoreme von Prof. Fock sehr interessant, daß man unter gewissen Bedingungen die bekannte spezielle Differentialbedingung benützen kann, um Koordinatensysteme auszuzeichnen, wobei es übrigens offen bleibt, ob das nicht nur im Kleinen, sondern auch im Großen möglich ist. Ich bezweifle allerdings, ob es denn praktisch und prinzipiell vernünftig ist zu sagen, die Auszeichnung dieses besonderen Bezugssystems habe eine prinzipielle oder philosophische Bedeutung. Wir haben ja Analoges auch bei der Eichgruppe erlebt in der klassischen und in der Quantenelektrodynamik; da 265
ist manchmal diese und manchmal jene Spezialisierung der Eichung zweckmäßig. Daß bei dieser Frage eine tiefe Analogie zur Situation in der speziellen Relativitätstheorie vorhanden ist, das kann ich nicht recht sehen.

Nun kommen wir zu den *Erweiterungen der Theorie*. Da ist die Erweiterung mit den fünfdimensionalen Methoden und die Erweiterung mit den nichtsymmetrischen Größen. Herr Prof. Fock hat mir gesagt, er glaube nicht, daß diese Erweiterungen irgendeinen physikalischen Sinn haben, und auch ich habe sehr starke Zweifel an der physikalischen Richtigkeit dieser Erweiterungen, wenn man nicht gleichzeitig in einer tieferen Weise die Quantentheorie hineinbringt. Es könnten also wohl diejenigen, welche diese Erweiterungen physikalisch nicht ganz ernst nehmen, eine große Chance haben, recht zu behalten. Nun hat uns leider Herr Jordan mit dem Zauber seiner mathematischen Sätze verhindert, etwas darüber zu hören, was eigentlich seine physikalischen Gründe sind, um eine Veränderung der Gravitationskonstante anzunehmen; das hätte uns ja sicher alle sehr interessiert, und da wäre er auch sicher gewesen, keine Konkurrenz von Seiten unseres ausgezeichneten Referenten Lichnerowicz zu haben. Nun, er hat ja darüber wohl einiges geschrieben, aber es scheinen mir, nach dem was wir von Robertson gehört haben, in den empirischen Resultaten über die Expansion des Universums nicht mehr viele Gründe für eine Veränderlichkeit der Gravitationskonstante übrig geblieben zu sein. Ich will nicht behaupten, daß es unmöglich ist, eine Veränderung der Gravitationskonstante anzunehmen; man kann vielleicht gewisse Phänomene auf der Erde dann etwas leichter deuten, aber es ist eben so, daß ich nicht so ganz sehe, daß diese Theorie genügende Fundierung hat. Ich habe wie andere meine starken Zweifel, ob man hier physikalisch auf einer richtigen Spur ist.

Wir haben dann gesehen, wie Einstein und Frau Kaufman einen heroischen Kampf gekämpft haben gegen den Fluch, der aus der Vereinigung des „von Gott Getrennten" entsprungen ist, und wie dieser Kampf mit der besonderen Waffe einer λ-Transformation geführt worden ist. Das ist sicher in formaler Hinsicht alles vollkommen richtig; aber ich habe weder einen physikalischen noch einen geometrischen Sinn dieser λ-Transformation sehen können. Herr Weyl hat auch darauf hingewiesen, daß der Buchstabe λ in der allgemeinen Relativitätstheorie bereits durch ein unglückliches Schicksal präjudiziert ist, das sich leicht wiederholen könnte.

Es liegt aber auch hier eine tiefere kontroverse Frage zugrunde, nämlich die, ob man den *klassischen Feldbegriff* als befriedigend oder als unbefriedigend empfindet. Ich habe sehr viel mit Einstein darüber gespro-
266 chen, und ich bin mehr geneigt, ähnlich wie Herr Born es gesagt hat, diesen Feldbegriff nicht nur heuristisch, sondern auch in einer tieferen Weise als unbefriedigend zu betrachten. Es ist hierbei einiges zu Tage getreten, das mich schon in meiner Jugend gestört hat, als ich den Enzyklopädie-Artikel über Relativitätstheorie schrieb und das seitdem, wie Herr Born schon gesagt hat, eigentlich nicht eine genügende Aufklärung gefunden hat. Ich glaube, die Weise, wie man Felder mißt, muß als eine prinzipielle Frage berücksichtigt werden; es handelt sich nicht um die technischen Einzelheiten; es handelt sich auch gar nicht darum, daß jede Größe, die mathematisch in einer Theorie vorkommt, nun auch direkt meßbar sein sollte. Es handelt sich mehr darum, daß man, wenn man an die Messung des Feldes geht, einen Probekörper braucht, und es verursacht mir großes Unbehagen, wenn im gleichen Atemzug der Probekörper wiederum als Feld betrachtet wird. Es handelt sich hier also nicht um eine empirische Meßphilosophie, sondern mehr darum, daß man nicht das, womit man das Feld mißt und das gemessene Feld zugleich beschreiben kann; daß die Betrachtungsweisen eines Körpers einerseits als ein ausgemessenes Feld, anderseits als ein Mittel zur Ausmessung eines anderen Feldes, einander im Sinne eines komplementären Entweder-Oder ausschließen müssen. Bohr hat an einem Solvay-Kongress schon ähnliche Ideen vorgebracht. Daß es zum Beispiel logisch möglich ist, die Maxwellschen Gleichungen im Vakuum hinzuschreiben ohne eine Ladung einzuführen, das stört mich; denn wenn es keine Ladung gäbe, so würde man ja dieses Feld nicht messen können. Dennoch kann man das Feld ohne Ladung mathematisch hinschreiben und es scheint mir, daß in diesem Sinne der klassische Feldbegriff immer irgendwie reine Mathematik bleiben muß. Hierzu hatte ich stets eine andere Einstellung als Einstein. Deshalb war ich sehr befriedigt, als die Quantenmechanik entstand; denn ich hoffte noch immer, daß dieses Gegensatzpaar Probekörper und Feld sich vielleicht doch einmal analog fassen lassen wird, wie das andere Gegensatzpaar Impuls und Ort. Aus diesem Grund hatte ich, ähnlich wie Herr Born, von vorneherein nicht die Idee, daß es wirklich gehen könne mit dem klassischen Feldbegriff als alleiniger Grundlage der Physik. Leider kann ich es nicht deutlicher sagen, sonst hätte ich eine richtige Theorie. Aber wenn ich es Ihnen nun gefühlsmäßig noch näher bringen will,

so möchte ich GOETHE mißbrauchend sagen: da muß etwas sein, „was sich dem Feld entgegenstellt, der Körper, diese plumpe Welt."

Das führt nun hier an die Grenze unseres Wissens, an die Fragen der Quantisierung des Feldes; es scheint, daß eine gewisse Übereinstimmung darüber bestand, daß eine bloße Anwendung konventioneller Quantisierungsmethoden wahrscheinlich nicht zum Ziele führen wird, und ich bin persönlich sehr beeindruckt davon, daß Herr BERGMANN, der diese kon-
267 ventionellen Methoden so glänzend beherrscht, bis jetzt nicht zum Ziele gekommen ist. Ich habe früher die Schwierigkeiten der Nichtlinearität gar nicht sehr ernst genommen und ich möchte daran erinnern, daß in der alten Arbeit über Feldquantisierung von HEISENBERG und mir die Linearität der Lagrange-Funktion nicht vorausgesetzt wurde. Ich bin nicht so sicher, daß in der Quantisierung des Gravitationsfeldes die mathematischen Schwierigkeiten bloß wegen der Nichtlinearität so groß sind. Denn man muß bedenken, daß in der lorentz-invarianten gewöhnlichen Quantenelektrodynamik die Wechselwirkung zwischen Materie-Feld und elektromagnetischem Feld ebenfalls nicht linear ist; eine lineare Theorie ist eigentlich reine Mathematik: da ist keine Wechselwirkung und man kann nichts messen. Es scheint mir also, daß nicht so sehr die Linearität oder Nichtlinearität Kern der Sache ist, sondern eben der Umstand, daß hier eine allgemeinere Gruppe als die Lorentzgruppe vorhanden ist. Ich habe ja schon darüber gesprochen und möchte mich sehr kurz fassen; wir haben die ausgezeichneten Referate von BERGMANN und von KLEIN gehört, und ich hoffe, daß die Fortführung solcher Untersuchungen, die erst in den Anfängen liegen, von denen uns insbesondere Herr KLEIN berichtet hat, uns vielleicht doch auf irgendeinen grünen Zweig führen werden; denn bei der Quantisierung des Gravitationsfeldes entsteht durch die Unbestimmtheit des Lichtkegels eine neue Sachlage. Einerseits ist dies eine Schwierigkeit für die Anwendung konventioneller Methoden, anderseits aber hoffe ich, daß sie zur Überwindung der Divergenzschwierigkeiten der Feldquantisierung vielleicht doch beitragen könnte.

Ich glaube, das ist alles, was ich in der kurzen Zeit improvisieren konnte. Ich bitte um Nachsicht, daß ich, von dem was Sie gehört haben, vieles nicht genannt habe, was sicher sehr gut und schön gewesen ist und möchte daher zum Schluß noch besonders darauf hinweisen, daß dieses Schlußwort keinerlei Anspruch auf Vollständigkeit erheben kann.

Kapitel IV
Ältere Quantentheorie

1
Wolfgang Pauli
Über das Modell des Wasserstoffmolekülions*

„Während der drei Jahre in München vollendete Pauli nicht nur seine Doktorarbeit über das Wasserstoffmolekülion, wahrscheinlich die ehrgeizigste aller je unternommenen Anwendungen der alten Bohr-Sommerfeldschen Quantentheorie, sondern auch seinen Relativitätsartikel, der bis heute als Einführung in dieses Gebiet nicht seinesgleichen hat."

Peierls (1960)

„Ja, das H_2^+ muß natürlich nach Jacobi berechenbar sein. Nur ist die Durchrechnung jeder einzelnen Möglichkeit so mühevoll, daß man ohne weitere Anhaltspunkte nicht gern viel herumprobiert."

Schrödinger an Pauli am 12. Juli 1920

„Ja, wer hätte von dem unschuldigen H_2^+ so etwas gedacht!"

Heisenberg an Pauli am 19. November 1921

* Pauli (1922a). Auszug aus der Münchener Dissertation. – Im Anschluß an das Referat wird auch Paulis Rezension einer Untersuchung des holländischen Physikers Karel F. Niessen wiedergegeben, der gleichzeitig dasselbe Problem behandelt hatte und zu ähnlichen Ergebnissen wie Pauli gelangt war.

642 **W. Pauli jr. Über das Modell des Wasserstoffmolekülions.** Ann. d. Phys. 68, 177—240, 1922, Nr. 11. Der erste Teil der Arbeit enthält allgemeine Betrachtungen über die Mechanik der Molekularmodelle und über die Zusammenstöße zwischen Molekülen und freien Elektronen. Zunächst wird für die tatsächlich vorkommenden Quantenbahnen die Forderuug der dynamischen Stabilität aufgestellt. Diejenigen mechanischen Bahnen, die aus der ursprünglichen Bahn durch unendlich kleine Änderung der Anfangsbedingungen hervorgehen, sollen dieser in ihrem ganzen geometrischen Verlauf unendlich benachbart bleiben. Es ist hierzu zu bemerken, daß nach neueren Ergebnissen sowohl die Stabilität der Bahnen als auch die feineren Einzelheiten der Bewegung in den stationären Zuständen selbst, im Falle, daß mehrere Elektronen vorhanden sind, nicht mit Hilfe der gewöhnlichen Mechanik beurteilt
643 werden können. Im folgenden Teil der Arbeit wird diese Forderung indessen nur im Fall, daß ein einziges Elektron vorhanden ist, benutzt. Sodann wird hervorgehoben, daß der Zusammenstoß zwischen einem Molekül und einem freien Elektron zwar sicherlich nicht mit Hilfe der gewöhnlichen Mechanik beschrieben werden kann, daß aber doch in dem Grenzfall, wo die den stationären Zustand des Moleküls charakterisierenden Quantenzahlen sehr große Werte haben, die Anwendung der gewöhnlichen Mechanik auf den erwähnten Zusammenstoß asymptotisch zu richtigen statistischen Resultaten führen muß. Auch für kleine Quantenzahlen muß man deshalb erwarten, daß die gewöhnliche Mechanik ein wenigstens ungefähres Maß geben wird für die relative Häufigkeit der verschiedenen quantenenergetisch möglichen unelastischen Stöße bei gegebener Anfangsenergie des stoßenden Elektrons. Der Inhalt dieser Aussage wird in der besprochenen Arbeit als mechanisches Korrespondenzprinzip bezeichnet. Diese Bezeichnung wurde jedoch neuerdings von Bohr abgelehnt, indem er als das Wesen des Korrespondenzprinzips bei der Strahlung nicht so sehr die asymptotische Gültigkeit der statistischen Resultate der klassischen Theorie im Grenzfall sehr großer Quantenzahlen und ihre annähernde Gültigkeit auch im Fall kleiner Quantenzahlen ansieht, als vielmehr den Umstand, daß eine bestimmte Eigenschaft der stationären Zustände selbst (nämlich eine harmonische Komponente in der Bewegung) sich für die Häufigkeit der mit Ausstrahlung verbundenen Übergänge als maßgebend erweist. Ein Analogon hierzu in der Frage der Häufigkeit der verschiedenen unelastischen Zusammenstöße ist jedoch noch nicht gefunden worden. Unabhängig davon sind aber die in der besprochenen Arbeit aus diesem Prinzip gezogenen Schlußfolgerungen: Erstens die Umkehrbarkeit aller quantentheoretisch möglichen Stöße. Dies führt direkt zu den von Klein und Rosseland betrachteten Stößen zweiter Art und wird insbesondere auch im Fall der Ionisation durch Stoß erläutert. Zweitens die Ausschließung von gewissen Arten von unelastischen Elektronenstößen, wie z. B. der Dissoziation von Molekülen in unangeregte Atome durch Elektronenstoß. Endlich wird ein allgemeiner Satz über die funktionale Abhängigkeit der Energie von den Quantenzahlen bewiesen. Dieser sagt aus, daß die Energie eine monoton anwachsende Funktion der Quantenzahlen ist. Vorausgesetzt ist dabei nur, daß die verglichenen stationären Zustände zur selben Klasse gehören, d. h. stetig miteinander zusammenhängen. Insbesondere ist aber der Fall eingeschlossen, daß das System Parameter enthält, die jeweils aus Gleichgewichtsbedingungen bestimmt werden und folglich in den verschiedenen stationären Zuständen verschiedene Werte haben. Dieser Satz gibt die Möglichkeit, den stationären Zustand mit der kleinsten Energie, d. h. den Normalzustand, auch in solchen Fällen anzugeben, wo sich keine explizite Formel für die funktionale Abhängigkeit der Energie von den Quantenzahlen angeben läßt, wie dies auch beim H_2^+ der Fall ist. — Der zweite Teil der Arbeit enthält eine genauere Untersuchung des aus zwei Kernen und einem Elektron bestehenden mechanischen Systems, das ja für das Wasserstoffmolekülion H_2^+ maß-

gebend ist. Betrachtet man in erster Näherung die Kerne als ruhend, was wegen ihrer großen Masse relativ zu der des Elektrons gestattet ist, so wird man auf das Problem der zwei festen Zentren geführt, von dem schon Jacobi gezeigt hat, daß es eine Separation der Variablen gestattet, wenn man außer dem zyklischen Azimut φ um die Verbindungslinie der Kerne die elliptischen Koordinaten $\lambda = \frac{r_1 + r_2}{2c}$, $\mu = \frac{r_1 - r_2}{2c}$ einführt (r_1, r_2 Abstände des Aufpunktes von den beiden Kernen, $2c$ Abstand der Kerne voneinander). Die allgemeinste mechanische Bahn erfüllt den Bereich eines Rotationskörpers, der von je zwei Zonen von Rotationsellipsoiden $\lambda = const$ und von Rotationshyperboloiden $\mu = const$ mit den Kernen als Brenn- 644
punkten begrenzt ist, überall dicht. Gemäß der Theorie der bedingt periodischen Systeme lauten die Quantenbedingungen $\oint p_\lambda d\lambda = n_1 h$, $\oint p_\mu d\mu = n_2 h$, $2\pi p_\varphi = n_3 h$ (p_φ = Komponente des Impulsmomentes des Elektrons parallel der Verbindungslinie der Kerne). Es muß jedoch zur Festlegung des Kernabstandes noch eine Gleichgewichtsbedingung für die Kerne hinzutreten, welche besagt, daß der zeitliche Mittelwert der vom Elektron auf die Kerne ausgeübten Kräfte verschwinden muß. Diejenigen Bahnen, welche diese Bedingung erfüllen, sollen „Gleichgewichtsbahnen" genannt werden. Es wird zunächst gezeigt, daß alle Gleichgewichtsbahnen, für welche $p_\varphi = 0$ ist, einem der beiden Kerne oder beiden Kernen im Laufe der Zeit beliebig nahe kommen und deshalb auszuschließen sind. Sodann wird untersucht, welche von den übrigen Gleichgewichtsbahnen die oben erwähnte Forderung der dynamischen Stabilität erfüllen. Was zunächst die Stabilität bei fester Lage der Kerne betrifft, so wird durch numerische Rechnung gezeigt, daß alle speziellen Gleichgewichtsbahnen, die ganz in der Mittelebene (Normalebene auf die Verbindungslinie der Kerne, welche diese halbiert) verlaufen, gegenüber einem Anstoß des Elektrons senkrecht zu dieser Ebene instabil sind. Weiter wird gezeigt, daß die Gleichgewichtsbahnen in drei getrennte Klassen zerfallen, die nicht stetig miteinander zusammenhängen. Erstens die Bahnen der Mittelebene, zweitens die Bahnen, die gänzlich auf einer Seite der Mittelebene bleiben (unsymmetrische Klasse) und drittens die Bahnen, die auf beiden Seiten der Mittelebene verlaufen, und für welche diese Ebene eine Symmetrieebene ist (symmetrische Klasse). In Anlehnung an eine Betrachtung von Bohr wird daraus auf Grund des Korrespondenzprinzips geschlossen, daß mit Ausstrahlung verbundene Übergänge zwischen Bahnen verschiedener Klassen nicht vorkommen können. Schwieriger gestaltet sich die Untersuchung des Kerngleichgewichts. Es ließ sich nur zeigen, daß das Kerngleichgewicht bei der symmetrischen Klasse immer dann stabil ist, wenn zu den gegebenen Werten von n_1, n_2, n_3 nur eine Gleichgewichtsbahn dieser Klasse existiert. Für den Spezialfall $n_1 = 0$ konnte ferner durch numerische Rechnung gezeigt werden, daß letzteres hier der Fall ist. Die Frage der Stabilität der Bahnen der unsymmetrischen Klasse blieb unbeantwortet. — Als Normalzustand der symmetrischen Klasse ergibt sich auf Grund des erwähnten Satzes, daß die Energie eine ständig wachsende Funktion der Quantenzahlen ist, die Bahn mit den Werten 0, 1, 1 für die Quantenzahlen n_1, n_2, n_3. Wegen $n_1 = 0$ ist hier $\lambda = const$ und die Bahn bleibt speziell stets auf einem bestimmten Rotationsellipsoid. Energie und Dimensionen dieser Bahn werden berechnet. Es ergibt sich für die Energie $-0{,}5175\, Rh$ (R = Rydbergkonstante) und für den Kernabstand $2c = 5{,}5358\, a_1$ (a_1 = Radius der innersten Bahn des Wasserstoffatoms). Die Ionisationsspannung, die zur Überführung von H_2 in H_2^+ in diesem Zustand erforderlich ist, ergibt sich daraus zu 23,7 Volt. Dies stimmt mit der aus den Anregungsbedingungen der Balmer-

serie von Franck gezogenen Schlußfolgerung überein, daß diese Spannung höher liegen muß als die Spannung von 16,5 Volt, welche zur Überführung von H_2 in $H + H^+ +$ Elektron erforderlich ist. Ferner wird darauf hingewiesen, daß der Prozeß $H_2^+ \longrightarrow H + H^+$ zwar mit einer Energieabgabe verbunden wäre, daß er aber dennoch nicht spontan eintreten kann, da man es im H_2^+ mit einem dynamisch stabilen Zustand zu tun hat. Auch kann gemäß der oben erwähnten Folgerung aus dem Korrespondenzprinzip kein spontaner Übergang vom in Rede stehenden Zustand der symmetrischen Klasse zur instabilen einquantigen Kreisbahn in der Mittelebene erfolgen, obwohl die letztere die kleinere Energie $-0{,}88\,Rh$ hätte. Es ergibt sich also auf Grund des Korrespondenzprinzips ein theoretisches Verständnis für die Existenz
645 von stabilen H_2^+-Teilchen, wie sie namentlich in Dempsters Kanalstrahlversuchen erfahrungsgemäß festgestellt sind. — Endlich wird betreffend das theoretisch zu erwartende Spektrum des H_2^+ (Viellinienfunkenspektrum) bemerkt, daß es durch fünf Quantenzahlen charakterisiert ist, indem zu den erwähnten Quantenzahlen n_1, n_2, n_3 noch die der Kernschwingung p und die der Rotation m hinzukommen. Die Quantenzahlen n_3 und m können sich gemäß dem Korrespondenzprinzip nur um 0 oder ± 1 ändern, doch wird besonders betont, daß hier stets Nullzweige, bei denen m unverändert bleibt, zu erwarten sind. Bei den Zuständen der symmetrischen Klasse ist ferner kein ultrarotes Spektrum zu erwarten, indem sich hier p und m nur ändern können, wenn sich zugleich eine der Quantenzahlen n_1, n_2, n_3 ändert. W. Pauli jr.

K. F. Niessen. Zur Quantentheorie des Wasserstoffmolekülions. Dissertation, Utrecht 1922. (Kurze Mitteilung in Ann. d. Phys. (4) 70, 129—134, 1923, Nr. 2.) Diese Abhandlung ist ohne Kenntnis der im voranstehenden besprochenen Arbeit verfaßt worden und enthält fast alle Ergebnisse des zweiten Teiles der letzteren Arbeit, der das aus zwei Kernen und einem Elektron bestehende mechanische System betrifft. Darüber hinausgehend wird aber die Rechnung in verschiedener Hinsicht weitergeführt und es werden gerade diejenigen Fragen erledigt, die in der oben besprochenen Arbeit noch offen geblieben waren. — Zunächst ist es dem Verf. gelungen, den Nachweis, daß die Gleichgewichtsbahnen der Mittelebene instabil sind, rein analytisch ohne numerische Rechnung zu erbringen. Sodann wird die unsymmetrische Klasse genauer untersucht. Das Ergebnis ist folgendes: Unter den speziellen Bahnen der unsymmetrischen Klasse, für die $n_2 = 0$, also $\mu = const$ ist, gibt es überhaupt keine Gleichgewichtsbahnen, wohl aber in dem Spezialfall $n_1 = 0$, $\lambda = const$ und im allgemeinen Fall, wo alle Quantenzahlen von Null verschieden sind. Was die Frage der Stabilität der Bahnen betrifft, so konnte die in der oben besprochenen Arbeit für die symmetrische Klasse angewandte Methode auch auf die unsymmetrische Klasse übertragen werden. Obwohl beide Klassen, was die Bahnform anlangt, nicht stetig zusammenhängen, zeigte es sich, daß doch sowohl die Gleichgewichtsbedingung für die Kerne als auch die Phasenintegrale $\oint p_\lambda d\lambda$ und $\oint p_\mu d\mu$ sich stetig ändern, wenn man von einer Bahn der unsymmetrischen Klasse mit bestimmten Werten n_1, n_2, n_3 der Quantenzahlen zur Bahn der symmetrischen Klasse mit den Werten n_1, $2n_2$, n_3 der Quantenzahlen übergeht. Weiter konnte der Verf. daraus schließen, daß im Fall, wo zu bestimmten Werten der Quantenzahlen nur eine Gleichgewichtsbahn der unsymmetrischen Klasse gehört, bei dieser Bahn das Kerngleichgewicht instabil ist, genau umgekehrt wie bei der symmetrischen Klasse. Durch numerische Rechnung ergab sich, daß dies immer der Fall ist, falls $n_1 + n_2 + n_3 \leq 6$ ist, in welchem Bereich es also keine stabilen Bahnen der unsymmetrischen Klasse gibt. Zwar gibt es solche stabilen Bahnen schon im Spezialfall $n_1 = 0$, aber dann ist $n_3/n_2 > 10$ und der Kernabstand $2c$ größer als $80\,a_1$

(a_1 = Radius des H-Atoms im Normalzustand). Zusammenfassend kann man also sagen, daß es keine Bahnen der unsymmetrischen Klasse gibt, von denen zu erwarten ist, daß sie praktisch vorkommen. — Für die symmetrische Klasse wird die Dimension und die Energie nicht nur für den Normalzustand, sondern auch für alle angeregten Zustände, bei denen $n_1 + n_2 + n_3 \leqq 6$ ist, numerisch berechnet. Bezüglich der Resultate muß auf die Tabelle in der kurzen Mitteilung in Ann. d. Phys. verwiesen werden. Es gibt für diesen Wertebereich der Quantenzahlen zu gegebenen Werten für diese niemals mehr als eine Gleichgewichtsbahn, infolgedessen ist bei allen diesen Bahnen das Kerngleichgewicht stabil. Für den Normalzustand ($n_1 = 0$, $n_2 = 1$, $n_3 = 1$) findet der Verf. für den Kernabstand $5{,}53\,a_1$ und für die Energie $-0{,}516\,Rh$ 646
in Übereinstimmung mit den im vorstehenden Referat angegebenen Werten. (Der kleine Unterschied in der dritten Dezimale dürfte wohl auf die Ungenauigkeit der Konstruktion oder der Rechnung zurückzuführen sein.) — Auch die Größe der ultraroten Eigenfrequenz der Kernschwingung wird für einige Quantenbahnen der symmetrischen Klasse berechnet. Setzt man diese Schwingungszahl $p_* \sqrt{\mu}\, R$ (μ = Quotient aus Elektron- und Kernmasse, R = Rydbergkonstante), so findet der Verf. folgende Werte von p_*:

$$\text{für } n_2/n_3 = 1 \text{ und } n_1/n_3 = 0, \quad p_*^2 = 0{,}150/n_3^6$$
$$\text{für } n_2/n_3 = 1 \text{ und } n_1/n_3 = 1/3, \quad p_*^2 = 0{,}078/n_3^6$$
$$\text{für } n_2/n_3 = 1 \text{ und } n_1/n_3 = 1/2, \quad p_*^2 = 0{,}056/n_3^6$$
$$\text{für } n_2/n_3 = 1 \text{ und } n_1/n_3 = 2/3, \quad p_*^2 = 0{,}041/n_3^6$$
$$\text{für } n_2/n_3 = 1 \text{ und } n_1/n_3 = 1, \quad p_*^2 = 0{,}032/n_3^6$$

Was endlich das Viellinienfunkenspektrum betrifft, wird im Falle der symmetrischen Klasse über die Bemerkungen der oben besprochenen Arbeit hinausgehend, noch auf eine weitere Auswahlregel aufmerksam gemacht, die aus dem Korrespondenzprinzip folgt: Für diejenigen Übergänge, bei denen n_3 unverändert bleibt, kann sich n_2 nur um eine ungerade Zahl ändern, falls andererseits n_3 sich um ± 1 ändert, kann n_2 sich nur um eine gerade Zahl ändern. Mit Rücksicht darauf werden aus den errechneten Energiewerten die zu erwartenden Linienfrequenzen ermittelt, wobei für eine erste Orientierung von Kernschwingung und Rotation abgesehen wird (vgl. die Tabelle in Ann. d. Phys.). — Auch die Werte der zur Überführung des neutralen H_2-Moleküls in die verschiedenen Quantenzustände des H_2^+-Ions nötigen Ionisationsspannung sind in einer Tabelle zusammengestellt. Insbesondere wird darauf hingewiesen, daß der von Franck, Knipping und Thea Krüger beobachtete unelastische Elektronenstoß bei einer Spannung von 30,5 Volt nicht, wie Franck früher annahm, der Bildung eines H_2^+-Ions zugeschrieben werden kann.

W. Pauli jr.

Kapitel V
Hyperfeinstruktur und Kerndrehimpuls

1
Wolfgang Pauli
Zur Frage der theoretischen Deutung der Satelliten einiger Spektrallinien und ihrer Beeinflussung durch magnetische Felder*

„Pauli veröffentlichte einen Aufsatz in Die Naturwissenschaften, *in dem er genau die von Back und mir analysierten Beobachtungen beschrieb und vorhersagte. Er sagte eindeutig, daß solche Daten einen Hinweis auf einen Drehimpuls des Atomkerns geben könnten. Eine noch deutlichere Formulierung gab Pauli im Schlußparagraphen seines berühmten Handbuchartikels in der Auflage von 1926, worin er außerdem noch auf die Untersuchungen von Joos und Ruark und Chenault aufmerksam machte. Wir hatten Paulis äußerst wichtigen Pionierarbeiten zu diesem neuen Gebiet, welche die Kernphysik in die Spektroskopie einführten, völlig übersehen."*

Goudsmit (1961)

Zur Frage der theoretischen Deutung der Satelliten einiger Spektrallinien und ihrer Beeinflussung durch magnetische Felder

Es ist eine den Spektroskopikern seit langem bekannte Tatsache, daß viele Spektrallinien, namentlich bei Elementen höherer Atomnummer, aus einer größeren Zahl von Einzelkomponenten, sogenannten Satelliten, bestehen, deren Abstand in

* Pauli (1924 c)

Wellenzahlen der Größenordnung nach im Durchschnitt ungefähr 0,5 cm^{-1} beträgt. In dem üblichen Serienschema werden nun die Spektralterme eines Termsystems außer in die verschiedenen, durch die Quantenzahlen n und k klassifizierten Termserien nur noch in die in letzter Zeit vielfach diskutierten, durch die dritte Quantenzahl j charakterisierten Multiplets eingeteilt. Die Satelliten, die neben dieser gewöhnlichen Komplexstruktur noch eine Art von Hyperfeinstruktur darstellen, haben in diesem Serienschema keinen Platz. Es scheint auch sehr schwierig, diese Hyperfeinstruktur auf Grund der Quantentheorie des Atombaues als Folge der Wechselwirkung der Elektronen des Atoms zu erklären. Gemäß dem Korrespondenzprinzip deutet man nämlich das Vorhandensein der drei Quantenzahlen n, k, j mit den zugehörigen bekannten Auswahlregeln durch die Vorstellung, daß das Serienelektron eine präzessierende Zentralbahn beschreibt, in deren Fourierzerlegung entsprechend den drei Freiheitsgraden des Serienelektrons gerade drei Grundfrequenzen auftreten. Auch sprechen verschiedene systematische Gründe dafür, die Konfiguration der inneren Elektronengruppen des Atoms in den normalen Spektralserien als vollständig bestimmt anzunehmen, so daß es unbefriedigend wäre, die Satelliten auf eine Anzahl von Zuständen dieser Elektronengruppen mit nur wenig verschiedenen Energiewerten zurückzuführen. Andererseits fordert das Auftreten der Hyperfeinstruktur zufolge des Korrespondenzprinzips das Vorhandensein von mindestens einer weiteren Grundfrequenz in der Fourierzerlegung der Bewegung des Serienelektrons, die überdies von der verhältnismäßig sehr kleinen Größenzuordnung der Schwingungszahldifferenz der Satelliten einer Spektrallinien sein muß.

Kürzlich ist nun das Auftreten der Satelliten von *Nagaoka* und seinen Mitarbeitern[1], denen man die systematische Ausdehnung der Satellitenmessungen ins ultraviolette Gebiet und speziell bei Quecksilber ein umfangreiches, wertvolles Beobachtungsmaterial verdankt, mit dem Vorhandensein von verschiedenen Isotopen eines Elementes unter Zugrundelegung von speziellen Vorstellungen über den Kernbau in Verbindung gebracht worden. Ohne diese speziellen Vorstellungen und die besonderen Ansichten dieser Verfasser über den Zusammenhang der Satelliten mit den verschiedenen Isotopen eines Elementes sowie deren formelmäßige Darstellung der Abstände gewisser Satelliten für hinreichend begründet zu halten[2], wollen wir hier den Gedanken *Nagaokas* und seiner Mitarbeiter versuchsweise in der allgemeinen Fassung aufnehmen, *daß die Satelliten in dem zusammengesetzten Bau des Kernes und den davon herrührenden Abweichungen des Kernkraftfeldes vom Coulombschen Feld ihre Entstehungsursache haben.* Wir wollen überdies (als einzige hier eingeführte besondere Annahme über den Kernbau) voraussetzen, daß der Kern (von etwaigen speziellen Ausnahmefällen abgesehen) ein nicht verschwindendes resultierendes Impulsmoment besitzt. Dann müssen sich das Kerngebäude und das System der Außenelektronen, (dessen Teil ja infolge der viel stärkeren Wechselwirkung der Elektronen untereinander und der Quantenbedingungen als fest gegeneinander orientiert anzusehen sind), infolge der zwischen ihnen herrschenden Wechselwirkungskräfte in verschiedenen, quantenmäßig bestimmten Orientierungen

1 H. Nagaoka, Y. Sugiura und T. Mishima, Japanese Journ. of Physics, **2**, 121, 1923; Nature **113**, 459, 1924. H. Nagaoka und Y. Sugiura, Japanese Journ. of Physics **2**, 167, 1923.

2 Vgl. hierzu C. Runge, Nature **113**, 781, 1924.

gegeneinander einstellen. Hierbei werden sich der Kernimpuls und der durch die Quantenzahl j bestimmte Gesamtimpuls der Außenelektronen zu bestimmten, gequantelten Werten des resultierenden Impulsmomentes des ganzen Atoms zusammensetzen.

Die Aufspaltung der Spektrallinien in die Satelliten käme dann energetisch durch die *Verschiedenheit der Wechselwirkungsenergie zwischen Kern und Außenelektronen in diesen verschiedenen Orientierungen* zustande. Korrespondenzmäßig würde die Aufspaltung in die Satelliten bedingt durch die neue Frequenz (oder die neuen Frequenzen) in der Fourierzerlegung der Bewegung des Serienelektrons, die von der *Relativbewegung des ganzen Systems der Außenelektronen zum Kerngebäude* herrührt. (Eine interessante, aus den vorliegenden Beobachtungen noch nicht entscheidbare Frage ist dabei, ob diese Relativbewegung, analog wie bei der gewöhnlichen Komplexstruktur, einfach in einer gleichförmigen Präzession besteht.)

Durch diese Vorstellung scheint nicht nur die Schwierigkeit, die Satelliten überhaupt theoretisch zu deuten, beseitigt, sondern man versteht auch, daß die Satelliten nur bei Elementen höherer Atomnummer vorkommen, da ja bei kleinen Atomnummern die Abweichung der Wechselwirkungsenergie zwischen Kern und Außenelektronen vom Coulombschen Potential zu gering sein wird, als daß sie praktisch in Erscheinung treten könnte. Auch ist mit unserer Vorstellung in Einklang, daß bei homologen Spektrallinien chemisch ähnlicher Elemente, wie z. B. bei Hg und Cd, die Anzahl der Satelliten oft recht verschieden zu sein scheint. Um die Möglichkeit unserer Auffassung darzutun, müssen wir noch zeigen, daß der zusammengesetzte Bau des Kernes überhaupt zu Effekten der empirisch festgestellten Größenordnung Anlaß geben und nicht etwa nur zu viel kleineren Aufspaltungen als den beobachteten führen kann. Dieser Nachweis läßt sich leicht durch eine Überschlagsrechnung erbringen, wenn man als den größten Posten der in Rede stehenden Wechselwirkungsenergie die Energie zwischen Kerngebäude und K-Schale in verschiedenen relativen Orientierungen abschätzt. Setzt man die K-Schale als wasserstoffähnlich und das Kerngebäude als elektrischen Quadrupol mit dem Moment $e\,d^2$, e = Elektronenladung, $d = 10^{-13}$ cm an, so erhält man schon für die Atomnummer $Z = 30$ Aufspaltungen der verlangten Größenordnung. Für hohe Atomnummern würden sich nach dieser einfachen Abschätzung sogar beträchtlich zu große Aufspaltungen ergeben. Da jedoch sowohl der Kern wie die K-Schale sich in Wirklichkeit in dynamischer Hinsicht viel zentralsymmetrischer verhalten können, als nach einer solchen einfachen Abschätzung zu erwarten wäre, fällt dies wohl nicht allzu schwer ins Gewicht. Im Fall hoher Atomnummern muß übrigens auch das Valenzelektron, das ja nach *Bohr* in manchen Quantenzuständen des Atoms, wenn auch nur in sehr kurzen Zeitintervallen, dem Kern sehr nahe kommt, bei der Energiebilanz berücksichtigt werden[3].

Es sei besonders betont, daß, selbst wenn die angegebene Auffassung der Satelliten im Prinzip das Richtige treffen sollte, sie wahrscheinlich nur ein gegenüber der Wirklichkeit vereinfachtes Schema darstellt. Weitere komplizierende Umstände können in verschiedener Weise hinzutreten, und als solche können auch die von *Nagaoka* in Betracht gezogenen verschiedenen Isotopen eines Elementes eine Rolle

3 Vgl. N. Bohr, Nature vom 10. Juni 1922.

spielen, bei deren Vorhandensein die Anzahl der Satellitkomponenten möglicherweise stark vergrößert werden könnte. Die Wechselwirkungsenergie zwischen dem Kerngebäude und den Außenelektronen bleibt aber stets wesentlich.

Wir wollen nun überlegen, was wir nach unseren Vorstellungen für das *Verhalten der Satelliten unter der Einwirkung von äußeren magnetischen Feldern* theoretisch erwarten müssen. Solange das Magnetfeld hinreichend schwach ist, wird es zunächst die relative Orientierung vom System der Außenelektronen und dem Kerngebäude noch nicht verändern können, das Atom wird sich als Ganzes im Magnetfeld einstellen, mit einer Anzahl von Einstellungsmöglichkeiten, die seinem Gesamtimpulsmoment entspricht. Die Größe der in diesem Fall in der Feldstärke linearen Zeemanaufspaltung wird nun durch den Quotient von magnetischem und Impulsmoment des Atoms bestimmt. Da zu diesem in unserem Fall auch die schweren Massen des Kernes beitragen, ist daher hier (im Gegensatz zum Fall der gewöhnlichen Multipletstruktur) schon auf Grund der gewöhnlichen Mechanik und Elektrodynamik und der bekannten Prinzipien der Quantentheorie der bedingt periodischen Systeme ein anomaler, von demjenigen der gewöhnlichen Komplexstruktur überdies verschiedener, Zeemantypus zu erwarten. Bei anwachsendem Feld haben wir jedoch bald eine starke Veränderung dieses Typus zu erwarten infolge des Wettstreites zwischen den orientierenden Kräften des äußeren Magnetfeldes und den Wechselwirkungskräften zwischen Kerngebäude und Außenelektronen. Und wenn das Magnetfeld so stark geworden ist, daß die Zeemanaufspaltung groß ist gegenüber den ursprünglichen Satellitenabständen, werden die Wechselwirkungskräfte zwischen Außenelektronen und Kerngebäude von den Kräften des äußeren Magnetfeldes vollständig überwunden werden, und jedes Einzelsystem wird sich für sich im Magnetfeld so einstellen, als ob das andere gar nicht vorhanden wäre. Auch werden dann nur solche mit Ausstrahlung verbundene Quantensprünge mit merklicher Häufigkeit vorkommen, bei denen die Orientierung des Kernes zum äußeren Magnetfeld unverändert bleibt. Dies alles ist ja dem Paschen-Back-Effekt bei der gewöhnlichen Multipletstruktur völlig analog. Der schließlich resultierende Zeemantypus wird in unserem Fall natürlich derjenige sein müssen, der, ganz abgesehen von der Kernstruktur, zu der betreffenden Multipletlinie gehört, so wie er in letzter Zeit vielfach erörtert wurde.

Zusammenfassend können wir also sagen: *Gemäß den über den Ursprung der Satelliten gemachten Annahmen müssen diese in einem äußeren Magnetfeld eine dem Paschen-Back-Effekt vollständig analoge Umwandlung erleiden, deren Anfangszustand (schwache Felder) ein neuer, komplizierter Zeemantypus und deren Endzustand (starke Felder) der gewöhnliche, zur betreffenden Spektrallinie gehörende (anormale) Zeemaneffekt ist.* In Fällen, wo die Spektrallinie nicht mehr in ihre Satelliten aufgelöst werden kann, da diese zu eng liegen, kommt natürlich nur der letztere Fall praktisch zur Beobachtung.

Dieses theoretisch zu erwartende Verhalten der Satelliten im Magnetfeld ist nun mit den Beobachtungen völlig im Einklang. *Nagaoka* und *Takamine*[4] fanden bei schwachen Feldern kompliziertere Zeemantypen und bei wachsender Stärke des Magnet-

4 H. Nagaoka und T. Takamine, Phil. Mag. **27**, 333, 1914; **29**, 241, 1915; daselbst auch ältere Literatur.

feldes eine Verwandlung (in der Feldstärke nicht lineare Aufspaltung, asymptotisches Aneinanderrücken von Satellitkomponenten, Erlöschen gewisser Zeemankomponenten), die sie selbst als zum Paschen-Back-Effekt analog bezeichnen. Auch *Back*[5] fand bei seinen Präzissionsmessungen des Zeemaneffektes bei einigen Spektrallinien mit einer Hyperfeinstruktur ein analoges Verhalten. Stets ist dann in schwachen Feldern der Zeemantypus ein komplizierterer als er nach der Serienanordnung der Linien zu erwarten wäre. Andererseits findet *Back* bei einigen Linien mit Satelliten, z. B. bei dem Grunddublet des Cu, in hinreichend starken Feldern bereits keine Abweichung vom gewöhnlichen, zu diesen Linien gehörigen Zeemantypus mehr, „es sei denn, daß man die auch im Vakuum beträchtliche Breite der Zeemankomponenten als solche betrachtet". Auch diese Breite der Zeemankomponenten entspricht der theoretischen Erwartung, da beim Paschen-Back-Effekt stets Aufspaltungen von der Größenordnung der ursprünglichen Feinstruktur zurückbleiben.

Das Ergebnis unserer ganzen Diskussion können wir kurz wie folgt zusammenfassen:

1. Es wird die Hypothese näher verfolgt, daß die Satelliten verschiedener Spektrallinien, die im üblichen Serienschema keinen Platz finden, dem Unterschiede der Wechselwirkungsenergie zwischen den Außenelektronen und dem Kerngebäude bei verschiedenen Orientierungen dieser Systeme gegeneinander ihre Entstehung verdanken (abgesehen von eventuell hinzutretenden komplizierenden Umständen). Diese Energieunterschiede werden dabei als vom zusammengesetzten Bau des Kernes herrührend aufgefaßt und es wird angenommen, daß der Kern im allgemeinen ein nicht verschwindendes resultierendes Impulsmoment besitzt. Auf Grund dieser Hypothese ist verständlich, daß die Satelliten nur bei höheren Atomnummern auftreten; auch ist die Größenordnung der beobachteten Satellitenabstände mit ihr verträglich.
2. Auf Grund der genannten Hypothese kann das beobachtete Verhalten der Satelliten unter der Einwirkung eines äußeren Magnetfeldes qualitativ erklärt und als Paschen-Back-Effekt aufgefaßt werden, der von einem komplizierteren zu demjenigen Zeemantypus führt, welcher der betreffenden Spektrallinie gemäß ihrer Stellung im Multipletsystem zukommt.

Wir möchten zum Schluß besonders hervorheben, daß uns auf Grund des vorliegenden Beobachtungsmateriales die hier diskutierte Hypothese über den Ursprung der Satelliten noch keineswegs als endgültig gesichert erscheint; wir möchten es sogar in keiner Weise für ausgeschlossen halten, daß sie sich noch als gänzlich irrig erweisen wird. Der Hauptzweck dieser Note ist jedoch, die Aufmerksamkeit der experimentellen wie der theoretischen Physiker auf die Satelliten der Spektrallinien zu lenken. Sollte sich nämlich andererseits die hier vorgeschlagene Auffassung der Satelliten als richtig herausstellen, so könnte man hoffen, aus einem vervollständigten und gemäß dem Kombinationsprinzip in Spektralterme geordneten Beobachtungsmaterial in Zukunft auf rein spektroskopischem Wege über den Bau der Kerne etwas zu erfahren.

Hamburg, den 17. August 1924. W. Pauli jr.

5 E. Back, Ann. d. Phys. **70**, 333, 1923. Siehe S. 366–369 und Bild 7 der Tafel I.

Kapitel VI
Ausschließungsprinzip und Periodensystem der Elemente

1
Brief Paulis an Niels Bohr*
12. Dezember 1924

„Heute habe ich Ihre neue Arbeit gelesen und es ist sicher, daß ich derjenige Mensch bin, der sich am meisten *darüber* freut, *nicht nur, weil Sie den Schwindel auf eine bisher ungeahnte, schwindelhafte Höhe treiben und damit alle bisherigen Rekorde, deren Sie mich beschimpft,* spielend *geschlagen haben (indem Sie* einzelne *Elektronen mit 4 Freiheitsgraden einführen), sondern überhaupt, ich triumphiere, daß auch Sie (et tu, Brute!) mit gesenktem Haupt in's Land der Formalismusphilister zurückgekehrt sind; aber seien Sie nicht traurig, Sie werden dort mit offenen Armen empfangen."*

Heisenberg an Pauli, 15. Dezember 1924

„Ich bin auch nicht ganz sicher, ob Sie eine gefährliche Grenze überschreiten, wenn Sie ... das endgültige Todesurteil über eine korrespondenzmäßige Erklärung des Gruppenabschlusses aussprechen. Daß Ihre eigenen schönen Zahlenharmonien nicht so ganz unabhängig von den armen klassischen Raumbegriffen sind, wie der Gebrauch von 4 Dimensionen für eine Beschreibung der Elektronenbahn vermuten lassen könnte, dürfte vielleicht auf die Entstehung von Quantenbahnen mit denselben 4 Quantenzahlen in den ‚äußeren' und ‚inneren' Teilen der Atome hindeuten."

Bohr an Pauli, 22. Dezember 1924

* Enthalten in Pauli [1979/85], Band I, S. 186–189

Sehr verehrter, lieber Herr Professor!

Eben heute wollte ich das beiliegende Manuskript[1] einer noch unpublizierten Arbeit an Heisenberg senden. (Deshalb gerade an Heisenberg, weil ich glaube, daß er von allen Physikern am wenigsten damit einverstanden sein wird, was ich da geschrieben habe.) Nun kam gerade Ihr lieber Brief, über den ich mich riesig gefreut habe. Ich sah daraus, daß Sie immer sehr herzlich an mich denken und daß Sie sich eben jetzt dafür interessieren, womit ich mich nun beschäftige. Deshalb sende ich nun das Manuskript direkt an Sie.

Ich muß Ihnen aber noch etwas näher schreiben, wie ich dazu gekommen bin, diese Arbeit zu schreiben und wie ich die Sache im allgemeinen ansehe. Ich hatte den festen Vorsatz, sobald ich meinen Quantenartikel für das Lehrbuch von Müller-Pouillet[2] abgeschickt habe (das geschah vor etwa 6 Wochen), mich wieder der Wärmeleitung zuzuwenden. Aber es kommt oft anders als man denkt. Als ich bei Abfassung dieses Artikels über die gewöhnliche Theorie des normalen Zeemaneffektes und das Larmor-Theorem schrieb, kam mir der Gedanke, daß schon nach der gewöhnlichen Quantentheorie die relativistische Abhängigkeit der Elektronenmasse von der Geschwindigkeit Abweichungen von diesem Theorem zur Folge haben muß[3]. Es ist nämlich der Quotient aus magnetischem und Impulsmoment gleich $\frac{e}{2mc}$ mit $m = \frac{m_0}{\sqrt{1 - v^2/v^2}}$, also kommt zum Normalzustand $\frac{e}{2m_0c}$ dieses Quotienten der Korrektionsfaktor $\gamma = \sqrt{1 - v^2/c^2}$ (zeitlicher Mittelwert über einen Umlauf) hinzu. Für eine wasserstoffähnliche Bahn mit der Kernladungszahl Z ist

$$\gamma = 1 - \frac{1}{2}\frac{\alpha^2 Z^2}{n^2} + \ldots, \quad \left(\alpha = \frac{2\pi e^2}{hc}\right).$$

Nun gibt es eine Theorie, nach der im wesentlichen die K-Schale die Ursache des anomalen Zeemaneffektes sein soll, indem das Moment derselben nicht verschwindet und der Quotient von magnetischem und Impulsmoment für dieselbe doppelt so groß sein soll als klassisch. Bei der K-Schale haben wir es jedoch mit rasch bewegten Teilchen zu tun und der Wert von γ wird bei höheren Atomnummern sehr beträchtlich von 1 verschieden*. „Doppelt so groß als klassisch" für den fraglichen Quotienten würde nun bedeuten, daß man in starken Feldern die magnetische Energie

$$E = (2\gamma m_r + m_k)\, oh$$

anzusetzen hat und nicht $E = 2m_r + m_k$. Statt „doppelt so groß als klassisch" könnte man vielleicht auch sagen „klassisch + Normalwert", dann wäre

$$E = [(1 + \gamma)\, m_r + m_k]\, oh.$$

---

* Bei Cs ist die Abweichung 6 %, bei Hg oder Tl bereits 17 %.

1 Pauli (1925 b)

2 Pauli [1929 a, b]

3 Siehe Pauli (1925 a)

Man kann von hier aus leicht mittels der Summenregel zu den Energiewerten in schwachen Feldern übergehen. Es zeigt sich nun, daß die Beobachtungen des Zeemaneffektes in Wahrheit ganz unvereinbar mit dem Auftreten eines solchen Korrektionsfaktors sind. Man muß schon genau $2m_r + m_k$ für $\frac{E}{oh}$ in starken Feldern setzen. (Das ist auch das, was ich erwarte. Ich wollte damit nur der bestehenden Theorie einen Fallstrick drehen.)

Ausreden gibt es da sehr viele. Ich glaube an diese Ausreden aber nicht. Vielmehr bin ich der Ansicht, daß man die Realität des Rumpfimpulses der Edelgasschalen stark übertrieben hat. Ferner halte ich die Annahme, die Anomalie des Zeemaneffektes rühre daher, daß der Atomrest einen doppelt so großen Magnetismus hat als er klassisch sollte, für unhaltbar. Diese Annahme (die eigentlich von mir selbst herrührt, die aber die anderen dann viel zu ernst genommen haben), widerspricht meinem physikalischen Gefühl auf das lebhafteste. Denn sie ist gänzlich unbegreiflich und *isoliert* in der Quantentheorie. Insbesondere besteht keine direkte logische Verbindung zwischen ihr und der Tatsache, daß die Alkalispektren Dublettstruktur besitzen.

Demgegenüber habe ich versucht, einmal folgende Arbeitshypothese möglichst weit zu verfolgen: Die Dublettstruktur der Alaklien ist im wesentlichen eine Eigenschaft des Leuchtelektrons allein. Dieselbe klassisch nicht beschreibbare Zweideutigkeit, welche die Dublettstruktur verursacht, bedingt auch die Anomalie des Zeemaneffektes. Diese selbe Zweideutigkeit äußert sich erstens darin, daß eine andere Quantenzahl für die Größe der Relativitätskorrektion maßgebend ist wie für die Größe der Zentralkräfte zwischen Leuchtelektron und Atomrest und zweitens darin, daß für das magnetische Moment eine andere Quantenzahl maßgebend ist wie für das Impulsmoment.

Soweit habe ich meine Überlegungen publiziert, das heißt bereits an die Zeitschrift für Physik geschickt. Der wichtigere zweite Teil dieser Überlegungen, der nun zeigen soll, was ich mit meiner Auffassung eigentlich positiv leisten kann, ist in dem beiliegenden Manuskript zusammengefaßt. Dieses ist noch nicht an die Zeitschrift abgeschickt. Ich sah, daß ich das Aufbauprinzip retten kann und daß ich im Anschluß an die Arbeit von *E. C. Stoner*, auf die ich durch das Vorwort der Neuauflage des Sommerfeldschen Buches aufmerksam wurde, „in ungezwungener Weise" zu einer allgemeinen Theorie des Abschlusses der Elektronengruppen im Atom gelangen kann.

Da ist eine Frage, über die ich gerne Ihre Ansicht hören würde. Ich habe Ihnen schon öfters gesagt, daß ich der Meinung bin, das Korrespondenzprinzip hat in Wahrheit gar nichts mit dem Problem des Abschlusses der Elektronengruppen im Atom zu tun. Sie haben mir damals immer geantwortet, Sie glauben, ich sei da *zu* kritisch. Nun glaube ich aber meiner Sache ziemlich gewiß zu sein. Das Ausschließen von gewissen stationären Zuständen (*nicht:* Übergängen), um das es sich hierbei handelt, hat eher eine prinzipielle Ähnlichkeit mit dem Ausschließen der Zustände $m = 0$ oder $k = 0$ beim H-Atom als z. B. mit der Auswahlregel $\Delta k = \pm 1$. Halten Sie immer noch an Ihrer angeblichen Anwendung des Korrespondenzprinzips in diesem Fall fest? Ich glaube, es ist alles viel einfacher in Wirklichkeit; von harmonischem Wechselspiel braucht man dabei gar nicht zu sprechen.

Von der Arbeit von Stoner bin ich sehr begeistert. Je öfter ich sie lese, desto mehr gefällt sie mir. Das war doch eine eminent gescheite Idee, die Anzahl der Elektronen in den abgeschlossenen Untergruppen mit der Anzahl der Zeeman-Terme der Alkalispektren in Beziehung zu setzen!
Nun noch einen prinzipiellen Punkt. Die Auffassung, von der ich ausgehe, ist ganz bestimmt ein Unsinn. Denn es gelingt auf diese Weise nicht, den vom Korrespondenzprinzip geforderten Bewegungstypus der präzessierenden Zentralbahn mit der relativistischen Dublettformel zu versöhnen. Dieser Bewegungstypus scheint sogar mit meinen Annahmen vorläufig unvereinbar zu sein. Aber ich glaube, daß das, was ich hier mache, *kein größerer* Unsinn ist, als die bisherige Auffassung der Komplexstruktur. Mein Unsinn ist zu dem bisher üblichen Unsinn konjugiert. Eben deshalb glaube ich, daß dieser Unsinn beim jetzigen Stand des Problems notwendigerweise gemacht werden muß. Der Physiker, dem es einmal gelingen wird, diese beiden Unsinne zu addieren, der wird die Wahrheit erhalten[4]!
Es kommt mir vor allem darauf an, wieder Leben in alle diese Fragen zu bringen. Sollte meine Arbeit zur Folge haben, daß Sie oder ein anderer Physiker sich wieder mit diesen Problemen beschäftigen und sie wesentlich weiter bringen werden, dann ist diese Arbeit nicht vergeblich gewesen und es liegt mir wenig daran, mit jedem Wort Recht zu behalten.
Was ich mir, ganz vag und unbestimmt, über die Versöhnung der beiden Auffassungen der Komplexstruktur der Alkalien denke, die ich heute *beide* für unentbehrlich halte, ist dieses. Daß das Korrespondenzprinzip nicht nur auf mehrfach periodische Systeme begrenzt ist, sondern auch für alle Atome in irgend einer Form Geltung besitzen wird, ist ja nicht zu bezweifeln. Wir dürfen uns aber nicht darüber hinwegtäuschen, daß wir für Nicht-Periodizitätssysteme eine genaue Formulierung dieses Prinzips noch nicht besitzen, daß vielmehr eine solche Formulierung erst *zu suchen* ist. Wir müssen deshalb mit Schlüssen aus dem Korrespondenzprinzip bei Atomen mit mehr als einem Elektron mit einer gewissen Vorsicht verfahren.
Die relativistische Dublettformel scheint mir nun zweifellos zu zeigen, daß nicht nur der dynamische Kraftbegriff, sondern auch der kinematische Bewegungsbegriff der klassischen Theorie tiefgehende Modifikationen wird erfahren müssen.* (Deshalb habe ich auch die Bezeichnung „Bahn" in meiner Arbeit durchweg vermieden.) Da dieser Bewegungsbegriff auch dem Korrespondenzprinzip zu Grunde liegt, so müssen seiner Klärung vor allem die Anstrengungen der Theoretiker gelten. Ich

* Dies halte ich für sicher – trotz unseres guten Freundes Kramers und seiner bunten Bilderbücher[5]. – „Und die Kinder, sie hören es gerne." Wenn auch das Verlangen dieser Kinder nach Anschaulichkeit teilweise ein berechtigtes und gesundes ist, so darf dieses Verlangen doch niemals in der Physik als Argument für die Beibehaltung gewisser Begriffssysteme gelten. Sind die Begriffssysteme einmal abgeklärt, so werden auch die neuen anschaulich sein.

4 Ähnliche Bedenken äußerte Pauli auch in einem Brief an Landé.

5 Pauli bezieht sich hier auf eine farbige Abbildung der Elektronenbahnen verschiedener Elemente, die später auch dem Büchlein von H. A. Kramers und H. Holst: „Das Atom und die Bohrsche Theorie seines Baues". Berlin: Julius Springer 1925, beigefügt wurde. Das gleiche Werk war zuvor 1922 in dänischer und 1923 in englischer Sprache erschienen. Die gleichen Figuren waren ebenfalls in dem Kramerschen Aufsatz: „Das Korrespondenzprinzip und der Schalenbau der Atome" im Bohrheft der Naturwissenschaften **11**, 550–559 (1923) abgebildet.

glaube, daß Energie- und Impulswerte der stationären Zustände etwas viel realeres sind als „Bahnen".

Das (noch unerreichte) Ziel muß sein, diese und alle anderen physikalisch realen, beobachtbaren Eigenschaften der stationären Zustände aus den (ganzen) Quantenzahlen und quantentheoretischen Gesetzen zu deduzieren[6]. Wir dürfen aber nicht die Atome in die Fesseln unserer Vorurteile schlagen wollen (zu denen nach meiner Meinung auch die Annahme der Existenz von Elektronenbahnen im Sinne der gewöhnlichen Kinematik gehört), sondern wir müssen umgekehrt unsere Begriffe der Erfahrung anpassen.

Nun danke ich Ihnen nochmals für alle Freundlichkeit zu mir. Ich möchte Sie sehr bitten, mir das Manuskript (wo möglich mit vielen Einwänden und kritischen Bemerkungen) nach den Weihnachtsferien (gegen 8. Januar) zurückzusenden. Ich besitze nämlich keine Kopie. Ich bin nicht im entferntesten traurig oder gekränkt, falls Sie keine Zeit haben, mir Ihre Ansicht selbst zu schreiben und sie mir lieber durch Heisenberg mitteilen lassen.

Herrn Heisenberg lasse ich vielmals grüßen und lasse ihn bitten, mir möglichst bald zu schreiben, ob, wo und wann ich ihn während der Weihnachtsferien in Mitteleuropa sprechen kann. Ich möchte ihn furchtbar gerne irgendwo sehen und seine Ansicht hören. Kann er nicht Anfang Januar nach Hamburg kommen (während der Feiertage bin ich in Wien)? Über die Strahlungsprobleme ein anderes Mal. – Grüße auch an alle anderen Bekannten, besonders an Kramers, dem es hoffentlich gut geht, sowie an Hansen und Werner

von Ihrem stets dankbaren Pauli

6 Das hier von Pauli angedeutete Programm einer Herleitung der quantentheoretischen Gesetze aus beobachtbaren Eigenschaften unter Verzicht auf Anschaulichkeit entspricht seiner Ausführung durch Heisenberg im folgenden Jahre. Heisenberg hielt sich z. Z. in Kopenhagen auf und dürfte diesen Brief zusammen mit Paulis Manuskript ebenfalls gelesen haben.

2
Brief Paul Ehrenfests an Pauli*
24. Januar 1927

Leiden, 24. Januar 1927

Lieber, fürchterlicher Pauli!

Ich danke Ihnen sehr für Ihre zwei Postkarten. Sehen Sie, den Umstand, daß zum Beispiel im Heliumatom die zwei Elektronen gleiche Translationsquanten besitzen dürfen, falls sie nur verschiedenen Spin haben, diesen Umstand hatte ich wirklich nicht übersehen. Aber ich beruhigte mein Gewissen mit dem folgenden, bewußt selbstbetrügerischen Schlummerliedchen: Wegen der magnetischen Anziehungskraft sind Elektronen mit *gleichem* Spin füreinander durchdringlich, weil dann die elektrostatische Abstoßung durch die stark anwachsende magnetische Anziehung überwunden wird, sobald die Elektronen beinahe zusammenfallen. Bei „entgegengesetztem" Spin hingegen unterstützt die magnetische Abstoßung noch die elektrische.

Nun, Pauli, sie begreifen, daß ich so einen Schwindel (selbst ich!) nicht drucken will, wenn ich es irgend vermeiden kann. Drum bin ich vorsichtig um diesen Brei herumgekrochen in der Hoffnung, daß ein anderer mich anfällt und ich dann aus Notwehr diesen „dem gegenwärtigen Zustand der Wissenschaft entsprechenden" Schwindel loslassen darf. Im Grund ist es bei mir mehr Glaubenssache: Ich hatte schon seit langer Zeit das Gefühl, daß Ihr Verbot es ist, das zunächst die Atome und dadurch die Kristalle vor dem Einschrumpfen bewahrt (in einem populären Vortrag über „was macht die festen Körper fest" hatte ich das vor mehreren Monaten angedeutet). Bei dem Versuch, ein ideales Gas endlich einmal rational *unter Berücksichtigung* der Undurchdringlichkeit der Moleküle zu quantisieren, bemerkte ich dann zum erstenmal die eigentümliche Umkehrung dieses Gedankens und deshalb ließ ich mich nicht durch den Spin-Einwand deprimieren, sobald ich sah, daß man gegen ihn noch diese oben angedeutete Beschwörungsformel murmeln kann. Es werden das eben gescheitere Köpfe als ich ganz in Ordnung bringen. Wahrscheinlich gerade Sie, Pauli! Erlauben Sie mir deshalb ,,weiter auf dem Bock herumzureiten, den ich in jenem Naturwissenschaft-Brief[1] (ihrer Meinung nach) ge-

---

* Enthalten in Pauli [1979/85], Band I, S. 371–373

1 P. Ehrenfest: Besteht ein allgemeiner Zusammenhang zwischen der wechselseitigen Undurchdringlichkeit materieller Teilchen und dem Pauli Verbot? Naturwiss. **15**, 161–162 (1927). Am 1. März 1927 verfaßte Ehrenfest einen Widerruf zu dieser Arbeit (Naturwiss. **15**, 268 (1927)). Ebenfalls betroffen davon wurde die unter 3 genannte Abhandlung.

schossen habe" (diese schöne Redensart habe leider Gottes nicht ich erfunden, sondern Salomon Spitzer in einer wütenden Polemik mit Petzval[2], alles in Wien zirka 1850–1860).

Daß mir in meiner „gerade"-Briefkarte beim Übergang von ein nach drei Dimensionen das Herz für einige Stunden ganz in die Hose gefallen war, beruhte auf einem kurzdauernden Mißverständnis mit folgender Ursache: Ich bemerkte nämlich, daß für ein rechtwinklig-parallelelepipedisches Gefäß noch andere Permutationen beim selben Eigenwerte erlaubt sind, also für undurchdringliche Moleküle doch noch andere antisymmetrische Lösungen als die Determinantenkombination möglich werden. Später aber begriff ich, daß das ganz wurscht ist, nur für spezialisierte Gefäßformen eintritt und dann sehr einfach zu begreifen ist, daß bei spezieller Gefäßform zu einem und demselben Eigenwert *mehrere* Determinanten-Lösungen gehören. Deshalb ließ ich die Sache mit einer ganz kleinen Veränderung (Dreidimensionales Gas im Gefäß von „allgemeiner" Form) abdrucken – trotz Pauli-Verbot! Aber, lieber, lieber Pauli, was bleibt denn Ihren physikalischen Zeitgenossen (außer den zwei drei ganz besonderen) anderes übrig als diejenigen Dinge zu publizieren, deren Publikation Sie unterlassen, weil Sie sie „zu leicht befunden" haben?! Und scheint es nicht, als ob in der letzten Zeit kaum eine Sache sich als lebensfähig erweist, wenn sie nicht erst als Segen den Fluch eines Pauli-Verbotes mitgekriegt hat? Schließlich ist ja auch der adelnde Ritterschlag kaum etwas anderes als eine stilisierte Watschen!

Ich erlaube mir Ihnen noch demnächst die Korrektur eines kurzen Stückes zuzusenden, das Uhlenbeck und ich vor ein paar Tagen an die Zeitschrift für Physik abgesendet haben über das Einsteinsche Mischungsparadoxon[3]. Unsere Überlegungen waren fertig, als Ihre Korrektur über Magnetismus[4] ankam. Nur war noch nicht alles niedergeschrieben. Sofern es sich um einfache undurchdringliche Punkte handelt, haben wir, glaube ich, das Paradoxon völlig gelöst. Das heißt, indem wir konsequent die $3N$-dimensionale Betrachtungsweise mit Berücksichtigung der Undurchdringlichkeit zugrundelegen, konnten wir klar einsehen, daß das Mischungsparadoxon sicher nicht auftritt. Aber es ist auch unmöglich allein aus dreidimensionalen Betrachtungen die Zustandsgleichung eines *Gasgemisches* zu erhalten. Der Frage nach solchen Dingen wie Spin sind wir im Stück selbst sorgfältig aus dem Weg gegangen. Wohl *glauben* wir schon klar zu sehen, was wir über das Mischungsparadoxon im Fall eines Elektronengases sagen sollen. Aber weitaus weniger klar ist uns, was für Atome oder Moleküle zu erwarten ist. Jedenfalls müssen Sie uns verzeihen, daß wir stets wieder die Undurchdringlichkeit, oder allgemeiner gesprochen, „Das Eingreifen der Wechselwirkungen" zwischen den erst unabhängig gedachten Teilchen als den Schiedsrichter zwischen konkurrierenden Zählweisen anrufen.

---

2 Joseph Petzval (1807–1891), Wiener Mathematiker, entwickelte u. a. eine Theorie der optischen Abbildungsfehler und leitete das sog. Petzvalsche Theorem der Optik ab. Wahrscheinlich meint Ehrenfest mit der zweiten Person Simon Spitzer (1826–1887), ebenfalls Mathematiker und Prof. der analytischen Mechanik in Wien.

3 P. Ehrenfest und G. E. Uhlenbeck: Zum Einsteinschen „Mischungsparadoxon". Z. Phys. 41, 576–582 (1927)

4 Pauli (1927a) (wiedergegeben in Kap. VIII, 1)

Nun bin ich neugierig ob etwas oder wieviel auf die Dauer von dem Zusammenhang „Undurchdringlichkeit-Pauli-Verbot" übrig bleiben wird. Besonders wenn man wieder menschlich von der $3n + 1$-dimensionalen Physik zur (gut durchentwickelten) Wald- und Wiesenphysik in 5 Dimensionen[5] heimkehren wird.

Herzliche Grüße Ihnen und den Hamburgern! Ihr *P. Ehrenfest*

5 Offensichtlich spielt Ehrenfest hier an auf seine gemeinsam mit Uhlenbeck verfaßte Note über eine „Graphische Veranschaulichung der de Broglieschen Phasenwellen in der fünfdimensionalen Welt von O. Klein". Z. Phys. 39, 495–498 (1926).

3

Wolfgang Pauli

Über den Zusammenhang des Abschlusses der Elektronengruppen im Atom mit der Komplexstruktur der Spektren*

„Relativity *demands that laws of nature which do not conform to its requirement of invariance shall be dismissed from consideration; the* exclusion principle *says that states (in the quantum sense) which fail to have certain mathematical properties are not realized in nature. Needless to emphasize, both principles are verified successfully in elaborate and painstaking ways, and the legal flavor of the preceding statement is unfortunate; yet it is a fact that relativity and exclusion guide research as procedural vetoes and not as descriptive maxims derived from experience.*"

Margenau [1950], S. 427

„*The exclusion principle was discovered by Pauli in 1925; it illuminated at once an enormous field pf physical facts and was accepted with wide acclaim by physicists. But it was born amid a flurry of factual discoveries at a time when the whole new structure of quantum theory came into being, and therefore it was regarded by many as but another interesting theorem comprised within the formalism of a new discipline. Its success in solving problems was greater even than that achieved by relativity, but the problems it solved were very technical and therefore of interest to few, such as the problems concerning the details of atomic structure; or they were so old that people had become accustomed to living with them, as for instance the problem of chemical valence. As a result, the principle was embodied in the axiomatics of quantum mechanics; its peculiar methodological significance passed from view.*"

Margenau [1950], S. 428

---

* Pauli (1925b)

765 Über den Zusammenhang des Abschlusses der Elektronengruppen im Atom mit der Komplexstruktur der Spektren.

Von W. Pauli jr. in Hamburg.

(Eingegangen am 16. Januar 1925.)

Es wird, namentlich im Hinblick auf den Millikan-Landéschen Befund der Darstellbarkeit der Alkalidubletts durch relativistische Formeln und auf Grund von in einer früheren Arbeit erhaltenen Resultaten, die Auffassung vorgeschlagen, daß in diesen Dubletts und ihrem anomalen Zeemaneffekt eine klassisch nicht beschreibbare Zweideutigkeit der quantentheoretischen Eigenschaften des Leuchtelektrons zum Ausdruck kommt, ohne daß hierbei die abgeschlossene Edelgaskonfiguration des Atomrestes in Form eines Rumpfimpulses oder als Sitz der magneto-mechanischen Anomalie des Atoms beteiligt ist. Sodann wird versucht, diesen als provisorische Arbeitshypothese eingenommenen Standpunkt trotz ihm entgegenstehender prinzipieller Schwierigkeiten auch bei anderen Atomen als den Alkalien in seinen Konsequenzen möglichst weit zu verfolgen. Dabei zeigt sich zunächst, daß er es im Gegensatz zur üblichen Auffassung ermöglicht, im Falle eines starken äußeren Magnetfeldes, wo von den Kopplungskräften zwischen Atomrest und Leuchtelektron abgesehen werden kann, diesen beiden Teilsystemen hinsichtlich der Anzahl ihrer stationären Zustände sowie der Werte ihrer Quantenzahlen und ihrer magnetischen Energie keine anderen Eigenschaften zuzuschreiben als dem freien Atomrest bzw. dem Leuchtelektron bei den Alkalien. Auf Grund dieses Ergebnisses gelangt man ferner zu einer allgemeinen Klassifikation jedes Elektrons im Atom durch die Hauptquantenzahl n und zwei Nebenquantenzahlen k_1 und k_2, zu denen bei Anwesenheit eines äußeren Feldes noch eine weitere Quantenzahl m_1 hinzutritt. In Anknüpfung an eine neuere Arbeit von E. C. Stoner führt diese Klassifikation zu einer allgemeinen quantentheoretischen Formulierung des Abschlusses der Elektronengruppen im Atom.

§ 1. Die Permanenz der Quantenzahlen (Aufbauprinzip) bei Komplexstruktur und Zeemaneffekt. In einer früheren Arbeit[1]) wurde hervorgehoben, daß die übliche Vorstellung, nach der die inneren abgeschlossenen Elektronenschalen im Atom in Form von Rumpfimpulsen und als eigentlicher Sitz der magneto-mechanischen Anomalie an der Komplexstruktur der optischen Spektren und ihrem anomalen Zeemaneffekt wesentlich beteiligt sein sollen, zu verschiedenen ernstlichen Schwierigkeiten Anlaß gibt. Hierdurch wird es nahe gelegt, dieser Vorstellung die andere gegenüber zu stellen, daß insbesondere die Dublettstruktur der Alkalispektren sowie ihr anomaler Zeemaneffekt in einer klassisch nicht beschreibbaren Zweideutigkeit der quantentheoretischen Eigenschaften des Leuchtelektrons seine Ursache hat. Diese Auffassung stützt sich über-

[1]) ZS. f. Phys. **31**, 373, 1925. Am Schlusse dieser Arbeit ist auf die vorliegende Note Bezug genommen.

dies besonders auf den Befund von Millikan und Landé, daß die optischen Dubletts der Alkalien den Relativitätsdubletts in den Röntgenspektren analog sind und ihre Größe durch eine relativistische Formel bestimmt ist. 766

Indem wir nun diesen Standpunkt weiter verfolgen, werden wir, ebenso wie es bei den Röntgenspektren von Bohr und Coster durchgeführt wurde, in den zur Emission der Alkalispektren gehörigen stationären Zuständen dem Leuchtelektron neben der Hauptquantenzahl n zwei Nebenquantenzahlen k_1 und k_2 zuordnen. Die erste (gewöhnlich schlechtweg mit k bezeichnete) Quantenzahl k_1 hat die Werte 1, 2, 3, ... bei den s, p, d, ... Termen und ändert sich bei erlaubten Übergangsprozessen um eine Einheit; sie bestimmt die Größe der Zentralkraftwechselwirkung des Leuchtelektrons mit dem Atomrest. Die zweite Quantenzahl k_2 ist bei den beiden Termen eines Dubletts (z. B. p_1 und p_2) gleich $k_1 - 1$ und k_1; bei den Übergangsprozessen ändert sie sich um ± 1 oder 0 und bestimmt die Größe der (nach Landé mit Rücksicht auf das Eindringen des Leuchtelektrons in das Gebiet des Atomrestes modifizierten) Relativitätskorrektion. Definieren wir mit Sommerfeld die Gesamtimpuls-Quantenzahl j des Atoms allgemein als den zum betrachteten stationären Zustand gehörigen Maximalwert der die Impulskomponente parallel zu einem äußeren Felde bestimmenden Quantenzahl m_1 (gewöhnlich schlechtweg mit m bezeichnet), so ist bei den Alkalien zu setzen $j = k_2 - {}^1/_2$. Die Anzahl der stationären Zustände im Magnetfeld bei gegebenem k_1 und k_2 ist $2j + 1 = 2k_2$, die Anzahl dieser Zustände für beide Dubletterme mit gegebenem k_1 zusammengenommen gleich $2(2k_1 - 1)$.

Wenn wir nun den Fall starker Felder (Paschen-Back-Effekt) betrachten, so können wir neben k_1 und der eben genannten Quantenzahl m_1, statt k_2 auch eine magnetische Quantenzahl m_2 einführen, die direkt die Energie des Atoms im Magnetfeld, das ist die Komponente des magnetischen Moments des Leuchtelektrons parallel dem Felde, angibt. Den beiden Termen des Dubletts entsprechend, hat sie die Werte $m_1 + {}^1/_2$ und $m_1 - {}^1/_2$. Ebenso wie in der Dublettstruktur der Alkalispektren die „Anomalie der Relativitätskorrektion“ zum Ausdruck kommt (für deren Größe ist eine andere Quantenzahl maßgebend wie für die Größe der Zentralkraft-Wechselwirkungsenergie von Leuchtelektron und Atomrest), tritt in den Abweichungen des Zeemantypus vom normalen Lorentzschen Triplett die zur eben genannten Anomalie analoge „magneto-mechanische Anomalie“ in Erscheinung (für die Größe des magnetischen Momentes

767 des Leuchtelektrons ist eine andere Quantenzahl maßgebend wie für die des Impulsmomentes). Offenbar hängt das Auftreten von halben (effektiven) Quantenzahlen und der durch dasselbe formal bedingte Wert $g = 2$ des Aufspaltungsfaktors beim s-Term der Alkalien aufs engste mit der Zweifachheit der Termniveaus zusammen. Wir wollen hier jedoch keine nähere theoretische Analyse dieses Sachverhaltes versuchen und den folgenden Betrachtungen den Zeemaneffekt der Alkalien als Erfahrungstatsache zugrunde legen.

Ohne uns zunächst um die sogleich näher zu erörternden, der in Rede stehenden Auffassung entgegenstehenden Schwierigkeiten zu kümmern, versuchen wir nun, diese formale Klassifikation des Leuchtelektrons durch die vier Quantenzahlen n, k_1, k_2, m_1 auch auf kompliziertere Atome als die der Alkalien zu übertragen. *Da zeigt es sich, daß wir auf Grund dieser Klassifikation im Gegensatz zur üblichen Auffassung an der Permanenz der Quantenzahlen (Aufbauprinzip) auch bei der Komplexstruktur der Spektren und dem anomalen Zeemaneffekt vollständig festhalten können.* Dieses von Bohr aufgestellte Prinzip besagt, daß bei Anlagerung eines weiteren Elektrons an ein (im ganzen möglicherweise geladenes) Atom die Quantenzahlen der schon gebundenen Elektronen dieselben Werte behalten, die ihnen im zugehörigen stationären Zustand des freien Atomrestes zukommen.

Betrachten wir vorerst speziell die Erdalkalien. Das Spektrum besteht hier aus einem Einfach- und einem Triplettsystem. Den Quantenzuständen mit einem bestimmten Werte der Quantenzahl k_1 des Leuchtelektrons entsprechen dabei beim ersteren System insgesamt $1 \cdot (2k_1 - 1)$, beim letzteren System insgesamt $3 \cdot (2k_1 - 1)$ stationäre Zustände im äußeren Magnetfeld. Man hat dies bisher so interpretiert, daß in starken Feldern dem Leuchtelektron in jedem Falle $2k_1 - 1$ Stellungen entsprechen, während der Atomrest im ersteren Falle einer, im letzteren Falle dreier Stellungen fähig ist. Die Anzahl dieser Stellungen ist offenbar verschieden von der Anzahl 2 der Stellungen des freien Atomrestes (alkaliähnlicher s-Term) im Felde. Von Bohr wurde dieser Sachverhalt als „Zwang" bezeichnet, der nicht mit der Wirkung äußerer Kraftfelder analog ist[1]). Wir können nun aber einfach die im ganzen $4(2k_1 - 1)$ Zustände des Atoms dahin interpretieren, daß dem Atomrest nach wie vor zwei Zustände im Felde zukommen und dem Leuchtelektron wie bei den Alkalien $2(2k_1 - 1)$ Zustände.

---

[1]) Ann. d. Phys. **71**, 228, 1923, insbesondere S. 276.

Allgemeiner gibt nach einer von Heisenberg und Landé[1]) auf- 768
gestellten Verzweigungsregel ein stationärer Zustand des Atomrestes mit N Zuständen im Felde bei Anlagerung eines weiteren Elektrons zu zwei Termsystemen Anlaß, denen bei einem bestimmten Werte der Quantenzahl k_1 des angelagerten Elektrons insgesamt $(N+1)(2k_1-1)$ bzw. $(N-1)(2k_1-1)$ Zustände im Felde entsprechen. Nach unserer Interpretation kommen diese $2N(2k_1-1)$ Zustände des ganzen Atoms in starken Feldern durch N Zustände des Atomrestes und $2(2k_1-1)$ Zustände des Leuchtelektrons zustande. Bei der angenommenen quantentheoretischen Klassifikation der Elektronen erscheint demnach die durch die Verzweigungsregel geforderte Termmannigfaltigkeit einfach als eine Folge des Aufbauprinzips. Nach der hier vorgeschlagenen Auffassung äußert sich ferner der Bohrsche Zwang nicht in einer Durchbrechung der Permanenz der Quantenzahlen bei der Kopplung des Serienelektrons an den Atomrest, sondern nur in der eigentümlichen Zweideutigkeit der quantentheoretischen Eigenschaften der einzelnen Elektronen in den stationären Zuständen des Atoms.

Wir können jedoch bei dieser Auffassung gemäß dem Aufbauprinzip nicht allein die Anzahl der stationären Zustände, sondern auch die Energiewerte im Falle starker Felder (ihre der Feldstärke proportionalen Teile) aus denen des freien Atomrestes und des Leuchtelektrons additiv berechnen, wobei letztere aus den Alkalispektren zu entnehmen sind. Es ist nämlich in diesem Falle sowohl die totale Komponente $\overline{m}_1$ des Impulsmoments des Atoms parallel dem Felde (in der Einheit $h/2\pi$ gemessen), als auch die Komponente $\overline{m}_2$ des magnetischen Moments des Atoms in derselben Richtung (in der Einheit des Bohrschen Magnetons gemessen) gleich der Summe der Quantenzahlen m_1 bzw. m_2 für die einzelnen Elektronen

$$\overline{m}_1 = \sum m_1, \qquad \overline{m}_2 = \sum m_2. \tag{1}$$

Hierin sollen die letzteren unabhängig voneinander alle Werte durchlaufen, welche zu den Werten der Impulsquantenzahlen k_1 und k_2 dieser Elektronen im betrachteten stationären Zustand des Atoms gehören.

[1]) ZS. f. Phys. **25**, 279, 1924. Auf die Frage der Gültigkeitsgrenzen dieser Regel und insbesondere auf die theoretische Deutung der sogenannten gestrichenen Terme, bei deren Interpretation im Sinne der Verzweigungsregel möglicherweise eine Verschiedenheit des Atomrestes im gebundenen und im freien Zustand angenommen werden müßte, gehen wir hier nicht ein. Es wird hierbei jedenfalls die für diese Terme geltende, von der gewöhnlichen abweichende Kombinationsregel wesentlich berücksichtigt werden müssen.

769 (Dabei ist also $\bar{m}_2 o h$, mit o = Larmorfrequenz, der zur Feldstärke proportionale Teil der Energie des Atoms.)

Betrachten wir als Beispiel die beiden s-Terme (Singulett S-Term und Triplett-s-Term) der Erdalkalien. Es genügt zunächst, die beiden Valenzelektronen allein ins Auge zu fassen, da der Beitrag der übrigen Elektronen zu den Summen in (1) im ganzen verschwindet. Für jedes dieser beiden Valenzelektronen sind in diesem Falle gemäß unserer allgemeinen Festsetzung (unabhängig vom anderen Elektron) die Werte $m_1 = -1/2$, $m_2 = -1$ und $m_1 = 1/2$, $m_2 = 1$ des s-Terms der Alkalien zu nehmen. Wir erhalten daher gemäß (1) folgende Werte der Quantenzahlen $\bar{m}_1$ bzw. $\bar{m}_2$ des ganzen Atoms.

$$\bar{m}_1 = -1/2 - 1/2, \quad -1/2 + 1/2, \quad 1/2 - 1/2, \quad 1/2 + 1/2$$
$$\bar{m}_2 = -1 - 1, \quad -1 + 1, \quad 1 - 1, \quad 1 + 1$$

oder

$\bar{m}_1$	-1	0	1
$\bar{m}_2$	-2	$0,0$	2

[einem Term mit $j = 0$ und einem Term mit $j = 1$ in schwachen Feldern entsprechend] [1]). Um die p-, d-, ... Terme der Erdalkalien zu erhalten, muß man bei unverändertem Beitrag des ersten Valenzelektrons (S-Term) in entsprechender Weise für das zweite Elektron die m_1- und m_2-Werte der p-, d-, ... Terme der Alkalien in (1) einsetzen.

Allgemein führt die Vorschrift (1) genau auf ein kürzlich von Landé [2]) angegebenes Verfahren zur Berechnung der Energiewerte in starken Feldern, von dem dieser Verfasser gezeigt hat, daß es auch in komplizierteren Fällen richtige Resultate ergibt. So liefert dieses Verfahren nach Landé z. B. die Zeemanterme des Neonspektrums (zunächst im Falle starker Felder), wenn man im Atomrest ein wirksames Elektron in einem p-Term (statt wie oben in einem s-Term) annimmt [3]) und das Leuchtelektron wieder die s-, p-, d-, f-, ... Terme durchlaufen läßt.

---

[1]) Man sieht, daß hier den beiden Fällen $m_1 = -1/2$ für das erste, $m_1 = 1/2$ für das zweite Elektron einerseits, $m_1 = +1/2$ für das erste, $m_1 = -1/2$ für das zweite Elektron andererseits, zwei (in bezug auf die von der Feldstärke unabhängigen Teile der Energie) verschiedene Terme zugeordnet werden müssen. Es ist dies vielleicht eine Unvollkommenheit der hier durchgeführten Klassifikation. Es wird sich jedoch später zeigen, daß bei Äquivalenz des inneren und äußeren Valenzelektrons diese beiden Terme in der Tat identisch werden.

[2]) Ann. d. Phys. 76, 273, 1925; siehe insbesondere § 2.

[3]) Der hierbei vorgenommene Ersatz der Siebenerschale (Atomrest des Neons) durch ein Elektron wird im folgenden Paragraphen theoretisch begründet werden.

Dieses Ergebnis fordert nun dazu auf, allgemein jedes Elektron 770
im Atom außer durch die Hauptquantenzahl n durch die beiden Nebenquantenzahlen k_1 und k_2 zu charakterisieren, auch bei Vorhandensein von mehreren äquivalenten Elektronen oder in abgeschlossenen Elektronengruppen. Ferner werden wir (auch in den eben genannten Fällen) ein so starkes Magnetfeld gedanklich zulassen, daß wir jedem Elektron, unabhängig von den übrigen Elektronen, außer den Quantenzahlen n und k_1, die beiden Quantenzahlen m_1 und m_2 zuordnen können (wobei die letztere den Anteil dieses Elektrons an der magnetischen Energie des Atoms bestimmt). Der Zusammenhang zwischen k_2 und m_2 bei gegebenem k_1 und m_1 ist dabei aus den Alkalispektren zu entnehmen.

Bevor wir diese quantentheoretische Klassifikation der Elektronen im Atom im folgenden Paragraphen auf das Problem des Abschlusses der Elektronengruppen anwenden, müssen wir noch die Schwierigkeiten, die der hier vorgeschlagenen Auffassung der Komplexstruktur und der anomalen Zeemaneffekte entgegenstehen, und die Begrenzung ihrer Bedeutung genauer besprechen.

Zunächst wird diese Auffassung dem in vieler Hinsicht selbständigen, gesonderten Auftreten der verschiedenen Termsysteme (z. B. bei den Erdalkalien dem des Einfach- und des Triplettsystems), das auch in der Lage der Terme dieser Systeme und in der Landéschen Intervallregel zur Geltung kommt, nicht unmittelbar gerecht. Sicherlich kann man für die Energieunterschiede der Triplettniveaus bei den Erdalkalien nicht zwei verschiedene Ursachen annehmen, sowohl die Anomalie der Relativitätskorrektion des Leuchtelektrons als auch die Abhängigkeit der Wechselwirkungsenergie desselben mit dem Atomrest von der Orientierung dieser beiden Systeme gegeneinander.

Eine noch ernstere und prinzipiellere Schwierigkeit bietet jedoch die Verbindung der vorgeschlagenen Auffassung mit dem Korrespondenzprinzip dar, welches ja für die Erklärung der Auswahlregeln der Quantenzahlen k_1, j und m sowie der Polarisation der Zeemannkomponenten ein unentbehrliches Hilfsmittel bildet. Zwar ist es gemäß diesem Prinzip nicht erforderlich, in einem bestimmten stationären Zustand jedem Elektron eine im Sinne der gewöhnlichen Kinematik eindeutig bestimmte Bahn zuzuordnen; wohl aber muß der Gesamtheit der stationären Zustände des Atoms eine Schar (Klasse) von Bahnen mit einem bestimmten Typus ihrer Periodizitätseigenschaften korrespondieren. So erfordern bekanntlich in unserem Falle die genannten Auswahl- und Polarisationsregeln gemäß dem

771 Korrespondenzprinzip den Bewegungstypus einer Zentralbahn mit überlagerter Präzession der Bahnebene um eine ausgezeichnete Achse des Atoms, zu der in schwachen äußeren Magnetfeldern noch eine Präzession um eine in der Feldrichtung durch den Kern gelegte Achse hinzutritt. Die bisher angenommene dynamische Erklärung dieses Bewegungstypus des Leuchtelektrons, die auf der Annahme von Abweichungen der Kräfte des Atomrestes auf dieses Elektron von der zentralen Symmetrie beruht, scheint nicht vereinbar zu sein mit der Darstellbarkeit der Alkalidubletts (und daher auch der Größe der korrespondierendon Präzessionsfrequenz) durch relativistische Formeln. Entsprechendes gilt auch für den Bewegungstypus im Falle starker Felder.

Es entsteht hier also das schwierige Problem, wie das Auftreten des vom Korrespondenzprinzip geforderten Bewegungstypus des Leuchtelektrons unabhängig von seiner bisher angenommenen, kaum aufrecht zu erhaltenden, speziellen dynamischen Deutung physikalisch interpretiert werden kann. Mit diesem Problem scheint auch die Frage nach der Größe der Termwerte des Zeemaneffektes (insbesondere der Alkalispektren) aufs engste zusammenzuhängen.

Solange dieses Problem noch ungelöst ist, kann die hier vorgeschlagene Auffassung der Komplexstruktur und des anomalen Zeemaneffektes sicherlich nicht als eine hinreichende physikalische Grundlage für eine Erklärung dieser Erscheinungen angesehen werden, zumal diese sogar in mancher Hinsicht von der gewöhnlich angenommenen Auffassung besser wiedergegeben werden. Es ist nicht ausgeschlossen, daß in Zukunft eine Verschmelzung dieser beiden Auffassungen gelingen wird. Beim jetzigen Stande der Frage schien es uns aber von Interesse, auch die erstere Auffassung in ihren Konsequenzen möglichst weit zu verfolgen. In diesem Sinne möge es auch aufgefaßt werden, wenn wir im folgenden Paragraphen den hier versuchsweise zugrunde gelegten Standpunkt, ungeachtet der ihm entgegenstehenden Schwierigkeiten, auf das Problem des Abschlußes der Elektronengruppen im Atom anwenden werden. Wir werden dabei nur über die Anzahl von möglichen stationären Zuständen des Atoms bei Vorhandensein von mehreren äquivalenten Elektronen, nicht aber über die Lage und Anordnung der Termwerte Schlüsse ziehen.

§ 2. Über eine allgemeine quantentheoretische Regel für die Möglichkeit des Auftretens von äquivalenten Elektronen im Atom. Es ist wohl bekannt, daß das Vorkommen von mehreren äquivalenten, das heißt in bezug auf die Werte ihrer Quantenzahlen sowie

ihrer Bindungsenergieen völlig gleichwertigen Elektronen im Atom nur 772
unter besonderen Umständen möglich ist, die aufs engste mit den Gesetzmäßigkeiten der Komplexstruktur der Spektren zusammenhängen. So entspricht z. B. bei den Erdalkalien der Normalzustand, in welchem die beiden Valenzelektronen äquivalent sind, einem Singulett-*S*-Term, während in denjenigen stationären Zuständen des Atoms, die zum Triplettsystem gehören, die Valenzelektronen niemals äquivalent gebunden sind, indem der größte Triplett-*s*-Term eine um eins größere Hauptquantenzahl besitzt als der Normalzustand. Betrachten wir ferner als zweites Beispiel das Neonspektrum. Dieses besteht aus zwei Termgruppen mit verschiedenen Seriengrenzen, verschiedenen Zuständen des Atomrestes entsprechend. Die erste Gruppe, die zur Entfernung eines Elektrons mit den Quantenzahlen $k_1 = 2$, $k_2 = 1$ aus dem Atomrest gehört, kann man als aus einem Singulett- und einem Triplettsystem zusammengesetzt auffassen, während die zweite Gruppe, zur Entfernung eines Elektrons mit $k_1 = k_2 = 2$ aus dem Atomrest gehörig, als Triplett- + Quintettsystem bezeichnet werden kann. Die ultravioletten Resonanzlinien des Neons sind zwar noch nicht beobachtet, aber es kann wohl kaum ein Zweifel darüber sein, daß der Normalzustand des Ne-Atoms hinsichtlich seiner Kombinationen mit den bekannten angeregten Zuständen des Atoms als *p*-Term betrachtet werden muß; und zwar kann es gemäß der eindeutigen Bestimmtheit und dem diamagnetischen Verhalten der Edelgaskonfiguration *nur einen* solchen Term geben, und zwar mit dem Wert $j = 0$ [1]). Da die einzigen *p*-Terme mit $j = 0$ die (untersten) Tripletterme p_0 der beiden Gruppen sind, können wir also schließen, daß beim Ne für den Wert 2 der Hauptquantenzahl diese beiden Tripletterme allein existieren und für beide Termgruppen überdies identisch sind.

Allgemein können wir daher erwarten, daß *bei denjenigen Werten der Quantenzahlen n und k_1, für die bereits Elektronen im Atom vorhanden sind, gewisse Multipletterme der Spektren ausfallen oder zusammenfallen werden.* Und es entsteht die Frage, durch welche quantentheoretischen Regeln dieses Verhalten der Terme beherrscht wird.

Wie bereits aus dem Beispiel des Neonspektrums hervorgeht, ist diese Frage aufs engste mit dem Problem des Abschlusses der Elektronengruppen im Atom verknüpft, der die Längen 2, 8, 18, 32, ... der Perioden im natürlichen System der Elemente bedingt. Dieser Abschluß besteht

[1]) Es ist, wie bereits angegeben, der Wert von j hier und im folgenden stets als der Maximalwert der Quantenzahl m_1 definiert.

773 darin, daß eine n-quantige Elektronengruppe weder durch Emission oder Absorption von Strahlung noch durch andere äußere Einwirkungen mehr als $2n^2$-Elektronen aufzunehmen befähigt ist.

Bekanntlich hat nun Bohr in seiner Theorie des natürlichen Systems, die eine einheitliche Zusammenfassung der spektroskopischen und chemischen Tatsachen und insbesondere eine quantentheoretische Begründung für das Auftreten von chemisch ähnlichen Elementen, wie der Eisen- und Platinmetalle und der seltenen Erden in den späteren Perioden des Systems enthält, eine Unterteilung dieser Elektronengruppen in Untergruppen eingeführt. Indem er jedes Elektron in den stationären Zuständen des Atoms in Anlehnung an die stationären Zustände einer Zentralbewegung durch ein Symbol n_k mit $k \leqq n$ charakterisiert, erhält er allgemein für eine Elektronengruppe mit dem Werte n der Hauptquantenzahl n Untergruppen. Auf diese Weise wurde Bohr zu dem in der Tabelle 1 wiedergegebenen Schema des Atombaues der Edelgase geführt. Er betonte jedoch selbst, daß die hierbei angenommene Gleichheit der Elektronenzahlen in den verschiedenen Untergruppen einer Hauptgruppe in hohem Grade hypothetisch ist und daß eine vollständige und befriedigende theoretische Deutung des Abschlusses der Elektronengruppen im Atom, insbesondere eine Deutung der Periodenlängen 2, 8, 18, 32, ... im natürlichen System vorläufig noch nicht gegeben werden konnte[1]).

Neuerdings wurde nun hinsichtlich des Problems des Abschlusses der Elektronengruppen im Atom ein wesentlicher Fortschritt durch Überlegungen von E. C. Stoner[2]) erzielt. Dieser Verfasser schlägt zunächst ein Schema für den Atombau der Edelgase vor, bei welchem im Gegensatz zu Bohr kein Öffnen einer abgeschlossenen Untergruppe durch das Hinzukommen weiterer Elektronen derselben Hauptgruppe zugelassen wird, so daß die Anzahl der Elektronen in einer abgeschlossenen Untergruppe nur vom Werte von k, nicht aber vom Werte von n, das heißt vom Vorhandensein weiterer Untergruppen derselben Hauptgruppe abhängen soll. Es bedeutet dies schon an sich eine große Vereinfachung, die überdies durch verschiedene Erfahrungstatsachen gestützt werden konnte. Man muß dann für $k = 1$ zwei, für $k = 2$ sechs, für $k = 3$ zehn und allgemein für einen bestimmten k-Wert $2(2k - 1)$ Elektronen im ab-

[1]) Vgl. N. Bohr, Drei Aufsätze über Spektren und Atombau. 2. Aufl. Braunschweig 1924, Anhang.

[2]) Phil. Mag. **48**, 719, 1924. Auf diese wichtige Arbeit ist bereits im Vorwort der Neuauflage des Sommerfeldschen Buches „Atombau und Spektrallinien" hingewiesen.

774

Tabelle 1. Ursprüngliches Bohrsches Schema der Edelgaskonfiguration.

Element	Atom-Nr.	Anzahl der n_k-Elektronen														
		1_1	2_1	2_2	3_1	3_2	3_3	4_1	4_2	4_3	4_4	5_1	5_2	5_3	6_1	6_2
Helium	2	2	—	—	—	—	—	—	—	—	—	—	—	—	—	—
Neon	10	2	4	4	—	—	—	—	—	—	—	—	—	—	—	—
Argon	18	2	4	4	4	4	—	—	—	—	—	—	—	—	—	—
Krypton	36	2	4	4	6	6	6	4	4	—	—	—	—	—	—	—
Xenon	54	2	4	4	6	6	6	6	6	6	—	4	4	—	—	—
Emanation	86	2	4	4	6	6	6	8	8	8	8	6	6	6	4	4

Tabelle 2. Schema der Edelgaskonfigurationen nach Stoner.

Element	Atom-Nr.	Anzahl der n_{k_1, k_2}-Elektronen														
		1_1	2_1	$2_{2,(1+2)}$	3_1	$3_{2,(1+2)}$	$3_{3,(2+3)}$	4_1	$4_{2,(1+2)}$	$4_{3,(2+3)}$	$4_{4,(3+4)}$	5_1	$5_{2,(1+2)}$	$5_{3,(2+3)}$	6_1	$6_{2,(1+2)}$
Helium	2	2	—	—	—	—	—	—	—	—	—	—	—	—	—	—
Neon	10	2	2	2 + 4	—	—	—	—	—	—	—	—	—	—	—	—
Argon	18	2	2	2 + 4	2	2 + 4	—	—	—	—	—	—	—	—	—	—
Krypton	36	2	2	2 + 4	2	2 + 4	4 + 6	2	2 + 4	—	—	—	—	—	—	—
Xenon	54	2	2	2 + 4	2	2 + 4	4 + 6	2	2 + 4	4 + 6	—	2	2 + 4	—	—	—
Emanation	86	2	2	2 + 4	2	2 + 4	4 + 6	2	2 + 4	4 + 6	6 + 8	2	2 + 4	4 + 6	2	2 + 4

775 **geschlossenen Zustand der betreffenden Untergruppe annehmen, um mit den empirisch bekannten Elektronenzahlen der Edelgasatome im Einklang zu bleiben.**

Stoner bemerkte nun weiter, daß diese Anzahlen von Elektronen mit der Anzahl der stationären Zustände der Alkaliatome in einem äußeren Felde bei gegebenem Werte von k übereinstimmen. Er führt daher die Analogie zu den stationären Zuständen der Alkalispektren noch weiter durch, indem er eine der Komplexstruktur dieser Spektren (und der Röntgenspektren) entsprechende weitere Unterteilung der Untergruppen in zwei durch die beiden Zahlen k_1, k_2 gekennzeichnete Teil-Untergruppen annimmt, für welche k_1 mit der Bohrschen Zahl k übereinstimmt und $k_2 = k_1 - 1$ bzw. $k_2 = k_1$ zu setzen ist (jedoch für $k_1 = 1$, gemäß der Einfachheit des s-Termes, nur $k_2 = 1$). Entsprechend der Anzahl $2\,k_2$ der stationären Zustände, in die ein stationärer Zustand der Alkaliatome mit bestimmten Werten der Quantenzahlen k_1 und k_2 im äußeren Felde zerfällt, nimmt Stoner in der abgeschlossenen, zu den Quantenzahlen n, k_1, k_2 gehörenden Teil-Untergruppe $2\,k_2$ Elektronen an. Das Schema für den Atombau der Edelgase, zu dem Stoner auf diese Weise gelangt, ist in der Tabelle 2 dargestellt.

Wir können nun diese Vorstellung von Stoner präzisieren und verallgemeinern, wenn wir die im vorigen Paragraphen besprochene Auffassung der Komplexstruktur der Spektren und des anomalen Zeemaneffektes auf den Fall des Vorhandenseins von äquivalenten Elektronen im Atom anwenden. Wir sind dort, auf die Möglichkeit der Aufrechterhaltung der Permanenz der Quantenzahlen gestützt, dazu gelangt, jedes Elektron im Atom außer durch die Hauptquantenzahl n durch die beiden Nebenquantenzahlen k_1 und k_2 zu charakterisieren. In starken Magnetfeldern kam noch eine Impulsquantenzahl m_1 für jedes Elektron hinzu und es kann überdies neben k_1 und m_1 statt k_2 auch eine Quantenzahl m_2 des magnetischen Momentes verwendet werden. Zunächst sehen wir, daß die Verwendung der beiden Quantenzahlen k_1 und k_2 für jedes Elektron mit der Stonerschen Unterteilung der Bohrschen Untergruppen im besten Einklang ist[1]. Sodann können wir durch Betrachtung des Falles starker Magnetfelder das Ergebnis von Stoner, wonach die Anzahl der Elektronen

[1] Daß diese Unterteilung und die Frage nach der Anzahl der Elektronen in den Teil-Untergruppen auch für abgeschlossene Elektronengruppen Sinn hat, geht direkt aus dem Millikan-Landéschen Befund über die Relativitätsdubletts der Röntgenspektren hervor. Diese Anzahlen gehen nämlich offenbar in den Ausdruck für die Energie der ganzen Gruppe als Funktion der Ordnungszahl als Faktoren der

in einer abgeschlossenen Untergruppe mit der Anzahl der entsprechenden 776
Terme des Zeemaneffektes der Alkalispektren übereinstimmt, auf folgende allgemeinere Regel über das Vorkommen von äquivalenten Elektronen im Atom zurückführen:

Es kann niemals zwei oder mehrere äquivalente Elektronen im Atom geben, für welche in starken Feldern die Werte aller Quantenzahlen n, k_1, k_2, m_1 (oder, was dasselbe ist, n, k_1, m_1, m_2) übereinstimmen. Ist ein Elektron im Atom vorhanden, für das diese Quantenzahlen (im äußeren Felde) bestimmte Werte haben, so ist dieser Zustand „besetzt".

Es ist im Auge zu behalten, daß in diese Regel die Hauptquantenzahl n wesentlich eingeht; selbstredend können sehr wohl mehrere (nicht äquivalente) Elektronen im Atom vorkommen, deren Werte der Quantenzahlen k_1, k_2, m_1 übereinstimmen, die sich aber durch die Hauptquantenzahl n unterscheiden.

Eine nähere Begründung für diese Regel können wir nicht geben, sie scheint sich jedoch von selbst als sehr naturgemäß darzubieten. Sie bezieht sich, wie erwähnt, zunächst auf den Fall starker Felder. Aus thermodynamischen Gründen [Invarianz der statistischen Gewichte bei adiabatischen Transformationen des Systems][1]) muß jedoch die Anzahl der stationären Zustände des Atoms bei gegebenen Werten der Zahlen k_1 und k_2 für die einzelnen Elektronen und des Wertes von $\overline{m_1} = \sum m_1$ [vgl. (1)] für das ganze Atom in starken und in schwachen Feldern übereinstimmen. Daher können wir auch im letzteren Falle über die Anzahl der stationären Zustände und ihre zugehörigen Werte von j (bei vorgegebener Zahl der äquivalenten Elektronen, die zu den verschiedenen Werten von k_1 und k_2 gehören) bestimmte Aussagen machen. So kann die Anzahl der Realisierungsmöglichkeiten der verschiedenen unabgeschlossenen Elektronenschalen ermittelt und die am Beginn dieses Paragraphen aufgeworfene Frage nach dem Ausfallen oder Zusammenfallen gewisser Multipletterme in den Spektren bei Werten der Hauptquantenzahl, für die mehrere äquivalente Elektronen im Atom vorhanden sind, in jedem einzelnen Falle eindeutig beantwortet werden. Dabei können wir jedoch nur über die Anzahl der Terme und die Werte ihrer Quanten-

---

mit bestimmten Werten der Abschirmungszahlen (bestimmt durch k_1) und der Relativitätskorrektion (bestimmt durch k_2) gebildeten Moseley-Sommerfeldschen Ausdrücke ein.

[1]) Diese Invarianz ist unabhängig von der Gültigkeit der klassischen Mechanik bei der Transformation.

777 zahlen, nicht über ihre Größe und die Intervallverhältnisse etwas aussagen[1]).

Wir haben nun zu zeigen, daß die Folgerungen aus unserer Regel in den einfachsten Fällen mit der Erfahrung übereinstimmen. Ob sich diese auch in komplizierteren Fällen der Erfahrung gegenüber bewähren wird oder ob hier noch Modifikationen derselben erforderlich sein werden, bleibt abzuwarten und dürfte sich aus der weiteren Entwirrung komplizierter Spektren ergeben.

Zunächst sehen wir, daß das Resultat von Stoner und damit die Periodenlängen 2, 8, 18, 32, ... im natürlichen System in unserer Regel unmittelbar enthalten sind. Denn es kann dann offenbar bei gegebenem k_1 und k_2 nicht mehr äquivalente Elektronen im Atom geben, als die Anzahl der zugehörigen Werte von m_1 beträgt (nämlich $2\,k_2$), und es gehört in den abgeschlossenen Gruppen zu jedem dieser Werte von m_1 gerade ein Elektron.

Zweitens ergibt sich, daß unsere Regel das Ausfallen des Triplett-s-Termes mit derselben Hauptquantenzahl wie der Normalzustand bei den Erdalkalien direkt zur Folge hat. Wenn wir nämlich die Möglichkeiten für die äquivalente Bindung zweier Elektronen in s-Termen untersuchen (es ist hier also $k_1 = 1$ und auch k_2 kann nur den Wert 1 haben), so sind gemäß unserer Regel in starken Feldern die Fälle ausgeschlossen, daß für beide Elektronen $m_1 = {}^1/_2$ oder für beide Elektronen $m_1 = -{}^1/_2$ ist; es kann hier vielmehr nur für das erste Elektron $m_1 = {}^1/_2$, und für das zweite $m_1 = -{}^1/_2$ sein oder umgekehrt[2]), so daß die Quantenzahl $\overline{m_1} = \sum m_1$ des ganzen Atoms nur des Wertes 0 fähig ist. Es ist daher hier auch in schwachen Feldern (oder bei Abwesenheit des Feldes) nur der Wert $j = 0$ möglich (Singulett-S-Term).

Wir untersuchen nun ferner den Fall, daß aus einer abgeschlossenen Gruppe ein Elektron entfernt wird, wie er in den Röntgenspektren zutage tritt. Offenbar ist bei Fehlen eines Elektrons in einer der Stonerschen Teil-Untergruppen stets der Fall möglich, daß zu einem der Werte von

---

[1]) Anmerkung bei der Korrektur: In einer inzwischen erschienenen Arbeit von A. Sommerfeld (Phys. ZS. 26, 70, 1925) wird insbesondere die Frage nach dem Normalzustand der Atome im Zusammenhang mit dem Stonerschen Vorschlag diskutiert.

[2]) Der umgekehrte Fall entspricht einer Vertauschung der beiden äquivalenten Elektronen und liefert daher hier keinen neuen stationären Zustand (vgl. Fußnote 1 auf S. 769). In dieser doppelten Realisierbarkeit des betrachteten Quantenzustandes ist aber enthalten, daß sein statistisches Gewicht mit Rücksicht auf die Vertauschbarkeit der beiden Elektronen mit zwei multipliziert werden muß (vgl. hierzu die Betrachtungen über statistische Gewichte in der zitierten Arbeit von Stoner).

m_1 kein Elektron vorhanden ist; wir nennen diesen den „Lückenwert" 778
von m_1. Die übrigen Elektronen verteilen sich dann eindeutig auf die übrigen Werte von m_1, so daß zu jedem dieser Werte ein Elektron gehört. Die Summe dieser übrigen Werte von m_1 und damit die Quantenzahl $\overline{m_1}$ des ganzen Atoms ist offenbar jeweils entgegengesetzt gleich dem Lückenwert von m_1. Lassen wir diesen alle möglichen Werte durchlaufen und berücksichtigen wir, daß aus jeder Teil-Untergruppe ein Elektron entfernt werden kann, so sehen wir, daß in starken Feldern die Mannigfaltigkeit der Lückenwerte von m_1 und daher auch die der Werte von $\overline{m_1}$, dieselbe ist wie diejenige der m_1-Werte eines einzigen Elektrons. Wegen der Invarianz der statistischen Gewichte folgt daher auch für schwache Felder die Gleichheit der Anzahl der stationären Zustände und der j-Werte der einfach ionisierten abgeschlossenen Elektronenschalen (Röntgenspektren) mit derjenigen der Alkalispektren, wie es der Erfahrung entspricht.

Es ist dies ein Spezialfall eines allgemeinen *Reziprozitätsgesetzes*: *Zu jeder Anordnung der Elektronen gibt es eine konjugierte Anordnung, bei der die Lückenwerte von m_1 und die besetzten Werte von m_1 miteinander vertauscht sind.* Diese Vertauschung kann sich auf eine einzelne Teil-Untergruppe bei unveränderten Anordnungen der übrigen Teil-Untergruppen, oder auf eine *Bohr*sche Untergruppe oder auf eine ganze Hauptgruppe beziehen, da ja die einzelnen Teil-Untergruppen hinsichtlich der möglichen Anordnungen voneinander ganz unabhängig sind. *Die Elektronenzahlen der beiden konjugierten Anordnungen ergänzen einander zur Anzahl der Elektronen im abgeschlossenen Zustand der betreffenden Gruppe (oder Untergruppe), während die j-Werte der beiden Anordnungen einander gleich sind.* Letzteres ergibt sich daraus, daß stets die Summe der Lückenwerte von m_1 einer Anordnung entgegengesetzt gleich ist der Summe der besetzten m_1-Werte. Daher sind auch die Quantenzahlen $\overline{m_1}$ des ganzen Atoms bei konjugierten Anordnungen einander entgegengesetzt gleich. Da die j-Werte als die verschiedenen Grenzen der Mannigfaltigkeit der $\overline{m_1}$-Werte nach oben definiert sind, folgt wegen der Symmetrie dieser Mannigfaltigkeit zum Nullwert ihre Gleichheit in den betrachteten Fällen (vgl. die weiter unten besprochenen Beispiele). Durch diesen Reziprozitätssatz werden die Verhältnisse am Ende einer Periode des natürlichen Systems in gewisser Hinsicht auf diejenigen am Beginn einer Periode zurückgeführt. Es muß aber betont werden, daß dies zunächst nur bezüglich der Anzahl der stationären Zustände der betreffenden Schalen und der Werte ihrer Quanten-

779 zahlen gilt, während wir über die Größe ihrer Energiewerte und die Intervallverhältnisse nichts aussagen können[1]).

Wir wollen nun noch als Anwendung unserer Regel auf spezielle Fälle die allmähliche Ausbildung der Achterschale (wo keine Elektronen mit $k > 2$ von der betrachteten Hauptquantenzahl im Normalzustand vorhanden sind) genauer diskutieren, was uns zugleich ein weiteres Beispiel des eben abgeleiteten Reziprozitätssatzes liefern wird. Die Bindung der ersten beiden Elektronen dieser Schale wurde bereits besprochen und wir werden im folgenden der Einfachheit halber voraussetzen, daß aus der Untergruppe mit $k_1 = 1$ keines der beiden Elektronen entfernt wird, diese also abgeschlossen ist (vgl. das obenstehende Stonersche Schema). Es muß dann nach Stoner bei den folgenden Elementen bis zum Abschluß der Achterschale (z. B. von B bis Ne) dem Normalzustand stets ein p-Term entsprechen, was mit den bisherigen Erfahrungen im Einklang ist. Insbesondere folgt das alkaliähnliche Dublettspektrum, das der Bindung des dritten Elektrons der Achterschale entspricht, mit dem bekannten Wegfallen des s-Terms von derselben Hauptquantenzahl wie der Normalzustand.

Wir können daher gleich zur Bindung des vierten Elektrons der Achterschale übergehen, wie sie z. B. in dem noch nicht analysierten Bogenspektren des Kohlenstoffs und in dem teilweise bereits entwirrten Bogenspektrum des Bleis in Erscheinung tritt. Gemäß der Landé-Heisenbergschen Verzweigungsregel (vgl. den vorigen Paragraphen) sollte das zugehörige Spektrum im allgemeinen von derselben Struktur sein wie das Neonspektrum, nämlich aus einer Singulett-Triplettgruppe und einer Triplett-Quintettgruppe mit verschiedenen Seriengrenzen bestehen, die dem $2p_1$ und dem $2p_2$-Dubletterm des betreffenden Ions entsprechen[2]). Wir wollen jedoch zeigen, daß nach unserer Regel diese Spektren im Gegensatz zu der zu erwartenden analogen Struktur ihrer angeregten Zustände sich

[1]) Dagegen folgt aus der Gleichheit der Mannigfaltigkeit der m_2-Werte bei konjugierten Anordnungen, daß auch in schwachen Feldern die (über Terme mit gleichem j zu erstreckenden) „g-Summen" der zugehörigen Terme einander gleich sind.

[2]) Diese theoretische Erwartung konnte bisher infolge der mangelhaften Entwirrung der betreffenden Spektren empirisch noch nicht endgültig geprüft werden. Neuerdings fand A. Fowler (Proc. Roy. Soc. **107**, 31, 1925) im Stickstofffunkenspektrum (N^+) neben gestrichenen Termen (über deren Auftreten theoretisch noch nichts ausgesagt werden kann) Singulett- und Tripletterme. Ferner fand Kiess (Science **60**, 249, 1924) in diesem Spektrum auch Quintetterme. Diese Ergebnisse, die sich auf angeregte Zustände des N^+ beziehen, widersprechen der theoretischen Erwartung zum mindesten nicht.

hinsichtlich der Anzahl und der j-Werte der p-Terme maximaler Haupt- 780
quantenzahl (bei C $n = 2$, bei Pb $n = 6$) wesentlich vom Ne-Spektrum unterscheiden müssen (wo außer dem Normalzustand mit dem Werte $j = 0$, wie am Beginn dieses Paragraphen erwähnt, kein weiterer p-Term mit der Hauptquantenzahl 2 existiert).

Wir haben hier drei Fälle zu unterscheiden, je nach den angenommenen Elektronenzahlen in den beiden Teil-Untergruppen mit $k_1 = 2$, $k_2 = 1$ und mit $k_1 = 2$, $k_2 = 2$, auf die wir zwei Elektronen zu verteilen haben (die ersten beiden Elektronen sollen nach Voraussetzung in s-Termen, $k_1 = k_2 = 1$ gebunden sein).

a) Zwei äquivalente n_{21}-Elektronen.

Für diese Teil-Untergruppe kann m_1, entsprechend dem p_1-Term der Alkalien, nur die zwei Werte $m_1 = \pm 1/2$ annehmen. Sie ist daher im hier angenommenen Falle abgeschlossen mit $\overline{m_1} = 0$ und $j = 0$.

b) Ein n_{21}- und ein n_{22}-Elektron.

Für die letztere Teil-Untergruppe kann entsprechend dem p_2-Term der Alkalien, m_1 die vier Werte $\pm 1/2$, $\pm 3/2$ annehmen und diese sind mit den schon angegebenen Werten $m_1 = \pm 1/2$ des ersten Elektrons beliebig kombinierbar, da sich die beiden Elektronen in verschiedenen Teil-Untergruppen befinden und daher nicht äquivalent sind[1]). Wir erhalten daher

$$\begin{aligned}\overline{m_1} &= (-3/2,\ -1/2,\ 1/2,\ 3/2) + (-1/2,\ 1/2)\\ &= \pm(3/2 + 1/2),\quad \pm(3/2 - 1/2),\quad \pm(1/2 + 1/2),\quad \pm(1/2 - 1/2)\\ &= \pm\ 2,\qquad \pm\ 1,\qquad \pm\ 1,\qquad 0,\quad 0.\end{aligned}$$

Man sieht daraus unmittelbar, daß sich die Terme in zwei Reihen mit $|\overline{m_1}| \leqq 2$ und mit $|\overline{m_1}| \leqq 1$ spalten. Diese entsprechen offenbar im feldlosen Falle zwei Termen:

einem Term mit $j = 2$
und einem Term mit $j = 1$.

c) Zwei äquivalente n_{22}-Elektronen.

Hier müssen die m_1-Werte der beiden Elektronen gemäß unserer Regel verschieden sein und wir erhalten die möglichen Werte von $\overline{m_1}$ zu:

$$\begin{aligned}\overline{m_1} &= \pm(3/2 + 1/2),\quad \pm(3/2 - 1/2),\quad (3/2 - 3/2),\quad (1/2 - 1/2)\\ &= \pm 2,\qquad \pm\ 1,\qquad 0,\qquad 0.\end{aligned}$$

---

[1]) Aus diesem Grunde müssen die Fälle $m_1 = +1/2$ für das erste, $m_1 = -1/2$ für das zweite Elektron und $m_1 = -1/2$ für das erste, $m_1 = +1/2$ für das zweite Elektron hier als verschieden gezählt werden. Vgl. Fußnote 1 auf S. 769.

781 Daher ergibt sich bei Abwesenheit des Magnetfeldes

ein Term mit $j = 2$
und ein Term mit $j = 0$.

Wir erhalten daher im ganzen bei der Viererschale fünf verschiedene p-Terme mit maximaler Hauptquantenzahl, davon zwei mit $j = 2$, einen mit $j = 1$ und zwei mit $j = 0$.

Über die Gruppierung dieser Terme hinsichtlich ihrer Größe und die Intervallverhältnisse können wir nichts aussagen. Dagegen können wir über die zu erwartenden Zeemanaufspaltungen dieser Terme bestimmte Angaben machen.

Durch Einsetzen der zu den angegebenen m_1-Werten der einzelnen Elektronen gehörigen m_2-Werte (die aus den Zeemantermen der Alkalien bei starken Feldern zu entnehmen sind), ergeben sich zunächst gemäß der Vorschrift (1) die durch die folgende Tabelle wiedergegebenen Zeemanaufspaltungen der fünf p-Terme der Viererschale in starken Feldern.

$\overline{m_1}$	-2	-1	0	1	2
$\overline{m_2}$	$-3, -2$	$-2, -1, -1$	$0, 0, 0, 0, 0$	$1, 1, 2$	$2, 3$

Mittels der Summenregel, die von Landé auch auf Multipletts höherer Stufe angewendet wurde[1]), erhält man hieraus zur Bestimmung der Summe der g-Werte für die beiden Terme mit $j = 2$ (mit $\sum g_2$ bezeichnet) und des g-Wertes für den Term mit $j = 1$ in schwachen Feldern (mit g_1 bezeichnet) die Gleichungen

$$2 \sum g_2 = 2 + 3 = 5, \quad \sum g_2 + g_1 = 1 + 1 + 2 = 4.$$

Hieraus folgt

$$\sum g_2 = {}^5/_2, \quad g_1 = {}^3/_2.$$

Eine Prüfung dieser theoretischen Ergebnisse für die Viererschale ist am ehesten bei Pb möglich. Hier sind vier p-Terme aus den Beobachtungen sicher ermittelt worden, während die Existenz eines fünften p-Termes noch zweifelhaft ist[2]). Bisher noch nicht veröffentlichte Messungen des Zeemaneffektes einiger Bleilinien von E. Back machen es ferner sehr wahrscheinlich, daß den erstgenannten vier p-Termen die

---

[1]) A. Landé, Ann. d. Phys. 1925, l. c.

[2]) V. Thorsen, Naturwissenschaften **11**, 78, 1923; W. Grotrian, ZS. f. Phys. **18**, 169, 1923.

j-Werte (2, 2, 1, 0) zukommen und daß auch die g-Werte dieser Terme mit den theoretisch zu erwartenden im Einklang sind[1]). 782

Kehren wir nun wieder zur Diskussion der allmählichen Ausbildung der Achterschale zurück. Mittels des Reziprozitätssatzes, den wir auf die ganze Bohrsche Untergruppe mit $k = 2$ anwenden. die ja im abgeschlossenen Zustand sechs Elektronen enthält, können wir von den über die Viererschale gewonnenen Resultaten direkt zu der Anzahl der Realisierungsmöglichkeiten der Sechserschale (vier Elektronen mit $k_1 = 2$) übergehen, wie sie z. B. bei O realisiert ist. Zu den Fällen a), b), c) der Viererschale sind offenbar im genannten Sinne die folgenden Fälle der Sechserschale konjugiert:

a) Vier äquivalente n_{22}-Elektronen (zwei leere Plätze in der n_{21}-Gruppe). Diese Teil-Untergruppe ist abgeschlossen; daher wie oben unter a) ein Term mit $j = 0$.

b) Ein n_{21}, drei äquivalente n_{22}-Elektronen (ein leerer Platz in der n_{21}-, ein leerer Platz in der n_{22}-Gruppe).

Wie oben ein Term mit $j = 2$
und ein Term mit $j = 1$.

c) Zwei äquivalente n_{21}, zwei äquivalente n_{22}-Elektronen (zwei leere Plätze in der n_{22}-Gruppe).

Die erste Teil-Untergruppe ist abgeschlossen. Wie oben
ein Term mit $j = 2$,
ein Term mit $j = 0$.

Wir hätten demnach auch hier, z. B. bei Sauerstoff, fünf p-Terme mit der kleinsten Hauptquantenzahl zu erwarten. Es sind bisher bei O und S nur drei solche Terme beobachtet worden, und zwar mit den

---

1) Diese Angaben wurden mir durch das Entgegenkommen von Herrn Back ermöglicht, der mir in seine Messungsresultate schon vor ihrer Veröffentlichung freundlichst Einsichtnahme gestattete. Hierfür möchte ich ihm auch an dieser Stelle meinen wärmsten Dank aussprechen. Herr Back wird über seine Messungen in Verbindung mit der allgemeinen Frage der Termordnung des Bleispektrums demnächst an anderer Stelle berichten.

Anmerkung bei der Korrektur: Die Termordnung der Spektren von Blei und Zinn wurde inzwischen in einer Arbeit von Frl. Sponer weitergeführt, deren wichtigste Resultate in der Sitzung des Gauvereins Niedersachsen in Göttingen am 9. Februar vorgetragen wurden. Bei Zinn ergaben sich fünf p-Terme mit maximaler Hauptquantenzahl, deren j-Werte genau den theoretisch zu erwartenden entsprechen. Bei Blei stimmen die erhaltenen j-Werte der vier bekannten größten p-Terme mit den Angaben des Textes überein. Für die Existenz eines fünften p-Termes mit $j = 0$, wie er bei Zinn vorhanden ist, konnten auch bei Blei Anhaltspunkte gewonnen werden.

783 j-Werten 2, 1, 0[1]). Es muß abgewartet werden, ob sich noch zwei weitere p-Terme der betreffenden Hauptquantenzahl aus den Beobachtungen werden ermitteln lassen, oder ob unsere Regel in diesem Falle modifiziert werden muß.

Über die Fünferschale (3 Elektronen mit $k_1 = 2$) liegen noch keine Beobachtungen vor und wir wollen deshalb nur das Resultat der Diskussion angeben, daß gemäß unserer Regel diese Schale zu fünf p-Termen Anlaß geben sollte, davon ein Term mit $j = {}^5/_2$, drei Terme mit $j = {}^3/_2$ und ein Term mit $j = {}^1/_2$. Für die in den Röntgenspektren realisierte Siebenerschale folgt, wie bereits erwähnt, Alkaliähnlichkeit der Terme.

Wir wollen hier keine weiteren Spezialfälle diskutieren, bevor vollständigeres Beobachtungsmaterial vorliegt, aber aus den angeführten Beispielen dürfte ersichtlich sein, daß unsere Regel die Frage nach den Realisierungsmöglichkeiten der einzelnen Schalen bei gegebener Anzahl von äquivalenten Elektronen in jedem Falle eindeutig zu beantworten erlaubt. Daß die so erhaltenen Resultate mit der Erfahrung im Einklang sind, ließ sich bisher allerdings nur in den einfachsten Fällen feststellen.

Im allgemeinen sei noch bemerkt, daß die hier durchgeführten Überlegungen, was den Übergang von starkem zu schwachem bzw. verschwindendem Felde betrifft, im Prinzip auf der Invarianz der statistischen Gewichte der Quantenzustände beruhen. Für das Bestehen eines Zusammenhanges des Problems des Abschlusses der Elektronengruppen im Atom mit dem Korrespondenzprinzip, wie er von Bohr vermutet wurde, scheinen jedoch auf Grund der gewonnenen Resultate keine Anhaltspunkte vorhanden zu sein. Das Problem der näheren Begründung der hier zugrunde gelegten allgemeinen Regel über das Vorkommen von äquivalenten Elektronen im Atom dürfte wohl erst nach einer weiteren Vertiefung der Grundprinzipien der Quantentheorie erfolgreich angreifbar sein.

Hamburg, Institut für theoretische Physik.

---

[1]) J. J. Hopfield, Astrophys. Journ 59, 114, 1924; O. Laporte, Naturw. 12, 598, 1924. Vgl. auch A. Sommerfeld, Atombau und Spektrallinien, 4. Aufl., 1924, 8. Kap., S. 598 und 599.

4

Wolfgang Pauli

Remarks on the history of the exclusion principle*

„One can call particles obeying the exclusion principle the 'anti-social' particles, while photons are 'social'."

Pauli (1946a), S. 214

„It was all before your time. I met Bohr the first time at the ‚Bohr-Festspiele' in Göttingen (1922). This is all published in Zeitschrift für Physik 9, 1 (1922). [...] Some main points were:
1. The ground state of the He-atom consists of two orbits in crossed planes with a resulting angular momentum 1 ħ. Hence this top was as K-shell in the 'stomach' of every atom.
2. The ortho-He consists of orbits in the same plane. By some autosuggestive arguments Bohr believed to be able to explain on the basis of the classical mechanics, that the states with crossed orbits could not combine with the states with coplanar orbits of the two electrons in the He-atom.
3. According to his correspondence principle Bohr correctly concluded that the doublet-structure of the spectra of alkali metals must correspond to the type of motion of a precession of the orbital plane of the valence electron around an other axis. But his mechanical interpretation of this precession was the idea of a resultant angular momentum of the atomic core *of the alkali metals (therefore also of the noble gases). And this was identified with the 'top in the stomach' mentioned sub 1.*
4. A particular complication was introduced by the asumption that the number of electrons in a closed shell can depend on the presence (or absence) of electrons in other shells. This gave rise to wrong numbers of electrons in closed shells.
You will get a certain insight in the struggle against this errors by reading the preface of Sommerfelds Atombau und Spektrallinien, 4th edition 1924. I warmly supported Sommerfelds opposition against the 'top in the stomach' and was sure that the resultant angular momentum of the ground state of the He-atom (hence of the K-shell) has to be zero. ...
Bohr was full of selfcriticism and doubts in these decisive years 1922–24. He came down from the upper floor of Blegdamsvej 15, where he lived at that time, made drawings of the terms of the mercury spectrum on the blackboard (oh, these singlet and triplet-terms, and these 'relativistic' and 'screening' doublets in the X-ray spectra!) plucked his hairs – and was running back in the upper floor again!

* Pauli (1946a)

Sommerfeld was great when he did not care of mechanical models. But he still clung to them, on the other hand. He wanted to replace Bohrs models by better ones. But gradually Bohr ceased to believe in mechanical pictures at all and had some advantage relativ to Sommerfeld. And all this together with this anomalous Zeeman-effect, a little bit a complicated story. First we did not know, what the right Hamiltonian was and second we did not know, once a Hamiltonian was given, how to treat it 'unmechanically'.
So I was running restlessly (1923) through the streets of Copenhagen with a grim face thinking on the anomalous Zeeman-effect. And suddenly I heard a voice behind me saying: 'Think on Jesus Christ!' – Very much startled I turned around – it was an old women of the salvation army. (That is a true story; when I remember it correctly it was in the Kohnragergade.)
This seemed to be an entirely hopeless situation in the early autum days of 1923! But even without the salvation army the top was out of the stomach of the atoms only one year later – *like Schneewittchens apple in the fairy tale!*
But the 'top' started to wander, he had to be somewhere and that is another story until to Dirac's wave equation (which Dirac founded on entirely wrong arguments)."

Pauli an Rosenfeld, 31. Mai 1954

The history of the discovery of the exclusion principle, for which I have received the honor of the Nobel Prize award this year, goes back to my student days in Munich. While, in school in Vienna, I had already obtained some knowledge of classical physics and the then-new Einstein relativity theory, it was at the University of Munich that I was introduced by Sommerfeld to the structure of the atom – somewhat strange from the point of view of classical physics. I was not spared the shock which every physicist accustomed to the classical way of thinking experienced when he came to know of Bohr's "Basic postulate of quantum theory" for the first time. At that time there were two approaches to the difficult problems connected with the quantum of action. One was an effort to bring abstract order to the new ideas by looking for a key to translate classical mechanics and electrodynamics into quantum language which would form a logical generalization of these. This was the direction which was taken by Bohr's Correspondence Principle. Sommerfeld, however, tried to overcome the difficulties which blocked the use of the concepts of kinematical models by a direct interpretation of the laws of spectra in terms of integral numbers, following, as Kepler once did in his investigation of the planetary system, an inner feeling for harmony. Both methods, which did not appear to me irreconcilable, influenced me. The series of whole numers 2, 8, 18, 32 ..., giving the lengths of the periods in the natural system of chemical elements, was zealously discussed in Munich, including the remark of the Swedish physicist, Rydberg, that these numbers are of the simple form $2n^2$ if "n" takes on all integer values. Sommerfeld tried especially to connect the number 8 and the number of corners of a cube.

A new phase of my scientific life began when I met Niels Bohr personally for the first time. This was in 1922, when he gave a series of guest lectures at Göttingen in which he reported on his theoretical investigations on the periodic system of elements. I shall recall only briefly that the essential progress made by Bohr's considerations at that time was in explaining by means of the spherically symmetric atomic model the formation of the intermediate shells of the atom, and the general properties of the rare earths. The question as to why all electrons for an atom in its ground state were not bound in the innermost shell had already been emphasized by Bohr as a fundamental problem in his earlier works. In his Göttingen lectures he treated particularly the closing of this innermost K shell in the helium atom and its essential connection with the two noncombining spectra of helium, the ortho- and parahelium spectra. However, no convincing explanation for this phenomenon could be given on the basis of classical mechanics. It made a strong impression on me that Bohr at that time and in later discussions was looking for a general explanation which should hold for the closing of every electron shell and in which the number 2 was considered to be as essential as 8 in contrast to Sommerfeld's approach.

During these meetings in Göttingen Bohr came to me one day, accompanied by his assistant, Oskar Klein (now professor in Stockholm), and asked me whether I could come to him in Copenhagen for a year. He needed a collaborator in the editing of his works, which he wanted to publish in German. I was much surprised, and after considering a little while I answered with that certainty of which only a young man is capable: "I hardly think that the scientific demands which you will make on me will cause me any difficulty, but the learning of a foreign tongue like Danish far exceeds my abilitites." The result was a hearty burst of laughter from Bohr and Klein, and I went to Copenhagen in the fall of 1922, where both of my contentions were shown to be wrong. The first words I learned were the integers. The way in which such simple numbers as 50, 70, and 90 are expressed in Danish – in a complicated fashion as half-multiples of 20 – particularly impressed me, but I understood the idea and could easily recognize the words. But the half-integers used by Landé as magnetic quantum numbers to explain the anomalous Zeeman effect presented much greater difficulties for me. "Anomalous Zeeman effect" refers to a type of splitting of the spectral lines in a magnetic field which is different from the normal triplet. The anomalous type of splitting was on the one hand especially fruitful because it exhibited beautiful and simple laws, but on the other hand it was hardly understandable, since very general assumptions concerning the electron, using classical theory as well as quantum theory, always led to the simple triplet. A closer investigation of this problem left me with the feeling that it was even more unapproachable. A colleague who met me strolling rather aimlessly in the beautiful streets of Copenhagen said to me in a friendly manner, "You look very unhappy"; whereupon I answered fiercely, „How can one look happy when he is thinking about the anomalous Zeeman effect?" I could not find a satisfactory solution at that time, but succeeded, however, in generalizing Landé's analysis for the simpler case (in many respects) of very strong magnetic fields (*Z. Phys.*, 123, 16, 155). This early work was of decisive importance for the finding of the exclusion principle.

When in 1923 Bohr made his first trip to the United States, I returned, as an assistant, to the University of Hamburg, where soon afterwards I gave my inaugural lecture as *Privatdozent* on the periodic system of elements. The contents of this lecture appeared very unsatisfactory to me, since the problem of the closing of the electronic shells had been clarified no further. The only thing that was clear was that a closer relation of this problem to the theory of multiplet structure must exist. I therefore tried to examine again critically the simplest case, the doublet structure of the alkali spectra. I arrived at the result that the point of view then orthodox – according to which a finite angular momentum of the atomic core was the cause of this doublet structure – must be given up as incorrect. In the fall of 1924 I published some of my arguments (*Z. Phys.*, 1925, **31**, 373) that, instead of the angular momentum of the closed shells of the atomic core, a new quantum theoretic property of the electron had to be introduced which I called "a two-valuedness not describable classically". At this time a paper by the English physicist, Stoner, appeared (*Phil, Mag.*, 1924, **48**, 719), containing not only improvements in the classification of electrons in subgroups, but also the essential remark that the number of energy levels of a single electron in the alkali metal spectra for a given value of the principle quantum number in an external magnetic field is the same as the number of electrons in the closed shells of the rare gases which corresponds to this principal quantum number. On the basis of my earlier results on the classification of spectral terms in a strong magnetic field the general formulation of the exclusion principle became clear to me. The fundamental idea can be formulated in the following way: The complicated numbers of electrons in closed subgroups reduce to the simple number *one* if the division of the groups by giving the values of the 4 quantum numbers of an electron is carried so far that every degeneracy is removed. A single electron already occupies an entirely nondegenerate energy level. The exposition of this general formulation of the exclusion principle was made in Hamburg in the spring of 1925 (*Z. Phys.*, 1925, **31**, 765) after I was able to verify some additional conclusions during a visit to Tübingen, with the help of the spectroscopic material assembled there.

If one pictures by boxes the nondegenerate states of an electron in an atom, the exclusion principle maintains that a box can contain no more than one electron. This, for example, makes the atoms much larger than if many electrons could be contained in the innermost shell. Quantum theory maintains that other particles such as photons or light particles show opposite behavior; that is, as many as possible fill the same box. One can call particles obeying the exclusion principle the "antisocial" particles, while photons are "social". However, in both cases sociologists will envy the physicists on account of the simplifying assumption that all particles of the same type are exactly alike.

With the exception of experts on the classification of spectral terms, people found it difficult to understand the exclusion principle, since no meaning in terms of a model was given to the fourth degree of freedom of the electron. The gap was filled by Uhlenbeck and Goudsmit's idea of electron spin, which made it possible to understand the anomalous Zeeman effect. Since that time the exclusion principle has been closely connected with the idea of spin. Although at first I strongly doubted the correctness of this idea because of its classical mechanical character, I was finally converted to it by Thomas' calculations on the magnitude of doublet splitting. On the other hand, my earlier doubts as well as the cautious expression, "classically nondescribable two-valuedness," experienced a certain verification during later developments, as Bohr was able to show on the basis of wave mechanics that the electron spin cannot be measured by classically describable experiments (as, for instance, deflection of molecular beams in external electromagnetic fields)

and must therefore be considered as an essentially quantum mechanical property of the electron.[1]
This is not the place to go into the details of the subsequent developments. On the one hand, the validity of the exclusion principle for all elementary particles of spin 1/2 was shown (for example, not only for electrons but also for neutrons and protons). This gave the principle a more general and universal meaning, and it found application to the problem, still not completely solved, of nuclear structure. On the other hand, the exclusion principle could not be deduced from the new quantum mechanics and wave mechanics, but remains an independent principle which excludes a class of mathematically possible solutions of the wave equation. This excess of mathematical possibilities of the present-day theory, as compared with reality, is in my opinion one of several indications that in the region where it touches on relativity theory, quantum theory has not yet found its final form.

The history of the exclusion principle is thus already an old one, but its conclusion has not yet been written. The essential advance of physics rests on the creative imagination of the experimental as well as the theoretical investigator, and, contrary to expensive applications of known principles, cannot be forced by planning on a grand scale. Therefore it is not possible to say beforehand where and when one can expect the further development of the basic principles of present-day physics, of which the problem of the exclusion principle is a part. We know, however, that this further development can take place only in the same atmosphere of free investigation and unhampered exchange of scientific results between nations that existed at the time of the disclosure of the exclusion principle. I am therefore very glad to be able to give this short historical survey here in Princeton's Institute for Advanced Study, which in the difficult years of the war, by support of pure and free research irrespective of applications, made it possible for me and others to continue our scientific work.

1 See Rapport du Sixième Conseil Solvey de Physique, Paris, 1932, pp. 217–225.

5
Wolfgang Pauli
Die Geschichte des periodischen Systems der Elemente*
(Autoreferat)

„In den Sommermonaten des [Jahres 1926] wurde auch der Zusammenhang des Paulischen Ausschließungsprinzips mit der Wellen- und Quantenmechanik klargestellt. Man konnte einerseits an der Quantenmechanik des Heliumatoms, mit dem ich mich beschäftigt hatte, nachweisen, daß man die richtigen, dem Pauliprinzip genügenden Terme nur dann erhielt, wenn man die Antisymmetrie der Wellenfunktionen in den Teilchenkoordinaten forderte; und andererseits konnten Fermi und Dirac zeigen, daß ganz allgemein die Forderung der Antisymmetrie der Wellenfunktion bei Vertauschung der Koordinaten zweier beliebiger Elektronen dem Paulischen Prinzip äquivalent war, und bei Anwendung auf ein ideales Gas zu einer neuen Statistik führte. Damit war der physikalische Sinn des Paulischen Ausschließungsprinzips endgültig klargestellt."

Heisenberg (1960), S. 44

Die Geschichte des periodischen Systems der Elemente

Die Geschichte des periodischen Systems der Elemente beginnt eigentlich mit W. *Prouts* Hypothese (1815), gemäß der die durch die chemische Unzerlegbarkeit definierten chemischen Elemente aus Wasserstoff bestehen sollten. In dem Für und Wider der Diskussion, welche diese Hypothese trotz ihrer schlechten empirischen Fundierung bei den Chemikern ausgelöst hat, entstand einerseits eine wesentliche Erhöhung der Genauigkeit der Atomgewichtsbestimmungen (in denen zum Teil noch Faktoren 2 unsicher waren), teils Modifikationen der *Prout*schen Hypothese. Letztere führten auf einer allgemeineren Basis zum Suchen nach Verwandtschaftsbeziehungen zwischen den Elementen, die nach verschiedenen Vorläufern in dem Nachweis eines periodischen Verlaufes vieler chemischer und physikalischer Eigenschaften der Elemente als Funktion des Atomgewichtes gipfelten. Diese Aufstellung des periodischen Systems der Elemente gelang unabhängig *Lothar Meyer* (1830–1895) und *Dimitri Ivanowitsch Mendelejeff* (1834–1907). Von ersterem

* Pauli (1952a). Vortrag in der Zürcher Naturforschenden Gesellschaft, gehalten am 28. Januar 1952

Autor existiert ein unpublizierter Entwurf von 1868 und eine Arbeit von 1870, welche die berühmte Atomvolumkurve enthält, vom zweiten Autor eine erste Arbeit von 1869, der eine weitere sehr lange Abhandlung von 1871 folgte. Diese zweite Arbeit enthält auch die berühmten Voraussagen der Elemente Ekabor, Ekaaluminium und Ekasilicium, die später als Scandium, Gallium und Germanium tatsächlich aufgefunden wurden. Die Genauigkeit, mit welcher *Mendelejeffs* theoretische Voraussagen vom Experiment verifiziert wurden, ist heute noch erstaunlich.

Mendelejeffs Einstellung zur *Prout*schen Hypothese ist ablehnend, doch hat er (ähnlich wie früher etwas mehr vage der Genfer Chemiker *Marignac* und später der Physiker *Rydberg*) die Idee einer möglichen Nichtaddivität des Gewichtes, das er sich als abhängig vom Bewegungszustand denkt, innerhalb der Atome der chemischen Elemente. Diese Idee wurde in modifizierter Form wieder aktuell durch *Einsteins* Satz von der Trägheit der Energie (1905), den *Langevin* 1913 auf die Abweichungen der Atomgewichte von der Ganzzahligkeit angewandt hat, was damals jedoch noch ohne Berücksichtigung der Isotopen erfolgte.

Die von *Kirchhoffs* und *Bunsens* grundlegenden Arbeiten über Spektralanalyse ausgehenden Anregungen hatten zur Folge, daß sich im folgenden das Schwergewicht der Erforschung des periodischen Systems mehr und mehr auf die Gesetzmäßigkeiten der Spektren verlagerte. In dieser Verbindung wird etwas ausführlicher auf die Arbeiten des schwedischen Physikers *Johannes Robert Rydberg* (1854–1919) eingegangen, dem die Spektroskopie letzten Endes nur Mittel zum Zweck der Erforschung des periodischen Systems war. Seine erste große spektroskopische Arbeit von 1888, also kurz nach *Balmers* Entdeckung 1885, enthält bereits das Ergebnis der Universalität der heute nach *Rydberg* benannten Konstante und die wichtigsten Gesetzmäßigkeiten der Dublettserien der Alkalimetalle und der dreiwertigen Elemente wie Al sowie die Triplets der zweiwertigen Erdalkalimetalle. *Rydbergs* angenäherte quantitative Darstellung der Schwingungszahlen dieser Linienserien wurde später durch den Schweizer Physiker *Walter Ritz* verbessert, der auch 1908 das grundlegende Kombinationsprinzip in den Spektren entdeckte, welches *Rydberg* aus näher erläuterten Gründen entgangen war. *Rydbergs* Versuch, einen Zusammenhang zwischen der Parität (gerade oder ungerade) der chemischen Valenz und der entgegengesetzten Parität der Multiplizität der Spektren aufzustellen, hatte mit der Schwierigkeit zu kämpfen, daß der Unterschied zwischen Spektren neutraler Atome (Bogenspektren) und einfach oder mehrfach ionisierter Atome (Funkenspektren) zu *Rydbergs* Lebzeiten empirisch noch nicht feststellbar war. Wird dieses Gesetz jedoch auf die Parität der Elektronenzahl statt auf die der Valenz bezogen, so gilt es ausnahmslos und wird heute mit Recht als *Rydberg*scher Wechselsatz bezeichnet.

Von *Rydbergs* weiteren, direkt auf das periodische System sich beziehenden Arbeiten sind die wichtigsten Resultate die folgenden: Im Jahre 1897 fordert er, daß die Ordnungszahlen der Elemente und nicht die Atomgewichte als unabhängige Veränderliche benützt werden sollen. Von da an werden diese Ordnungszahlen allmählich selbständig, bis sie schließlich durch *Moseleys* Entdeckung (1913 und 1914) der einfachen Gesetzmäßigkeiten der Röntgenspektren, die *Rydberg* noch miterleben und verfolgen konnte, eindeutig bestimmt werden. Im Jahre 1906 weist *Rydberg* darauf hin, daß die Periodenlängen 2, 8, 18, des Systems der Elemente sich

in der Form $2 = 2.1^2$, $8 = 2.2^2$, $18 = 2.3^2$ schreiben lassen. Die Länge der die seltenen Erden enthaltenden großen Periode nimmt er damals noch (wie *Mendelejeff*) zu $36 = 2.18$ an, in einer späteren Arbeit von 1913 setzt er sie aber korrekt gleich $32 = 2.4^2$ und gibt dort auch die allgemeine Formel $2p^2$ bzw. $4p^2$ (mit allgemeinem ganzzahligem p). Er interpretiert aber den ersten Ausdruck als halbe, den zweiten als ganze Periode im System, was seinen letzten Irrtum veranlaßt, zwischen *H* und *He* noch zwei weitere gasförmige Elemente Nebulium und Coronium anzunehmen und dem *He* die Ordnungszahl 4 statt 2 zu geben. Die konstante Differenz von 2 zwischen allen folgenden Ordnungszahlen *Rydbergs* und den seit *Moseley* und *Bohr* sichergestellten ist aber der einzige Fehler, der hier noch geblieben ist.
Es wird sodann die Entwicklung kurz skizziert, die nach der Entdeckung der Radioaktivität durch *Rutherfords* grundlegende Arbeiten auf diesem Gebiet zu dessen Kernatom (1911) und durch dessen Synthese mit *Plancks* Quantentheorie (seit 1900) zu *Bohrs* Atommodell (1913) und der Deutung der Ordnungszahl als Kernladungszahl führte (*van der Broek* 1913), die es auch ermöglicht hat, die radioaktiven Verschiebungssätze von *Fajans* und *Soddy* (1911/12) in einfacher Weise zu deuten. *Bohrs* Grundpostulate der Theorie des Atombaues und ihre Anwendung auf das (entartete) *H*-Atom nach Erweiterung der Theorie durch *Sommerfeld* (1915/16) und *Bohr* selbst (1918) werden erläutert, und insbesondere wird die zurückgebliebene Unsicherheit über die Gewichte der Zustände des *H*-Atoms hervorgehoben.
Die große Umwälzung der Chemie durch *Astons* Isotopentrennung (1920) (die vorbereitende Arbeiten *J. J. Thomsons* weiterführte), schob die nach *Einstein* zu deutenden Massendefekte in die zweite und dritte Dezimale zurück, *Prout* kommt in modifizierter Form wieder zu Ehren (nach *Chadwicks* Entdeckung des Neutrons (1930) wird sichergestellt, daß die Kerne aus Protonen und Neutronen aufgebaut sind), und das Interesse wendet sich wieder dem periodischen System der Elemente zu. Nach vorbereitenden Ideen von *Kossel, Ladenburg* und *Bury* erfolgt *Bohrs* große Pionierarbeit von 1922, in welcher er zeigen konnte, wie die energetischen Eigenschaften der in die Ladungswolke des Atomrestes eindringenden Bahnen die Ausbildung von Zwischenschalen und damit die wichtigsten physikalischen und chemischen Eigenschaften der Elemente in der dritten, vierten und fünften Periode des periodischen Systems voraussehen und verstehen lassen. Nimmt man den Abschluß der Elektronenzahlen als empirisch gegeben an, so läßt sich ein detailliertes Bild über die Besetzungszahlen der verschiedenen Zustände durch die Elektronen des Atoms entwerfen, das übrigens später (1924) von *E. C. Stoner* verbessert wurde. Bohrs theoretische Ideen veranlaßten die Auffindung in Zirkonmineralien des neuen vierwertigen Elementes Hafnium im Kopenhagener Institut mit Hilfe der Röntgenspektren durch *D. Coster* und *G. v. Hevesy* (1922/23).
Trotz dieser großen Erfolge waren in *Bohrs* Arbeiten noch einige wichtige Punkte dunkel und unerledigt geblieben. Nicht nur blieben der Schalenabschluß und die Periodenlängen des natürlichen Systems der Elemente unerklärt, sondern vor allem mußte *Bohr* zur Deutung von *Rydbergs* Doppellinien in den Alkalimetallen einen in der innersten *K*-Schale dieser Atome vorhandenen Kreisel annehmen. Wegen der chemischen und physikalischen Eigenschaften der Edelgase sowie der Ionen gleicher Elektronenzahl hatte dieses Modell die einmütige Ablehnung der Chemiker sowie auch eines großen Teils der Physiker (u. a. von *Sommerfeld*) gefunden, doch war es

nicht leicht, es durch ein anderes zu ersetzen. Irgendwo mußte doch noch ein weiterer Vektor eines Impulsmomentes sein, und es brauchte 1924 eine schwierigere Passage des Autors von drei zu vier Quantenzahlen eines einzigen Elektrons (von denen die vierte bald darauf als Spin gedeutet wurde), um diese Schwierigkeiten zu überwinden. Einmal so weit, kam ihm *Stoner* mit der Feststellung der Übereinstimmung seiner neuen Besetzungszahlen abgeschlossener Schalen mit den Gewichten der entsprechenden Zustände in den Alkalimetallen entgegen. Daraufhin gelang die allgemeine Formulierung des Ausschließungsprinzips und damit die Deutung der Periodenlängen des Systems der Elemente sowie die Richtigstellung der Gewichte der Zustände des *H*-Atoms.
Mit einem Ausblick auf das Schalenmodell der Atomkerne schließt der Vortrag.

(Autoreferat)

An der Diskussion beteiligen sich Herr Prof. Dr. D. *Reichinstein*, Herr Prof. Dr. H. R. *Schinz* und der Herr Referent. Um 22.00 Uhr schließt der Vorsitzende die Sitzung mit dem besten Dank an Herrn Prof. Dr. W. *Pauli* für seinen überaus interessanten Vortrag.

Der Sekretär: *O. Jaag*

Kapitel VII
Quantenmechanik und Kopenhagener Interpretation

1
Wolfgang Pauli
Über das Wasserstoffspektrum vom Standpunkt der neuen Quantenmechanik*

„Ich brauche Ihnen wohl nicht zu schreiben, wie sehr ich mich über die neue Theorie des Wasserstoffs freue, und wie sehr ich es bewundre, daß Sie diese Theorie so schnell herausgebracht haben."
Heisenberg an Pauli, 3. November 1925

* Pauli (1926a)

336 Über das Wasserstoffspektrum vom Standpunkt der neuen Quantenmechanik.

Von W. Pauli jr. in Hamburg.

(Eingegangen am 17. Januar 1926.)

Es wird gezeigt, daß sich die Balmerterme eines Atoms mit einem einzigen Elektron aus der neuen Quantenmechanik richtig ergeben und daß die in der bisherigen Theorie aus den Zusatzverboten von singulären Bewegungen entstehenden Schwierigkeiten, die insbesondere im Falle der gekreuzten Felder zutage treten, in der neuen Theorie verschwinden. Auch die Beeinflussung des Wasserstoffspektrums durch äußere elektrische und magnetische Kraftfelder wird vom Standpunkt der neuen Quantenmechanik aus diskutiert. Die Berücksichtigung der Relativitätskorrektionen sowie die Berechnung der Übergangswahrscheinlichkeiten (Intensitäten) bleibt jedoch zunächst noch außer Betracht.

§ 1. Die Grundlagen der neuen Quantenmechanik. Kürzlich ist von Heisenberg[1]) eine Formulierung der Prinzipien der Quantentheorie gegeben worden, die gegenüber der bisherigen Theorie der mehrfach periodischen Systeme einen großen Fortschritt darstellt. Gemäß dieser Heisenbergschen Fassung der Quantentheorie wird auf eine mechanisch-kinematische Veranschaulichung der Bewegung der Elektronen in den stationären Zuständen des Atoms gänzlich verzichtet, und es werden außer den zeitlichen Mittelwerten der klassisch-kinematischen Größen nur harmonische Partialschwingungen eingeführt, die jedem Übergang zwischen zwei stationären Zuständen zugeordnet werden und in unmittelbarem Zusammenhang mit den spontanen Übergangswahrscheinlichkeiten des Systems stehen. Ist

$$x_m^n = a_m^n e^{2\pi i \left(\nu_m^n t + \delta_m^n\right)}$$

die den Übergang von einem Zustand n nach einem anderen Zustand m charakterisierende Partialschwingung der kartesischen Koordinate x eines bestimmten Elektrons im Atom, so liefert diese den Beitrag

$$\frac{1}{h\,\nu_m^n}\,\frac{2}{3}\,\frac{e^2}{c^3}\left(2\pi\nu_m^n\right)^4 \left|x_m^n\right|^2 \cdot 2$$

zum Werte des Koeffizienten der spontanen Emissionswahrscheinlichkeit A_m^n des zugehörigen Überganges. Während in der früheren Theorie diese Beziehung gemäß dem Korrespondenzprinzip nur als im Grenzfall großer Quantenzahlen asymptotisch gültig anzusehen war, ist sie nunmehr als

1) W. Heisenberg, ZS. f. Phys. **33**, 879, 1925.

die stets gültige Definition der Amplituden x^n_m aufzufassen, und es sind 337
allgemeiner die den einzelnen Übergangsprozessen zugeordneten Partialschwingungen durch Intensität und Polarisation der emittierten Strahlung physikalisch definiert. Diese Partialschwingungen können jedoch nicht mehr zu bestimmten „Bahnen" der Elektronen des Atoms zusammengefaßt werden, da sie Übergangsprozessen, nicht aber stationären Zuständen zugeordnet werden.

Die Heisenbergsche Fassung der Quantentheorie wurde sodann von Born und Jordan[1]), Dirac[2]), sowie von Born, Jordan und Heisenberg[3]) weiter ausgebaut und in ein konsequentes mathematisches System gebracht, bei der alle früher der klassischen Mechanik entnommenen Beziehungen durch analog gebildete quantentheoretische Beziehungen zwischen den zu den Koordinaten der einzelnen Atomteilchen gehörigen zeitlichen Mittelwerten x^n_n und Partialschwingungen x^n_m ersetzt werden. Um diese Beziehungen zu formulieren, hat es sich als zweckmäßig erwiesen, jeder klassisch kinematischen Größe x eine Matrix zuzuordnen; in deren Diagonalgliedern stehen die zeitlichen Mittelwerte x^n_n, die zu den einzelnen stationären Zuständen gehören, an den Plätzen (n, m) [n-te Zeile, m-te Kolonne] und (m, n) [m-te Zeile, n-te Kolonne] stehen konjugiert komplexe Schwingungen

$$x^n_m = a^n_m \, e^{2\pi i\left(\nu^n_m t + \delta^n_m\right)} \quad \text{und} \quad x^m_n = a^m_n \, e^{2\pi i\left(\nu^m_n t + \delta^m_n\right)}, \tag{1}$$

worin $a^n_m = a^m_n$ positiv reell und

$$\nu^m_n = -\nu^n_m, \quad \delta^m_n = -\delta^n_m. \tag{2}$$

Die harmonische Schwingung x^m_n gehört zum Übergang von m nach n, die harmonische Schwingung x^m_n zum umgekehrten Übergang von n nach m, so daß der eine dieser Übergänge ein Emissions-, der andere ein Absorptionsübergang ist.

Der zeitlichen Ableitung $\dot{x}$ wird die Matrix zugeordnet, deren einzelne Elemente durch Differentiation nach der Zeit aus den entsprechenden Elementen der Matrix x gebildet werden, also

$$\dot{x}^n_m = 2\pi i \, \nu^n_m \, x^n_m, \tag{3}$$

insbesondere ist $\dot{x}^n_n = 0$, die Diagonalglieder von $\dot{x}$ verschwinden. Wegen $\nu^m_n = -\nu^n_m$ gilt auch hier, daß $\dot{x}^n_m$ und $\dot{x}^m_n$ konjugiert komplex sind (Hermitescher Charakter der Matrizen). Der Energie E ist eine Diagonal-

[1]) ZS. f. Phys. **34**, 858, 1925.

[2]) Proc. Roy. Soc. **109**, 642, 1925.

[3]) ZS. f. Phys. **35**, 557, 1926. Im folgenden zitiert als „Quantenmechanik II".

338 matrix zuzuordnen, das heißt eine solche, deren Nichtdiagonalglieder verschwinden. Es stellt $E_n = E_n^n$ den Energiewert in dem mit dem Index n bezeichneten Quantenzustand dar, und man hat zufolge der Frequenzbedingung

$$h\nu_m^n = E_n^n - E_m^m, \tag{I}$$

was mit der obigen Vorschrift $\nu_m^m = -\nu_m^n$, $\nu_n^n = 0$ im Einklang ist.

Das Wesentliche ist nun der von Heisenberg hervorgehobene Umstand, daß der Multiplikation zweier Matrizen x und y mit Rücksicht auf die Frequenzbedingung eine sinngemäße Bedeutung zukommt. Das Produkt xy der beiden Matrizen x und y ist definiert durch

$$(xy)_m^n = \sum_l x_l^n y_m^l. \tag{4}$$

Da nun aus (I) die Kombinationsbeziehung

$$\nu_l^n + \nu_m^l = \nu_m^n \tag{5}$$

hervorgeht, stellt $(xy)_m^n$ in der Tat wieder eine harmonische Schwingung der Frequenz ν_m^n dar, wenn x_l^n und y_m^l harmonische Schwingungen mit den Frequenzen ν_l^m und ν_m^l sind. Es muß dann auch für die Phasen δ_m^n eine Kombinationsrelation

$$\delta_l^n + \delta_m^l = \delta_m^n \tag{6}$$

angenommen werden.

Für die Multiplikation zweier Matrizen gelten alle gewöhnlichen Rechenregeln mit Ausnahme des kommutativen Gesetzes; es ist xy von yx im allgemeinen verschieden. So kann z. B. die Differenz $Ex - xE$, in der E die Diagonalmatrix der Energie bedeutet und die Produkte gemäß der allgemeinen Vorschrift (4) auszuführen sind, gemäß (3) und der Frequenzbedingung (I) in einfache Verbindung mit der Matrix $\dot{x}$ der zeitlichen Ableitung von x gebracht werden:

$$Ex - xE = \frac{h}{2\pi i}\dot{x}, \tag{7}$$

welche Relation für jede Matrix x gültig ist.

Die zur Berechnung der Matrizen x bei einem bestimmten mechanischen System erforderlichen Relationen, die physikalischen Grundgesetze der neuen Quantenmechanik, haben nun Born und Jordan auf folgende Form gebracht, die wir gleich für Systeme mit beliebig vielen Freiheitsgeraden anschreiben. Es seien mit q_ϱ und p_ϱ ($\varrho = 1 \cdots f$) die kartesischen Koordinaten der Atomteilchen und die zugehörigen Impulse

($p_x = m\,\dot{x}$) bezeichnet. Dann gelten außer der Frequenzbedingung (I) 339
die „Quantenbedingungen“

$$\left.\begin{array}{l} p_\varrho p_\sigma - p_\sigma p_\varrho = 0, \quad q_\varrho q_\sigma - q_\sigma q_\varrho = 0, \\ p_\varrho q_\sigma - q_\sigma p_\varrho = \begin{cases} 0 \text{ für } \varrho \neq \sigma, \\ \dfrac{h}{2\pi i}\cdot \mathbf{1} \text{ für } \varrho = \sigma. \end{cases} \end{array}\right\} \tag{II}$$

Hierin bedeutet $\mathbf{1}$ die „Einheitsmatrix“ (deren Nichtdiagonalglieder verschwinden und deren Diagonalglieder gleich 1 sind). Wie Kramers[1]) gezeigt hat, können diese Relationen auf Grund der quantentheoretischen Dispersionsformeln von Ladenburg, Kramers und Kramers und Heisenberg durch die Forderung interpretiert werden, daß sich die einzelnen Atomteilchen gegenüber kurzperiodischen äußeren Kräften wie freie Teilchen verhalten. Endlich gilt als letztes Quantengesetz der Energiesatz

$$H(p, q) = E \text{ (Diagonalmatrix)}. \tag{III}$$

Die Matrixfunktion $H(p, q)$ charakterisiert ein bestimmtes mechanisches System, und die nächstliegende Annahme ist die, daß sie bei Verwendung von kartesischen Koordinaten mit der klassischen Funktion formal zusammenfällt. Wir können uns mit dem Fall begnügen, daß sie entsprechend der kinetischen und der potentiellen Energie aus zwei Teilen besteht, von denen der eine nur von den p, der andere nur von den q abhängt. Zunächst sind gemäß der Multiplikationsvorschrift (4) nur solche Matrixfunktionen definiert, die als Potenzreihen der p und q (mit positiven und negativen Potenzen) geschrieben werden können. Für diesen Fall haben Born, Jordan und Heisenberg gezeigt, daß die Grundgesetze (I), (II) und (III) solche Matrixrelationen zur Folge haben, die den Bewegungsgleichungen der klassischen Mechanik vollkommen analog sind und bei sinngemäßer Definition der auf der rechten Seite auftretenden partiellen Differentialquotienten geschrieben werden können:

$$\dot{q}_\varrho = \frac{\partial H(p, q)}{\partial p_\varrho}, \quad \dot{p}_\varrho = -\frac{\partial H(p, q)}{\partial q_\varrho}, \tag{8}$$

Es sei noch hervorgehoben, daß die Reihenfolge, in welcher in den Matrizen die stationären Zustände des betrachteten Systems angeordnet werden, gleichgültig ist und der Begriff „Quantenzahl“ in der neuen Theorie in die Grundgesetze nicht eingeht. Im Gegensatz zu der bisherigen Theorie sind ferner in der neuen Theorie die Werte der Über-

[1]) H. A. Kramers, Physica 5, 369, 1925.

340 **gangswahrscheinlichkeiten auch für kleine Quantenzahlen im Prinzip quantitativ bestimmt.**

§ 2. **Allgemeine Übersicht über Methoden und Ergebnisse der folgenden Berechnungen.** In der vorliegenden Arbeit haben wir es uns zur Aufgabe gestellt, die neue Theorie auf ein Atom mit einem einzigen Elektron anzuwenden. Jedoch ist es uns noch nicht gelungen, alle auf ein solches wasserstoffähnliches Atom bezüglichen Folgerungen aus den Grundgesetzen der neuen Theorie zu entwickeln, insbesondere wurde die Berechnung der Übergangswahrscheinlichkeiten von wasserstoffähnlichen Spektren noch nicht versucht, sondern es wurde nur die Berechnung der Energiewerte der stationären Zustände des Wasserstoffatoms im ungestörten Falle sowie bei Anwesenheit von äußeren elektrischen und magnetischen Feldern (unter Elimination der Übergangswahrscheinlichkeiten) durchgeführt Die relativistischen Korrektionsglieder blieben zunächst außer Betracht. Als Resultat ergaben sich die Balmerterme sowie der Starkeffekt im Einklang mit der Erfahrung. Es fallen ferner die Schwierigkeiten fort, die infolge zusätzlicher Verbote von singulären Bewegungen, bei denen das Elektron dem Kern beliebig nahe kommt, in der bisherigen Theorie auftraten und sich besonders im Falle gekreuzter elektrischer und magnetischer Felder bemerkbar machten. Es mögen daher diese Schwierigkeiten hier näher erläutert werden.

Wir gehen zunächst aus vom Falle paralleler elektrischer und magnetischer Felder. Sind e und m_0 Ladung und Masse des Elektrons, Ze die Kernladung, a die Halbachse der Bahn, F und H die Feldstärken des elektrischen und magnetischen Feldes, so ist die Larmorfrequenz

$$o_H = \frac{eH}{4\pi m_0 c}, \tag{9}$$

die säkulare Starkeffektfrequenz o_F gegeben durch

$$o_F = \frac{3}{4\pi}\sqrt{\frac{a}{Z m_0}}\, F = \frac{3}{2}\, e F \frac{a_1}{h}\, n, \tag{10}$$

wenn

$$a_1 = \frac{h^2}{4\pi^2 Z e^2 m_0}$$

den Radius der einquantigen Kreisbahn des Atoms bedeutet. Im Felde treten dann die beiden Quantenbedingungen hinzu, welche die Projektion z des Abstandes des elektrischen Mittelpunkts der Bahn vom Kern auf die Feldrichtung gemäß

$$z = \frac{3}{2}\, a \frac{s}{n} \tag{11}$$

und das Impulsmoment P_z parallel zum Felde gemäß 341

$$P_z = m \frac{h}{2\pi} \tag{12}$$

festlegen. Bei gegebenem n und $|m| \leqq n$ durchläuft dabei, von Zusatzverboten zunächst abgesehen, die Starkeffektquantenzahl s die symmetrisch zu Null liegenden, in Schritten von zwei Einheiten aufeinanderfolgenden Werte [1])

$$\begin{gathered} s = -(n - |m|), \quad -(n - |m| - 2), \ldots \\ (n - |m| - 2), \quad n - |m|, \quad \text{wobei } |m| \leqq n. \end{gathered} \tag{13}$$

Die zusätzliche Energie im Felde ist dann gegeben durch

$$E_1 = (s\, o_F + m\, o_H)\, h. \tag{14}$$

Für die Verallgemeinerung auf den Fall gekreuzter Felder ist es zweckmäßig, an Stelle von o_F und o_H die Frequenzen

$$\omega_1 = o_H + o_F, \quad \omega_2 = |o_H - o_F|$$

einzuführen. Es ist dann (13) und (14) gleichbedeutend mit

$$E_1 = \left(\frac{n}{2} - n_1\right) \omega_1 h + \left(\frac{n}{2} - n_2\right) \omega_2 h, \tag{15}$$

worin

$$0 \leqq n_1 \leqq n, \quad 0 \leqq n_2 \leqq n. \tag{16}$$

Da ω_1 und ω_2 stets als positive Größen definiert werden, so daß

$$\omega_2 = o_H - o_F \quad \text{für} \quad o_H > o_F,$$

$$\omega_2 = o_F - o_H \quad \text{für} \quad o_H > o_F,$$

ist der Zusammenhang der Zahlen s und m mit den Zahlen n_1 und n_2 beschrieben durch

$$\left.\begin{aligned} m &= n - (n_1 + n_2), & s &= n_2 - n_1 \quad \text{für } o_H > o_F, \\ m &= n_2 - n_1, & s &= n - (n_1 + n_2) \quad \text{für } o_H < o_F \end{aligned}\right\} \tag{17}$$

(im Falle $o_H = o_F$ wird $\omega_2 = 0$ und das System ist entartet).

Im allgemeinen Falle gekreuzter elektrischer und magnetischer Felder bleibt nun gemäß den Resultaten von Klein [2]) und Lenz [3]) der

---

[1]) Dies folgt unter anderem aus dem Zusammenhang von s und n mit den Quantenzahlen n_ξ, n_η der parabolischen Koordinaten ξ, η gemäß

$$n = n_\xi + n_\eta + |m|, \quad s = n_\xi - n_\eta,$$
$$0 \leqq n_\xi \leqq n, \quad 0 \leqq n_\eta \leqq n.$$

[2]) O. Klein, ZS. f. Phys. 22, 109, 1924.

[3]) W. Lenz, ZS. f. Phys. 24, 197, 1924. Die in dieser Arbeit mit n_1 und n_2 bezeichneten Zahlen sind für ungerades n nicht ganz, sondern laufen (falls man sich an die Quantenregeln für Periodizitätssysteme hält) in Schritten von einer Einheit von $-\frac{n}{2}$ bis $\frac{n}{2}$, die Grenzen eingeschlossen.

342 **Ausdruck (15) für die Störungsenergie in den Quantenzuständen des Systems bestehen, wenn die Frequenzen ω_1 und ω_2 folgendermaßen definiert werden. Es seien jetzt o_F und o_H Vektoren parallel zu den Richtungen des äußeren elektrischen bzw. magnetischen Feldes, deren Beträge mit den säkularen Frequenzen (10) bzw. (9) übereinstimmen, welche jedes dieser Felder allein hervorrufen würde. Dann addiere und subtrahiere man o_F und o_H vektoriell und bilde die Beträge der resultierenden Vektoren. Auf diese Weise erhält man**

$$\omega_1 = |o_H + o_F|, \quad \omega_2 = |o_H - o_F|. \tag{18}$$

Für parallele elektrische und magnetische Felder stimmt dies mit der früheren Vorschrift überein.

Dieses Resultat bringt nun beträchtliche Schwierigkeiten mit sich, wenn man es in Beziehung bringt mit dem Ausschluß derjenigen Bahnen, bei welchen das Elektron in den Kern fällt oder diesem im Laufe seiner Bewegung beliebig nahe kommt. Das erste derartige Zusatzverbot trat bereits in der Sommerfeldschen Theorie der relativistischen Feinstruktur auf, wo die Zustände mit verschwindender Impulsquantenzahl k, bei denen das Elektron auf einer durch den Kern gehenden Geraden hin und her pendeln würde, als zu stationären Zuständen ungeeignet ausgeschlossen werden mußten:

$$k \neq 0. \tag{19}$$

Im Falle des Starkeffekts entspricht der Wert $|s| = n$ der Starkeffektquantenzahl ebenfalls solchen geradlinigen Pendelbahnen und es kann als empirisch sicher gelten, daß er in Wahrheit nicht auftritt:

$$|s| \neq n. \tag{20}$$

Allgemein zeigte Bohr durch einen Vergleich der Anzahl der stationären Zustände der relativistischen Feinstruktur in schwachen achsensymmetrischen Kraftfeldern mit derjenigen beim Starkeffekt, daß infolge des Zusatzverbotes (19) in achsensymmetrischen Kraftfeldern stets auch alle Bahnen mit $m = 0$ ausgeschlossen werden müssen, bei denen übrigens im Falle des Starkeffektes das Elektron dem Kern beliebig nahe kommt:

$$m \neq 0. \tag{20'}$$

Es ist (20) in (20′) als Spezialfall enthalten, da gemäß (13) für $s = n$ die Zahl m nur den Wert Null zur Verfügung hat. In gekreuzten Feldern ist es nun möglich, als stationäre Zustände zugelassene Bahnen in gemäß (20) oder (20′) ausgeschlossene Bahnen stetig überzuführen. Man braucht hierzu nur folgenden adiabatischen Prozeß auszuführen. Es seien zunächst die beiden Felder parallel und es sei o_H von o_F ver-

schieden, etwa $o_H > o_F$. Nachdem man die Richtungen der Felder 343
gegeneinander langsam verdreht hat, vermindere man die Intensität des Magnetfeldes so lange, bis $|o_H| < |o_F|$ geworden ist; endlich richte man die Felder wieder parallel. Bei diesem Prozeß bleiben gemäß (18) ω_1 und ω_2 stets von Null verschieden, die Quantenzahlen n_1 und n_2 behalten daher stets denselben Wert. Da nun vor dem Prozeß $o_H > o_F$, nach dem Prozeß $o_H < o_F$ gilt, ist zufolge von (17) das Resultat des Prozesses dieses, daß solche Zustände ineinander übergeführt werden, bei denen *die Werte der elektrischen Quantenzahl s und der magnetischen Quantenzahl m miteinander vertauscht sind.* Insbesondere wird die Pendelbahn $s = n$, $m = 0$ in die zum Felde senkrecht stehende Kreisbahn $s = 0$, $m = n$ übergeführt. Es zeigt sich also, daß die Zusatzverbote, denen zufolge die geradlinigen Pendelbahnen auszuschließen sind, innerhalb des Rahmens der Quantentheorie mehrfach periodischer Systeme nicht widerspruchsfrei durchgeführt werden können.

Die im folgenden durchgeführte Rechnung zeigt nun (§ 5), daß in der neuen Quantenmechanik, in die eine Veranschaulichung der stationären Zustände durch bestimmte Elektronenbahnen nicht eingeführt wird, besondere Zusatzverbote überflüssig werden und die geschilderten Schwierigkeiten von selbst fortfallen. Es ergeben sich nämlich zum n-quantigen Zustand des ungestörten Atoms mit der Energie

$$E_n = -\frac{RhZ^2}{n^2} \tag{21}$$

(R = Rydbergkonstante) in äußeren parallelen bzw. gekreuzten elektrischen und magnetischen Feldern wieder die Werte (14) bzw. (15) der Zusatzenergie, worin o_H und o_F wieder durch (9) und (10), ferner ω_1 und ω_2 durch (18) gegeben sind. In den Formeln (13), (16) und (17) ist jedoch gemäß der neuen Mechanik n stets durch

$$n^* = n - 1 \tag{22}$$

zu ersetzen, welche Zahl jetzt als Maximum der Werte von s, m und n_1, n_2 fungiert, so daß nunmehr gilt:

$$\left.\begin{array}{l} s = -(n^* - |m|), \quad -(n^* - |m| - 2), \ldots \quad (n^* - |m| - 2), \\ \qquad n^* - |m|, \quad \text{mit} \quad |m| \leqq n^*, \end{array}\right\} \tag{13*}$$

$$0 \leqq n_1 \leqq n^*, \quad 0 \leqq n_2 \leqq n^*, \tag{16*}$$

$$\left.\begin{array}{llll} m = n^* - (n_1 + n_2), & s = n_2 - n_1, & \text{für} & o_H > o_F, \\ m = n_2 - n_1, & s = n^* - (n_1 + n_2), & \text{für} & o_H < o_F. \end{array}\right\} \tag{17*}$$

344 **Insbesondere folgt für den Starkeffekt gemäß (10) und (14)**

$$\left.\begin{aligned} E_1 &= \tfrac{3}{2} e F a_1 n s \\ \text{mit} \quad 0 &\leqq s \leqq n^* \end{aligned}\right\} \tag{23}$$

wie es die Erfahrung verlangt. Man sieht ferner, daß die Wertemannigfaltigkeit der Zahlen m und s nunmehr vollkommen symmetrisch ist, wie es der angegebene adiabatische Prozeß in gekreuzten Feldern erfordert.

Bei Aufhebung der Entartung des ungestörten Atoms durch ein zusätzliches Zentralkraftfeld (wie es z. B. durch die Relativitätskorrektionen geliefert wird) und ein äußeres Magnetfeld zerfällt der n-quantige Zustand des Atoms mit der Energie (21) gemäß der neuen Quantenmechanik in Zustände, die durch Quantenzahlen k und m klassifiziert werden können, welche den bekannten Auswahlregeln

$$\Delta k = \pm 1, \quad \Delta m = 0, \quad \pm 1$$

genügen. Die ganze Zahl m bestimmt wieder gemäß (12) die Impulskomponente des Atoms parallel dem Felde, während der den Wert der Störungsenergie des Zentralfeldes bestimmenden Zahl k keine so unmittelbare dynamische Bedeutung zukommt. Sie nimmt beim n-quantigen Zustand $n - 1$ aufeinanderfolgende Werte an, die sich je um eine Einheit unterscheiden, so daß sich jedenfalls die Anzahl der Feinstrukturniveaus richtig ergibt, ohne daß Zusatzverbote eingeführt werden (über ihre Energiewerte kann noch nichts ausgesagt werden). Wir wollen die Quantenzahl k speziell so normieren, daß im äußeren Magnetfeld die Quantenzahl m für jeden durch n und k charakterisierten Zustand die (ganzzahligen) Werte annimmt:

$$-k \leqq m \leqq k. \tag{24}$$

Die so normierte Zahl k kann im n-quantigen Zustand die Werte

$$k = 0, 1, 2, \ldots, n^* \tag{25}$$

annehmen. Zwischen den durch (24) und (25) und den durch (13*) klassifizierten Zuständen kann eine eindeutige Zuordnung hergestellt werden. Das Gewicht des n-quantigen Zustandes ist (in jedem Falle) gleich n^2.

Die angegebene, aus der neuen Theorie sich ergebende Termmannigfaltigkeit des Wasserstoffatoms in äußeren Feldern hat insbesondere zur Folge, daß im Normalzustand dieses Atoms, wo $n = 1$, $n^* = 0$ ist, die Quantenzahl m keinen anderen Wert als $m = 0$ annehmen kann, dieser Zustand also unmagnetisch ist. Diese Folgerung wird namentlich in Analogie zu dem Verhalten der Alkaliatome befremdlich erscheinen.

In diesem Zusammenhang ist zu betonen, daß die jetzige Fassung der neuen Quantenmechanik vom anomalen Zeemaneffekt (Versagen des Larmortheorems) anscheinend noch nicht Rechenschaft gibt und daß daher noch Modifikationen derselben erforderlich sein dürften. Es erscheint nicht ausgeschlossen, daß diese Modifikationen der Theorie bereits bei Atomen mit einem einzigen Elektron in Erscheinung treten werden. Auf diese Fragen kommen wir am Schlusse dieser Arbeit zurück (§ 6). 345

Was die im folgenden benutzte Methode zur Lösung der Matrixgleichungen der neuen Theorie im Falle eines Atoms mit einem Elektron betrifft, so müssen zunächst im folgenden § 3 die nötigen Rechenregeln für das gleichzeitige Operieren mit den Matrizen x, y, z der kartesischen Koordinaten des Elektrons (zu einer Vektormatrix $\mathfrak{r}$ zusammengefaßt) und der Matrix r des Betrages des Radiusvektors sowie ihrer zeitlichen Ableitungen entwickelt werden. Die jetzt bekannte Fassung der Gesetze der neuen Quantenmechanik nötigt dazu, die Einführung des Polarwinkels φ zu vermeiden. Da dieser nicht innerhalb endlicher Grenzen verbleibt, kann er nämlich formal nicht in der Weise als Matrix dargestellt werden wie die erstgenannten Koordinaten, die in der klassischen Mechanik Librationen vollführen.

Aus eben diesem Grunde erweist sich folgende bei Coulombschen Kräften anwendbare spezielle Intergrationsmethode der klassischen Mechanik, die bereits von Lenz[1]) herangezogen wurde, als zur Übertragung in die neue Quantenmechanik besonders geeignet. Bedeutet

$$\mathfrak{P} = m_0 [\mathfrak{r}\,\mathfrak{v}] \qquad (26)$$

den zeitlich konstanten Drehimpuls des Elektrons um den Kern,

$$\mathfrak{p} = m_0 \mathfrak{v}$$

den Linearimpuls, so läßt sich aus den Bewegungsgleichungen in der klassischen Mechanik direkt zeigen, daß der Vektor

$$\mathfrak{A} = \frac{1}{Z e^2 m_0} [\mathfrak{P}\,\mathfrak{p}] + \frac{\mathfrak{r}}{r} \qquad (27)$$

zeitlich konstant ist. Durch skalare Multiplikation mit $\mathfrak{r}$ folgt hieraus

$$(\mathfrak{A}\,\mathfrak{r}) = -\frac{1}{Z e^2 m_0} \mathfrak{P}^2 + r. \qquad (28)$$

[1]) ZS. f. Phys., l. c.

346 Dies ist die Gleichung eines Kegelschnittes, und man kann hieraus sehen, daß $\mathfrak{A}$ die Richtung vom Kern zum Aphel der Ellipse und den Betrag ihrer numerischen Exzentrizität hat. Durch Quadrieren von (27) folgt

$$1 - \mathfrak{A}^2 = -\frac{2E}{m_0 Z^2 e^4} \mathfrak{P}^2, \tag{29}$$

worin E die Energie bedeutet.

In § 4 wird gezeigt, daß auch in der neuen Mechanik analog zu (27) eine zeitlich konstante Vektormatrix $\mathfrak{A}$ eingeführt werden kann, für welche zusammen mit der ebenfalls zeitlich konstanten Vektormatrix $\mathfrak{P}$ des Drehimpulses zu (28) und (29) analoge Relationen gelten. Indem man noch die der neuen Mechanik eigentümlichen Quantenbedingungen (II) und die in § 3 entwickelten Beziehungen heranzieht, gelangt man zu einem System von Matrixgleichungen, in welchen nur mehr die zeitlich konstanten Matrizen $\mathfrak{A}$, $\mathfrak{P}$ und E vorkommen, die Koordinaten (d. h. die Übergangswahrscheinlichkeiten) jedoch eliminiert sind. Die Auflösung dieser letzteren Gleichungen, die mit elementaren Methoden gelingt (§ 5), führt dann zu den bereits hier diskutierten Resultaten.

§ 3. Regeln für das Rechnen mit der Matrix des Radiusvektors. Impulssatz für Zentralkräfte. Wir beginnen damit, die Regeln für das gleichzeitige Rechnen mit den Matrizen x, y, z der kartesischen Koordinaten, welche die Komponenten der Vektormatrix $\mathfrak{r}$ bilden, und der Matrix r des Betrages des Radiusvektors zu entwickeln. Diese muß offenbar der Relation genügen

$$r^2 = x^2 + y^2 + z^2. \tag{30}$$

Die Quantenregeln (II) enthalten neben der Vertauschbarkeit von x und y, sowie der von x, $\dot{y}$ und von $\dot{x}$, $\dot{y}$ (und entsprechend bei den übrigen Koordinaten)

$$xy = yx, \ldots; \quad x\dot{y} = \dot{y}x, \ldots; \quad \dot{x}\dot{y} = \dot{y}\dot{x}, \ldots \tag{31a}$$

die Relationen

$$p_x x - x p_x = \frac{h}{2\pi i} \cdot 1, \ldots \tag{31b}$$

($p_x = m\dot{x}$ bedeutet die x-Komponente des linearen Impulses $\mathfrak{p} = m\mathfrak{v}$ einer Vektormatrix mit den Komponenten p_x, p_y, p_z). Hier und im folgenden soll stets ... das Gelten von analogen Gleichungen für die übrigen Koordinaten andeuten, die aus der angeschriebenen Gleichung durch zyklische Vertauschung der Koordinaten hervorgehen.

Diese Regeln können bei Heranziehung der Matrix r durch die folgenden zusätzlichen Relationen erweitert werden. Es ist erstens auch r mit x, y, z vertauschbar, oder als Vektorgleichung geschrieben 347

$$r\mathfrak{r} = \mathfrak{r}r. \tag{32}$$

Es gilt zweitens für eine beliebige rationale Funktion f von r, x, y, z die Relation

$$p_x f - f p_x = \frac{h}{2\pi i}\frac{\partial f}{\partial x}, \ldots \tag{33}$$

insbesondere für $f = r$:

$$\mathfrak{p}r - r\mathfrak{p} = \frac{h}{2\pi i}\frac{\mathfrak{r}}{r}. \tag{34}$$

Aus (31) und (34) folgt umgekehrt allgemein (33) für jede durch Reihen nach positiven und negativen Potenzen von x, y, z und r darstellbare Funktion, wie man durch vollständige Induktion leicht zeigt; auch ist diese Relation (34) mit (30) im Einklang. Das Bestehen der Relationen (32) und (33) muß deshalb notwendig gefordert werden, damit aus dem Energiesatz

$$\frac{m}{2}\mathfrak{v}^2 + F(x, y, z, r) = E \text{ (Diagonalmatrix)} \tag{35}$$

(wir nehmen hier der Einfachheit halber nur ein einziges Teilchen als vorhanden an) und der Frequenzbedingung, die für jede Größe Φ die Gleichung

$$E\Phi - \Phi E = \frac{h}{2\pi i}\dot{\Phi}$$

zur Folge hat, die Bewegungsgleichungen

$$\frac{dp_x}{dt} = -\frac{\partial F}{\partial x}, \ldots \tag{36}$$

hervorgehen. Wir postulieren hier also die Existenz einer Matrix r, die den Relationen (30), (32), (34) genügt.

Nun führen wir eine Vektormatrix $\mathfrak{P}$ ein, die dem Drehimpuls des Teilchens um den Ursprung entspricht. Zunächst bemerken wir, daß wir im folgenden unter dem skalaren Produkt zweier Vektormatrizen $\mathfrak{A}$ und $\mathfrak{B}$, wie in der gewöhnlichen Vektorrechnung den Ausdruck

$$(\mathfrak{A}\mathfrak{B}) = \mathfrak{A}_x\mathfrak{B}_x + \mathfrak{A}_y\mathfrak{B}_y + \mathfrak{A}_z\mathfrak{B}_z,$$

unter ihrem Vektorprodukt $[\mathfrak{A}\mathfrak{B}]$ eine neue Vektormatrix mit den Komponenten

$$[\mathfrak{A}\mathfrak{B}]_x = \mathfrak{A}_y\mathfrak{B}_z - \mathfrak{A}_z\mathfrak{B}_y, \ldots \tag{37}$$

348 **verstehen wollen. Es ist hierin im allgemeinen auf die Reihenfolge der Multiplikation von $\mathfrak{A}$ und $\mathfrak{B}$ zu achten: Die Ausdrücke $(\mathfrak{A}\mathfrak{B}) - (\mathfrak{B}\mathfrak{A})$ und $[\mathfrak{A}\mathfrak{B}] + [\mathfrak{B}\mathfrak{A}]$ verschwinden hier wegen der Ungültigkeit des kommutativen Multiplikationsgesetzes im allgemeinen nicht, auch ist das** Vektorprodukt $[\mathfrak{A}\mathfrak{A}]$ einer Matrix $\mathfrak{A}$ mit sich selbst mit den Komponenten

$$[\mathfrak{A}\mathfrak{A}]_x = \mathfrak{A}_y\mathfrak{A}_z - \mathfrak{A}_z\mathfrak{A}_y, \ldots \tag{37'}$$

im allgemeinen von Null verschieden. Bilden wir jedoch speziell das Vektorprodukt $[\mathfrak{r}\mathfrak{v}]$, so fällt es mit $-[\mathfrak{v}\mathfrak{r}]$ wegen der Vertauschbarkeit von x und $\dot{y}$ zusammen, und wir können die Vektormatrix

$$\mathfrak{P} = m[\mathfrak{r}\mathfrak{v}] = -m[\mathfrak{v}\mathfrak{r}] \tag{38}$$

als Drehimpuls des Teilchens definieren.

Diese genügt folgenden Vertauschungsregeln, die eine unmittelbare Folge von (31a) und (31b) sind:

$$\left.\begin{array}{c} xP_x = P_x x, \ldots; \quad xP_y - P_y x = P_x y - y P_x = -\dfrac{h}{2\pi i} z, \ldots \\ (\mathfrak{r}\mathfrak{P}) = (\mathfrak{P}\mathfrak{r}) = 0 \end{array}\right\} \tag{39}$$

ebenso

$$\left.\begin{array}{c} p_x P_x = P_x p_x, \ldots; \\ p_x P_y - P_y p_x = P_x p_y - p_y P_x = -\dfrac{h}{2\pi i} p_z, \ldots \\ (\mathfrak{P}\mathfrak{p}) = (\mathfrak{p}\mathfrak{P}) = 0 \end{array}\right\} \tag{40}$$

Hieraus folgt weiter, daß $v^2 = \dot{x}^2 + \dot{y}^2 + \dot{z}^2$ mit P_x, P_y, P_z vertauschbar ist [1]):

$$v^2\mathfrak{P} = \mathfrak{P}v^2, \tag{41}$$

ferner folgt aus (34) die Vertauschbarkeit von r mit P_x, P_y, P_z:

$$r\mathfrak{P} = \mathfrak{P}r, \tag{42}$$

es ist daher auch jede Funktion $F(r)$ von r allein mit $\mathfrak{P}$ vertauschbar. Hat man es mit einer Zentralkraft zu tun, wo die potentielle Energie allein von r abhängt:

$$\frac{m}{2}\mathfrak{v}^2 + F(r) = E \text{ (Diagonalmatrix)}, \tag{35'}$$

so ist demnach

$$E\mathfrak{P} = \mathfrak{P}E,$$

das heißt die Vektormatrix $\mathfrak{P}$ ist zeitlich konstant (Drehimpulsintegral).

---

[1]) Man beachte die Identität $a^2 b - b a^2 \equiv a(ab - ba) + (ab - ba)a$.

Für das Vektorprodukt von $\mathfrak{P}$ mit sich selbst [vgl. (37')] findet man 349
leicht die später heranzuziehende Relation [1])

$$[\mathfrak{P}\,\mathfrak{P}] = -\frac{h}{2\pi i}\mathfrak{P}. \tag{43}$$

Z. B. erhält man gemäß (39) und (40) für die z-Komponente von $[\mathfrak{P}\,\mathfrak{P}]$:

$$\begin{aligned} P_x P_y - P_y P_x &= P_x(z p_x - x p_z) - (z p_x - x p_z) P_x \\ &= (P_x z - z P_x) p_x - x(P_x p_z - p_z P_x) \\ &= \frac{h}{2\pi i}(y p_x - x p_y) = -\frac{h}{2\pi i} P_z. \end{aligned}$$

Wir können nunmehr den radialen Impuls

$$p_r = m\dot{r}$$

berechnen. Dieser ist nämlich gleich

$$\begin{aligned} p_r &= \frac{2\pi i}{h} m(E r - r E) = \frac{2\pi i}{h}\cdot\frac{1}{2}[(p_x^2 + p_y^2 + p_z^2) r - r(p_x^2 + p_y^2 + p_z^2)] \\ &= \frac{2\pi i}{h}\cdot\frac{1}{2}[p_x(p_x r - r p_x) + p_y(p_y r - r p_y) + p_z(p_z r - r p_z) \\ &\qquad + (p_x r - r p_x) p_x + (p_y r - r p_y) p_y + (p_z r - r p_z) p_z], \end{aligned}$$

also mit Rücksicht auf (34):

$$p_r = \frac{1}{2}\left[\left(\mathfrak{p}\,\frac{\mathfrak{r}}{r}\right) + \left(\frac{\mathfrak{r}}{r}\,\mathfrak{p}\right)\right]. \tag{44}$$

Nun ist nach (33)

$$\left(\mathfrak{p}\,\frac{\mathfrak{r}}{r}\right) - \left(\frac{\mathfrak{r}}{r}\,\mathfrak{p}\right) = \frac{h}{2\pi i}\operatorname{div}\frac{\mathfrak{r}}{r} = \frac{h}{2\pi i}\frac{2}{r},$$

so daß man (44) auch schreiben kann

$$p_r = (\mathfrak{p}\,\mathfrak{r})\frac{1}{r} - \frac{h}{2\pi i}\frac{1}{r} = \frac{1}{r}(\mathfrak{r}\,\mathfrak{p}) + \frac{h}{2\pi i}\frac{1}{r}. \tag{44'}$$

Durch Multiplikation mit r ergibt sich daraus erstens die Relation

$$p_r r + r p_r = (\mathfrak{p}\,\mathfrak{r}) + (\mathfrak{r}\,\mathfrak{p}), \tag{45}$$

die auch direkt aus (30) durch Differentiation nach der Zeit hervorgeht, und ferner

$$p_r r - r p_r = (\mathfrak{p}\,\mathfrak{r}) - (\mathfrak{r}\,\mathfrak{p}) - \frac{h}{2\pi i}\cdot 2.$$

Die Bedeutung von $(\mathfrak{p}\,\mathfrak{r}) - (\mathfrak{r}\,\mathfrak{p})$ ist nun

$$(p_x x - x p_x) + (p_y y - y p_y) + (p_z z - z p_z),$$

---

[1]) Vgl. „Quantenmech. II", S. 597, Gl. (3). Die dort mit M_x, M_y, M_z bezeichneten Größen entsprechen den negativen Drehimpulskomponenten.

350 und jeder der eingeklammerten Ausdrücke hat nach (31b) den Wert

$$\frac{h}{2\pi i}\cdot 1.$$

Daher wird im ganzen

$$p_r r - r p_r = \frac{h}{2\pi i}\cdot 1. \tag{46}$$

Wir berechnen endlich noch für die folgende Anwendung die zeitliche Änderung von $\frac{\mathfrak{r}}{r}$. Man hat z. B. für die x-Komponente mit Rücksicht auf (34)

$$\frac{d}{dt}\frac{x}{r} = \frac{2\pi i}{h}\left(E\frac{x}{r}-\frac{x}{r}E\right) = \frac{2\pi i}{h}\frac{1}{2m}\left(\mathfrak{p}^2\frac{x}{r}-\frac{x}{r}\mathfrak{p}^2\right)$$

$$= \frac{2\pi i}{h}\frac{1}{2m}\left\{\mathfrak{p}\left(\mathfrak{p}\frac{x}{r}-\frac{x}{r}\mathfrak{p}\right)+\left(\mathfrak{p}\frac{x}{r}-\frac{x}{r}\mathfrak{p}\right)\mathfrak{p}\right\}$$

$$= \frac{1}{2m}\left\{\left(p_x\frac{y^2+z^2}{r^3}-p_y\frac{xy}{r^3}-p_z\frac{xz}{r^3}\right)\right.$$

$$\left.+\left(\frac{y^2+z^2}{r^3}p_x-\frac{xy}{r^3}p_y-\frac{xz}{r^3}p_z\right)\right\}$$

$$= \frac{1}{2m}\left\{\left(p_y\frac{z}{r^3}-p_z\frac{y}{r^3}\right)+\left(\frac{z}{r^3}p_y-\frac{y}{r^3}p_z\right)\right\}.$$

Also allgemein

$$\frac{d}{dt}\frac{\mathfrak{r}}{r} = \frac{1}{2m}\left\{\left[\mathfrak{P}\frac{\mathfrak{r}}{r^3}\right]-\left[\frac{\mathfrak{r}}{r^3}\mathfrak{P}\right]\right\}. \tag{47}$$

§ 4. Einführung der zeitlich konstanten Vektormatrix $\mathfrak{A}$ bei Coulombscher Kraft. Elimination der Koordinaten. Gehen wir nun zur Betrachtung eines Atoms mit einem Elektron der Masse m_0 und der Ladung $-e$ über, das vom festen Kern der Ladung $+Ze$ mit Coulombschen Kräften angezogen wird. Für die Hamiltonsche Funktion haben wir hier anzusetzen

$$\frac{1}{2m_0}\mathfrak{p}^2 - \frac{Ze^2}{r} = E \text{ (Diagonalmatrix)}, \tag{48}$$

d. h. es ist in (35') speziell

$$F(r) = -\frac{Ze^2}{r}$$

zu setzen. Die aus dem Energiesatz mittels der Quantenregeln abzuleitenden Bewegungsgleichungen (36) lauten hier analog zur klassischen Mechanik

$$\dot{\mathfrak{p}} = m_0\ddot{\mathfrak{r}} = -\frac{Ze^2}{r^3}\mathfrak{r}. \tag{49}$$

Analog zur klassischen Mechanik [vgl. (27)] folgt daher gemäß (47), daß 351
die durch

$$\mathfrak{A} = \frac{1}{Z e^2 m_0} \frac{1}{2} \left\{ \left[\mathfrak{P}\, \mathfrak{p} \right] - \left[\mathfrak{p}\, \mathfrak{P} \right] \right\} + \frac{\mathfrak{r}}{r} \tag{50}$$

definierte Vektormatrix $\mathfrak{A}$ im speziellen Falle eines Coulombschen Kraftfeldes zeitlich konstant ist. Gemäß (40) kann man auch schreiben

$$\begin{aligned} \mathfrak{A} &= \frac{1}{Z e^2 m_0} \left\{ \left[\mathfrak{P}\, \mathfrak{p} \right] + \frac{h}{2\pi i} \mathfrak{p} \right\} + \frac{\mathfrak{r}}{r} \\ &= -\frac{1}{Z e^2 m_0} \left\{ \left[\mathfrak{p}\, \mathfrak{P} \right] + \frac{h}{2\pi i} \mathfrak{p} \right\} + \frac{\mathfrak{r}}{r}. \end{aligned} \tag{51'}$$

Die weiteren Rechnungen sind ganz elementar mit Zuhilfenahme der im vorigen Paragraphen zusammengestellten Regeln auszuführen. Zunächst erhält man analog zur Kegelschnittgleichung (28) der klassischen Mechanik die Beziehung

$$\frac{1}{2} [(\mathfrak{A}\, \mathfrak{r}) + (\mathfrak{r}\, \mathfrak{A})] = -\frac{1}{Z e^2 m_0} \left[\mathfrak{P}^2 + \frac{3}{2} \frac{h^2}{4\pi^2} \right] + r, \tag{51}$$

ferner die Vertauschungsregel

$$\frac{1}{2} ([\mathfrak{A}\, \mathfrak{r}] + [\mathfrak{r}\, \mathfrak{A}]) = -\frac{h}{2\pi i} \frac{3}{2} \frac{1}{Z e^2 m_0} \mathfrak{P}. \tag{52}$$

Weiter erweisen sich folgende Relationen als gültig, in denen die Koordinaten x, y, z, r gänzlich eliminiert sind und in die allein die zeitlich konstanten Matrizen $\mathfrak{A}$, $\mathfrak{P}$ und E eingehen:

$$[\mathfrak{P}\, \mathfrak{P}] = -\frac{h}{2\pi i} \mathfrak{P}. \tag{I}$$

$$\left. \begin{aligned} & A_x P_x = P_x A_x, \;\ldots \\ & A_x P_y - P_y A_x = P_x A_y - A_y P_x = -\frac{h}{2\pi i} A_z, \;\ldots, \\ & (\mathfrak{A}\, \mathfrak{P}) = (\mathfrak{P}\, \mathfrak{A}) = 0 \end{aligned} \right\} \tag{II}$$

$$[\mathfrak{A}\, \mathfrak{A}] = \frac{h}{2\pi i} \frac{2}{m_0 Z^2 e^4} E \mathfrak{P}. \tag{III}$$

$$1 - \mathfrak{A}^2 = -\frac{2}{m_0 Z^2 e^4} E \left(\mathfrak{P}^2 + \frac{h^2}{4\pi^2} \right). \tag{IV}$$

Die Gleichung (I) ist identisch mit der Gleichung (43) des vorigen Abschnittes, (II) ist analog gebaut wie (39), (IV) ist analog der Gleichung (29) der klassischen Mechanik, jedoch ist das Auftreten des Zusatzgliedes $\frac{h^2}{4\pi^2}$ [ebenso das Zusatzglied $\frac{3}{2} \frac{h^2}{4\pi^2}$ in (51)] für die neue Mechanik charakteristisch.

352 **Aus der Existenz der zeitlich konstanten Vektormatrix $\mathfrak{A}$ ist zu schließen, daß das Atom mit einem einzigen Elektron (ebenso wie die Keplerbewegung in der klassischen Mechanik), auch abgesehen von der räumlichen Orientierung des Atoms, ein entartetes System bildet. Es kann nämlich aus den hergeleiteten Relationen leicht gefolgert werden, daß $\mathfrak{A}\mathfrak{P}^2 - \mathfrak{P}^2\mathfrak{A}$ im allgemeinen nicht verschwinden kann; da andererseits $\mathfrak{A}E - E\mathfrak{A}$ verschwindet, kann zu einem bestimmten Wert der Energie E offenbar nicht nur ein einziger Wert von $\mathfrak{P}^2$ gehören, das System ist also in der Tat entartet.**

Bei einem solchen System sind in der neuen Quantenmechanik, wie Born, Jordan und Heisenberg[1]) eingehend erörtert haben, die Amplituden der verschiedenen Partialschwingungen, die zu Übergängen zwischen Zuständen mit vorgegebenen Energiewerten gehören, aus den Gleichungen der Quantenmechanik nicht eindeutig festgelegt; auch brauchen zeitlich konstante Matrizen im allgemeinen keine Diagonalmatrizen zu sein, indem ihre Elemente an solchen Plätzen (n, m) von Null verschieden sein können, denen eine verschwindende Frequenz $\nu_m^n = \frac{1}{h}(E_n - E_m) = 0$ entspricht. In unserem Falle gehört zu jedem Energiewert (zu jedem Wert der Hauptquantenzahl) eine Matrix, welche die zeitlich konstanten Teile einer Größe (z. B. x oder r) enthält und deren Grad (Anzahl der Zeilen oder Kolonnen) dem Gewicht des betreffenden Zustandes gleich ist. Diese Matrix, die aus der ursprünglichen Matrix durch Nullsetzen aller Elemente an Plätzen, die einem von einer Änderung des Energiewertes begleiteten Übergangsprozeß entsprechen, entsteht, nennen wir den zeitlichen Mittelwert der betreffenden Größe und bezeichnen ihn durch einen Querstrich (z. B. $\overline{x}$ oder $\overline{r}$).

Wenn auch bei einem entarteten System die einzelnen zur gleichen Frequenz ν_m^n gehörigen Partialschwingungen einer kinematischen Größe nicht eindeutig festgelegt sind, so gilt dies doch von den Energiewerten und statistischen Gewichten dieser Zustände[2]). Es müßte daher im Prinzip möglich sein, aus den Gleichungen (I) bis (IV) ohne nähere spezialisierende Annahmen über die Art der Lösung die Balmerterme und zugehörigen statistischen Gewichte herzuleiten. Dies ist uns jedoch leider nicht gelungen, und wir werden im folgenden einen abweichenden Weg zur Lösung dieser Gleichungen einschlagen, indem wir (auf ver-

---

[1]) Quantenmechanik II, Kap. 2, § 2.

[2]) Ebenda II, Kap. 2, § 2 und Kap. 3.

schiedene Weisen) zusätzliche Bedingungen einführen, welche die Lösung 353
der Gleichungen (I) bis (IV) eindeutig machen.

Wird nämlich die Entartung durch ein zusätzliches Störfeld mit der Hamiltonschen Funktion H_1 aufgehoben, so muß, wie die Durchführung der Störungsrechnung nach Born, Jordan und Heisenberg[1]) zeigt, der über die ungestörte Bewegung erstreckte zeitliche Mittelwert $\overline{H}_1$ der Störungsfunktion eine Diagonalmatrix sein. In unserem Falle wird dieser Mittelwert im allgemeinen außer von der Energie E der ungestörten Bewegung noch von $\mathfrak{P}$ und $\mathfrak{A}$ abhängen.

Ist das Störfeld speziell eine zusätzliche nichtcoulombsche Zentralkraft, so wird ihr Mittelwert (außer von E) nur von $\mathfrak{P}^2$ abhängen, da hier ja keine Richtung im Raum ausgezeichnet ist. Ferner hängt die Störenergie eines Magnetfeldes in der z-Richtung nur von der Impulskomponente P_z parallel dem Feld ab. Wir erhalten daher durch die Forderung, daß $\mathfrak{P}^2$ und P_z Diagonalmatrizen sein sollen, eine spezielle Lösung der Gleichungen (I) bis (IV), die der relativistischen Feinstruktur und einem zusätzlichen schwachen Magnetfeld angepaßt ist. Dieser Fall wird im folgenden Paragraphen zunächst behandelt.

Ein zweiter Fall von besonderem Interesse ist der des Starkeffekts. Hier kommt es darauf an, daß die den elektrischen Mittelpunkt der Bahn darstellende zeitlich konstante Vektormatrix $\bar{\mathfrak{r}}$ eine Komponente $\bar{z}$ in der Feldrichtung (z-Richtung) besitzt, die eine Diagonalmatrix ist. Nun läßt sich aber zeigen, daß diese Matrix $\bar{\mathfrak{r}}$ mit der Matrix $\mathfrak{A}$ ebenso zusammenhängt wie in der klassischen Theorie, nämlich durch die Beziehung

$$\bar{\mathfrak{r}} = \frac{3}{2}\,\frac{Ze^2}{2|E|}\,\mathfrak{A} \tag{53}$$

(in der klassischen Theorie stellt $\frac{Ze^2}{2|E|}$ die große Halbachse a der Keplerellipse dar). Zunächst gelten nämlich für $\bar{\mathfrak{r}}$ und $\mathfrak{P}$ gemäß (39) und (II) dieselben Vertauschungsregeln wie für $\mathfrak{A}$ und $\mathfrak{P}$. Vergleicht man dann ferner (52) und (III), so ergeben sich für die Differenz $\bar{\mathfrak{r}} - \frac{3}{2}\frac{Ze^2}{2|E|}\mathfrak{A}$ außerdem noch die Beziehungen $\left[\mathfrak{A}, \bar{\mathfrak{r}} - \frac{3}{2}\frac{Ze^2}{2|E|}\mathfrak{A}\right] = 0$. Wie die nähere Diskussion auf Grund der im folgenden Paragraphen abgeleiteten Lösungen der Gl. (I) bis (IV) zeigt, sind dies genügend viele homogene lineare Gleichungen, um auf das Verschwinden von $\bar{\mathfrak{r}} - \frac{3}{2}\frac{Ze^2}{2|E|}\mathfrak{A}$

[1]) Quantenmechanik II, Kap. 2, § 2 und Kap. 3.

354 **schließen zu können. Nehmen wir zum elektrischen Feld in der z-Richtung noch ein paralleles Magnetfeld in derselben Richtung hinzu, so können wir gemäß (53) diesen Fall auch durch die Forderung charakterisieren, daß A_z und P_z Diagonalmatrizen sind.**

Endlich behandeln wir im folgenden Paragraphen an letzter Stelle noch den Fall gekreuzter elektrischer und magnetischer Felder, der, wie in § 2 näher erläutert wurde, im Hinblick auf die in der bisherigen Theorie auftretenden Zusatzverbote von singulären Bewegungen von besonderem Interesse ist.

§ 5. Auflösung der Gleichungen (I) bis (IV). Herleitung der Balmerterme.

a) P_z und $\mathfrak{P}^2$ sind Diagonalmatrizen.

Um für diesen zuerst zu behandelnden Fall, der der Aufhebung der Entartung durch ein zusätzliches Zentralfeld und ein schwaches Magnetfeld in der z-Richtung entspricht, zunächst die Gleichungen (I) und (II) zu befriedigen, mache man folgenden Ansatz. Bei einem vorgegebenen Wert von $\mathfrak{P}^2$ seien die möglichen Werte von P_z gegeben durch

$$P_{z\,k,m}^{\;k,m} = m\,\frac{h}{2\pi}, \tag{54}$$

worin m von $-k$ bis $+k$ laufe:

$$-k \leqq m \leqq k. \tag{54'}$$

Ferner seien die Partialschwingungen von $\mathfrak{P}$, die zu einer Änderung von m um eine Einheit gehören, links- und rechtszirkular in der (x, y)-Ebene:

$$P_{y\,k,m\pm 1}^{\;k,m} = \pm i\,P_{x\,k,m\pm 1}^{\;k,m}. \tag{55}$$

Aus (I) folgt sodann

$$\left|P_{x\,k,m\mp 1}^{\;k,m}\right|^2 = \left|P_{y\,k,m\mp 1}^{\;k,m}\right|^2 = \frac{1}{4}\,\frac{h^2}{4\pi^2}\,[k(k+1) - m(m\mp 1)]$$

$$= \frac{1}{4}\,\frac{h^2}{4\pi^2}\,(k\pm m)(k+1\mp m). \tag{56}$$

$$(\mathfrak{P}^2)_{k,m}^{k,m} = \frac{h^2}{4\pi^2}\,k(k+1). \tag{57}$$

Weiter setze man für die Matrix $\mathfrak{A}$ entsprechend den Hönl-Kronigschen Formeln für die Intensität der Zeemankomponenten

$$A_{y\,k',m\pm 1}^{\;k,m} = \pm i\,A_{x\,k',m\pm 1}^{\;k,m} \quad (k' = k+1 \text{ oder } k-1), \tag{58}$$

$$\left|A_{x\,k,\,m\pm1}^{k+1,\,m}\right|^2 = \left|A_{y\,k,\,m\pm1}^{k+1,\,m}\right|^2 = \frac{1}{4}\,C_k^{k+1}\,(k\mp m)\,(k\mp m+1); \qquad (59)$$ 355

ersetzt man hierin m durch $m-1$ bzw. $m+1$, so folgt noch

$$\left|A_{x\,k+1,\,m\pm1}^{k,\,m}\right|^2 = \left|A_{y\,k+1,\,m\pm1}^{k,\,m}\right|^2$$

$$= \frac{1}{4}\,C_{k+1}^{k}\,(k\pm m+1)\,(k\pm m+2); \qquad (59\,\text{a})$$

und schließlich gilt für A_z:

$$\left|A_{z\,k,\,m}^{k+1,\,m}\right|^2 = C_k^{k+1}\,[(k+1)^2 - m^2]. \qquad (60)$$

Es bleibt hierin noch offen, ob m (also auch k) halb- oder ganzzahlig ist, ferner sind C_k^{k+1} zunächst noch unbestimmt bleibende Funktionen von k, die niemals negative Werte annehmen können und der Symmetrierelation

$$C_k^{k+1} = C_{k+1}^{k} \qquad (61)$$

genügen. Bezüglich der Vorzeichen von $\mathfrak{A}$ relativ zu denen von $\mathfrak{P}$ ist noch zu bemerken, daß, wenn P_x und A_z als positiv reell angenommen werden, A_x positiv oder negativ reell anzusetzen ist, je nachdem man es mit Übergängen zu tun hat, bei denen sich k und m im entgegengesetzten Sinne $\left[\text{wie bei } A_{x\,k+1,\,m-1}^{k,\,m} \text{ und } A_{x\,k-1,\,m+1}^{k,\,m}\right]$ oder im gleichen Sinne $\left[\text{wie bei } A_{x\,k+1,\,m+1}^{k,\,m} \text{ und } A_{x\,k-1,\,m-1}^{k,\,m}\right]$ ändern. Bei diesen Ansätzen sind, wie die Durchrechnung zeigt, die Gleichungen (I) und (II) des vorigen Paragraphen erfüllt. Überdies geht aus Überlegungen von Born, Jordan und Heisenberg[1]) hervor, daß auch umgekehrt unter der Voraussetzung, daß $\mathfrak{P}^2$ und P_z Diagonalmatrizen sind, die hier angenommenen Ausdrücke für $\mathfrak{A}$ und $\mathfrak{P}$ eine notwendige Folge von (I) und (II) sind.

Um nunmehr auch die Normierung von m und k sowie die Funktion C_{k+1}^{k} zu ermitteln, ziehen wir die Gleichung (III) des vorigen Paragraphen heran. Es genügt jedoch, allein die z-Komponente

$$A_x A_y - A_y A_x = \frac{h}{2\pi i}\,\frac{2}{m_0 Z^2 e^4}\,E\,P_z \qquad (62)$$

heranzuziehen. Bildet man nämlich den Ausdruck

$$P_y(A_x A_y - A_y A_x) - (A_x A_y - A_y A_x)P_y = \frac{h}{2\pi i}\,\frac{2}{m_0 Z^2 e^4}\,E(P_y P_z - P_z P_y),$$

[1]) Quantenmechanik II, Kap. 4, § 1. Vgl. auch die Ausführungen über den Zeemaneffekt in Kap. 4, § 2.

356 **so erhält man mit Benutzung von (I) und (II) eine Gleichung, die mit der x-Komponente von (III) übereinstimmt. Ebenso ist auch die y-Komponente von (III) eine Folge der z-Komponente dieser Vektorgleichung und der Gleichungen (I) und (II).**

Bilden wir nun das am Platz k, m der Diagonalreihe stehende Element der Gleichung (62), so erhalten wir gemäß (58) und (59) für die linke Seite zunächst

$$\begin{aligned}(A_x A_y - A_y A_x)_{k,m}^{k,m} &= 2i\Big\{\Big|A_{x\,k+1,m-1}^{\;k,m}\Big|^2 - \Big|A_{x\,k+1,m+1}^{\;k,m}\Big|^2 \\ &\quad + \Big|A_{x\,k-1,m-1}^{\;k,m}\Big|^2 - \Big|A_{x\,k-1,m+1}^{\;k,m}\Big|^2\Big\} \\ &= i m \Big\{-(2k+3)\,C_k^{k+1} + (2k-1)\,C_{k-1}^{k}\Big\}.\end{aligned}$$

Berücksichtigen wir noch, daß E negatives Vorzeichen hat und führen wir die Rydbergkonstante

$$R = \frac{2\pi^2 e^4 m_0}{h^3} \tag{63}$$

und den Wert (54) von P_z ein, so ergibt demnach (62) die Bedingung

$$m\Big\{-(2k+3)\,C_k^{k+1} + (2k-1)\,C_{k-1}^{k}\Big\} = \frac{|E|}{RhZ^2}\,m. \tag{64}$$

Betrachten wir zunächst den kleinsten Wert von k, der bei gegebenem $|E|$ möglich ist. Für diesen fällt offenbar der Beitrag des Überganges $k \longrightarrow k-1$ auf der linken Seite fort, der Koeffizient von m auf der linken Seite wird daher sicher nicht positiv, während der Koeffizient von m auf der rechten Seite positiv ist. Die Gleichung (64) ist daher für den Minimalwert von k nur erfüllbar, wenn $m = 0$ ist. Das bedeutet aber nach (54), daß jener Minimalwert von k selbst verschwindet, da ja sonst m noch anderer Werte fähig ist. Es sind demnach k und m notwendig ganzzahlig und wir können für k die Werte ansetzen

$$k = 0,\ 1,\ 2,\ \ldots\ n^*, \tag{65}$$

wenn die ganze Zahl n^* den Maximalwert von k bedeutet, der bei gegebenem $|E|$ erreicht wird.

Nunmehr folgt aus (64)

$$(2k-1)\,C_{k-1}^{k} - (2k+3)\,C_k^{k+1} = \frac{|E|}{RhZ^2} \quad \text{für } k = 1, \ldots n^* \tag{64'}$$

und es ist dabei überdies

$$C_{n^*}^{n^*+1} = 0 \tag{64''}$$

zu setzen, da für $k = n^*$ der Beitrag des Überganges $k+1 \longrightarrow k$ (zweites Glied) offenbar fortfällt. Man kann, beginnend mit $k = n^*$ und indem man k schrittweise abnehmen läßt, die Werte von 357

$$C^{n^*}_{n^*-1},\ C^{n^*-1}_{n^*-2}, \ldots C^1_0$$

sukzessive aus (64') berechnen. Das Ergebnis läßt sich in die Formel zusammenfassen

$$C^{k+1}_k = \frac{|E|}{RhZ^2}\frac{n^*(n^*+2)-k(k+2)}{(2k+1)(2k+3)} = \frac{|E|}{RhZ^2}\frac{(n^*-k)(n^*+k+2)}{(2k+1)(2k+3)}; \qquad (66)$$

aus welcher mittels Ersetzen von k durch $k-1$ noch folgt

$$C^k_{k-1} = \frac{|E|}{RhZ^2}\frac{n^*(n^*+2)-(k-1)(k+1)}{(2k-1)(2k+1)} = \frac{|E|}{RhZ^2}\frac{(n^*-k+1)(n^*+k+1)}{(2k-1)(2k+1)}. \qquad (66')$$

Man bestätigt mittels dieser Formeln unmittelbar, daß die Relationen (64'), (64'') erfüllt sind.

Um endlich auch den Energiewert selbst zu ermitteln, benutzen wir noch die letzte Gleichung (IV). Zunächst berechnen wir den Wert von $\mathfrak{A}^2$ an der Stelle k, m der Diagonalreihe. Mit Rücksicht auf (59) und (60) erhält man

$$\begin{aligned}(\mathfrak{A}^2)^{k,m}_{k,m} &= 2\left|A_{x\,k+1,\,m+1}^{\,k,\,m}\right|^2 + 2\left|A_{x\,k+1,\,m-1}^{\,k,\,m}\right|^2 + \left|A_{z\,k+1,\,m}^{\,k,\,m}\right|^2 \\ &+ 2\left|A_{x\,k-1,\,m+1}^{\,k,\,m}\right|^2 + 2\left|A_{x\,k-1,\,m-1}^{\,k,\,m}\right|^2 + \left|A_{z\,k-1,\,m}^{\,k,\,m}\right|^2 \\ &= (k+1)(2k+3)\,C^{k+1}_k + k(2k-1)\,C^k_{k-1}\end{aligned}$$

und nach Einsetzen von (66), (66'):

$$(\mathfrak{A}^2)^{k,m}_{k,m} = \frac{|E|}{RhZ^2}[n^{*2}+2n^*-k(k+1)]. \qquad (67)$$

Dieser Ausdruck für $\mathfrak{A}^2$ und der Ausdruck (57) für $\mathfrak{P}^2$ sind nun in (IV) einzusetzen. Es ergibt sich

$$1 = \frac{|E|}{RhZ^2}(n^{*2}+2n^*+1) = \frac{|E|}{RhZ^2}(n^*+1)^2,$$

also

$$|E| = \frac{RhZ^2}{(n^*+1)^2} = \frac{RhZ^2}{n^2} \qquad (68)$$

($n = n^*+1$ gesetzt) wie in § 2 angegeben wurde. Hiermit ist gezeigt, daß die Balmerterme aus der neuen Quantenmechanik richtig resultieren und daß dem n-quantigen Zustand in der neuen Theorie das Gewicht n^2 zukommt.

358 **b) A_z und P_z sind Diagonalmatrizen (Starkeffekt).** Wirkt in der z-Richtung ein homogenes elektrisches Feld der Stärke F, so ist der zeitliche Mittelwert der Störungsenergie gemäß (53) gegeben durch

$$E_1 = \frac{3}{2} eF\bar{z} = \frac{3}{2} eF \frac{Ze^2}{2|E|} A_z. \tag{69}$$

Wir bedürfen daher in diesem Falle einer Lösung der Gleichungen (I) bis (IV), bei der A_z eine Diagonalmatrix ist. Wenn wir außerdem die Bedingung stellen, daß auch P_z eine Diagonalmatrix sein soll, so bedeutet dies physikalisch, daß wir die Entartung der säkularen Störung des Starkeffektes durch ein zusätzliches schwaches, zum elektrischen Felde paralleles Magnetfeld aufgehoben denken.

Wir wollen uns hier damit begnügen, das Resultat anzugeben, ohne die Rechnungen im einzelnen durchzuführen und unter Verzicht auf den Nachweis, daß die angegebene Lösung der Gleichungen (I) bis (IV) die einzige ist, die der gestellten Forderung, daß A_z und P_z Diagonalmatrizen sein sollen, genügt. Die Zustände, die zu einem bestimmten, durch (68) gegebenen Wert der ungestörten Energie gehören, sind zu klassifizieren durch zwei Quantenzahlen s und m, von denen die eine den Wert von A_z (und der Zusatzenergie E_1) gemäß

$$A_{z\,s,m}^{\;s,m} = \frac{s}{n}, \quad E_1 = \frac{3}{2} eFa_1 ns \quad (0 \leqq s \leqq n^*), \tag{70}$$

$$\left(a_1 = \frac{h^2}{4\pi^2 Ze^2 m_0}\right),$$

die andere den Wert von P_z gemäß

$$P_{z\,s,m}^{\;s,m} = m\frac{h}{2\pi} \tag{71}$$

bestimmt. Die Wertemannigfaltigkeit von s und m wurde bereits in § 2 durch die Relation (13*) angegeben. Die Matrizen P_x, P_y, A_x, A_y haben nur an denjenigen Stellen von Null verschiedene Elemente, die Änderungen von s und m um ± 1 entsprechen. Ihre Werte sind gegeben durch

$$P_{y\,s',m\pm1}^{\;s,m} = \pm i P_{x\,s',m\pm1}^{\;s,m}, \quad A_{y\,s',m\pm1}^{\;s,m} = \pm i A_{x\,s',m\pm1}^{\;s,m} \tag{72}$$

$$(s' = s+1 \quad \text{oder} \quad s-1).$$

$$A_{x\,s\pm1,m\pm1}^{\;s,m} = +\frac{2\pi}{h}\frac{1}{n} P_{x\,s\pm1,m\pm1}^{\;s,m},$$

$$A_{x\,s\mp1,m\pm1}^{\;s,m} = -\frac{2\pi}{h}\frac{1}{n} P_{x\,s\mp1,m\pm1}^{\;s,m} \tag{73}$$

(in den letzten Relationen entweder stets das obere oder stets das untere 359
Vorzeichen zu nehmen),

$$\left.\begin{aligned} \left|P_{x\,s-1,\,m-1}^{\;s,\,m}\right|^2 &= \left|P_{y\,s-1,\,m-1}^{\;s,\,m}\right|^2 \\ &= \frac{1}{16}\frac{h^2}{4\pi^2}\,[n^* + 2 - (m+s)]\,[n^* + (m+s)], \\ \left|P_{x\,s+1,\,m-1}^{\;s,\,m}\right|^2 &= \left|P_{y\,s+1,\,m-1}^{\;s,\,m}\right|^2 \\ &= \frac{1}{16}\frac{h^2}{4\pi^2}\,[n^* + 2 - (m-s)]\,[n^* + (m-s)]. \end{aligned}\right\} \tag{74}$$

Man rechnet leicht nach, daß durch den Ansatz (70) bis (74) die Gleichungen (I) bis (IV) in der Tat befriedigt sind.

c) Gekreuzte Felder. Sind die Vektoren $\mathfrak{E}$ und $\mathfrak{H}$ die Stärken des äußeren elektrischen und magnetischen Feldes, so ist der zeitliche Mittelwert der Störungsenergie bei gleichzeitiger Anwesenheit beider Felder gegeben durch

$$E_1 = \frac{3}{2}\,e\,a\,(\mathfrak{E}\,\mathfrak{A}) + \frac{e}{2\,m_0\,c}\,(\mathfrak{H}\,\mathfrak{P}), \tag{75}$$

worin die Größe a, welche in der bisherigen Theorie die Halbachse der Keplerellipse darstellte, nunmehr einfach als Abkürzung für

$$a = \frac{Z e^2}{2\,|E|} \tag{76}$$

aufzufassen ist. Führt man die Vektoren $\mathfrak{o}_F$ und $\mathfrak{o}_H$ ein, die zu $\mathfrak{E}$ bzw. $\mathfrak{H}$ parallel sind und deren Betrag den säkulären Frequenzen gleich ist, die eines der beiden äußeren homogenen Felder für sich allein hervorrufen würde, so daß gilt [vgl. (9) und (10)]

$$\mathfrak{o}_H = \frac{e\,\mathfrak{H}}{4\pi\,m_0\,c}, \quad \mathfrak{o}_F = \frac{3}{4\pi}\sqrt{\frac{a}{Z m_0}}\;\mathfrak{E} = \frac{3}{4\pi}\frac{e\,\mathfrak{E}}{\sqrt{2\,m_0\,|E|}}, \tag{77}$$

so kann man (75) auch schreiben

$$E_1 = \sqrt{\frac{Z^2 R h}{|E|}}\,(\mathfrak{A}\,\mathfrak{o}_F)\,h + 2\pi\,(\mathfrak{P}\,\mathfrak{o}_H). \tag{75a}$$

Nun ist es zweckmäßig[1]), die Vektormatrizen $\mathfrak{J}_1$ und $\mathfrak{J}_2$ einzuführen, die definiert sind durch

$$\left.\begin{aligned} 2\,\mathfrak{J}_1 &= \frac{2\pi}{h}\,\mathfrak{P} + \sqrt{\frac{Z^2 R h}{|E|}}\;\mathfrak{A}, \\ 2\,\mathfrak{J}_2 &= \frac{2\pi}{h}\,\mathfrak{P} - \sqrt{\frac{Z^2 R h}{|E|}}\;\mathfrak{A}, \end{aligned}\right\} \tag{78}$$

---

[1]) Man vgl. zum folgenden die in § 2, S. 341, Fußnote [2]) und [3]) zitierten Arbeiten von Klein und Lenz.

360 **so daß gilt**

$$\frac{2\pi}{h}\mathfrak{P} = \mathfrak{J}_1 + \mathfrak{J}_2, \quad \sqrt{\frac{Z^2 R h}{|E|}}\,\mathfrak{A} = \mathfrak{J}_1 - \mathfrak{J}_2; \tag{78a}$$

ferner die beiden Vektoren

$$\mathfrak{o}_1 = \mathfrak{o}_H + \mathfrak{o}_F, \quad \mathfrak{o}_2 = \mathfrak{o}_H - \mathfrak{o}_F, \tag{79}$$

deren absolute Beträge in § 2 mit ω_1 und ω_2 bezeichnet wurden [vgl. Gl. (18)]. Die Störungsenergie (75a) schreibt sich dann einfach

$$E_1 = (\mathfrak{J}_1 \mathfrak{o}_1)\,h + (\mathfrak{J}_2 \mathfrak{o}_2)\,h. \tag{80}$$

In den Gleichungen (I) bis (IV) führen wir nun ebenfalls statt $\mathfrak{A}$ und $\mathfrak{P}$ gemäß (78a) die neuen Vektormatrizen $\mathfrak{J}_1$ und $\mathfrak{J}_2$ ein. Man erhält dann nach einfacher Rechnung folgende Relationen:

$$I_{1x} I_{2x} = I_{2x} I_{1x} \ldots, \; I_{1x} I_{2y} = I_{2y} I_{1x}, \; I_{2x} I_{1y} = I_{1y} I_{2x}, \ldots \tag{81}$$

$$[\mathfrak{J}_1 \mathfrak{J}_1] = i\,\mathfrak{J}_1, \quad [\mathfrak{J}_2 \mathfrak{J}_2] = i\,\mathfrak{J}_2, \tag{82}$$

$$\mathfrak{J}_1^2 = \mathfrak{J}_2^2 = {}^1\!/_4\left(\frac{R h Z^2}{|E|} - 1\right) = {}^1\!/_4\,(n^2 - 1) = \frac{n^*}{2}\left(\frac{n^*}{2} + 1\right). \tag{83}$$

Die Relationen (81) besagen, daß jede Komponente von $\mathfrak{J}_1$ mit jeder beliebigen Komponente von $\mathfrak{J}_2$ vertauschbar ist, die Relationen (82) sind ganz analog gebaut wie die Gleichungen (I); in (83) wurden am Schlusse die Energiewerte (68) herangezogen.

Gemäß (80) ist der Fall der gekreuzten Felder dadurch charakterisiert, daß $(\mathfrak{J}_1 \mathfrak{o}_1)$ und $(\mathfrak{J}_2 \mathfrak{o}_2)$, oder, was dasselbe ist, die Komponenten von $\mathfrak{J}_1$ und $\mathfrak{J}_2$ parallel zu $\mathfrak{o}_1$ und $\mathfrak{o}_2$, die wir mit $\mathfrak{J}_{1\|}$ und $\mathfrak{J}_{2\|}$ bezeichnen wollen, Diagonalmatrizen sind. Die Auflösung der Gleichungen (82) erfolgt in diesem Falle völlig analog der Auflösung der Gleichungen (I), wenn in diesen P^2 und P_z als Diagonalmatrix angenommen werden. An Stelle von k tritt hier $\frac{n^*}{2}$, an Stelle von m bei Anschluß an die Bezeichnungen von § 2, Gleichung (15) und (16), die Zahlen $\frac{n^*}{2} - n_1$ und $\frac{n^*}{2} - n_2$, die von $-\frac{n^*}{2}$ bis $+\frac{n^*}{2}$ laufen können. Man hat demnach

$$\left.\begin{aligned} &(\mathfrak{J}_{1\|})^{n_1}_{n_1} = \frac{n^*}{2} - n_1, \; (\mathfrak{J}_{2\|})^{n_2}_{n_2} = \frac{n^*}{2} - n_2, \; 0 \leqq n_1 \leqq n^*, \; 0 \leqq n_2 \leqq n^*, \\ &E_1 = \left(\frac{n^*}{2} - n_1\right)\omega_1 h + \left(\frac{n^*}{2} - n_2\right)\omega_2 h \\ &\qquad (\omega_1 = |\mathfrak{o}_1|, \quad \omega_2 = |\mathfrak{o}_2|). \end{aligned}\right\} \tag{84}$$

Die Projektionen $\mathfrak{J}_{1\perp}$ bzw. $\mathfrak{J}_{2\perp}$ in die Ebenen senkrecht zur Richtung 361
von $\mathfrak{o}_1$ bzw. $\mathfrak{o}_2$ führen zirkulare Schwingungen aus und werden daher durch Matrizen dargestellt, die zu den durch (56) beschriebenen Matrizen für P_x und P_y analog sind $\left(\text{man ersetze } k \text{ durch } \frac{n^*}{2} \text{ und } m \text{ durch } \frac{n^*}{2} - n_1 \text{ bzw. } \frac{n^*}{2} - n_2;\ \mathfrak{J}_\perp^2 \text{ entspricht der Summe von } P_x^2 \text{ und } P_y^2\right)$:

$$\left.\begin{aligned} \left|\mathfrak{J}_{1\perp}{}^{n_1}_{n_1+1}\right|^2 &= {}^1/_2 (n_1 + 1)(n^* - n_1), \\ \left|\mathfrak{J}_{2\perp}{}^{n_2}_{n_2+1}\right|^2 &= {}^1/_2 (n_2 + 1)(n^* - n_2). \end{aligned}\right\} \tag{85}$$

Hierdurch sind die Gleichungen (81) und (82) erfüllt, und da analog zu (57)

$$(\mathfrak{J}_1^2)^{n_1}_{n_1} = (\mathfrak{J}_2^2)^{n_2}_{n_2} = \frac{n^*}{2}\left(\frac{n^*}{2} + 1\right)$$

gilt, ist auch (83) mit den Energiewerten (68) befriedigt.

Hiermit sind alle in § 2 angeführten Resultate aus der neuen Mechanik hergeleitet.

§ 6. Zur Frage der Beziehung des Wasserstoffspektrums zu den Spektren der Alkalien.

Bereits in § 2 wurde erwähnt, daß die zur Deutung der anomalen Zeemaneffekte noch erforderlichen Modifikationen der Grundlagen der neuen Quantenmechanik sich möglicherweise bereits bei Atomen mit einem einzigen Elektron bemerkbar machen könnten; insbesondere ist das Ergebnis, daß der Normalzustand eines solchen Atoms unmagnetisch sein sollte, wohl noch nicht als endgültig zu betrachten. Ein spezieller Vorschlag, um dem anomalen Zeemaneffekt Rechnung zu tragen, ist kürzlich von Goudsmit und Uhlenbeck[1]) vorgebracht worden. Gemäß diesem wird das Elektron nicht mehr als eine Punktladung angesehen, sondern es wird ihm eine ausgezeichnete Achse, Drehimpuls und (doppelt anomaler) Magnetismus zugesprochen. Ob diese Annahme ausreicht, um im Verein mit der neuen Quantenmechanik alle Erfahrungsresultate zu erklären, dürfte sich erst entscheiden lassen, wenn auch die Berechnung der relativistischen Feinstruktur auf Grund der neuen Mechanik durchgeführt ist. Diese blieb vorläufig noch außer Betracht, da die hierzu erforderliche Berechnung des zeitlichen Mittelwertes $\overline{\frac{1}{r^2}}$ uns noch nicht gelungen ist.

---

[1]) Naturwissensch. 13, 953, 1925.

362 **Unabhängig von speziellen Modellvorstellungen ist es jedoch naheliegend, zu fragen, ob nicht das Wasserstoffspektrum (einschließlich Feinstruktur und Beeinflussung durch äußere Felder) aufgefaßt werden kann als Grenzfall der Alkalispektren bzw. Röntgenspektren bei verschwindender Zentralkraft des Atomrestes auf das Leuchtelektron bzw. bei verschwindenden Abschirmungszahlen [so daß Niveaus, die ein Abschirmungsdublett bilden, zusammenfallen] [1]). In diesem Falle würde sich die Feinstruktur der Balmerlinien von der aus der bisherigen Theorie folgenden zwar nicht durch die Lage der Energieniveaus und der Linienkomponenten, wohl aber durch ihre Intensitäten unterscheiden, indem nunmehr an Stelle der Auswahlregel $\Delta k = \pm 1$ die Auswahlregel $\Delta j = 0, \pm 1$ treten würde, die das Auftreten von Komponenten zuläßt.** die nach der bisherigen Theorie ausgeschlossen waren. Goudsmit und Uhlenbeck [1]) konnten zeigen, daß die Beobachtungsresultate eine solche Abänderung der Auswahlregel als wahrscheinlich erscheinen lassen. Zugleich weisen sie aber darauf hin, daß der Durchführung der Analogie zwischen Wasserstoff- und Alkalispektrum die Schwierigkeit entgegensteht, daß der Zeemaneffekt in (relativ zur Feinstruktur) schwachen Magnetfeldern bei den Spektren von Atomen mit einem einzigen Elektron nach den vorliegenden Beobachtungen keineswegs alkaliähnlich zu sein scheint.

Obwohl somit die Frage, wieweit sich die in Rede stehende Beziehung zwischen Wasserstoff- und Alkalispektren durchführen läßt, noch nicht als geklärt angesehen werden kann, dürfte es doch gerechtfertigt sein, sich wenigstens in allen Fällen, wo von der relativistischen (bzw. Dublett-) Feinstruktur abgesehen werden kann, von dieser Analogie leiten zu lassen. Dies führt dazu, in Magnetfeldern, in denen die Zeemanaufspaltung groß ist gegenüber dem Abstand der Feinstrukturkomponenten, die magnetischen Energieniveaus in den Spektren der Atome mit einem einzigen Elektron ihrer Anzahl und Lage nach als mit den Paschen-Backtermen der Alkalien übereinstimmend anzunehmen. Es müßten dann in einem äußeren Kraftfeld dem Wasserstoffatom doppelt so viele Zustände zukommen, als im vorigen Paragraphen aus der jetzigen Grundlage der neuen Quantenmechanik abgeleitet wurde (d. h. $2n^2$-Zustände an Stelle von n^2). In einem äußeren Magnetfeld müßten zu jedem Werte der Quantenzahl m (die zwischen $-n^*$ und $+n^*$ liegt), die beiden mag-

[1]) S. Goudsmit und G. E. Uhlenbeck, Physica 5, 266, 1925. Ähnliche Überlegungen wurden mir bereits vor längerer Zeit von Herrn A. Landé brieflich mitgeteilt.

netischen Energiewerte $(m \pm 1)\, o_H h$ (o_H = Larmorfrequenz) gehören, 363
ebenso müßte in gekreuzten Feldern jeder durch n^*, n_1, n_2 charakterisierte Zustand sich noch in zwei Zustände aufspalten, deren Energiewerte sich von den durch (84) dargestellten um $\pm o_H h$ unterscheiden. Nach dem Korrespondenzprinzip treten dann hier nur solche Übergänge auf, bei denen das Vorzeichen des Zusatzgliedes $\pm o_H h$ unverändert bleibt.

Eine Möglichkeit, um zwischen der im vorigen Paragraphen abgeleiteten Termmannigfaltigkeit, bei welcher der Normalzustand des H-Atoms unmagnetisch ist, und der hier in Analogie zu den Paschen-Backtermen der Alkalien ins Auge gefaßten, bei der dem Normalzustand des H-Atoms im Magnetfeld die Energiewerte $\pm o_H h$ zukommen, zu unterscheiden, würden Ablenkungsversuche mit H-Atomstrahlen im inhomogenen Magnetfeld nach Stern und Gerlach darbieten.

2
Wolfgang Pauli
Discussion du rapport de Louis de Broglie*
5. Solvay-Kongreß 1927

„Im Jahr 1927 haben wir Witze gemacht über das ‚Kindermädchen' (Welle), welche das ‚Baby' (Teilchen) an der Hand führt."

Pauli an Fierz, 6. Januar 1952

„ Die Diskussionen zwischen Bohr und Einstein beherrschten die Konferenz, und wenn es auch nicht gelang, Einstein davon zu überzeugen, daß die neue Deutung der Quantentheorie in jeder Weise befriedigend sei, so mußte Einstein doch schließlich zugeben, daß sie in sich geschlossen und widerspruchsfrei war. Auch Pauli hatte an diesem Ausgang der Konferenz, in der er oft das Wort ergriff, entscheidenden Anteil."

Heisenberg (1960), S. 47

M. Pauli. – Je voudrais faire une petite remarque sur ce qui me paraît être le fondement mathématique de la manière de voir de M. de Broglie concernant les particules en mouvement sur des trajectoires déterminées. Sa conception se base sur le principe de la conservation de l'électricité:

$$\text{(a)} \qquad \frac{\partial \rho}{\partial t} + \frac{\partial s_1}{\partial x} + \frac{\partial s_2}{\partial y} + \frac{\partial s_3}{\partial z} = 0 \qquad \text{ou} \qquad \sum_{k=1}^{4} \frac{\partial s_k}{\partial x_k} = 0,$$

qui est une conséquence de l'éqaution des ondes, lorsqu'on pose

$$i\, s_k = \psi \frac{\partial \psi^*}{\partial x_k} - \psi^* \frac{\partial \psi}{\partial x_k} + \frac{4\pi i}{h} \frac{e}{c} \Phi_k\, \psi\psi^*.$$

M. de Broglie introduit à la place de la fonction complexe ψ les deux fonctions réelles a et φ, définies par

$$\psi = a\, e^{\frac{2\pi i}{h}\varphi}, \qquad \psi^* = a\, e^{-\frac{2\pi i}{h}\varphi}.$$

* Pauli (1928a), dort S. 134–135 und 280–282

Substituant ces expressions dans l'expression de s_k, il vient:

$$s_k = \frac{4\pi}{h} a^2 \left(\frac{\partial \varphi}{\partial x_k} + \frac{e}{c} \Phi_k\right).$$

De là résultent pour le vecteur de vitesse défini par

$$\text{(b)} \quad v_1 = \frac{s_1}{\rho}, \quad v_2 = \frac{s_2}{\rho}, \quad v_3 = \frac{s_3}{\rho}$$

les expressions données par M. de Broglie.

S'il existe maintenant dans une théorie du champ un principe de conservation de la forme (*a*), il est toujours formellement possible d'introduire un vecteur de vitesse (*b*), dépendant de l'espace et du temps, et d'imaginer en outre des corpuscules qui se meuvent suivant les lignes de courant de ce vecteur. Quelque chose de semblable fut déjà proposé en optique par Slater; d'après lui, les quanta de lumière devraient toujours se mouvoir suivant les lignes du vecteur de Poynting. M. d. Broglie introduit maintenant une représentation analogue pour les particules matérielles.

De toutes façons je ne crois pas que cette représentation puisse être développée d'une manière satisfaisante; je me propose d'y revenir lors de la discussion générale.

M. Pauli. — Il me semble que la conception de M. de Broglie, en ce qui concerne les résultats statistiques de l'expérience de choc, est bien d'accord avec la théorie de Born dans le cas de chocs élastiques, mais qu'il n'en est plus ainsi lorsque l'on considère aussi des chocs non élastiques. Je voudrais illustrer cela par l'exemple du rotateur, qui fut déjà mentionné par M. de Broglie lui-même. Ainsi que Fermi[1] l'a montré, le traitement par la mécanique ondulatoire du problème du choc d'une particule qui se meut dans le plan (x, y) et d'un rotateur situé dans le même plan peut être rendu clair de la manière suivante. On introduit un espace de configuration à trois dimensions dont deux coordonnées correspondent aux x et y de la particule qui entre en collision, tandis que comme troisième coordonnée on choisit l'angle φ du rotateur. Dans le cas où il n'y a pas d'action mutuelle entre le rotateur et la particule, la fonction ψ su système total est donnée par

$$\psi(x, y, \varphi) = \mathrm{A}\, e^{2\pi i \left[\frac{1}{\lambda}(p_x x + p_y y + p_\varphi \varphi) - \nu t\right]}$$

où l'on a posé

$$p_\varphi = m \frac{h}{2\pi} \qquad (m = 0, 1, 2, \ldots).$$

En particulier, l'oscillation sinusoïdale de la coordonnée φ correspond à un état stationnaire du rotateur. La superposition de plusieurs ondes partielles de cette espèce, correspondant à des valeurs différentes de m et par conséquent de φ, signifie, d'après Born, que pour plusieurs états stationnaires du rotateur il y a une probabilité différente de zéro, tandis que, d'après la manière de voir de M. de Broglie, le rotateur

---

1 Z. Phys. **40**, 399 (1926)

n'a plus, dans ce cas, une vitesse angulaire constante et peut exécuter aussi des oscillations dans certaines circonstances.

Or, si dans le cas d'une énergie d'interaction finie entre la particule choquante et le rotateur, nous étudions le phénomène de la collision au moyen d'équation des ondes de l'espace (x, y, φ), le résult peut, d'après Fermi, être interprété très simplement. En effet, comme cette énergie d'interaction dépend de l'angle φ d'une façon périodique et disparaît à grande distance du rotateur, c'est-à-dire de l'axe φ, nous n'avons affaire dans l'espace (x, y, φ) qu'à une onde qui tombe sur un réseau et, notamment, sur un réseau qui est illimité dans la direction de l'axe φ. A grande distance du réseau des ondes ne sortent que dans des directions déterminées de l'espace de configuration, caractérisées par des valeurs entières de la différence $m' - m''$. Fermi a montré que les divers ordres du spectre correspondent simplement aux divers modes possibles de communication d'énergie de la particule choquante au rotateur, ou inversement. A chaque ordre du spectre de réseau correspond donc un état stationaire déterminé du rotateur après le choc.

C'est, toutefois, un point essentiel que, dans le cas où le rotateur se trouve dans un état stationnaire avant le choc, l'onde incidente est illimitée dans la direction de l'axe. Pour cette raison, les spectres de réseau des divers ordres se superposeront toujours en chaque point de l'espace de configuration. Si nous calculons donc, d'après les préceptes de M. de Broglie, la vitesse angulaire du rotateur après de choc, nous devons trouver que cette vitesse n'est pas constante. Si l'on avait admis que l'onde incidente est illimitée dans la direction de l'axe φ, il en aurait été le même avant le choc. La manière de voir de M. de Broglie ne me semble donc pas compatible avec l'exigence du postulat de la théorie des quanta, que le rotateur se trouve dans un état stationnaire aussi bien avant le choc qu'après.

Cette difficulté ne me paraît pas du tout fortuite et ne me paraît pas non plus inhérente à l'example particulier du rotateur; elle provient, à mon avis, directement de la condition posée par M. de Broglie, que dans le processus individuel du choc, le comportement des particules soit complètement déterminé et puisse en même temps être décrit complètement par la cinématique ordinaire dans l'espace-temps. Dans la théorie de Born, la concordance avec le postulat des quanta est réalisée ainsi, que les diverses ondes partielles dans l'espace de configuration, dont se compose la solution générale de l'équation des ondes après le choc, sont indiquées *séparément* par voie statistique. Mais cela n'est plus possible dans une théorie qui, en principe, considère comme possible d'éviter l'application des notions de probabilité aux processus de choc *individuels*.

3
Wolfgang Pauli
Die Idee der Komplementarität*

The topic of this number of the "Dialectica" for which I am responsible, is the discussion of the idea of *complementarity*, which has its origin in modern atomic physics. It seems therefore proper that this editorial survey of the connection between the different points of view of the following articles be written from the standpoint of a physicist. The epistemological implications of the concept of complementarity, which was first explicitly used by Bohr, however, reach far beyond a particular science.

We are glad to begin this series of articles with a contribution of Bohr, which expresses in a stimulating way the attitude of most of the physicists actually working in the field of modern quantum theory toward the fundaments of this discipline. The characteristically new feature of atomic physics due to the finiteness of the quantum of action – which excludes a subdivision of individual quantum processes – is the impossibility of taking into account by determinable corrections the entire influence of the measuring instruments on the measured objects. That is, every gain of knowledge of atomic objects by observations has to be paid for by a loss of other knowledge. The laws of nature prevent for instance the observer from achieving a simultaneous knowledge of both the energy-momentum values and of the space-time location of an atomic object. Which knowledge is obtained and which other knowledge is irrevocably lost is left to the free choice of the experimentor, who may choose between mutually exclusive experimental arangements. It is this situation which Bohr called "complementarity" and which has changed so radically the principles underlying our description of phenomena by laws of nature and even our ideas of physical reality. In this connection we draw the attention of the reader to Bohr's definition of the word "phenomenon": "to refer exclusively to observations obtained under specified circumstances, including an account of the whole experiment" (p. 317)[1]. This definition of "phenomenon", it seems to me, should be generally accepted. Indeed the concept of the "state" of a system, fundamental in quantum mechanics, is defined by such a complete account of reproducible experimental conditions to which all objects considered as observed system are subjected. (If the observation in question is "maximal" one speaks of a

* Pauli (1948b). Einleitung zu einem Sonderheft, Dialectica 2, 305–424 (1948) über „Die Idee der Komplementarität"

1 Dieses Zitat wurde Bohr Beitrag "On the Notions of Causality and Complementarity" entnommen, Dialectica 2, 312–319 (1948)

"pure state", otherwise of a "mixture"). It is therefore the "phenomenon" in this sense which defines the "state" of the observed system. While the means of observation (experimental arrangements and apparatus, records such as spots on photographic plates) have still to be described in the usual "common language supplemented with the terminology of classical physics" (p. 313)[2], the atomic "objects" used in the theoretical interpretation of the "phenomena" cannot any longer be described "in a unique way by conventional physical attributes". Those "ambiguous" objects used in the description of nature have an obviously symbolic character.

The subjective element introduced by the free choice of the observer between different exclusive experimental arrangements has the consequence that even for a well defined "state" (in the sense explained above) of the observed system it is in general not possible to predict uniquely the results of further observations. Only the result of those particular further observations which do not change the state of the system can be predicted with certainty, while in the general case only statistical predictions can be made regarding the results of further observations. The general theoretical statements about a given "state" of a physical system therefore refer to a statistical ensemble of many systems equally prepared. I am inclined to consider this renouncement of the quantum mechanical description on the predictability by laws of the individual observation on a single atomic system in a given state as the fundamental new result of the point of view of complementarity. This renouncement is understandable as a necessary consequence of the influence, unknown in principle, of the measuring instruments on the observed system.

While there is general agreement on the logical self-consistency of the quantum mechanical formalism the reader will find in the article of Einstein the view that the quantum mechanical description is *incomplete*[3]. Einstein's opinion is based on the postulate of the existence of an objective "real" "state" of a physical system which should be independent of any selections and results of experimental arrangements which do not actually disturb the system under consideration at the time in question. As cautious as such a postulate may appear at the first glance, it cannot be incorporated into quantum mechanics in a consistent way. It is clear that the state of a system 1 is changed by an observation on the system 2, if this observation, selected among two mutually exclusive cases, essentially alters the possibility of obtaining information about the system 1. This holds not only if at the time of the observation on 2 there is a direct interaction between the systems 1 and 2, but generally if the system 2 can be used as a source of additional information about the system 1 due to correlations between the possible values of observables of the two systems in the state of the compound system (1 + 2) realized before the observation on 2. For the discussion of the details of the example considered by Einstein I refer the reader to the article of Bohr (p. 316)[4] and for the general relation between the theoretical predictions for a given pure state of a compound system as compared with those for given states of the partial systems, I refer to the earlier investigations of von Neumann und Heisenberg. The latter emphasized

---

2 Siehe Anm. 1

3 *A. Einstein:* „Quanten-Mechanik und Wirklichkeit". Dialectica 2, 320–324 (1948)

4 Siehe Anm. 1

particularly the self-consistency of quantum mechanics, if the separation ("Schnitt") between observed system and means of observations is shifted, the choice of the situation of this separation being to some extent arbitrary.

According to my opinion one cannot draw from the particular cases of correlated systems any new conclusions which are not already contained in the previously mentioned requirement in quantum mechanics of giving up the general predictability, of the results of individual observations on a single atomic system in a given state. In view of both the empirical facts and the existence of the logically consistent quantum mechanical formalism it seems to me that only this renouncement enables us still to use in physics the concept "closed system" and the usual perception of space and time, which are so closely connected with each other. It is in this sense that I consider the quantum mechanical description to be *complete*.

This attitude is also in agreement with the "principle of anomaly" of Reichenbach, explained in his article[5], which stresses the circumstance that the principles of quantum mechanics avoid any introduction of an action at a distance in the theoretical interpretation of quantum phenomena. Moreover neither this author nor I believe in the possibility of a theory which could predict the result of individual observations with help of the hypothesis of such an action at a distance. (In this connection I may also refer to von Neumann's well known proof that the consequences of quantum mechanics cannot be amended by additional statements on the distribution of values of observables, based on the fixing of values of some hidden parameters, without changing some consequences of the present quantum mechanics.)

In the article of Reichenbach and in a somewhat different way in the subsequent articles of Destouches and Mme Destouches-Février[6] the discussion of the application of non-Aristotelian logic to quantum mechanics is resumed. Inspite of the many investigations in this field which have been already made – among them the very illustrative paper by von Neumann and Birkhoff[7] the physicists (among them myself) have a great resistence against the acceptance of new axioms of logic (compare also the conclusion of Bohr's article). Indeed the physicist finds the common language not only in the description of the records of observations (spots in photographic plates, etc.), but also in the purely mathematical model of vectors in the Hilbert-space and their projections in suitably chosen subspaces. The place where it is proposed to introduce a new kind of logic is the language concerning the atomic objects to which "conventional attributes cannot be assigned any longer in an unambiguous way". Mathematically that means the language concerning the possible values of observables. In particular, von Neumann and Birkhoff introduce a sharp distinction between those statements which in principle can be checked by an observation on a single system (as: "the value of a certain, however complicated, observable is equal one") and others only fixing probability distribu-

5 H. Reichenbach: "The Principle of Anomaly in Quantum Mechanics". Dialectica 2, 337–350 (1948)

6 P. Destouches-Février: "Manifestations et sens de la notion de complémentarité". Dialectica 2, 383–412 (1948)

7 G. Birkhoff und J. v. Neumann: "The Logic of Quantum Mechanics". Ann. Math. (Princeton) 37, 823–843 (1936)

tions of values of observables (as: "the absolute square of a certain component of the vector in the Hilbert-space has a certain numerical value, let us say 1/2") which can be checked only with help of ensembles of systems. It is by introducing new definitions of composition and negation, only connecting statements of the first kind that the new kind of logic appears in the considerations of Neumann-Birkhoff. I do not see, however, that such new definitions of logical operations are necessary for the theoretical physicists (for the experimentalist they are unnecessary a fortiori), once the mathematical model of quantum mechanics is given with its unique correspondence of vectors in a Hilbert-space to the "states" and of linear operators with known commutation rules to the "observables". Also from the standpoint of pure mathematics it seems to me justified to call "meaningless" any statement on simultaneous values of observables to which no possible vector in the Hilbert-space exists. This definition of "meaning" supposes a knowledge a priori of the quantum mechanical model, but it does not suppose any actual empirical verification. Hence the objections of Reichenbach against such a "restriction of meaning" seem to me not conclusive.

Many of the articles mention possible applications of the idea of complementarity outside physics, as for instance to questions connected with biology or psychology. I shall not discuss these questions in this introductory survey but wish to draw the reader's attention to the interesting attemps of Gonseth[8] to formulate the idea of complementarity so generally that no explicit reference is made anymore to physics in proper sense. This is, of course, only possible by use of a language to which the physicists are not accustomed, which uses expressions like "horizons of reality", "profound horizon" and "apparent horizon", "event of a certain horizon". The word "phenomenon", however, is used in this article strictly in the above mentioned sense given to it by Bohr. To the "profound horizon" of Gonseth belong the symbolic objects to which conventional attributes can not be assigned in an unambiguous way, while the "traces" of Gonseth are identical with the "phenomena" in our sense. I wish again to stress here the circumstance that the free choice of the observer can produce either the one or the other of two "traces" and that every phenomenon or "trace" is accompanied by an unpredictable and irreversible change in the "profound horizon".

At the end of his article Gonseth briefly mentions the possibility of new kinds of complementarities inside physics, among others a complementarity between "one" and "multiple". This last idea is proposed and discussed in detail in the article of L. de Broglie[9]. Certainly restrictive conditions regarding the magnitude of the interaction energy between individuals have to be fulfilled in order to guarantee the applicability of the concept of distinct individual structural units inside a compound system. It seems to me doubtful, however, whether we shall meet here a fundamentally new kind of complementarity. The possibility of readapting the definition of "free particles" to the assumed physical conditions by a suitable

8 F. Gonseth: "Remarque sur l'ideé de complémentarité". Dialectica 2, 413–420 (1948)

9 L. De Broglie: "Sur la complémentarité des idées d'individu et de système". Dialectica 2, 325–330 (1948)

canonical transformation also in cases of a socalled "strong coupling" seems on the contrary to indicate that the problems of the kind considered by L. de Broglie can be treated in principle inside the frame of the present quantized field theories.

On the other hand all physicists agree that the present quantum theory, which is insufficient to explain the atomistic nature of electricity and to predict the mass values of the "elementary" particles in nature, can only have a limited range of application. We are here only in the very beginning of a new development of physics, which will certainly lead to still further generalizing revisions of the ideals underlying the particular description of nature which we today call the classical one.

An exposition of the general features of a progressive process of spiritual developments is given in the article of Heisenberg[10], which seems to me to agree well with the general "dialectical" point of view expressed by this periodical.

W. Pauli

10 W. Heisenberg: „Der Begriff ‚Abgeschlossene Theorie' in der modernen Naturwissenschaft". Dialectica 2, 331–336 (1948)

4
Wolfgang Pauli
Der Begriff der Wahrscheinlichkeit und seine Rolle in den Naturwissenschaften*

Der mathematische Wahrscheinlichkeitsbegriff ist entstanden durch das Bestreben, die einmalige subjektive Erwartung möglichst zu objektivieren. Um dies zu erreichen, muß diese ersetzt werden durch die objektive durchschnittliche Häufigkeit eines Ereignisses bei Wiederholung unter gleichen Bedingungen. Man nimmt an, daß die Wahrscheinlichkeit eines Ereignisses A sich bei großer Zahl der Wiederholungen nur wenig vom Quotienten m/n unterscheidet, worin n die Zahl der Wiederholungen, m die Zahl der Eintritte von A ist. Wir begegnen hier also dem Motiv der *einen* zu objektivierenden Erwartung und der *vielen* Ereignisse.

Eine nähere Analyse dieses Sachverhaltes ist nicht einfach, insbesondere gibt der Sprung von der logisch-mathematischen Formulierung zur Empirie zu tiefliegenden erkenntnistheoretischen Problemen Anlaß. Ich glaube, jeder Physiker ist froh, über eine einwandfreie mathematische Axiomatik verfügen zu können, da sie ihm eine saubere Trennung von mathematisch logischen Problemen einerseits, von physikalisch-naturphilosophischen Problemen andererseits erlaubt. Mit meinem Kollegen *van der Waerden* bin ich darüber einig, daß die Axiome der Wahrscheinlichkeitsrechnung keine Zurückführung des Begriffes Wahrscheinlichkeit auf andere Begriffe, d. h. keine Definition des Begriffes Wahrscheinlichkeit enthalten. Der Begriff „Wahrscheinlichkeit" ist aus dem Axiomensystem, den Grundregeln zu dessen richtiger Handhabung, nicht eliminierbar, d. h. er bleibt undefiniert.

Die Zeit gestattet mir nicht, ein Axiomensystem hier explizite anzugeben. Die englische Schule (*Keynes, Jeffreys, Broad*) bevorzug die *bedingte* Wahrscheinlichkeit (Wahrscheinlichkeit von p bei gegebenem k)[1]. Der Mathematiker *Kolmogoroff*[2] formuliert die Axiome mengentheoretisch, was dem Physiker vielleicht ferner liegt. Die wichtigsten Axiome sind das konjunktive und das disjunktive von der Addition und Multiplikation der Wahrscheinlichkeiten. Häufigkeiten der Elemente von endlichen Klassen erfüllen jedenfalls von selber die Axiome[3].

---

* Pauli (1953a). – Smyposium vom 23. August 1952, organisiert durch die Schweizerische Gesellschaft zur Pflege der Logik und Philosophie der Wissenschaften. Vorsitz: *B. Eckmann*, (Autoreferat)

1 Vgl. *Harold Jeffreys*, Theory of Probability, 2nd edition, Oxford 1948.

2 A. *Kolmogoroff*, Grundbegriffe der Wahrscheinlichkeitsrechnung, Erg. d. Math. 2, Heft 3 (1933).

3 Sei B eine gegebene endliche Klasse und A eine andere Klasse, bilde den Quotienten aus der Zahl derjenigen B's, die A's sind, dividiert durch die Gesamtzahl der B's.

Die wichtigste logische Konsequenz aus den Axiomen ist das Theorem von *Bernoulli*, auch Gesetz der großen Zahlen genannt. Seine Voraussetzung ist: Bei jeder einer Anzahl von Gelegenheiten sei die Chance für das Eintreten eines gewissen Ereignises p. Die Aussage des Theorems in der Sprache der Mathematik ist diese: Zu „allen" Pärchen positiver Zahlen (ϵ, δ) „gibt es stets" eine große ganze Zahl N mit folgender Eigenschaft: „Die Chance, daß der Bruchteil der Anzahl der Gelegenheiten, bei denen das Ereignis eintritt, von N Gelegenheiten aufwärts, jemals um mehr als ϵ von p abweichen wird, ist kleiner als δ."

Es ist zu beachten, daß diese Aussage keine Limesaussage ist. Das wäre sie nur dann, wenn δ durch 0 ersetzt würde, was aber unerlaubt ist. Ausdrücklich fordert die Wahrscheinlichkeitsrechnung das Vorhandensein einer wenn auch sehr kleinen, doch nicht verschwindenden Wahrscheinlichkeit für ein späteres Auftreten einer Abweichung größer als ϵ der empirischen Häufigkeit von der mathematischen Chance p.

So wie es rein mathematisch vorliegt, ist das *Bernoulli*sche Theorem daher noch nicht einer empirischen Prüfung zugänglich. Hierzu muß an irgendeiner Stelle eine Regel für die praktische Verhaltungsweise des Menschen oder spezieller des Naturforschers hinzugenommen werden, die auch dem subjektiven Faktor Rechnung trägt, nämlich: Auch die einmalige Realisierung eines sehr unwahrscheinlichen Ereignisses wird von einem gewissen Punkt an als praktisch unmöglich angesehen. Theoretisch mag zugestanden werden, daß hierbei eine von Null verschiedene Chance eines Irrtums weiterbesteht, aber praktisch werden auf diese Weise Entscheidungen getroffen, insbesondere auch die Entscheidungen über die empirische Richtigkeit der statistischen Aussagen physikalischer oder naturwissenschaftlicher Theorien. Auch darin bin ich mit Herrn *van der Waerden* einig, daß man bis zu dieser prinzipiellen Grenze und nicht weiter mit der Durchführung des ursprünglichen Programmes – der rationalen Objektivierung der einmaligen subjektiven Erwartung – gelangen kann.

Die Anwendung der Wahrscheinlichkeitsrechnung in der Physik ist logisch vereinbar mit einer deterministischen Form aller Naturgesetze. Dies ist z. B. besonders deutlich geworden bei der thermodynamischen Wahrscheinlichkeit der statistischen Wärmetheorie, die auf der ungenauen Kenntnis des mikroskopischen Anfangszustandes unter den Bedingungen der Anwendbarkeit des Temperaturbegriffes beruht. Hierauf will ich nicht weiter eintreten, sondern sogleich hervorheben, daß die Wellen- oder Quantenmechanik die Existenz *primärer Wahrscheinlichkeiten* in den Naturgesetzen annimmt, die sich sonach nicht wie z. B. die thermodynamischen Wahrscheinlichkeiten durch Hilfsannahmen auf deterministische Naturgesetze zurückführen lassen. Diese umwälzende Folgerung hält die überwiegende Mehrheit der modernen theoretischen Physiker – allen voran *Heisenberg* und *Bohr*, denen auch ich mich angeschlossen habe – für unwiderruflich. An Opposition dagegen, die allerdings unfruchtbar geblieben ist, hat es nie ganz gefehlt – ich nenne hier die Namen *Einstein* und *Schrödinger*.

Mathematisch löst die neue Form der quantenmechanischen Naturgesetze auf sehr elegante Weise die Frage nach dem Maß für die Wahrscheinlichkeit: Diese ist das Absolutquadrat einer komplexen Zahl, der Wahrscheinlichkeitsamplitude, die einfacheren Gesetzen genügt als die Wahrscheinlichkeiten selbst. Diese einfacheren Gesetze für die Amplituden geben diesen die Bedeutung von linear superponierbaren Vektoren in einem *Hilbert*schen Raum, der definitionsgemäß eine positiv definite quadratische Form als Maßbestimmung in sich trägt.

Erkenntnistheoretisch beruht der von der Quantenmechanik postulierte indeterministische Charakter der Naturgesetze auf der freien Wahl des Experimentators zwischen einander ausschließenden Versuchsanordnungen. Jede dieser Anordnungen enthält eine für sie charakteristische unbestimmbare Wechselwirkung zwischen Meßinstrument und beobachtetem System und hat neben dem Gewinn gewisser Kenntnisse über dieses System unvermeidbar und unwiderruflich den Verlust anderer Kenntnisse zur Folge. Diese Situation wurde von *Bohr* als Komplementarität bezeichnet.

Es ist nicht meine Aufgabe, heute näher auf diese grundsätzlichen Einsichten einzugehen. Ich möchte vielmehr mit dem Hinweis darauf schließen, wie bedeutungsvoll es ist, daß der mathematische Wahrscheinlichkeitsbegriff sich auch dieser neuen Situation gegenüber bewährt hat; Es scheint diesem eine Wirklichkeit in der Natur zutiefst zu entsprechen, indem eben seine Anwendung in der neueren Physik zu einer rationalen Verallgemeinerung der klassisch-deterministischen Naturerklärung geführt hat.

5

Wolfgang Pauli

Bemerkungen zum Problem der verborgenen Parameter in der Quantenmechanik*

„Mit dem, was Du über de Broglie, Bohm und Schrödinger sagst, bin ich ziemlich einverstanden. Pauli hat übrigens eine Überlegung angegeben (in der Festschrift zu de Broglies 50. Geburtstag), durch die Bohm nicht nur philosophisch, sondern auch physikalisch erschlagen wird."

Born an Einstein, 26. November 1953

Bemerkungen zum Problem der verborgenen Parameter in der Quantenmechanik und zur Theorie der Führungswelle[1]

1. In einer Reihe von Arbeiten aus den Jahren 1926/27 hat de Broglie[2] eine Interpretation der Quantenmechanik erörtert, worin eine Wellenfunktion Ψ, die der Schrödinger-Gleichung gehorcht, genau so als Realität betrachtet wird wie die Teilchen. Ein ‚Zustand' eines abgeschlossenen, aus n Teilchen bestehenden Systems wird darin in jedem Augenblick beschrieben erstens durch die Wellenfunktion Ψ in

---

* Pauli (1953c)

1 Auf zweierlei Art hat man versucht, der Wellenmechanik mit Hilfe verborgener Parameter eine deterministisch erscheinende Form zu geben. Entweder haben die Parameter weder direkt noch indirekt einen Einfluß auf die Vorhersage beobachtbarer Erscheinungen. Dann kennzeichnet die in die Behandlung der beiden Variablen eines kanonisch konjugierten Paares eingeführte künstliche Asymmetrie diese Form der Theorie als künstliche Metaphysik. Oder man erweitert die derzeitige Theorie in der Weise, daß die neuen Parameter empirisch sichtbare Wirkungen hervorrufen können. Dann werden die aus der Theorie hervorgehenden Folgen nicht mit dem allgemeinen Charakter unserer Erfahrungen übereinstimmen, namentlich was die thermodynamischen Eigenschaften von Systemen betrifft, die viele Teilchen gleicher Art enthalten. In diesem Fall verliert dieser Typus von Theorien seinen physikalischen Sinn.

2 C. R. Acad. Sci., 183, 447 (1926); 184, 273 (1927); 185, 380 (1927); Rapport au Ve Congrès de Physique Solvay, Gauthier-Villars, 1930, p. 105; Introduction à l'étude de la Mécanique Ondulatoire, Hermann, Paris 1930.

einem Raum mit $f = 3\,n$ Dimensionen, zweitens durch die ‚reellen' Lagekoordinaten $z_1, \ldots, z_f$ der Teilchen. Die den Zustand definierenden physikalischen Größen sind also

$$(q_1, \ldots q_f; \mathrm{t}) \text{ und } z_1(t), \ldots z_f(t). \tag{1}$$

Die Verbindung zwischen diesen beiden verschiedenen Teilen der Realität wurde durch folgende zwei Hypothesen hergestellt:

A) Die Wellenfunktion Ψ befriedigt die gewöhnliche Schrödinger-Gleichung

$$-i\hbar\frac{\partial\psi}{\partial t} + \mathrm{H}\psi = 0 \tag{2a}$$

worin H der auf die $q_1 \ldots q_f$ wirkende Hamilton-Operator ist.

B) Die Bahnen der Teilchen sind die Stromlinien des Ψ-Feldes; ihre Geschwindigkeit ergibt sich in jedem Punkt durch den Quotienten der Ausdrücke der Wellenmechanik für die Stromdichte und für die Ladungsdichte. Setzt man in Polarkoordinaten mit R und Φ reell und $\mathrm{R} \geqslant 0$:

$$\psi = \mathrm{R}\,e^{i\Phi},$$

dann findet man so ($k = 1, 2, \ldots f$; m_k = Masse)

$$\frac{\mathrm{d}z_k}{\mathrm{d}t} = +\frac{\hbar}{m_k}\left(\frac{\partial\Phi}{\partial q_k}\right)_{q=z} \tag{2b}$$

worin man in dem Glied rechts die Werte z_i für q_i einsetzt.

De Broglie hat außerdem gezeigt, daß man daraus eine auf die Teilchen wirkende Kraft ableiten kann, die in der klassischen Mechanik nicht vorkommt und sich ableitet aus einer zusätzlichen potentiellen Energie

$$\mathrm{U} = -\sum_k \frac{\hbar^2}{2\,m_k}\left(\frac{\Delta_k\,\mathrm{R}}{\mathrm{R}}\right)_{q=z} \tag{3}$$

das ‚Quantenpotential'. Das unterstreicht den nichtstatistischen Charakter der Ψ-Funktion, läßt aber die Tatsache etwas merkwürdig erscheinen, daß sich diese auf einen vieldimensionalen Raum bezieht.

Im allgemeinen ist R von allen Lagekoordinaten des Systems abhängig. Nur wenn Ψ ein Produkt darstellt, reduziert sich U auf eine Summe von Ausdrücken, von denen jeder nur von den Koordinaten eines einzigen Teilchens abhängig ist. Jede statistische Korrelation von Systemen in der gewöhnlichen Interpretation der Wellenmechanik erscheint also hier als eine nichtklassische ‚reelle' Wechselwirkung des Systems. Da das Quantenpotential Singularitäten bei den Nullstellen von Ψ hat, unterliegt die quantentheoretische Kraft immer dann beträchtlichen Schwankungen, wenn sich das fragliche Teilchen einer dieser Singularitäten nähert.

Wir beschränken uns auf die nichtrelativistische Theorie. Nur für diese ist der Begriff ‚Stromlinie' definiert, denn dieser Begriff verliert sowohl bei den Photonen als auch bei der Entstehung oder Vernichtung von Paaren seinen Sinn.

Zu meiner Freude konnte ich diese Theorie mit Louis de Broglie auf dem Solvay-Kongreß 1927 erörtern. Bald darauf gab de Broglie sie auf zugunsten der Komplementärinterpretation der Heisenbergschen und Bohrschen Quantenmechanik; die Gründe dafür sind eingehend in seiner *Introduction à la mécanique ondulatoire* (1929) dargelegt.* Neuerdings ist D. Bohm[3] auf diese Theorie der Führungswelle zurückgekommen, die nach seiner Meinung vordem „logisch nicht bis ins letzte durchdacht worden ist". De Broglie[4] selbst hat dann die Gründe wiederholt, aus welchen er diese besondere Theorie weiterhin für nicht annehmbar hält.

In zwei ergänzenden Abhandlungen[5] nimmt de Broglie jedoch die Erörterung einer anderen Idee wieder auf, die er ebenfalls schon 1927[6] veröffentlicht hatte. Nach dieser Anschauung müßte es im Falle von Systemen mit n Teilchen Wellenfelder im dreidimensionalen Raum[7]

$$U_1 (\vec{x}, \vec{z}_1, \ldots \vec{z}_n; t) \ldots U_n (\vec{x}, \vec{z}_1, \ldots \vec{z}_n; t) \tag{4}$$

geben, so daß U_k wie $\frac{1}{|\vec{x} - \vec{z}_k|}$ an der Stelle $\vec{x} = \vec{z}_k$ singulär ist.[8]

Nimmt man an, daß diese Felder außerhalb der Singularitäten eine lineare homogene Wellengleichung befriedrigen, dann bleibt die zeitliche Abhängigkeit der $\vec{z}_i$ (d. h. der Bahnen der Singularitäten) dennoch ganz willkürlich. Zur Steuerung dieser Singularitäten[9] bedarf es außer den Feldern (4) noch der Einführung einer Wellenfunktion

$$\psi (\vec{q}_1, \ldots \vec{q}_n; t) \tag{5}$$

in den Konfigurationsraum, die der gewöhnlichen Schrödinger-Gleichung (mit möglicher Ausnahme der Umgebung der singulären Punkte $\vec{q}_k = \vec{z}_k$) gehorcht. Dazu ist es notwendig, zwischen den *wirklichen* Positionen der $\vec{z}_k$ und den *möglichen* Positionen der Singularitäten zu unterscheiden, denn Ψ ist als Funktion der Zeit nur dann eindeutig bestimmt, wenn sie für $t = 0$ im ganzen Konfigurationsraum gegeben ist und nicht nur in der Nähe der augenblicklichen Lagen $\vec{z}$ der Singularitäten der Funktionen U_k.

Die Beziehung zwischen der ‚Führungswelle' und den n Funktionen U_k im gewöhnlichen Raum ist bis jetzt noch nicht mathematisch formuliert worden. (Nur im Falle eines freien Teilchens, das äußeren Kräften nicht unterliegt, kann man direkt

* Pauli bezieht sich hier wahrscheinlich auf die von R. Peierls besorgte deutsche Übersetzung des in der Anm. 2 zitierten Werkes, die unter dem Titel „Einführung in die Wellenmechanik", Leipzig 1929, noch vor der französischen Ausgabe erschien. (Anm. d. Hrsg.)

3 Phys. Rev. 85, 166, 180 (1952)

4 C. R. Acad. Sci., 233, 641 (1951)

5 C. R. Acad. Sci., 233, 1031 (1951) (im Anschluß an J. P. Vigier, ibidem, S. 1013) und C. R. Acad. Sci., 234, 265 (1952)

6 Journ. de Phys. Folge VI, 8, 221 (1927)

7 Wir bezeichnen mit $\vec{x}, \vec{z}, \ldots$ Vektoren im dreidimensionalen Raum.

8 Man muß annehmen, daß im Falle von n Teilchen *ohne Wechselwirkung* die dem Teilchen k entsprechende Wellenfunktion $u_k (\vec{x}, \vec{z}_k)$ unabhängig ist von den Koordinaten der anderen Teilchen und mit dem Wellenfeld zusammenfällt, welches diesem als frei angenommenen Teilchen entspricht. Im Gegensatz zum Fall der Ψ-Funktion braucht man also nicht mit den U_k ein Produkt von nichtgestörten Feldern zu bilden.

9 Vgl. L. de Broglie, Journ. de Phys. VI, 8, 221 (1927), Gl. (32).

die Phase der Ψ-Funktion der von U[10] gleichsetzen.) Diese zweite Theorie der Führungswelle ist bis jetzt also nur ein mathematisches Programm[11].
Sollte dieses Programm verwirklicht werden, dann müßten die Anfangswerte der physikalischen Größen (1) hier auch eindeutig die Entwicklung des Systems festlegen. Die singulären Felder (4) wären also nur Vermittelungsschritte bei der Definition der Bahnen der Singularitäten, namentlich von ihren Anfangswerten aus. Man hätte sicher mit Modifizierungen der Gesetze (2a), (2b) und (3) zu rechnen, doch die allgemeine Problematik der Vereinigung eines deterministischen Schemas mit der Wellenmechanik und ihrem Wahrscheinlichkeitsbegriff, zu deren Erörterung wir nun kommen, kann sich dadurch nicht wesentlich ändern.
2. Im folgenden möchte ich von einem allgemeinen Standpunkt aus den Versuch erörtern, die Quantenmechanik so zu vervollständigen, daß sie mit Hilfe verborgener Parameter ein deterministisches Schema wird; die Theorie der Führungswelle ist dafür nur ein Sonderbeispiel.
Um den Kontakt mit der gewöhnlichen Wellenmechanik herzustellen, pflegt man zur Betrachtung statistischer Gesamtheiten überzugehen, so daß, da die Ψ-Funktionen aller ihrer Elemente identisch sind, die Werte der Parameter mit einer Dichte verteilt sind, die gegeben ist durch

$$W(z) = \psi^*(z)\,\psi(z) = R^2(z).$$

Man sucht die Beschränkung auf diese besonderen Gesamtheiten damit zu rechtfertigen, daß die Kontinuitätsgleichung die Dichteverteilung ihrer Parameter (im klassischen Sinne vorgestellt) für sämtliche Zeiten sicherstellt, wenn sie im Anfangszustand realisiert wird, vorausgesetzt, daß das System abgeschlossen bleibt. Man muß auch bei dieser Gelegenheit hinzusetzen, daß in einer deterministischen Theorie eine Wahrscheinlichkeitshypothese nicht am Platze ist. Sich auf die Kontinuitätsgleichung zu berufen, scheint mir nicht auszureichen, um sie in *allgemeiner* Weise zu bestimmen. Wenn z. B. der Experimentator diese Gesamtheit in zwei Teile aufspaltet, wird im allgemeinen die Verteilung der Parameterwerte nicht mehr durch die Amplituden der Ψ-Funktion gegeben sein. Wenn es ein Phänomen gibt, worin sich die Werte dieser Parameter kundtun können, sei es auch nur indirekt, dann werden sich diese Teile zwangsläufig nicht mehr so verhalten, trotz der Gleichheit ihrer Ψ-Funktionen. *Die Hypothese von der allgemeinen Gültigkeit einer nur durch die Ψ-Funktion bestimmten Wahrscheinlichkeitsverteilung der Parameter ist daher vom Standpunkt des deterministischen Schemas aus nicht mehr gerechtfertigt; sie ist einer Theorie entlehnt, die auf einer ganz anderen Hypothese beruht, nämlich der, daß die Funktion eine vollständige Beschreibung des Systems darstellt*[12].

---

10 Die Annahme, daß die Phase von *U* an den singulären Punkten regulär ist, scheint mir im allgemeinen Fall nicht natürlich zu sein.

11 De Broglie hatte die große Liebenswürdigkeit, mich brieflich über den gegenwärtigen Stand (Februar 1952) seiner Überlegungen zu unterrichten.

12 Ich glaube, die Kritik de Broglies, derzufolge in der determinstisch vervollständigten Theorie die Entwicklung der Parameter (Koordinaten der Teilchen) in der Zeit von allen *möglichen* Bewegungen der Teilchen abhängt, drückt den gleichen Gedanken in anderer Form aus; ich glaube aber auch, daß die Variante der Führungswellentheorie, welche die singulären Lösungen zuläßt, in bezug auf diese Schwierigkeiten keine wesentliche Änderung herbeiführen kann; denn es gehört zu jedem deterministischen Schema, keine allgemeinen Einschränkungen für die statistische Verteilung der Anfangswerte physikalischer Größen in einer Gesamtheit (im klassischen Sinne) gelten zu lassen.

Selbst wenn wir nur diese besonderen Gesamtheiten ins Auge fassen, bleibt zu erörtern, ob *alle* statistischen Aussagen der Quantenmechanik über abgeschlossene Systeme durch eine deterministische Theorie wiederholt werden können. J. v. Neumann hat allgemein nachgewiesen, daß das nie der Fall sein kann wegen der in dem beobachteten System verborgenen Parameter. Der hier in der anscheinend deterministischen Theorie[13] benutzte Ausweg besteht darin, daß in dieser Theorie nur ein kleiner Teil der wellenmechanischen Aussagen über ein abgeschlossenes System S als Eigenschaften von S allein erscheint. Während z. B. die Raumkoordinaten der Teilchen ‚reelle' Parameterwerte haben, werden die Impulse der Teilchen und ihre Wahrscheinlichkeitsverteilung gar nicht mehr als Eigenschaften von S allein interpretiert. Die Zustände von S, die als Folge von ‚Messungen von S durch Apparaturen A' in der gewöhnlichen Interpretation der Theorie erscheinen, werden jetzt der deterministischen Form wegen als die Ergebnisse komplizierter Wechselwirkungen[14] mit entsprechend gewählten Systemen A interpretiert. Diesen Zuständen entsprechen nicht mehr Eigenschaften von S ('Observable'), denn in einer deterministischen Theorie gibt es streng genommen kein Meßproblem. Wie Bohm bemerkt hat, hängt natürlich das Ergebnis dieser Wechselwirkung auch von den Parameterwerten von A ab. Was hier vom Ort und vom Impuls gesagt wurde, ist allgemein für jedes beliebige Paar kanonisch konjugierter Variabler gültig: höchstens können die Werte *einer* dieser Variablen als Eigenschaften von S interpretiert werden. Dadurch verliert der bloße Übergang mittels Fourier-Zerlegung von einer Wellenfunktion zu der Funktion der konjugierten Variablen (wobei wir die Wahl haben, welche von beiden wir als ‚primäre' Funktion ansehen wollen) seinen physikalischen Sinn; oder es wird damit in bezug auf die kanonisch konjugierten Größen eine Asymmetrie eingeführt, für die man weder im System unserer Experimente noch im mathematischen Formalismus der Wellenmechanik einen Grund findet.

Diese Methode, den v. Neumannschen Lehrsatz mit Hilfe dieser nichtsymmetrischen willkürlichen Eliminierung eines Teils der Eigenschaften eines abgeschlossenen S-Systems[15] zu umgehen, ist sicher widerspruchsfrei, solange die Parameterwerte, da die Ψ-Funktion gegeben ist, sich weder direkt noch indirekt kundtun können. In diesem Fall aber wird auch der angebliche Determinismus grundsätzlich der Beobachtung entzogen (das heißt, er ist ‚metaphysisch'). Der nur scheinbar eliminierte nichtdeterministische Charakter der Theorie kommt in einem 'regressus ad infinitum', auf den jeder Versuch einer Wertbestimmung der Parameter schließlich hinauslaufen muß, wieder zum Vorschein.[16]

3. Es ist klar, daß die ergänzenden Parameter nur dann einen physikalischen Sinn hätten, wenn die gegenwärtige Theorie sich so verallgemeinern ließe, daß sich einer-

13 D. Bohm, loc. cit.

14 Ich möchte hier bemerken, daß mir der Gebrauch des Wortes „chaotisch" in einer deterministischen Theorie Anlaß zur Verwirrung zu geben scheint, denn alle Phänomene – selbst die kompliziertesten – müssen sich im Prinzip streng geordnet entwickeln.

15 Vgl. in ähnlichem Zusammenhang die Bemerkung von J. L. Destouches, es gebe eine „Welt-System"-Komplementarität. ("Sur l'interprétation physique de la mécanique ondulatoire", im Journ. de Physique, 1952)

16 Mme. P. Destouches-Février (C. R. 1430, 1951) kommt zu ähnlichen Schlußfolgerungen.

seits diese Parameter kundtun könnten (sei es auch nur indirekt), daß andererseits aber die von der derzeitigen Wellenmechanik gesicherten Resultate ebenfalls in der verallgemeinerten Theorie enthalten wären.

Keinem Autor ist es bis jetzt gelungen, gleichzeitig diese beiden Postulate zu verwirklichen, und mir scheint, daß es, selbst von dem bereits formulierten Vorbehalt bezüglich des Gebrauchs des Wahrscheinlichkeitsbegriffs abgesehen, noch weitere unüberwindliche Schwierigkeiten gibt. Tatsächlich würden sich, wenn sich die Parameter durch Unterschiede im physikalischen Verhalten zweier ähnlicher Systeme mit der gleichen Ψ-Funktion (da die Beschreibung eines Systems durch die Ψ-Funktion ‚unvollständig' ist) kundtun könnten, merkliche säkulare Veränderungen in den thermodynamischen Eigenschaften von quantentheoretischen Systemen zeigen.[17] Namentlich beruhen die thermodynamischen Resultate der gewöhnlichen Wellenmechanik bei Systemen, die aus einer großen Anzahl identischer Teilchen bestehen, wesentlich auf dem *qualitativen* Unterschied von Gleichheit und bloßer Ähnlichkeit der Zustände der einzelnen Teilchen des Gesamtsystems. Würde sich diese Gleichheit der Zustände durch die physikalische Manifestierung neuer ergänzender Parameter in Ungleichheit verwandeln, dann würden die Gleichgewichtszustände der derzeitigen Theorie, die mit der Erfahrung übereinstimmen (Einstein-Bose-Statistik und Fermi-Dirac-Statistik), die Gleichgewichtseigenschaft einbüßen und säkularen Veränderungen unterliegen. (Diese Überlegung ist völlig unabhängig von der technischen Möglichkeit, die Werte dieser Parameter zu messen.) Die Konsequenz steht in krassem Widerspruch zu dem allgemeinen Charakter unserer Erfahrungen.

Zur mathematischen Veranschaulichung dieser Überlegung möchte ich zunächst bemerken, daß man in dem allgemeinen Schema (1) der physikalischen Größen bloße Symmetrieeigenschaften nur erwarten kann, wenn man zugleich mit den Variablen q_k der Ψ-Funktion auch die z_k (bzw. auch die entsprechenden singulären Funktionen (4) in der zweiten Variante der Theorie) der gleichen Permutation unterwirft. *Wenn die Parameter z_k mehr als rein metaphysische Existenz haben sollen,* muß man damit rechnen, daß die zeitliche Ableitung der Funktion nur bestimmt ist, wenn außer ihren Anfangswerten auch die von z_k gegeben sind – die entgegengesetzte Hypothese, daß die z_k nicht explizite in die Wellengleichung für Ψ eingehen, ist bereits der anderen (gewöhnlichen) Theorie entlehnt, wonach Ψ den Zustand vollständig beschreibt. Kleine ergänzende Terme im Hamilton-Operator, explizit von den Werten dieser Parameter abhängig[18], würden unmittelbar zu den oben besprochenen unannehmbaren Folgen führen[19].

---

17 Die Unterschiede bezüglich der Ergebnisse der derzeitigen Theorie würden keineswegs auf Entfernungen von der Größenordnung 10^{-13} beschränkt bleiben, wie Bohm anzunehmen scheint.

18 Der von Bohm erörterte Typ ergänzender Terme (loc. cit.) I, Gl. 31 und 32 führt zu den gleichen Konsequenzen.

19 Bei einer Realisierung der Variante der Führungswellentheorie, welche die singulären Lösungen zuläßt (die aber vorerst noch Programm ist), muß man damit rechnen, diese Schwierigkeiten in gleicher Schärfe wiederzufinden.

Aus diesen physikalischen Gründen, die mit philosophischen Vorurteilen bezüglich der Interpretierung und mit der Rechtfertigung physikalischer Theorien im allgemeinen nichts zu tun haben, halte ich die auf dem Komplementaritätsgedanken fußende Interpretation der Quantenmechanik für die einzig annehmbare. Weit davon entfernt, den derzeitigen Stand der Quantenmechanik auf relativistischem Boden als endgültig zu betrachten, glaube ich indessen, daß die Entwicklung dieser Theorie uns weiter von der Möglichkeit einer kausalen und deterministischen Deutung fortführen wird.

Kapitel VIII
Elektronenspin und Pauli-Matrizen

1
Wolfgang Pauli
Über Gasentartung und Paramagnetismus*

„It is probably no exaggeration to say that the modern electron theory of metals was started by Pauli's paper on the paramagnetism of an electron gas."

Peierls (1960), S. 140

Die auf einer Verallgemeinerung der „Äquivalenzregel" des Atombaues beruhende, 81
von Fermi herrührende Quantenstatistik des einatomigen idealen Gases wird auf den Fall von Gasatomen mit Drehimpuls erweitert und auf die Magnetisierung solcher Gase angewendet. Betrachtet man die Leitungselektronen im Metall als entartetes ideales Gas — was gewiß nur als ganz provisorisch anzusehen ist, für den vorliegenden speziellen Zweck aber erlaubt sein mag —, so gelangt man auf Grund der entwickelten Statistik zu einem wenigstens qualitativen theoretischen Verständnis der Tatsache, daß trotz des Vorhandenseins des Eigenmomentes des Elektrons viele Metalle (insbesondere die Alkalimetalle) in ihrem festen Zustand keinen oder nur einen sehr schwachen und annähernd temperaturunabhängigen Paramagnetismus zeigen.

* Pauli (1927a)

§ 1. **Übersicht über den gegenwärtigen Stand der Gasentartungsfrage.** Von den Theorien der Gasentartung ist in letzter Zeit besonders die Einsteinsche Theorie[1]) viel diskutiert worden, die auf der Annahme einer weitgehenden Analogie von Molekülgas und schwarzer Strahlung (Lichtquantengas) beruht. Um diese Analogie durchzuführen, überträgt Einstein eine zuerst von Bose[2]) für das Verhalten der Lichtquanten vorgeschlagene statistische Annahme auf das materielle Gas. (Hier und im folgenden wird es sich stets um einatomige Gase handeln, bei denen von den mechanischen Wechselwirkungskräften zwischen den Atomen herrührende und von der freien Weglänge abhängige Effekte vernachlässigt werden.) Diese Annahme involviert eine statistische Abhängigkeit der Gasatome voneinander und läßt sich folgendermaßen formulieren: Man teile den Phasenraum eines Gasatoms in Zellen von der Größe h^3, und zwar so, daß diese Zellen in bezug auf die Lagenkoordinaten der Partikel das ganze Volumen V des Gases umfassen, also der Raum der Impulskoordinaten des Gasatoms in Zellen vom Volumen h^3/V geteilt wird. Dann soll ein mikroskopischer Zustand des Gases durch die Angabe definiert sein, wie viele Atome sich in jeder Zelle befinden, gleichgültig, welche individuellen Atome dabei im Spiele sind, und alle so definierten mikroskopischen Zustände sollen gleich wahrscheinlich sein.

Schrödinger[3]) hat sodann gezeigt, daß diese Statistik des idealen Gases auch in einer anderen Weise dargestellt werden kann, bei der, statt
82 von den Gasatomen selbst, von den Eigenschwingungen der ihnen zugeordneten de Broglieschen Wellen die Rede ist. Die zunächst etwas befremdende Bosesche Annahme über die Gleichwahrscheinlichkeit gewisser mikroskopischer Zustände des Gases wird hierbei auf die Art der Zuordnung eines Wellenfeldes zur Gesamtheit der Gasatome zurückgeführt und als besondere Annahme entbehrlich. Wir kommen hierauf in § 3 zurück, möchten aber hier bemerken, daß wir die „korpuskulare" und die „wellenmäßige" Darstellung der Theorie als zwei gleichberechtigte Beschreibungsweisen des statistischen Verhaltens des Gases auffassen wollen, ohne der einen vor der anderen den Vorzug zu geben.

---

[1]) A. Einstein, Berl. Ber. 1924, S. 261; 1925, S. 3.
[2]) S. N. Bose, ZS. f. Phys. 26, 178, 1924.
[3]) E. Schrödinger, Phys. ZS. 27, 95, 1926.

Eine von der Einsteinschen verschiedene Theorie der Gasentartung ist kürzlich von Fermi[1]) aufgestellt worden. Dieser Verfasser führt eine statistische Abhängigkeit der Gasatome voneinander (bei Benutzung derselben Einteilung des Phasenraumes in Zellen wie der oben beschriebenen) durch die Annahme ein, daß Zustände, bei denen sich mehr als ein Atom in derselben Zelle befindet, nicht vorkommen können. Diese Annahme ist von Fermi in Analogie zu einer vom Verfasser zur Deutung der Komplexstruktur der Spektren und des Schalenabschlusses im periodischen System der Elemente aufgestellten Regel eingeführt worden, die besagt, daß in einem Atom niemals zwei Elektronen vorkommen können, für die alle vier Quantenzahlen, die ein Elektron (in einem äußeren Kraftfeld) charakterisieren, übereinstimmen. Gemäß der physikalischen Deutung der vierten Quantenzahl durch Goudsmit und Uhlenbeck als bedingt durch den Eigenmagnetismus des Elektrons können wir den Sinn dieser Regel in die Aussage zusammenfassen, daß in einem in der Natur realisierten Quantenzustand eines Atoms nicht zwei Elektronen vorkommen können, die (nach Aufhebung der Entartung durch ein äußeres Kraftfeld) sowohl hinsichtlich ihrer Translationsbewegung als auch hinsichtlich ihres Eigenmagnetismus kinematisch vollkommen äquivalent sind. Es möge diese Regel daher im folgenden kurz als „Äquivalenzregel" bezeichnet werden.

Um die Frage, welcher von den beiden genannten Theorien der Gasentartung der Vorzug zu geben ist, diskutieren zu können, müssen wir die letzte Entwicklung der Anwendung der Quantenmechanik auf Systeme, die aus mehreren vollkommen gleichen Partikeln bestehen, kurz berühren. Heisenberg[2]) hat gezeigt, daß für solche Systeme die Quantenmechanik verschiedene Lösungen zuläßt, derart, daß die Gruppen von 83
stationären Zuständen des Atoms, die diesen verschiedenen Lösungen entsprechen, nicht miteinander kombinieren und auch auf keine Weise durch äußere Einwirkungen ineinander übergeführt werden können. Nur bei einer dieser Lösungen, für deren Auswahl Heisenberg eine bestimmte allgemeine Vorschrift angegeben hat*), ist die „Äquivalenzregel" erfüllt, und es kann als empirisch sicher angesehen werden, daß nur diese Lösung in der Natur realisiert ist. (Speziell beim He wird durch das Ausschließen der zweiten Lösung der Tatsache Rechnung getragen, daß das totale magnetische Moment im Normalzustand des He-Atoms verschwindet.)

---

1) E. Fermi, ZS. f. Phys. **36**, 902, 1926.

2) W. Heisenberg, ZS. f. Phys. **38**, 411, 1926, **39**, 499, 1926.

* Siehe Anm. 1, S. 262

Es ist somit erwiesen, daß die Quantenmechanik mit der Äquivalenzregel nicht im Widerspruch steht. Andererseits fehlt für diese spezielle Auswahl aus den Lösungen der quantenmechanischen Gleichungen und damit auch für die Äquivalenzregel immer noch eine befriedigende theoretische Begründung. Ganz unabhängig von der Beantwortung dieser wichtigen Frage hat jedoch Dirac[2]) weiter gezeigt, daß die Anwendung der genannten Auswahlvorschrift für die quantenmechanischen Lösungen auf das ideale Gas zwangläufig auf die Fermische Statistik führt. Betrachtet man nämlich die stationären Zustände des ganzen Gaskörpers bei Vorhandensein schwacher Koppelungskräfte zwischen den Gasatomen, so ergibt die gemäß dieser Vorschrift ausgewählte quantenmechanische Lösung zu jedem gemäß der Fermischen statistischen Abzählung zulässigen „Mikrozustand" des idealen Gases gerade einen gequantelten Zustand des ganzen Gaskörpers und umgekehrt. Fermis statistische Grundannahme erscheint demnach auch vom Stand-
84 punkt der Quantenmechanik aus als die konsequente Verallgemeinerung der „Äquivalenzregel" beim Kernatom. Da es wohl kaum widerspruchsfrei möglich sein dürfte, bei verschiedenen materiellen Systemen die Auswahl der in der Natur realisierten quantenmechanischen Lösung aus den möglichen Lösungen nach verschiedenen Gesichtspunkten zu treffen, wollen wir hier den auch von Dirac verfochtenen Standpunkt vertreten, daß beim materiellen Gas die Fermische und nicht die Einstein-Bosesche Statistik die zutreffende ist.

83 [1]) Hat man ein System aus N Partikeln, mit den Lagenkoordinaten $q_1 \dots q_f$, so wird jedem Quantenzustand des Systems nach Schrödinger eine Funktion $\psi(q_1 \dots q_f)$ zugeordnet, die einer von ihm angegebenen Differentialgleichung genügt. Wir wollen diese (vom reinen Wellenstandpunkt aus wohl kaum verständliche) Funktion im Sinne der von Born in seiner Stoßmechanik (ZS. f. Phys. **37**, 863, 1926; **38**, 803, 1926) vertretenen Auffassung des „Gespensterfeldes" folgendermaßen deuten: Es ist $|\psi(q_1 \dots q_f)|^2 \, dq_1 \dots dq_f$ die Wahrscheinlichkeit dafür, daß im betreffenden Quantenzustand des Systems diese Koordinaten sich zugleich im betreffenden Volumenelement $dq_1 \dots dq_f$ des Lagenraumes befinden. Die im Text erwähnte Vorschrift für die Charakterisierung der in der Natur realisierten Lösung im besonderen Falle N gleicher Partikel besagt nun, daß die zugehörige Funktion ψ das Vorzeichen ändern soll, wenn man die Koordinaten je zweier Partikeln vertauscht. Haben die Teilchen wie die Elektronen einen Eigenimpuls, so müssen zu den drei Translationskoordinaten für jede Partikel noch weitere den Rotationsfreiheitsgraden entsprechende Koordinaten hinzugefügt werden und die Vertauschung der Koordinaten je zweier Partikeln muß dann für jede Partikel alle Freiheitsgrade zugleich betreffen.

[2]) P. A. M. Dirac, Proc. Roy. Soc. (A) **112**, 661, 1926. In dieser Arbeit sind die erwähnten Heisenbergschen Resultate zum Teil unabhängig entwickelt.

Falls dies zutrifft, ist allerdings die von Einstein postulierte vollkommene Analogie zwischen dem statistischen Verhalten des materiellen Gases und des Lichtquantengases zerstört, was zunächst als ein schwerwiegendes Argument gegen die Fermische Statistik erscheint. Man muß aber andererseits bedenken, daß sich materielle Systeme (z. B. ein Kristallgitter) allgemein hinsichtlich des Vorhandenseins einer Nullpunktsenergie von der Strahlung unterscheiden, und daß gerade in diesem Punkt die Fermische Statistik zu befriedigenderen Ergebnissen führt als die Einstein-Bosesche[1]). Jedenfalls scheinen zwischen elektromagnetischer Strahlung und Materie auch vom Standpunkt der Quantentheorie aus Unterschiede zu bestehen, die in der universellen Bestimmtheit der Geschwindigkeit c aller Lichtquanten im Gegensatz zur variablen Phasengeschwindigkeit c^2/v der Materiewellen sowie auch in dem (hiermit vielleicht zusammenhängenden) Umstand zutage treten, daß bei mehreren bewegten Materiepartikeln eine Darstellung des de Broglieschen Feldes sich (wenigstens bisher) nur im mehrdimensionalen Raume als möglich erwiesen hat, während das elektromagnetische Feld auch bei Vorhandensein vieler Lichtquanten im gewöhnlichen dreidimensionalen Raume beschrieben werden kann. Die von de Broglie entdeckten Analogien zwischen Materie und Strahlung legen es allerdings nahe, die Lichtquanten und ihr Wellenfeld als Grenzfall der Materieteilchen und ihres Wellenfeldes zu betrachten, das man erhält, wenn man bei vorgegebenem Impuls der Partikeln ihre Geschwindigkeit gegen die des Lichtes und ihre Ruhmasse gegen Null konvergieren läßt. Um diesen Grenzübergang in unserem Falle durchzuführen, müßte jedoch erst bekannt sein, wie in der Formulierung der Quantenmechanik mehrerer gleicher Partikeln der endlichen Ausbreitungsgeschwindigkeit der Kraftwirkungen (Retardierung der Potentiale) Rechnung zu tragen ist.

§ 2. Problemstellung. Bei dieser Sachlage scheint es angemessen, weitere physikalische Folgerungen aus der Fermischen Statistik zu ziehen.
Im folgenden soll insbesondere versucht werden zu zeigen, wie 85
auf Grund dieser Statistik die Tatsache, daß viele Metalle diamagnetisch oder nur sehr schwach paramagnetisch sind, mit dem Vorhandensein eines magnetischen Moments des Elektrons in Einklang gebracht werden kann. Hierbei sollen die Leitungselektronen in den betreffenden Metallen als ideales Gas betrachtet werden, d. h. es soll von den Kräften, die auf die Leitungselektronen wirken, ab-

[1]) Vgl. hierzu auch E. Schrödinger, Berl. Ber. 1926, S. 23. 84

gesehen werden[1]). Dies ist gewiß nur eine grobe Annäherung und wird durch ein genaueres Modell der Metalle ersetzt werden müssen; es ist jedoch nicht unwahrscheinlich, daß der hier vorgeschlagene Erklärungsversuch wenigstens hinsichtlich der qualitativen Seite des Phänomens das Richtige trifft.

Um nun die Fermische Statistik auf das „Elektronengas" anwenden zu können, muß sie zunächst auf den Fall erweitert werden, daß die Gasatome einen Drehimpuls besitzen (§ 4). Wir denken uns sodann ein äußeres Kraftfeld angelegt, das eine Richtungsquantelung der Atome in diesem Felde bewirkt. Für diesen Fall wollen wir in Analogie zum Verhalten der Elektronen im Kernatom Fermis statistische Grundannahme folgendermaßen formulieren: Zustände, bei denen sich mehr als ein Atom in derselben Zelle (des Phasenraumes der Translationsbewegung) befindet, können nur dann nicht vorkommen, wenn die Impulsachsen dieser Atome gleichgerichtet sind, d. h. wenn die Quantenzahl m, welche die Komponente des Impulses in der Richtung des äußeren Feldes festlegt, bei diesen Atomen denselben Wert hat; zwei Atome mit verschiedenen m können dagegen wohl in derselben Zelle des Translationsphasenraumes liegen.

Im Grenzfall hoher Temperaturen bzw. kleiner Dichte, wo die klassische Zustandsgleichung des Gases zutrifft und die kinetische Energie, die benachbarten, merklich oft besetzten Zellen entspricht, relativ nur wenig verschieden ist, wird sich gemäß dieser Vorstellung am gewöhnlichen Verhalten des Gases im Magnetfeld (Curiesches Gesetz) praktisch nichts ändern. Im anderen Grenzfalle eines stark entarteten Gases (man kann der Einfachheit halber an den absoluten Nullpunkt denken) werden dagegen die Zellen, die einer kleinen kinetischen Energie der Atome entsprechen, vielfach voll besetzt sein. Nach unserer Voraussetzung ist jedoch die volle Besetzung einer Zelle nur möglich, wenn jede mögliche Orientierung des Atoms gerade einmal vertreten ist, und hierbei verschwindet das resultierende Moment aller Atome der Zelle. Eine Magne-
86 tisierung wird nur möglich sein, wenn ein Teil der Atome aus den betreffenden Zellen entfernt wird („angeregt" wird), was aber im allgemeinen eine Erhöhung der kinetischen Energie des Gases zur Folge haben muß. Man sieht, daß in analoger Weise, wie die „Äquivalenzregel" das notwendige Fehlen eines magnetischen Moments im Normalzustand des He-Atoms nach sich zieht, die aus dieser Regel durch Verallgemeinerung entstandene Grundannahme der Fermischen Statistik eine starke Er-

85 [1]) Vgl. auch A. Einstein, Berl. Berl. l. c.

schwerung der Magnetisierung eines entarteten Gases, dessen Atome ein magnetisches Moment tragen, zur Folge hat. Die genauere Durchführung der Rechnung (§ 5) wird in der Tat zeigen, daß nach der hier entwickelten Theorie ein solches Gas beim absoluten Nullpunkt (im Gegensatz zu den gewohnten Vorstellungen, gemäß denen in diesem Falle Sättigung eintreten sollte) nur eine konstante Restmagnetisierung aufweisen soll, die überdies beim Elektronengas sehr gering ist.

Im folgenden § 3 soll znnächst die Fermische Statistik nach der Schrödingerschen Methode der Eigenschwingungen dargestellt und durch Schwankungsbetrachtungen ergänzt werden.

§ 3. Anwendung der Methode der Eigenschwingungen auf die Fermische Statistik. Schwankungseigenschaften des Gases. In einem der Einfachheit halber als würfelförmig vorausgesetzten Volumen $V = l^3$ sind nur de Brogliesche Wellen mit bestimmten Wellenlängen λ und bestimmten Wellenrichtungen relativ zu den Würfelkanten stationär möglich, für welche sich stehende Schwingungen ausbilden können, deren Knotenflächen gerade zwischen den Würfelwänden Platz finden können. Für gegenüber l kleine Werte von λ ergibt sich auf diese Weise die Zahl der Eigenschwingungen, deren Wellenlänge zwischen λ und $\lambda + d\lambda$ liegt, nach einer wohlbekannten Betrachtung zu

$$Z(\lambda, \lambda + d\lambda) = V\frac{4\pi}{\lambda^2} d\left(\frac{1}{\lambda}\right). \tag{1}$$

Nach de Broglie ist nun die Wellenlänge λ dem Impuls $p = mv$ des Atoms zugeordnet gemäß

$$\lambda = \frac{h}{p}.$$

Führen wir noch die kinetische Energie $E = \frac{p^2}{2m}$ des Atoms ein, so ist also gemäß (1) die Zahl der Eigenschwingungen, die einem Bereich $E, E + dE$ dieser Energie zugeordnet ist, gegeben durch

$$Z(E, E + dE) = V\frac{4\pi}{h^3}(2mE)\,d\,(2mE)^{1/2}$$

oder

$$Z(E, E + dE) = V\frac{2\pi(2m)^{3/2}}{h^3}E^{1/2}\,dE. \tag{2}$$

Diese Dichte der Eigenschwingungen in der Skale der kinetischen Energie ist für das Gas charakteristisch. Die einzelnen diskreten Werte der kinetischen Energie, die den Eigenschwingungen entsprechen, mögen mit $\varepsilon_1, \varepsilon_2, \ldots, \varepsilon_s, \ldots$ bezeichnet werden. 87

Wenn kein, ein, zwei, ..., $n_s, \ldots$ Atome mit der Energie ε_s vorhanden sind, so sagen wir mit Schrödinger, der s-te Freiheitsgrad schwingt mit der Energie $0, \varepsilon_s, 2\varepsilon_s, \ldots, n_s\varepsilon_s, \ldots$ Ein mikroskopischer

Zustand des Gases wird dann dadurch beschrieben sein, daß man die Werte aller Zahlen $n_1, n_2, \ldots, n_s, \ldots$ angibt.

Offenbar muß die Summe über alle n_s stets der vorgegebenen Gesamtzahl der Atome gleich sein:

$$N = \sum_s n_s. \tag{3}$$

Weiter nimmt Schrödinger an, daß bei gegebenem Volumen V und gegebener Gesamtenergie

$$E = \sum_s n_s \varepsilon_s \tag{4}$$

alle Zahlenfolgen $(n_1, n_2, \ldots, n_s, \ldots)$, die den Bedingungen (3) und (4) genügen, gleich wahrscheinlich sind [1]. Diese Annahme entspricht genau der Einstein-Boseschen Statistik, denn eine Eigenschwingung entspricht einer Boseschen Zelle des Phasenraumes, und bei Beschreibung des Gaszustandes durch bloße Angabe der Zahlen n_s ist bereits auf jede Aussage darüber, welche individuellen Atome den verschiedenen Eigenschwingungen assoziiert sind, verzichtet, und hierin ist die statistische Abhängigkeit der Gasatome voneinander enthalten.

Wenn wir nun statt der Einstein-Boseschen die Fermische Statistik zugrunde legen wollen, werden wir verlangen müssen, daß die Zahlen n_s keine anderen Werte annehmen können als 0 und 1. Denn im Falle $n_s > 1$ wäre ja mehr als ein Atom derselben Eigenschwingung assoziiert, also würde, in der „korpuskularen" Ausdrucksweise, mehr als ein Atom sich in derselben Zelle des Phasenraumes befinden, was nach Voraussetzung nicht stattfinden soll. Wir werden sonst aber weiter annehmen, daß alle den Bedingungen (3) und (4) genügenden Zahlenfolgen $(n_1, n_2, \ldots, n_s, \ldots)$, welche nur die Ziffern 0 und 1
88 enthalten, gleich wahrscheinlich sind. Ist W die Anzahl dieser Folgen, so ist die Entropie S des Gases gegeben durch

$$S = k \log W$$

oder

$$e^{S/k} = W. \tag{5}$$

87 [1]) Läßt man Zerstrahlungsprozesse der materiellen Teilchen zu, so ist im Gleichgewicht die Anzahl der Atome pro Volumeneinheit allein von der Temperatur abhängig. In diesem Falle ist die einschränkende Bedingung (3) fallen zu lassen. Führt man die folgende Überlegung mit dieser Modifikation durch, wobei natürlich die Ruhenergie $m_0 c^2$ der Teilchen mitberücksichtigt werden muß, so erhält man leicht die von Stern, ZS. f. phys. Chem. **120**, 60, 1926, abgeleitete Formel für die Dichte der Materie im Gleichgewicht mit der Strahlung.

Es ist bekannt, daß man sich von der Bedingung (4) dadurch befreien kann, daß man gemäß

$$e^{S/k-\beta E} = \sum_{n_s}{}' e^{-\beta \sum\limits_s n_s \varepsilon_s} \tag{6}$$

einen Parameter β einführt, der der Bedingung genügt, daß der Ausdruck (6) bei festem β und festen ε_s, d. h. festem V, nach E differenziert, verschwindet:

$$\frac{1}{k}\left(\frac{\partial S}{\partial E}\right)_V - \beta = 0 \quad \text{oder} \quad \beta = \frac{1}{kT}\cdot \tag{6'}$$

Da durch $E - TS$ die freie Energie Ψ definiert ist, kann man an Stelle von (6) auch schreiben:

$$e^{-\frac{\Psi}{kT}} = \sum_{n_s}{}' e^{-\frac{1}{kT}\sum\limits_s n_s \varepsilon_s}. \tag{7}$$

Der Akzent am Summenzeichen in (6) und (7) bedeutet, daß die n_s die Nebenbedingung (3) einhalten müssen. Bekanntlich ist die physikalische Bedeutung des Überganges von (5) zu (7) die, daß man die mikrokanonische Verteilung, bei der die Energie genau vorgeschrieben ist, ersetzt durch die kanonische Verteilung, bei der die Energie vom vorgegebenen Wert E äußerst steil abfällt, und zwar so, daß sie nur in einem Spielraum der relativen Größenordnung $\frac{\Delta E}{E} \sim \frac{1}{\sqrt{N}}$ merklich von Null verschieden ist. Man zeigt auch, daß die gemäß (7) definierte Entropie sich von der durch (5) definierten nur um Beträge der relativen Größenordnung $\frac{\log N}{N}$ unterscheidet.

Der Grund, warum wir diese bekannten Tatsachen so ausführlich besprochen haben, ist der, weil die Weise, wie man sich von der (für die Ausrechnung äußerst unbequemen) Nebenbedingung (3) befreien kann, der Umgehung der Nebenbedingung (4) beim Übergang von (5) zu (6) vollkommen analog ist. Man führe an Stelle der Einhaltung der Nebenbedingung (3) bei der Summation einen Parameter α ein und setze

$$e^{-\left(\frac{\Psi}{kT}+\alpha N\right)} = \sum_{n_s} e^{-\sum\limits_s\left(\alpha n_s + \frac{\varepsilon_s n_s}{kT}\right)} = \prod_s \sum_{n_s} e^{-n_s\left(\alpha + \frac{\varepsilon_s}{kT}\right)} \tag{8}$$

mit der zu (6′) analogen Zusatzbedingung 89

$$\frac{1}{kT}\left(\frac{\partial \Psi}{\partial N}\right)_{T,V} + \alpha = 0. \tag{9}$$

In (8) ist jetzt über alle nur die Ziffern 0, 1 enthaltenden Zahlenfolgen $(n_1, \ldots, n_s, \ldots)$ ohne weitere Nebenbedingung zu summieren. Der letzte Ausdruck in (8) rechtfertigt sich dadurch, daß statt der Summenbildung im Exponenten ein Produkt über die Potenzen mit den einzelnen Summanden geschrieben werden kann. Es bedeutet dies die Einführung einer „kanonischen Verteilung" nicht nur der Energie, sondern auch der Anzahl der vorhandenen Gasatome, bei welcher diese zwar nicht genau vorgegeben ist, aber ein außerordentlich steiles Maximum aufweist, derart, daß sie nur in einem Spielraum der relativen Größenordnung $\frac{\Delta N}{N} \sim \frac{1}{\sqrt{N}}$ merklich von Null verschieden ist. Auch unterscheidet sich wieder die gemäß (8) definierte freie Energie von der durch (7) definierten nur um Größen der relativen Ordnung $\frac{\log N}{N}$ [1]).

[1]) Um dies einzusehen, kann man etwa wie folgt verfahren: Es sei $\psi_{\text{I}}(N, T, V)$ die durch (7), $\psi_{\text{II}}(N, T, V)$ die durch (8) und (9) definierte freie Energie. Wir haben dann die Formel (8) so zu interpretieren, daß die Wahrscheinlichkeit eines mikroskopischen Zustandes, der durch eine gewisse Zahlenfolge $(n_1, \ldots, n_s, \ldots)$ gekennzeichnet ist, proportional ist zu $\sum_{n_s} e^{-\sum_s \left(\alpha n_s + \frac{\varepsilon_s n_s}{kT}\right)}$. Um die Wahrscheinlichkeit, mit der eine gewisse Gesamtzahl $N = \sum_s n_s$ der Moleküle gemäß dieser Verteilung vertreten ist, zu ermitteln, haben wir über alle möglichen zu diesem N gehörigen n_s-Folgen zu summieren. Nach der Definition von ψ_{I} erhalten wir also die Verteilung der Gesamtzahl der Atome zu

$$W(N) = \text{const.}\, e^{-\left[\alpha N + \frac{\psi_{\text{I}}(N, T, V)}{kT}\right]} \tag{a}$$

Bei festem α hat nun $W(N)$ ein Maximum an der durch

$$\alpha + \frac{1}{kT}\left(\frac{\partial \psi_{\text{I}}}{\partial N}\right)_{T,V} = 0 \tag{9'}$$

bestimmten Stelle $N = \overline{N}$. Wir entwickeln nun den Ausdruck im Exponenten von (a) an dieser Stelle in eine Taylorreihe nach $\Delta = N - \overline{N}$. Das lineare Glied verschwindet und das quadratische, mit dem wir die Näherung abbrechen wollen, lautet $\frac{1}{kT}\left(\frac{\partial^2 \psi_{\text{I}}}{\partial N^2}\right)_{N=\overline{N}} \cdot \frac{\Delta^2}{2}$. Also wird

$$W(\Delta) = \text{const.}\, e^{-\frac{1}{kT}\left(\frac{\partial^2 \psi}{\partial N^2}\right)_{N=\overline{N}} \frac{1}{2}\Delta^2} \tag{b}$$

und daraus

$$\overline{\left(\frac{\Delta}{\overline{N}}\right)^2} = \frac{kT}{N^2 \left(\frac{\partial^2 \psi}{\partial N^2}\right)_{T,V,N=\overline{N}}}, \tag{c}$$

Wir können nun die zur Bestimmung von α dienende Relation (9) noch etwas umformen. Differenzieren wir (8) logarithmisch nach N, so kommt 90

$$\frac{1}{kT}\left(\frac{\partial\Psi}{\partial N}\right)_{T,V}+\alpha+N\left(\frac{\partial\alpha}{\partial N}\right)_{T,V}=\left(\frac{\partial\alpha}{\partial N}\right)_{T,V}\cdot\sum_s\frac{\sum\limits_{n_s} n_s e^{-n_s\left(\alpha+\frac{\varepsilon_s}{kT}\right)}}{\sum\limits_{n_s} e^{-n_s\left(\alpha+\frac{\varepsilon_s}{kT}\right)}}.$$

---

was in der Tat von der Größenordnung $1/N$ ist. Um nun noch die zweite Behauptung des Textes zu verifizieren, summiere man in (8) zuerst über diejenigen Zustände $(n_1, \ldots, n_s, \ldots)$, die zu einem bestimmten N gehören, und hernach erst über alle möglichen N. Man erhält dann

$$e^{-\left(\frac{\psi_{II}}{kT}+\alpha\bar{N}\right)}=\sum_N e^{-\left[\alpha N+\frac{\psi_I(N,T,V)}{kT}\right]}$$

oder mit $N-\bar{N}=\Delta$:

$$e^{-\frac{\psi_{II}}{kT}}=\sum_\Delta e^{-\left[\alpha\Delta+\frac{\psi_I(\bar{N}+\Delta,T,V)}{kT}\right]}\sim e^{-\frac{\psi_I(\bar{N},T,V)}{kT}}\sum_\Delta e^{-\frac{1}{2}\frac{\Delta^2}{kT}\left(\frac{\partial^2\psi_I}{\partial N^2}\right)_{N=\bar{N}}},$$

also

$$e^{-\frac{\psi_{II}-\psi_I}{kT}}\sim\int_{-\infty}^{+\infty}e^{-\frac{\Delta^2}{2}\frac{1}{kT}\left(\frac{\partial^2\psi_I}{\partial N^2}\right)_{N=\bar{N}}}d\Delta=\sqrt{\frac{2\pi kT}{\left(\frac{\partial^2\psi_I}{\partial N^2}\right)}},$$

daher

$$\frac{\psi_{II}-\psi_I}{\psi_I}=-\frac{kT}{\psi_I}\log\sqrt{\frac{2\pi kT}{\left(\frac{\partial^2\psi_I}{\partial N^2}\right)}},$$

was in der Tat von der Ordnung $\frac{\log N}{N}$ ist. Höchstens von dieser Ordnung ist auch der Fehler, der daher rührt, daß man den α-Wert aus (9) mit Verwendung von ψ_{II} statt aus (9') bestimmt.

Schrödinger, Phys. ZS. l. c., führt die entsprechenden Abschätzungen mittels der komplexen Integrationsmethode von Darwin und Fowler durch. Wir möchten hier aber betonen, daß das von diesen Verfassern benutzte Approximationsverfahren zur Auswertung der komplexen Integrale vom physikalischen Standpunkt aus als eine besondere Weise betrachtet werden kann, den Zusammenhang der mikrokanonischen und der kanonischen Verteilung und der beiden zugehörigen statistischen Definitionsarten der thermodynamischen Zustandsgrößen mathematisch zu umschreiben. Sämtliche mittels dieses Berechnungsverfahrens gewonnenen Resultate lassen sich auch ohne Zuhilfenahme komplexer Integration herleiten durch direkte Anwendung der auf Gibbs zurückgehenden Methode der kanonischen Gesamtheit und ihre naturgemäße Erweiterung auf quantenstatistische Probleme, wo neben der Gesamtenergie des Systems auch die Gesamtzahl der Partikeln analog behandelt werden muß.

91 Also nach (9), da $\frac{\partial \alpha}{\partial N}$ im allgemeinen nicht verschwindet:

$$N = \sum_s \frac{\sum\limits_{n_s} n_s e^{-n_s\left(\alpha + \frac{\varepsilon_s}{kT}\right)}}{\sum\limits_{n_s} e^{-n_s\left(\alpha + \frac{\varepsilon_s}{kT}\right)}}. \tag{10}$$

Eine andere Form von (9) ergibt sich daraus, daß (wie später noch verifiziert wird) der Quotient Ψ/N, d. h. die freie Energie pro Gasatom, außer von der Temperatur nur von der Zahl N/V der Moleküle pro Volumeneinheit abhängt. Infolgedessen gilt nämlich

$$N\left(\frac{\partial \Psi}{\partial N}\right)_{T,V} = \Psi - V\left(\frac{\partial \Psi}{\partial V}\right)_{N,T,V}.$$

Da nach der Thermodynamik die Größe $\frac{\partial \Psi}{\partial V}$ mit dem Gasdruck p gemäß

$$p = -\frac{\partial \Psi}{\partial V}$$

zusammenhängt, gilt daher

$$N\left(\frac{\partial \Psi}{\partial N}\right)_{T,V} = \Psi + pV,$$

also nach (9)

$$\alpha = -\frac{\Psi + pV}{NkT}. \tag{11}$$

Dies ist die thermodynamische Bedeutung des Parameters α.

Für die Berechnung irgendwelcher statistischer Mittelwerte ist es wichtig, zu bemerken, daß die in (8) auftretende Größe $e^{-\sum\limits_s\left(\alpha n_s + \frac{\varepsilon_s n_s}{kT}\right)} = \prod\limits_s e^{-\left(\alpha + \frac{\varepsilon_s}{kT}\right)n_s}$ bis auf einen konstanten Proportionalitätsfaktor die statistische Wahrscheinlichkeit eines bestimmten mikroskopischen Zustandes angibt[1])

$$W(n_1 \ldots n_s \ldots) = \text{const.}\prod_s e^{-n_s\left(\alpha + \frac{\varepsilon_s}{kT}\right)}. \tag{8a}$$

[1]) Vergleichen wir zwei solche mikroskopische Zustände $(n_1 \ldots n_s \ldots)$ und $(n_1' \ldots n_s' \ldots)$, für welche die Gesamtzahl der Gasatome (3) und die Gesamtenergie (4) gleich (oder nahezu gleich) sind, so ergeben sie sich auf Grund von (8a) in der Tat als gleichwahrscheinlich, wie zu Beginn dieses Paragraphen vorausgesetzt wurde.

Für die mittlere Energie E des Systems ergibt sich daraus unmittelbar 92

$$E = \sum_s \frac{\sum\limits_{n_s} n_s \varepsilon_s e^{-\left(\alpha + \frac{\varepsilon_s}{kT}\right) n_s}}{\sum\limits_{n_s} e^{-\left(\alpha + \frac{\varepsilon_s}{kT}\right) n_s}}. \tag{12}$$

Das gleiche folgt auch aus der thermodynamischen Relation

$$E = \Psi - T\left(\frac{\partial \Psi}{\partial T}\right)_{V,N} = -T^2 \frac{\partial}{\partial T}\left(\frac{\Psi}{T}\right) = \frac{\partial}{\partial\left(\frac{1}{T}\right)}\left(\frac{\Psi}{T}\right)$$

gemäß (8), da die zu $\frac{\partial \alpha}{\partial T}$ proportionalen Terme gemäß (10) fortfallen.

Die allgemeinen thermodynamischen Überlegungen dieses Paragraphen gelten sowohl für die Einstein-Bosesche wie für die Fermische Statistik. Die letztere unterscheidet sich von ersterer, wie bereits erwähnt, nur dadurch, daß in allen Formeln n_s, statt wie bei Einstein-Bose alle Werte von 0 bis ∞, nur die Werte 0 und 1 zu durchlaufen hat. Wir führen nun in (8), (10) und (12) die Summation über $n_s = 0$ und 1 aus und ersetzen die Summation über die Eigenschwingungen durch ein Integral über die kinetische Energie mit Benutzung des Ausdrucks (2) für die Dichtigkeit der Eigenschwingungen. Dann ergibt sich in Übereinstimmung mit den Resultaten von Fermi

$$\frac{\Psi}{kT} + \alpha N = -\sum_s \log\left[1 + e^{-\left(\alpha + \frac{\varepsilon_s}{kT}\right)}\right]$$

$$= -V \frac{2\pi (2m)^{3/2}}{h^3} \int_0^\infty \sqrt{E} \log\left[1 + e^{-\left(\alpha + \frac{E}{kT}\right)}\right] dE, \tag{8'}$$

$$N = \sum_s \frac{1}{e^{\left(\alpha + \frac{\varepsilon_s}{kT}\right)} + 1} = V \frac{2\pi (2m)^{3/2}}{h^3} \int_0^\infty \frac{\sqrt{E}\, dE}{e^{\alpha + \frac{E}{kT}} + 1}, \tag{13}$$

$$E = \sum_s \frac{\varepsilon_s}{e^{\left(\alpha + \frac{\varepsilon_s}{kT}\right)} + 1} = V \frac{2\pi (2m)^{3/2}}{h^3} \int_0^\infty \frac{E^{3/2}\, dE}{e^{\alpha + \frac{E}{kT}} + 1}. \tag{14}$$

Die beiden letzten Relationen unterscheiden sich von den analogen der Einstein-Boseschen Statistik dadurch, daß im Nenner der Summen

93 oder Integrale nunmehr $+1$ statt -1 steht. Dies zerstört die Analogie des Verhaltens der Gase zur Planckschen Strahlungsformel völlig, bewirkt aber das Auftreten einer endlichen Nullpunktsenergie. Führt man in (13) und (14) $\frac{E}{kT} = x$ als Integrationsvariable ein, so ergibt sich mit den Abkürzungen

$$\left.\begin{aligned} F(\alpha) &= \frac{2}{\sqrt{\pi}} \int_0^\infty \frac{\sqrt{x}\,dx}{e^{\alpha+x}+1}, \\ G(\alpha) &= \frac{4}{3\sqrt{\pi}} \int_0^\infty \frac{x^{3/2}\,dx}{e^{\alpha+x}+1}; \qquad \frac{dG}{d\alpha} = -F(\alpha), \end{aligned}\right\} \tag{15}$$

$$N = V\frac{(2\pi mkT)^{3/2}}{h^3} F(\alpha), \tag{16}$$

$$E = \frac{3}{2} V \frac{(2\pi m)^{3/2}(kT)^{5/2}}{h^3} G(\alpha) = \frac{3}{2} NkT \frac{G(\alpha)}{F(\alpha)}. \tag{17}$$

Aus der Tatsache, daß der Quotient $\frac{\Psi}{NkT}$ allein von α, d. h. allein vom Argument $VT^{3/2}$ abhängt, kann leicht gefolgert werden, daß die Gleichung

$$pV = \tfrac{2}{3} E \tag{18}$$

stets richtig bleibt.

Diese Zustandsgleichungen des Gases sind von Fermi ausführlich diskutiert worden. Läßt man α von $+\infty$ bis $-\infty$ laufen, so erhält man zunehmende Entartung (abnehmende Temperatur oder zunehmende Dichte). Für sehr großes α gelten nach Fermi für $F(\alpha)$ und $G(\alpha)$ die Entwicklungen

$$\left.\begin{aligned} F(\alpha) &= e^{-\alpha} - \frac{e^{-2\alpha}}{2^{3/2}} + \frac{e^{-3\alpha}}{3^{3/2}} + \cdots \\ G(\alpha) &= e^{-\alpha} - \frac{e^{-2\alpha}}{2^{5/2}} + \frac{e^{-3\alpha}}{3^{5/2}} - \cdots \end{aligned}\right\} \alpha \gg 1.$$

Es wird hier demnach in erster Näherung die Zustandsgleichung die klassische und es gilt nach (16) ferner

$$\alpha = \log\left[\frac{V}{N}\frac{(2\pi mkT)^{3/2}}{h^3}\right] + \cdots \tag{19}$$

Dies ist auch im Einklang mit (11) und dem Ausdruck für Ψ beim nichtentarteten Gase.

Im anderen Grenzfalle großer Entartung, α negativ und dem Betrage 94
nach sehr groß, gilt nach Fermi für $F(\alpha)$ und $G(\alpha)$ die andere asymptotische Entwicklung

$$F(\alpha) = \frac{4}{3\sqrt{\pi}}(-\alpha)^{3/2}\left[1 + \frac{\pi^2}{8\alpha^2} + \cdots\right], \tag{20}$$

$$G(\alpha) = \frac{8}{15\sqrt{\pi}}(-\alpha)^{5/2}\left[1 + \frac{5\pi^2}{8\alpha^2} + \cdots\right]. \tag{21}$$

Hieraus folgt gemäß (16) und (17) für diesen Grenzfall tiefer Temperatur

$$\alpha = -\left(\frac{3\sqrt{\pi}}{4}\frac{N}{V}\right)^{2/3}\frac{h^2}{2\pi m k T} + \cdots = -\frac{1}{8}\left(\frac{6}{\pi}\frac{N}{V}\right)^{2/3}\frac{h^2}{m k T} + \cdots, \tag{22}$$

und die Nullpunktsenergie $\frac{E_0}{N}$ pro Atom ergibt sich zu

$$\frac{E_0}{N} = \frac{3}{40}\left(\frac{6}{\pi}\right)^{2/3}\frac{h^2}{m}\left(\frac{N}{V}\right)^{2/3}, \tag{23}$$

wie Fermi gezeigt hat.

Um den Unterschied des Fermischen Gases vom Einstein-Boseschen besonders deutlich zu machen, betrachten wir noch die Schwankungseigenschaften des ersteren. Hierbei ist das ganze Gas als im Kontakt mit einem großen Wärmereservoir konstanter Temperatur zu denken. Und zwar wollen wir zunächst das mittlere Quadrat der Schwankung $\Delta_s = n_s - \overline{n_s}$ der Anzahl der Gasatome einer bestimmten Eigenschwingung s berechnen. Es ist offenbar

$$\overline{\Delta_s^2} = \overline{n_s^2} - (\overline{n_s})^2$$

und wir ermitteln die beiden Terme der rechten Seite einzeln. Die Wahrscheinlichkeit des Wertes n_s (0 oder 1) ist nach dem oben Gesagten proportional zu $e^{-\left(\alpha + \frac{\varepsilon_s}{kT}\right)n_s}$, also gilt

$$\overline{n_s} = \frac{\sum\limits_{n_s = 0,1} n_s e^{-\left(\alpha + \frac{\varepsilon_s}{kT}\right)n_s}}{\sum\limits_{n_s = 0,1} e^{-\left(\alpha + \frac{\varepsilon_s}{kT}\right)n_s}} = \frac{1}{e^{\alpha + \frac{\varepsilon_s}{kT}} + 1},$$

$$\overline{n_s^2} = \frac{\sum\limits_{n_s = 0,1} n_s^2 e^{-\left(\alpha + \frac{\varepsilon_s}{kT}\right)n_s}}{\sum\limits_{n_s = 0,1} e^{-\left(\alpha + \frac{\varepsilon_s}{kT}\right)n_s}} = \frac{1}{e^{\alpha + \frac{\varepsilon_s}{kT}} + 1},$$

somit

$$\overline{n_s^2} = \overline{n_s},$$

folglich

$$\overline{\Delta_s^2} = \overline{n_s} - (\overline{n_s})^2. \tag{24}$$

95 **Nun betrachten wir allgemeiner die Schwankungen Δ_z der Anzahl der Gasatome in einer Gruppe von irgendwelchen Z nahe benachbarten Eigenschwingungen, etwa der Atome des am Beginn dieses Paragraphen betrachteten Energiebereiches $(E, E + dE)$. Da, wie aus dem allgemeinen Ausdruck (8a) für die Wahrscheinlichkeit eines Mikrozustandes unmittelbar hervorgeht, die Schwankungen verschiedener Eigenschwingungen voneinander unabhängig sind, und da wir die Unterschiede der $\overline{n_s}$ für die verschiedenen betrachteten Eigenschwingungen vernachlässigen können, gilt dann weiter für die mittlere Gesamtzahl $\overline{N_z}$ der Moleküle des betrachteten Bereiches**

$$\overline{N_z} = Z\,\overline{n_s},$$

und für das mittlere Quadrat ihrer Schwankung $\Delta_z = N_z - \overline{N_z}$

$$\overline{\Delta_z^2} = Z\,\overline{\Delta_s^2}.$$

Einsetzen von (24) für $\overline{\Delta_s^2}$ ergibt demnach

$$\overline{\Delta_z^2} = \overline{N_z} - \frac{(\overline{N_z})^2}{Z}$$

oder

$$\overline{\left(\frac{\Delta_z}{\overline{N_z}}\right)^2} = \frac{1}{\overline{N_z}} - \frac{1}{Z}. \tag{24a}$$

Einstein fand dagegen, daß in seiner Statistik dieses Schwankungsquadrat gegeben ist durch

$$\overline{\left(\frac{\Delta_z}{\overline{N_z}}\right)^2} = \frac{1}{\overline{N_z}} + \frac{1}{Z}.$$

In beiden Formeln entspricht das erste Glied den Schwankungen des klassischen idealen Gases, wie es bei voneinander statistisch unabhängigen Gasmolekülen allein vorhanden wäre. Bei Einstein entspricht ferner das zweite Glied den Interferenzschwankungen des de Broglieschen Wellenfeldes und ist dort analog dem entsprechenden Glied in der Schwankung der Energiedichte der schwarzen Strahlung. Auffallend ist nun, daß dieses Glied beim Fermischen Gas mit dem negativen Vorzeichen auftritt: Die Schwankung des Fermischen Gases ist kleiner als die des klassischen idealen Gases gleicher Dichte. Insbesondere verschwindet beim absoluten Nullpunkt die Schwankung trotz nichtverschwindender Dichte $\overline{N_z}$, da dann $\overline{N_z} = Z$ wird.

Vielleicht wird dieses Verhalten durch Annahme von Phasenbeziehungen zwischen den verschiedenen de Broglieschen Eigenschwingungen zu deuten sein, und so einen Fingerzeig geben für eine künftige physikalische Erklärung der Grundannahme der Fermischen Statistik und damit auch der „Äquivalenzregel". 96

§ 4. Die Gasstatistik für Atome mit Drehimpuls. Wir wollen nun die Betrachtungen des vorigen Paragraphen für den Fall verallgemeinern, daß die Atome des betrachteten Gases Drehimpuls besitzen. Es ist in diesem Falle für die Durchführung der statistischen Überlegung bequem, von vornherein ein äußeres achsensymmetrisches Kraftfeld (z. B. Magnetfeld) angelegt zu denken, das eine Abhängigkeit der Energie der Gasatome von der Orientierung ihrer Achsen zu diesem Kraftfeld und damit auch eine Richtungsquantelung hervorruft. Die Quantenzahl m, welche die Drehimpulskomponente des Atoms parallel zum äußeren Feld bestimmt, wird dann nur gewisse diskrete (halb- oder ganzzahlige) Werte annehmen, die durch $-j \leqq m \leqq +j$ gegeben sind, wenn j die Gesamtimpulsquantenzahl des Atoms ist. Ihre Anzahl, das statistische Gewicht des Atoms, beträgt $G = 2j + 1$. Die zu einem bestimmten Wert von m gehörige Energie des (ruhenden) Atoms im äußeren Kraftfeld wird mit ε_m bezeichnet.

Wie bereits in § 2 hervorgehoben wurde, ist die sinngemäße Erweiterung der Äquivalenzregel und der Fermischen Statistik für diesen Fall die, daß zwei Atome mit verschiedenem m wohl in der gleichen Zelle des Translationsphasenraumes liegen können, zwei Atome mit gleichem m aber nicht. In der Sprache der Eigenschwingungen bedeutet dies, daß wir jedem Wert von m besondere Eigenschwingungen zuordnen müssen. Zu einer bestimmten stationär möglichen Wellenlänge λ_s und zugeordneten Translationsenergie $\varepsilon_s = \frac{1}{2\,m_0}\left(\frac{h}{\lambda_s}\right)^2$ des Atoms gibt es jetzt G verschiedene Eigenschwingungen, den verschiedenen Werten von m entsprechend (mit etwas verschiedenen Schwingungszahlen, die gegeben sind durch $h\,\nu_{s,m} = m_0 c^2 + \varepsilon_s + \varepsilon_m$). Sind $n_{s,m}$ Atome mit der kinetischen Energie ε_s und der Orientierungsquantenzahl m vorhanden, so sagen wir, der Freiheitsgrad (s, m) schwingt mit der Energie $n_{s,m}\,(\varepsilon_s + \varepsilon_m)$. Wir werden dann also voraussetzen, daß die Zahlen $n_{s,m}$ nur die Werte 0 und 1 annehmen können, und daß alle Mikrozustände, die den verschiedenen (nur diese Ziffern enthaltenden) Zahlenfolgen $n_{s,m}$ (bei gegebener Gesamtzahl der Atome und Gesamtenergie) entsprechen, gleichwahrscheinlich sind. Die Maximalzahl $n_s = \sum_{m=-j}^{+j} n_{s,m}$ der Atome in einer Zelle des Phasenraumes der Translationsbewegung ist also jetzt gleich G,

97 und wenn diese Maximalzahl erreicht ist, verschwindet notwendig das resultierende Impulsmoment dieser G Atome.

Die Überlegungen des vorigen Paragraphen lassen sich nun genau übertragen, die Relationen (9) und (11) bleiben bestehen und an Stelle von (8'), (13) und (14) tritt:

$$\frac{\Psi}{kT} + \alpha N = -\sum_s \sum_m \log\left[1 + e^{-\left(\alpha + \frac{\varepsilon_s + \varepsilon_m}{kT}\right)}\right]$$

$$= -V\,\frac{2\pi(2m)^{3/2}}{h^3} \sum_{m=-j}^{+j} \int_0^\infty \sqrt{E}\,\log\left[1 + e^{-\left(\alpha + \frac{E + \varepsilon_m}{kT}\right)}\right] dE. \quad (25)$$

$$N = \sum_s \sum_m \frac{1}{e^{\alpha + \frac{\varepsilon_s + \varepsilon_m}{kT}} + 1} = V\,\frac{2\pi(2m)^{3/2}}{h^3} \sum_m \int_0^\infty \frac{\sqrt{E}\,dE}{e^{\alpha + \frac{E + \varepsilon_m}{kT}} + 1}. \quad (26)$$

$$E = \sum_s \sum_m \frac{\varepsilon_s + \varepsilon_m}{e^{\alpha + \frac{\varepsilon_s + \varepsilon_m}{kT}} + 1} = V\,\frac{2\pi(2m)^{3/2}}{h^3} \sum_m \int_0^\infty \frac{\sqrt{E}(E + \varepsilon_m)\,dE}{e^{\alpha + \frac{E + \varepsilon_m}{kT}} + 1}. \quad (27)$$

Im folgenden Paragraphen werden wir diese Relationen auf die Magnetisierung eines entarteten Gases anwenden, doch wollen wir hier zunächst den Grenzfall eines verschwindenden äußeren Feldes ins Auge fassen. Es wird dann $\varepsilon_m = 0$, und die Summation über m bewirkt einfach eine Multiplikation des Einzelpostens mit G. Vergleichen wir dann Ψ, N und E bei gleichem V und T und zunächst auch bei gleichem α mit den entsprechenden Ausdrücken für das Gas mit Atomen ohne Drehimpuls, so sehen wir, daß alle diese Ausdrücke sich mit G multiplizieren (dasselbe wird dann auch vom Druck p gelten). Unter Elimination von α können wir dies auch so aussprechen: sind

$$\Psi = N F_0\left(\frac{N}{V}, T\right), \quad E = N f_0\left(\frac{N}{V}, T\right), \quad p = p_0\left(\frac{N}{V}, T\right)$$

freie Energie, Energie und Druck des (entarteten) Gases mit Atomen ohne Drehimpuls, so sind diese Zustandsgrößen für das Gas mit Atomen mit Drehimpuls und Gewicht G gegeben durch

$$\Psi = G N F_0\left(\frac{1}{G}\frac{N}{V}, T\right), \quad E = G N f_0\left(\frac{1}{G}\frac{N}{V}, T\right), \quad p = G p_0\left(\frac{1}{G}\frac{N}{V}, T\right). \quad (28)$$

Das Verhalten des letztgenannten Gases ist also dasselbe, wie wenn es ein Gemisch von G verschiedenen und statistisch unabhängigen Teilgasen ohne Atomdrehimpuls von unter-

einander gleicher Dichte (und gleichem Molekulargewicht) wäre. Dieses Resultat scheint durchaus der Natur der Sache zu entsprechen und dürfte, unabhängig davon, ob man sich für die Fermische oder für die Einstein-Bosesche Statistik entscheidet, Geltung beanspruchen. Es ist gleichbedeutend mit der Annahme, daß bereits bei beliebig schwachen äußeren Kraftfeldern semipermeable Wände existieren, welche die Atome mit verschiedenen m-Werten zu trennen gestatten, und daß Gleichgewicht auf beiden Seiten der nur für Atome mit bestimmtem m durchlässigen Wand besteht, wenn der Partialdruck dieser Atome auf beiden Seiten derselbe ist, unabhängig davon, ob auf einer Seite noch anders orientierte Atome vorhanden sind oder nicht. 98

Eine merkwürdige Folge hiervon ist gemäß (28) die, daß in einem Gebiet, wo infolge der Entartung bei konstanter Temperatur nicht mehr Linearität des Druckes mit der Dichte gilt, der Wert des Gasdruckes bei gegebener Dichte und Temperatur des Gases wesentlich vom absoluten Werte des statistischen Gewichtes G der Atome abhängt. Es entsteht z. B. die Frage, ob bei Vorhandensein eines Drehimpulses des Kernes dessen verschiedene Orientierungen ebenfalls in G mit einbezogen werden müssen oder nicht [1].

Im Sinne unserer statistischen Grundvoraussetzung bedeutet dies: Können zwei Atome, deren resultierender Drehimpuls der äußeren Elektronenhülle gleichorientiert, deren Kernimpulsmoment aber verschieden orientiert ist, sich in derselben Zelle des Phasenraumes der Translationsbewegung befinden oder nicht? Im ersteren Falle sind in (28) die Lagen der Kernimpulse im Werte von G mit einzubeziehen, im zweiten Falle nicht. Für diese Frage dürfte es wohl wesentlich auf die Größe des Unterschiedes der Wechselwirkungskräfte zwischen den Atomen bei verschiedener Orientierung der Kernimpulse gegeneinander ankommen. Es gibt aber zwei Möglichkeiten: Entweder nur die Geschwindigkeit, mit der das Gleichgewicht sich einstellt, hängt von dieser Größe ab, und wenn man hinreichend lange wartet, wird sich stets derjenige Gleichgewichtsdruck einstellen, der der vollen Mitberücksichtigung der Anzahl der Orientierungen des Kernes im G-Wert in (28) entspricht. Oder auch der schließlich erreichte Gleichgewichtsdruck geht bei allmählicher Zunahme des genannten Kräfteunterschieds stetig über von demjenigen Wert, der sich gemäß (28) durch Einsetzen des Gewichts G der äußeren

[1]) Vgl. hierzu A. Einstein, Berl. Ber., l. c., wo im Falle der Gemische verschiedener Gase auf ähnliche Schwierigkeiten hingewiesen wird.

99 Elektronenhülle allein berechnet, zu dem obengenannten Werte. Theoretisch dürfte sich zwischen diesen beiden Möglichkeiten erst entscheiden lassen, wenn uns eine physikalische Begründung der „Äquivalenzregel“ und damit auch der Fermischen und unserer Statistik bekannt sein wird.

§ 5. Magnetisierung eines entarteten einatomigen paramagnetischen Gases. Anwendung auf Metalle. Für den Fall der Magnetisierung eines Gases haben wir für die Energie ε_m des Atoms zum äußeren Magnetfeld der Stärke H speziell zu setzen:

$$\varepsilon_m = - m g \mu_0 H, \tag{29}$$

wenn g der Landésche Faktor und $\mu_0 = \dfrac{e h}{4 \pi m_0 c}$ ein Bohrsches Magneton ist. Für die Summation über alle m von $-j$ bis $+j$ gilt

$$\left.\begin{aligned} &\sum_{m=-j}^{+j} \varepsilon_m = 0, \\ &\sum_{m=-j}^{+j} (\varepsilon_m)^2 = G \tfrac{1}{3} \mu^2 H^2, \end{aligned}\right\} \tag{30}$$

wenn $G = 2j + 1$ das statistische Gewicht und μ ein effektives magnetisches Moment bedeuten, das gegeben ist durch

$$\mu = \sqrt{j(j+1)}\, g \mu_0. \tag{31}$$

Nach den Ergebnissen des vorigen Paragraphen ist die Gesamtzahl N_m der Atome mit einer bestimmten Orientierung ihrer Achse zum Felde gegeben durch

$$N_m = V \frac{2 \pi (2 m_0)^{3/2}}{h^3} \int_0^\infty \frac{\sqrt{E}\, dE}{e^{\alpha + \frac{E + \varepsilon_m}{k T}} + 1} = V \frac{(2 \pi m_0 k T)^{3/2}}{h^3} F\left(\alpha + \frac{\varepsilon_m}{k T}\right), \tag{32}$$

wenn $F(\alpha)$ die in (15) definierte Funktion ist. Der Beitrag jedes dieser Atome zur Komponente des magnetischen Moments des Gases in der Richtung der Feldstärke, multipliziert mit deren Betrag H, ist gleich ε_m; also gilt für die gesamte Magnetisierung M des Gases[1]):

$$M H = - \sum_{m=-j}^{+j} N_m \varepsilon_m = - V \frac{(2 \pi m_0 k T)^{3/2}}{h^3} \sum_{m=-j}^{+j} \varepsilon_m F\left(\alpha + \frac{\varepsilon_m}{k T}\right), \tag{33}$$

[1]) Berechnet man zuerst die freie Energie Ψ des magnetisierten Gases gemäß (25) und bestimmt sodann die Magnetisierung aus der thermodynamischen Relation $M = -\left(\frac{\partial \Psi}{\partial H}\right)_{N, T, V}$, so ergibt sich Übereinstimmung mit (33). Dagegen ist der Energieunterschied des Gases bei der Feldstärke H und bei der Feldstärke 0 und gleicher Temperatur im allgemeinen nicht mehr gleich $-(MH)$.

und α ist zu bestimmen aus der Relation 100

$$N = \sum_{m=-j}^{+j} N_m = V \frac{(2\pi m_0 kT)^{3/2}}{h^3} \sum_{m=-j}^{+j} F\left(\alpha + \frac{\varepsilon_m}{kT}\right). \tag{34}$$

Bei den praktisch vorkommenden Feldstärken H kann stets $F\left(\alpha + \frac{\varepsilon_m}{kT}\right)$ nach Potenzen von H (d. h. von ε_m) entwickelt werden, und es genügt, mit dem ersten Gliede abzubrechen. Aus (34) entnimmt man dann zunächst mit Rücksicht auf (30), daß sich bei gegebenem N der Wert von α von dem gemäß

$$N = G\, V \frac{(2\pi m_0 kT)^{3/2}}{h^3} F(\alpha) \tag{34'}$$

berechneten, bei der Feldstärke Null geltenden, nur um Größen der Ordnung H^2 unterscheidet. Dies kann bei der Ermittlung von M aus (33) vernachlässigt werden, und man erhält in erster Näherung

$$MH = -\, V \frac{(2\pi m_0 kT)^{3/2}}{h^3} \frac{1}{kT} F'(\alpha) \sum_{m=-j}^{+j} \varepsilon_m^2,$$

also mit Rücksicht auf (30):

$$M = -\, G\, V \frac{(2\pi m_0 kT)^{3/2}}{h^3} \frac{1}{3} \frac{\mu^2 H}{kT} F'(\alpha) = N \frac{1}{3} \frac{\mu^2 H}{kT} \frac{-F'(\alpha)}{F(\alpha)} \tag{35}$$

und für die Suszeptibilität χ (Magnetisierung pro Volumeneinheit und bei Feldstärke 1):

$$\chi = -\, G \frac{(2\pi m_0 kT)^{3/2}}{h^3} \frac{1}{3} \frac{\mu^2}{kT} F'(\alpha) = \frac{N}{V} \frac{1}{3} \frac{\mu^2}{kT} \frac{-F'(\alpha)}{F(\alpha)}. \tag{35'}$$

Da gemäß § 3 für hohe Temperaturen $F(\alpha) = e^{-\alpha}$, also $\frac{-F'(\alpha)}{F(\alpha)} = 1$ gilt, führen (35) und (35') in diesem Gebiet wieder auf das Curiesche Gesetz, wie es sein muß. Im anderen Grenzfall des absoluten Nullpunkts erhält man aus (20) und (22) [vgl. auch (28)], wenn $n = \frac{N}{V}$ die Zahl der Atome pro Volumeneinheit bedeutet:

$$\frac{-F'(\alpha)}{F(\alpha)} = \frac{3}{2} \frac{1}{(-\alpha)} = 12 \left(\frac{\pi}{6}\right)^{2/3} \frac{m_0 kT}{h^2 (n/G)^{2/3}}.$$

Also wird hier

$$\chi_0 = 4 \left(\frac{\pi}{6}\right)^{2/3} G^{2/3} \frac{\mu^2 n^{1/3} m_0}{h^2} \quad (\text{für } T = 0), \tag{36}$$

101 oder mit Einführung der Nullpunktsenergie $\varepsilon_0 = \frac{E_0}{N}$ pro Atom (und bei Feldstärke Null) wegen (23):

$$\varepsilon_0 = \frac{3}{40}\left(\frac{6}{\pi}\frac{n}{G}\right)^{2/3}\frac{h^2}{m_0},$$

$$\chi_0 = \frac{3}{10}\frac{n\mu^2}{\varepsilon_0} \tag{36'}$$

Das heißt, es erfolgt beim absoluten Nullpunkt keine Sättigung, sondern die Suszeptibilität behält einen endlichen Restwert.

Wie bereits in § 2 angegeben, wollen wir nun als provisorisches Modell die Leitungselektronen im Metall, die wir mit den Valenzelektronen identifizieren, als ideales Gas behandeln. Wie man leicht nachrechnet, ist dieses bei der tatsächlich vorkommenden Dichte dieser Elektronen stets als völlig entartet anzusehen, und man kann die Formel (36) anwenden. Wenn der Atomrest, der von den übrigen Elektronen des Atoms zusammen mit dem positiven Kerne gebildet wird, eine abgeschlossene Schale bildet, wird dieser keinen Paramagnetismus ergeben. Dagegen wird von dem gemäß (36) berechneten Teile der Suszeptibilität stets noch der vom diamagnetischen Induktionseffekt sowohl des Atomrestes wie der Leitungselektronen herrührende Teil zu subtrahieren sein. Nehmen wir als Beispiel die Alkalimetalle. Dann ist im Ausdruck (31) für μ zu setzen:

$$j = 1/2,\ g = 2, \quad \text{also } G = 2, \quad \mu = \sqrt{3}\,\mu_0, \quad \mu_0 = 0{,}921\,.\,10^{-20},$$

m_0 gleich der Elektronenmasse $9{,}02\,.\,10^{-28}$, und n ist der Anzahl der Metallatome pro Volumeneinheit gleichzusetzen. Wird n in cm^{-3} gemessen, so ergibt sich aus (36) zunächst

$$\chi_0 = n^{1/3}\, 2{,}209\,.\,10^{-14}.$$

Bei Durchlaufen der Reihe der Alkalimetalle in der Reihenfolge wachsender Atomnummern von Na bis Cs nimmt $n^{1/3}$ von etwa $3\,.\,10^7\,\mathrm{cm}^{-1}$ bis $2\,.\,10^7\,\mathrm{cm}^{-1}$ ab. Es ergeben sich schließlich die folgenden theoretischen Werte für χ_0, die mit den darunterstehenden beobachteten zu vergleichen sind:

	Na	K	Rb	Cs	
$(\chi_0)_{\text{ber.}} =$	(6,57;	5,2;	4,88;	4,54)	$.\,10^{-7}$,
$(\chi_0)_{\text{beob.}} =$	(5,8 ;	5,1;	0,6 ;	−0,5)	$.\,10^{-7}$ [1]).

[1]) Die beobachteten Werte der Suszeptibilitäten und die Werte der Dichten, die zur Bestimmung von $n^{1/3}$ benutzt sind, wurden aus Landolt-Börnstein, Physik.-chem. Tabellen, entnommen. Vgl. ferner W. Sucksmith, Phil. Mag. (7) 2, 21, 1926, wo insbesondere der Verlauf der Suszeptibilität beim Übergang vom festen zum flüssigen Zustand der Alkalimetalle untersucht wird.

Dazu ist zunächst zu bemerken, daß die gemäß (36) berechneten 102
Werte von χ_0 ebenso wie die beobachteten wesentlich kleiner sind, als sie bei Anwendung der Langevinschen Formel und Annahme von einem Magneton pro Elektron berechnet würden; zweitens, daß die Größenordnung der berechneten Werte durchaus vergleichbar ist mit dem Betrag, der für den diamagnetischen Anteil der Suszeptibilität zu erwarten ist. Es entspricht daher auch den theoretischen Erwartungen, daß die beobachteten Werte kleiner sein müssen als die berechneten. Da ferner der diamagnetische Anteil seinem Betrag nach mit dem Atomquerschnitt, also mit der Atomnummer wächst, wirkt er ebenfalls im Sinne einer Abnahme des Gesamtwertes der Suszeptibilität mit der Atomnummer, und man sieht in der Tat, daß beim Cs der diamagnetische Anteil den paramagnetischen bereits überwiegt.

Mehr als Übereinstimmung in der Größenordnung ist bei dem provisorischen Charakter des idealen Gasmodells für die Leitungselektronen im Metall nicht zu erwarten. Insbesondere wird es für eine Theorie des allmählichen Übergangs der Suszeptibilität beim Schmelzen und Verdampfen des Metalls in den nach dem Curieschen Gesetz (Unabhängigkeit der Na-Atome voneinander) berechneten Wert erforderlich sein, die auf die Valenzelektronen wirkenden Kräfte wesentlich zu berücksichtigen.

2
Wolfgang Pauli
Zur Quantenmechanik des magnetischen Elektrons*

„Pauli's matrices s_k were used by Dirac to form a relativistic first-order wave equation. Dirac's wave equation contains matrices and is similar to Pauli's but not to the old relativistic wave equation. The step from one to two ψ components is large, whereas the step from two to four components is small; also the step from vector algebra to a two-valued representation of the rotation group is large, the extension of this representation to the Lorentz group is much easier. In all cases, it was Pauli who made the first decisive step, and in this part of his paper there is nothing provisional or approximate."
van der Waerden (1960), S. 223

601 Es wird gezeigt, wie man zu einer Formulierung der Quantenmechanik des magnetischen Elektrons nach der Schrödingerschen Methode der Eigenfunktionen ohne Verwendung zweideutiger Funktionen gelangen kann, indem man, gestützt auf die allgemeine Dirac-Jordansche Transformationstheorie, neben den Ortskoordinaten jedes Elektrons, um seinen rotatorischen Freiheitsgraden Rechnung zu tragen, die Komponente seines Eigenimpulsmomentes in einer festen Richtung als weitere unabhängige Veränderliche einführt. Im Gegensatz zur klassischen Mechanik kann diese Variable jedoch, ganz unabhängig von irgend einer speziellen Art der äußeren Kraftfelder, nur die Werte $+\frac{1}{2}\frac{h}{2\pi}$ und $-\frac{1}{2}\frac{h}{2\pi}$ annehmen. Das Hinzutreten der genannten neuen Variable bewirkt daher bei einem Elektron einfach ein Aufspalten der Eigenfunktion in zwei Ortsfunktionen ψ_α, ψ_β und allgemeiner bei N Elektronen in 2^N Funktionen, die als die „Wahrscheinlichkeitsamplituden" dafür zu betrachten sind, daß in einem bestimmten stationären Zustand des Systems nicht nur die Lagenkoordinaten der Elektronen in vorgegebenen infinitesimalen Intervallen liegen, sondern auch die Komponenten ihrer Eigenmomente in der festgewählten Richtung bei ψ_α zu $+\frac{1}{2}\frac{h}{2\pi}$, bei ψ_β zu $-\frac{1}{2}\frac{h}{2\pi}$ vorgegebene Werte haben. Es werden Methoden angegeben, um bei gegebener Hamiltonscher Funktion des Systems ebenso viele simultane Differentialgleichungen für die

* Pauli (1927b)

ψ-Funktionen aufzustellen, als ihre Anzahl beträgt (also 2 bzw. 2^N). Diese Gleichungen sind in ihren Folgerungen mit den Matrizengleichungen von Heisenberg und Jordan völlig äquivalent. Ferner wird im Fall mehrerer Elektronen diejenige Lösung der Differentialgleichungen, die der „Äquivalenzregel" genügt, im Anschluß an Heisenberg und Dirac durch ihre Symmetrieeigenschaften bei Vertauschung der Variablenwerte zweier Elektronen in einfacher Weise charakterisiert.

§ 1. Allgemeines über die Einordnung des Elektronenmagnetismus in die Schrödingersche Form der Quantenmechanik. Die zuerst von Goudsmit und Uhlenbeck zur Erklärung der Komplexstruktur der Spektren und ihrer anomalen Zeemaneffekte herangezogene Hypothese, gemäß welcher dem Elektron ein Eigenimpulsmoment von der Größe $\frac{1}{2}\frac{h}{2\pi}$ und ein magnetisches Moment von einem Magneton zukommt, ist durch Heisenberg und Jordan[1]) mit Hilfe der Methode der Matrizenrechnung in die Quantenmechanik eingegliedert und hierdurch quantitativ präzisiert worden. Während sonst die Matrizenmethode mathematisch völlig äquivalent ist der von Schrödinger entdeckten Methode der Eigenfunktionen in mehrdimensionalen Räumen,
stößt man bei einem Versuch, auch die durch das Eigenmoment des 602
Elektrons bedingten Kräfte und Drehmomente, die dieses in äußeren Feldern erfährt, nach einer entsprechenden Methode zu behandeln, auf eigentümliche formale Schwierigkeiten. Bei Einführung eines weiteren Freiheitsgrades, welcher der Orientierung des Eigenimpulses des Elektrons im Raum entspricht, äußert sich nämlich die empirisch feststehende Tatsache der zwei quantenmäßig möglichen Lagen dieses Momentes in einem äußeren Magnetfeld darin, daß man zunächst auf Eigenfunktionen geführt wird, die in dem betreffenden Drehwinkel, z. B. dem Azimut des Impulses um eine raumfeste Achse, mehrdeutig, und zwar zweideutig sind. Man hat daher vielfach vermutet, daß diese zwar formal mögliche Darstellung mittels zweideutiger Eigenfunktionen dem wahren physikalischen Sachverhalt nicht gerecht wird und hat die Lösung des Problems in einer anderen Richtung gesucht. So hat kürzlich Darwin[1]) versucht, [[1]) siehe untere Fußnote]
die in der Annahme des Elektronenimpulses zusammengefaßten Tatsachen ohne Einführung einer den Kreiselfreiheitsgraden des Elektrons entsprechenden neuen Dimension des Konfigurationsraumes dadurch zu erfassen, daß er die Amplituden der de Broglieschen Wellen als gerichtete

[1]) ZS. f. Phys. **37**, 263, 1926. 601

[1]) Nature **119**, 282, 1927. 602

Größen, das heißt die Schrödingersche Eigenfunktion als vektoriell betrachtet. Bei einem Versuch, diesen auf den ersten Anblick scheinbar verheißungsvollen Weg konsequent zu Ende zu denken, ergeben sich jedoch Schwierigkeiten, die gerade wieder mit der Zahl 2 der Lagen des Elektrons in einem äußeren Feld zusammenhängen und von denen ich nicht glaube, daß sie sich überwinden lassen werden. Andererseits ist eine Darstellung des quantenmechanischen Verhaltens des magnetischen Elektrons nach der Methode der Eigenfunktionen namentlich im Falle eines Atoms mit mehreren Elektronen deshalb sehr erwünscht, weil die Auswahl der in der Natur allein realisierten, die „Äquivalenzregel" erfüllenden Lösung der quantenmechanischen Gleichungen aus allen nach der jetzigen Theorie möglichen Lösungen nach Heisenberg[2]) und Dirac[2]) am übersichtlichsten mit Hilfe der Symmetrieeigenschaften der Eigenfunktionen bei Vertauschen der zu zwei Elektronen gehörenden Variablenwerte erfolgt.

Wir wollen hier nun zeigen, daß durch eine geeignete Benutzung der von Jordan[3]) und Dirac[3]) aufgestellten Formulierung der Quanten-
603 mechanik, welche allgemeine kanonische Transformationen der Schrödingerschen Funktionen ψ zu verwerten gestattet, eine quantenmechanische Darstellung des Verhaltens des magnetischen Elektrons nach der Methode der Eigenfunktionen in der Tat möglich ist, ohne daß mehrdeutige Funktionen herangezogen werden. Dies gelingt nämlich dadurch, daß man zu den Lagenkoordinaten q der Elektronenschwerpunkte die Komponenten des Eigenimpulses jedes Elektrons in einer festen Richtung (statt der zu diesen konjugierten Drehwinkel) als neue unabhängige Variable hinzufügt. Wie im folgenden § 2 zunächst im Spezialfall eines einzigen Elektrons ausgeführt wird, spaltet sich dann (bei Fehlen von Entartung) in jedem Quantenzustand die Eigenfunktion im allgemeinen in zwei Funktionen $\psi_\alpha(q_k)$ und $\psi_\beta(q_k)$, von denen die Quadrate der Absolutbeträge, mit $dq_1 \ldots dq_f$ multipliziert, die Wahrscheinlichkeit dafür angeben, daß in diesem Zustand nicht nur die q_k in dem vorzugebenden infinitesimalen Intervall $(q_k, q_k + dq_k)$ liegen, sondern außerdem noch die Komponente des Eigenimpulses in der fest gewählten Richtung den Wert $+\frac{1}{2}\frac{h}{2\pi}$ bzw. $-\frac{1}{2}\frac{h}{2\pi}$ annimmt. Es wird dann weiter gezeigt,

602 [2]) W. Heisenberg, ZS. f. Phys. **38**, 411, 1926; **39**, 499, 1926; **41**, 239, 1927. P. A. M. Dirac, Proc. Roy. Soc. **112**, 661, 1926.

[3]) P. Jordan, ZS. f. Phys. **40**, 809, 1927; Gött. Nachr. 1926, S. 161; P. A. M. Dirac, Proc. Roy. Soc. (A) **113**, 621, 1927; vgl. auch F. London, ZS. f. Phys. **40**, 193, 1926.

wie durch Wahl geeigneter linearer Operatoren für die Komponenten s_x, s_y, s_z des Eigenmomentes nach einem vorzugebenden Koordinatenachsenkreuz für die Eigenfunktionen des magnetischen Elektrons in äußeren Kraftfeldern Differentialgleichungen aufgestellt werden können, die den Matrizengleichungen von Heisenberg und Jordan äquivalent sind. Für den Fall eines ruhenden Elektrons in einem äußeren Magnetfeld und für ein wasserstoffähnliches Atom wird dies in § 4 näher ausgeführt. Ferner wird untersucht, wie die Eigenfunktionen ψ_α, ψ_β sich bei Änderung der Koordinatenachsen transformieren (§ 3).

Die in der vorliegenden Arbeit angegebenen Differentialgleichungen der Eigenfunktionen des magnetischen Elektrons können nur als provisorisch und approximativ betrachtet werden, weil sie ebenso wie die Heisenberg-Jordansche Matrizenformulierung nicht relativistisch invariant geschrieben sind und im Wasserstoffatom nur in derjenigen Näherung gelten, in der das dynamische Verhalten des Eigenmomentes als säkulare Störung (in der klassischen Theorie: Mitteln über den Bahnumlauf) betrachtet werden kann. Insbesondere ist es also noch nicht möglich, die zu höheren Potenzen von $\alpha^2 Z^2$ proportionalen Korrektionen $\left(\alpha = \frac{2\pi e^2}{hc} = \text{Feinstrukturkonstante}\right)$ in der Größe der Wasserstoff-Feinstrukturaufspaltung quantenmechanisch zu berechnen, deren bei den Röntgenspektren empirisch festgestellte Beträge durch die Sommerfeld- 604
sche Formel gut wiedergegeben werden. Die Schwierigkeiten, die der Lösung dieses Problems zurzeit noch entgegenstehen, werden in § 4 kurz diskutiert.

Obwohl also die hier mitgeteilte Formulierung der Quantenmechanik des magnetischen Elektrons in dieser Hinsicht noch gänzlich unbefriedigend ist, bietet sie andererseits den Vorteil, daß sie, wie in § 5 dargelegt wird, im Falle mehrerer Elektronen (im Gegensatz zur Darwinschen Formulierung) zu keinerlei neuen Schwierigkeiten Anlaß gibt und auch die nach Heisenberg zur Erfüllung der „Äquivalenzregel“ notwendigen Symmetrieeigenschaften der Eigenfunktionen leicht zu formulieren erlaubt. Namentlich aus diesem Grunde schien mir bereits im gegenwärtigen Zeitpunkt eine Mitteilung der hier vorgeschlagenen Methode gerechtfertigt, und vielleicht kann man sogar hoffen, daß sie auch bei dem noch ungelösten Problem der Berechnung der Wasserstoff-Feinstruktur in höheren Näherungen sich als nützlich erweisen wird.

§ 2. Einführung der Komponente des Eigenmomentes des Elektrons in einer festen Richtung als unabhängige Variable

in die Eigenfunktion. **Definition der den Komponenten des Eigenmomentes entsprechenden Operatoren.** In der klassischen Mechanik kann das dynamische Verhalten des Elektronenmomentes durch die folgenden Paare von kanonischen Variablen beschrieben werden: Der Betrag s des gesamten Eigenmomentes des Elektrons und der Drehwinkel χ um dessen Achse; zweitens die Komponente s_z dieses Momentes in einer festen Richtung z und das von der (xz)-Ebene aus gezählte Azimut φ des Momentvektors um die z-Achse. Da der Quotient s_z/s den Kosinus des Winkels zwischen diesem Vektor und der z-Achse angibt, sind dann dessen x- und y-Komponenten gegeben durch

$$s_x = \sqrt{s^2 - s_z^2}\cos\varphi, \quad s_y = \sqrt{s^2 - s_z^2}\sin\varphi.$$

Da der Drehwinkel χ stets zyklisch ist, in der Hamiltonschen Funktion also nicht auftritt, bleibt s konstant und kann als feste Zahl angesehen werden, so daß als eigentliches, das dynamische Verhalten des Elektronenmomentes bestimmendes kanonisches Variablenpaar nur (s_z, φ) verbleibt.

Bei Anwendung der ursprünglichen Schrödingerschen Methode hätte man also bei Vorhandensein eines einzigen Elektrons in jedem Quantenzustand (der bei Aufhebung der Entartung in äußeren Kraftfeldern durch einen bestimmten Energiewert E bereits eindeutig ge-
605 kennzeichnet ist) eine Eigenfunktion ψ, die außer von den drei Ortskoordinaten des Elektronenschwerpunktes (kurz mit q_k oder auch q bezeichnet) noch vom Winkel φ abhängt. Es gibt dann

$$|\psi_E(q, \varphi)|^2 \, dq_1 \, dq_2 \, dq_3 \, d\varphi$$

die Wahrscheinlichkeit an, daß in dem betreffenden Quantenzustand der Energie E sowohl die Ortskoordinaten in den Intervallen $q_k, q_k + dq_k$ als auch der Winkel φ in $(\varphi, \varphi + d\varphi)$ liegt. Wenn in irgend einer dynamischen Funktion die zu φ konjugierte Impulskoordinate s_z auftritt, so wäre sie dann zu ersetzen durch den Operator $\frac{h}{2\pi i}\frac{\partial}{\partial\varphi}$, angewandt auf die Eigenfunktion ψ, ebenso wie die zu q_k konjugierte Impulskomponente p_k der Translationsbewegung durch den Operator $\frac{h}{2\pi i}\frac{\partial}{\partial q_k}$ vertreten wird. Wie bekannt, hat jedoch der Umstand, daß die Zahl der quantenmäßig erlaubten Orientierungen des Elektronenmomentes 2 beträgt, zur Folge, daß die so definierte Funktion $\psi_E(q, \varphi)$ bei stetigem Fortschreiten von φ vom Wert 0 bis 2π nicht zu ihrem Ausgangswert zurückkehrt, sondern ihre Vorzeichen verändert.

Indessen kann man das Auftreten solcher Zweideutigkeiten, wie überhaupt die explizite Verwendung irgendwelcher Polarwinkel dadurch vermeiden, daß man an Stelle von φ die Impulskomponente s_z als unabhängige Variable in die Eigenfunktion einführt. Hierbei tritt in der Quantenmechanik noch ein besonderer vereinfachender Umstand auf: In der klassischen Mechanik wird im allgemeinen s_z, abgesehen von dem Sonderfall, wo s_z gerade ein Integral der Bewegungsgleichungen ist, bei bestimmter Energie eines Kontinuums von Werten fähig sein (z. B. wenn der Momentvektor um eine von der z-Achse verschiedene Richtung präzessiert). In der Quantenmechanik kann aber s_z, als zu einer Winkelkoordinate konjugiert, nur die charakteristischen Werte $+\frac{1}{2}\frac{h}{2\pi}$ und $-\frac{1}{2}\frac{h}{2\pi}$ annehmen; dies soll heißen, die Funktion $\psi_E(q_k, s_z)$ zerfällt in die beiden Funktionen

$$\psi_{\alpha,\,E}(q_k) \quad \text{und} \quad \psi_{\beta,\,E}(q_k),$$

die den Werten $s_z = +\frac{1}{2}\frac{h}{2\pi}$ und $s_z = -\frac{1}{2}\frac{h}{2\pi}$ entsprechen. Es gibt 606

$$|\psi_{\alpha,\,E}(q_k)|^2 \, dq_1 \, dq_2 \, dq_3$$

die Wahrscheinlichkeit dafür an, daß in dem betrachteten stationären Zustand gleichzeitig damit, daß q_k in $(q_k, q_k + dq_k)$ liegt, s_z den Wert $+\frac{1}{2}\frac{h}{2\pi}$ hat, und

$$|\psi_{\beta,\,E}(q_k)|^2 \, dq_1 \, dq_2 \, dq_3$$

die Wahrscheinlichkeit dafür, daß bei gleichem Wert der q_k die Impulskomponente s_z den Wert $-\frac{1}{2}\frac{h}{2\pi}$ annimmt. Jeder Versuch, die Größe von s_z in einem bestimmten stationären Zustand zu messen, wird immer nur die beiden Werte $+\frac{1}{2}\frac{h}{2\pi}$ und $-\frac{1}{2}\frac{h}{2\pi}$ ergeben, auch dann, wenn s_z kein Integral der Bewegungsgleichungen vorstellt. Dieser Sonderfall (z. B. starkes Magnetfeld in der z-Richtung) ist vielmehr dadurch ausgezeichnet, daß hier bei bestimmter Energie E stets nur eine der beiden Funktionen $\psi_{\alpha,\,E}$ oder $\psi_{\beta,\,E}$ von Null verschieden ist. Bei bestimmter Wahl des Koordinatensystems sind ψ_α und ψ_β in jedem stationären Zustand bei Normierung gemäß

$$\int (|\psi_\alpha|^2 + |\psi_\beta|^2) \, dq_1 \, dq_2 \, dq_3 = 1 \tag{1a}$$

bis auf einen gemeinsamen Phasenfaktor völlig bestimmt. Auch wird die Orthogonalitätsrelation gelten müssen

$$\int (\psi_{\alpha,n}\,\psi^*_{\alpha,m} + \psi_{\beta,n}\,\psi^*_{\beta,m})\,dq_1\,dq_2\,dq_3 = 0,\ \text{für } n \neq m. \quad \text{(1b)}$$

Hierin bezeichnen die Indizes n, m zwei voneinander verschiedene Quantenzustände und der beigefügte * (hier wie stets im folgenden) den konjugiert komplexen Wert[1]).

Um weiterhin die Differentialgleichungen aufstellen zu können, denen die Funktionen ψ_α, ψ_β bei gegebener Hamiltonscher Funktion genügen, könnte man so vorgehen, daß man diese als Funktion von (p_k, q_k) und (s_z, φ) ausdrückt und dann p_k durch den Operator $\frac{h}{2\pi i}\frac{\partial}{\partial q_k}$, φ durch den Operator $-\frac{h}{2\pi i}\frac{\partial}{\partial s_z}$ ersetzt. Der Gesamtoperator wäre dann auf $\psi(q_k, s_z)$ anzuwenden und schließlich hätte man zur Grenze überzugehen, wo ψ
607 nur für $s_z = +\frac{1}{2}\frac{h}{2\pi}$ und $s_z = -\frac{1}{2}\frac{h}{2\pi}$ von Null verschieden ist. Indessen wäre ein solches Verfahren unübersichtlich und wenig zweckmäßig. Die tatsächlich vorkommenden Hamilton-Funktionen enthalten zunächst immer die Drehimpulskomponenten s_x, s_y, s_z als Variable und es ist daher zweckmäßig, für diese direkt ohne den Umweg über den Polarwinkel φ geeignete Operatoren einzuführen.

Diese Operatoren müssen (abgesehen von einem Vorzeichen, vgl. unten) denselben Vertauschungsrelationen genügen, wie die betreffenden Matrizen, nämlich

$$[\mathbf{s}\mathbf{s}] = -\frac{h}{2\pi i}\,\mathbf{s};\quad \mathbf{s}^2 = \left(\frac{h}{2\pi}\right)^2 s(s+1) \text{ mit } s = 1/2,$$

worin $\mathbf{s}$ eine Vektormatrix mit den Komponenten $\mathbf{s}_x$, $\mathbf{s}_y$, $\mathbf{s}_z$ bedeutet[1]). [sieh unter Fußr

606 [1]) Es sei an dieser Stelle nebenbei erwähnt, daß gemäß der Dirac-Jordanschen Transformationstheorie die früher erwähnte Funktion $\psi(q, \varphi)$ mit den Funktionen ψ_α, ψ_β gemäß den Formeln

$$\psi(q, \varphi) = \psi_\alpha(q)\, e^{\frac{i\varphi}{2}} + \psi_\beta(q)\, e^{-\frac{i\varphi}{2}}$$

zusammenhängt.

607 [1]) Vgl. W. Heisenberg und P. Jordan, l. c., Gl. (10). — Matrizen und Operatoren (oder „q-Zahlen") werden im folgenden stets durch Fettdruck gekennzeichnet.

Messen wir $\mathfrak{s}$ im folgenden der Einfachheit halber in der Einheit $\frac{1}{2}\frac{h}{2\pi}$ $\left(\text{d. h. man ersetze } \mathfrak{s} \text{ durch } \frac{1}{2}\frac{h}{2\pi}\mathfrak{s}\right)$ und schreiben die Vektorgleichungen in Komponenten aus, so erhalten wir

$$\left.\begin{aligned} s_x s_y - s_y s_x &= 2 i s_z, \cdots, \\ s_x^2 + s_y^2 + s_z^2 &= 3, \end{aligned}\right\} \tag{2}$$

worin durch ... die Gleichungen angedeutet sind, die aus der angeschriebenen durch zyklische Vertauschung der Koordinaten hervorgehen [2]).

Es liegt nun nahe, für die Operatoren s_x, s_y, s_z, die den Relationen (2) 608
genügen, den Ansatz von l i n e a r e n T r a n s f o r m a t i o n e n d e r ψ_α und ψ_β zu machen, und zwar ist der einfachst mögliche Ansatz der folgende:

$$\left.\begin{aligned} s_x(\psi_\alpha) &= \psi_\beta, & s_x(\psi_\beta) &= \psi_\alpha; \\ s_y(\psi_\alpha) &= -i\,\psi_\beta, & s_y(\psi_\beta) &= i\,\psi_\alpha; \\ s_z(\psi_\alpha) &= \psi_\alpha, & s_z(\psi_\beta) &= -\psi_\beta. \end{aligned}\right\} \tag{3}$$

---

2) Infolge des besonderen Umstandes, daß die Zahl der quantenmäßig er- 607
laubten Lagen von $\mathfrak{s}$ den Wert 2 hat (daß es sich also um zweizeilige Matrizen handelt), gelten außer (2) noch die weiteren verschärften Relationen

$$\left.\begin{aligned} s_x s_y &= -s_y s_x = i s_z, \cdots, \\ s_x^2 &= s_y^2 = s_z^2 = 1. \end{aligned}\right\} \tag{2a}$$

Man sieht dies am einfachsten ein, wenn man s_z als Diagonalmatrix wählt (die Relationen gelten aber allgemein). Bei mehrgliedrigen Matrizen, die (2) erfüllen (wobei der Wert 3 durch $r^2 - 1$ mit r = Zeilenzahl der Matrix zu ersetzen ist), würden dagegen $s_x s_y$ und s_x^2 nicht verschwindende Matrixelemente an denjenigen Stellen haben, deren Zeilenindex sich vom Kolonnenindex um 2 unterscheidet (die also Übergängen der zu s_z gehörenden Quantenzahl um zwei Einheiten korrespondieren), so daß die Gleichungen (2a) nicht zu Recht bestehen könnten.

Auf das Bestehen der Relationen (2a) wurde ich von Herrn P. J o r d a n freundlichst hingewiesen, wofür ich ihm auch an dieser Stelle meinen Dank aus-
sprechen will. Er machte mich auch auf folgenden Zusammenhang mit der 608
Quaternionentheorie aufmerksam. Schreibt man eine Quaternion Q in der Form

$$Q = k_1 A + k_2 B + k_3 C + D,$$

so genügen die „Einheiten" k_1, k_2, k_3 den Relationen

$$\begin{aligned} k_1 k_2 &= -k_2 k_1 = k_3, \cdots, \\ k_1^2 &= k_2^2 = k_3^2 = -1. \end{aligned}$$

Diese sind mit den Relationen (2a) äquivalent, wenn man setzt

$$s_x = i k_1, \quad s_y = i k_2, \quad s_z = i k_3.$$

Man kann diese Relationen auch in der symbolischen Matrizenform schreiben:

$$s_x(\psi) = \begin{pmatrix} 0, 1 \\ 1, 0 \end{pmatrix} \cdot \psi; \quad s_y(\psi) = \begin{pmatrix} 0, & -i \\ i, & 0 \end{pmatrix} \cdot \psi; \quad s_z(\psi) = \begin{pmatrix} 1, & 0 \\ 0, & -1 \end{pmatrix} \cdot \psi. \quad (3')$$

Die Relationen (2) sind hierbei so zu verstehen, daß die Matrizen (3') in (2) eingesetzt, bei Anwendung der gewöhnlichen Vorschrift zur Multiplikation der Matrizen [1]) diesen Relationen genügen. Die entsprechenden Operatoren genügen jedoch Gleichungen, die aus (2) durch Vertauschung der Reihenfolge aller Multiplikationen hervorgehen [2]). Die Rechtfertigung für diese Vorschrift wird sich uns aus dem allgemeinen Zusammenhang von Operator- und Matrixkalkül ergeben. Die letzte der Relationen (3) ist offenbar physikalisch notwendig, wenn ψ_α und ψ_β die Wahrscheinlichkeitsamplitude dafür bedeuten sollen, daß s_z $\left(\text{in der Einheit } \frac{1}{2}\frac{h}{2\pi} \text{ gemessen}\right)$ den Wert $+1$ oder -1 annimmt, weil der Operator s_z dann einfach Multiplikation der Eigenfunktion mit dem Zahlwert von s_z bedeuten muß. Daß die in der speziellen Wahl von s_x, s_y enthaltenen, über die Forderungen der Relationen (2) hinausgehen-
609 den Normierungen keine Beschränkung der Allgemeinheit bedeuten, wird aus dem folgenden Paragraphen ersichtlich werden, wo das Verhalten der Funktionen ψ_α, ψ_β bei Verlagerung der Achsen des sie definierenden Koordinatensystems untersucht wird. [Vgl. unten S. 614, Gl. (3'').]

Ist nun irgend eine Hamiltonsche Funktion

$$H(p_k, q_k, s_x, s_y, s_z) = E$$

eines speziellen, ein magnetisches Elektron enthaltenden mechanischen Systems vorgegeben, so sind durch

$$\left.\begin{aligned} & H\left(\frac{h}{2\pi i}\frac{\partial}{\partial q_k}, q_k, s_x, s_y, s_z\right)\psi_{E,\alpha} = E\psi_\alpha \\ \text{und} \quad & H\left(\frac{h}{2\pi i}\frac{\partial}{\partial q_k}, q_k, s_x, s_y, s_z\right)\psi_{E,\beta} = E\psi_\beta, \end{aligned}\right\} \quad (4)$$

---

608 [1]) Vgl. Anm. 1, S. 612.

[2]) Die Notwendigkeit, an dieser Stelle zwischen Operatorrelation und Matrizenrelation zu unterscheiden, ergab sich mir erst nachträglich auf Grund einer brieflichen Mitteilung von Herrn C. G. Darwin betreffend den Vergleich der von ihm aufgestellten Gleichungen mit den meinen. (Siehe unten Anm. 2, S. 618.) Ich möchte auch an dieser Stelle Herrn Darwin für seine Anregung meinen besten Dank aussprechen.

worin für s_x, s_y, s_z die Operatoren (3) einzusetzen sind, zwei simultane Differentialgleichungen für ψ_α und ψ_β gegeben, die zugleich die Eigenwerte E bestimmen.

Die Matrixkomponenten irgend einer Funktion $f(p, q, s_x, s_y, s_z)$, von der wir zunächst annehmen wollen, daß sie die Größen s_x, s_y, s_z entweder gar nicht oder nur linear enthält, sind definiert durch die simultanen Gleichungen

$$f(\psi_{m\alpha}) = \sum_n f_{nm}\,\psi_{n\alpha}; \qquad f(\psi_{m\beta}) = \sum_n f_{nm}\,\psi_{n\beta}, \tag{5}$$

wenn unter f der Operator $f\left(\frac{h}{2\pi i}\frac{\partial}{\partial q}, q, s_x, s_y, s_z\right)$ verstanden wird. Insbesondere gilt also

$$s_x(\psi_{m\alpha}) = \psi_{m\beta} = \sum_n (s_x)_{nm}\,\psi_{n\alpha}; \quad s_x(\psi_{m\beta}) = \psi_{m\alpha} = \sum_n (s_x)_{nm}\,\psi_{n\alpha} \tag{6}$$

und entsprechende Gleichungen für y und z. Daß auf der rechten Seite von (5) und (6) über den ersten Index der Matrix summiert wird, ist wesentlich, um zwischen der aufeinanderfolgenden Anwendung zweier Operatoren f und g und der Multiplikationsvorschrift der Matrizen Übereinstimmung herzustellen. Vermöge der Orthogonalitätsrelationen (1a) und (1b) folgt aus (6) leicht

$$f_{nm} = \int [f(\psi_{m\alpha})\,\psi^*_{n\alpha} + f(\psi_{m\beta})\,\psi^*_{n\beta}]\,dq_1\,dq_2\,dq_3\ldots. \tag{5'}$$

Insbesondere ist also

$$\begin{aligned}
(s_x)_{nm} &= \int [(s_x\psi_{m\alpha})\,\psi^*_{n\alpha} + (s_x\psi_{m\beta})\,\psi^*_{n\beta}]\,dq = \int (\psi_{m\beta}\psi^*_{n\alpha} + \psi_{m\alpha}\psi^*_{n\beta})\,dq,\\
(s_y)_{nm} &= \int [(s_y\psi_{m\alpha})\,\psi^*_{n\alpha} + (s_y\psi_{m\beta})\,\psi^*_{n\beta}]\,dq = \int i(-\psi_{m\beta}\psi^*_{n\alpha} + \psi_{m\alpha}\psi^*_{n\beta})\,dq,\\
(s_z)_{nm} &= \int [(s_z\psi_{m\alpha})\,\psi^*_{n\alpha} + (s_z\psi_{m\beta})\,\psi^*_{n\beta}]\,dq = \int (\psi_{m\alpha}\psi^*_{n\alpha} - \psi_{m\beta}\psi^*_{n\beta})\,dq.
\end{aligned} \tag{6'}$$

Faßt man die allgemeine Eigenfunktion 610

$$\psi_\alpha = \sum c_n\,\psi_{n\alpha}, \quad \psi_\beta = \sum c_n\,\psi_{n\beta}$$

mit unbestimmten Faktoren c_n ins Auge, so spielen also die Ausdrücke

$$\left.\begin{aligned}
d_x &= \psi_\beta\psi^*_\alpha + \psi_\alpha\psi^*_\beta,\\
d_y &= -i(\psi_\beta\psi^*_\alpha - \psi_\alpha\psi^*_\beta),\\
d_z &= (\psi_\alpha\psi^*_\alpha - \psi_\beta\psi^*_\beta)
\end{aligned}\right\} \tag{6''}$$

formal die Rolle von Volumdichten des Eigenmomentes des Elektrons.

Wir haben nun noch den Nachweis zu erbringen, daß die gemäß (6') berechneten Matrizen allgemein den Relationen (2) von Heisenberg und Jordan genügen. Wenn wir mit i und k irgendwelche der Indizes x, y, z bezeichnen, bilden wir also

$$(s_i s_k)_{nm} = \sum_l (s_i)_{nl}\,(s_k)_{lm}.$$

Setzen wir hierin für $(s_k)_{lm}$ seinen aus (6′) folgenden Wert ein, so ergibt sich

$$(s_i s_k)_{nm} = \int\{[\sum_l (s_i)_{nl}\, \psi_{l\alpha}^*]\, s_k(\psi_{m\alpha}) + \sum_l [(s_i)_{nl}\, \psi_{l\beta}^*] s_k(\psi_{m\beta})\}\, dq.$$

Nun ist $(s_i)_{nl} = (s_i)_{ln}^*$, da die Matrizen s_i (wie man auf Grund von (6′) übrigens leicht bestätigt) hermitisch sind, also gilt gemäß (6)

$$\sum_l (s_i)_{nl}\, \psi_{l\alpha}^* = \sum (s_i)_{ln}^*\, \psi_{l\alpha}^* = [s_i(\psi_{n\alpha})]^*,$$

und ebenso

$$\sum_l (s_i)_{nl}\, \psi_{l\beta}^* = [s_i(\psi_{n\beta})]^*.$$

Das Endresultat ist also

$$(s_i s_k)_{nm} = \int\{[s_i(\psi_{n\alpha})]^*\, s_k(\psi_{m\alpha}) + [s_i(\psi_{n\beta})]^*\, s_k(\psi_{m\beta})\}\, dq.$$

Auf Grund dieser Relation bestätigt man durch Einsetzen der Operatoren (3) durch Vergleichen mit (6′) leicht alle Relationen (2), wenn diese als Matrizenrelationen aufgefaßt werden. Z. B. ergibt sich für $i = x$, $k = z$

$$(s_x s_y - s_y s_x)_{nm} = 2i \int(-\psi_{n\beta}^*\, \psi_{m\beta} + \psi_{n\alpha}^*\, \psi_{m\alpha}) = 2i\,(s_z)_{nm}$$

gemäß (6′). Ebenso verifiziert man die übrigen Relationen (2). Damit ist zugleich die Wahl der Operatoren (3) gerechtfertigt.

Beispiele für Gleichungen der Form (4) werden in § 4 gegeben werden.

§ 3. Verhalten der Funktionen ψ_α, ψ_β bei Drehungen des Koordinatensystems. In der Theorie von Dirac-Jordan wird allgemein die Frage beantwortet, wie bei Übergang von einem System kanonischer Variablen (p, q) zu einem neuen System P, Q sich die Eigen-
611 funktionen ψ transformieren. Ist S ein Operator, der die Operatoren q (Multiplikation mit q) und $p = \frac{h}{2\pi i}\frac{\partial}{\partial q}$ gemäß

$$P = S p S^{-1}, \quad Q = S q S^{-1} \tag{7}$$

in die den neuen Variablen entsprechenden Operatoren P, Q überführt, so erhält man die zu Q gehörige Eigenfunktion $\psi_E(Q)$ aus der zu q gehörigen Eigenfunktion $\psi_E(q)$ einfach durch Anwendung des Operators S:

$$\psi_E(Q) = S[\psi_E(Q)]. \tag{8}$$

Es stellt dann

$$|\psi_E(Q)|^2\, dQ$$

wieder die Wahrscheinlichkeit dafür dar, daß bei bestimmter Energie E und beliebigem Wert von P die Variable Q zwischen Q und $Q + dQ$ liegt[1]).

In unserem Falle werden wir allerdings nicht mit den kanonischen Veränderlichen (s_z, φ) selbst rechnen, sondern mit den Komponenten s_x, s_y, s_z des Eigenmomentes, für welche die Vertauschungsrelationen die nicht kanonische Form (2) haben. Wir werden sodann die Frage zu beantworten haben, wie aus den gegebenen Eigenfunktionen ψ_α, ψ_β und Operatoren $\boldsymbol{s}_x$, $\boldsymbol{s}_y$, $\boldsymbol{s}_z$ in bezug auf ein bestimmtes Achsenkreuz (x, y, z) die Eigenfunktionen ψ'_α, ψ'_β und Operatoren $\boldsymbol{s}_{x'}$, $\boldsymbol{s}_{y'}$, $\boldsymbol{s}_{z'}$ in bezug auf ein neues Achsenkreuz (x', y', z') berechnet werden können. Die Quadrate der Absolutbeträge der neuen ψ'_α, ψ'_β bestimmen dann die Wahrscheinlichkeiten dafür, daß (bei gewissen Werten der Ortskoordinaten q des Elektrons) bei beliebigem Wert des Winkels φ' um die z'-Achse der Impuls $s_{z'}$ $\left(\text{in der Einheit } \frac{1}{2}\frac{h}{2\pi} \text{ gemessen}\right)$ die Werte $+1$ bzw. -1 hat.

Nun ist es für die Operatorgleichung (7) nicht wesentlich, daß die Vertauschungsrelationen zwischen $\boldsymbol{p}$ und $\boldsymbol{q}$ sowie zwischen $\boldsymbol{P}$ und $\boldsymbol{Q}$ gerade die kanonische Form haben. Es kommt vielmehr nur darauf an, daß die Vertauschungsrelationen bei der Transformation ihre Form bewahren, d. h. daß sie richtig bleiben, wenn man einfach an Stelle der 612
alten Variablen die neuen schreibt. In unserem Falle ist es nun in der Tat bekannt, daß die Relationen (2) bei orthogonalen Koordinatentransformationen unverändert bestehen bleiben, so daß auch für die gestrichenen Größen gilt:

$$\left.\begin{aligned} \boldsymbol{s}_{x'}\boldsymbol{s}_{y'} - \boldsymbol{s}_{y'}\boldsymbol{s}_{x'} &= 2i\,\boldsymbol{s}_{z'}, \ldots, \\ \boldsymbol{s}_{x'}^2 + \boldsymbol{s}_{y'}^2 + \boldsymbol{s}_{z'}^2 &= 3. \end{aligned}\right\} \tag{2'}$$

Also wird es erlaubt sein, zu setzen

$$\boldsymbol{s}_{x'} = \boldsymbol{S}\boldsymbol{s}_x\boldsymbol{S}^{-1}, \quad \boldsymbol{s}_{y'} = \boldsymbol{S}\boldsymbol{s}_y\boldsymbol{S}^{-1}, \quad \boldsymbol{s}_{z'} = \boldsymbol{S}\boldsymbol{s}_z\boldsymbol{S}^{-1}. \tag{9}$$

---

[1]) Daß wir gerade die Energie E als festen Parameter wählen, ist nur ein 611
Sonderfall der von Dirac und Jordan betrachteten Transformationen. Diese Verfasser untersuchten auch noch näher den Zusammenhang zwischen zwei verschiedenen Darstellungen des Operators S: 1. der Differentialdarstellung, bei der $\boldsymbol{S} = \boldsymbol{S}\left(\frac{h}{2\pi i}\frac{\partial}{\partial x}, x\right)$ aus den Operatoren der Differentiation nach einer Variablen x und Multiplikation mit x zusammengesetzt gedacht wird, und 2. der Integraldarstellung von S, bei der gesetzt wird

$$\boldsymbol{S}[f(q)] = \int S(x, q)\, f(x)\, dx,$$

worin $S(x, q)$ eine gewöhnliche Funktion ist.

Die bequemste formale Darstellung der Operatoren, die wir immer auf das Eigenfunktionpaar ψ_α, ψ_β anzuwenden haben werden, ist die Matrixdarstellung, die schon oben in (3') benutzt wurde. Führt der Operator S das Paar $(\psi_\alpha, \psi_\beta)$ über in $(S_{11}\psi_\alpha + S_{12}\psi_\beta,\ S_{21}\psi_\alpha + S_{22}\psi_\beta)$, worin $S_{11}, S_{12}, S_{21}, S_{22}$ gewöhnliche Zahlkoeffizienten sind, so schreiben wir S als Matrix

$$S = \begin{pmatrix} S_{11}, & S_{12} \\ S_{21}, & S_{22} \end{pmatrix}.$$

Damit die Relationen (1 a) und (1 b) auch für das neue Paar $(S\psi_\alpha, S\psi_\beta)$ gelten, muß S der bekannten Orthogonalitätsrelation

$$S\bar{S}^* = 1 \tag{10}$$

genügen, worin der * Übergang zu konjugiert komplexem Wert und das Überstreichen Vertauschen von Zeilen und Kolonnen in der Matrix bedeutet. Also ausgeschrieben [1])

$$\begin{pmatrix} S_{11}, & S_{12} \\ S_{21}, & S_{22} \end{pmatrix}\begin{pmatrix} S_{11}^*, & S_{21}^* \\ S_{12}^*, & S_{22}^* \end{pmatrix} \equiv \begin{pmatrix} S_{11}S_{11}^* + S_{12}S_{12}^*, & S_{11}S_{21}^* + S_{12}S_{22}^* \\ S_{21}S_{11}^* + S_{22}S_{12}^*, & S_{21}S_{21}^* + S_{22}S_{22}^* \end{pmatrix} = \begin{pmatrix} 1, & 0 \\ 0, & 1 \end{pmatrix}. \tag{10'}$$

Andererseits folgt aus der Definition der Komponenten des Eigenmomentes, daß sich die ihnen entsprechenden Operatoren genau so transformieren müssen wie die Koordinaten, also bei Einführung der Eulerschen Winkel Θ, Φ, Ψ gemäß den Formeln [2])

$$\left.\begin{aligned} s_x &= (\cos\Phi\cos\Psi - \sin\Phi\sin\Psi\cos\Theta)\, s_{x'} \\ &\quad + (-\sin\Phi\cos\Psi - \cos\Phi\sin\Psi\cos\Theta)\, s_{y'} + \sin\Psi\sin\Theta\, s_{z'}, \\ s_y &= (\cos\Phi\sin\Psi + \sin\Phi\cos\Psi\cos\Theta)\, s_{x'} \\ &\quad + (-\sin\Phi\sin\Psi + \cos\Phi\cos\Psi\cos\Theta)\, s_{y}' - \cos\Psi\sin\Theta\, s_{z'}; \\ s_z &= \sin\Phi\sin\Theta\, s_{x'} + \cos\Phi\sin\Theta\, s_{y'} + \cos\Theta\, s_{z'}. \end{aligned}\right\} \tag{11}$$

613 Unser Ziel wird es nun sein, die **Matrix** S **so zu bestimmen, daß** (9) **und** (11) **übereinstimmen.** Gelingt uns dies, dann ist unsere Frage nach der Transformation der $(\psi_\alpha, \psi_\beta)$ bei Drehungen des Koordinatensystems durch die Gleichungen

$$(\psi'_\alpha, \psi'_\beta) = S(\psi_\alpha, \psi_\beta) \tag{12}$$

oder

$$\left.\begin{aligned} \psi'_\alpha &= S_{11}\psi_\alpha + S_{12}\psi_\beta, \\ \psi'_\beta &= S_{21}\psi_\alpha + S_{22}\psi_\beta \end{aligned}\right\} \tag{12a}$$

beantwortet.

612 [1]) Wir erinnern daran, daß man das an der Stelle (n, m) stehende Element im Produkt zweier Matrizen durch gliedweises Multiplizieren der n-ten **Zeile** der ersten Matrix mit der m-ten **Kolonne** der zweiten Matrix erhält.

[2]) Vgl. für das Folgende A. Sommerfeld und F. Klein, Theorie des Kreisels, I, § 2 bis 4, insbesondere die Definition der Parameter α, β, γ, δ. Auf deren Bedeutung für unser Problem hat mich Herr P. Jordan aufmerksam gemacht.

Um nun (9) und (11) miteinander in Übereinstimmung zu bringen, ist es zweckmäßig, wie in der Kreiseltheorie üblich, die folgenden Bezeichnungen einzuführen:

$$\left.\begin{aligned} \xi &= s_x + i s_y, & \eta &= -s_x + i s_y, & \zeta &= -s_z, \\ \xi' &= s_{x'} + i s_{y'}, & \eta' &= -s_{x'} + i s_{y'}, & \zeta' &= -s_{z'}, \end{aligned}\right\} \tag{13}$$

$$\left.\begin{aligned} \alpha &= \cos\frac{\Theta}{2} e^{i\frac{\Phi-\Psi}{2}}, & \beta &= i\sin\frac{\Theta}{2} e^{i\frac{-\Phi+\Psi}{2}}, \\ \gamma &= i\sin\frac{\Theta}{2} e^{i\frac{\Phi-\Psi}{2}}, & \delta &= \cos\frac{\Theta}{2} e^{i\frac{-\Phi-\Psi}{2}}. \end{aligned}\right\} \tag{14}$$

Die Größen $\alpha, \beta, \gamma, \delta$ sind die Cayley-Kleinschen Drehungsparameter; zwischen ihnen bestehen die Relationen

$$\delta = \alpha^*, \quad \gamma = -\beta^*, \quad \alpha\delta - \beta\gamma = 1. \tag{14'}$$

Es ist dann (11) äquivalent mit [1])

$$\left.\begin{aligned} \xi &= \alpha^2 \xi' + \beta^2 \eta' + 2\alpha\beta\zeta', \\ \eta &= \gamma^2 \xi' + \delta^2 \eta' + 2\gamma\delta\zeta', \\ \zeta &= \alpha\gamma\xi' + \beta\delta\eta' + (\alpha\delta + \beta\gamma)\zeta', \end{aligned}\right\} \tag{11'}$$

(9) äquivalent mit

$$\xi = S^{-1}\xi' S, \quad \eta = S^{-1}\eta' S, \quad \zeta = S^{-1}\zeta' S. \tag{9'}$$

Wir behaupten nun, daß wir, um (9') mit (11') in Übereinstimmung zu bringen, einfach die Matrix S mit der Matrix $\begin{pmatrix}\alpha^*, & \beta^* \\ \gamma^*, & \delta^*\end{pmatrix}$ der konjugierten Werte der Cayley-Kleinschen Parameter identifizieren können:

$$S = \begin{pmatrix}\alpha^*, & \beta^* \\ \gamma^*, & \delta^*\end{pmatrix} \quad \text{oder} \quad S_{11} = \alpha^*, \; S_{12} = \beta^*, \; S_{21} = \gamma^*, \; S_{22} = \delta^*. \tag{15}$$

Dies ist zunächst erlaubt, weil die Relation (10) vermöge (14') gerade erfüllt ist:

$$\begin{pmatrix}\alpha^*, & \beta^* \\ \gamma^*, & \delta^*\end{pmatrix}\begin{pmatrix}\alpha & \gamma \\ \beta & \delta\end{pmatrix} = \begin{pmatrix}\delta, & -\gamma \\ -\beta, & \alpha\end{pmatrix}\begin{pmatrix}\alpha, & \gamma \\ \beta, & \delta\end{pmatrix} = \begin{pmatrix}1, & 0 \\ 0, & 1\end{pmatrix}.$$

Setzen wir ferner in (9') und (11') für ξ', η', ζ' die aus (3') gemäß (13) 614
folgenden Matrizen

$$\xi' = \begin{pmatrix}0, & 1 \\ 1, & 0\end{pmatrix} + i\begin{pmatrix}0, & -i \\ i, & 0\end{pmatrix} = \begin{pmatrix}0, & 2 \\ 0, & 0\end{pmatrix},$$

$$\eta' = -\begin{pmatrix}0, & 1 \\ 1, & 0\end{pmatrix} + i\begin{pmatrix}0, & -i \\ i, & 0\end{pmatrix} = \begin{pmatrix}0, & 0 \\ -2, & 0\end{pmatrix}$$

und

$$\zeta' = \begin{pmatrix}-1, & 0 \\ 0, & 1\end{pmatrix}$$

1) Theorie des Kreisels, Gleichung (9), S. 21. 613

ein, so erhalten wir aus beiden Gleichungen übereinstimmend:

$$\xi = \begin{pmatrix} -2\alpha\beta, & 2\alpha^2 \\ -2\beta^2, & 2\alpha\beta \end{pmatrix}, \quad \eta = \begin{pmatrix} -2\gamma\delta, & 2\gamma^2 \\ -2\delta^2, & 2\gamma\delta \end{pmatrix},$$

$$\zeta = \begin{pmatrix} -\alpha\delta - \beta\gamma, & 2\alpha\gamma \\ & -2\beta\delta, \; \alpha\delta + \beta\gamma \end{pmatrix}.$$

Hiermit ist der gewünschte Nachweis erbracht.

Wir haben nur noch einige ergänzende Bemerkungen hinzuzufügen. Die eine betrifft den Spezialfall einer Drehung des Koordinatensystems um die z-Achse, so daß $\Theta = 0$, $\beta = \gamma = 0$ und mit $\Phi + \Psi = \omega$, $\alpha = e^{\frac{i\omega}{2}}$, $\delta = e^{-\frac{i\omega}{2}}$ wird. Man erhält in diesem Falle

$$s_x = \begin{pmatrix} 0, & e^{-i\omega} \\ e^{i\omega}, & 0 \end{pmatrix}, \quad s_y = \begin{pmatrix} 0, & -i e^{-i\omega} \\ i e^{i\omega}, & 0 \end{pmatrix}, \quad s_z = \begin{pmatrix} 1, & 0 \\ 0, & -1 \end{pmatrix}. \qquad (3'')$$

Dies sind zugleich, wie leicht nachzurechnen ist, die allgemeinsten Matrizen (bzw. linearen Transformationen der ψ_α, ψ_β), die hermitisch sind, die Vertauschungsrelationen (2) erfüllen und bei denen außerdem noch s_z seine Normalform $\begin{pmatrix} 1, & 0 \\ 0, & -1 \end{pmatrix}$ hat. Man sieht hieraus, daß die Funktionen (ψ_α, ψ_β) durch Angabe der z-Richtung allein noch nicht eindeutig bestimmt sind (Willkür der Phase ω), sondern erst, wenn das ganze (x, y, z)-Achsenkreuz vorgegeben ist. Schon aus diesem Grunde scheint es kaum möglich, dem magnetischen Elektron gerichtete (vektorielle) Eigenfunktionen zuzuordnen.

Die zweite Bemerkung bezieht sich auf die Frage nach den allgemeinsten (hermitischen) linearen Transformationen der (ψ_α, ψ_β), die den Relationen (2) genügen. Es ist leicht zu sehen, daß diese allgemeinsten s_x, s_y, s_z stets durch eine Transformation der Form (9) [worin S die Relation (10) erfüllt] auf die Normalform (3′) gebracht werden können. Wir wollen hier den Beweisgang nur kurz andeuten. Zunächst zeigt man, daß das allgemeinste (10) befriedigende S stets in der Form (14),
615 (15) durch Winkel Θ, Φ, Ψ ausgedrückt werden kann. Sodann kann jedenfalls zunächst s_z durch eine Transformation (9) in eine Diagonalmatrix verwandelt werden. Aus den Relationen (2) folgt dann bereits, daß s_z die gewünschte Normalform hat. Sodann muß nur noch durch eine geeignete Drehung um die z-Achse die Phase ω in den s_x, s_y zu Null gemacht werden.

Zusammenfassend können wir sagen, daß trotz Auszeichnung eines bestimmten Koordinatensystems durch die Wahl (3) der Operatoren s_x, s_y, s_z infolge der Invarianz der quantenmechanischen Gleichungen gegenüber Substitutionen der Form (9) und infolge des geschilderten Verhaltens der $(\psi_\alpha, \psi_\beta)$ bei Drehungen des auszeichnenden Achsenkreuzes die Unabhängigkeit aller endgültigen Resultate von einer speziellen Wahl des Achsenkreuzes garantiert ist.

§ 4. Differentialgleichungen der Eigenfunktionen eines magnetischen Elektrons in speziellen Kraftfeldern. a) Ruhendes Elektron im homogenen Magnetfeld. Bereits in Gleichung (3), (4) wurde angegeben, wie bei gegebener Hamiltonscher Funktion H die Differentialgleichungen für das Eigenfunktionenpaar $(\psi_\alpha, \psi_\beta)$ des magnetischen Elektrons aufgestellt werden können. Betrachten wir zunächst den Fall des ruhenden Elektrons in einem homogenen Magnetfeld, dessen Feldstärke die Komponenten H_x, H_y, H_z besitzen möge. Da das Elektron ruht, hängen hier die Eigenfunktionen von den Ortskoordinaten des Elektrons nicht ab. Bezeichnet e und m_0 Ladung und Masse des Elektrons,

$$\mu_0 = \frac{e h}{4 \pi m_0 c}$$

die Größe des Bohrschen Magnetons, so lautet die Hamiltonfunktion hier

$$H = \mu_0 (H_x s_x + H_y s_y + H_z s_z),$$

wenn wir die konstante Translationsenergie fortlassen und $s_x, \ldots$ wieder in der Einheit $\frac{1}{2} \frac{h}{2\pi}$ gemessen werden. Ersetzt man s_x, s_y, s_z durch die Operatoren (3) (während natürlich μ_0, H_x, H_y, H_z gewöhnliche Zahlen bleiben), so ergibt sich für $(\psi_\alpha, \psi_\beta)$ das Gleichungssystem

$$\left.\begin{aligned} \mu_0 [(H_x - i H_y) \psi_\beta + H_z \psi_\alpha] &= E \psi_\alpha, \\ \mu_0 [(H_x + i H_y) \psi_\alpha - H_z \psi_\beta] &= E \psi_\beta. \end{aligned}\right\} \tag{16}$$

Wir haben absichtlich nicht von vornherein die Richtung des Magnetfeldes mit der [durch die Wahl der Operatoren (3) ausgezeichneten] z-Achse zusammenfallen lassen, um die physikalische Bedeutung unserer Größen ψ_α, ψ_β und ihre im vorigen Paragraphen abgeleiteten Trans- 616
formationseigenschaften an einem Beispiel erläutern zu können.

Aus (16) folgen zunächst die Eigenwerte E mittels der Determinantenbedingung

$$\begin{vmatrix} \mu_0 H_z - E, & \mu_0 (H_x - i H_y), \\ \mu_0 (H_x + i H_y), & -(\mu_0 H_z + E) \end{vmatrix} = 0$$

oder

$$-(\mu_0^2 H_z^2 - E^2) - \mu_0^2 (H_x^2 + H_y^2) = 0$$

zu

$$E = \pm \mu_0 \sqrt{H_x^2 + H_y^2 + H_z^2} = \pm \mu_0 |H|,$$

wie es für diesen Fall von vornherein zu fordern ist. Ferner folgt aus (16), wenn man den Winkel zwischen der Feldrichtung und der z-Achse mit Θ bezeichnet und $(\psi_\alpha, \psi_\beta)$ gemäß $|\psi_\alpha|^2 + |\psi_\beta|^2 = 1$ normiert, für $E = +\mu_0 |H|$:

$$|\psi_\alpha|^2 = \frac{\sin^2\Theta}{\sin^2\Theta + (1-\cos\Theta)^2} = \frac{\sin^2\Theta}{2(1-\cos\Theta)} = \cos^2\frac{\Theta}{2},$$

$$|\psi_\beta|^2 = \frac{(1-\cos\Theta)^2}{2(1-\cos\Theta)} = \sin^2\frac{\Theta}{2},$$

analog für $E = -\mu_0 |H|$:

$$|\psi_\alpha|^2 = \sin^2\frac{\Theta}{2}, \quad |\psi_\beta|^2 = \cos^2\frac{\Theta}{2}.$$

Dieses Ergebnis ist auch im Einklang mit den Transformationseigenschaften (12), (14), (15) von $(\psi_\alpha, \psi_\beta)$. Es kann z. B. folgendermaßen physikalisch gedeutet werden: Es habe ursprünglich das äußere Magnetfeld die durch H_x, H_y, H_z angegebene Richtung und es seien nur parallel zum Felde gerichtete Elektronen vorhanden, jedoch keine antiparallelen; dann drehe man das Feld plötzlich in die z-Richtung. Man wird sodann finden, daß der Bruchteil $\cos^2\frac{\Theta}{2}$ aller Elektronen parallel zur z-Achse gerichtete Momente, der Bruchteil $\sin^2\frac{\Theta}{2}$ antiparallel zur z-Achse gerichtete Momente haben wird; und umgekehrt, wenn ursprünglich nur antiparallel zur Feldrichtung orientierte Elektronen vorhanden waren.

b) Ein magnetisches Elektron im Coulombschen Felde (wasserstoffähnliches Atom). Wenn wir nun dazu übergehen, die Gleichungen für das Eigenfunktionenpaar ψ_α, ψ_β des magnetischen Elektrons im Kernatom aufzustellen, wollen wir uns hier konsequent auf den Standpunkt stellen, bei dem die höheren Relativitäts- und magnetischen Korrektionen vernachlässigt und die von der Relativitätstheorie
617 und dem Eigenmoment des Elektrons herrührenden Glieder als Störungsfunktion aufgefaßt werden. Analog wie in dem vorigen Beispiel nehmen wir sogleich ein äußeres homogenes Magnetfeld mit den Komponenten H_x, H_y, H_z als vorhanden an, um die Theorie des anomalen Zeemaneffekts mit zu umfassen. Wir betonen noch ausdrücklich, daß die hier aufgestellten Gleichungen mit den von Heisenberg und Jordan[1]) an-

[1]) ZS. f. Phys., l. c., vgl. insbesondere Gleichung (2), (3), (4) dieser Arbeit.

gegebenen Matrizengleichungen mathematisch und physikalisch völlig äquivalent sind. Von diesen Verfassern übernehmen wir auch die Form der Hamiltonschen Funktion.

Zunächst hat man die Hamiltonsche Funktion des ungestörten Kernatoms mit einem Elektron:

$$H_0 = \frac{1}{2m_0}(p_x^2 + p_y^2 + p_z^2) - \frac{Ze^2}{r}$$

(p_x, p_y, p_z = Translationsimpuls, Z = Kernladungszahl) oder als Operator geschrieben:

$$H_0(\psi) = -\frac{1}{2m_0}\frac{h^2}{4\pi^2}\Delta\psi - \frac{Ze^2}{r}\psi, \tag{17}$$

worin wie üblich $\Delta = \frac{\partial^2}{\partial x^2} + \frac{\partial^2}{\partial y^2} + \frac{\partial^2}{\partial z^2}$ gesetzt ist. Sodann kommen die Terme, die schon bei einem Elektron ohne Eigenmoment infolge Wirkung des äußeren Magnetfeldes und infolge der Relativitätskorrektion hinzutreten:

$$H_1 = -\frac{1}{2m_0c^2}\left(E_0^2 + 2E_0Ze^2\frac{1}{r} + Z^2e^4\frac{1}{r^2}\right) + \frac{e}{2m_0c}(\mathfrak{H}[\mathfrak{r}\mathfrak{p}]),$$

worin E_0 den ungestörten Eigenwert, $\mathfrak{H}$ den Vektor des äußeren Magnetfeldes, $\mathfrak{p}$ den des Translationsimpulses und $\mathfrak{r}$ den vom Kern zum Elektron führenden Radiusvektor bedeutet.

Als Operator geschrieben gibt dies:

$$H_1(\psi) = -\frac{1}{2m_0c^2}\left(E_0^2 + 2E_0Ze^2\frac{1}{r} + Z^2e^4\frac{1}{r^2}\right)\psi - i\mu_0(\mathfrak{H}[\mathfrak{r}\,\mathrm{grad}\,\psi]). \tag{18}$$

Die Operatoren H_0 und H_1 gelten in gleicher Weise für ψ_α und ψ_β, sie verändern den Index α oder β nicht. Es kommen nun noch die für das Eigenmoment des Elektrons charakteristischen Terme hinzu, die erstens den bereits im vorigen Beispiel angeschriebenen Wechselwirkungsgliedern des Eigenmomentes mit dem äußeren Magnetfeld und zweitens den gemäß der Relativitätstheorie daraus folgenden Wechselwirkungsgliedern eines
bewegten Elektrons mit Eigenmoment mit dem Coulombschen elek- 618
trischen Felde entsprechen. Letztere übernehmen wir hier ohne neue Begründung von Thomas[1]) und Frenkel[1]), insbesondere was den

[1]) L. H. Thomas, Nature **117**, 514, 1926; Phil. Mag. **3**, 1, 1927; J. Frenkel, ZS. f. Phys. **37**, 243, 1926.

Faktor $^1/_2$ betrifft. Beide Terme zusammen geben, gleich als Operator geschrieben:

$$\boldsymbol{H_2(\psi) = \frac{1}{4}\frac{h^2}{4\pi^2}\frac{Ze^2}{m_0^2 c^2}\frac{1}{r^3}\frac{1}{i}\,(k_x s_x + k_y s_y + k_z s_z)\,(\psi)}$$
$$\boldsymbol{+ \mu_0 (H_x s_x + H_y s_y + H_z s_z)\,(\psi),} \tag{19}$$

worin k_x, k_y, k_z als Abkürzung für die $\left(\text{mit } \frac{2\pi i}{h} \text{ multiplizierten}\right)$ zum Bahnimpulsmoment gehörigen Operatoren geschrieben ist, die gegeben sind durch

$$k_x = y\frac{\partial}{\partial z} - z\frac{\partial}{\partial y}, \quad k_y = z\frac{\partial}{\partial x} - x\frac{\partial}{\partial z}, \quad k_z = x\frac{\partial}{\partial y} - y\frac{\partial}{\partial x}. \tag{20}$$

Setzen wir endlich für s_x, s_y, s_z die durch (3) gegebenen Operatoren ein, so erhalten wir gemäß der allgemeinen Vorschrift (4) für $\psi_\alpha(x, y, z)$ und $\psi_\beta(x, y, z)$ in unserem Falle die simultanen Differentialgleichungen

$$\left.\begin{aligned}
(H_0 + H_1)(\psi_\alpha) + \frac{1}{4}\frac{h^2}{4\pi^2}\frac{Ze^2}{m_0^2 c^2}\frac{1}{r^3}\,[-(i k_x + k_y)\,\psi_\beta - i k_z \psi_\alpha] \\
+ \mu_0\,[(H_x - i H_y)\,\psi_\beta + H_z \psi_\alpha] = E\,\psi_\alpha, \\
(H_0 + H_1)(\psi_\beta) + \frac{1}{4}\frac{h^2}{4\pi^2}\frac{Ze^2}{m_0^2 c^2}\frac{1}{r^3}\,[(-i k_x + k_y)\,\psi_\alpha + i k_z \psi_\beta] \\
+ \mu_0\,[(H_x + i H_y)\,\psi_\alpha - H_z \psi_\beta] = E\,\psi_\beta,
\end{aligned}\right\} \tag{21}$$

in denen also H_0, H_1 und k_x, k_y, k_z durch (17), (18) und (20) gegeben sind. Setzt man hierin speziell $H_x = H_y = 0$, so gehen diese Gleichungen in solche über, die bereits von Darwin[2]) aufgestellt worden sind. Im Gegensatz zu Darwin sehen wir aber als die Quelle dieser Gleichungen letzten Endes die Vertauschungsrelationen (2) [bzw. die verschärften Relationen (2a)] an, nicht aber die Vorstellung, daß die Amplituden der de Broglie-Wellen gerichtete Größen sind. Es ist ferner zu bemerken, daß die Gleichungen (21) gegenüber Drehungen des Koordinatensystems invariant sind, wenn hierbei das Funktionspaar $(\psi_\alpha, \psi_\beta)$ nach den Vorschriften des vorigen Paragraphen transformiert wird. Auf die Integration der Differentialgleichungen (21) brauchen wir nicht einzugehen, weil sie nach den Methoden von Heisenberg und Jordan ohne Schwierigkeit
619 durchgeführt werden kann und gegenüber den Ergebnissen dieser Verfasser zu nichts Neuem führt. Es sei auch noch kurz erwähnt, daß die Gleichungen (21) auch aus einem Variationsprinzip abgeleitet werden können, in welchem die durch (16) definierten Größen d_x, d_y, d_z eine Rolle spielen. Da sich eine neue physikalische Einsicht hieraus jedoch nicht ergibt, soll dies hier nicht näher ausgeführt werden.

618 [2]) C. G. Darwin, l. c., Gleichung (3).

Wie bereits in der Einleitung erwähnt, ist die hier formulierte Theorie nur als provisorisch anzusehen, da man von einer endgültigen Theorie verlangen muß, daß sie von vornherein relativistisch invariant formuliert ist und auch die höheren Korrektionen zu berechnen erlaubt. Nun bietet es keine Schwierigkeiten, den Drehimpulsvektor $\mathfrak{s}$ zu einem schiefsymmetrischen Tensor (Sechservektor) in der vierdimensionalen Raum-Zeit-Welt mit den Komponenten s_{ik} zu ergänzen und für diese gegenüber Lorentztransformationen invariante Vertauschungsrelationen aufzustellen, die als natürliche Verallgemeinerung von (2) [oder auch von (2 a)] anzusehen sind. Man stößt dann jedoch auf eine andere Schwierigkeit, die bereits in den oben erwähnten, auf der klassischen Elektrodynamik basierenden Theorien von Thomas und Frenkel auftritt. In diesen Theorien braucht man in den höheren Näherungen besondere Zwangskräfte, um zu erreichen, daß in einem Koordinatensystem, wo das Elektron momentan ruht, dessen elektrisches Dipolmoment verschwindet; und zwar sind diese Zwangskräfte in den sukzessiven Näherungen jeweils höheren räumlichen Differentialquotienten der am Elektron angreifenden Feldstärken proportional. Es scheint, daß in der Quantenmechanik diese Schwierigkeit bestehen bleibt, und es ist mir aus diesem Grunde bisher nicht gelungen, zu einer relativistisch invarianten Formulierung der Quantenmechanik des magnetischen Elektrons zu gelangen, die als hinreichend naturgemäß und zwangsläufig angesehen werden kann. Man wird sogar, sowohl auf Grund des geschilderten Verhaltens der Zwangskräfte wie auch noch aus anderen Gründen, zu Zweifeln geführt, ob eine solche Formulierung der Theorie überhaupt möglich ist, solange man an der Idealisierung des Elektrons durch einen unendlich kleinen magnetischen Dipol (mit Vernachlässigung von Quadrupol- und höheren Momenten) festhält, ob nicht vielmehr für eine solche Theorie ein genaueres Modell des Elektrons erforderlich sein dürfte. Doch soll auf diese noch ungelösten Probleme hier nicht näher eingegangen werden.

§ 5. Der Fall mehrerer Elektronen. Der Fall, daß mehrere, sagen wir N Elektronen mit Eigenmoment im betrachteten mechanischen System vorhanden sind, bietet bei unserem physikalischen Ausgangspunkt der Methode der Eigenfunktionen gegenüber dem Falle eines einzigen 620
Elektrons keine neuen Schwierigkeiten mehr.

Wir haben hier nach der Wahrscheinlichkeit zu fragen, daß in einem bestimmten, durch den Wert E der Gesamtenergie charakterisierten stationären Zustande des Systems die Lagenkoordinaten der Elektronen in bestimmten infinitesimalen Intervallen liegen und gleichzeitig die

Komponenten ihrer Eigenmomente in einer fest zu wählenden z-Richtung, in der Einheit $\frac{1}{2}\frac{h}{2\pi}$ gemessen, entweder die Werte $+1$ oder -1 haben. Wir bezeichnen die Elektronen durch einen von 1 bis N fortlaufenden Index k, die Lagenkoordinaten des k-ten Elektrons kurz mit dem einen Buchstaben q_k (für x_k, y_k, z_k) und ihr infinitesimales Volumelement mit dq_k (für $dx_k\, dy_k\, dz_k$), ferner soll durch den Index α_k oder β_k angemerkt werden, ob für das k-te Elektron die Komponente seines Eigenmoments in der z-Richtung positiv oder negativ ist. Wir haben dann den Zustand des Systems zu charakterisieren durch die 2^N Funktionen

$$\psi_{\alpha_1..\alpha_N}(q_1\cdots q_N),\ \psi_{\beta_1\alpha_2..\alpha_N}(q_1\cdots q_N),\ \psi_{\alpha_1\beta_2\alpha_3..\alpha_N}(q_1\cdots q_N)\ldots\psi_{\alpha_1\alpha_2..\beta_N}(q_1\cdots q_N),$$
$$\psi_{\beta_1\beta_2\alpha_3..\alpha_N}(q_1\cdots q_N),\ \ldots\ldots\ldots\ldots,\ \psi_{\alpha_1..\alpha_{N-2}\beta_{N-1}\beta_N}(q_1\cdots q_N),$$
$$\ldots\ldots\ldots\ldots\ldots\ldots\ldots\ldots\ldots\ldots,\ \psi_{\beta_1..\beta_N}(q_1\cdots q_N).$$

Es gibt dann z. B.

$$|\psi_{\beta_1\beta_2\alpha_3..\alpha_N}(q\cdots q_N)|^2\, dq\ldots dq_N$$

die Wahrscheinlichkeit dafür an, daß für das erste Elektron s_z gleich -1 und q in (q_1, q_1+dq), für das zweite Elektron s_z gleich -1 und q in $(q_2, q_2+dq_2)\ldots$ und für das dritte bis N-te Elektron s_z gleich $+1$ und q bzw. in $[q_3, q_3+dq_3\ldots(q_N, q_N+dq_N)]$. Die Reihenfolge, mit der die Suffixe α_k oder β_k angeschrieben sind, soll belanglos sein, während die Variablen q ebenso wie der Index $k = 1\ldots N$ in einer bestimmten Reihenfolge auf die Elektronen bezogen sein sollen. Für die Komponenten s_{kx}, s_{ky}, s_{kz} des Eigenmoments des k-ten Elektrons können wir die Operatoren (3) direkt übernehmen, wenn wir die Festsetzung treffen, daß nur die Indizes α_k oder β_k dieses k-ten Elektrons an den Funktionen ψ durch diesen Operator verändert werden sollen, die der übrigen Elektronen $\alpha_{k'}$ oder $\beta_{k'}$ für $k' \neq k$) aber unverändert bleiben. Wir haben dann also z. B.

$$\left.\begin{aligned}
&s_{kx}(\psi_{\alpha_1..\alpha_k..\beta_N}(q_1\cdots q_N)) = \psi_{\alpha_1..\beta_k..\beta_N}, && s_{kx}(\psi_{..\beta_k..}) = \psi_{..\alpha_k..},\\
&s_{ky}(\psi_{..\alpha_k..}) = -i\,\psi_{..\beta_k..}, && s_{ky}(\psi_{..\beta_k..}) = i\,\psi_{..\alpha_k..},\\
&s_{kz}(\psi_{..\alpha_k..}) = \psi_{..\alpha_k..}, && s_{kz}(\psi_{..\beta_k..}) = -\psi_{..\beta_k..}
\end{aligned}\right\} \quad (22)$$

621 Ordnet man wie üblich den Impulskoordinaten p_k den Operator $\frac{h}{2\pi i}\frac{\partial}{\partial q_k}$ zu, so entspricht jetzt jeder Funktion

$$f(p_1\cdots p_N,\quad q_1\cdots q_N,\quad s_{1x}, s_{1y}, s_{1z}\cdots s_{Nx}, s_{Ny}, s_{Nz})$$

ein Operator

$$f\left(\frac{h}{2\pi i}\frac{\partial}{\partial q_1},\cdots\frac{h}{2\pi i}\frac{\partial}{\partial q_N},\ q_1\cdots q_N,\ s_{1x}, s_{1y}, s_{1z}\cdots s_{Nx}, s_{Ny}, s_{Nz}\right).$$

Insbesondere ergibt der Operator der Hamiltonschen Funktion H, angewandt auf die 2^N Funktionen $\psi\ldots$, die 2^N simultanen Differentialgleichungen

$$H\left(\frac{h}{2\pi i}\frac{\partial}{\partial q_1}\cdots\frac{h}{2\pi i}\frac{\partial}{\partial q_N}, q_1\ldots q_N, s_{1x}, s_{1y}, s_{1z}\ldots s_{Nx}\, s_{Ny}\, s_{Nz}\right)\psi_{i_1\ldots i_N} = E\,\psi_{i_1\ldots i_N} \text{ mit } i_k = \alpha_k \text{ oder } \beta_k. \qquad (23)$$

Beziehen sich die Indizes n oder m auf die verschiedenen stationären Zustände, so gilt die Orthogonalitätsrelation

$$\int \sum_{i_k = \alpha_k \text{ oder } \beta_\alpha} (\psi_{n,\, i_1\ldots i_N}\, \psi^*_{m,\, i_1\ldots i_N})\, dq_1\ldots dq_N = \delta_{nm} \qquad (24)$$

$$(\delta_{nm} = 0 \text{ für } n \neq m \text{ und } = 1 \text{ für } n = m)$$

und jeder Funktion f der oben beschriebenen Art entsprechen die Matrizen

$$f_{nm} = \int \sum_{i_k = \alpha_k \text{ oder } \beta_k} \{f(\psi_{m,\, i_1\ldots i_N})\cdot \psi^*_{n,\, i_1\ldots i_N}\}\, dq_1\ldots dq_N. \qquad (25)$$

Es bedeutet hier f den oben definierten zu f gehörigen Operator und sowohl in (24) wie in (25) steht im Integranden eine Summe von 2^N Posten.

Die in Wirklichkeit vorkommenden Hamiltonschen Funktionen, ebenso wie alle zur Matrizendarstellung gelangenden Funktionen f, die tatsächliche physikalische Reaktionen des Systems beschreiben, haben nun wegen der Gleichheit der Elektronen die Eigenschaft, ihren Wert nicht zu ändern, wenn die Koordinaten zweier Elektronen, und zwar sowohl q_k als auch $\mathfrak{s}_k$ miteinander vertauscht werden; H und f können symmetrisch in den N Variablensystemen $(q_k, s_{kx}, s_{ky}, s_{kz})$ angenommen werden. Dies hat nun nach Heisenberg und Dirac zur Folge, daß die Terme in verschiedene nicht miteinander kombinierende Gruppen zerfallen, die durch die Symmetrieeigenschaften der Eigenfunktionen bei Vertauschen zweier Elektronen charakterisiert sind. Dabei ist wesentlich zu beachten, daß sich das Vertauschen zweier Elektronen, etwa des ersten und zweiten, in der gleichzeitigen Vertauschung der Koordinatenwerte q_1 und q_2 und der zu den Indizes 1 und 2 gehörigen Suffixe α oder β, d. h. ja der Werte von s_{z_1} und s_{z_2}, bemerkbar macht.

Insbesondere gibt es eine symmetrische Lösung; für irgend zwei 622
Indizes k und j bei unveränderten q und Suffixen der übrigen Indizes gilt:

$$\left.\begin{aligned}
\psi^{\text{sym.}}\ldots\alpha_k\alpha_j\ldots(\ldots q_k\ldots q_j\ldots) &= \psi^{\text{sym.}}\ldots\alpha_k\alpha_j\ldots(\ldots q_j\ldots q_k\ldots),\\
\psi^{\text{sym.}}\ldots\alpha_k\beta_j\ldots(\ldots q_k\ldots q_j\ldots) &= \psi^{\text{sym.}}\ldots\beta_k\alpha_j\ldots(\ldots q_j\ldots q_k\ldots),\\
\psi^{\text{sym.}}\ldots\beta_k\beta_j\ldots(\ldots q_k\ldots q_j\ldots) &= \psi^{\text{sym.}}\ldots\beta_k\beta_j\ldots(\ldots q_j\ldots q_k\ldots)
\end{aligned}\right\}(26)$$

ferner eine antisymmetrische Lösung, bei der für irgend ein Indexpaar

(Elektronenpaar) k und j bei Vertauschung Vorzeichenwechsel eintritt:

$$\left.\begin{aligned} \psi^{\text{antis.}}\ldots\alpha_k\alpha_j\ldots(\ldots q_k\ldots q_j\ldots) &= -\psi^{\text{antis.}}\ldots\alpha_k\alpha_j\ldots(\ldots q_j\ldots q_k\ldots),\\ \psi^{\text{antis.}}\ldots\alpha_k\beta_j\ldots(\ldots q_k\ldots q_j\ldots) &= -\psi^{\text{antis.}}\ldots\beta_k\alpha_j\ldots(\ldots q_j\ldots q_k\ldots),\\ \psi^{\text{antis.}}\ldots\beta_k\beta_j\ldots(\ldots q_k\ldots q_j\ldots) &= -\psi^{\text{antis.}}\ldots\beta_k\beta_j\ldots(\ldots q_j\ldots q_k\ldots). \end{aligned}\right\} \quad (27)$$

Es folgt dies einfach daraus, daß symmetrische Operatoren f den Symmetriecharakter der Funktionen, auf die sie ausgeübt werden, unverändert lassen. Auch das Nichtkombinieren der symmetrischen und der unsymmetrischen Klasse folgt einfach aus (25).

Es wäre interessant, die gruppentheoretische Untersuchung von Wigner[1]) für den Fall von N Elektronen ohne Eigenmoment auf solche mit Eigenmoment zu übertragen und zugleich festzustellen, wie die Terme, die den verschiedenen Symmetrieklassen entsprechen, die man bei Vernachlässigung des Eigenmoments erhält, sich auf die Symmetrieklassen der Elektronen mit Eigenmoment verteilen. Im Falle von 2 Elektronen gibt es nur die symmetrische und die schiefsymmetrische Klasse, die also nach (26), (27) in diesem Falle ($N = 2$) charakterisiert sind durch die Gleichungen

$$\left.\begin{aligned} &\psi^{\text{sym.}}\alpha_1\alpha_2(q_1, q_2) = \psi^{\text{sym.}}\alpha_1\alpha_2(q_2, q_1), \quad \psi^{\text{sym.}}\beta_1\beta_2(q_1, q_2) = \psi^{\text{sym.}}\beta_1\beta_2(q_2, q_1),\\ &\psi^{\text{sym.}}\alpha_1\beta_2(q_1, q_2) = \psi^{\text{sym.}}\beta_1\alpha_2(q_2, q_1),\\ &\qquad\psi^{\text{sym.}}\beta_1\alpha_2(q_1, q_2) = \psi^{\text{sym.}}\alpha_1\beta_2(q_2, q_1), \end{aligned}\right\} \quad (26')$$

$$\left.\begin{aligned} &\psi^{\text{antis.}}\alpha_1\alpha_2(q_1, q_2) = -\psi^{\text{antis.}}\alpha_1\alpha_2(q_2, q_1),\\ &\qquad\psi^{\text{antis.}}\beta_1\beta_2(q_1, q_2) = -\psi^{\text{antis.}}\beta_1\beta_2(q_2, q_1),\\ &\psi^{\text{antis.}}\alpha_1\beta_2(q_1, q_2) = -\psi^{\text{antis.}}\beta_1\alpha_2(q_2, q_1),\\ &\qquad\psi^{\text{antis.}}\beta_1\alpha_2(q_1, q_2) = -\psi^{\text{antis.}}\alpha_1\beta_2(q_2, q_1). \end{aligned}\right\} \quad (27')$$

Dagegen besteht im allgemeinen keine einfache Beziehung zwischen den Funktionswerten $\psi_{\alpha_1,\beta_2}(q_1, q_2)$ und $\psi_{\alpha_1,\beta_2}(q_2, q_1)$; denn diesen entsprechen zwei Konfigurationen verschiedener potentieller Energie; nämlich einmal hat das Elektron mit positivem s_z die Lagenkoordinaten q_1 und das Elektron mit negativem s_z die Lagenkoordinaten q_2; das andere Mal ist umgekehrt das Elektron mit positivem s_z im Raumpunkt, der q_2 entspricht, und das Elektron mit negativem s_z im Raumpunkt, der q_1 entspricht.

623 Die schiefsymmetrische Lösung ist auch im allgemeinen Falle von N Elektronen diejenige, welche die „Äquivalenzregel" erfüllt und in der

622 [1]) E. Wigner, ZS. f. Phys. 40, 883, 1927.

Natur allein vorkommt[1]). Es scheint mir ein Vorzug der Methode der Eigenfunktionen, daß diese Lösung in so einfacher Weise charakterisiert werden kann, und gerade deshalb schien mir die formale Ausdehnung dieser Methode auf Elektronen mit Eigenmoment nicht ohne Bedeutung, obwohl sie gegenüber den Heisenbergschen Matrizenmethoden zu keinen neuen Resultaten führen kann. Auch dürften sich die Intensitäten der Interkombinationslinien zwischen Singulett- und Triplettermen, worüber neue Resultate von Ornstein und Burger[2]) vorliegen, nach diesen Methoden in übersichtlicher Weise quantenmechanisch berechnen lassen.

[1]) Bei dieser Gelegenheit möchte ich gern betonen, daß das alleinige Vorkommen der schiefsymmetrischen Lösung zunächst nur bei Elektronen, und zwar bei Berücksichtigung ihres Eigenmomentes von der Erfahrung gefordert wird. In einer früheren Mitteilung (ZS. f. Phys. **41**, 81, 1927) wird die Fermische Statistik ebenfalls nur für das Elektronengas beim Vergleich mit der Erfahrung herangezogen. Die Möglichkeit anderer Arten von Statistik bei anderen materiellen Gasen bleibt immer noch offen, was in dieser Mitteilung leider nicht genügend hervorgehoben wurde. Vgl. hierzu auch F. Hund, ZS. f. Phys. **42**, 93, 1927.

[2]) L. S. Ornstein und H. C. Burger, ZS. f. Phys. **40**, 403, 1926.

Kapitel IX
Quantenfeldtheorie

1
Werner Heisenberg und Wolfgang Pauli
Zur Quantendynamik der Wellenfelder*

„Ich arbeite inzwischen fest mit Pauli an einer Entkommatisierung der Teilchenelektrodynamik. Langsam aber sicher; ich schreibe an einem Tag dem Pauli eine neue Idee, Pauli am Tage d'rauf mir, warum sie falsch ist und wie's wirklich gemacht wird. So kommen wir schon vorwärts."

Heisenberg an Jordan, 9. Dezember 1927

„Heisenberg and Pauli had initiated a systematic relativistic quantum field theory. A large part of the immense work in this area during the following 30 years was based on the foundations laid by Heisenberg and Pauli in their celebrated papers of 1929, ..."

Bargmann (1960), S. 192

* Heisenberg und Pauli (1929a)

Einleitung. In der Quantentheorie ist es bisher nicht möglich gewesen, mechanische und elektrodynamische Gesetzmäßigkeiten, elektro- und magnetostatische Wechselwirkungen einerseits, durch Strahlung vermittelte Wechselwirkungen andererseits widerspruchsfrei zu verknüpfen und unter einem einheitlichen Gesichtspunkt zu betrachten. Insbesondere ist es nicht gelungen, die endliche Fortpflanzungsgeschwindigkeit der elektromagnetischen Kraftwirkungen in korrekter Weise zu berücksichtigen. Diese Lücke auszufüllen, ist das Ziel der vorliegenden Arbeit. Zur Erreichung dieses Zieles wird es notwendig sein, einen relativistisch invarianten Formalismus anzugeben, welcher die Wechselwirkung zwischen Materie und elektromagnetischem Feld und damit auch zwischen Materie und Materie zu behandeln gestattet. Dieses Problem scheint grundsätzlich verknüpft mit den großen Schwierigkeiten, die bisher nach Dirac einer relativistisch invarianten Formulierung des Einelektronenproblems entgegenstehen, und man wird eine völlig befriedigende Lösung der hier gestellten Aufgabe erst nach Klärung jener grundsätzlichen Schwierigkeiten erreichen. Trotzdem hat es den Anschein, als ob sich das Retardierungsproblem von den erwähnten tiefer liegenden Fragen trennen ließe; während diese ohne jede Hilfe von seiten der klassischen Theorie angegriffen werden müssen, scheint das Retardierungsproblem noch durch korrespondenzmäßige Betrachtungen lösbar.

Bekanntlich ist in der klassischen Punktmechanik eine relativistisch invariante Formulierung des Mehrkörperproblems mit Hilfe der Hamilton-
2 schen Theorie nicht durchführbar. Daher wird man auch nicht hoffen dürfen, daß sich in der Quantentheorie eine relativistisch invariante Behandlung der Mehrkörperprobleme mit Differentialgleichungen im Konfigurationsraum oder den entsprechenden Matrizen wird erreichen lassen, zumal eine solche Behandlung untrennbar mit einer der Einführung von Lichtquanten äquivalenten Quantelung der elektromagnetischen Wellen verknüpft erscheint. So dürfte sich z. B. die von Eddington angegebene Gleichung* für das Zweielektronenproblem, in die der vierdimensionale

* A. S. Eddington, Proc. Roy. Soc. **121**, 524, 1928; **122**, 358, 1929.

Abstand zweier Weltpunkte wesentlich eingeht, kaum mit dem Experiment in Einklang bringen lassen, denn diese Gleichung liefert Wechselwirkungen zwischen den Elektronen, die von den nach der Maxwellschen Theorie zu erwartenden retardierten Potentialen qualitativ völlig verschieden sind; diese Verschiedenheit würde auch im Grenzfall hoher Quantenzahlen und vieler Elektronen bestehen bleiben, also zu Widersprüchen führen. Vielmehr wird das korrespondenzmäßige Analogon zu der hier angestrebten Theorie einerseits die Maxwellsche Theorie, andererseits die im Sinne einer klassischen Kontinuumstheorie umgedeutete Wellengleichung des Einelektronenproblems sein. Eine formal befriedigende Zusammenfassung dieser beiden Feldtheorien ist schon Schrödinger** gelungen; geht man für das Einelektronenproblem von der Diracschen Gleichung aus, so ist der entsprechende Zusammenhang von Tetrode*** hergestellt worden. Die hier angestrebte Theorie verhält sich also zu der eben erwähnten konsequenten Feldtheorie, wie die Quantenmechanik zur klassischen Mechanik, indem sie nämlich aus dieser Feldtheorie durch Quantelung (Einführung nicht-kommutativer Größen oder entsprechender Funktionale) hervorgeht, und bildet in ihrem formalen Gehalt eine konsequente Fortführung der Untersuchungen von Dirac****, Pauli und Jordan† über die Strahlung, von Jordan, Klein und Wigner†† über das Mehrkörperproblem. Ein ähnlicher Versuch ist kürzlich von Mie††† unternommen worden; das korrespondenzmäßige Analogon dieses Versuches ist die Miesche Theorie des Elektrons; diese Theorie bleibt allerdings vorläufig ein formales Schema, solange 3
die klassische Feldgleichung nicht gefunden ist, deren Integration in befriedigender Weise Elektronen liefert; also ist die Miesche Quantentheorie des Feldes, die sonst viel Ähnlichkeit mit der hier angestrebten Theorie aufweist, zunächst praktisch nicht anwendbar.

Auch der hier versuchten Theorie haften noch mancherlei Mängel an. Wie schon erwähnt, bleiben die grundsätzlichen von Dirac betonten Schwierigkeiten der relativistischen Wellengleichung unverändert be-

** E. Schrödinger, Ann. d. Phys. **82**, 265, 1927. 2

*** H. Tetrode, ZS. f. Phys. **49**, 858, 1928; vgl. auch F. Möglich, ebenda **48**, 852, 1928.

**** P. A. M. Dirac, Proc. Roy. Soc. (A) **114**, 243 und 710, 1927.

† P. Jordan und W. Pauli jun., ZS. f. Phys. **47**, 151, 1928.

†† P. Jordan und O. Klein, ebenda **45**, 751, 1927; P. Jordan und E. Wigner, ebenda **47**, 631, 1928.

††† G. Mie, Ann. d. Phys. (4) **85**, 711, 1928.

stehen*. Ferner führen die Formeln der Theorie zu einer unendlichen Nullpunktsenergie für die Strahlung und enthalten noch die Wechselwirkung eines Elektrons mit sich selbst als unendliche additive Konstante. Naturgemäß liefert die Theorie auch keinerlei Aufschluß über die Möglichkeit von Zerstrahlungsprozessen der elektrischen Elementarteilchen und über die Bevorzugung der antisymmetrischen Wellenfunktionen im Konfigurationsraum vor den symmetrischen bei mehreren Elektronen oder Protonen durch die Natur. Doch sind diese Schwierigkeiten von einer solchen Art, daß sie die Anwendung der Theorie auf viele physikalische Probleme nicht stören. Die hier entwickelten Methoden gestatten z. B. die mathematische Behandlung gewisser feinerer Züge in der Theorie des Augereffekts und verwandter Erscheinungen, sowie die Berücksichtigung der Retardierung der Potentiale bei der Berechnung der Energiewerte der stationären Zustände der Atome. Letzteres dürfte insbesondere für die Theorie der Feinstruktur der Orthoheliumlinien von Bedeutung sein. Ferner enthält der hier durchgeführte Formalismus die bisherigen Methoden (Quantenmechanik, Diracsche Theorie der Strahlung) als Spezialfälle erster Näherung. Im ganzen möchten wir hieraus schließen, daß auch die spätere endgültige Theorie wesentliche Züge mit der hier versuchten gemeinsam haben wird. Erwähnt sei noch, daß auch eine Quantelung des Gravitationsfeldes, die aus physikalischen Gründen notwendig zu sein scheint**, mittels eines zu dem hier verwendeten völlig analogen Formalismus ohne neue Schwierigkeiten durchführbar sein dürfte.

4 I. Allgemeine Methode.

§ 1. Lagrangesche und Hamiltonsche Form von Feldgleichungen, Energie- und Impulsintegrale. Es sei eine Lagrangesche Funktion L vorgegeben, die von gewissen stetigen Raum-

3 * Besonders frappant äußert sich diese Schwierigkeit, wie O. Klein, ZS. f. Phys. **53**, 157, 1929 gezeigt hat, in dem Umstand, daß gemäß der Diracschen Theorie die Elektronen Potentialsprünge von der Größenordnung $V = mc^2/e$ entgegen dem klassischen Energiesatz unter Umständen ungehindert durchqueren können. Eine analoge Folgerung aus der Theorie scheint auch vorläufig eine nähere theoretische Behandlung des Baues der Kerne zu vereiteln.

** A. Einstein, Berl. Ber. 1916, S. 688, vgl. besonders S. 696, wo die Notwendigkeit, die Emission von Gravitationswellen quantentheoretisch zu behandeln, betont wird. Ferner O. Klein, ZS. f. Phys. **46**, 188, 1927, vgl. besonders die Anmerkung ** auf S. 188 dieser Arbeit.

Zeitfunktionen $Q_\alpha(x_1, x_2, x_3, t)$ sowie von ihren ersten Ableitungen nach den Koordinaten abhängen möge. Die Differentialgleichungen, denen die Feldgrößen Q_α genügen müssen, mögen aus dem Variationsprinzip

$$\delta \int L\left(Q_\alpha, \frac{\partial Q_\alpha}{\partial x_i}, \dot{Q}_\alpha\right) dV\,dt = 0 \tag{1}$$

entspringen, wenn die Variation der Q_α als am Rande des Integrationsgebiets verschwindend angenommen wird. Es ist hierin $\dot{Q}_\alpha$ für die zeitliche Ableitung $\frac{\partial Q_\alpha}{\partial t}$ an einer festen Raumstelle geschrieben, der Index α soll die verschiedenen, in beliebiger endlicher Zahl vorhandenen Zustandsgrößen unterscheiden, während der Index i sich auf die drei Raumkoordinaten bezieht. Wir verwenden im folgenden stets für Indices der ersteren Art griechische, für solche der letzteren Art lateinische Buchstaben. Die aus (1) folgenden Differentialgleichungen lauten bekanntlich:

$$\frac{\partial L}{\partial Q_\alpha} - \sum_i \frac{\partial}{\partial x_i} \frac{\partial L}{\partial \frac{\partial Q_\alpha}{\partial x_i}} - \frac{\partial}{\partial t} \frac{\partial L}{\partial \dot{Q}_\alpha} = 0. \tag{2}$$

Um die Analogie zur gewöhnlichen Punktmechanik hervortreten zu lassen, führen wir zuerst die allein über das räumliche Volumen integrierte Lagrangefunktion

$$\overline{L} = \int L\,dV \tag{3}$$

ein. Dann gilt für am Rande verschwindendes δQ_α gemäß partieller Integration

$$\delta \overline{L} = \int \sum_\alpha \left(\frac{\partial L}{\partial Q_\alpha} - \sum_i \frac{\partial}{\partial x_i} \frac{\partial L}{\partial \frac{\partial Q_\alpha}{\partial x_i}}\right) \delta Q_\alpha\,dV.$$

Aus diesem Grunde heißt

$$\frac{\delta \overline{L}}{\delta Q_\alpha} = \frac{\partial L}{\partial Q_\alpha} - \sum_i \frac{\partial}{\partial x_i} \frac{\partial L}{\partial \frac{\partial Q_\alpha}{\partial x_i}} \tag{4}$$

die Hamiltonsche oder funktionale Ableitung von $\overline{L}$ nach Q_α an der ins Auge gefaßten Raumstelle P mit den Koordinaten x_1, x_2, x_3. Man kann sie definieren als den Limes des Quotienten

$$\frac{\delta \overline{L}}{\delta Q_{\alpha;\,P}} = \lim \frac{\overline{L}(Q_\alpha + \delta Q_\alpha) - \overline{L}(Q_\alpha)}{\int \delta Q_\alpha\,dV},$$

wenn im Zähler sich die beiden Werte von $\overline{L}$ dadurch unterscheiden, daß 5
nur eine der Zustandsgrößen Q_α in einem Falle eine verschiedene Raumfunktion ist als im anderen, während im Limes nicht nur das Integral des Nenners gegen Null konvergieren soll, sondern auch das Intervall, in

welchem δQ_α als von Null verschieden angenommen wird, sich auf einzigen Raumpunkt P — denjenigen, in welchem die funktionale Ableitung von $\overline{L}$ ermittelt werden soll — zusammenzieht. Da trivialerweise gilt:

$$\frac{\delta \overline{L}}{\delta \dot{Q}_{\alpha;\,P}} = \left(\frac{\partial L}{\partial \dot{Q}_\alpha}\right)_P,$$

lauten dann die Feldgleichungen

$$\frac{\partial}{\partial t}\frac{\delta \overline{L}}{\delta \dot{Q}_{\alpha;\,P}} = \frac{\delta \overline{L}}{\delta Q_{\alpha;\,P}}. \qquad (2')$$

Ebenso wie in der Punktmechanik bestimmen die Gleichungen (2) oder (2′) das Verhalten der Zustandsgrößen in allen folgenden Zeitpunkten, wenn diese selbst sowie ihre ersten Ableitungen zu einem bestimmten Zeitpunkt gegeben sind. An die Stelle der endlichen vielen Zustandsgrößen q_i der Punktmechanik tritt hier ein Kontinuum von Zustandsgrößen oder, genauer gesagt: endlich viele Kontinua, nämlich die Zustandsfunktionen $Q_\alpha(x_1, x_2, x_3)$. Dagegen sind die Raumkoordinaten x_1, x_2, x_3 nicht als Zustandsgrößen, sondern als Parameter aufzufassen.

In der Tat kann man den Fall kontinuierlich vieler Freiheitsgrade, wo die Zustandsgrößen Raumfunktionen sind, stets durch Grenzübergang aus dem Fall endlich vieler Freiheitsgrade gewinnen. Es sei der Volumenbereich, in dem die Feldgrößen definiert sind, der Einfachheit halber endlich und möge in kongruente parallelepipedische Zellen mit den Kantenlängen $\Delta x_1, \Delta x_2, \Delta x_3$ eingeteilt sein. Dann ersetze man die stetigen Raumfunktionen $Q_\alpha(x_1, x_2, x_3)$ durch Treppenfunktionen, die innerhalb einer Zelle konstante Werte haben. Denkt man sich die Zellen entsprechend den drei Raumkoordinaten durch drei laufende Nummern l, m, n gekennzeichnet, so haben wir nunmehr die endlich vielen Zustandsgrößen $Q_{\alpha,\,l,\,m,\,n}$. Ersetzt man noch im Ausdruck für $\overline{L}$ das Integral durch eine Summe und die räumlichen Ableitungen durch Differenzenquotienten gemäß

$$\frac{\partial Q_\alpha}{\partial x_1} = \frac{Q_{\alpha,\,l+1,\,m,\,n} - Q_{\alpha,\,l,\,m,\,n}}{\Delta x_1},$$

so lauten mit der Lagrangefunktion

$$\overline{L} = \Delta x_1 \Delta x_2 \Delta x_3 \sum_{l,m,n} L\left(Q_{\alpha,\,l,\,m,\,n}, \frac{Q_{\alpha,\,l+1,\,m,\,n} - Q_{\alpha,\,l,\,m,\,n}}{\Delta x_1}, \ldots \dot{Q}_{\alpha,\,l,\,m\,n}\right) \qquad (5)$$

6 die Bewegungsgleichungen der gewöhnlichen Punktmechanik

$$\frac{d}{dt}\frac{\partial \overline{L}}{\partial \dot{Q}_{\alpha,\,l,\,m,\,n}} = \frac{\partial \overline{L}}{\partial Q_{\alpha,\,l,\,m,\,n}}. \qquad (5')$$

Es soll nun gezeigt werden, daß im Limes eines verschwindenden Volumens der zur Einteilung des Raumes benutzten Zellen aus den Gleichungen (5') der gewöhnlichen Punktmechanik gerade die Gleichungen (2) oder (2') für ein Kontinuum von Freiheitsgraden entstehen*. Zu diesem Zwecke genügt es offenbar, zu zeigen, daß

$$\lim \frac{1}{\Delta x_1 \Delta x_2 \Delta x_3} \frac{\partial \overline{L}}{\partial Q_{\alpha, l, m, n}} \rightarrow \frac{\delta \overline{L}}{\delta Q_{\alpha; P}}.$$

Da in der Summe über l, m, n die Koordinate $Q_{\alpha, l, m, n}$ sowohl in dem zur Zelle l, m, n als auch in den zu den Zellen $l-1, m, n$; $l, m-1, n$; $l, m, n-1$ gehörigen Termen vorkommt, gilt nun

$$\frac{1}{\Delta x_1 \Delta x_2 \Delta x_3} \frac{\partial \overline{L}}{\partial Q_{\alpha, l, m, n}} = \left(\frac{\partial L}{\partial Q_\alpha}\right)_{l, m, n} - \left[\left(\frac{\partial L}{\partial \frac{\partial Q_\alpha}{\partial x_1}}\right)_{l, m, n} - \left(\frac{\partial L}{\partial \frac{\partial Q_\alpha}{\partial x_1}}\right)_{l-1, m, n}\right] \frac{1}{\Delta x_1} - \cdots$$

und dies konvergiert bei beliebiger Verfeinerung der Zelleneinteilung in der Tat gegen

$$\frac{\partial L}{\partial Q_\alpha} - \sum_i \frac{\partial}{\partial x_i} \frac{\partial L}{\partial \frac{\partial Q_\alpha}{\partial x_i}} = \frac{\delta \overline{L}}{\delta Q_{\alpha; P}},$$

wie behauptet wurde.

Wir kommen nun dazu, analog wie in der Punktmechanik statt der Lagrangeschen eine Hamiltonsche Form der Feldgleichungen einzuführen. Zunächst definiere man die zu den Feldgrößen Q_α kanonisch konjugierten „Impulse" P_α gemäß

$$P_\alpha = \frac{\partial L}{\partial \dot{Q}_\alpha}, \tag{6}$$

sodann die Hamiltonsche Funktion H gemäß

$$H\left(P_\alpha, Q_\alpha, \frac{\partial Q_\alpha}{\partial x_i}\right) = \sum_\alpha P_\alpha \dot{Q}_\alpha - L. \tag{7}$$

* Vgl. hierzu auch G. Mie, l. c., § 4 und 5.

7 Durch Variieren von H nach den Variablen P_α, Q_α, $\frac{\partial Q_\alpha}{\partial x_i}$ folgt gemäß (6)

$$\delta H = \sum_\alpha \left(\frac{\partial H}{\partial P_\alpha} \delta P_\alpha + \frac{\partial H}{\partial Q_\alpha} \delta Q_\alpha + \sum_i \frac{\partial H}{\partial \frac{\partial Q_\alpha}{\partial x_i}} \delta \frac{\partial Q_\alpha}{\partial x_i} \right)$$

$$= \sum_\alpha \dot{Q}_\alpha \delta P_\alpha - \sum_\alpha \left(\frac{\partial L}{\partial Q_\alpha} \delta Q_\alpha + \sum_i \frac{\partial L}{\partial \frac{\partial Q_\alpha}{\partial x_i}} \delta \frac{\partial Q_\alpha}{\partial x_i} \right),$$

also gilt erstens

$$\frac{\partial H}{\partial P_\alpha} = \dot{Q}_\alpha, \tag{8}$$

und zweitens

$$-\left(\frac{\partial H}{\partial Q_\alpha}\right)_{P_\alpha} = \left(\frac{\partial L}{\partial Q_\alpha}\right)_{\dot{Q}_\alpha}, \quad -\left(\frac{\partial H}{\partial \frac{\partial Q_\alpha}{\partial x_i}}\right)_{P_\alpha} = \left(\frac{\partial L}{\partial \frac{\partial Q_\alpha}{\partial x_i}}\right)_{\dot{Q}_\alpha} = P_{\alpha i}. \tag{9}$$

Die neben die Klammern geschriebenen Variablen sind bei den betreffenden Differentiationen konstant zu halten, ferner haben wir für spätere Zwecke eine neue Abkürzung $P_{\alpha i}$ eingeführt.

Aus (8) und (9) folgen mit Rücksicht auf (2) die kanonischen Feldgleichungen

$$\dot{Q}_\alpha = \frac{\partial H}{\partial P_\alpha}, \quad \dot{P}_\alpha = -\left[\frac{\partial H}{\partial Q_\alpha} - \sum_i \frac{\partial}{\partial x_i} \frac{\partial H}{\partial \frac{\partial Q_\alpha}{\partial x_i}}\right], \tag{10}$$

oder mit Einführung von

$$\overline{H} = \int H \, dV, \tag{11}$$

$$\dot{Q}_{\alpha;\,P} = \frac{\delta \overline{H}}{\delta P_{\alpha;\,P}}, \quad \dot{P}_{\alpha;\,P} = -\frac{\delta \overline{H}}{\delta Q_{\alpha;\,P}}. \tag{1}$$

Sie entspringen dem Variationsprinzip

$$\delta \int L \, dV dt = \delta \int \left[\sum_\alpha P_\alpha \dot{Q}_\alpha - H\left(P_\alpha, Q_\alpha, \frac{\partial Q_\alpha}{\partial x_i}\right) \right] dV dt = 0, \tag{12}$$

worin jetzt P_α und Q_α als unabhängig zu variierende Raumfunktionen zu betrachten sind, deren Variation an den Grenzen verschwinden soll. Die kanonischen Feldgleichungen bestimmen den weiteren zeitlichen Verlauf der Raumfunktionen P_α und Q_α, wenn dieser für einen gewissen Zeitmoment $t = t_0$ beliebig vorgegeben ist.

Bei den folgenden Rechnungen wird übrigens nur von der Form (12) des Variationsprinzips Gebrauch gemacht, und es ist unwesentlich, ob der Integrand von (12) durch Elimination der P_α in eine Funktion von

Q_α, $\frac{\partial Q_\alpha}{\partial x_i}$ und $\dot{Q}_\alpha$ allein übergeführt werden kann oder nicht. Auch könnte 8
man sich von der Voraussetzung befreien, daß H die räumlichen Ableitungen der P_α nicht enthält, doch wird dies für die späteren Anwendungen nicht erforderlich sein.

Wir wollen nun die (bisher nicht notwendig gewesene) Annahme einführen, daß die Hamiltonfunktion H die Zeitkoordinate nicht explizite enthält, und behaupten, daß in diesem Falle die Größe $\overline{H}$ zeitlich konstant ist. Durch partielle Integration findet man nämlich sogleich

$$\frac{d\overline{H}}{dt} = \int \sum_\alpha \left(\frac{\delta \overline{H}}{\delta P_{\alpha;\,P}} \dot{P}_{\alpha;\,P} + \frac{\delta \overline{H}}{\delta Q_{\alpha;\,P}} \dot{Q}_{\alpha;\,P}\right) d V_P,$$

wobei allerdings (wie auch stets im folgenden beim Nachweis zeitlicher Konstanz gewisser Volumenintegrale) die vom Rande des Integrationsgebiets herrührenden Terme* fortgelassen wurden. Bei Integration über den ganzen Raum bedeutet dies, daß die Feldgrößen im räumlich Unendlichen hinreichend rasch verschwinden müssen. Läßt man dies zu, so folgt aus dem angegebenen Ausdruck für $\frac{d\overline{H}}{dt}$ gemäß (I) unmittelbar die zeitliche Konstanz von $\overline{H}$. Bei allen physikalischen Anwendungen kann die Größe $\overline{H}$ (ebenso wie die Hamiltonsche Funktion der Punktmechanik) bei geeigneter Wahl der Zahlenfaktoren als Gesamtenergie des Systems interpretiert werden.

Außer dem Energieintegral $\overline{H}$ existieren noch andere Integrale

$$G_k = -\int \sum_\alpha P_\alpha \frac{\partial Q_\alpha}{\partial x_k} d V \qquad (k = 1, 2, 3) \tag{13}$$

die als Komponenten des Gesamtimpulses des Systems zu deuten sind. Analog wie beim Energieintegral muß hier angenommen werden, daß H auch die Raumkoordinaten nicht explizite enthält, auch muß wieder das Fortlassen von Oberflächenintegralen zugestanden werden. In der Tat folgt dann aus (13) durch sukzessive partielle Integration

$$\frac{d G_k}{dt} = -\int \sum_\alpha \left(\dot{P}_\alpha \frac{\partial Q_\alpha}{\partial x_k} - \frac{\partial P_\alpha}{\partial x_k} \dot{Q}_\alpha\right) d V$$
$$= \int \sum_\alpha \left(\frac{\delta H}{\delta Q_\alpha} \frac{\partial Q_\alpha}{\partial x_k} + \frac{\delta H}{\delta P_\alpha} \frac{\partial P_\alpha}{\partial x_k}\right) d V,$$

* Diese geben Anlaß zu dem als Energiestrom durch die Grenzfläche deutbaren Oberflächenintegral

$$\int d f \sum_i \left[\cos(n, x_i) \sum_\alpha \left(\frac{\partial H}{\partial \frac{\partial Q_\alpha}{\partial x_i}} \dot{Q}_\alpha + \frac{\partial H}{\partial \frac{\partial P_\alpha}{\partial x_i}} \dot{P}_\alpha\right)\right].$$

9 durch Einsetzen der Ausdrücke

$$\frac{\delta H}{\delta Q_\alpha} = \frac{\partial H}{\partial Q_\alpha} - \sum_i \frac{\partial}{\partial x_i} \frac{\partial H}{\partial \frac{\partial Q_\alpha}{\partial x_i}}, \quad \frac{\delta H}{\delta P_\alpha} = \frac{\partial H}{\partial P_\alpha}$$

folgt daraus aber weiter

$$\frac{d G_k}{dt} = -\int \sum_\alpha \left[\sum_i \frac{\partial}{\partial x_i} \left(\frac{\partial H}{\partial \frac{\partial Q_\alpha}{\partial x_i}} \frac{\partial Q_\alpha}{\partial x_k} \right) - \frac{\partial H}{\partial x_k} \right] dV,$$

was vollständig in ein Oberflächenintegral verwandelt werden kann und daher nach Voraussetzung verschwindet, so daß G_k in der Tat zeitlich konstant ist. Wenn keine Raumrichtung von vornherein ausgezeichnet ist, L und daher auch H also invariant sind gegenüber räumlichen Drehungen des Koordinatenachsenkreuzes, bilden die G_k die Komponenten eines Vektors, wie es sein muß.

§2. Kanonische Vertauschungsrelationen für stetige Raum–Zeit-Funktionen. Energie und Impulssatz in der Quantendynamik. Wir sind nun genügend vorbereitet, um auch in der Feldtheorie den Schritt von der klassischen zur Quantenphysik machen zu können. Dabei bedienen wir uns zunächst einer Methode, die der Verwendung von Matrizen oder Operatoren der Quantenmechanik entspricht, während wir auf die Methoden, die der Schrödingerschen Differentialgleichung im Koordinatenraum analog sind, erst später kurz eingehen werden. Die formale Übertragung der letztgenannten Methode in die Feldphysik begegnet der mathematischen Schwierigkeit, in sinngemäßer Weise im Funktionenraum ein Volumenelement zu definieren. Erstere Methode hat überdies den Vorteil, daß eine größere Freiheit in der Wahl der unabhängigen Veränderlichen besteht, indem kanonische Transformationen leichter ausgeführt werden können, und ferner, daß die Form der physikalischen Gesetze, in unserem Falle die Feldgleichungen und der Ausdruck für die Hamiltonsche Funktion direkt aus der klassischen Theorie übernommen werden kann. Der Unterschied zwischen klassischer und Quantenphysik kommt bei dieser Methode bekanntlich darin zum Ausdruck, daß die physikalischen Größen nunmehr durch im allgemeinen nicht kommutative Operatoren ersetzt werden. Im Falle der Quantenmechanik hängen diese physikalischen Zustandsgrößen erstens ab von der Zeit und zweitens diskontinuierlich von einem Index (oder mehreren), der die verschiedenen Freiheitsgrade unterscheidet, im Falle der Quantendynamik der Feldfunktionen gehen die genannten Indizes (zu einem Teil) in die stetig ver-

änderlichen Raumkoordinaten x_1, x_2, x_3 über, die demnach ebenso wie die 10
Zeit t als gewöhnliche Zahlen (c-Zahlen) anzusehen sind.

Um die kanonischen V.-R.* für die kontinuierlichen Feldgrößen zu gewinnen, vollziehen wir, wie im vorigen Paragraphen, den Grenzübergang von dem Fall endlich vieler Freiheitsgrade, indem wir von der Lagrangefunktion (5) ausgehen, welche im Limes unendlich feiner Zelleneinteilung des Raumes in die Lagrangefunktion (3) übergeht. Führen wir das gewöhnliche δ-Symbol ein, welches durch

$$\delta_{ll'} = \left\{ \begin{array}{l} 0 \text{ für } l \neq l' \\ 1 \quad " \quad l = l' \end{array} \right\} \tag{14}$$

definiert ist, ferner die Abkürzung

$$\delta_{l,\,m,\,n;\,l',\,m',\,n'} = \delta_{ll'}\,\delta_{mm'}\,\delta_{nn'}$$

und die Bezeichnung

$$\varDelta V = \varDelta x_1 \varDelta x_2 \varDelta x_3,$$

für das Volumen einer Zelle, so lauten die V.-R. bei endlich vielen Freiheitsgraden nach der gewöhnlichen Quantenmechanik

$$p_{\alpha,\,lmn}\, Q_{\beta,\,l'm'n'} - Q_{\beta,\,l'm'n'}\, p_{\alpha,\,lmn} = \frac{h}{2\pi i}\,\delta_{lmn;\,l'm'n'}\,\delta_{\alpha\beta}, \tag{15}$$

wozu noch die Vertauschbarkeit der verschiedenen Q untereinander sowie der verschiedenen p untereinander hinzukommt. Hierin ist

$$p_{\alpha,\,lmn} = \frac{\partial \overline{L}}{\partial \dot{Q}_{\alpha,\,lmn}} = \varDelta V \frac{\partial L}{\partial \dot{Q}_{\alpha,\,lmn}},$$

so daß im Limes gilt

$$\lim_{\varDelta V \to 0} \frac{1}{\varDelta V}\, p_{\alpha,\,l,\,m,\,n} = P_\alpha(x_1, x_2, x_3).$$

Würden wir in Gleichung (14) nach Division durch $\varDelta V$ zur Grenze $\varDelta V \to 0$ übergehen, so würden wir also auf der rechten Seite Null erhalten. Wir erhalten jedoch ein sinnvolles Resultat, wenn wir (15) erst mit einer beliebigen Treppenfunktion f (c-Zahl) der Indizes $l'm'n'$ multiplizieren und über alle Zellen eines gewissen Raumstückes V' summieren, wenn wir im Limes $\varDelta V \to 0$ die Funktion f derart gegen eine stetige Raumfunktion $f(x_1, x_2, x_3)$ konvergieren lassen, daß hierbei die Summe

$$\sum_{l'm'n'} f(l', m', n')\,\varDelta V$$

in das Integral

$$\int_{V'} f(x_1' x_2' x_3')\, d V'$$

* Hier und im folgenden wird stets die Abkürzung V.-R. für Vertauschungsrelationen verwendet.

11 **über das ausgewählte Raumstück übergeht. Wir erhalten zuerst**

$$\sum_{l'm'n'} f(l'm'n')\,\Delta V\cdot\left[\frac{p_{\alpha,\,lmn}}{\Delta V}\,Q_{\beta,\,l'm'n'} - Q_{\beta,\,l'm'n'}\,\frac{p_{\alpha,\,lmn}}{\Delta V}\right]$$
$$= \frac{h}{2\pi i}\,\delta_{\alpha\beta}\begin{cases} f(l,m,n), & \text{wenn Zelle } l, m, n \text{ in } V',\\ 0 & \text{sonst.}\end{cases}$$

Und im Limes einer unendlich fein gewordenen Zelleneinteilung

$$\iiint\limits_{V'} f(x_1',x_2',x_3')\,dV'\{P_\alpha(x_1x_2x_3)\,Q_\beta(x_1'x_2'x_3') - Q_\beta(x_1',x_2',x_3')\,P_\alpha(x_1,x_2,x_3)\}$$
$$= \frac{h}{2\pi i}\,\delta_{\alpha\beta}\begin{cases} f(x_1,x_2,x_3), & \text{wenn Punkt } x_1, x_2, x_3 \text{ in } V',\\ 0 & \text{sonst.}\end{cases} \tag{16}$$

Übrigens kann hierin auch die Rolle von x_1, x_2, x_3 und x_1', x_2', x_3' vertauscht werden. Es ist zweckmäßig, dieses Resultat mittels des von Dirac eingeführten singulären Funktionssymbols $\delta(x)$ zu formulieren, das durch

$$\int_a^b f(x)\,\delta(x)\,dx = \begin{cases} f(0), & \text{wenn } x = 0 \text{ in } (a, b),\\ 0 & \text{sonst}\end{cases} \tag{17}$$

definiert ist. Es folgt hieraus, daß stets $\delta(-x) = \delta(x)$ gesetzt werden darf. Ferner gilt dann unter Einführung des Vektors $\mathfrak{r}$ mit den Komponenten x_1, x_2, x_3 und den Abkürzungen

$$\left.\begin{aligned} &\delta(\mathfrak{r}) = \delta(x_1)\,\delta(x_2)\,\delta(x_3), \qquad \delta(\mathfrak{r},\mathfrak{r}') = \delta(\mathfrak{r}',\mathfrak{r}) = \delta(\mathfrak{r}-\mathfrak{r}'),\\ &\int\limits_{V'} f(x_1', x_2', x_3')\,\delta(\mathfrak{r},\mathfrak{r}')\,dV' = \begin{cases} f(x_1,x_2,x_3), & \text{wenn } x_1,x_2,x_3 \text{ in } V',\\ 0 & \text{sonst.}\end{cases}\end{aligned}\right\} \tag{17'}$$

Schreiben wir für $P_\alpha(x_1x_2x_3)$, $Q_\alpha(x_1x_2x_3)$ kurz P_α, Q_α, für $P_\alpha(x_1', x_2', x_3')$, $Q_\alpha(x_1', x_2', x_3')$ dagegen P_α', Q_α', und führen wir als weitere Abkürzung das Klammersymbol

$$[F, G] \equiv FG - GF$$

ein, so lassen sich schließlich die kanonischen V.-R. für kontinuierliche Feldgrößen folgendermaßen schreiben:

$$\left.\begin{aligned} &[Q_\alpha, Q_\beta'] = 0, \quad [P_\alpha, P_\beta'] = 0,\\ &[P_\alpha, Q_\beta'] = [P_\alpha', Q_\beta] = \frac{h}{2\pi i}\,\delta_{\alpha\beta}\,\delta(\mathfrak{r},\mathfrak{r}').\end{aligned}\right\} \tag{II}$$

Es ist zu bemerken, daß diese Relationen für zwei verschiedene Raumstellen, aber stets für den gleichen Zeitpunkt gelten, und daß für die Werte der betreffenden Klammersymbole aus den Feldgrößen zu zwei verschiedenen Zeitpunkten zunächst noch nichts ausgesagt wird. Wenn

wir dagegen die Ableitung der δ-Funktion in der üblichen Weise definieren, 12
nämlich

$$\int_a^b f(x)\,\delta'(x)\,dx = \begin{cases} -f'(0), & \text{wenn } x = 0 \text{ in } (a, b), \\ 0 & \text{sonst,} \end{cases} \tag{17''}$$

was aus (17) formal durch partielle Integration und Fortlassen der von den Grenzen herrührenden Glieder entsteht, so können die V.-R. (II) nach den Raumkoordinaten differenziert werden. So ergibt sich z. B.

$$\left.\begin{aligned} \left[P'_\alpha, \frac{\partial Q_\alpha}{\partial x_i}\right] &= \frac{h}{2\pi i}\frac{\partial}{\partial x_i}\delta(\mathfrak{r}, \mathfrak{r}'); \\ \left[P_\alpha, \frac{\partial Q'_\alpha}{\partial x'_i}\right] &= \frac{h}{2\pi i}\frac{\partial}{\partial x'_i}\delta(\mathfrak{r}, \mathfrak{r}') = -\frac{h}{2\pi i}\frac{\partial}{\partial x_i}\delta(\mathfrak{r}, \mathfrak{r}'); \\ \left[\frac{\partial P_\alpha}{\partial x_i}, Q'_\alpha\right] &= \frac{h}{2\pi i}\frac{\partial}{\partial x_i}\delta(\mathfrak{r}, \mathfrak{r}'); \\ \left[\frac{\partial P'_\alpha}{\partial x'_i}, Q_\alpha\right] &= \frac{h}{2\pi i}\frac{\partial}{\partial x'_i}\delta(\mathfrak{r}, \mathfrak{r}') = -\frac{h}{2\pi i}\frac{\partial}{\partial x_i}\delta(\mathfrak{r}, \mathfrak{r}'), \end{aligned}\right\} \tag{18}$$

wobei die letztere Gleichung aus $\delta(\mathfrak{r}, \mathfrak{r}') = \delta(\mathfrak{r} - \mathfrak{r}') = \delta(\mathfrak{r}' - \mathfrak{r})$ folgt.

Um weiter zu kommen, muß die Differentiation einer Funktion von nicht vertauschbaren Größen nach einer dieser Größen definiert werden, was in bekannter Weise gemäß

$$\frac{\partial F(Q_1, Q_2, \ldots)}{\partial Q_1} = \lim_{\delta \to 0} \frac{F(Q_1 + \delta, Q_2, \ldots) - F(Q_1, Q_2, \ldots)}{\delta}$$

geschehen soll, worin δ eine c-Zahl (multipliziert mit dem nicht hingeschriebenen Einheitsoperator) ist. Bei dieser Definition gilt die gewöhnliche Regel für die Differentiation des Produktes

$$\frac{\partial (F_1 F_2)}{\partial Q_1} = F_1 \frac{\partial F_2}{\partial Q_1} + \frac{\partial F_1}{\partial Q_1} F_2,$$

worin auf Beibehaltung der Reihenfolge der Faktoren zu achten ist.

Nun sei F eine beliebige Funktion der P_α, $\frac{\partial P_\alpha}{\partial x_i}$, Q_α, $\frac{\partial Q_\alpha}{\partial x_i}$, die aber zunächst nur von den Werten dieser Funktionen an einer einzigen Raumstelle abhängen möge. Dann läßt sich, immer in Analogie zu den entsprechenden Entwicklungen der gewöhulichen Quantenmechanik, leicht beweisen:

$$\left.\begin{aligned} [F, Q'_\alpha] &= \frac{h}{2\pi i}\left[\frac{\partial F}{\partial P_\alpha}\delta(\mathfrak{r}, \mathfrak{r}') + \sum_i \frac{\partial F}{\partial \frac{\partial P_\alpha}{\partial x_i}}\frac{\partial}{\partial x_i}\delta(\mathfrak{r}, \mathfrak{r}')\right], \\ [P'_\alpha, F] &= \frac{h}{2\pi i}\left[\frac{\partial F}{\partial Q_\alpha}\delta(\mathfrak{r}, \mathfrak{r}') + \sum_i \frac{\partial F}{\partial \frac{\partial Q_\alpha}{\partial x_i}}\frac{\partial}{\partial x_i}\delta(\mathfrak{r}, \mathfrak{r}')\right]. \end{aligned}\right\} \tag{19}$$

13 **Diese Relationen sind nämlich offenbar gemäß (II) und (18) richtig, wenn für F eine der Feldgrößen P_α, Q_α, $\frac{\partial P_\alpha}{\partial x_i}$, $\frac{\partial Q_\alpha}{\partial x_i}$ selbst eingesetzt wird, und man zeigt dann weiter, daß sie für $F_1 + F_2$ und $F_1 F_2$ richtig bleiben, wenn sie für F_1 und F_2 als richtig vorausgesetzt werden. Man gewinnt ferner aus (19) durch Integration unmittelbar die entsprechenden V.-R. für**

$$\overline{F} = \int F\,dV,$$

nämlich

$$[\overline{F},\, Q'_\alpha] = \frac{h}{2\pi i}\left(\frac{\partial F}{\partial P_\alpha} - \sum_i \frac{\partial}{\partial x_i}\,\frac{\partial F}{\partial \frac{\partial P_\alpha}{\partial x_i}}\right)_{\text{für } x_i = x'_i},$$

$$[P'_\alpha,\, \overline{F}] = \frac{h}{2\pi i}\left(\frac{\partial F}{\partial Q_\alpha} - \sum_i \frac{\partial}{\partial x_i}\,\frac{\partial F}{\partial \frac{\partial Q_\alpha}{\partial x_i}}\right)_{\text{für } x_i = x'_i}$$

Mit Einführung der Symbole $\frac{\delta \overline{F}}{\delta P_\alpha}$ und $\frac{\delta \overline{F}}{\delta Q_\alpha}$ gemäß (4) läßt sich dies einfach schreiben:

$$[\overline{F},\, Q_\alpha] = \frac{h}{2\pi i}\,\frac{\delta \overline{F}}{\delta P_\alpha}, \quad [\overline{F},\, P_\alpha] = -\frac{h}{2\pi i}\,\frac{\delta \overline{F}}{\delta Q_\alpha}, \tag{20}$$

worin die Variation stets an derselben Raumstelle zu bilden ist, auf die sich die in den Klammerausdrücken befindlichen Feldgrößen beziehen.

Wir sind nun genügend vorbereitet, um zur Diskussion der Feldgleichungen übergehen zu können. Diese übernehmen wir in der kanonischen Form (I) aus der klassischen Theorie:

$$\dot{Q}_\alpha = \frac{\delta \overline{H}}{\delta P_\alpha}, \quad \dot{P}_\alpha = -\frac{\delta \overline{H}}{\delta Q_\alpha}, \tag{I}$$

mit dem besonderen Zusatz jedoch, daß die hierin vorkommenden partiellen Differentiationen in dem oben definierten Sinne zu verstehen sind. Auch werden im allgemeinen besondere Vorschriften über die Reihenfolge der Faktoren in H erforderlich sein, die das klassische Vorbild nicht eindeutig zu bestimmen gestattet. Bei der späteren Anwendung jedoch wird H (im wesentlichen) eine quadratische Form der Feldgrößen, die Feldgleichungen werden also (im wesentlichen)* linear sein, so daß die Vorschrift (I) besagt, daß die Feldgleichungen genau so lauten wie die entsprechenden klassischen.

* Hamiltonfunktion und Feldgleichungen der Materiewellen enthalten Produkte der materiellen Feldgrößen ψ und ψ^* mit den elektromagnetischen Potentialen Φ_ν. Wir werden jedoch sehen, daß in unserer Theorie ψ und ψ^* mit den Φ_ν vertauschbar sind, so daß dieser Umstand nicht stört.

Vermöge (20) können die Feldgleichungen sofort in der Form ge- 14
schrieben werden:

$$\dot{Q}_\alpha = \frac{2\pi i}{h}[\overline{H}, Q_\alpha], \qquad \dot{P}_\alpha = \frac{2\pi i}{h}[\overline{H}, P_\alpha],$$

aus der sodann durch einen ähnlichen Induktionsschluß wie oben für eine jede der dort betrachteten Größen F die Relation

$$\dot{F} = \frac{2\pi i}{h}[\overline{H}, F], \tag{21}$$

also auch für

$$\overline{F} = \int F\, dV$$

$$\dot{\overline{F}} = \frac{2\pi i}{h}[H, \overline{F}] \tag{21'}$$

zu folgern ist*.

Aus dieser Gleichung können nun zwei Schlußfolgerungen gezogen werden, die für die widerspruchsfreie Durchführbarkeit der Theorie von grundlegender Wichtigkeit sind. Zuerst setzen wir in (21') $\overline{F} = \overline{H}$, woraus sich wegen $[\overline{H}, \overline{H}] \equiv 0$

$$\dot{\overline{H}} = 0, \quad \overline{H} = \text{const} \tag{22}$$

ergibt. Es gilt also auch hier der Energiesatz** [wobei natürlich angenommen wurde, daß H die Zeit nicht explizite enthält, da (21) nur für Größen zutrifft, welche diese Voraussetzung erfüllen]. Zweitens setzen wir in (21) für F eines der Klammersymbole $[Q_\alpha, Q'_\beta]$, $[P_\alpha, P'_\beta]$, $[P_\alpha, Q'_\beta]$, $[P'_\alpha, Q_\beta]$. Da gemäß (II) diese Klammersymbole alle c-Zahlen sind (genauer: c-Zahlen multipliziert mit Einheitsoperatoren), sind sie ihrerseits mit H vertauschbar, so daß die zeitlichen Ableitungen der Klammersymbole (bei festen Raumstellen) verschwinden. Dies bedeutet, daß bei Annahme der V.-R. (II) für einen gewissen Zeitpunkt $t = t_0$ sich diese V.-R. vermöge der Feldgleichungen (I) für einen benachbarten Zeitpunkt und damit für alle Zeiten reproduzieren. Hierdurch ist erst die Vereinbarkeit von (I) und (II) erwiesen.

* Die Rolle dieser Relation ist die, daß sie die Anwendung von Gleichungen wie

$$\dot{F} = \sum_\alpha \left[\frac{\partial F}{\partial Q_\alpha}\dot{Q}_\alpha + \frac{\partial F}{\partial P_\alpha}\dot{P}_\alpha + \sum_i \left(\frac{\partial F}{\partial \frac{\partial Q_\alpha}{\partial x_i}} \frac{\partial \dot{Q}_\alpha}{\partial x_i} + \frac{\partial F}{\partial \frac{\partial P_\alpha}{\partial x_i}} \frac{\partial \dot{P}_\alpha}{\partial x_i} \right) \right],$$

die unzulässig wäre, zu vermeiden gestattet.

** Man wird bemerken, daß wir hier im Gegensatz zu den älteren Darstellungen der Quantenmechanik die Annahme, $\overline{H}$ sei auf Diagonalform gebracht, nicht eingeführt haben, da dies zwar einen wichtigen, aber nicht den einzig möglichen Fall der physikalischen Anwendung der Gleichungen darstellt.

15 Wir machen nun noch eine Anwendung von (20) auf die durch (13) definierten Impulsintegrale

$$G_k = -\int \sum_\alpha P_\alpha \frac{\partial Q_\alpha}{\partial x_k} dV. \tag{13}$$

Man findet, indem man in (20) $\overline{F}$ mit G_k identifiziert,

$$[G_k, Q_\alpha] = \frac{ih}{2\pi}\frac{\partial Q_\alpha}{\partial x_k}, \quad [G_k, P_\alpha] = \frac{ih}{2\pi}\frac{\partial P_\alpha}{\partial x_k}.$$

Durch Induktion folgt daraus für jede (die Raumkoordinaten nicht explizite enthaltende) Größe F der betrachteten Art

$$\frac{\partial F}{\partial x_k} = -\frac{2\pi i}{h}[G_k, F], \tag{23}$$

welche Relationen ein Seitenstück zu (21) bilden. Durch Integration über das räumliche Volumen folgt hieraus wegen

$$\int \frac{\partial F}{\partial x_k} dV = 0$$

bei Existenz von $\overline{F} = \int F dV$

$$[G_k, \overline{F}] = 0$$

und speziell für $F = \overline{H}$ gemäß (21)

$$\dot{G}_k = 0, \quad G_k = \text{const}, \tag{24}$$

wodurch die Existenz der Impulsintegrale in der Quantendynamik bewiesen ist. Hierzu ist allerdings noch eine Bemerkung betreffend die Reihenfolge der Faktoren P_α und $\frac{\partial Q_\alpha}{\partial x_k}$ in (13) zu machen. Zwar ist die Gültigkeit von (23) und (24) von dieser Reihenfolge unabhängig, aber gemäß (18) wird $\left[P_\alpha, \frac{\partial Q_\alpha}{\partial x_k}\right]$, da diese Funktionen an derselben Raumstelle zu nehmen sind, so wie $\delta'(x)$ für $x = 0$ singulär und unbestimmt. Welche Linearkombination der Ausdrücke $P_\alpha \frac{\partial Q_\alpha}{\partial x_k}$ und $\frac{\partial Q_\alpha}{\partial x_k} P_\alpha$ im Integranden von G_k zu verwenden ist, kann also nicht von vornherein angegeben werden.

Aus (21) und (23) folgen bei Darstellung der die Feldgrößen repräsentierenden Operatoren durch Matrizen und in dem Sonderfall, daß Energie $\overline{H}$ und Impuls G_k auf Diagonalform gebrachte Matrizen sind, für ein beliebiges Matrixelement F_{nm} von F die Differentialgleichungen

$$\dot{F}_{nm} = \frac{2\pi i}{h}(\overline{H}_n - \overline{H}_m) F_{nm}, \quad \frac{\partial F_{nm}}{\partial x_k} = -\frac{2\pi i}{h}(G_{k,n} - G_{k,m}) F_{nm},$$

so daß die Abhängigkeit des Elementes F_{nm} von Raum und Zeit notwendig die Gestalt einer harmonischen Welle hat: 16

$$F_{nm} = a_{nm}\, e^{\frac{2\pi i}{h}[(\overline{H}_n - \overline{H}_m)t - (\mathfrak{G}_n - \mathfrak{G}_m)\mathfrak{r}]}, \tag{25}$$

wenn unter $\mathfrak{G}$ der Impulsvektor mit den Komponenten G_k verstanden wird. Unabhängig von irgend einer speziellen Darstellung der Operatoren folgt durch wiederholte Anwendung von (21) und (23) in bekannter Weise für jede Größe F

$$\begin{aligned} &F(x_1', x_2', x_3', t') \\ &= e^{\frac{2\pi i}{h}[\overline{H}(t'-t) - (\mathfrak{G}, \mathfrak{r}'-\mathfrak{r})]}\, F(x_1, x_2, x_3, t)\, e^{-\frac{2\pi i}{h}[\overline{H}(t'-t) - (\mathfrak{G}, \mathfrak{r}'-\mathfrak{r})]}. \end{aligned} \tag{26}$$

Zum Schluß dieses Paragraphen sei noch als Methode der Integration der Gleichungen die der Entwicklung der Feldgrößen nach Eigenschwingungen erwähnt; es ist die einzige Methode, die sich bisher als praktisch durchführbar erwiesen hat. Man entwickle die Feldgrößen in ihrer Abhängigkeit von den Raumkoordinaten nach einem Orthogonalsystem:

$$P_\alpha = \sum_\varrho a_{\alpha\varrho}(t)\, u_\varrho(x_1, x_2, x_3), \quad Q_\alpha = \sum_\varrho b_{\alpha\varrho}(t)\, u_\varrho^*(x_1, x_2, x_3), \tag{27}$$

worin

$$\int u_\varrho u_\sigma^*\, dV = \delta_{\varrho\sigma} \tag{28}$$

und die Umkehrformeln lauten:

$$a_{\alpha\varrho}(t) = \int P_\alpha u_\varrho^*(x_1, x_2, x_3)\, dV, \quad b_{\alpha\varrho}(t) = \int Q_\alpha u_\varrho(x_1, x_2, x_3)\, dV. \tag{27'}$$

H i e r i n s i n d d i e u_ϱ a l s c-F u n k t i o n e n, d i e a_α u n d b_α j e d o c h e b e n s o w i e d i e P_α u n d Q_α a l s q-Z a h l e n z u b e t r a c h t e n.

Daß das Orthogonalsystem diskret wird, kann man dadurch erzwingen, daß man entweder das Feld in einem Hohlraum betrachtet, an dessen Wänden gewisse Randbedingungen erfüllt sein müssen (stehende Wellen), oder, wie z. B. in der Kristallgittertheorie üblich, durch die Beschränkung des Feldes auf räumlich periodischen Verlauf mit hinreichend großer Periode (fortschreitende Wellen).

Als V.-R. der a und b ergibt sich gemäß (II)

$$[a_{\alpha\varrho}, b_{\beta\sigma}] = \int [P_\alpha, Q_\beta']\, u_\varrho^* u_\sigma'\, dV\, dV' = \frac{h}{2\pi i}\,\delta_{\alpha\beta}\int u_\varrho^* u_\sigma\, dV,$$

folglich gemäß (28) die kanonische Form

$$[a_{\alpha\varrho}, b_{\beta\sigma}] = \frac{h}{2\pi i}\,\delta_{\alpha\beta}\,\delta_{\varrho\sigma}. \tag{29}$$

17 Die Hamiltonfunktion $\overline{H}$ geht über in eine Funktion der a und b und gibt zu kanonischen Gleichungen in diesen Variablen Anlaß. In der Wahl des Orthogonalsystems besteht natürlich vollkommene Freiheit. Gelingt es, dieses so zu wählen, daß $\overline{H}$ separierbar ist, so können alle Matrizen leicht berechnet werden. Im anderen Falle muß bei einem passenden Ausgangssystem Störungstheorie getrieben werden, sei es mit Einführung von Schrödingerschen Funktionen $\varphi(b_1, b_2, \ldots)$, sei es nach den ursprünglichen Methoden der Matrixtheorie.

§ 3. Relativistische Invarianz der V.-R. bei invarianter Lagrangefunktion. Bisher war immer nur die Rede von V.-R., welche die Werte der Feldgrößen an zwei Raumstellen am gleichen Zeitpunkt miteinander verknüpfen. Durch die Feldgleichungen (I) sind dann jedoch die V.-R. für zwei verschiedene Zeitpunkte implizite bestimmt. Von einer brauchbaren Theorie muß nun verlangt werden, daß bei relativistischer Invarianz der Lagrangeschen Funktion auch die V.-R. ihre Form behalten, wenn man von einem Koordinatensystem durch Lorentztransformation zu einem anderen übergeht. Es ist die Aufgabe dieses Paragraphen, den Nachweis zu erbringen, daß diese Bedingung erfüllt ist.

Wenn wir von einem Koordinatensystem durch Lorentztransformation zu einem anderen übergehen, so ändern sich die Werte der Klammersymbole in (II) aus zwei Gründen. Erstens werden die Größen P_α und Q_α im allgemeinen keine Skalare sein, werden sich also an einem bestimmten Weltpunkt in gewisser Weise transformieren. Zweitens sind im gestrichenen Koordinatensystem andere Weltpunkte in den V.-R. anzunehmen als im ungestrichenen, indem die letzteren eine gemeinsame t'-Koordinate, die ersteren jedoch den gleichen Wert von t aufweisen. Die durch den letzten Umstand bedingte Änderung der Klammersymbole wäre indessen schwierig zu ermitteln, da wir allgemeine Formeln für diese im Falle endlicher Differenzen der Zeitwerte an den beiden in Betracht kommenden Stellen nicht aufstellen können. Man kann jedoch diese Schwierigkeit dadurch umgehen, daß man sich auf infinitesimale Lorentztransformationen beschränkt. In diesem Falle kann nämlich irgend eine physikalische Größe $f(t')$ durch $f(t) + \frac{\partial f}{\partial t}(t' - t)$ ersetzt werden, und $\frac{\partial f}{\partial t}$ sowie die zugehörigen V.-R. können aus (I) entnommen werden. Wegen des Gruppencharakters der Gesamtheit dieser Transformationen folgt dann hieraus von selbst die Invarianz der Gleichungssysteme auch bei endlichen Transformationen. Wir werden demgemäß im folgenden so vorgehen, daß wir die Änderungen der Klammersymbole bei infinitesimalen Lorentz-

transformationen infolge der beiden genannten Umstände getrennt be- 18
rechnen und dann untersuchen werden, unter welchen Bedingungen sie sich kompensieren.

Wenn wir mit der Diskussion der erstgenannten Ursache der Änderung der Klammersymbole beginnen, müssen wir zunächst über die Art der Transformation der Größen P_α und Q_α bei Lorentztransformationen allgemeine Aussagen machen. Es wird zweckmäßig sein, die imaginäre Zeitkoordinate $x_4 = ict$ einzuführen, ferner statt der früher mit P_α bezeichneten Größen

$$P_{\alpha 4} = \frac{\partial L}{\partial \dfrac{\partial Q_\alpha}{\partial x_4}} = i c P_\alpha, \tag{30}$$

so daß

$$\frac{\partial P_{\alpha 4}}{\partial x_4} = \dot{P}_\alpha = -\frac{\delta \overline{H}}{\delta Q_\alpha}, \quad \frac{\partial Q_\alpha}{\partial x_4} = \frac{1}{ic}\dot{Q}_\alpha = \frac{1}{ic}\frac{\delta \overline{H}}{\delta P_\alpha} = \frac{\delta \overline{H}}{\delta P_{\alpha 4}}, \tag{30'}$$

$$[P_{\alpha 4}, \bar{Q}_\beta] = \frac{hc}{2\pi}\delta_{\alpha\beta}\,\delta(\mathfrak{r}, \bar{\mathfrak{r}}), \tag{31}$$

wobei wir jetzt zur Kennzeichnung der Raum-Zeitstelle von Q_β das Überstreichen anwenden, um den Akzent dem Übergang zu einem anderen Koordinatensystem vorzubehalten. Als formal gleichgeordnet werden im folgenden neben den $P_{\alpha 4}$ die bereits in (9) eingeführten Größen

$$P_{\alpha i} = \frac{\partial L}{\partial \dfrac{\partial Q_\alpha}{\partial x_i}} = -\frac{\partial H}{\partial \dfrac{\partial Q_\alpha}{\partial x_i}} \tag{9}$$

treten, für die jedoch keine so einfach angebbaren V.-R. mit Q_β und $P_{\beta 4}$ gelten wie die Gleichung (31). Hierbei ist jedoch besonders zu betonen, daß die Übereinstimmung der beiden in (9) benutzten Ausdrücke für $P_{\alpha i}$ wegen der Nichtvertauschbarkeit gewisser Faktoren in H nicht allgemein verbürgt ist. Nur wenn L eine quadratische Form der Q_α und $\dfrac{\partial Q_\alpha}{\partial x_i}$ mit konstanten Koeffizienten (mit einer eventuell noch hinzutretenden beliebigen Funktion der Q_α allein) ist, kann die bei der Herleitung von (9) verwendete Argumentation unmittelbar übernommen werden. Es gilt dann allgemein

$$P_{\alpha \mu} = \frac{\partial L}{\partial \dfrac{\partial Q_\alpha}{\partial x_\mu}}, \tag{32}$$

wenn hier und im folgenden stets die Indizes $\mu, \nu, \ldots$ von 1 bis 4 laufen, im Gegensatz zu lateinisch geschriebenen Indizes, welche sich nur auf

19 räumliche Koordinaten beziehen und von 1 bis 3 laufen, und im Gegensatz zu den Indizes $\alpha, \beta, \ldots,$ welche die verschiedenen Größen $P_{\alpha 4}$ und Q^{α} unterscheiden. Weder über die Anzahl noch über das Transformationsgesetz der letzteren Größen machen wir eine spezielle Annahme. Jedoch kann leicht aus (32) geschlossen werden*: Transformieren sich bei der orthogonalen Koordinatentransformation (über zweimal vorkommende Indizes ist zu summieren)

$$x'_\mu = a_{\mu\nu} x_\nu, \quad a_{\mu\varrho} a_{\nu\varrho} = \delta_{\nu\mu} \tag{33}$$

die Größen Q gemäß

$$Q'_\alpha = A_{\alpha\beta} Q_\beta, \tag{34}$$

so transformieren sich die $P_{\alpha\mu}$ gemäß

$$P'_{\alpha\mu} = a_{\mu\nu} B_{\alpha\beta} P_{\beta\nu}, \tag{35}$$

worin die Koeffizienten B mit dem Koeffizienten A gemäß

$$A_{\alpha\gamma} B_{\beta\gamma} = \delta_{\alpha\beta} \tag{36}$$

zusammenhängen. Das heißt, die Matrix der B ist die reziproke der transponierten Matrix A. Es folgt hieraus, daß über gleiche Indizes der P und der Q stets verjüngt werden darf, so daß z. B. $\sum_\alpha P_{\alpha\mu} Q_\alpha$ ein Vektor, $\sum_\alpha P_{\alpha\mu} \frac{\partial Q_\alpha}{\partial x_\nu}$ ein Tensor ist.

Wenn wir von den endlichen zu infinitesimalen Transformationen übergehen, wobei $a_{\mu\nu} = \delta_{\mu\nu} + \varepsilon s_{\mu\nu}$, $A_{\alpha\beta} = \delta_{\alpha\beta} + \varepsilon t_{\alpha\beta}$ und gemäß (33) und (36) $s_{\mu\nu} = -s_{\nu\mu}$, $s_{\nu\nu} = 0$, $B_{\alpha\beta} = \delta_{\alpha\beta} - \varepsilon t_{\beta\alpha}$ gilt und Größen der Ordnung ε^2 vernachlässigt werden, wird aus (33), (34) und (35)

$$x'_\mu = x_\mu + \varepsilon s_{\mu\nu} x_\nu, \quad s_{\mu\nu} = -s_{\nu\mu}, \tag{33'}$$

$$Q'_\alpha = Q_\alpha + \varepsilon t_{\alpha\beta} Q_\beta, \tag{34'}$$

$$P'_{\alpha\mu} = P_{\alpha\mu} - \varepsilon t_{\beta\alpha} P_{\beta\mu} + \varepsilon s_{\mu\nu} P_{\alpha\nu}. \tag{35'}$$

Nunmehr berechnen wir die Klammersymbole der gestrichenen Feldgrößen, wobei wir jedoch die Weltpunkte (x_μ) und $(\bar{x}_\mu)$, an denen die Feldgrößen zu nehmen sind, zunächst fest lassen.

Dann wird

$$[Q'_\alpha, \overline{Q}'_\beta] = [Q_\alpha, \overline{Q}_\beta] + \varepsilon t_{\alpha\gamma} [Q_\gamma, \overline{Q}_\beta] + \varepsilon t_{\beta\delta} [Q_\alpha, \overline{Q}_\delta],$$

$$[P'_{\alpha 4}, \overline{Q}'_\beta] = [P_{\alpha 4}, \overline{Q}_\beta] + \varepsilon s_{4\nu} [P_{\alpha\nu}, \overline{Q}_\beta] - \varepsilon t_{\gamma\alpha} [P_{\gamma 4}, \overline{Q}_\beta] + \varepsilon t_{\beta\gamma} [P_{\alpha 4}, \overline{Q}_\gamma],$$

$$\begin{aligned}[P'_{\alpha 4}, \overline{P}'_{\beta 4}] = {} & [P_{\alpha 4}, \overline{P}_{\beta 4}] + \varepsilon s_{4\nu} [P_{\alpha\nu}, \overline{P}_{\beta 4}] + \varepsilon s_{4\nu} [P_{\alpha 4}, \overline{P}_{\beta\nu}] \\ & - \varepsilon t_{\gamma\alpha} [P_{\gamma 4}, \overline{P}_{\beta 4}] - \varepsilon t_{\gamma\beta} [P_{\alpha 4}, \overline{P}_{\gamma 4}].\end{aligned}$$

Diese Ausdrücke vereinfachen sich wesentlich, wenn wir für das ungestrichene Koordinatensystem die Werte (II) bzw. (31) der Klammer-

---

* Dies gilt unabhängig davon, ob L neben $\dot{Q}_\alpha$ noch die $P_{\alpha 4}$ explizite enthält oder nicht.

symbole einsetzen. Es verschwinden dann nämlich alle Terme, welche 20
die $t_{\alpha\beta}$ als Faktor enthalten. In der ersten und letzten Gleichung ist dies trivial, in der zweiten Gleichung geben sie (bis auf einen gemeinsamen konstanten Faktor) den Beitrag

$$-t_{\gamma\alpha}\delta_{\gamma\beta} + t_{\beta\gamma}\delta_{\alpha\gamma} = -t_{\beta\alpha} + t_{\beta\alpha} = 0.$$

Es bleiben also nur die Terme mit dem Faktor $s_{4\nu}$ stehen, in welchen übrigens zufolge $s_{44} = 0$ noch ν durch den von 1 bis 3 laufenden Index k ersetzt werden kann, so daß man hat

$$\left.\begin{aligned} [Q'_\alpha, \overline{Q}'_\beta] &= 0, \\ [P'_{\alpha 4}, \overline{Q}'_\beta] &= \frac{hc}{2\pi}\,\delta\,(\mathfrak{r}, \bar{\mathfrak{r}})\,\delta_{\alpha\beta} + \varepsilon\, s_{4k}[P_{\alpha k}, \overline{Q}_\beta], \\ [P'_{\alpha 4}, \overline{P}'_{\beta 4}] &= \varepsilon\, s_{4k}[P_{\alpha k}, \overline{P}_{\beta 4}] + \varepsilon\, s_{4k}[P_{\alpha 4}, \overline{P}_{\beta k}]. \end{aligned}\right\} \quad (37)$$

Wir können nun zur Berechnung des zweiten Teiles der Änderung der Klammersymbole übergehen, nämlich derjenigen, welche von der Änderung der Weltpunkte herrührt. Nun ist es stets erlaubt, den Ursprung des Koordinatensystems in einen der beiden Weltpunkte zu legen, der also fest bleibt. In welchem der beiden Weltpunkte ist gleichgültig, da bereits gezeigt ist, daß der Übergang von einem Schnitt $t =$ const zu einem p a r a l l e l e n Nachbarschnitt durch die vierdimensionale Welt an den V.-R. nichts ändert. Wählen wir den ersten Punkt P als den festen, so hat der zweite, $\overline{P}$, im ungestrichenen Koordinatensystem die Werte $x_i = \bar{x}_i$, $x_4 = 0$, während der Punkt $\overline{P}'$ im gestrichenen Koordinatensystem dieselben Werte $x'_i = \bar{x}_i$, $x'_4 = 0$ der Koordinaten besitzt. Im ungestrichenen System hat also der Punkt $\overline{P}$ die Koordinaten $(\bar{x}_i, 0)$, der Punkt $\overline{P}'$ aber wegen $x_4 = 0$ die Koordinaten $(\bar{x}_i - \varepsilon\, s_{ik}\bar{x}_k,\ -\varepsilon\, s_{4k}\bar{x}_k)$ Also wird für irgend zwei Größen F_1, F_2:

$$[F_1(P), F_2(\overline{P}')] = [F_1(P), F_2(\overline{P})] - \varepsilon\, s_{\nu k}\bar{x}_k \left[F_1(P), \frac{\partial F_2(\overline{P})}{\partial \bar{x}_\nu}\right].$$

Die Gesamtänderung der Klammersymbole wird demnach, wenn wir den Nullpunkt des Koordinatensystems nunmehr wieder beliebig lassen

$$\left.\begin{aligned} [Q'_\alpha, Q'_\beta(\overline{P}')] - [Q_\alpha, Q_\beta(\overline{P})] &= -\varepsilon\, s_{\nu k}(\bar{x}_k - x_k)\left[Q_\alpha, \frac{\partial \overline{Q}_\beta}{\partial \bar{x}_\nu}\right] \\ [P'_{\alpha 4}, Q'_\beta(\overline{P}')] - [P_{\alpha 4}, Q_\beta(\overline{P})] &= -\varepsilon\, s_{\nu k}(\bar{x}_k - x_k)\left[P_{\alpha 4}, \frac{\partial \overline{Q}_\beta}{\partial \bar{x}_\nu}\right] \\ &\quad + \varepsilon\, s_{4k}[P_{\alpha k}, \overline{Q}_\beta] \\ [P'_{\alpha 4}, P'_{\beta 4}(\overline{P}')] - [P_{\alpha 4}, P_{\beta 4}(\overline{P})] &= -\varepsilon\, s_{\nu k}(\bar{x}_k - x_k)\left[P_{\alpha 4}, \frac{\partial \overline{P}_{\beta 4}}{\partial \bar{x}_\nu}\right] \\ &\quad + \varepsilon\, s_{4k}\{[P_{\alpha k}, \overline{P}_{\beta 4}] + [P_{\alpha 4}, \overline{P}_{\beta k}]\}. \end{aligned}\right\} \quad (38)$$

21 Hierzu ist zunächst zu bemerken, daß in den Gliedern mit $s_{\nu k}$ der Summationsbuchstabe ν auf 4 beschränkt werden kann. Für die erste und letzte Gleichung ist dies trivial wegen Verschwindens der betreffenden Klammersymbole, für die mittlere Gleichung folgt es daraus, daß mit dem Faktor $(\bar{x}_k - x_k)$ behaftete Glieder nur dann beibehalten zu werden brauchen, wenn dieser Faktor durch eine hinzutretende Ableitung der δ-Funktion nach $\bar{x}_k$ wieder aufgehoben wird, was auch für das Folgende von Wichtigkeit sein wird. Für $\nu = 1, 2, 3$ ist nun $\left[P_{\alpha 4}, \frac{\partial Q_\beta}{\partial \bar{x}_\nu}\right]$ proportional $\frac{\partial}{\partial x_\nu}\,\delta(\mathfrak{r}, \bar{\mathfrak{r}})$, während für $\nu = k$ wegen $s_{kk} = 0$ der Term zum Verschwinden gebracht wird, so daß auch hier nur $\nu = 4$ übrigbleibt.

Sollen nun die V.-R. (II) auch für den nicht parallelen Nachbarschnitt $t' = \text{const}$ gültig bleiben, so müssen für alle schiefsymmetrischen $s_{\mu\nu}$, also für alle s_{4k} die Terme mit ε in den angeschriebenen Formeln sich kompensieren. Das heißt, es muß gelten

$$\left.\begin{aligned}(\bar{x}_k - x_k)\left[Q_\alpha, \frac{\partial \bar{Q}_\beta}{\partial x_4}\right] &= 0,\\ (\bar{x}_k - x_k)\left[P_{\alpha 4}, \frac{\partial \bar{Q}_\beta}{\partial x_4}\right] &= [P_{\alpha k}, \bar{Q}_\beta],\\ (\bar{x}_k - x_k)\left[P_{\alpha 4}, \frac{\partial \bar{P}_{\beta 4}}{\partial x_4}\right] &= [P_{\alpha k}, \bar{P}_{\beta 4}] + [P_{\alpha 4}, \bar{P}_{\beta k}].\end{aligned}\right\} \tag{39}$$

Wir gehen nun an die Verifikation der Gleichungen (39), wobei wir annehmen, daß H die räumlichen Ableitungen der P nicht enthält. Dann ist zunächst die erste Gleichung von selbst erfüllt, da der Klammerausdruck $\left[Q_\alpha, \frac{\partial \bar{Q}_\beta}{\partial x_4}\right]$ dann nur die Funktion δ selbst, nicht ihre räumlichen Ableitungen enthält. Auch die zweite Gleichung ist leicht zu bestätigen. Zunächst wird die rechte Seite nach (II) und (19)

$$\frac{2\pi}{hc}[P_{\alpha k}, \bar{Q}_\beta] = \frac{\partial P_{\alpha k}}{\partial P_{\beta 4}}\,\delta(\mathfrak{r}, \bar{\mathfrak{r}}) = -\frac{\partial^2 H}{\partial P_{\beta 4}\,\partial \frac{\partial Q_\alpha}{\partial x_k}}\,\delta(\mathfrak{r}, \bar{\mathfrak{r}}),$$

während sich für die linke Seite ergibt

$$\begin{aligned}\frac{2\pi}{hc}(\bar{x}_k - x_k)\left[P_{\alpha 4}, \frac{\partial \bar{Q}_\beta}{\partial x_4}\right] &= \frac{2\pi}{hc}(\bar{x}_k - x_k)\left[P_{\alpha 4}, \frac{\partial \bar{H}}{\partial P_\beta}\right]\\ &= (\bar{x}_k - x_k)\frac{\partial}{\partial Q_\alpha}\frac{\partial H}{\partial P_\beta}\,\delta + (\bar{x}_k - x_k)\sum_i \frac{\partial}{\partial \frac{\partial Q_\alpha}{\partial x_i}}\frac{\partial H}{\partial P_\beta}\frac{\partial}{\partial \bar{x}_i}\,\delta.\end{aligned}$$

Da der Faktor von $(\bar{x}_k - x_k)$ durch eine Ableitung der δ-Funktion 22
kompensiert werden muß, bleibt infolge partieller Differentiation nach $(\bar{x}_k - x_k)$ allein übrig

$$-\frac{\partial}{\partial \frac{\partial Q_\alpha}{\partial x_k}} \frac{\partial H}{\partial P_\beta},$$

was mit dem Wert der rechten Seite übereinstimmt*. Etwas mehr Rechnung erfordert die letzte der Gleichungen (39). Zunächst folgt für den Wert der rechten Seite dieser Gleichung nach (19)

$$\begin{aligned}\frac{2\pi}{hc}\{[P_{\alpha k}, \overline{P}_{\beta 4}] + [P_{\alpha 4}, \overline{P}_{\beta k}]\} &= \left(-\frac{\partial P_{\alpha k}}{\partial Q_\beta} + \frac{\partial P_{\beta k}}{\partial Q_\alpha}\right)\delta \\ &+ \sum_i \left(\frac{\partial P_{\alpha k}}{\partial \frac{\partial Q_\beta}{\partial x_i}} + \frac{\partial P_{\beta k}}{\partial \frac{\partial Q_\alpha}{\partial x_i}}\right)\frac{\partial}{\partial \bar{x}_i}\delta \\ &= \left(\frac{\partial^2 H}{\partial Q_\beta \partial \frac{\partial Q_\alpha}{\partial x_k}} - \frac{\partial^2 H}{\partial Q_\alpha \partial \frac{\partial Q_\beta}{\partial x_k}}\right)\delta \\ &- \sum_i \left(\frac{\delta^2 H}{\partial \frac{\partial Q_\beta}{\partial x_i} \partial \frac{\partial Q_\alpha}{\partial x_k}} + \frac{\partial^2 H}{\partial \frac{\partial Q_\alpha}{\partial x_i} \partial \frac{\partial Q_\beta}{\partial x_k}}\right)\frac{\partial}{\partial \bar{x}_i}\delta. \qquad (*)\end{aligned}$$

Die linke Seite der letzten Gleichung (39) wird

$$\begin{aligned}&\frac{2\pi}{hc}(\bar{x}_k - x_k)\left[P_{\alpha 4}, \frac{\partial \overline{P}_{\beta 4}}{\partial x_4}\right] \\ &= \frac{2\pi}{hc}(\bar{x}_k - x_k)\left[P_{\alpha 4}, -\frac{\partial H}{\partial Q_\beta}\right] + \frac{2\pi}{hc}(\bar{x}_k - x_k)\sum_i \frac{\partial}{\partial \bar{x}_i}\left[P_{\alpha 4}, \frac{\partial \overline{H}}{\partial \frac{\partial Q_\beta}{\partial x_i}}\right] \\ &= \frac{\partial^2 H}{\partial Q_\beta \partial \frac{\partial Q_\alpha}{\partial x_k}}\delta + (\bar{x}_k - x_k)\sum_i \frac{\partial}{\partial \bar{x}_i}\left[\frac{\partial^2 H}{\partial Q_\beta \partial \frac{\partial Q_\beta}{\partial x_i}}\delta + \sum_j \frac{\partial^2 H}{\partial \frac{\partial Q_\alpha}{\partial x_j} \partial \frac{\partial Q_\beta}{\partial x_i}} \frac{\partial \delta}{\partial \bar{x}_j}\right] \\ &= \left(\frac{\partial^2 H}{\partial Q_\beta \partial \frac{\partial Q_\alpha}{\partial x_k}} - \frac{\partial^2 H}{\partial Q_\alpha \partial \frac{\partial Q_\beta}{\partial x_k}}\right)\delta - \sum_i \left(\frac{\partial}{\partial \bar{x}_i} \frac{\partial^2 H}{\partial \frac{\partial Q_\alpha}{\partial x_k} \partial \frac{\partial Q_\beta}{\partial x_i}}\right)\cdot \delta \\ &\qquad + \sum_i \sum_j (\bar{x}_k - x_k) \frac{\partial^2 \delta}{\partial \bar{x}_i \partial \bar{x}_j} \frac{\partial^2 H}{\partial \frac{\partial Q_\alpha}{\partial x_j} \partial \frac{\partial Q_\beta}{\partial x_i}}.\end{aligned}$$

---

* Die Vertauschbarkeit von Differentiationen nach verschiedenen Variablen gilt auch streng bei Differentiation nach Matrizen, wie aus der im vorigen Paragraph angegebenen Definition dieser Operation hervorgeht.

23 **Der erste Term stimmt bereits mit dem entsprechenden (*) überein, während der letzte nur für $i = k$ oder für $j = k$ etwas nicht Verschwindendes gibt. Im ersten Falle folgt der Beitrag**

$$-\sum_i \frac{\partial^2 H}{\partial \frac{\partial Q_\alpha}{\partial x_i}\, \partial \frac{\partial Q_\beta}{\partial x_k}} \frac{\partial \delta}{\partial \bar{x}_i},$$

im zweiten Falle der Beitrag

$$-\sum_i \frac{\partial^2 H}{\partial \frac{\partial Q_\alpha}{\partial x_k}\, \partial \frac{\partial Q_\beta}{\partial x_i}} \frac{\partial \delta}{\partial \bar{x}_i},$$

was mit den mit $\frac{\partial \delta}{\partial \bar{x}_i}$ multiplizierten Termen von (*) genau übereinstimmt. Der einzige Term, der übrigbleibt, ist

$$\sum_i \frac{\partial}{\partial \bar{x}_i}\left(\frac{\partial^2 H}{\partial \frac{\partial Q_\alpha}{\partial x_k}\, \partial \frac{\partial Q_\beta}{\partial x_i}}\right) \delta(\mathfrak{r}, \bar{\mathfrak{r}}).$$

Sein Verschwinden scheint eine besondere, durch die relativistische Invarianz der V.-R. bedingte Zusatzforderung zu sein.

$$\sum_i \frac{\partial}{\partial x_i}\left(\frac{\partial^2 H}{\partial \frac{\partial Q_\alpha}{\partial x_k}\, \partial \frac{\partial Q_\beta}{\partial x_i}}\right) = 0. \qquad (40)$$

Sie ist zwar nicht für eine beliebige relativistisch invariante Lagrangefunktion L und die zugehörige Hamiltonfunktion H erfüllt, wohl aber für alle diejenigen, bei denen die Gleichung (9) verbürgt ist und denen wir bei den physikalischen Anwendungen begegnen werden. Denn für diese werden die in den räumlichen Ableitungen der Q_α quadratischen Terme (höhere werden überhaupt nicht auftreten) stets konstante Koeffizienten haben. In diesem für die folgenden Anwendungen ausreichenden Umfang haben wir also die Invarianz der V.-R. bewiesen.

Aus der Form der V.-R. folgt dann, daß für alle Weltpunkte mit raumartiger Verbindungsrichtung $\left(\sum_i \Delta x_i^2 - c^2 \Delta t^2 > 0\right)$ in endlichen Distanzen die Klammersymbole verschwinden (infinitesimaler Charakter der V.-R.). Aus näheren Betrachtungen anderer Art folgt, daß dieser Sachverhalt für Punkte auf einem Lichtkegel oder mit zeitartiger Verbindungsrichtung im allgemeinen nicht bestehen bleibt. Die Werte der Klammersymbole sind in diesem Falle, auch für Punkte mit endlichem Abstand, von Null verschieden und nur in speziellen Fällen explizite angebbar. Diesem Sachverhalt entspricht in der Quantenmechanik, daß etwa die Koordinate $q(t)$ zur Zeit t mit der Koordinate zur Zeit t' nicht vertauschbar ist; die betreffenden Klammersymbole sind im allgemeinen nicht explizite angebbar. 24

Aus (21) und (23) folgt dann weiter, daß

$$\left.\begin{aligned} J_k &= -icG_k = \int \sum_\alpha P_{\alpha 4} \frac{\partial Q_\alpha}{\partial x_k} dV, \\ J_4 &= \int \Big(\sum_\alpha \dot{P}_{\alpha 4} \frac{\partial Q_\alpha}{\partial x_4} - L\Big) dV = \overline{H} = E \end{aligned}\right\} \tag{41}$$

die Komponenten eines Vierervektors bilden, der Gesamtenergie und Gesamtimpuls zusammenfaßt. Denn diese Relationen nehmen dann die Form an:

$$\frac{\partial F}{\partial x_\nu} = \frac{2\pi}{hc}[J_\nu, F]. \tag{42}$$

Wir werden später den Vektorcharakter von J_k durch direkte Rechnung bestätigen.

II. Aufstellung der Grundgleichungen der Theorie für elektromagnetische Felder und Materiewellen.

§ 4. Schwierigkeiten der Elektrodynamik, Quantelung der Maxwellschen Gleichungen, Notwendigkeit von Zusatzgliedern. Versuchen wir zunächst das Schema von V.-R. des vorigen Kapitels auf die Gleichungen der Vakuumelektrodynamik anzuwenden. Die physikalischen Zustandsgrößen sind hier die Komponenten Φ_α des Viererpotentials $[\Phi_i = \mathfrak{A}_i,\ \Phi_4 = i\Phi_0]$, aus denen die Feldstärken durch Differentiation folgen:

$$\left.\begin{aligned} F_{\alpha\beta} &= \frac{\partial \Phi_\beta}{\partial x_\alpha} - \frac{\partial \Phi_\alpha}{\partial x_\beta}, \\ F_{4k} = i\mathfrak{E}_k,\ (F_{23}, F_{31}, F_{12}) &= (\mathfrak{H}_1, \mathfrak{H}_2, \mathfrak{H}_3),\quad F_{\alpha\beta} = -F_{\beta\alpha}. \end{aligned}\right\} \tag{43}$$

Bekanntlich folgen dann die übrigen Maxwellschen Gleichungen der Vakuumelektrodynamik

$$\frac{\partial F_{\alpha\beta}}{\partial x_\beta} = 0 \tag{44}$$

durch Variieren aus dem Wirkungsprinzip

$$\delta \int L\, dV dt = 0,$$

wenn als Lagrangefunktion L der Ausdruck

$$L = -\tfrac{1}{4} F_{\alpha\beta} F_{\alpha\beta} = \tfrac{1}{2}(\mathfrak{E}^2 - \mathfrak{H}^2) \tag{45}$$

eingesetzt wird *.

---

* Über zweimal auftretende Indizes ist stets zu summieren, und zwar über jeden Index unabhängig vom anderen. Griechische Indizes laufen von 1 bis 4, lateinische von 1 bis 3. Ferner ist zu bemerken, daß wir in diesem Kapitel durchwegs die Heavisideschen Einheiten für die Feldstärken verwenden.

25 **Wir bilden nun nach den allgemeinen Vorschriften des ersten Kapitels die zu den Φ_α kanonisch konjugierten Impulse**

$$P_{\alpha 4} = \frac{\partial L}{\partial \frac{\partial \Phi_\alpha}{\partial x_4}}$$

und finden

$$P_{k4} = -F_{4k} \quad (k = 1, 2, 3), \quad P_{44} \equiv 0. \tag{46}$$

Das identische Verschwinden des zu Φ_4 konjugierten Impulses stellt eine merkwürdige Ausartung der Lagrangefunktion der Elektrodynamik dar und bringt besondere Schwierigkeiten mit sich. Vor allem können die P_{k4} nicht mehr auf einem Weltschnitt $t = \text{const}$ als willkürliche Raumfunktionen beliebig vorgeschrieben werden, da zwischen ihnen bereits auf einem solchen Schnitt die Bindung

$$\sum_{k=1}^{3} \frac{\partial P_{k4}}{\partial x_4} = -\operatorname{div} \mathfrak{E} = 0 \tag{44'}$$

besteht [wie aus (44) für $\alpha = 4$ hervorgeht]. Die kanonischen V.-R. des Kapitel I [vgl. auch (30)], die in unserem Falle

$$\left.\begin{aligned} [\Phi_\alpha, \Phi'_\beta] &= 0, \qquad [F_{4i}, F'_{4k}] = 0, \\ [F_{4k}, \Phi'_\alpha] &= \delta_{k\alpha} \frac{-hc}{2\pi} \delta(\mathfrak{r}, \mathfrak{r}') \end{aligned}\right\} \tag{47}$$

ergeben würden, sind daher nicht ohne weiteres anwendbar, und es muß erst geprüft werden, inwieweit sie mit der Nebenbedingung (44') verträglich sind. Wir finden sogleich, daß dies bei den zuletzt angeschriebenen Gleichungen nicht der Fall ist, da aus ihnen

$$\left[\frac{\partial F_{4k}}{\partial x_k}, \Phi'_i\right] = \frac{-hc}{2\pi} \frac{\partial}{\partial x_i} \delta(\mathfrak{r}, \mathfrak{r}')$$

folgt, während nach (44') dieser Ausdruck verschwinden müßte. Allerdings sind diejenigen V.-R. brauchbar, die aus den angegebenen unter Elimination der Potentiale durch Differentiation für die Feldstärken hervorgehen

$$\left.\begin{aligned} [F_{ik}, F'_{lm}] &= 0, \qquad [F_{4i}, F'_{4k}] = 0, \\ [F_{4k}, F'_{lm}] &= \frac{-hc}{2\pi}\left(\delta_{kl} \frac{\partial \delta}{\partial x_m} - \delta_{km} \frac{\partial \delta}{\partial x_l}\right) \end{aligned}\right\} \tag{47'}$$

oder dreidimensional geschrieben:

$$\left.\begin{aligned} [\mathfrak{H}_i, \mathfrak{H}'_k] &= 0, \qquad [\mathfrak{E}_i, \mathfrak{E}'_k] = 0, \\ [\mathfrak{E}_1, \mathfrak{H}'_2] &= -[\mathfrak{E}_2, \mathfrak{H}'_1] = \frac{hc}{2\pi i} \frac{\partial \delta}{\partial x_3}. \end{aligned}\right\} \tag{47''}$$

Denn aus den letzten der angeschriebenen Gleichungen folgt nunmehr, 26
wie zu fordern ist,

$$\left[\sum_k \frac{\partial F_{4k}}{\partial x_k}, F'_{lm}\right] = \frac{-hc}{2\pi}\left(\frac{\partial^2 \delta}{\partial x_l \partial x_m} - \frac{\partial^2 \delta}{\partial x_m \partial x_l}\right) = 0.$$

Die V.-R. (47') sind in der Tat mit der Quantelung elektromagnetischer Wellen gemäß der Lichtquantenvorstellung äquivalent, wie man etwa durch Einführung von Eigenschwingungen gemäß der am Ende von § 2 angegebenen Methode erkennt. Es bleibt aber die Tatsache bestehen, daß das allgemeine Schema der kanonischen V.-R., wie wir es im Kapitel I entwickelt haben, in der Elektrodynamik nicht ohne weiteres benutzt werden kann.

Es scheint bei unserem Ansatz zur relativistischen Behandlung des Mehrkörperproblems naturgemäß, daß wir dem Vorhandensein der Teilchen zunächst durch die Einführung der zugehörigen Materiewellen Rechnung tragen. Der Übergang von der klassischen Theorie zur Quantentheorie geschieht dann also in zwei Schritten; erstens in dem Übergang von der klassischen Punktmechanik zu den Wellengleichungen des quantenmechanischen Einkörperproblems (ein Teilchen in einem vorgegebenen elektromagnetischen Felde) und der Deutung der gewonnenen Differentialgleichung im Sinne einer klassischen Kontinuumstheorie; zweitens in dem Übergang zum Mehrkörperproblem, in dem der aus den Materiewellen sich ergebende Viererstrom gemäß den Maxwellschen Gleichungen als ein elektromagnetisches Feld erzeugend aufgefaßt wird und sowohl Materie als auch elektromagnetische Wellen (die beide in der gewöhnlichen Raum-Zeit-Welt verlaufen) einer Quantelung unterworfen werden. Dieses Verfahren hat jedoch zur Folge, daß die prinzipiellen Schwierigkeiten, die jeder der bisher aufgestellten relativistischen Theorien des quantenmechanischen Einkörperproblems anhaften, und die von der Möglichkeit zweier verschiedener Vorzeichen für die Energie bei gegebenem Impuls gemäß der relativistischen Form des Energieimpulssatzes für ein Teilchen herrühren, auch in unsere Theorie übergehen und noch vollständig ungelöst bleiben.

Wir werden hier die dem Spin Rechnung tragende Diracsche Theorie für ein Teilchen zugrunde legen und daher zunächst, bevor wir auf die weitere Diskussion der in Rede stehenden Schwierigkeit bei der Elektrodynamik eingehen, die Gleichungen dieser Theorie, soweit sie für uns von Wichtigkeit sind, zusammenstellen. Es werden vier Funktionen

27 ψ_ϱ $(\varrho = 1 \ldots 4)$ eingeführt und vier vierzeilige Matrizen γ^μ mit den Elementen $\gamma^\mu_{\varrho\sigma}$, die den Relationen

$$\gamma^\mu \gamma^\nu + \gamma^\nu \gamma^\mu = 2\,\delta_{\nu\mu} \tag{48}$$

genügen. Dann genügen die ψ_ϱ den Feldgleichungen

$$\sum_\mu \sum_\sigma \gamma^\mu_{\varrho\sigma} \left(\frac{h}{2\pi i}\frac{\partial}{\partial x_\mu} + \frac{e}{c}\Phi_\mu\right)\psi_\sigma - i m c \psi_\varrho = 0. \tag{49}$$

Ebenso genügen die $\psi_\varrho{}^\dagger$ den adjungierten Gleichungen

$$\sum_\mu \sum_\sigma \gamma^\mu_{\sigma\varrho} \left(\frac{h}{2\pi i}\frac{\partial}{\partial x_\mu} - \frac{e}{c}\Phi_\mu\right)\psi_\sigma{}^\dagger + i m c \psi_\varrho{}^\dagger = 0. \tag{50}$$

Dabei ist die Elektronenladung gleich $-e$ (mit e positiv) gesetzt. Wir behaupten nun, daß beide Gleichungen aus dem Variationsprinzip

$$\delta \int L\,dV\,dt = 0$$

folgen, wenn

$$L = -\sum_\mu \sum_\sigma \sum_\varrho \left[\gamma^\mu_{\varrho\sigma}\psi_\varrho{}^\dagger\left(\frac{hc}{2\pi i}\frac{\partial}{\partial x_\mu} + e\Phi_\mu\right)\psi_\sigma - i m c^2 \psi_\varrho{}^\dagger \psi_\varrho\right] \tag{51}$$

gesetzt wird und $\psi^\dagger$ und ψ unabhängig voneinander variiert werden. Für die Gleichung (49) ist dies trivial, für die Gleichung (50) folgt die Behauptung daraus, daß sich L von

$$L' = +\sum_\mu \sum_\varrho \sum_\sigma \left[\gamma^\mu_{\sigma\varrho}\left(\frac{hc}{2\pi i}\frac{\partial \psi_\sigma{}^\dagger}{\partial x_\mu} - e\Phi_\mu \psi_\sigma{}^\dagger\right)\psi_\varrho + i m c^2 \psi_\varrho{}^\dagger \psi_\varrho\right] \tag{51'}$$

nur um Glieder unterscheidet, die als Divergenz geschrieben werden können und zur Variation von $\int L\,dV\,dt$ also keinen Beitrag liefern:

$$L - L' = -\sum_\mu \sum_\varrho \sum_\sigma \frac{hc}{2\pi i}\gamma^\mu_{\varrho\sigma}\frac{\partial}{\partial x_\mu}(\psi_\varrho{}^\dagger \psi_\sigma). \tag{52}$$

Es ist wichtig zu bemerken, daß wir bei diesen Rechnungen $\psi^\dagger$ und ψ nicht als vertauschbar anzunehmen brauchen und $\psi^\dagger$ immer links von ψ zu stehen kommen lassen. Da für den nicht variierten Feldverlauf gemäß (49) und (50) sowohl L wie L' verschwinden, gilt das gleiche von der Differenz $L - L'$. Es ist also möglich,

$$s_\mu = (-e)\sum_{\varrho,\sigma} \gamma^\mu_{\varrho\sigma}\psi_\varrho{}^\dagger \psi_\sigma \tag{53}$$

mit dem Stromvektor $\left(s_k = \frac{1}{c} i_k,\quad s_4 = i\varrho\right)$ zu identifizieren, wobei der Faktor $-e$ wegen der negativen Elektronenladung natürlich erscheinen wird. Denn als Folge von (49) und (50) gilt

$$\frac{\partial s_\mu}{\partial x_\mu} = 0, \tag{54}$$

ferner folgt aus (51) und (53) 28

$$\frac{\partial L}{\partial \Phi_\mu} = s_\mu. \tag{55}$$

Um diese Relation zu bekommen, wurden bei der Bildung von L die Ausdrücke (49) und (50) auch noch jeweils mit c multipliziert.

Das Variationsprinzip, aus dem wir die Diracschen Feldgleichungen abgeleitet haben, hat unmittelbar die Hamiltonsche Form (12), die durch unabhängiges Variieren der P_α und Q_α und Linearität der Lagrangefunktion in $\dot{Q}_\alpha$ $\left(\text{in unserem Falle in } \frac{\partial \psi_\sigma}{\partial x_4}\right)$ gekennzeichnet ist. Wir haben also

$$P_{\sigma 4} = \frac{\partial L}{\partial \frac{\partial \psi_\sigma}{\partial x_4}} = -\frac{hc}{2\pi i} \sum_\varrho \gamma^4_{\varrho\sigma} \psi_\varrho^\dagger = -\frac{hc}{2\pi} \psi_\sigma^*.$$

Die letztere Bezeichnung rechtfertigt sich dadurch, daß vermöge der Differentialgleichungen (49) und (50) für die zu ψ_σ konjugiert komplexe Funktion ψ_σ^* der Ausdruck

$$\psi_\sigma^* = \frac{1}{i} \sum_\varrho \gamma^4_{\varrho\sigma} \psi_\varrho^\dagger \tag{56}$$

gewählt werden kann, wenn die γ^α Hermitesche Matrizen sind, so daß dann übrigens der Ausdruck für die Teilchendichte durch

$$\frac{1}{(-e)} \frac{1}{i} s_4 = \sum_\varrho \psi_\varrho^* \psi_\varrho \tag{53'}$$

gegeben ist. Die V.-R. (II) bzw. (31) nehmen hier also die einfache Form an

$$\left.\begin{aligned} [\psi_\varrho, \psi_\sigma'] &= 0, \\ [\psi_\varrho, \psi_\sigma^{*\prime}] = \frac{1}{i} \sum_\tau \gamma^4_{\tau\sigma} [\psi_\sigma, \psi_\tau^{\dagger\prime}] &= \delta_{\varrho\sigma} \delta(\mathfrak{r}, \mathfrak{r}') \\ [\psi_\varrho^*, \psi_\sigma^{*\prime}] = [\psi_\varrho^\dagger, \psi_\sigma^{\dagger\prime}] &= 0. \end{aligned}\right\} \tag{57}$$

Das Transformationsgesetz der Größen ψ_ϱ und $\psi_\varrho^\dagger$ bei Lorentztransformationen braucht hier nicht im einzelnen besprochen zu werden, es genügt die Bemerkung, daß es mit den allgemeinen Regeln des § 3 im Einklang ist und daß daher auch die relativistische Invarianz der V.-R. (57) als bewiesen angesehen werden kann.

An dieser Stelle möge noch die wohlbekannte Besonderheit besprochen werden, daß die V.-R. (57) nur eine von zwei formal völlig gleichberechtigten Möglichkeiten darstellen, und zwar diejenige, die den im Konfigurationsraum symmetrischen Lösungen der gewöhnlichen quanten-

29 mechanischen Gleichungen (Einstein-Bose-Statistik) entspricht, während der andere Fall der antisymmetrischen Lösungen (Fermi-Dirac-Statistik) den q-Zahlrelationen entspricht, die dadurch aus (57) entstehen, daß in den Klammersymbolen das $-$-Zeichen überall durch das $+$-Zeichen ersetzt wird. Führen wir also die Abkürzung ein

$$[F, G]_+ = FG + GF,$$

so wird hier

$$\begin{aligned} [\psi_\varrho, \psi_\sigma^{*\prime}]_+ &= \frac{1}{i} \sum_\tau \gamma_{\tau\sigma}^4 [\psi_\varrho, \psi_\tau{}^{\dagger\prime}]_+ = \delta_{\varrho\sigma}\,\delta(\mathfrak{r}, \mathfrak{r}') \\ [\psi_\varrho, \psi_\sigma']_+ &= [\psi_\varrho^*, \psi_\sigma^{*\prime}]_+ = [\psi_\varrho{}^\dagger, \psi_\sigma{}^{\dagger\prime}]_+ = 0. \end{aligned} \tag{57a}$$

Es ist notwendig, auf die Abänderungen in den allgemeinen Gleichungen (19) und (20) von § 2, die hieraus entspringen, einzugehen. Es ist klar, daß in diesen Gleichungen den Klammersymbolen das $+$-Zeichen hinzugefügt werden muß, falls F in ψ oder $\psi^\dagger$ (oder deren Ableitungen) linear ist. Man wird sehen, daß dies bei allen Klammersymbolen der Fall ist, die bei dem Invarianzbeweis von § 3 auftraten, und daß dieser sich somit auch auf den hier vorliegenden Fall überträgt. Dagegen ist Vorsicht geboten bei dem Schlusse von F_1 und F_2 auf $F_1 F_2$ bei dem Beweis von (19). Denn es gilt nur für das gewöhnliche Klammersymbol mit dem $-$-Zeichen

$$\begin{aligned} [F_1 F_2, Q_\alpha]_- &= F_1 (F_2 Q_\alpha + Q_\alpha F_2) - (F_1 Q_\alpha + Q_\alpha F_1) F_2, \\ [P_\alpha, F_1 F_2]_- &= (P_\alpha F_1 + F_1 P_\alpha) F_2 - F_1 (P_\alpha F_2 + F_2 P_\alpha), \end{aligned}$$

während $[F_1 F_2, Q_\alpha]_+$ und $[P_\alpha, F_1 F_2]_+$ nicht auf die entsprechenden Symbole für F_1 und F_2 einzeln reduziert werden können. Ist also F eine Bilinearform von $\psi^\dagger$, $\frac{\partial \psi^\dagger}{\partial x_i}$, ψ, $\frac{\partial \psi}{\partial x_i}$, in der die $\psi^\dagger$ immer links von den ψ stehen, so bleiben für ein solches F die Relationen (19) oder (20) erhalten, wenn die gewöhnlichen Klammersymbole mit dem $-$-Zeichen genommen werden. Daher gelten auch die V.-R. (21) und (23) bzw. (42) für Energie und Impuls mit dem gewöhnlichen Klammersymbol, was für die Durchführbarkeit der Theorie von entscheidender Wichtigkeit ist.

Man sieht, daß auch vom Standpunkt der Quantelung der Wellen und der relativistisch invarianten Behandlung des Mehrkörperproblems die beiden Arten von Lösungen, nämlich Einstein-Bose-Statistik einerseits, Ausschließungsprinzip (Äquivalenzverbot) andererseits noch immer als formal vollkommen gleichberechtigt erscheinen und eine befriedigende Erklärung für die Bevorzugung der zweiten Möglichkeit durch die Natur

also nicht gegeben werden kann †. Für die Protonen sind ebenso wie für 30
die Elektronen besondere ψ-Funktionen einzuführen, die übrigens mit den letzteren vertauschbar sind. Da die Gleichungen für diese jedoch vollkommen gleich lauten, abgehen davon, daß $-e$ durch $+e$ und m durch M zu ersetzen ist, brauchen wir hierauf nicht weiter einzugehen.

Wir können nun die Wechselwirkung der Materiewellen mit dem elektromagnetischen Felde betrachten, die sich aus dem Variationsprinzip

$$\delta \int L \, dV dt = 0$$

ergibt, wenn für L die Summe aus dem Strahlungsteil $L^{(s)}$ [Gleichung (45)] und dem Materieteil $L^{(m)}$ [Gleichung [51]) eingesetzt wird. Zufolge (55) folgt hieraus

$$\frac{\partial F_{\alpha\beta}}{\partial x_\beta} = s_\alpha,$$

wenn für s_α der Ausdruck (53) eingesetzt wird. Dies bedeutet physikalisch, daß dieser Stromvektor nicht nur maßgebend ist für die Wirkungen eines äußeren Feldes auf die Materie, sondern auch umgekehrt felderzeugend wirkt. Hier zeigt sich aber von neuem die Schwierigkeit, V.-R. aufzustellen, die mit der Bedingung

$$\operatorname{div} \mathfrak{E} = \frac{1}{i} s_4 = \varrho = (-e) \sum_\sigma \psi_\sigma^* \psi_\sigma$$

im Einklang sind. Bilden wir nämlich

$$[\operatorname{div} \mathfrak{E}, \psi_\sigma^{*\prime}] = (-e)\, \delta(\mathfrak{r}, \mathfrak{r}')\, \psi_\sigma^*,$$

was sowohl für (57) wie für (57a) zutrifft, so folgt daraus durch Integration von (x_i) über ein endliches, den Punkt (x_i') enthaltendes Volumen

$$\left[\int \mathfrak{E}_n \, df, \psi_\sigma^{*\prime}\right] = (-e)\, \psi_\sigma^{*\prime}.$$

Das heißt aber, daß auch für endliche Distanzen der Raumpunkte (x_i) und (x_i') die elektrische Feldstärke $\mathfrak{E}$ mit dem Materiefeld ψ nicht vertauschbar sein kann. Eine Theorie mit solchen nicht infinitesimalen V.-R. durchzuführen, scheint aber praktisch aussichtslos, zumal der Beweis der relativistischen Invarianz solcher V.-R. mit den größten Schwierigkeiten verbunden sein dürfte.

Es ist jedoch möglich gewesen, diese Schwierigkeit durch einen formalen Kunstgriff zu beseitigen, der darin besteht, kleine Zusatzglieder zu der Lagrangefunktion $L^{(s)}$ der Elektrodynamik hinzuzufügen, die eben-

† Die diesbezüglichen Angaben von P. Jordan, Ergebnisse der exakten Naturwissenschaften 7, 206, 1929, sind unzutreffend. In keinem der beiden Fälle würde übrigens bei den Materiewellen eine Nullpunktenergie auftreten.

31 falls nur erste Ableitungen der Potentiale Φ_α enthalten und die Linearität der Feldgleichungen nicht stören, die aber bewirken, daß P_{44} nun nicht mehr identisch verschwindet. Man rechnet dann mit den kanonischen V.-R. dieser abgeänderten Gleichungen und läßt erst bei den physikalischen Anwendungen in den Endresultaten die Koeffizienten der Zusatzglieder gegen Null konvergieren. Die einfachste Möglichkeit für solche Zusatzglieder ist in dem Ansatz

$$-L^{(\varepsilon)} = \frac{1}{4} F_{\alpha\beta} F_{\alpha\beta} - \frac{\varepsilon}{2} (\mathrm{Div}\, \Phi)^2, \qquad \mathrm{Div}\, \Phi = \sum_\alpha \frac{\partial \Phi_\alpha}{\partial x_\alpha} \tag{58}$$

zum Ausdruck gebracht. Eine andere Möglichkeit wäre noch

$$-L'^{(\varepsilon)} = \frac{1}{4} (1+\varepsilon) F_{\alpha\beta} F_{\alpha\beta} - \frac{\varepsilon}{2} \frac{\partial \Phi_\alpha}{\partial x_\beta} \frac{\partial \Phi_\alpha}{\partial x_\beta}.$$

Doch läßt sich leicht zeigen, daß die Differenz der Variation der Integrale über L' und L identisch verschwindet. Die V.-R. wären allerdings in beiden Fällen etwas verschieden, doch ist anzunehmen, daß alle physikalischen Endresultate im Limes $\varepsilon \to 0$ dieselben sein würden. Im folgenden soll also der Ansatz (58) für L beibehalten werden. Die modifizierten Maxwellschen Gleichungen lauten dann

$$\frac{\partial F_{\alpha\beta}}{\partial x_\beta} + \varepsilon \frac{\partial}{\partial x_\alpha} (\mathrm{Div}\, \Phi) = (1+\varepsilon) \frac{\partial}{\partial x_\alpha} (\mathrm{Div}\, \Phi) - \Box\, \Phi_\alpha = s_\alpha. \tag{59}$$

Die zu den Φ_α konjugierten Impulse sind nunmehr an Stelle von (46)

$$P_{k4} = -F_{4k}, \qquad P_{44} = \varepsilon\, \mathrm{Div}\, \Phi. \tag{60}$$

Und die kanonischen V.-R. werden

$$\left.\begin{aligned} &[\Phi_\alpha, \Phi'_\beta] = 0, \quad [F_{4i}, F'_{4k}] = 0, \quad [F_{4i}, \mathrm{Div}\, \Phi] = 0. \\ &[F_{4i}, \Phi'_\alpha] = \delta_{i\alpha} \frac{-hc}{2\pi} \delta(\mathfrak{r}, \mathfrak{r}'), \qquad [\mathrm{Div}\, \Phi, \Phi'_4] = \frac{1}{\varepsilon} \frac{hc}{2\pi} \delta(\mathfrak{r}, \mathfrak{r}'). \end{aligned}\right\} \tag{61}$$

Man sieht ferner, daß die früher angeschriebenen V.-R. (47) richtig bleiben, aber durch solche ergänzt werden, die $\frac{\partial \Phi_4}{\partial x_4}$ enthalten; auch die Gleichungen (47') oder (47'') bleiben also bestehen. Ferner stört die Gleichung (59) für $\alpha = 4$ nun nicht mehr, da die zweite zeitliche Ableitung von Φ_4 in ihr vorkommt, so daß jetzt die Φ_α und die konjugierten $P_{\alpha 4}$ tatsächlich für einen gewissen Zeitpunkt als willkürliche Raumfunktionen vorgegeben werden können. Bemerkt sei noch, daß jetzt nicht mehr die volle Invarianz der Theorie gegenüber solchen Änderungen der Potentiale besteht, welche die Feldstärken unverändert lassen, nämlich

$$\Phi'_\alpha = \Phi_\alpha + \frac{\partial \lambda}{\partial x_\alpha};$$

wohl aber bleibt diese Invarianz bestehen, wenn man der Funktion λ noch 32
die Nebenbedingung auferlegt

$$\Box \lambda = \text{const.}$$

Die relativistische Invarianz der V.-R. (61) ist durch die Betrachtungen in § 2 in Strenge auch für $\varepsilon \neq 0$ erwiesen.

In den Ausdrücken (58) und (51) für die Lagrangefunktion von Strahlung und Materie und den zugehörigen kanonischen V.-R. (61) und (57) oder (57a) sind die wesentlichen Grundannahmen unserer Theorie enthalten. Wir ergänzen sie noch, indem wir die Ausdrücke für die Hamiltonschen Funktionen anschreiben. Es wird für den Strahlungsteil gemäß (60) und (58)

$$\begin{aligned} H^{(s)} &= P_{\nu 4} \frac{\partial \Phi_\nu}{\partial x_4} - L^{(s)} = - F_{4k} \frac{\partial \Phi_k}{\partial x_4} + \varepsilon \operatorname{Div} \Phi \frac{\partial \Phi_4}{\partial x_\nu} \\ &+ \frac{1}{4} F_{ik} F_{ik} - \frac{\varepsilon}{2} (\operatorname{Div} \Phi)^2 = - \frac{1}{2} F_{4k} F_{4k} + \frac{1}{4} F_{ik} F_{ik} \\ &\qquad - F_{4k} \frac{\partial \Phi_4}{\partial x_k} + \frac{\varepsilon}{2} (\operatorname{Div} \Phi)^2 - \varepsilon \operatorname{Div} \Phi \frac{\partial \Phi_k}{\partial x_k}, \end{aligned} \tag{58'}$$

für den Materieteil gemäß (51) und (56)

$$\begin{aligned} H^{(m)} &= - \frac{hc}{2\pi i} \gamma^4_{\varrho\sigma} \psi_\varrho^\dagger \frac{\partial \psi_\sigma}{\partial x_4} - L^{(m)} = + \frac{hc}{2\pi i} \gamma^k_{\varrho\sigma} \psi_\varrho^\dagger \frac{\partial \psi_\sigma}{\partial x_k} \\ &- i m c^2 \psi_\sigma^\dagger \psi_\sigma + e \gamma^\mu_{\varrho\sigma} \psi_\varrho^\dagger \psi_\sigma \Phi_\mu = + \frac{hc}{2\pi i} \alpha^k_{\varrho\sigma} \psi_\varrho^* \frac{\partial \psi_\sigma}{\partial x_k} \\ &\qquad + m c^2 \alpha^\nu_{\varrho\sigma} \psi_\varrho^* \psi_\sigma + e \alpha^k_{\varrho\sigma} \psi_\varrho^* \psi_\sigma \Phi_\mu + e i \psi_\varrho^* \psi_\varrho \Phi_4, \end{aligned} \tag{51'}$$

wenn

$$\alpha^k = i \gamma^4 \gamma^k, \quad \alpha^4 = \gamma^4, \quad \text{mit} \quad \alpha^\mu \alpha^\nu + \alpha^\nu \alpha^\mu = 2 \delta_{\nu\mu} \tag{48'}$$

gesetzt wird. Ferner ist noch die in den kanonischen V.-R. für das Gesamtfeld enthaltene Aussage hinzuzufügen, daß alle elektromagnetischen Feldgrößen (Potentiale, Feldstärken und Div Φ) mit allen Feldgrößen der Materiewellen (ψ_ϱ, $\psi_\varrho^\dagger$) (für den gleichen Zeitpunkt) vertauschbar sind. Dieser Umstand, der einen wesentlichen Unterschied unserer Theorie gegenüber der im Grenzfall $c \to \infty$ gültigen Theorie von Jordan und Klein enthält, bedingt eine große Vereinfachung der Rechnungen. Andererseits entspricht das Zerfallen der Lagrangefunktion in zwei logisch völlig unabhängige Summanden, die den Materie- und den Lichtwellen entsprechen (berücksichtigt man noch die Protonen, so sind es drei unabhängige Summanden), dem provisorischen Charakter unserer Theorie und dürfte wohl später zugunsten einer einheitlicheren Auffassung aller Gattungen von Wellenfeldern zu modifizieren sein.

33 **§ 5. Über das Verhältnis der hier aufgestellten Gleichungen zu früheren Ansätzen für die Quanten-Elektrodynamik ladungsfreier Felder.** In einer früheren Arbeit von Jordan und Pauli* wurden die V.-R. der Elektrodynamik in dem Spezialfall der Abwesenheit geladener Teilchen von einem etwas anderen Standpunkt aus formuliert, bei dem vierdimensionale Integrale (über Raum und Zeit) mit Klammersymbolen im Integranden betrachtet werden, und der deshalb als der vierdimensionale Standpunkt bezeichnet werden möge. Es wird dort eine $\varDelta$-Funktion definiert durch die für jede Funktion $f(x\ldots t)$ als gültig angenommene Relation

$$\left.\begin{aligned}\int\limits_{V_4} f(x\ldots t)\,\varDelta(x\ldots t)\,dV\,dt = \int\limits_{V_3+} f(x_1\ldots x_3,\quad ct=-r)\,\frac{1}{r}\,dx_1\,dx_2\,dx_3,\\ -\int\limits_{V_3-} f(x_1\ldots x_2,\quad ct=r)\,\frac{1}{r}\,dx_1\,dx_2\,dx_3,\end{aligned}\right\}\qquad(62)$$

so daß diese Funktion eine Singularität auf den Lichtkegeln $ct=-r$ und $ct=+r$ darstellt, und zwar mit entgegengesetztem Vorzeichen für Vergangenheit und Zukunft. Man kann in diesem Sinne auch setzen

$$\varDelta(x\ldots t) = \frac{1}{r}\,[\delta(r+ct) - \delta(r-ct)], \qquad (62')$$

wenn unter δ wieder die gewöhnliche δ-Funktion verstanden wird.

Es fragt sich nun, was aus der Relation (62') für die $\varDelta$-Funktion folgt, wenn wir statt der vierdimensionalen Integrale über Raum–Zeit gemäß dem hier eingenommenen Standpunkt stets nur dreidimensionale Integrale über den Raum $t=0$ einführen.

Wir erhalten dann aus (62) zunächst

$$\varDelta = 0 \text{ für Integrale über } t=0, \qquad (63)$$

dasselbe gilt dann von den räumlichen Ableitungen von $\varDelta$ und der zweiten zeitlichen Ableitung, da diese sich gemäß

$$\sum_{\alpha=1}^{4} \frac{\partial^2 \varDelta}{\partial x_\alpha^2} = 0$$

durch die räumlichen ausdrücken läßt. Etwas Interessanteres ergibt sich aber, wenn wir $\frac{1}{c}\frac{\partial \varDelta}{\partial t}$ gemäß (62') auf dreidimensionale Integrale spezialisieren. Wir erhalten zunächst

$$\frac{1}{c}\frac{\partial \varDelta}{\partial t} = \frac{2}{r}\,\delta'(r),$$

* P. Jordan und W. Pauli, ZS. f. Phys. **47**, 151, 1928. Dieser Paragraph ist zum Verständnis der folgenden nicht erforderlich.

was aber noch weiter umgeformt werden kann. Sei nämlich $f(x_1, x_2, x_3)$ 34
eine beliebige Funktion der drei Raumkoordinaten, so soll

$$\int f \frac{2}{r} \delta'(r)\, d x_1\, d x_2\, d x_3$$

ausgewertet werden. Wir führen Polarkoordinaten ein und setzen die über die Winkel integrierte Funktion f gleich $\Phi(r)$:

$$\Phi(r) = \int f\, d\Omega, \quad \text{also} \quad \Phi(0) = 4\pi f(0),$$

dann wird

$$\int f \frac{2}{r} \delta'(r)\, d V = \int_0^\infty \Phi(r)\, 2\, \delta'(r)\, r\, dr.$$

Denken wir uns $\Phi(r)$ für negative r als gerade Funktion fortgesetzt (so daß $\Phi(r)$ für $r = 0$ stetig bleibt und $r\Phi(r)$ für $r = 0$ noch eine stetige Ableitung behält), so können wir, da $\delta'(r)$ eine ungerade Funktion ist, auch schreiben

$$\int f \frac{2}{r} \delta'(r)\, d V = \int_{-\infty}^{+\infty} \Phi\, \delta'(r)\, r\, dr = -\frac{d}{dr}(r\Phi)\Big|_{r=0} = -\Phi(0) = -4\pi f(0).$$

Da also das berechnete Integral für alle $f(x_1, x_2, x_3)$ den Wert $-4\pi f(0)$ hat, können wir sagen, daß gilt

$$\frac{1}{c}\frac{\partial \varDelta}{\partial t} = -4\pi\delta(x_1, x_2, x_3) \text{ für Integrale über } t = 0. \tag{64}$$

Wir können nun sofort die V.-R. für die Feldstärken der Arbeit von Jordan und Pauli, nämlich

$$[\mathfrak{E}_i, \mathfrak{E}_k'] = [\mathfrak{H}_i, \mathfrak{H}_k'] = \frac{ihc}{8\pi^2}\left(\frac{\partial^2}{\partial x_i \partial x_k} - \delta_{ik}\frac{\partial^2}{c^2 dt^2}\right)\varDelta(P' - P),$$

$$[\mathfrak{E}_1, \mathfrak{H}_2'] = -[\mathfrak{H}_1, \mathfrak{E}_2'] = \frac{ihc}{8\pi^2}\frac{\partial}{\partial x_3}\frac{1}{c}\frac{\partial}{\partial t}\varDelta(P' - P)$$

in die hier verwendeten (47″) überführen, die vermöge (63) und (64) in der Tat aus der angeschriebenen hervorgehen.

Der vierdimensionale Standpunkt hat vor dem dreidimensionalen den Vorzug, die relativistische Invarianz der V.-R. unmittelbar in Evidenz zu setzen, während diese von dem hier vertretenen dreidimensionalen Standpunkt aus gemäß der ziemlich umständlichen Methode von § 2 bewiesen werden muß. Dennoch glauben wir aus mehreren Gründen, den dreidimensionalen Standpunkt bei der Formulierung der V.-R. vorziehen zu sollen. Erstens ist beim vierdimensionalen Standpunkt infolge des

35 Umstandes, daß hier nicht nur unendlich benachbarte Punkte einen Beitrag zum Integral über die Klammersymbole geben, die Verallgemeinerung für andere Wellen als Lichtwellen nicht sehr übersichtlich. Schon bei kräftefreien Materiewellen würde infolge der Abhängigkeit ihrer Phasengeschwindigkeit von der Wellenlänge neben dem dreidimensionalen Integral über den Lichtkegel noch ein vierdimensionales Integral über das Innere dieses Kegels in der Definition der zugehörigen Δ-Funktion auftreten; und bei Materiewellen in einem äußeren elektromagnetischen Felde ließe sich das Analogon der Δ-Funktion zwar durch die Wellengleichung auf Grund ihrer Eigenschaften definieren, aber nicht mehr allgemein explizite berechnen. Endlich sind es bei allen physikalischen Anwendungen immer nur die dreidimensionalen Integrale über $t = \text{const}$, die in Frage kommen, so daß der dreidimensionale Standpunkt auch eine nähere Verbindung mit dem physikalischen Inhalt der Theorie hat als der vierdimensionale.

§ 6. **Differential- und Integralform der Erhaltungssätze von Energie und Impuls für das gesamte Wellenfeld.** Im Kapitel I wurde gezeigt, wie bei kanonischer Form der Feldgleichungen stets zeitlich konstante Volumenintegrale für Gesamtenergie und Gesamtimpuls angegeben werden können [siehe die Gleichungen (7), (13) und (41)] nämlich

$$J_\mu = \int \Big(\sum_\alpha P_{\alpha 4} \frac{\partial Q_\alpha}{\partial x_\mu} - \delta_{\mu 4} L \Big) dV, \tag{41'}$$

worin die Komponenten des Vierervektors J_ν für $\nu = 1, 2, 3$ die mit $-ic$ multiplizierten Komponenten des Impulses darstellen, während $J_4 = \overline{H}$ die Gesamtenergie bestimmt. Es wurde dort aber nicht gezeigt, ob Energie und Impulssatz auch in Differentialform

$$\frac{\partial T_{\mu\nu}}{\partial x_\nu} = 0 \tag{65}$$

erfüllt werden können, worin $T_{\mu\nu}$ in bekannter Weise den Tensor von Spannung und von Energie- und Impulsdichte darstellt, woraus dann die Konstanz von

$$J_\mu = \int T_{\mu 4}\, dV \tag{66}$$

folgt. Wir wollen hier zeigen, daß dies in der Tat der Fall ist und daß zwar nicht die Integranden in (41') und (66) übereinstimmen, wohl aber die Integralwerte, wenn restierende (zweidimensionale) Oberflächenintegrale stets als verschwindend angenommen werden. Es ist aber zu betonen, daß nur für das Gesamtfeld, bestehend aus elektromagnetischen und Materiewellen wirkliche Erhaltungssätze zu erwarten sind.

Wir beginnen mit der Diskussion des Beitrages der Materiewellen 36
zum Energietensor. Dieser ist wohlbekannt und am vollständigsten von Tetrode* berechnet worden. Nur mit Rücksicht auf mitunter vorhandene Nichtvertauschbarkeiten von Faktoren sollen die betreffenden Rechnungen hier nochmals kurz skizziert werden. Ausgehend von dem Ausdruck (51) für den Materieteil der Lagrangefunktion und der Relation (55), wollen wir den Ausdruck $F_{\mu\nu} s_\nu$ für die Lorentzkraft in eine vierdimensionale Divergenz zu verwandeln suchen. Man hat zunächst

$$F_{\mu\nu} s_\nu = \left(\frac{\partial \Phi_\nu}{\partial x_\mu} - \frac{\partial \Phi_\mu}{\partial x_\nu}\right) s_\nu = \frac{\partial \Phi_\nu}{\partial x_\mu} s_\nu - \frac{\partial}{\partial x_\nu}(\Phi_\mu s_\nu),$$

wobei von der bereits erwähnten, aus den Feldgleichungen für die Materiewellen folgenden wichtigen Relation (54)

$$\frac{\partial s_\nu}{\partial x_\nu} = 0 \tag{54}$$

Gebrauch gemacht ist. Bemerken wir noch (55), so folgt

$$F_{\mu\nu} s_\nu = \frac{\partial L}{\partial \Phi_\nu}\frac{\partial \Phi_\nu}{\partial x_\mu} - \frac{\partial}{\partial x_\nu}(\Phi_\mu s_\nu). \tag{67}$$

Hierbei ist es von Wichtigkeit, daß die Stromkomponenten, da sie durch ψ und $\psi^\dagger$ allein ausdrückbar sind, mit allen elektromagnetischen Feldgrößen vertauschbar sind, so daß es auf die Reihenfolge der Faktoren in (67) nicht ankommt. Aus demselben Grunde (Vertauschbarkeit von $\frac{\partial \Phi_\nu}{\partial x_\mu}$ mit ψ und $\psi^\dagger$) dürfen wir setzen

$$\begin{aligned}\frac{\partial L}{\partial x_\mu} = \frac{\partial L}{\partial \Phi_\nu}\frac{\partial \Phi_\nu}{\partial x_\mu} + \frac{\partial \psi_\varrho^\dagger}{\partial x_\mu}\frac{\partial L}{\partial \psi_\varrho^\dagger} + \frac{\partial^2 \psi_\varrho^\dagger}{\partial x_\mu \partial x_\nu}\frac{\partial L}{\partial \frac{\partial \psi_\varrho^\dagger}{\partial x_\nu}} \\ + \frac{\partial L}{\partial \psi_\varrho}\frac{\partial \psi_\varrho}{\partial x_\mu} + \frac{\partial L}{\partial \frac{\partial \psi_\varrho}{\partial x_\nu}}\frac{\partial^2 \psi_\varrho}{\partial x_\nu \partial x_\mu},\end{aligned}$$

wobei darauf geachtet ist, daß die $\psi^\dagger$ enthaltenden Faktoren immer links von den ψ enthaltenden Faktoren zu stehen kommen. Es gelten endlich noch, wie aus dem Verschwinden der Variation von L hervorgeht, die Feldgleichungen

$$\frac{\partial L}{\partial \psi_\varrho^\dagger} = \frac{\partial}{\partial x_\nu}\frac{\partial L}{\partial \frac{\partial \psi_\varrho^\dagger}{\partial x_\nu}}, \quad \frac{\partial L}{\partial \psi_\varrho} = \frac{\partial}{\partial x_\nu}\frac{\partial L}{\partial \frac{\partial \psi_\varrho}{\partial x_\nu}},$$

* H. Tetrode, ZS. f. Phys. l. c.

37 so daß wir schließlich aus (67) erhalten

$$F_{\mu\nu}s_\nu = -\frac{\partial \psi_\varrho^\dagger}{\partial x_\mu}\frac{\partial}{\partial x_\nu}\frac{\partial L}{\partial\dfrac{\partial \psi_\varrho^\dagger}{\partial x_\nu}} - \frac{\partial^2 \psi_\varrho^\dagger}{\partial x_\mu \partial x_\nu}\frac{\partial L}{\partial\dfrac{\partial \psi_\varrho^\dagger}{\partial x_\nu}} - \left(\frac{\partial}{\partial x_\nu}\frac{\partial L}{\partial\dfrac{\partial \psi_\varrho}{\partial x_\nu}}\right)\frac{\partial \psi_\varrho}{\partial x_\mu}$$
$$- \frac{\partial L}{\partial\dfrac{\partial \psi_\varrho}{\partial x_\nu}}\frac{\partial^2 \psi_\varrho}{\partial x_\mu \partial x_\nu} + \frac{\partial L}{\partial x_\mu} + \frac{\partial}{\partial x_\nu}(\Phi_\mu s_\nu),$$

das heißt aber für den Energieimpulstensor $T^{(m)}_{\mu\nu}$ der Materie, definiert durch

$$T^{(m)}_{\mu\nu} = \frac{\partial \psi_\varrho^\dagger}{\partial x_\mu}\frac{\partial L}{\partial\dfrac{\partial \psi_\varrho^\dagger}{\partial x_\nu}} + \frac{\partial L}{\partial\dfrac{\partial \psi_\varrho}{\partial x_\nu}}\frac{\partial \psi_\varrho}{\partial x_\mu} - \delta_{\mu\nu}L + \Phi_\mu s_\nu, \tag{68}$$

gelten die Relationen

$$F_{\mu\nu}s_\nu = -\frac{\partial T^{(m)}_{\mu\nu}}{\partial x_\nu}. \tag{69}$$

Der erste Term in (68) fällt bei der Wahl (51) für L sogar fort, auch kann dann L selbst gleich Null gesetzt werden, doch ist es von Interesse, zu erwähnen, daß ihrer Herleitung nach die Relation (69) auch richtig bleibt, wenn man in (68) L durch L' [siehe Geichung (51')] oder durch $\frac{L+L'}{2}$ ersetzt. Mit dem Ausdruck (51) für L erhalten wir aus (68)

$$-T^{(m)}_{\mu\nu} = \frac{hc}{2\pi i}\sum_{\varrho,\sigma}\gamma^\nu_{\sigma\varrho}\psi_\sigma^\dagger\frac{\partial \psi_\varrho}{\partial x_\mu} - \Phi_\mu s_\nu$$
$$= \sum_{\varrho,\sigma}\gamma^\nu_{\sigma\varrho}\psi_\sigma^\dagger\left(\frac{hc}{2\pi i}\frac{\partial}{\partial x_\mu} + e\Phi_\mu\right)\psi_\varrho. \tag{70}$$

Dieser Ausdruck für den Tensor $T^{(m)}_{\mu\nu}$ ist nicht symmetrisch in μ und ν. Wie Tetrode gezeigt hat, kann auch ein in μ und ν symmetrisierter Ausdruck für den Energietensor gebraucht werden. Da dieser aber zu demselben Integralwert von Energie und Impuls führt, wie der unsymmetrische Ausdruck (68) oder (70), so brauchen wir hier nicht näher auf diesen Punkt einzugehen*.

Wir gehen nun zu dem Anteil des Energieimpulstensors über, der von dem elektromagnetischen Felde geliefert wird. Wir werden nunmehr verlangen, daß dieser Anteil $T^{(s)}_{\mu\nu}$ mit dem Ausdruck (54),

$$s_\nu = \frac{\partial F_{\nu\varrho}}{\partial x_\varrho} + \varepsilon\frac{\partial}{\partial x_\nu}(\mathrm{Div}\,\Phi) \tag{59}$$

* Dagegen ist es zur Berechnung des gesamten Drehimpulses nötig, den in μ und ν symmetrischen Ausdruck für $T^{(m)}_{\mu\nu}$ zu benutzen.

für den Strom die Relation 38

$$\frac{\partial T^{(s)}_{\mu\nu}}{\partial x_\nu} = F_{\mu\nu} s_\nu \tag{71}$$

erfüllt. Wären die mit ε multiplizierten Terme nicht vorhanden, so könnte in bekannter Weise für $-T^{(s)}_{\mu\nu}$ der Maxwellsche Tensor

$$S_{\mu\nu} = F_{\mu\varrho} F_{\nu\varrho} - \tfrac{1}{4} F_{\varrho\sigma} F_{\varrho\sigma} \delta_{\mu\nu} \tag{72}$$

genommen werden, da dieser mit Berücksichtigung von (43) die Identität

$$\frac{\partial S_{\mu\nu}}{\partial x_\nu} = -F_{\mu\nu} \frac{\partial F_{\nu\varrho}}{\partial x_\varrho} \tag{73}$$

erfüllt. Wir müssen also noch Zusatzterme proportional ε suchen, die dem zweiten Term im Ausdruck für den Strom Rechnung tragen. Dabei werden wir aber berücksichtigen, daß gemäß den aus den Feldgleichungen für die Materiewellen folgenden Gleichungen

$$\frac{\partial s_\nu}{\partial x_\nu} = 0$$

zufolge (59) gelten muß

$$\square \operatorname{Div} \Phi = \sum_{\mu,\nu} \frac{\partial^2}{\partial x_\mu^2} \frac{\partial \Phi_\nu}{\partial x_\nu} = 0. \tag{74}$$

Wir behaupten, daß dann die zu (72) hinzuzufügenden Zusatzterme $\varepsilon \Sigma_{\mu\nu}$ mit

$$\begin{aligned}\Sigma_{\mu\nu} = {} & \overline{\Phi_\nu \frac{\partial}{\partial x_\mu} (\operatorname{Div} \Phi)} + \overline{\Phi_\mu \frac{\partial}{\partial x_\nu} (\operatorname{Div} \Phi)} \\ & - \overline{\frac{\partial}{\partial x_\varrho} (\Phi_\varrho \operatorname{Div} \Phi)}\, \delta_{\mu\nu} + \frac{1}{2} (\operatorname{Div} \Phi)^2 \delta_{\mu\nu},\end{aligned} \tag{75}$$

das Gewünschte leisten. Überstreichen bedeutet symmetrisieren wegen Nichtvertauschbarkeit von Faktoren. Denn wir erhalten

$$\begin{aligned}\frac{\partial \Sigma_{\mu\nu}}{\partial x_\nu} = {} & \overline{(\operatorname{Div} \Phi) \frac{\partial}{\partial x_\mu} \operatorname{Div} \Phi} + \overline{\Phi_\nu \frac{\partial^2}{\partial x_\nu \partial x_\mu} (\operatorname{Div} \Phi)} + \overline{\frac{\partial \Phi_\mu}{\partial x_\nu} \frac{\partial}{\partial x_\nu} (\operatorname{Div} \Phi)} \\ & - \overline{\Phi_\mu \square \operatorname{Div} \Phi} - \overline{\frac{\partial \Phi_\nu}{\partial x_\mu} \frac{\partial}{\partial x_\nu} (\operatorname{Div} \Phi)} - \overline{\operatorname{Div} \Phi \frac{\partial}{\partial x_\mu} (\operatorname{Div} \Phi)} \\ & - \overline{\Phi_\nu \frac{\partial^2}{\partial x_\nu \partial x_\mu}} (\operatorname{Div} \Phi).\end{aligned}$$

Zufolge (74) bleibt hiervon nur übrig

$$\begin{aligned}\frac{\partial \Sigma_{\mu\nu}}{\partial x_\nu} & = \left(\frac{\partial \Phi_\mu}{\partial x_\nu} - \frac{\partial \Phi_\nu}{\partial x_\mu}\right) \frac{\partial}{\partial x_\nu} (\operatorname{Div} \Phi) \\ & = -F_{\mu\nu} \frac{\partial}{\partial x_\nu} (\operatorname{Div} \Phi),\end{aligned} \tag{76}$$

39 also gilt unter der Verwendung des Ausdrucks (58) von $L^{(s)}$

$$-T^{(s)}_{\mu\nu} = S_{\mu\nu} + \varepsilon\,\Sigma_{\mu\nu} = F_{\mu\varrho}F_{\nu\varrho} + \overline{\varepsilon\,\Phi_\nu \frac{\partial}{\partial x_\mu}(\mathrm{Div}\,\Phi)}$$

$$+ \overline{\varepsilon\,\Phi_\mu \frac{\partial}{\partial x_\nu}(\mathrm{Div}\,\Phi)} - \overline{\varepsilon \frac{\partial}{\partial x_\varrho}(\Phi_\varrho\,\mathrm{Div}\,\Phi)}\,\delta_{\mu\nu} + L^{(s)}\,\delta_{\mu\nu} \tag{77}$$

in der Tat die Relation (71). Dies kann man gemäß (59) noch umformen in

$$-T^{(s)}_{\mu\nu} = F_{\nu\varrho}\frac{\partial \Phi_\varrho}{\partial x_\mu} - \frac{\partial}{\partial x_\varrho}(\Phi_\mu F_{\nu\varrho}) - \varepsilon\,\frac{\partial \Phi_\nu}{\partial x_\mu}\,\mathrm{Div}\,\Phi + \Phi_\mu s_\nu$$

$$+ \overline{\varepsilon\,\frac{\partial}{\partial x_\mu}(\Phi_\nu\,\mathrm{Div}\,\Phi)} - \overline{\varepsilon\,\frac{\partial}{\partial x_\varrho}(\Phi_\varrho\,\mathrm{Div}\,\Phi)}\,\delta_{\mu\nu} + L^{(s)}\delta_{\mu\nu}. \tag{77'}$$

Es ist nun wesentlich, daß beim Addieren von (77') und (68) die Terme mit $\Phi_\mu s_\nu$ sich gerade aufheben. Als Unterschied der Summe

$$T_{\mu\nu} = T^{(m)}_{\mu\nu} + T^{(s)}_{\mu\nu}, \tag{78}$$

die gemäß (69) und (71) in der Tat den Erhaltungssatz (65) erfüllt, von dem Integranden von (41') erhält man schließlich unter Berücksichtigung der Werte (60) der Impulse des elektromagnetischen Feldes für $\nu = 4$

$$T^{(s)}_{\mu 4} + T^{(m)}_{\mu 4} - \Big(\sum_\alpha P_{\alpha 4}\frac{\partial Q_\alpha}{\partial x_\mu} - L\,\delta_{\mu 4}\Big) = +\frac{\partial}{\partial x_\varrho}(\Phi_\mu F_{4\varrho})$$

$$-\varepsilon\,\frac{\partial}{\partial x_\mu}(\Phi_4\,\mathrm{Div}\,\Phi) + \varepsilon\,\frac{\partial}{\partial x_\varrho}(\Phi_\varrho\,\mathrm{Div}\,\Phi)\,\delta_{\mu 4}.$$

Diese Ausdrücke enthalten aber nur räumliche Ableitungen, verschwinden also bei Integration über das räumliche Volumen. Für den ersten Term ist dies wegen $F_{44} = 0$ trivial, für die beiden anderen ist es unmittelbar ersichtlich für $\mu = 1, 2, 3$, während für $\mu = 4$

$$-\varepsilon\,\frac{\partial}{\partial x_4}(\Phi_4\,\mathrm{Div}\,\Phi) + \varepsilon\,\frac{\partial}{\partial x_\varrho}(\Phi_\varrho\,\mathrm{Div}\,\Phi) = \varepsilon\sum_{k=1}^{3}\frac{\partial}{\partial x_k}(\Phi_k\,\mathrm{Div}\,\Phi)$$

übrigbleibt.

Damit ist der gewünschte Nachweis vollständig erbracht und die Verbindung zwischen der Differentialform und der kanonischen Integralform der Erhaltungssätze in unserem Falle hergestellt. Zugleich ist damit auch aufs neue der Vektorcharakter von J_k bewiesen. Es muß aber betont werden, daß in dem angegebenen Ausdruck für den elektromagnetischen Teil von Energie und Impuls sowohl eine Nullpunktsenergie der Strahlung als auch eine Selbstenergie der Elektronen und Protonen enthalten ist, die nicht der Wirklichkeit entspricht*. In welchem Umfang dieser prinzipielle Mangel der hier entwickelten Theorie die Durchrechnung spezieller physikalischer Probleme trotzdem nicht stört, wird in folgendem Kapitel erläutert werden. 40

III. Annäherungsmethoden zur Integration der Gleichungen und physikalische Anwendungen.

§ 7. Aufstellung der Differenzgleichungen für die Wahrscheinlichkeitsamplituden. Für die Rechnungen dieses Kapitels wird die Hamiltonsche Funktion H zugrunde gelegt, deren auf die Strahlung und auf die Materiewellen bezüglichen Teile durch (58') und (51') gegeben sind. Dabei ist es zweckmäßig, statt der imaginären Zeitkoordinate eine reelle t einzuführen gemäß $x_4 = ict$, entsprechend auch $\Phi_4 = i\Phi_0$ zu setzen; ferner soll nunmehr im Hinblick auf die Anwendungen von den Heavisideschen Einheiten wieder zu den gewöhnlichen übergegangen werden, so daß die Φ_μ durch $\frac{1}{\sqrt{4\pi}}\Phi_\mu$, dagegen s_μ durch $\sqrt{4\pi}s_\mu$ zu ersetzen ist. Schließlich ist es noch zweckmäßig, Potentiale Φ_μ^0 (C-Zahlen) von äußeren „eingeprägten" Kräften einzuführen, deren Quellen nicht zum System gerechnet werden. Z. B. wird es wegen der großen Masse der Atomkerne oft zweckmäßig sein, die von ihnen ausgehenden Kraftwirkungen in den Φ_μ^0 zu berücksichtigen, also die Rückwirkung zu vernachlässigen.

Mit Einführung der zu den in gewöhnlichen Einheiten gemessenen Potentialen Φ_μ konjugierten Impulse gemäß

$$\left.\begin{aligned} \Pi_k &= -\frac{1}{4\pi c}\mathfrak{E}_k = +\frac{1}{4\pi c}\left(\frac{1}{c}\frac{\partial \Phi_k}{\partial t} + \frac{\partial \Phi_0}{\partial x_k}\right), \\ \Pi_0 &= \frac{\varepsilon}{4\pi c}\operatorname{Div}\Phi = \frac{\varepsilon}{4\pi c}\left(\frac{\partial \Phi_k}{\partial x_k} + \frac{1}{c}\frac{\partial \Phi_0}{\partial t}\right), \end{aligned}\right\} \tag{60'}$$

so daß die V.-R. lauten

$$[\Pi_\varrho, \Phi'_\sigma] = \frac{h}{2\pi i}\,\delta_{\varrho\sigma}\,\delta(\mathfrak{r}, \mathfrak{r}'), \tag{61'}$$

* Bekanntlich haben Klein und Jordan in ihrer Theorie die Selbstenergie der Elektronen durch Umstellung gewisser Faktoren im Energieausdruck eliminieren können. Diese Umstellung ist gleichwertig mit dem Hinzufügen gewisser, die Klammersymbole $[\Phi_k, \psi]$ enthaltenden Terme zur Energiedichte. In unserer Theorie, wo Φ_k mit ψ bei gleichem Zeitpunkt vertauschbar ist, scheint kein so einfaches Analogon zu dem Klein-Jordanschen Kunstgriff zu existieren.

41 nimmt demnach der Strahlungsteil der Hamiltonfunktion die Form an

$$\overline{H}^{(s)} = \int d\,V \left\{ \frac{1}{16\,\pi} \left(\frac{\partial \Phi_i}{\partial x_k} - \frac{\partial \Phi_k}{\partial x_i} \right)^2 + 2\,\pi\,c^2\,\Pi_k^2 - c\,\frac{\partial \Phi_0}{\partial x_k}\,\Pi_k \right.$$
$$\left. + \frac{2\,\pi\,c^2}{\varepsilon}\,\Pi_0^2 - c\,\frac{\partial \Phi_k}{\partial x_k}\,\Pi_0 \right\}. \tag{79}$$

Entsprechend gilt dann für den Materieteil der Hamiltonfunktion

$$\overline{H}^{(m)} = \int d\,V \left[\frac{h\,c}{2\,\pi\,i}\,\alpha^k_{\varrho\sigma}\,\psi^*_\varrho\,\frac{\partial \psi_\sigma}{\partial x_k} + m\,c^2\,\alpha^4_{\varrho\sigma}\,\psi^*_\varrho\,\psi_\sigma \right.$$
$$\left. + e\,(\Phi^0_k + \Phi_k)\,\alpha^k_{\varrho\sigma}\,\psi^*_\varrho\,\psi_\sigma - e\,(\Phi^0_0 + \Phi_0)\,\psi^*_\varrho\,\psi_\varrho \right]. \tag{79 a}$$

Die zugehörigen V.-R. sind nach wie vor durch (57) und (57 a) bestimmt:

a) Einstein-Bosestatistik:

$$\psi_\varrho(\mathfrak{r})\,\psi^*_\sigma(\mathfrak{r}') - \psi^*_\sigma(\mathfrak{r}')\,\psi_\varrho(\mathfrak{r}) = \delta_{\varrho\sigma}\,\delta\,(\mathfrak{r}, \mathfrak{r}'). \tag{57}$$

b) Ausschließungsprinzip (Äquivalenzverbot):

$$\psi_\varrho(\mathfrak{r})\,\psi^*_\sigma(\mathfrak{r}') + \psi^*_\sigma(\mathfrak{r}')\,\psi_\varrho(\mathfrak{r}) = \delta_{\varrho\sigma}\,\delta\,(\mathfrak{r}, \mathfrak{r}'). \tag{57 a}$$

Zur Lösung des durch Gleichung (79 a) definierten quantentheoretischen Problems entwickelt man zweckmäßig die ψ bzw. Φ nach geeigneten Orthogonalsystemen. Für diese Entwicklung bieten sich in natürlicher Weise die klassischen Lösungen derjenigen Feldgleichungen dar, die man erhält, wenn man aus (79 a) die Wechselwirkungsterme (also die Terme der Form $\psi^*\alpha\,\psi\,\Phi$) streicht.

Nehmen wir also zunächst an, die Diracschen Gleichungen der Materiewellen seien integriert für die Potentiale Φ_μ^0, von denen wir voraussetzen, daß sie zeitlich konstant seien. [Wenn die Φ_μ^0 einen Bestandteil enthalten, der zeitlich variabel ist, so kann man diesen Term abspalten und ihn zweckmäßig zusammen mit den Wechselwirkungsgliedern von (79) behandeln.] Zu jedem Eigenwert E^s des gelösten „ungestörten“ Problems gehört ein System von Eigenfunktionen ($\varrho = 1, 2, 3, 4$), normiert nach der Gleichung

$$\int d\,V\,u^{*r}_\varrho\,u^s_\varrho = \delta_{rs}. \tag{80}$$

Es gelten ferner die „inversen“ Orthogonalitätsrelationen

$$\sum_s u^{*s}_\varrho(\mathfrak{r})\,u^s_\sigma(\mathfrak{r}') = \delta_{\varrho\sigma}\,\delta\,(\mathfrak{r}, \mathfrak{r}'). \tag{80'}$$

Wir setzen dann

$$\psi_\varrho = \sum_s a_s\,u^s_\varrho, \quad \psi^*_\varrho = \sum_s a^*_s\,u^{*s}_\varrho. \tag{81}$$

Die Größen a genügen den V.-R.: 42

$$\left.\begin{aligned} &\text{Bose-Einstein-Statistik:} && a_s a_t^* - a_t^* a_s = \delta_{st}, \\ &\text{Ausschließungsprinzip:} && a_s a_t^* + a_t^* a_s = \delta_{st}. \end{aligned}\right\} \tag{82}$$

Dasselbe Verfahren soll ferner für die Hohlraumstrahlung ohne Wechselwirkung mit der Materie angewendet werden. Hier gehen wir jedoch aus Gründen, die später erläutert werden, nicht aus von der Hamiltonschen Funktion (79), sondern von einer etwas modifizierten Funktion aus (über doppelt auftretende Indizes wird im folgenden stets summiert)

$$\begin{aligned} H_0^{(s)} = \int dV \Big\{ & \frac{1}{16\pi}\left(\frac{\partial \Phi_i}{\partial x_k} - \frac{\partial \Phi_k}{\partial x_i}\right)^2 + 2\pi c^2 \Pi_k^2 - c\,\frac{\partial \Phi_0}{\partial x_k}\,\Pi_k \\ & + \frac{2\pi c^2}{\varepsilon+\delta}\,\Pi_0^2 - \frac{\varepsilon c}{\varepsilon+\delta}\,\frac{\partial \Phi_k}{\partial x_k}\,\Pi_0 - \frac{\varepsilon\delta}{8\pi(\varepsilon+\delta)}\left(\frac{\partial \Phi_k}{\partial x_k}\right)^2 + \frac{\delta}{8\pi}\left(\frac{\partial \Phi_0}{\partial x_k}\right)^2 \Big\}. \end{aligned} \tag{83}$$

δ ist ein kleiner Parameter. Wir suchen nun die Lösungen des zu (82) gehörigen klassischen Wellenproblems. Zu diesem Zweck setzen wir in bekannter Weise

$$\left.\begin{aligned} \Phi_1 &= \sqrt{\frac{8}{L^3}}\, q_1^r \cos\frac{\pi}{L}\varkappa_r x \,.\, \sin\frac{\pi}{L}\lambda_r y \,.\, \sin\frac{\pi}{L}\mu_r z, \\ \Phi_2 &= \sqrt{\frac{8}{L^3}}\, q_2^r \sin\frac{\pi}{L}\varkappa_r x \,.\, \cos\frac{\pi}{L}\lambda_r y \,.\, \sin\frac{\pi}{L}\mu_r z, \\ \Phi_3 &= \sqrt{\frac{8}{L^3}}\, q_3^r \sin\frac{\pi}{L}\varkappa_r x \,.\, \sin\frac{\pi}{L}\lambda_r y \,.\, \cos\frac{\pi}{L}\mu_r z, \\ \Phi_0 &= \sqrt{\frac{8}{L^3}}\, q_0^r \sin\frac{\pi}{L}\varkappa_r x \;\; \sin\frac{\pi}{L}\lambda_r y \,.\, \sin\frac{\pi}{L}\mu_r z. \end{aligned}\right\} \tag{84}$$

Hierin bedeutet L die Kantenlänge des (kubisch gedachten) Hohlraums, $\varkappa_r$, λ_r, μ_r sind ganze Zahlen, die zur Schwingung mit dem Index r gehören. Ebenso setzen wir

$$\left.\begin{aligned} \Pi_1 &= \sqrt{\frac{8}{L^3}}\, p_1^r \cos\frac{\pi}{L}\varkappa_r x \sin\frac{\pi}{L}\lambda_r y \sin\frac{\pi}{L}\mu_r z, \\ \Pi_2 &= \sqrt{\frac{8}{L^3}}\, p_2^r \sin\frac{\pi}{L}\varkappa_r x \cos\frac{\pi}{L}\lambda_r y \sin\frac{\pi}{L}\mu_r z, \\ \Pi_3 &= \sqrt{\frac{8}{L^3}}\, p_3^r \sin\frac{\pi}{L}\varkappa_r x \sin\frac{\pi}{L}\lambda_r y \cos\frac{\pi}{L}\mu_r z, \\ \Pi_0 &= \sqrt{\frac{8}{L^3}}\, p_0^r \sin\frac{\pi}{L}\varkappa_r x \sin\frac{\pi}{L}\lambda_r y \sin\frac{\pi}{L}\mu_r z. \end{aligned}\right\} \tag{85}$$

43 Die Hamiltonsche Funktion geht damit über in

$$\left.\begin{aligned}\overline{H}^{(\varepsilon)} = {} & 2\pi c^2\left(p_1^{r\,2}+p_2^{r\,2}+p_3^{r\,2}+\frac{1}{\varepsilon+\delta}\,p_0^{r\,2}\right)\\ & -\frac{c\pi}{L}\,q_0^r(\chi_r p_1^r+\lambda_r p_2^r+\mu_r p_3^r)+\frac{\varepsilon c\pi}{L(\varepsilon+\delta)}\,p_0^r(q_1^r\varkappa_r+q_2^r\lambda_r+q_3^r\mu_r)\\ & -\frac{\pi}{8L^2}(q_1^r\varkappa_r+q_2^r\lambda_r+q_3^r\mu_r)^2\,\frac{\varepsilon\delta}{\varepsilon+\delta}+\frac{\delta\pi}{8L^2}\,q_0^{r\,2}(\varkappa_r^2+\lambda_r^2+\mu_r^2)\\ & +\frac{\pi}{8L^2}\left[(q_1^r\lambda_r-q_2^r\varkappa_r)^2+(q_1^r\mu_r-q_3^r\varkappa_r)^2+(q_2^r\mu_r-q_3^r\lambda_r)^2\right].\end{aligned}\right\} \quad (86)$$

Zu dieser Funktion gehören die entsprechenden kanonischen Gleichungen, die nach Elimination der p lauten:

$$\left.\begin{aligned}&\left(\frac{L}{c\pi}\right)^2\ddot{q}_1^r+(\varkappa_r^2+\lambda_r^2+\mu_r^2)\,q_1^r\\ &= (1+\varepsilon)\left(-\frac{L}{c\pi}\,\dot{q}_0^r+\varkappa_r q_1^r+\lambda_r q_2^r+\mu_r q_3^r\right)\varkappa_r,\\ &\left(\frac{L}{c\pi}\right)^2\ddot{q}_2^r+(\varkappa_r^2+\lambda_r^2+\mu_r^2)\,q_2^r\\ &= (1+\varepsilon)\left(-\frac{L}{c\pi}\,\dot{q}_0^r+\varkappa_r q_1^r+\lambda_r q_2^r+\mu_r q_3^r\right)\lambda_r,\\ &\left(\frac{L}{c\pi}\right)^2\ddot{q}_3^r+(\varkappa_r^2+\lambda_r^2+\mu_r^2)\,q_3^r\\ &= (1+\varepsilon)\left(-\frac{L}{c\pi}\,\dot{q}_0^r+\varkappa_r q_1^r+\lambda_r q_2^r+\mu_r q_3^r\right)\mu_r,\\ &(1-\delta)\left[\left(\frac{L}{c\pi}\right)^2\ddot{q}_0^r+(\varkappa_r^2+\lambda_r^2+\mu_r^2)\,q_0^r\right]\\ &= -(1+\varepsilon)\left(-\frac{L}{c\pi}\,\ddot{q}_0^r+\varkappa_r\dot{q}_1^r+\lambda_r\dot{q}_2^r+\mu_r q_3^r\right).\end{aligned}\right\} \quad (87)$$

Für jeden Wert von r (d. h. für jedes Wertsystem $\varkappa_r$, λ_r, μ_r) beschreiben die Gleichungen (87) die Bewegungen von vier gekoppelten Oszillatoren. Die klassische Lösung eines solchen Problems wird gefunden durch den Ansatz $q_0^r = b_0\cos 2\pi\nu_r t$; $q_1^r = b_1\sin 2\pi\nu_r t$; $q_2^r = b_2\sin 2\pi\nu_r t$;

$q_3^r = b_3 \sin 2\pi\nu_r t$. Gleichung (87) geht dann über in ein System linearer 44
Gleichungen mit der Determinante $\left(\frac{2L}{c}\nu_r = \nu_r', X_r = \varkappa_r^2 + \lambda_r^2 + \mu_r^2 - \nu_r'^2\right)$:

$$\begin{vmatrix} \frac{X_r}{1+\varepsilon} - \varkappa_r^2, & -\varkappa_r\lambda_r, & -\varkappa_r\mu_r, & -\varkappa_r\nu_r', \\ -\lambda_r\varkappa_r, & \frac{X_r}{1+\varepsilon} - \lambda_r^2, & -\lambda_r\mu_r, & -\lambda_r\nu_r', \\ -\mu_r\varkappa_r, & -\mu_r\lambda_r, & \frac{X_r}{1+\varepsilon} - \mu_r^2, & -\mu_r\nu_r', \\ +\nu_r'\varkappa_r, & \nu_r'\lambda_r, & \nu_r'\mu_r, & \frac{X_r(1-\delta)}{1+\varepsilon} + \nu_r'^2. \end{vmatrix} \tag{88}$$

Durch Nullsetzen der Determinante erhält man eine dreifache Wurzel $\nu_r'^2 = \varkappa_r^2 + \lambda_r^2 + \mu_r^2$, und eine einfache Wurzel

$$\nu_r'^2 = \frac{\varepsilon - \varepsilon\delta}{\varepsilon + \delta} \cdot (\varkappa_r^2 + \lambda_r^2 + \mu_r^2).$$

Wir bezeichnen die vier Wurzeln mit $\nu_{r,1}$; $\nu_{r,2}$; $\nu_{r,3}$; $\nu_{r,0}$. Zur dreifachen Wurzel $\nu_{r,1} = \nu_{r,2} = \nu_{r,3}$ gehören drei linear unabhängige Lösungen, die der Bedingung

$$b_1\varkappa_r + b_2\lambda_r + b_3\mu_r + b_0\nu_{r,1}' = 0 \tag{89}$$

genügen. Zu $\nu_{r,0}$ gehört (unnormiert) die Lösung

$$b_1 = \varkappa_r, \quad b_2 = \lambda_r, \quad b_3 = \mu_r, \quad b_0 = -\frac{\nu_{r,0}}{1-\delta}. \tag{90}$$

Im Grenzfall $\delta = 0$ wird auch noch $\nu_{r,0} = \nu_{r,1}$ und die vierte Schwingung ist nicht mehr linear unabhängig von den ersten drei. Es existieren dann also nur noch drei eigentliche periodische linear unabhängige Lösungen von (87). Die vierte linear unabhängige Lösung von (87) ist dann unperiodisch und kann durch einen Grenzübergang $\delta \to 0$ in folgender Weise gewonnen werden. Für $\delta \neq 0$ kombinieren wir die beiden Lösungen

$$\begin{aligned} q_1^r &= \varkappa_r \sin 2\pi\nu_{r,1}t; & q_1^r &= \varkappa_r \sin 2\pi\nu_{r,0}t; \\ q_2^r &= \lambda_r \sin 2\pi\nu_{r,1}t; & q_2^r &= \lambda_r \sin 2\pi\nu_{r,0}t; \\ q_3^r &= \mu_r \sin 2\pi\nu_{r,1}t; & q_3^r &= \mu_r \sin 2\pi\nu_{r,0}t; \\ q_0^r &= -\nu_{r,1}' \cos 2\pi\nu_{r,1}t, & q_0^r &= -\frac{\nu_{r,0}'}{1-\delta} \cos 2\pi\nu_{r,0}t \end{aligned}$$

45 durch Subtraktion zu einer Schwebung

$$\left.\begin{aligned} q_1^r &= 2\,\varkappa_r \cos 2\pi \frac{\nu_{r,1}+\nu_{r,0}}{2} t \sin 2\pi \frac{\nu_{r,1}-\nu_{r,0}}{2} t,\\ q_2^r &= 2\,\lambda_r \cos 2\pi \frac{\nu_{r,1}+\nu_{r,0}}{2} t \sin 2\pi \frac{\nu_{r,1}-\nu_{r,0}}{2} t,\\ q_3^r &= 2\,\mu_r \cos 2\pi \frac{\nu_{r,1}+\nu_{r,0}}{2} t \sin 2\pi \frac{\nu_{r,1}-\nu_{r,0}}{2} t,\\ q_0^r &= 2\,\nu'_{r,1} \sin 2\pi \frac{\nu_{r,1}+\nu_{r,0}}{2} t \sin 2\pi \frac{\nu_{r,1}-\nu_{r,0}}{2} t\\ &\quad -\left(\nu'_{r,1}-\frac{\nu'_{r,0}}{1-\delta}\right)\cos 2\pi\nu_{r,0} t. \end{aligned}\right\} \tag{91}$$

Im Limes $\delta \to 0$ wird $\nu_{r,0} = \nu_{r,1}\left(1-\frac{\delta}{2}-\frac{\delta}{2\varepsilon}\right)$; multipliziert man die Werte der q mit ε/δ und geht zu $\delta = 0$ über, so erhält man

$$\left.\begin{aligned} q_1^r &= 2\pi(1+\varepsilon)\,\nu_r t\,.\,\varkappa_r \cos 2\pi\nu_r t,\\ q_2^r &= 2\pi(1+\varepsilon)\,\nu_r t\,.\,\lambda_r \cos 2\pi\nu_r t,\\ q_3^r &= 2\pi(1+\varepsilon)\,\nu_r t\,.\,\mu_r \cos 2\pi\nu_r t,\\ q_0^r &= 2\pi(1+\varepsilon)\,\nu_r t\,.\,\nu'_r \sin 2\pi\nu_r t - (1-\varepsilon)\,\nu'_r \cos 2\pi\nu_r t. \end{aligned}\right\} \tag{92}$$

Für $\delta = 0$ existieren also unperiodische Lösungen von (87). Bildet man die zugehörigen Partialschwingungen der Feldstärken, so ergibt sich

$$\left.\begin{aligned} q_1^r\lambda_r - q_2^r\varkappa_r &= 0, \ldots,\\ q_0^r\varkappa_r + \frac{L}{c\pi}\,\dot q_1^r &= 2\,\varepsilon\,\nu'_r\varkappa_r\,.\cos 2\pi\nu_r t, \ldots \end{aligned}\right\} \tag{93}$$

Zu den unperiodischen Veränderungen der Potentiale gehören also doch periodische Schwingungen der Feldstärken, die überdies mit $\varepsilon \to 0$ verschwinden. Diesen hier betrachteten aperiodischen Lösungen ist auch die einfache Form der V.-R. (61′) zu danken, sie garantieren die Vertauschbarkeit von Φ_0 und Φ_k. Der Übergang $\varepsilon \to 0$ ist jedoch in allen physikalischen Fragestellungen ohne Schwierigkeiten vollziehbar, weil für die Feldstärken keine unperiodischen Lösungen der Art (92) existieren.

Trotzdem wäre es unbequem, mit diesen unperiodischen Ausgangslösungen zu rechnen; wir haben deshalb in der Funktion $\overline{H}_0^s$ die δ-Glieder zugefügt. Die Einführung der δ-Glieder hat also einen ähnlichen Sinn wie die Einführung des Hohlraumes: es soll ein diskretes Eigenwertspektrum erzwungen werden. Hohlraum und δ-Glieder zerstören allerdings die Invarianz der Gleichungen gegenüber räumlichen und zeitlichen Transformationen. Im Endresultat gehen wir jedoch zum Limes eines unendlich großen Hohlraumes und zum Limes $\delta = 0$ über, dann ist die Invarianz wieder hergestellt.

Der Übergang zur quantentheoretischen Lösung von Gleichung (86) 46
geschieht in der Weise, daß man an Stelle der p^r, q^r die Impulse und Koordinaten der Hauptschwingungen P^r, Q^r (zu jedem r gibt es deren vier) einführt, und zwar ergibt die elementare Rechnung als mögliches Schema:

$$\left.\begin{aligned}
\frac{1}{\sqrt{4cL}}\,q_1^r &= \frac{\lambda_r}{\sqrt{\nu'_{r,1}(\lambda_r^2+\varkappa_r^2)}}\,Q_1^r + \frac{\mu_r\varkappa_r}{\nu'_{r,1}\sqrt{\nu'_{r,1}(\lambda_r^2+\varkappa_r^2)}}\,Q_2^r \\
&\quad + \frac{\varkappa_r}{\sqrt{\delta\nu'^3_{r,1}}}\,Q_3^r + \frac{\varkappa_r\sqrt{1-\delta}}{\sqrt{\delta\nu'^2_{r,1}\nu'_{r,0}}}\,P_0^r, \\
\frac{1}{\sqrt{4cL}}\,q_2^r &= -\frac{\varkappa_r}{\sqrt{\nu'_{r,1}(\lambda_r^2+\varkappa_r^2)}}\,Q_1^r + \frac{\mu_r\lambda_r}{\nu'_{r,1}\sqrt{\nu'_{r,1}(\lambda_r^2+\varkappa_r^2)}}\,Q_2^r \\
&\quad + \frac{\lambda_r}{\sqrt{\delta\nu'^3_{r,1}}}\,Q_3^r + \frac{\lambda_r\sqrt{1-\delta}}{\sqrt{\delta\nu'^2_{r,1}\nu'_{r,0}}}\,P_0^r, \\
\frac{1}{\sqrt{4cL}}\,q_3^r &= -\frac{\sqrt{\lambda_r^2+\varkappa_r^2}}{\nu'_{r,1}\sqrt{\nu'_{r,1}}}\,Q_2^r + \frac{\mu_r}{\sqrt{\delta\nu'^3_{r,1}}}\,Q_3^r + \frac{\mu_r\sqrt{1-\delta}}{\sqrt{\delta\nu'^2_{r,1}\nu'_{r,0}}}\,P_0^r, \\
\frac{1}{\sqrt{4cL}}\,q_0^r &= -\frac{\nu'_{r,1}}{\sqrt{\delta\nu'^3_{r,1}}}\,P_3^r - \frac{\nu'_{r,0}}{\sqrt{(1-\delta)\delta\nu'_{r,0}\nu'^2_{r,1}}}\,Q_0^r, \\
\sqrt{4cL}\,p_1^r &= \lambda_r\sqrt{\frac{\nu'_{r,1}}{\lambda_r^2+\varkappa_r^2}}\,P_1^r + \frac{\mu_r\varkappa_r}{\sqrt{\nu'_{r,1}(\lambda_r^2+\varkappa_r^2)}}\,P_2^r - \varkappa_r\sqrt{\frac{\delta\nu'_{r,0}}{(1-\delta)\nu'^2_{r,1}}}\,Q_0^r, \\
\sqrt{4cL}\,p_2^r &= -\varkappa_r\sqrt{\frac{\nu'_{r,1}}{\lambda_r^2+\varkappa_r^2}}\,P_1^r + \frac{\mu_r\lambda_r}{\sqrt{\nu'_{r,1}(\lambda_r^2+\varkappa_r^2)}}\,P_2^r - \lambda_r\sqrt{\frac{\delta\nu'_{r,0}}{(1-\delta)\nu^2_{r,1}}}\,Q_0^r, \\
\sqrt{4cL}\,p_3^r &= -\frac{\sqrt{\lambda_r^2+\varkappa_r^2}}{\sqrt{\nu'_{r,1}}}\,P_2^r - \mu_r\sqrt{\frac{\delta\nu'_{r,0}}{(1-\delta)\nu'^2_{r,1}}}\,Q_0^r, \\
\sqrt{4cL}\,p_0^r &= \sqrt{\delta\nu'_{r,1}}\,Q_3^r.
\end{aligned}\right\} \tag{94}$$

Hierbei gilt

$$P_i^r = \frac{1}{2\pi\nu_{r,i}}\,\dot{Q}_i^r, \quad P_0^r = -\frac{1}{2\pi\nu_{r,0}}\,\dot{Q}_0^r,$$

ferner die V.-R.

$$[P_i^r, Q_k^s]_- = \delta_{ik}\delta_{rs}\frac{h}{2\pi i}; \quad [P_i^r, P_k^s]_- = 0; \quad [Q_i^r, Q_k^s] = 0.$$

$$(i = 1, 2, 3, 0; \quad k = 1, 2, 3, 0).$$

Die Gleichung $P_0^r = -\frac{1}{2\pi\nu_{r,0}}\dot{Q}_0^r$ zeigt, daß die Hamiltonsche Funktion $(p_0^r)^2$ und $(Q_0^r)^2$ mit negativem Vorzeichen enthält

$$\begin{aligned}
H_0 &= 2\pi\nu_{r,1}\tfrac{1}{2}[(P_1^r)^2+(Q_1^r)^2] + 2\pi\nu_{r,2}\tfrac{1}{2}[(P_2^r)^2+(Q_2^r)^2] \\
&\quad + 2\pi\nu_{r,3}\tfrac{1}{2}[(P_3^r)^2+(Q_3^r)^2] - 2\pi\nu_{r,0}\tfrac{1}{2}[(P_0^r)^2+(Q_0^r)^2].
\end{aligned} \tag{95}$$

47 **Um nicht gezwungen zu sein, im folgenden die Hauptschwingung mit Index 0 stets gesondert aufzuschreiben, führen wir ein:**

$$v_{r,4} = -v_{r,0},$$

ferner

$$P^{r,4} = -Q_0^r, \quad Q^{r,4} = P_0^r. \tag{96}$$

Wir numerieren hiernach die Hauptschwingungen mit einem Index λ, der von 1 bis 4 läuft

$$Q^{r\lambda} \; (Q_1^r,\; Q_2^r,\; Q_3^r,\; P_0^r),$$
$$P^{r\lambda} \; (P_1^r,\; P_2^r,\; P_3^r,\; -Q_0^r).$$

Mit Hilfe von (94) und (84) können die Potentiale jetzt in der zu (81) analogen Form

$$\left.\begin{aligned} \Phi_i &= Q^{r\lambda} v_i^{r\lambda}; & \Phi_0 &= P^{r\lambda} v_0^{r\lambda}, \\ \Pi_i &= \frac{1}{4cL} P^{r\lambda} w_i^{r\lambda}; & \Pi_0 &= \frac{1}{4cL} Q^{r\lambda} w_0^{r\lambda} \end{aligned}\right\} \tag{97}$$

geschrieben werden; die $v_i^{r\lambda}$ und $w_i^{r\lambda}$ bedeuten das Orthogonalsystem der Eigenfunktionen des Hohlraums.

An Stelle der Koeffizienten a, a^* von Gleichung (81) und P, Q von Gleichung (97) führt man jetzt, wie dies zum erstenmal von Dirac in der Theorie der Strahlung angewendet wurde, die Anzahl der Korpuskeln im entsprechenden Quantenzustand als Variable ein. Die Anzahl der Elektronen im Zustand s sei N_s, die Anzahl der Lichtquanten im Zustand r sei M_r. Die kanonisch konjugierten Winkel heißen Θ_s bzw. χ_r.

Dann soll also gelten†:

Bose-Einstein-Statistik:

$$a_s = e^{-\frac{2\pi i}{h}\Theta_s} N_s^{1/2}; \quad a_s^* = N_s^{1/2} e^{\frac{2\pi i}{h}\Theta_s},$$

Ausschließungsprinzip:

$$a_s = \mathcal{V}_s e^{-\frac{2\pi i}{h}\Theta_s} N_s^{1/2}; \quad a_s^* = N_s^{1/2} e^{\frac{2\pi i}{h}\Theta_s} \mathcal{V}_s,$$

Strahlung: (98)

$$P^{r\lambda} = \sqrt{\frac{h}{4\pi}}\left(M_{r,\lambda}^{1/2} e^{\frac{2\pi i}{h}\chi_{r,\lambda}} + e^{-\frac{2\pi i}{h}\chi_{r,\lambda}} M_{r,\lambda}^{1/2}\right);$$

$$Q^{r\lambda} = \frac{1}{i}\sqrt{\frac{h}{4\pi}}\left(M_{r,\lambda}^{1/2}{}^{\frac{2\pi i}{h}\chi_{r,\lambda}} - e^{-\frac{2\pi i}{h}\chi_{r,\lambda}} . M_{r,\lambda}^{1/2}\mathcal{V}.\right.$$

Die Größen $\mathcal{V}_s$ sind die von Jordan und Wigner eingeführten Vorzeichenfunktionen

$$\mathcal{V}_s = \prod_{t \leqq s} (1 - 2 N_t). \tag{99}$$

† Vgl. hierzu die mehrfach zitierte Arbeit von Jordan und Wigner.

Die Exponentialfunktionen der Phasenwinkel können als Operatoren auf- 48
gefaßt werden und haben dann folgende Eigenschaften:

$$\left.\begin{array}{lll}
\text{Bose-Einstein-Statistik:} & & \\
\quad e^{\frac{2\pi i}{h}\Theta_s} & \text{verwandelt } N_s \text{ in } N_s - 1, & \\
\text{Ausschließungsprinzip:} & & \\
\quad e^{\frac{2\pi i}{h}\Theta_s} & \quad ,, \quad N_s \quad ,, \quad 1 - N_s, & \\
\text{Strahlung:} & & \\
\quad e^{\frac{2\pi i}{h}\chi_r} & \quad ,, \quad M_r \quad ,, \quad M_r - 1. &
\end{array}\right\} \tag{100}$$

Wir gehen jetzt zur Aufstellung der zur Hamiltonschen Funktion (79) plus (79a) gehörigen Schrödingergleichung über. Die Wahrscheinlichkeitsfunktion φ soll abhängen von den Variabeln N_s und M_r, $|\varphi|^2$ soll also die Wahrscheinlichkeit dafür angeben, daß sich N_s Elektronen im Zustand s, M_r Lichtquanten im Zustand r befinden. Man erhält die zu φ gehörige Differenzgleichung, indem man in (79) und (79a) H mit Hilfe von (81), (97), (98) durch die N, Θ und M, χ ausdrückt, dann die Winkel als Operatoren auffaßt und $(H - E)\,\varphi = 0$ setzt (E Gesamtenergie des Systems). Man wird dabei mit Vorteil von dem Umstand Gebrauch machen, daß die u_s und $v_{r\lambda}$ Lösungen der Hamiltonschen Gleichung (79) bzw. (79a) ohne Wechselwirkungsglieder sind. Die „ungestörte" Energie hat also einfach die Form

$$E = \sum_s E_s N_s + \sum_{r,\lambda} (M_{r,\lambda} + {}^1/_2)\, h\, \nu_{r,\lambda}.$$

Die Glieder ${}^1/_2 \Sigma h \nu$ bedeuten eine unendliche additive Nullpunktsenergie des Strahlungshohlraumes. Da dieser Term nur als additive Konstante in die Gesamtenergie eingeht, hat er keine physikalische Bedeutung und kann demnach weggelassen werden (vgl. S. 53). Wenn man die Wechselwirkungsglieder in H ausdrückt durch u und v, so treten folgende Integrale auf:

$$\left.\begin{aligned}
c^{r\lambda}_{st} &= \int u^{*s}_{\varrho}\, \alpha^{i}_{\varrho\sigma}\, u^{t}_{\sigma}\, v^{r\lambda}_{i}\, dV, \\
d^{r\lambda}_{st} &= \int u^{*s}_{\varrho}\, u^{t}_{\varrho}\, v^{r\lambda}_{0}\, dV.
\end{aligned}\right\} \tag{101}$$

Die Differenzengleichung für die Wahrscheinlichkeitsamplitude $\varphi\,(N_1, N_2 \ldots;\, M_1, M_2 \ldots)$ lautet also schließlich (im folgenden werden die Summenzeichen wieder angeschrieben):

49 a) Im Falle der Bose-Einsteinschen Statistik für die Materie:

$$(-E+\sum_s N_s E_s+\sum_r M_{r\lambda} h\nu_{r\lambda})\,\varphi(N_1, N_2\ldots;\, M_1 M_2\ldots)$$

$$= e\sqrt{\frac{h}{4\pi}}\sum_{s,t,r,\lambda}{}' N_s^{1/2}(N_t+1)^{1/2}\left[M_{r\lambda}^{1/2}(d_{st}^{r\lambda}-i c_{st}^{r\lambda})\,\varphi(N_1\ldots, N_s-1\ldots,\right.$$
$$N_t+1\ldots;\, M_1\ldots, M_{r\lambda}-1,\ldots)+(M_{r\lambda}+1)^{1/2}(d_{st}^{r\lambda}$$
$$\left.+i c_{st}^{r\lambda})\,\varphi(N_1\ldots, N_s-1\ldots N_t+1\ldots;\, M_1\ldots, M_{r\lambda}+1,\ldots)\right]$$
$$+e\sqrt{\frac{h}{4\pi}}\sum_s N_s\left[M_{r\lambda}^{1/2}(d_{ss}^{r\lambda}-i c_{ss}^{r\lambda})\,\varphi(N_1\ldots;\, M_1\ldots M_{r\lambda}-1\ldots)\right.$$
$$\left.+(M_{r\lambda}+1)^{1/2}(d_{ss}^{r\lambda}+i c_{ss}^{r\lambda})\,\varphi(N_1\ldots;\, M_1\ldots M_{r\lambda}+1\ldots)\right]. \quad (102)$$

b) Im Falle des Ausschließungsprinzips für die Materie:

$$(-E+\sum_s N_s E_s+\sum_r M_{r\lambda} h\nu_{r\lambda})\,\varphi(N_1, N_2\ldots;\, M_1, M_2\ldots)$$

$$= e\sqrt{\frac{h}{4\pi}}\sum_{s,t,r,\lambda}{}' \nu_s(N_1\ldots 1-N_s\ldots)\,\nu_t(N_1\ldots 1-N_t\ldots)\left[M_{r\lambda}^{1/2}(d_{st}^{r\lambda}\right.$$
$$-i c_{st}^{r\lambda})\,\varphi(N_1\ldots, 1-N_s, 1-N_t\ldots;\, M_1\ldots M_{r\lambda}-1\ldots)+(M_{r\lambda}$$
$$\left.+1)^{1/2}(d_{st}^{r\lambda}+i c_{st}^{r\lambda})\,\varphi(N_1\ldots 1-N_s, 1-N_t\ldots;\, M_1\ldots M_{r\lambda}+1\ldots)\right]$$
$$+e\sqrt{\frac{h}{4\pi}}\sum_s N_s\left[M_{r\lambda}^{1/2}(d_{ss}^{r\lambda}-i c_{ss}^{r\lambda})\,\varphi(N_1\ldots;\, M_1\ldots M_{r\lambda}-1\ldots)\right.$$
$$\left.+(M_{r\lambda}+1)^{1/2}(d_{ss}^{r\lambda}+i c_{ss}^{r\lambda})\,\varphi(N_1\ldots;\, M_1\ldots M_{r\lambda}+1\ldots)\right]. \quad (103)$$

In den Summen Σ' ist der Summand $r = s$ auszuschließen.

§ 8. Berechnung der Eigenwertstörung bis zur zweiten Ordnung in den Wechselwirkungsgliedern. Faßt man in den Gleichungen (102), (103) die Wechselwirkungsglieder als kleine Störung auf, so kann man versuchen, (102), (103) durch sukzessive Approximation zu integrieren. Im ungestörten System sollen etwa N_s^0 Elektronen im Zustand s angetroffen werden, dagegen sollen überhaupt keine Lichtquanten vorhanden sein. Durch diese Ausgangslösung schließen wir Dispersions- und Absorptionsvorgänge aus, die uns vorerst nicht interessieren. Die ungestörte Wahrscheinlichkeitsamplitude lautet:

$$\left.\begin{aligned}\varphi_0(N_1,\ldots;\, M_1\ldots) &= \delta_{N_1, N_1^0}\,\delta_{N_2, N_2^0}\ldots\delta_{M_1,0}\cdot\delta_{M_2,0}\ldots,\\ \delta_{N_1, N_1^0} &= \begin{cases}1 & \text{für } N_1 = N_1^0,\\ 0 & \text{„}\ N_1 \neq N_1^0.\end{cases}\end{aligned}\right\} \quad (104)$$

Diesen Wert von φ_0 setzen wir in die Wechselwirkungsglieder der Gleichung (102) bzw. (103) ein und finden damit die Störung erster

Näherung φ_1 der Wahrscheinlichkeitsamplitude $\varphi = \varphi_0 + \varphi_1 + \cdots$. 50
Es ergibt sich:

a) Bose-Einsteinsche Statistik:

$$\left.\begin{aligned} &\varphi_1 (N_1^0 \ldots, N_s^0 + 1 \ldots N_t^0 - 1 \ldots; 0, 0, \ldots \overset{r\lambda}{1}, 0, 0) \\ &= \frac{e\sqrt{\frac{h}{4\pi}}}{E_s - E_t + h\nu_{r\lambda}} (N_s^0 + 1)^{1/2} N_t^{0\,1/2} (d_{st}^{r\lambda} - i c_{st}^{r\lambda}); \\ &\varphi_1 (N_1^0 \ldots; 0, 0 \ldots \overset{r\lambda}{1}, 0, 0) \\ &= \frac{e\sqrt{\frac{h}{4\pi}}}{h\nu_{r\lambda}} \sum_s N_s^0 (d_{ss}^{r\lambda} - i c_{ss}^{r\lambda}). \end{aligned}\right\} \quad (105)$$

b) Ausschließungsprinzip:

$$\left.\begin{aligned} &\varphi_1 (N_1^0 \ldots 1 - N_s^0 \ldots 1 - N_t^0 \ldots; 0, 0 \ldots \overset{r\lambda}{1}, 0 \ldots) \\ &= \frac{e\sqrt{\frac{h}{4\pi}}}{E_s - E_t + h\nu_{r\lambda}} V_s (N_1^0 \ldots 1 - N_t^0 \ldots)\, V_t (N_1^0 \ldots 1 - N_t^0 \ldots)\, N_t^0 (1 - N_s^0) \\ &\cdot (d_{st}^{r\lambda} - i c_{st}^{r\lambda}) + \frac{e\sqrt{\frac{h}{4\pi}}}{E_t - E_s + h\nu_{r\lambda}} V_t (N_1^0 \ldots 1 - N_s^0 \ldots)\, V_s (N_1^0 \ldots 1 - N_s^0 \ldots) \\ &N_s^0 (1 - N_t^0) (d_{ts}^{r\lambda} - i c_{ts}^{r\lambda}), \\ &\varphi_1 (N_1^0 \ldots; 0 \ldots \overset{r\lambda}{1}, 0 \ldots) = \frac{e\sqrt{\frac{h}{4\pi}}}{h\nu_{r\lambda}} \sum_s N_s^0 (d_{ss}^{r\lambda} - i c_{ss}^{r\lambda}). \end{aligned}\right\} \quad (106)$$

An allen anderen Stellen des N_1-, N_2- ... Raumes ist $\varphi_1 = 0$. Durch Einsetzen von φ_1 aus (105) und (106) in (102) und (103) erhält man die Eigenwertstörung $E^{(2)}$ ($E = E^0 + E^{(1)} + E^{(2)} + \cdots$), wenn die Gleichung an der Stelle $N_1^0, N_2^0 \ldots; 0 \ldots$ aufgeschrieben wird. Der zeitliche Mittelwert der Störungsglieder, also die Störungsenergie $E^{(1)}$ verschwindet.

Die Ausrechnung ergibt:

a) Bose-Einsteinsche Statistik:

$$\begin{aligned} -E^{(2)} &= \sum_{st, r\lambda}{}' \frac{e^2 \frac{h}{4\pi}}{E_s - E_t + h\nu_{r\lambda}} (N_s^0 + 1) N_t^0 (d_{st}^{r\lambda} - i c_{st}^{r\lambda})(d_{ts}^{r\lambda} + i c_{ts}^{r\lambda}) \\ &+ \sum_{st, r\lambda} \frac{e^2}{4\pi\nu_{r\lambda}} N_s^0 (d_{ss}^{r\lambda} - i c_{ss}^{r\lambda}) N_t^0 (d_{tt}^{r\lambda} + i c_{tt}^{r\lambda}). \end{aligned} \quad (107)$$

51 b) Ausschließungsprinzip:

$$-E^{(2)} = \sum_{st,\,r\lambda}{}' \frac{e^2 \dfrac{h}{4\pi}}{E_s - E_t + h\nu_{r\lambda}} N_t^0 (1 - N_s^0)(d_{st}^{r\lambda} - i c_{st}^{r\lambda})(d_{ts}^{r\lambda} + i c_{ts}^{r\lambda})$$

$$+ \sum_{st,\,r\lambda} \frac{e^2}{4\pi\nu_{r\lambda}} N_s^0 (d_{ss}^{r\lambda} - i c_{ss}^{r\lambda}) N_t^0 (d_{tt}^{r\lambda} + i c_{tt}^{r\lambda}). \tag{108}$$

In den Formeln (105) bis (108) können auf der rechten Seite eventuell kleine Nenner der Form $E_s - E_t + h\nu_{r\lambda}$ auftreten, die die Konvergenz des Verfahrens stören; ihre physikalische Bedeutung ist folgende: Damit $E_s - E_t + h\nu_{r\lambda}$ klein ist, muß $E_t - E_s \sim h\nu_{r\lambda}$ sein, d. h. das ungestörte System ist eines Sprunges von Zustand t nach Zustand s unter Aussendung eines Lichtquants $h\nu_{r\lambda}$ fähig. Die weitere Diskussion der kleinen Nenner würde also genau so verlaufen wie in der Diracschen Theorie der Ausstrahlung; da wir uns hier mehr für die Eigenwertstörung interessieren, wollen wir annehmen, daß die betreffenden Glieder das Resultat nicht wesentlich beeinflussen; dies ist z. B. der Fall für den Normalzustand eines Atoms, von dem aus keine Emission möglich ist. Aber selbst in den angeregten Zuständen hat es sehr wohl einen Sinn, die Wechselwirkung der Elektronen zu berücksichtigen, dagegen die Strahlungskräfte zu vernachlässigen; da wir auf die Berechnung der Wechselwirkung abzielen, so werden wir also das Auftreten kleiner Nenner nicht weiter beachten.

Im folgenden soll der Beweis geführt werden, daß die nach (107), (108) berechnete Eigenwertstörung in einer gewissen Näherung identisch ist mit derjenigen Eigenwertstörung zweiter Ordnung, die man erhält, wenn man in gewöhnlicher Weise elektrostatische Wechselwirkungen zwischen den Elektronen ansetzt und die Schrödingersche Gleichung im Konfigurationsraum löst. Zu diesem Ende bemerken wir, daß die Größen $c_{st}^{r\lambda}$ mit den Strömen und daher mit den magnetischen Wechselwirkungen der Elektronen zu tun haben, während die Größen $d_{st}^{r\lambda}$ sich auf die elektrische Wechselwirkung beziehen. Da die magnetischen Wechselwirkungen von gleicher Größenordnung sind, wie die relativistischen Effekte, die sich im Konfigurationsraum doch nicht behandeln lassen, so werden wir für unseren Beweis die $c_{st}^{r\lambda}$-Glieder vernachlässigen. Es bleibt die Berechnung der Summen vom Typus

$$\sum_{r\lambda} \frac{1}{E_s - E_t + h\nu_{r\lambda}} d_{st}^{r\lambda} d_{ts}^{r\lambda}. \tag{109}$$

Die Integrale $d_{st}^{r\lambda}$ $(r \neq t)$ werden merklich groß erst für $\nu_{r\lambda}$, für welche 52
die Wellenlänge des Lichtes vergleichbar ist mit den Atomdimensionen, also für sehr große $\nu_{r\lambda}$. Da ferner die Anzahl der Eigenschwingungen mit wachsendem ν sehr rasch wächst, so werden wir vermuten, daß der Hauptbeitrag zur Summe von sehr großen ν-Werten stammt. Es scheint daher berechtigt, in erster Näherung an Stelle von (111) die Summe

$$\sum_{r,\lambda} \frac{1}{h\nu_{r\lambda}} d_{st}^{r\lambda} d_{ts}^{r\lambda} \tag{110}$$

zu betrachten. Der Fehler ist, wie eine Abschätzung zeigt, nicht größer als der durch Vernachlässigung der $c_{st}^{r\lambda}$ begangene Fehler. Die Summe (110) ist leicht auszuwerten; man findet etwas allgemeiner

$$\sum_{r,\lambda} \frac{1}{h\nu_{r\lambda}} d_{st}^{r\lambda} d_{nm}^{r\lambda} = \sum_{r\lambda} \int dV dV' \left(u_\varrho^{*s} u_\varrho^t v_0^{r\lambda}\right)_P \cdot \left(u_\sigma^{*n} u_\sigma^m v_0^{r\lambda}\right)_{P'} \cdot \frac{1}{h\nu_{r\lambda}} \tag{111}$$

(P und P' sollen hier als Index für den Punkt in dem betreffenden Volumen stehen).

Hierin tritt die Summe

$$\sum_{r\lambda} \frac{v_0^{r\lambda}(P)\, v_0^{r\lambda}(P')}{\nu_{r\lambda}} = G(P, P')$$

auf. Zur Ausrechnung bilde man $\Delta_P G(P, P')$. Es ergibt sich aus (94) und (84)

$$\Delta_P G(P, P') = \sum_{r,\lambda} \frac{\Delta v_0^{r\lambda}(P) \cdot v_0^{r\lambda}(P')}{\nu_{r\lambda}} = \left(\frac{\pi}{L}\right)^2 \sum_{r,\lambda} \frac{-(\nu'_{r,1})^2 v_0^{r\lambda}(P)\, v_0^{r\lambda}(P')}{\nu_{r\lambda}}$$

$$= \left(\frac{\pi}{L}\right)^2 \cdot \frac{8}{L^3} 4cL \left[-\frac{1}{\delta} + \frac{1}{(1-\delta)\delta}\right] \frac{2L}{c} \sum_r \sin\frac{\pi}{L}\varkappa_r x_P \sin\frac{\pi}{L}\lambda_r y_P \sin\frac{\pi}{L}\mu_r z_P$$

$$\cdot \sin\frac{\pi}{L}\varkappa_r x_{P'} \cdot \sin\frac{\pi}{L}\lambda_r y_{P'} \cdot \sin\frac{\pi}{L}\mu_r z_{P'} = \frac{8\pi^2}{1-\delta} \cdot \delta(P - P'). \tag{112}$$

$\delta(P - P')$ bedeutet die Diracsche δ-Funktion der Punkte P und P'. Die Lösung der Differentialgleichung (112) für $G(P, P')$ heißt, wenn der Hohlraum hinreichend groß ist,

$$G(P, P') = -\frac{2\pi}{1-\delta} \frac{1}{r_{PP'}}. \tag{113}$$

Hieraus folgt im Limes $\delta = 0$:

$$-\sum_{r\lambda} \frac{1}{2\pi\nu_{r\lambda}} d_{st}^{r\lambda} d_{nm}^{r\lambda} = A_{st,nm}$$

$$= \int dV dV' \frac{u_\varrho^{*s}(P) u_\varrho^t(P) u_\sigma^{*n}(P') u_\sigma^m(P')}{r_{PP'}}. \tag{114}$$

53 Die Integrale $A_{st,nm}$ sind also die bekannten Austauschintegrale, die in der Störungstheorie auftreten, wenn man das Mehrkörperproblem in gewöhnlicher Weise nach der Quantenmechanik behandelt. Für die Störungsenergie $E^{(2)}$ ergibt sich also schließlich bis auf Glieder der Ordnung δ:

a) Bose-Einstein-Statistik:

$$E^{(2)} = \frac{e^2}{2}\Big[\sum_{st}{}' (N_s^0 + 1)\, N_t^0\, A_{st,ts} + \sum_{st} N_s^0 N_t^0 A_{ss,tt}\Big];$$

b) Ausschließungsprinzip:

$$E^{(2)} = \frac{e^2}{2}\Big[\sum_{st}{}' N_t^0 (1 - N_s^0)\, A_{st,ts} + \sum_{st} N_s^0 N_t^0 A_{ss,tt}\Big].$$

Die hier auftretenden Terme enthalten noch unendliche Summen der Form

$$\sum_s A_{st,ts} = S_t.$$

Aus (114) folgt

$$\begin{aligned} S_t &= \sum_s A_{st,ts} = \int \sum_s \frac{u_\varrho^{*s}(P)\, u_\varrho^t(P)\, u_\sigma^{*t}(P')\, u_\sigma^s(P')}{r_{PP'}}\, dV\, dV' \\ &= \int \frac{u_\varrho^t(P)\, u_\sigma^{*t}(P')\, \delta(P - P')\, \delta_{\varrho\sigma}}{r_{PP'}}\, dV\, dV' = \int \frac{(u_\varrho^{*t} u_\varrho^t)_P}{r_{PP}}\, dV \\ &= \frac{1}{r_{PP}} \int u_\varrho^{*t} u_\varrho^t\, dV = \frac{1}{r_{PP}}. \end{aligned} \tag{115}$$

Die Größe S_t entspricht also der von Jordan und Klein diskutierten Wechselwirkung eines Teilchens mit sich selbst und wird unendlich groß. S_t hängt nicht vom Zustand t ab, d. h. die Wechselwirkung eines Elektrons mit sich selbst ist in jedem Zustand die gleiche. Daher bedeuten die Glieder S_t ebenso wie die Nullpunktsenergie der Strahlung eine allerdings unendliche additive Konstante zur Gesamtenergie. In der hier durchgeführten Theorie kommen keine Prozesse vor, bei denen die Elektronenzahl sich ändert. Also stören die additiven Zusatzglieder nicht, da man sich nur für Energiedifferenzen interessiert; wir ziehen die Wechselwirkungen der Elektronen mit sich selbst daher von $E^{(2)}$ ab und erhalten:

a) Bose-Einstein-Statistik:

$$\begin{aligned} E^{(2)} = e^2 \sum_{s>t} N_s^0 N_t^0 (A_{st,ts} + A_{ss,tt}) \\ + e^2 \sum_s \frac{N_s^0 (N_s^0 - 1)}{2} A_{ss,ss} + \text{const}; \end{aligned} \tag{116}$$

b) Ausschließungsprinzip: 54

$$E^{(2)} = e^2 \sum_{s>t} N_s^0 N_t^0 (-A_{st,ts} + A_{ss,tt}) + e^2 \sum_s \frac{N_s^0 (N_s^0 - 1)}{2} A_{ss,ss} + \text{const.} \tag{117}$$

Dies sind genau die Formeln, die die gewöhnliche Quantenmechanik liefert, wenn man die elektrostatische Wechselwirkung der Elektronen in erster Näherung berücksichtigt. Die hier versuchte Theorie führt zu diesen Formeln natürlich nur unter gewissen Vernachlässigungen, die noch kurz diskutiert werden sollen.

Die magnetischen Glieder $c_{st} d_{ts}$ und $c_{st} c_{ts}$ sind weggelassen worden. Da die zu (110) analoge Summe

$$\sum_{r,\lambda} \frac{1}{h\nu_{r\lambda}} c_{st} d_{nm}$$

verschwindet, wie die Ausrechnung zeigt, so spielen für die magnetischen Wechselwirkungen in erster Linie die Glieder $c_{st} c_{ts}$ eine Rolle, die zu Austauschtermen der Form

$$\int \frac{u_\varrho^{*s}(P)\, \alpha_{\varrho\sigma}^{i}\, u_\sigma^{t}(P) \,.\, u_\mu^{*t}(P')\, \alpha_{\mu\nu}^{i}\, u_\nu^{s}(P')}{r_{PP'}}\, dV\, dV'$$

Anlaß geben. Ihr Betrag ist klein von der Ordnung $(v/c)^2$ relativ zu den Werten $E^{(2)}$. Außerdem enthält die exakte Formel (107) bzw. (108) noch Zusatzglieder der Art $\sum \frac{E_s - E_t}{(E_s - E_t + h\nu_r)\, h\nu_r} d_{st} d_{ts}$, die beim Übergang von (109) zu (110) vernachlässigt werden und die von der Retardierung der Potentiale herrühren. Schließlich gibt $E^{(2)}$ noch nicht den exakten Eigenwert, vielmehr müßten $E^{(3)}$, $E^{(4)}$ usw. in E mitberücksichtigt werden. In vielen Fällen wird $E^{(3)}$ größer sein als die bisher vernachlässigten Glieder. Die Ausrechnung von $E^{(3)}$ und der Vergleich des Wertes mit dem entsprechenden Störungsglied der Behandlung im Konfigurationsraum würden jedoch zu äußerst mühsamen Rechnungen führen. Sehr erwünscht wäre eine andere Methode zur Integration der Grundgleichungen der Theorie, bei der die Wechselwirkung der Elektronen nicht als klein vorausgesetzt werden muß und nach Potenzen von $1/c$ entwickelt wird. Auch wäre es noch nötig, die Rolle der Selbstenergie der Elektronen in den Termen von der Ordnung $(v/c)^2$ genauer zu untersuchen.

§ 9. Über die gemäß der Theorie beim Durchgang von Elektronen durch Potentialschwellen zu erwartende Licht-

55 emission. Die Rechnungen des vorigen Abschnitts sollten zeigen, daß die hier versuchte Theorie die Resultate der bisherigen Theorien als Spezialfälle enthält. Dieser Beweis ließe sich auch leicht führen für Strahlungsphänomene, in denen Gleichung (102), (103) im wesentlichen zu den gleichen Ergebnissen führt wie die Diracsche Theorie der Strahlung. Auch in der Frage nach der Schärfe der Energiedefinition in den stationären Zuständen ergibt sich nichts Neues.

Dagegen mögen hier noch einige Experimente diskutiert werden, die vom Standpunkt der bisherigen Theorie noch nicht behandelt worden sind*. Um ein bestimmtes Beispiel zu nennen: Ein Heliumatom im Normalzustand stehe unter der Wirkung eines starken elektrischen Feldes; dieses Feld kann das Heliumatom mit einer gewissen Wahrscheinlichkeit ionisieren; in ähnlicher Weise besteht bekanntlich für ein α-Teilchen in der Gamow-Gurney-Condonschen Theorie des Geiger-Nutallschen Gesetzes eine gewisse Wahrscheinlichkeit dafür, daß es nach Überschreiten einer Potentialschwelle den Kern verläßt. Ein solcher Übergang findet nach der Quantenmechanik in der Weise statt, daß das Elektron sein Atom mit einer wohlbestimmten Energie verläßt, die gegeben ist durch die Differenz der ursprünglich vorhandenen Energie des Heliumnormalzustandes und der zurückbleibenden Energie des positiven Heliumions. Berücksichtigt man jedoch die Wechselwirkung von Materie und Strahlung in der hier vorgeschlagenen Weise, so besteht auch eine gewisse Wahrscheinlichkeit für die Aussendung von Elektronen erheblich geringerer Energiewerte, wobei der Energiesatz durch die gleichzeitige Aussendung eines entsprechenden Lichtquants aufrechterhalten wird. Die Unschärfe der Energie der ausgesandten Elektronen hat hier nichts zu tun mit der Lebensdauer der betreffenden Zustände, denn der Effekt tritt ganz unabhängig von der Ionisierungswahrscheinlichkeit ein. Die Theorie läßt ferner ganz ähnliche Verhältnisse (mutatis mutandis) bei den Augerschen Sprüngen erwarten.

Für die mathematische Behandlung kann man die genannten Effekte unter dem Titel „Übergänge nach Zuständen gleicher Energie“ zusammenfassen. Wir nehmen also an, im ungestörten System gäbe es einen dis-

---

* Wenn man, wie dies im folgenden geschehen ist, sich auf die erste Näherung beschränkt, so erhält man Resultate, die sich auch aus der Diracschen Strahlungstheorie herleiten lassen. Dies ist jedoch in höheren Näherungen nicht mehr richtig, da dann eine einheitliche Behandlung der Wechselwirkungs- und der Strahlungskräfte erforderlich wird, die in der Diracschen Strahlungstheorie noch nicht enthalten ist.

kreten strahlungslosen Zustand des Atoms (Normalzustand oder meta- 56
stabile Zustände) und in der Umgebung desselben Energiewertes noch ein Kontinuum von Translationszuständen, welches durch Quantelung im Hohlraum in eine Reihe diskreter, sehr nahe beieinander liegender Terme aufgelöst wird. Behandelt man dieses Problem zunächst nach der gewöhnlichen Quantenmechanik, so gehört zum diskreten Ausgangszustand des Atoms eine bestimmte Eigenfunktion φ^a der Elektronenkoordinaten. Zu den einzelnen Translationszuständen gehören Eigenfunktionen φ^t, die in hinreichender Näherung dargestellt werden durch ein Produkt aus der Eigenfunktion des Ions und der Translationseigenfunktion (ebene Welle) eines einzelnen Elektrons. Bezeichnet man die kinetische Energie des Elektrons mit E_t, so beträgt der mittlere Abstand $\varDelta E_t$ zwischen zwei benachbarten Translationszuständen der Energie E_t

$$\varDelta E_t = \frac{h^3}{16\pi\,(2m)^{3/2}\,L^3\,E_t^{1/2}} \tag{118}$$

(L = Kantenlänge des Hohlraums).

Die Übergangswahrscheinlichkeit für den betrachteten Prozeß: Übergang eines Elektrons aus dem Atomverband in die energetisch entsprechenden Translationszustände, ist dann nach Dirac* gegeben durch

$$|\Phi^0_{at}|^2\,\frac{4\pi^2}{h\,\varDelta E_t} = |\Phi^0_{at}|^2\,\frac{64\pi^3}{h^4}\,(2m)^{3/2}\,L^3\,E_t^{1/2}. \tag{119}$$

Hierin bedeutet Φ^0_{at} das Matrixelement des Störungspotentials, welches zum betrachteten Übergang gehört. Es ist also

$$\Phi^0_{at} = -e\int \varphi^{*a}\,\Phi^0\,\varphi^t\,d\Omega. \tag{120}$$

$d\Omega$ bedeutet das Volumenelement im Konfigurationsraum. Als Störungspotential geht hier im Falle der Gamowschen Übergänge im wesentlichen die Potentialschwelle selbst ein, die Kleinheit von Φ^0_{at} rührt dann davon her, daß das Produkt $\varphi^{*a}\varphi^t$ überall klein ist. (Die Eigenfunktionen der Translation und die des Atoms nehmen in der Schwelle exponentiell ab.) Im Falle des Photoeffekts bedeutet Φ^0 das Potential einer störenden äußeren Lichtwelle**, bei den Augerprozessen die Coulombsche Wechselwirkung der Elektronen. Da die Eigenfunktion φ^t in den Koordinaten eines Elektrons auf den ganzen Hohlraum normiert ist, so sieht man leicht, daß Φ^0_{at} als Funktion von L sich wie $L^{3/2}$ verhält. Die Übergangswahrscheinlichkeit (119) ist also von L unabhängig, wie es sein muß.

* Proc. Roy. Soc. **114**, 243, 1927, siehe insbes. S. 264, Gleichung (32).

** Vgl. hierzu G. Wentzel, Phys. ZS. **29**, 321, 1928.

57 **Besonders einfach wird die Gleichung (120) dann, wenn die Wechselwirkung der Elektronen allgemein als klein angesehen wird. Man hat dann in gröbster Näherung im Falle des Ausschließungsprinzips**

$$\Phi^0_{at} = -e\int dV u^{a*} \Phi^0 u^t,$$

wobei u^a die Eigenfunktion desjenigen Zustandes bedeutet, aus dem das Elektron durch den Übergang entfernt wird; u^t ist die Translationseigenfunktion, das Integral ist nur noch über einen dreidimensionalen Raum, nämlich die Koordinaten e i n e s Elektrons zu erstrecken.

Behandelt man das gleiche Problem nach den in dieser Arbeit beschriebenen Methoden, so tritt zunächst an Stelle des störenden Potentials V ein Störungsglied der Form $-e\Phi^0 \psi^* \psi$ in der Hamiltonschen Funktion. Drückt man ψ_ϱ^* und ψ_ϱ wieder durch N_s und Θ_s aus, so folgt nach (98) im Falle des Ausschließungsprinzips

$$\begin{aligned} H_1 &= -e\Phi^0 \psi_\varrho^* \psi_\varrho \\ &= N_s(1-N_t)\mathcal{V}_s(N_1 \ldots 1-N_s \ldots)\mathcal{V}_t(N_1 \ldots 1-N_s \ldots)\, e^{\frac{2\pi i}{h}(\Theta_s-\Theta_t)} a_{st} \ldots \end{aligned} \tag{121}$$

wobei

$$a_{st} = -e\int \Phi^0 u_\varrho^{*s} u_\varrho^t \, dV. \tag{121a}$$

Wir können wieder die Diracsche Gleichung für die Übergangswahrscheinlichkeiten (119) direkt übernehmen, wenn jetzt für Φ^0_{at} gilt

$$\Phi^0_{at} = \sum_{N_1, N_2 \ldots M_1, M_2} \varphi^{*a}(N_1 \ldots M_1 \ldots) H_1 \varphi^t, \tag{122}$$

φ^a bzw. φ^t bedeuten hier die Wahrscheinlichkeitsamplituden im $N_1 \ldots M_1 \ldots$-Raum für Anfangs- und Endzustand. Fragt man zunächst nach den Übergängen o h n e Lichtquantenemission, so ist

$$\left.\begin{aligned} \varphi^a &= \delta_{N_1, N_1^0} \cdot \delta_{N_2, N_2^0} \ldots \delta_{N_a, 1} \ldots \delta_{N_t, 0} \ldots \delta_{M_1, 0} \ldots \\ &\qquad + \text{Glieder höherer Ordnung}, \\ \varphi^t &= \delta_{N_1, N_1^0} \ldots \delta_{N_a, 0} \ldots \delta_{N_t, 1} \ldots \delta_{M_1, 0} \ldots \\ &\qquad + \text{Glieder höherer Ordnung}. \end{aligned}\right\} \tag{123}$$

In (122) ist H_1 als Operator aufzufassen [vgl. (100)], und man erhält in nullter Näherung

$$\Phi^0_{at} = a_{at} = -e\int dV \Phi^0 u_\varrho^{*a} u_\varrho^t \tag{124}$$

in Übereinstimmung mit dem früheren Resultat.

Doch kommen nun auch Übergänge m i t Lichtquantenemission ($h\nu_{r\lambda}$) vor. Die Eigenfunktion für den Zustand a bleibt wie bisher, nur muß φ^a bis zu den Gliedern erster Ordnung ausgerechnet werden, die in Gleichung (106) angegeben sind. Für den Endzustand t heißt die Eigenfunktion nullter Näherung dagegen jetzt

$$\varphi_0^t = \delta_{N_1, N_1^0} \ldots \delta_{N_a, 0} \ldots \delta_{N_t, 1} \ldots \delta_{M_1, 0} \ldots \delta_{M_{r\lambda}, 1} \ldots$$

Die Störungsglieder erster Näherung in φ^t sind analog zu (106) gegeben durch: 58

$$
\left.\begin{aligned}
&(N_t^0 = 0, \quad N_a^0 = 1),\\
&\varphi_1(N_t^0 \ldots 1 - N_a^0 \ldots 1 - N_s^0 \ldots N_t^0 \ldots 0, \ldots 1^2 \ldots)\\
&= \frac{e\sqrt{\frac{h}{4\pi}}}{E_s - E_t - h\nu_{r\lambda}} \mathcal{V}_s(N_1^0 \ldots N_t^0 \ldots)\, \mathcal{V}_t(N_1^0 \ldots N_t^0 \ldots)\\
&\qquad \cdot (1 - N_s^0 + \delta_{as} - \delta_{st})\,(d_{st}^{r\lambda} + i\, c_{st}^{r\lambda}),\\
&\varphi_1(N_1^0 \ldots N_t^0 \ldots 0, 0 \ldots)\\
&= \frac{e\sqrt{\frac{h}{4\pi}}}{-h\nu_{r\lambda}} \sum (N_s^0 - \delta_{as} + \delta_{st})\,(d_{ss}^{r\lambda} + i\, c_{ss}^{r\lambda}).
\end{aligned}\right\} \tag{125}
$$

Es kommen noch andere Werte von φ_1 an anderen Stellen des $N_1 \ldots M_1 \ldots$-Raumes vor, die uns aber nicht interessieren, da sie nicht in die Summe (122) eingehen.

Wir erhalten demnach in erster Näherung (die Glieder nullter Ordnung fallen hier heraus)

$$
\begin{aligned}
\Phi^0_{at,\, h\nu_{r\lambda}} &= \sum_{N\ldots,\, M\ldots} \varphi^{*a}(N_1 \ldots M_1 \ldots)\, H_1\, \varphi^{t,\, h\nu_{r\lambda}}\\
&= \sum_s \frac{e\sqrt{\frac{h}{4\pi}}}{E_s - E_a + h\nu_{r\lambda}} \mathcal{V}_s(N_1^0 \ldots 1 - N_a^0 \ldots)\, \mathcal{V}_a(N_1^0 \ldots 1 - N_a^0 \ldots)\\
&\quad (1 - N_s^0)\,(d_{as}^{r\lambda} + i\, c_{as}^{r\lambda}) \cdot \mathcal{V}_s(N_1^0 \ldots 1 - N_a^0 \ldots)\, \mathcal{V}_t(N_1^0 \ldots 1 - N_a^0 \ldots)\, a_{st}\\
&+ \sum \frac{e\sqrt{\frac{h}{4\pi}}}{h\nu_{r\lambda}} N_s^0\,(d_{ss}^{r\lambda} + i c_{ss}^{r\lambda})\, a_{at} \cdot \mathcal{V}_a(N_1^0 \ldots 1 - N_a^0 \ldots)\, \mathcal{V}_t(N_1^0 \ldots 1 - N_a^0 \ldots)\\
&+ \sum a_{as} \mathcal{V}_a(N_1^0 \ldots 1 - N_a^0 \ldots)\, \mathcal{V}_s(N_1^0 \ldots 1 - N_a^0 \ldots)\\
&\quad \frac{e\sqrt{\frac{h}{4\pi}}}{E_s - E_t - h\nu_{r\lambda}} \mathcal{V}_s(N_1 \ldots 1 - N_a^0 \ldots)\, \mathcal{V}_t(N_1 \ldots 1 - N_a^0 \ldots)\\
&\qquad \cdot (1 - N_s^0 + \delta_{as} - \delta_{st})\,(d_{st}^{r\lambda} + i\, c_{st}^{r\lambda})\\
&\quad + a_{at} \mathcal{V}_a(N_1^0 \ldots 1 - N_a^0 \ldots)\, \mathcal{V}_t(N_1^0 \ldots 1 - N_a^0 \ldots)\\
&\quad \cdot \frac{e\sqrt{\frac{h}{4\pi}}}{-h\nu_{r\lambda}} \sum (N_s^0 - \delta_{as} + \delta_{st})\,(d_{ss}^{r\lambda} + i\, c_{ss}^{r\lambda}).
\end{aligned} \tag{126}
$$

59 **Hierbei ist von der Beziehung $d^*_{st} = d_{ts}$ Gebrauch gemacht. Durch Zusammenfassung verschiedener Glieder ergibt sich**

$$
\begin{aligned}
\Phi^0_{at,\, h\nu_{r\lambda}} &= V_a(N_1^0 \ldots 1 - N_a^0 \ldots)\, V_t(N_1^0 \ldots 1 - N_a^0 \ldots) \\
&\Bigg[a_{at} \frac{e\sqrt{\frac{h}{4\pi}}}{h\nu_{r\lambda}} (d_{aa} + i c_{aa} - d_{tt} - i c_{tt}) \\
&+ \sum_s \frac{e\sqrt{\frac{h}{4\pi}}}{E_s - E_a + h\nu_{r\lambda}} (1 - N_s^0)\,(d^{r\lambda}_{as} + i c^{r\lambda}_{as})\, a_{st} \\
&+ \sum_s \frac{e\sqrt{\frac{h}{4\pi}}}{E_s - E_t - h\nu_{r\lambda}} (1 - N_s^0 + \delta_{as} - \delta_{st}) \cdot (d^{r\lambda}_{st} + i c^{r\lambda}_{st}) \cdot a_{as} \Bigg] \\
&= V_a(N_1^0 \ldots 1 - N_a^0 \ldots)\, V_t(N_1^0 \ldots 1 - N_a^0 \ldots) \\
&\Bigg[\sum_s \frac{e\sqrt{\frac{h}{4\pi}}}{E_s - E_a + h\nu_{r\lambda}} (1 - N_s^0 + \delta_{as}) \cdot (d^{r\lambda}_{as} + i c^{r\lambda}_{as})\, a_{st} \\
&+ \sum_s \frac{e\sqrt{\frac{h}{4\pi}}}{E_s - E_t - h\nu_{r\lambda}} (1 - N_s^0 + \delta_{as})\,(d^{r\lambda}_{st} + i c^{r\lambda}_{st})\, a_{as} \Bigg] .
\end{aligned}
\tag{127}
$$

Durch Einsetzen von $\Phi^0_{at,\, h\nu_{r\lambda}}$ in (119) erhält man die Wahrscheinlichkeit des Überganges vom Zustand a zu einem Zustand gleicher Energie, bei dem ein Lichtquant $h\nu_{r\lambda}$ angeregt und ein Elektron in den Zustand E_t emittiert ist. Für die Werte $\lambda = 1, 2$ unterscheidet sich die Energie des genannten Endzustandes nur wenig von der Summe $h\nu_{r\lambda}$ + Energie des Atomsystems im Zustand t ohne Vorhandensein von Lichtquanten (gleich $E_{\mathrm{Ion}} + E_t + h\nu_{r\lambda}$). Für $\lambda = 3$ oder 4 jedoch unterscheidet sich die Energie des Endzustandes von der entsprechenden Summe um Größen der Ordnung $1/\delta$, wie man aus einer zu (104) bis (108) analogen Betrachtung entnimmt. Soll die Energie des Endzustandes gleich der des Anfangszustandes sein, so muß bei $\lambda = 3, 4$ und kleinem δ entweder $h\nu_{r\lambda}$ sehr groß oder E_t sehr groß sein; dann wird die entsprechende Übergangswahrscheinlichkeit sehr klein, im lim $\delta = 0$ sind daher die Beiträge von $\lambda = 3$ und $\lambda = 4$ zu streichen.

Die Gesamtwahrscheinlichkeit für Aussendung eines Lichtquants einer Frequenz zwischen ν und $\nu + \Delta\nu$ und gleichzeitiger Emission eines Elektrons der „entsprechenden" Energie

$$E_t = E_a - E_{\mathrm{Ion}} - h\nu \tag{128}$$

beträgt also nach (119) 60

$$\frac{4\pi^2}{h\Delta E_t}\sum_{\lambda=1,2}\sum_{\nu}^{\nu+\Delta\nu}{}_{r}\left|\sum_s \frac{e\sqrt{\frac{h}{4\pi}}\,(d_{as}^{r\lambda}+ic_{as}^{r\lambda})\,a_{st}}{E_s-E_a+h\nu_{r\lambda}}(1-N_s^0+\delta_{as}) + \sum_s \frac{e\sqrt{\frac{h}{4\pi}}\,a_{as}\,(d_{st}^{r\lambda}+ic_{st}^{r\lambda})}{E_s-E_t-h\nu_{r\lambda}}(1-N_s^0+\delta_{as})\right|^2. \qquad (129)$$

Da λ nur die Werte 1, 2 annehmen kann, verschwindet nach Gleichung (94) v_0 und daher d_{as}. Die Summen zwischen den Strichen verwandeln sich also in

$$\left|\sum_s e\sqrt{\frac{h}{4\pi}}(1-N_s^0+\delta_{as})\left[\frac{c_{as}^{r\lambda}\,a_{st}}{E_s-E_a+h\nu_{r\lambda}}+\frac{a_{as}\,c_{st}^{r\lambda}}{E_s-E_t-h\nu_{r\lambda}}\right]\right| \qquad (130)$$

Wenn die zu $h\nu_{r\lambda}$ gehörige Wellenlänge des Lichtes groß ist gegen die Atomdimensionen, so kann man setzen

$$c_{mn}^{r\lambda}=\sum_l\int u_\varrho^{*m}\,\alpha_{\varrho\sigma}^l\,u_\sigma^n v_l^{r\lambda}=\sum_l (v_l^{r\lambda})_A\,\frac{1}{c}\,\dot{x}_l^{nm}. \qquad (131)$$

Hierin bedeutet der Index A, daß der Wert der betreffenden Ortsfunktion an der Stelle des Atoms zu nehmen ist. Führt man noch die Summation über die Werte r, λ zwischen ν und $\nu+\Delta\nu$ aus, so erhält man nach (84) und (94) für die Übergangswahrscheinlichkeit (129)

$$\frac{1}{\Delta E_t}\,\frac{16\pi^2 e^2}{3c^3}\,\nu\,\Delta\nu\sum_l\left|\sum_s(1-N_s^0+\delta_{as})\left[\frac{\dot{x}_l^{as}\,a_{st}}{E_s-E_a+h\nu}+\frac{a_{as}\,\dot{x}_l^{st}}{E_s-E_t-h\nu}\right]\right|^2 \qquad (132)$$

Der Faktor $\frac{1}{\Delta E_t}$ würde fortfallen, wenn die Matrizen a_{st} und $\dot{x}_l^{st}$ mit Eigenfunktionen berechnet würden, die in der Skale dE_t nomiert sind.

Wenn ν und $\Delta\nu$ von der Größenordnung $\frac{E}{h}$ sind, so ergibt sich die relative Häufigkeit der Prozesse mit Lichtquantenemission im Verhältnis zur Häufigkeit der gewöhnlichen Übergänge größenordnungsmäßig zu

$$\sim\frac{e^2}{hc}\left(\frac{\dot{x}}{c}\right)^2 \qquad (133)$$

Die Wahrscheinlichkeit für die hier betrachteten Übergänge ist also relativ zur Wahrscheinlichkeit der gewöhnlichen Prozesse klein von der Ordnung der Strahlungseffekte.

Wendet man dieses Ergebnis an auf die Gamow-Gurney-Condonsche Theorie des radioaktiven Zerfalls der Kerne, so wird man

61 schließen, daß primäre β-Strahlspektren nie scharf sein können, da alle Strahlungseffekte der Elektronen im Kerne von der relativen Größenordnung 1 sind. Freilich müßten nach der hier vertretenen Theorie auch stets die zugeordneten kontinuierlichen γ-Strahlspektren auftreten, da in dieser Theorie die Gültigkeit des Energiesatzes stets gewahrt bleibt. Über die Schwierigkeiten, die mit der anscheinenden Nichtexistenz jener γ-Strahlspektren verknüpft sind, gibt diese Theorie also keinen Aufschluß.

Unsere Argumentation für die kontinuierlichen primären β-Strahlspektren hat eine gewisse Ähnlichkeit mit einer Betrachtung von Rosseland*, nach welcher die Elekronen durch die Beschleunigung, die sie beim Verlassen des Kernes erhalten, zur Emission von Strahlung gezwungen werden. Es bestehen aber bei eingehendem Vergleich doch Unterschiede beider Theorien. In der Summe (129) entsprechen den Rosselandschen Übergängen nur diejenigen Glieder, bei denen $E_s - E_t - h\nu_{r\lambda}$ als sehr klein betrachtet werden kann. Wegen der Kleinheit der zugehörigen Koeffizienten d_{st}, c_{st} liefern sie nur einen geringen Beitrag zum Gesamtresultat.

Auch auf den photoelektrischen Effekt ist Gleichung (129) anwendbar. Dort liefert sie jedoch nichts Neues, sondern gibt die bekannte Wahrscheinlichkeitsformel für den Comptoneffekt. Würde man den Zustand t im diskreten Spektrum wählen, so erhielte man aus (129) wieder eine Ableitung der Ladenburg-Kramersschen Dispersionsformeln.

Aus der Endformel (132) ist zu ersehen, daß sie auch die von Dirac diskutierten Sprünge $+mc^2 \rightarrow -mc^2$ enthält, die natürlich das Ergebnis beeinflussen. Da diese Sprünge in Wirklichkeit zweifellos nicht auftreten, haben wir sie in der Diskussion von (132) nicht berücksichtigt. Dies ist eine Inkonsequenz der hier diskutierten Theorie, die man in Kauf nehmen muß, solange die Diracsche Schwierigkeit ungeklärt ist.

---

* S. Rosseland, ZS. f. Phys. 14, 173, 1923.

2

Werner Heisenberg und Wolfgang Pauli
Zur Quantentheorie der Wellenfelder II*

„Die zwei großen Arbeiten von Heisenberg und Pauli geben zum ersten Male eine systematische Theorie der Feldquantisierung und bauen auch die Quantenelektrodynamik in diesen allgemeinen Rahmen ein. Eines der Hauptziele ist der Beweis für die Lorentzinvarianz des Quantisierungsverfahrens (kanonische Quantisierung) selbst. Der vierdimensionale Standpunkt, wie er in der Arbeit mit Jordan vorherrschte, wurde aus sehr begreiflichen Gründen zu Gunsten des dreidimensionalen verlassen. Es ist bekannt, daß die Betonung des kanonischen Formalismus und die damit verbundene Auszeichnung der Zeit die Ausbildung einer relativistisch invarianten Störungsrechnung verhinderte und damit den Fortschritt der Feldtheorie möglicherweise verzögerte."

Jost (1960) S. 111

Für die Quantentheorie der Wellenfelder wird der Zerfall des Gesamttermsystems in nichtkombinierende Teilsysteme untersucht. Aus den Invarianzeigenschaften der Hamiltonschen Funktion werden hierbei die Integrale der Bewegungsgleichungen hergeleitet; ferner ergibt sich durch Betrachtung der Eichinvarianz eine befriedigende Formulierung der Elektrodynamik ohne Zusatzglieder. Der mathematische Zusammenhang zwischen Wellentheorie und Partikeltheorie wird diskutiert. 168

Einleitung. Die Quantentheorie der Wellenfelder ist in ihrer bisherigen relativistischen Fassung* noch schwerwiegenden Einwänden ausgesetzt. Insbesondere scheint die Wechselwirkung der Elektronen mit sich selbst einstweilen die Anwendung der Theorie in manchen Fällen unmöglich zu machen. Von einer endgültigen Formulierung der Theorie sind wir also noch weit entfernt. Trotzdem möchten wir glauben, daß für weitere Fortschritte in der Quantentheorie eben der Ausbau der Wellentheorie unerläßlich ist.

*** Heisenberg und Pauli (1930a)**

* W. Heisenberg und W. Pauli, ZS. f. Phys. 56, 1, 1929. Diese Arbeit wird im folgenden als I zitiert.

In der quantentheoretischen Punktmechanik sind wesentliche Fortschritte erzielt worden durch die Untersuchung der Invarianzeigenschaften** der Hamiltonschen Funktion. Aus diesen Invarianzeigenschaften läßt sich die Einteilung der Termsysteme in nichtkombinierende Termgruppen herleiten, ebenso hängen die einfachen Integrale der Bewegungsgleichungen mit solchen Invarianzeigenschaften der Hamiltonschen Funktion zusammen. In ganz ähnlicher Weise sollen in den folgenden Überlegungen die Invarianzeigenschaften der Wellengleichungen ausgenützt werden.

§ 1. Allgemeine Methode und Impulssätze. Der Grundgedanke der Methode ist allgemein dieser: Wenn die Hamiltonsche Funktion $\overline{H}$ invariant ist gegenüber gewissen Operationen, so bedeutet dies, daß ein bestimmter, in allen für uns wichtigen Fällen linearer Operator $\overline{H}$ ungeändert läßt, d. h. mit $\overline{H}$ vertauschbar ist. Faßt man den Operator auf als quantentheoretische Variable***, so folgt daraus, daß diese Variable zeitlich konstant ist, man gewinnt also ein Integral der
169 Gleichungen. Wenn die genannte Invarianz bestehen bleibt bei irgendwelchen Abänderungen oder Störungen des Systems, so sind die Änderungen des Wertes der Variablen überhaupt unmöglich, jeder Zahlwert des Operators repräsentiert also ein mit den übrigen Termen nichtkombinierendes Teilsystem von Termen.

Als einfachstes Beispiel sei die Invarianz der Hamiltonfunktion bei Translation des ganzen Wellenfeldes im Raum angeführt. Die Bezeichnungen sind in den folgenden Formeln überall der Arbeit I entnommen. Der Translation $x_i \rightarrow x_i + \delta x_i$ entspricht die Veränderung der Wellenfunktionen Q_α (vgl. I, S. 20)

$$Q_\alpha \rightarrow Q_\alpha - \frac{\partial Q_\alpha}{\partial x_i}\,\delta x_i. \tag{1}$$

Die Veränderung eines Funktionals F der Q_α wird daher:

$$F \rightarrow F - \int dV \sum_\alpha \frac{\delta F}{\delta Q_\alpha}\frac{\partial Q_\alpha}{\partial x_i}\,\delta x_i = \left(1 - \delta x_i \int dV \sum_\alpha \frac{\partial Q_\alpha}{\partial x_i}\frac{\delta}{\delta Q_\alpha}\right) F. \tag{2}$$

Der Translation um δx_i entspricht also der Operator

$$1 - \delta x_i \int d V \sum_\alpha \frac{\partial Q_\alpha}{\partial x_i}\frac{\delta}{\delta Q_\alpha}\,. \tag{3}$$

---

168 ** Vergleiche die zusammenfassende Darstellung von H. Weyl, Gruppentheorie und Quantenmechanik. Leipzig, Hirzel, 1928.

*** Vgl. hierzu P. A. M. Dirac, Proc. Roy. Soc. London (A) **123**, 714, 1929.

Da die Hamiltonsche Funktion $\overline{H}$ gegenüber Translationen invariant ist, so muß der Operator (3) mit $\overline{H}$ vertauschbar sein. Die ihm entsprechende quantentheoretische Variable ist also zeitlich konstant. Da dem Operator $\frac{\delta}{\delta Q_\alpha}$ die Variable $\frac{2\pi i}{h} P_\alpha$ entspricht [I, Gleichung (20)], so ergeben sich aus (3) die Impulssätze [I, Gleichung (24)]:

$$\int d V \sum_\alpha \frac{\partial Q_\alpha}{\partial x_i} P_\alpha = \text{const.} \tag{4}$$

§ 2. Erhaltung der Ladung. Die spezielle Hamiltonsche Funktion für Elektronen (ψ_ϱ) und Strahlung (Φ_ν) ist invariant gegenüber der Transformation

$$\psi_\varrho \rightarrow \psi_\varrho e^{i\alpha}; \quad \psi_\varrho^* \rightarrow \psi_\varrho^* e^{-i\alpha}, \tag{5}$$

worin α eine Konstante bedeutet, oder der entsprechenden infinitesimalen Transformation:

$$\psi_\varrho \rightarrow \psi_\varrho + i\delta\alpha\psi_\varrho; \quad \psi_\varrho^* \rightarrow \psi_\varrho^* - i\delta\alpha\psi_\varrho^*. \tag{6}$$

Da die ψ_ϱ^* die zu den ψ_ϱ kanonisch konjugierten Impulse bedeuten, so genügt es, die ψ_ϱ allein zu betrachten; ein Funktional der ψ_ϱ geht über in

$$F \rightarrow F + i\delta\alpha \int d V \frac{\delta F}{\delta \psi_\varrho} \psi_\varrho, \tag{7}$$

der zur Transformation (6) gehörige Operator heißt also 170

$$1 + i\delta\alpha \int d V \psi_\varrho \frac{\delta}{\delta \psi_\varrho} \cdot \tag{8}$$

Es folgt daher

$$\int d V \psi_\varrho \psi_\varrho^* = \text{const.} \tag{9}$$

Auf der linken Seite von (9) kann man die Faktoren umstellen, ohne die zeitliche Konstanz des Integrals zu stören. Man erhält so den Satz von der Erhaltung der Ladung. Wenn die Hamiltonsche Funktion Materiewellen für Elektronen und Protonen enthält ($\psi_\varrho^{(e)}$ und $\psi_\varrho^{(p)}$), so hat der Satz von der Erhaltung der Ladung die Form

$$\int d V \cdot (- \psi_\varrho^{*(e)} \psi_\varrho^{(e)} + \psi_\varrho^{*(p)} \psi_\varrho^{(p)}) = \text{const.} \tag{10}$$

Damit diese Gleichung zu Recht besteht, muß die Hamiltonfunktion gegenüber der folgenden Transformation invariant sein:

$$\left.\begin{aligned} \psi_\varrho^{(e)} &\rightarrow \psi_\varrho^{(e)} e^{i\alpha}, & \psi_\varrho^{*(e)} &\rightarrow \psi_\varrho^{*(e)} e^{-i\alpha}, \\ \psi_\varrho^{(p)} &\rightarrow \psi_\varrho^{(p)} e^{-i\alpha}, & \psi^{*(p)} &\rightarrow \psi_\varrho^{*(p)} e^{i\alpha}. \end{aligned}\right\} \tag{11}$$

Die bisher übliche Form der Hamiltonfunktion enthält zwei unabhängige Summanden, die jeweils nur von $\psi_\varrho^{(e)}$ oder $\psi_\varrho^{(p)}$ allein abhängen. Diese

Funktion ist invariant gegenüber (11), ja, es gilt die Erhaltung der Ladung sogar für Protonen und Elektronen getrennt. Man sieht jedoch aus (11), daß man in die Hamiltonfunktion eventuell Glieder der Form

$$\psi_\varrho^{(e)} \psi_\sigma^{(p)} F_{ik} \mathfrak{s}^{ik}_{\varrho\sigma} + \psi_\varrho^{*(e)} \psi_\sigma^{*(p)} F_{ik} \mathfrak{s}^{*ik}_{\varrho\sigma} \tag{12}$$

einführen könnte, ohne (10) zu verändern ($\mathfrak{s}^{ik}$ bedeutet die Komponenten des Diracschen Spintensors). Solche Zusatzglieder ermöglichen „Zerstrahlungsprozesse", bei denen ein Elektron und ein Proton sich zu einem Lichtquant vereinigen. Die Zerstrahlungsprozesse lassen sich also in das mathematische Schema der Quantentheorie der Wellen ohne Schwierigkeit einführen, während sie bekanntlich in der Partikeltheorie keinen Platz haben.

§ 3. Die Transformation $\Phi_\nu \to \Phi_\nu + \frac{\partial \chi}{\partial x_\nu}$; $\psi_\varrho \to e^{-\frac{2\pi i}{h}\frac{e}{c}\chi} \cdot \psi_\varrho$.

Für die folgenden Rechnungen sei der Einfachheit halber nur eine Sorte Materie angenommen (ψ_ϱ). Dann besteht, solange man die Zusatzglieder mit ε und δ (I, S. 31) wegläßt, Invarianz der Hamiltonfunktion für die folgende Transformation†:

$$\Phi_\nu \to \Phi_\nu + \frac{\partial \chi}{\partial x_\nu}, \quad \psi_\varrho \to e^{-\frac{2\pi i}{h}\frac{e}{c}\chi} \psi_\varrho; \quad \psi_\varrho^* \to \psi_\varrho^* e^{\frac{2\pi i}{h}\frac{e}{c}\chi}, \tag{13}$$

171 wobei χ eine willkürliche Funktion von Raum und Zeit darstellt (es soll hierbei χ mit allen Variablen ψ_ϱ, Φ_α, und außerdem die Werte von χ und $\frac{\partial \chi}{\partial t}$ an verschiedenen Raumstellen untereinander vertauschbar sein). Diese Invarianz wird bekanntlich durch die Zusatzglieder mit ε und δ gestört. Dies ist ein Schönheitsfehler der Theorie, der unvermeidbar scheint, wenn man die Maxwellschen Gleichungen in der üblichen Weise in die Quantentheorie übernimmt. Untersucht man jedoch die zu (13) gehörigen Integrale, so ergibt sich eine Möglichkeit, die Zusatzglieder ganz zu vermeiden*.

---

170 † Weyl gebraucht l. c. hierfür die Bezeichnung „Eichinvarianz".

171 * In einer inzwischen erschienenen Arbeit von E. Fermi [Rendiconti d. R. Acc. dei Lincei (6) 9, 1. Hälfte, S. 881, 1929] wird eine andere interessante Methode der Quantelung angegeben, bei welcher die Eichinvarianz statt durch Zusatzglieder durch Nebenbedingungen zerstört wird. Von dem in dieser Arbeit eingenommenen Standpunkt aus läßt sich die Fermische Methode folgendermaßen kennzeichnen: Als Strahlungsteil der Lagrangefunktion führt man ein

$$\overline{L}^{(s)} = \int \frac{1}{2} \sum_{\mu,\nu} \left(\frac{\partial \Phi_\mu}{\partial x_\nu}\right)^2 dV,$$

so daß die durch Variation der Φ_μ entspringenden Feldgleichungen lauten:

$$-\sum_\nu \frac{\partial^2 \Phi_\mu}{\partial x_\nu^2} = s_\mu.$$

Wir gehen für die folgenden Rechnungen aus von der Lagrange- 172
funktion ohne ε- und δ-Glieder; ihr Strahlungsanteil heißt dann (bei Verwendung Heavisidescher Einheiten) einfach

$$\frac{1}{2}(\mathfrak{E}^2 - \mathfrak{H}^2) = -\frac{1}{4}\left(\frac{\partial \Phi_\mu}{\partial x_\nu} - \frac{\partial \Phi_\nu}{\partial x_\mu}\right)^2.$$

In dieser Lagrangefunktion betrachten wir aber nur die Φ_i ($i = 1, 2, 3$) als Variable, während wir Φ_4 als eine willkürlich vorgegebene, mit allen anderen Variablen vertauschbare Funktion ansehen. Insbesondere kann z. B. Φ_4 einfach gleich Null gesetzt werden. Dies entspricht der Sachlage in der klassischen Theorie, in der ia eine der vier Komponenten wegen (13) völlig willkürlich ist. Wenn Φ_4 festgelegt ist, so besteht die Invarianz (13) nur noch für zeitunabhängige Funktionen χ. Es sei also χ eine willkürliche Funktion der drei Raumkoordinaten, die im Unendlichen hinreichend verschwindet, und es sollen die zu (13) gehörigen Integrale gefunden werden.

Es ist zu beachten, daß jetzt durch Variation der Φ_i in der Lagrangefunktion nur die drei Raumkomponenten der Maxwellgleichungen folgen, während die Gleichung

$$\operatorname{div} \mathfrak{E} = \varrho \tag{14}$$

nicht erfüllt zu sein braucht.

(Fortsetzung der Fußnote)

Für die Größe 171

$$K = \sum_\mu \frac{\partial \Phi_\mu}{\partial x_\mu}$$

folgt aus diesen Gleichungen vermöge $\sum_\mu \frac{\partial s_\mu}{\partial x_\mu} = 0$ die Beziehung

$$\sum_\nu \frac{\partial^2 K}{\partial x_\nu^2} = 0.$$

Um Übereinstimmung der Ergebnisse dieser Feldgleichungen mit denen der Maxwellschen Gleichungen zu erreichen, fügt Fermi deshalb in bekannter Weise auf einem Schnitt $t = \text{const}$ die beiden Nebenbedingungen

$$K = 0 \quad \text{und} \quad \dot{K} = 0$$

hinzu, die sich somit im Laufe der Zeit vermöge der Feldgleichungen von selbst fortpflanzen. Diese Nebenbedingungen gelten in der Quantenelektrodynamik nicht als q-Zahlrelationen, sondern in demselben Sinne wie bei uns die später abzuleitende Gleichung (25). Indem Fermi sodann für das elektromagnetische Feld die Fourierzerlegung, für das Materiefeld den Konfigurationsraum benutzt (vgl. § 7 dieser Arbeit), gelangt er zu seinen quantenelektrodynamischen Gleichungen. Die Frage der relativistischen Invarianz der kanonischen V.-R. oder der diesen entsprechenden Operatormethoden wird von Fermi nicht besonders untersucht, sie folgt jedoch ohne weiteres aus der Arbeit I oder aus § 4 der vorliegenden Arbeit.

An Stelle von (13) betrachten wir die infinitesimale Transformation

$$\Phi_i \longrightarrow \Phi_i + \delta \frac{\partial \chi}{\partial x_i}; \quad \psi_\varrho \longrightarrow \psi_\varrho - \frac{2\pi i}{h} \frac{e}{c} \delta \chi \cdot \psi_\varrho. \tag{15}$$

Ein Funktional F von Φ_i und ψ_ϱ geht über in

$$\begin{aligned} F \longrightarrow F + \delta \int d V \left(\frac{\delta F}{\delta \Phi_i} \frac{\partial \chi}{\partial x_i} - \frac{2\pi i}{h} \frac{e}{c} \frac{\delta F}{\delta \psi_\varrho} \psi_\varrho \chi \right) \\ = F - \delta \int d V \left(\frac{\partial}{\partial x_i} \frac{\delta F}{\delta \Phi_i} + \frac{2\pi i}{h} \frac{e}{c} \frac{\delta F}{\delta \psi_\varrho} \psi_\varrho \right) \chi \end{aligned} \tag{16}$$

Der Operator

$$\int d V \chi \left(\frac{\partial}{\partial x_i} \frac{\delta}{\delta \Phi_i} + \frac{2\pi i}{h} \frac{e}{c} \psi_\varrho \frac{\delta}{\delta \psi_\varrho} \right) \tag{17}$$

entspricht daher der Transformation (15) und ist mit der Hamiltonfunktion vertauschbar.

Also ist

$$\int d V \chi \left(- \frac{1}{c} \frac{\partial \mathfrak{E}_i}{\partial x_i} - \frac{e}{c} \sum_\varrho \psi_\varrho^* \psi_\varrho \right) \tag{18}$$

eine Konstante. Da dies für alle beliebigen Raumfunktionen χ gilt, so folgt

$$\operatorname{div} \mathfrak{E} + e \sum_\varrho \psi_\varrho^* \psi_\varrho = \text{const} = C. \tag{19}$$

173 An Stelle von (14) folgt also bei der hier durchgeführten Formulierung nur (19), wobei C eine beliebige Raumfunktion darstellt. Es ist aber jetzt darauf zu achten, daß jedes Wertsystem von C ein eigenes, mit den übrigen Termen nicht kombinierendes Termsystem darstellt, und daß Änderungen von C überhaupt unmöglich sind. Denn irgendwelche Wechselwirkungsglieder oder Störungen in der Hamiltonfunktion werden die Invarianz gegenüber (15) nicht stören. Zusatzglieder vom Typus der ε- und δ-Glieder in I sind dabei allerdings nicht zugelassen; es scheint aber die Annahme gerechtfertigt, daß nur Größen, die gegenüber (13) invariant sind, physikalische Bedeutung haben. Wir nennen solche Größen nach Weyl eichinvariant.

Die Vertauschungsregeln der Größe C werden am einfachsten mit Hilfe der Größe

$$\overline{C} = \int \chi (\operatorname{div} \mathfrak{E} + e \sum_\varrho \psi_\varrho^* \psi_\varrho) \, d V = \int \chi \cdot C \, d V \tag{20}$$

formuliert, worin χ wieder eine willkürliche Raumfunktion bedeutet. Man findet gemäß I, (47) und (57)

$$[\overline{C}, \psi_\varrho] = - e \chi \psi_\varrho, \; [\overline{C}, \psi_\varrho^*] = e \chi \psi_\varrho^*, \; [\overline{C}, \Phi_k] = \frac{h c}{2\pi i} \frac{\partial \chi}{\partial x_k}. \tag{21}$$

Das heißt aber, die Transformation (15) wird bei infinitesimaler Variation von χ gerade gemäß

$$f \longrightarrow f + \frac{2\pi i}{hc}[\delta \overline{C}, f] \tag{22}$$

vermittelt, wenn für f irgendeine der Größen ψ_ϱ, ψ_ϱ^*, Φ_i eingesetzt wird. Daher gilt (22) auch für die Änderung einer beliebigen Größe f gegenüber (15). Es sei auch erwähnt, daß sich diese Beziehung für die endliche Transformation (13) zu

$$f \longrightarrow e^{\frac{2\pi i}{h}\overline{C}} . f . e^{-\frac{2\pi i}{h}\overline{C}} \tag{22'}$$

verallgemeinert. Speziell für eichinvariante Größen — hierfür kommen hauptsächlich

$$F_{\mu\nu}, \quad \psi_\varrho^* \psi_\sigma, \quad \psi_\varrho^* \left(\frac{hc}{2\pi i}\frac{\partial \psi_\sigma}{\partial x_\mu} + e\,\psi_\sigma \Phi_\mu\right), \left(\frac{hc}{2\pi i}\frac{\partial \psi_\varrho^*}{\partial x_\mu} - e\,\Phi_\mu \psi_\varrho^*\right)\psi_\sigma \tag{23}$$

in Betracht — folgt

$$[\overline{C}, F] = 0,$$

also auch

$$[C, F] = 0, \tag{24}$$

d. h. sie sind mit C vertauschbar. Stellt man die Variablen des Systems als Matrizen dar, so enthalten die eichinvarianten Größen keine Elemente, die Übergängen von C entsprechen, wohl aber enthalten die anderen 174
nichteichinvarianten Größen solche Matrizenelemente. Da direkt meßbare physikalische Größen stets eichinvariant sind, so kann man der Konstante C einen numerischen Wert geben. Wählt man insbesondere

$$C = 0, \tag{25}$$

so gilt auch die vierte Komponente der Maxwellschen Gleichungen; zwar nicht allgemein als q-Zahlrelation, wohl aber für alle eichinvarianten Beziehungen. $C = 0$ bedeutet, daß der Operator (17), angewandt auf das Schrödingerfunktional $F(\psi_\varrho, \Phi_i)$ irgendwelcher stationärer Zustände des Systems, Null ergibt, d. h. durch $C = 0$ werden diejenigen Lösungen ausgewählt, bei denen die Schrödingerfunktionale ebenfalls invariant gegenüber (15) sind.

Man kann eine Anzahl von unabhängigen eichinvarianten V.-R. angeben, aus denen alle anderen eichinvarianten V.-R. herleitbar sind. Es sind dies im wesentlichen die der Größen (23) untereinander, und sie müssen identisch sein mit denen, die aus der Arbeit I hergeleitet werden können. Auch pflanzen sie sich gemäß I, Gleichung (21), mit der Zeit von selbst fort. Es ist jedoch durchaus zweckmäßig, V.-R zwischen Φ_i und $\mathfrak{E}_i$, also nichteichinvarianten Größen zu benutzen. Dem entspricht beim Mehrkörperproblem der Punktmechanik, daß die Gleichungen $p_k q_l - q_l p_k = \frac{h}{2\pi i}\delta_{kl}$ zur Herleitung von $p_k = \frac{h}{2\pi i}\frac{\partial}{\partial q_k}$ benutzt werden, obwohl schließlich im ausgewählten antisymmetrischen System solche V.-R. gar nicht definiert werden können.

Die relativistische Invarianz des eben beschriebenen Schemas scheint zunächst zweifelhaft, da Φ_4 vor den Φ_k ausgezeichnet wurde. Bevor diese Frage untersucht wird (§ 5), soll zunächst im folgenden Paragraph für den Fall einer relativistisch invarianten Lagrangefunktion und kanonischer V.-R. (z. B. die mit den ε-Gliedern behaftete, in I benutzte Lagrangefunktion) die Lorentzgruppe nach einer Methode behandelt werden, die analog ist zu der hier bisher bei den anderen Gruppen verwendeten.

§ 4. Lorentztransformation*. Der Invarianz der Hamiltonfunktion gegenüber räumlichen Drehungen werden die Drehimpulssätze
175 entsprechen; für die eigentlichen Lorentztransformationen muß die bisher benutzte Methode etwas modifiziert werden, da die Hamiltonfunktion ihnen gegenüber nicht invariant ist, sondern diese und die Komponenten des Impulses sich zusammen wie die Komponenten eines Vierervektors verhalten. Wir werden jedoch sehen, daß den eigentlichen Lorentztransformationen drei weitere Integrale entsprechen. Es genügt wieder, infinitesimale Transformationen zu betrachten [I, Gleichung (33')]:

$$x_\mu \longrightarrow x_\mu + \varepsilon\, s_{\mu\nu} x_\nu \quad (s_{\mu\nu} = -s_{\nu\mu}). \tag{26}$$

(Über gleiche Indizies wird hier und im folgenden stets summiert.) Die Wellenfunktionen ändern sich dann aus zwei Gründen: die Q_α sind im allgemeinen keine Skalare, sie transformieren sich also in einem bestimmten Weltpunkt in vorgegebener Weise; ferner ändern sich die Weltpunkte, auf welche sich Q_α bezieht. Mit den Bezeichnungen von I erhält man daher [I, Gleichung (34'), (35'), (9)]

$$Q_\alpha \longrightarrow Q_\alpha + \varepsilon\, t_{\alpha\beta} Q_\beta - \varepsilon \frac{\partial Q_\alpha}{\partial x_\mu} s_{\mu\nu} x_\nu, \tag{27a}$$

$$P_{\alpha 4} \longrightarrow P_{\alpha 4} - \varepsilon\, t_{\beta\alpha} P_{\beta 4} - \varepsilon \frac{\partial H}{\partial \frac{\partial Q_\alpha}{\partial x_k}} s_{4k} x_k - \varepsilon \frac{\partial P_{\alpha 4}}{\partial x_\mu} s_{\mu\nu} x_\nu. \tag{27b}$$

---

174 * Wesentliche Teile dieses Paragraphen, insbesondere der Ausdruck (30) für Λ und der Beweis für die zeitliche Konstanz des zugehörigen Volumenintegrals (29) rühren von Herrn J. v. Neumann her, dem wir für die Überlassung seiner Ergebnisse zum größten Dank verpflichtet sind.

Wir suchen nun einen Operator $\bar{\Lambda}$, so daß

$$Q_\alpha \longrightarrow Q_\alpha + \varepsilon \frac{2\pi}{hc} [\bar{\Lambda}, Q_\alpha]. \tag{28a}$$

Ein solcher ist gegeben durch [vgl. die Beziehung I, (7) zwischen Hamilton- und Lagrangefunktion]

$$\bar{\Lambda} = \int \Lambda \, dV, \tag{29}$$

$$\begin{aligned} \Lambda &= \left(t_{\alpha\beta} Q_\beta - \frac{\partial Q_\alpha}{\partial x_k} s_{k\nu} x_\nu\right) P_{\alpha 4} - H s_{4k} x_k \\ &= \left(t_{\alpha\beta} Q_\beta - \frac{\partial Q_\alpha}{\partial x_\mu} s_{\mu\nu} x_\nu\right) P_{\alpha 4} + L s_{4k} x_k. \end{aligned} \tag{30}$$

In der Tat folgt mit Rücksicht auf

$$\frac{2\pi}{hc}[\bar{H}, F] = \frac{\partial F}{\partial x_4}, \quad \frac{2\pi}{hc}[P_{\alpha 4}, Q'_\beta] = \delta_{\alpha\beta}\delta(\mathfrak{r}, \mathfrak{r}')$$

durch Einsetzen von (29), (30) in (28a) unmittelbar ein mit der rechten Seite von (27a) übereinstimmender Ausdruck.

Es gilt aber auch mit demselben $\bar{\Lambda}$ die Gleichung

$$P_{\alpha 4} \rightarrow P_{\alpha 4} + \varepsilon \frac{2\pi}{hc} [\bar{\Lambda}, P_{\alpha 4}]. \tag{28b}$$

Gemäß I, Gleichung (20) folgt zunächst 176

$$\frac{2\pi}{hc}[\bar{\Lambda}, P_{\alpha 4}] = -\left(\frac{\partial \Lambda}{\partial Q_\alpha} - \frac{\partial}{\partial x_i} \frac{\partial \Lambda}{\partial \frac{\partial Q_\alpha}{\partial x_i}}\right)$$

$$= -t_{\beta\alpha} P_{\beta 4} - \frac{\partial}{\partial x_i}(s_{i\nu} x_\nu P_{\alpha 4}) + \frac{\partial H}{\partial Q_\alpha} s_{4k} x_k - \frac{\partial}{\partial x_i}\left(\frac{\partial H}{\partial \frac{\partial Q_\alpha}{\partial x_i}} s_{4k} x_k\right)$$

und mit Benutzung des Ausdruckes für $\frac{\partial P_{\alpha 4}}{\partial x_4}$ aus den Feldgleichungen

$$\frac{2\pi}{hc}[\bar{\Lambda}, P_{\alpha 4}] = -t_{\beta\alpha} P_{\beta 4} - \frac{\partial P_{\alpha 4}}{\partial x_i} s_{i\nu} x_\nu - \frac{\partial P_{\alpha 4}}{\partial x_4} s_{4k} x_k - \frac{\partial H}{\partial \frac{\partial Q_\alpha}{\partial x_k}} s_{4k}$$

in Übereinstimmung mit (27b).

Aus (28a, b) folgt durch Verallgemeinerung, daß bei einer infinitesimalen Lorentztransformation eine beliebige, die Koordinaten nicht explizite enthaltende Größe F übergeht in

$$F \rightarrow F + \varepsilon \frac{2\pi}{hc}[\bar{\Lambda}, F]. \tag{31}$$

Für endliche Lorentztransformationen folgt daraus die Existenz eines Operators S, so daß bei diesen gilt

$$F \rightarrow S F S^{-1}. \tag{31'}$$

Bei Potenzentwicklung von S nach ε muß das in ε lineare Glied durch

$$S = 1 + \varepsilon \frac{2\pi}{hc} \bar{A} + \cdots \tag{32}$$

gegeben sein. Es ist uns jedoch nicht gelungen, bei nicht infinitesimalen Transformationen einen expliziten Ausdruck für S zu finden. Die Schrödingerfunktionen oder Funktionale φ werden sich bei Lorentztransformationen in entsprechender Weise gemäß

$$\varphi \longrightarrow S\varphi$$

transformieren, worin S als Operator aufzufassen ist, der auf die in φ enthaltenen Variablen wirkt.

Wir müssen nun noch die Frage beantworten, ob $\bar{A}$ von der Zeitkoordinate x_4 abhängig ist. Wir werden zeigen, daß dies nicht der Fall ist, unter der Voraussetzung, daß

$$J_\mu = \int \left(\frac{\partial Q_\alpha}{\partial x_\mu} P_{\alpha 4} - \delta_{\mu 4} L \right) dV$$

177 die Komponenten eines Vierervektors bilden (Energie-Impulsvektor, $J_k = -ic\mathfrak{G}_k$, $J_4 = \bar{H}$). Dies bedeutet, daß für die infinitesimale Transformation (26) gelten soll

$$J_\mu \longrightarrow J_\mu + \varepsilon s_{\mu\nu} J_\nu,$$

insbesondere also

$$\bar{H} \longrightarrow \bar{H} + \varepsilon s_{4k} J_k.$$

Der Vergleich mit (31) ergibt dann

$$\frac{2\pi}{hc} [\bar{A}, \bar{H}] = s_{4k} J_k. \tag{33}$$

Nunmehr ist es leicht, $\dfrac{d\bar{A}}{dx_4}$ zu berechnen. Für eine Größe F, die x_4 nicht explizite enthält, würde einfach gelten

$$\frac{\partial F}{\partial x_4} = -\frac{2\pi}{hc} [F, \bar{H}];$$

für $F = \bar{A}$ muß aber noch der Term hinzu addiert werden, der durch Differentiation von $\bar{A}$ nach dem explizite in ihm enthaltenen Buchstaben x_4

entsteht. Hierzu gibt das zweite Glied in (30) für $\nu = 4$ einen Beitrag, und man erhält

$$\frac{d\Lambda}{dx_4} = -\frac{2\pi}{hc}[\overline{\Lambda}, \overline{H}] - \int \frac{\partial Q_\alpha}{\partial x_k} P_{\alpha 4} s_{k4} \, dV$$

$$= -\frac{2\pi}{hc}[\overline{\Lambda}, \overline{H}] + J_k s_{4k}. \qquad (34)$$

Dies verschwindet gerade gemäß (33), und wir haben also

$$\overline{\Lambda} = \text{const.} \qquad (35)$$

Diese Gleichung enthält entsprechend den sechs Komponenten $s_{\mu\nu} = -s_{\nu\mu}$ (die $t_{\alpha\beta}$ sind durch die $s_{\mu\nu}$ eindeutig bestimmt) sechs unabhängige Integrale, von denen die drei zu den s_{ik} gehörigen als Drehimpulssätze gedeutet werden können, während den drei weiteren zu den s_{4k} gehörigen keine so anschauliche Bedeutung zukommt. Bezüglich der Reihenfolge der Faktoren in (4) und (30) muß wieder (vgl. I) hervorgehoben werden, daß sie zwar wesentlich ist, daß jedoch die zeitliche Konstanz der Integrale unabhängig von ihr gewährleistet ist.

Aus (31) oder (31′) folgt unmittelbar die Invarianz der kanonischen V.-R. gegenüber Lorentztransformationen. Der hier durchgeführte Invarianzbeweis ist wohl etwas einfacher als der in I angegebene. Es muß jedoch betont werden, daß der Vektorcharakter von J_ν eine neue Annahme darstellt, die aus der Lorentzinvarianz der Lagrangefunktion allein nicht gefolgert werden kann. Dagegen trifft diese Annahme immer 178
dann zu, wenn eine Differentialform des Energie-Impulssatzes in Gestalt des Verschwindens einer Tensordivergenz

$$\frac{\partial T_{\mu\nu}}{\partial x_\nu} = 0$$

besteht. Wie aus I hervorgeht, ist dies in allen physikalisch wichtigen Fällen stets zutreffend.

§ 5. Lorentztransformationen und Eichinvarianz. Wir haben in § 3 ein Verfahren besprochen, in welchem in einem speziellen Koordinatensystem $\Phi_4 = 0$ gesetzt und dann die kanonischen V.-R. darauf angewendet werden. Dabei ist die Gleichung

$$C = \operatorname{div} \mathfrak{E} + e \sum_\varrho \psi_\varrho^* \psi_\varrho = 0 \qquad (25)$$

nur für eichinvariante Größen als q-Zahlrelation richtig, während die anderen Größen, z. B. ψ und die Φ_μ, nicht mit ihr vertauscht werden können. Da jedoch C mit der Energie vertauschbar ist, kann sie trotzdem als Nebenbedingung für die Schrödingerfunktionale verwendet werden.

Ein solches Verfahren ist an sich nicht relativistisch invariant; in einem anderen Bezugssystem werden die kanonischen V.-R. zwischen nicht eichinvarianten Größen nicht mehr zutreffen. Man kann aber zeigen, daß alle Aussagen über eichinvariante Größen, die auf diese Weise gewonnen werden, der relativistischen Invarianzforderung genügen, wenn die Gleichung (25) hinzugenommen wird. Zu diesem Zwecke stellen wir zunächst die Eichinvarianz der Hamiltonfunktion und vor allem der im vorigen Paragraphen als für die Lorentztransformation maßgebend gefundenen Größe $\overline{A}$ fest. Gemäß I, Gleichung (45), (51), (51′), (58′) (die mit ε behafteten Glieder streichen wir und setzen für die Strahlung $P_{44} \equiv 0$) haben wir für den Materie- und den Strahlungsanteil der Lagrange- und der Hamiltonfunktion

$$L^{(m)} = -\Big[\psi_\sigma^*\left(\frac{h c}{2\pi}\frac{\partial \psi_\sigma}{\partial x_4} + e i \psi_\sigma \Phi_4\right) + \alpha^k_{\varrho\sigma}\psi_\varrho^*\left(\frac{h c}{2\pi i}\frac{\partial \psi_\sigma}{\partial x_k} + e\psi_\sigma\Phi_k\right) + m c^2 \alpha^4_{\varrho\sigma}\psi_\varrho^*\psi_\sigma, \tag{36a}$$

$$H^{(m)} = -\frac{h c}{2\pi}\psi_\sigma^*\frac{\partial \psi_\sigma}{\partial x_4} - L^{(m)} = \alpha^k_{\varrho\sigma}\psi_\varrho^*\left(\frac{h c}{2\pi i}\frac{\partial \psi_\sigma}{\partial x_k} + e\psi_\sigma\Phi_k\right) + m c^2\alpha^4_{\varrho\sigma}\psi_\varrho^*\psi_\sigma + e i\psi_\sigma^*\psi_\sigma\Phi_4, \tag{37a}$$

$$L^{(s)} = -\tfrac{1}{4}F_{\alpha\beta}F_{\alpha\beta} = \tfrac{1}{2}(\mathfrak{E}^2 - \mathfrak{H}^2), \tag{36b}$$

$$H^{(s)} = -F_{4k}\frac{\partial \Phi_k}{\partial x_4} - L^{(s)} = -F_{4k}\frac{\partial \Phi_4}{\partial x_k} - \frac{1}{2}F_{4k}F_{4k} + \frac{1}{4}F_{ik}F_{ik}. \tag{37b}$$

179 Wie man sieht, sind $H^{(m)}$ und $H^{(s)}$ im Gegensatz zu $L^{(m)}$ und $L^{(s)}$ einzeln nicht eichinvariant. Dagegen läßt sich die Gesamtenergie durch partielle Integration umformen in

$$\overline{H} = \int (H^{(m)} + H^{(s)})\, dV = \int \Big[\alpha^k_{\varrho\sigma}\psi_\varrho^*\left(\frac{h c}{2\pi i}\frac{\partial \psi_\sigma}{\partial x_k} + e\psi_\sigma\Phi_k\right) + m c^2\alpha^4_{\varrho\sigma}\psi_\varrho^*\psi_\sigma - \frac{1}{2}F_{4k}F_{4k} + \frac{1}{4}F_{ik}F_{ik} + i\Phi_4 C\Big]\, dV. \tag{38}$$

Für den Gesamtimpuls gilt eine ähnliche Umformung. Im Falle $C = 0$ ist also $\overline{H}$ eichinvariant, und auch nur dann ist es die Zeitkomponente eines Vierversektors.

Ähnlich gestaltet sich die Berechnung der durch (29) und (30) definierten Größe $\overline{A}$. Wir verstehen jetzt unter $t_{\varrho\sigma}$ speziell die auf die Materiewellen bezüglichen Größen, während für die Φ_μ wegen ihres

Vektorcharakters die zugehörigen $t_{\mu\nu}$ mit den $s_{\mu\nu}$ identisch werden. Infolgedessen wird

$$\begin{aligned}\overline{A} = \int dV\Big[&-\frac{hc}{2\pi}\psi_\varrho^*\Big(t_{\varrho\sigma}\psi_\sigma - \frac{\partial\psi_\varrho}{\partial x_\mu}s_{\mu\nu}x_\nu\Big) + L^{(m)}s_{4k}x_k \\ &- F_{4k}\Big(s_{k\mu}\Phi_\mu - \frac{\partial\Phi_k}{\partial x_\mu}s_{\mu\nu}x_\nu\Big) + L_{(s)}s_{4k}x_k\Big].\end{aligned} \qquad (39)$$

Es ist aber

$$\begin{aligned}&\int dV F_{4k}\Big(\frac{\partial\Phi_k}{\partial x_\mu}s_{\mu\nu}x_\nu - s_{k\mu}\Phi_\mu\Big) \\ &= \int dV F_{4k}\Big(F_{\mu k}s_{\mu\nu}x_\nu + \frac{\partial\Phi_\mu}{\partial x_k}s_{\mu\nu}x_\nu + s_{\mu k}\Phi_\mu\Big) \\ &= \int dV F_{4k}\Big[F_{\mu k}s_{\mu\nu}x_\nu + \frac{\partial}{\partial x_k}(\Phi_\mu s_{\mu\nu}x_\nu)\Big] \\ &= \int dV\Big(F_{4k}F_{\mu k}s_{\mu\nu}x_\nu - \frac{\partial F_{4k}}{\partial x_k}\Phi_\mu s_{\mu\nu}x_\nu\Big),\end{aligned}$$

letzteres durch partielle Integration. Insgesamt erhält man

$$\begin{aligned}\overline{A} = \int dV\Big[&-\frac{hc}{2\pi}t_{\varrho\sigma}\psi_\varrho^*\psi_\sigma + \psi_\varrho^*\Big(\frac{hc}{2\pi}\frac{\partial\psi_\varrho}{\partial x_\mu} + ie\,\psi_\varrho\Phi_\mu\Big)s_{\mu\nu}x_\nu \\ &+ L^{(m)}s_{4k}x_k + F_{4k}F_{\mu k}s_{\mu\nu}x_\nu + L^{(s)}s_{4k}x_k - iC s_{\mu\nu}\Phi_\mu x_\nu\Big].\end{aligned} \qquad (40)$$

Es ist also $\overline{A}$ für $C = 0$ eichinvariant.

Gemäß der Formel (31) erhält man aus (39) die Werte aller Größen 180
im neuen Bezugssystem, ausgenommen den Wert von Φ_4, wenn im ursprünglichen System $\Phi_4 = 0$ und kanonische V.-R. angenommen werden. Für nicht eichinvariante Größen muß aber ihre Nichtvertauschbarkeit mit C und die daraus entspringenden Beiträge des letzten Gliedes in (40) berücksichtigt werden. Sie ergeben sich leicht durch Vergleich mit (21). Man kann aus diesem Sachverhalt zweierlei Schlüsse ziehen. Erstens folgen die V.-R. für die eichinvarianten Größen im neuen Bezugssystem aus ihrer Gültigkeit im ursprünglichen Bezugssystem unabhängig davon, was für V.-R. für die übrigen Größen gelten. Denn für den Nachweis der Gültigkeit von (31) bei eichinvarianten Größen sind nur erstere V.-R. erforderlich. Zweitens zeigt sich, daß man durch Umeichen mittels einer passenden Funktion χ auch im neuen Bezugssystem zu $\Phi_4 = 0$ und den kanonischen V.-R. zurückkehren kann. Allerdings wird dieses χ im allgemeinen eine q-Zahl sein.

Es ist jedoch nicht nötig, auf diese Umeichung näher einzugehen, um die Lorentzinvarianz des ganzen Verfahrens zu zeigen. Hierfür genügt es vielmehr festzustellen, daß auch im neuen Bezugssystem die kanonischen V.-R. zwischen den Größen ψ_ϱ, ψ_σ^*, Φ_k, F_{i4} bestehen bleiben, und daß dort Φ_4 mit allen Φ_k und ψ_ϱ, ψ_σ^* vertauschbar ist, wie man leicht nachrechnet. Im neuen Bezugssystem sind ferner die Raumkomponenten der Maxwellschen Gleichungen nicht mehr als q-Zahlrelationen erfüllt; trotzdem kann man die Eigenwerte Null für ihre rechten Seiten zur Auszeichnung eines mit den übrigen Termen nichtkombinierenden Teilsystems annehmen, wie es der Wahl $C = 0$ im ursprünglichen Bezugssystem entspricht. Wenn man dann noch beachtet, daß für $C = 0$ Φ_4 in der Hamiltonfunktion überhaupt nicht vorkommt, und daß in anderen Gleichungen der Ausdruck $\frac{hc}{2\pi}\frac{\partial \psi_\sigma}{\partial x_4} + ei\psi_\sigma \Phi_4$ vermittels der Materiewellengleichung durch die ψ_ϱ, Φ_k und ihre räumlichen Ableitungen ausgedrückt werden kann, so erkennt man die Identität des Rechenschemas im neuen Bezugssystem mit dem im Ausgangssystem.

§ 6. Durchführung des Schemas ohne Zusatzglieder. Wir kehren zur reellen Zeit $x_4 = ict$ und zu den gewöhnlichen Einheiten der Feldstärken und des Stromvektors zurück, führen die den kanonischen V.-R. $[\Pi_i, \Phi_r'] = \frac{h}{2\pi i}\delta_{ik}\,.\,\delta(\mathfrak{r}, \mathfrak{r}')$ genügenden Größen

$$\Pi_k = -\frac{1}{4\pi c}\mathfrak{E}_k \tag{41}$$

181 ein [vgl. I, (60'), (61')] und setzen in dem zur Behandlung ausgewählten Koordinatensystem $\Phi_4 = \Phi_0 = 0$. Die Hamiltonfunktion (37a, b) lautet jetzt

$$\overline{H} = \int dV \Big[\frac{hc}{2\pi i}\alpha_{\varrho\sigma}^k \psi_\varrho^* \frac{\partial \psi_\sigma}{\partial x_k} + mc^2 \alpha_{\varrho\sigma}^4 \psi_\varrho^* \psi_\sigma$$
$$+ \frac{1}{16\pi}\left(\frac{\partial \Phi_i}{\partial x_k} - \frac{\partial \Phi_k}{\partial x_i}\right)^2 + 2\pi c^2 \Pi_k^2 + e\,\Phi_k \alpha_{\varrho\sigma}^k \psi_\varrho^* \psi_\sigma\Big]. \tag{42}$$

Das letzte Glied vermittelt die Wechselwirkung zwischen Strahlung und Materie und wird als Störungsglied betrachtet. Für die Durchführung der Methode wird es wie in I zweckmäßig sein, die Φ_i nach einem Orthogonalsystem zu entwickeln, das durch Lösung des ungestörten Problems gefunden wird. Im Gegensatz zur früheren Methode sind im ungestörten Problem nur die drei Raumkomponenten der Maxwellgleichungen zu erfüllen. Wieder setzen wir [vgl. I, Gleichung (84)]

$$\Phi_1 = \sqrt{\frac{8}{L^3}}\, q_1^r \cos\frac{\pi}{L}\varkappa_r x\,.\,\sin\frac{\pi}{L}\lambda_r y\,.\,\sin\frac{\pi}{L}\mu_r z$$
(und zykl. Vertauschung), (43)

Es wird dann der Strahlungsanteil der Hamiltonfunktion für jede Eigenschwingung:

$$\overline{H_r^{(s)}} = 2\pi c^2 [(p_1^r)^2 + (p_2^r)^2 + (p_3^r)^2]$$
$$+ \frac{\pi}{8L^3} \cdot [(q_1^r \lambda_r - q_2^r \varkappa_r)^2 + (q_1^r \mu_r - q_3^r \varkappa_r)^2 + (q_2^r \mu_r - q_3^r \lambda_r)^2]. \quad (44)$$

Setzt man zunächst in der klassischen Theorie $q_i^r = b_i^r \sin 2\pi \nu_r t$, so erhält man aus den drei Raumkomponenten der Maxwellschen Gleichungen drei lineare Gleichungen für die b_i mit der Determinante

$$\left(\nu_r' = \frac{2L}{c}\nu_r,\ X_r = \varkappa_r^2 + \lambda_r^2 + \mu_r^2 - \nu_r'^2\right)$$

$$\begin{vmatrix} X_r - \varkappa_r^2, & -\varkappa_r\lambda_r, & -\varkappa_r\mu_r \\ -\lambda_r\varkappa_r, & X_r - \lambda_r^2, & -\lambda_r\mu_r \\ -\mu_r\varkappa_r, & -\mu_r\lambda_r, & X_r - \mu_r^2 \end{vmatrix} \quad (45)$$

Durch Nullsetzen der Determinante erhält man eine zweifache Wurzel $\nu_r'^2 = \varkappa_r^2 + \lambda_r^2 + \mu_r^2$ und eine einfache Wurzel $\nu_r' = 0$.

Wir erhalten also zwei eigentliche Hauptschwingungen der Frequenz

$$\nu_r' = \sqrt{\varkappa_r^2 + \lambda_r^2 + \mu_r^2},$$

deren zugehörige Koeffizienten b_i^r der Bedingung 182

$$\varkappa_r b_1^r + \lambda_r b_2^r + \mu_r b_3^r = 0 \quad (46)$$

genügen müssen. Dazu kommt eine unperiodische Lösung

$$q_i^r = b_i^r \cdot t, \quad (47)$$

wobei

$$\frac{b_1^r}{\varkappa_r} = \frac{b_2^r}{\lambda_r} = \frac{b_3^r}{\mu_r}.$$

Wir führen die Koordinaten P^r, Q^r der Hauptschwingungen ein und erhalten als mögliches Schema:

$$\left.\begin{aligned}
\frac{1}{\sqrt{4cL}} q_1^r &= \frac{\lambda_r}{\sqrt{\nu_r'(\varkappa_r^2+\lambda_r^2)}} Q_1^r + \frac{\mu_r\varkappa_r}{\nu_r'\sqrt{\nu_r'(\varkappa_r^2+\lambda_r^2)}} Q_2^r + \frac{\varkappa_r}{\nu_r'\sqrt{\nu_r'}} Q_3^r \\
\frac{1}{\sqrt{4cL}} q_2^r &= -\frac{\varkappa_r}{\sqrt{\nu_r'(\varkappa_r^2+\lambda_r^2)}} Q_1^r + \frac{\mu_r\lambda_r}{\nu_r'\sqrt{\nu_r'(\varkappa_r^2+\lambda_r^2)}} Q_2^r + \frac{\lambda_r}{\nu_r'\sqrt{\nu_r'}} Q_3^r \\
\frac{1}{\sqrt{4cL}} q_3^r &= -\frac{\sqrt{\varkappa_r^2+\lambda_r^2}}{\nu_r'\sqrt{\nu_r'}} Q_2^r + \frac{\mu_r}{\nu_r'\sqrt{\nu_r'}} Q_3^r \\
\sqrt{4cL}\, p_1^r &= \lambda_r \sqrt{\frac{\nu_r'}{\varkappa_r^2+\lambda_r^2}} P_1^r + \frac{\mu_r\varkappa_r}{\sqrt{\nu_r'(\varkappa_r^2+\lambda_r^2)}} P_2^r + \frac{\varkappa_r}{\sqrt{\nu_r'}} P_3^r \\
\sqrt{4cL}\, p_2^r &= -\varkappa_r \sqrt{\frac{\nu_r'}{\varkappa_r^2+\lambda_r^2}} P_1^r + \frac{\mu_r\lambda_r}{\sqrt{\nu_r'(\varkappa_r^2+\lambda_r^2)}} P_2^r + \frac{\lambda_r}{\sqrt{\nu_r'}} P_3^r \\
\sqrt{4cL}\, p_3^r &= -\frac{\sqrt{\varkappa_r^2+\lambda_r^2}}{\ } P_2^r + \frac{\mu_r}{\ } \cdot P_3^r
\end{aligned}\right\} \quad (48)$$

Der Strahlungsanteil der Hamiltonfunktion lautet in den neuen Variablen:

$$\overline{H}_s = \sum_r 2\pi\nu_r \left\{\tfrac{1}{2}\left[(P_1^r)^2 + (Q_1^r)^2\right] + \tfrac{1}{2}\left[(P_2^r)^2 + (Q_2^r)^2\right] + \tfrac{1}{2}(P_3^r)^2\right\}. \qquad (49)$$

An Stelle von P_1^r, Q_1^r, P_2^r, Q_2^r führt man wie in I, Gleichung (98) die Anzahl der Lichtquanten $M_{r,1}$ bzw. $M_{r,2}$ und die konjugierten Winkel als Variable ein.

$$\left.\begin{aligned} Q_\lambda^r &= \frac{1}{i}\sqrt{\frac{h}{4\pi}}\left(M_{r\lambda}^{1/2}\, e^{\frac{2\pi i}{h}\chi_{r,\lambda}} - e^{-\frac{2\pi i}{h}\chi_{r,\lambda}}\, M_{r,\lambda}^{1/2}\right) \\ P_\lambda^r &= \sqrt{\frac{h}{4\pi}}\left(M_{r\lambda}^{1/2}\, e^{\frac{2\pi i}{h}\chi_{r,\lambda}} + e^{-\frac{2\pi i}{h}\chi_{r,\lambda}}\, M_{r,\lambda}^{1/2}\right) \end{aligned}\right\}\lambda = 1, 2. \qquad (50)$$

Dagegen wird eine solche Substitution für P_3^r nicht sinngemäß sein, da in der ungestörten Hamiltonfunktion Q_3^r nicht vorkommt, P_3^r ist im ungestörten System also selbst eine Konstante. Als unabhängige Variablen
183 der Wahrscheinlichkeitsamplitude benutzen wir daher die N_r, $M_{r\lambda}$ $(\lambda = 1, 2)$ und P_3^r. Die Schrödingergleichung lautet in diesen Variablen bei Annahme des Ausschließungsprinzips für die Materie:

$$\left.\begin{aligned} &\Big[-E + \sum_s N_s E_s + \sum_{r,\lambda} M_{r,\lambda} h\nu_r \\ &\qquad + \sum_r \pi\nu_r (P_3^r)^2\Big]\varphi(N_1, N_2 \ldots, M_1 \ldots, P_3^1 \ldots) \\ &= -ie\sqrt{\frac{h}{4\pi}} \sum_{s,t,r} N_s(1 - N_t)\, \mathcal{V}_s(N_1 \ldots 1 - N_s)\, \mathcal{V}_t(N_1 \ldots 1 - N_t) \\ &\Big\{\sum_{\lambda=1,2}{}' c_{st}^{r\lambda}\big[M_{r\lambda}^{1/2}\,\varphi(N_1 \ldots 1 - N_s, 1 - N_t;\, M_1 \ldots M_{r,\lambda} - 1,\, P_3^1 \ldots) \\ &- (M_{r\lambda} + 1)^{1/2}\varphi(N_1 \ldots 1 - N_s, 1 - N_t, M_1 \ldots M_{r\lambda} + 1;\, P_3^1 \ldots)\big] \\ &+ c_{st}^{r3}\sqrt{\frac{h}{\pi}}\,\frac{\partial}{\partial P_3^r}\varphi(N_1 \ldots 1 - N_s, 1 - N_t;\, M_1 \ldots P_3^1 \ldots)\Big\} \\ &- ie\sqrt{\frac{h}{4\pi}} \sum_{s,r}{}' N_s \Big\{\sum_{\lambda=1,2} c_{ss}^{r\lambda}\big[M_{r\lambda}^{1/2}\varphi(N_1 \ldots;\, M_1 \ldots M_{r\lambda} - 1 \ldots P_3^1 \ldots) \\ &- (M_{rs} + 1)^{1/2}\varphi(N_1 \ldots, M_1 \ldots M_{r\lambda} + 1, \ldots, P_3^1 \ldots)\big] \\ &+ \sqrt{\frac{h}{\pi}}\, c_{ss}^{r3}\frac{\partial}{\partial P_3^r}\varphi(N_1 \ldots M_1 \ldots P_3^1 \ldots)\Big\}. \end{aligned}\right\} \qquad (51)$$

Neben dieser Gleichung muß φ jedoch noch der weiteren Bedingung genügen, daß der Operator C, angewandt auf φ, Null ergibt; sie lautet

$$\left.\begin{aligned} &P_3^r\varphi(N_1 \ldots, M_1 \ldots P_3^1 \ldots) + e\sum_{s,t}{}' N_s(1 - N_t) \\ &\quad .\, \mathcal{V}_s(N_1 \ldots 1 - N_s) \,.\, \mathcal{V}_t(N_1 \ldots 1 - N_t) \\ &\quad .\, d_{st}^r\,\varphi(N_1 \ldots 1 - N_s, 1 - N_t \ldots M_1 \ldots P_3^1 \ldots) \\ &\quad + \sum_s N_s d_{ss}^r\,\varphi(N_1 \ldots;\, M_1 \ldots P_3^1 \ldots) = 0. \end{aligned}\right\} \qquad (52)$$

Hierin ist

$$d^r_{st} = \int u_\varrho^{*s} u_\varrho^t v_r^0 \, dV \tag{53}$$

gesetzt, wo

$$v_r^0 = \frac{4}{\pi}\sqrt{\frac{2}{c\,v_r'^3}} \sin\frac{\pi}{L}\varkappa_r x \,.\, \sin\frac{\pi}{L}\lambda_r y \,.\, \sin\frac{\pi}{L}\mu_r z. \tag{54}$$

Im ungestörten System, in dem die Wechselwirkung zwischen Materie und Strahlung vernachlässigt wird, gilt nach (52)

$$P_3^r = 0. \tag{55}$$

Es bleiben dann nur die beiden bekannten Hauptschwingungen 1 und 2 übrig. Im gestörten System jedoch müssen auch die P_3^r mitberücksichtigt werden, was wegen des kontinuierlichen Eigenwert- 184
spektrums der P_3^r einige Unterschiede gegenüber dem früheren Schema mit sich bringt.

Wir wollen im folgenden, wie in I, nur die elektrostatische Wechselwirkung nachrechnen; die magnetischen und die Retardierungswirkungen sind inzwischen nach der Methode in I von Breit† ermittelt worden.

Für die elektrostatische Wechselwirkung drückt man am einfachsten den Operator P_3^r in (51) aus durch (52). Dann kann man in (51) die Glieder mit c^r_{st} gegenüber den Gliedern mit d^r_{st} in erster Näherung vernachlässigen. Als Störungsenergie bleibt in dieser Näherung dann nur der Zeitmittelwert von $\sum_r \pi\, \nu_r (P_3^r)^2$ übrig, wobei P_3^r durch den Operator in (51) ersetzt wird. Es folgt also für die Eigenwertstörung (N_s^0 seien die Werte der N_s im ungestörten System):

$$\begin{aligned} \varDelta E &= e^2 \sum_{r,s,t}{}' \pi\, \nu_r N_s^0 (1 - N_t^0)\, d^r_{st} d^r_{ts} \\ &\quad + e^2 \sum_{r,s,t} \pi\, \nu_r N_s^0 N_t^0\, d^r_{ss} d^r_{tt}. \end{aligned} \tag{56}$$

Genau analog zu den Rechnungen in I findet man daher

$$\varDelta E = \frac{e^2}{2}\Big[\sum_{s,t}{}' N_s^0 (1 - N_t^0) A_{st,ts} + \sum_{s,t} N_s^0 N_t^0 A_{ss,tt}\Big], \tag{57}$$

wo $A_{st,ts}$ die Austauschintegrale:

$$A_{st,nm} = \int dV \cdot dV' \frac{u_\varrho^{*s}(P)\, u_\varrho^t(P)\, u_\sigma^{*n}(P')\, u_\sigma^m(P')}{r_{PP'}}$$

(I, 114) bedeuten. Die u_ϱ^s repräsentieren das Orthogonalsystem, nach dem die Materie-Eigenfunktionen entwickelt werden.

Aus (57) geht hervor, daß auch bei der hier befolgten Methode noch eine unendliche Wechselwirkung des Elektrons mit sich selbst resultiert,

† G. Breit, Phys. Rev. **34**, 553, 1929.

die in vielen Fällen die Anwendung der Theorie unmöglich machen wird. Der Vorteil der hier beschriebenen Methode besteht also nur darin, daß sie die Zusatzglieder zu den Maxwellschen Gleichungen überflüssig macht.

§ 7. Übergang zum Konfigurationsraum††. In diesem Abschnitt soll die Frage behandelt werden, wie (etwa bei gegebener Energie) die Wahrscheinlichkeit dafür berechnet werden kann, daß bei vorgegebenen Lichtquantenzahlen $M_{r,\lambda}(\lambda = 1, 2)$ und gegebenem $P_{r,3}$ die Orte der N vorhandenen Elektronen innerhalb des Spielraumes $d\,q_{i1} \ldots d\,q_{ip} \ldots d\,q_{iN}$ an den Stellen $q_{i1}, \ldots q_{ip}, \ldots q_{iN}$ liegen. Der Index i läuft von 1
185 bis 3 und bezieht sich auf die drei Raumkoordinaten, der Index p läuft von 1 bis N und bezieht sich auf die verschiedenen Teilchen. Man sieht, daß die gesamte Anzahl der vorhandenen Teilchen als konstant angenommen wird, so daß Zerstrahlungsprozesse zunächst ausgeschlossen werden. Ferner behalten wir die Fourierzerlegung des Strahlungsfeldes im Gegensatz zu derjenigen der Materienwellen bei, weil vorläufig nur auf diese Weise die Nullpunktsenergie der Strahlung eliminiert werden kann. Wir werden zeigen, daß Wahrscheinlichkeitsamplituden

$$\varphi_{\varrho_1 \ldots \varrho_N}(q_{i1}, \ldots q_{iN}, M_{r\lambda}, P_{r3})$$

definiert werden können, in denen die Indizes ϱ_p für jedes p entsprechend den vier Wellenfunktionen der Diracschen Theorie des Spinelektrons vier Werte annehmen, und aus denen sich gemäß

$$\sum_{\varrho_1 \ldots \varrho_N = 1}^{4} |\varphi_{\varrho_1 \ldots \varrho_N}(q_{i1} \ldots q_{iN}, M_{r\lambda}, P_{r3})|^2$$

die gesuchte Wahrscheinlichkeit berechnen läßt. Diese Funktionen genügen einfachen Differentialgleichungen, ohne daß es nötig ist, irgendwelche Vernachlässigungen oder Annäherungen einzuführen. Es ist klar, daß der Vergleich der Resultate der Quantentheorie der Wellenfelder mit denjenigen der unrelativistischen Schrödingerschen Theorie des Mehrkörperproblems (Wellen im Konfigurationsraum) durch die Einführung solcher Funktionen erleichtert wird. Man könnte diese Funktionen auch auf dem Umweg über die im vorigen Paragraphen definierten Funktionen $\Phi(N_s, M_{r\lambda}, P_{r3})$ herleiten, doch ziehen wir einen direkteren Weg vor.

Zunächst wollen wir die zur Hamiltonfunktion (42) gehörige Schrödingergleichung und die $C = 0$ entsprechende Nebenbedingung für

---

184 †† Bei der Ausarbeitung dieser Methode wurden wir von Herrn R. Oppenheimer in freundlicher Weise unterstützt, wofür wir ihm auch an dieser Stelle unseren Dank aussprechen wollen.

Funktionale mit den Variablen $N_\varrho(x_i) = \psi_\varrho^* \psi_\varrho$, $M_{r\lambda}$, P_{r3} aufstellen. Der wichtigste Teil der Überlegung wird sodann der Übergang von $N_\varrho(x_i)$ zu $q_{i1}, \varrho_1, \ldots q_{ip}, \varrho_p, \ldots q_{iN}, \varrho_N$ als Variablen sein.

Gemäß (43), (48) und (50) gilt

$$\Phi_k = \sum_{\lambda=1,2} \sum_r \sqrt{\frac{h}{4\pi}}\, v_k^{r\lambda} \frac{1}{i} \left(M_{r\lambda}^{1/2} e^{\frac{2\pi i}{h}\chi_{r,\lambda}} - e^{-\frac{2\pi i}{h}\chi_{r,\lambda}} M_{r,\lambda}^{1/2} \right) + \sum_r v_k^{r3} Q^{r3}, \quad (58\text{a})$$

$$\Pi_k = \sum_{\lambda=1,2} \sum_r \sqrt{\frac{h}{4\pi}} \frac{\nu_r}{2c^2}\, v_k^{r\lambda} \left(M_{r\lambda}^{1/2} e^{\frac{2\pi i}{h}\chi_{r,\lambda}} + e^{-\frac{2\pi i}{h}\chi_{r,\lambda}} M_{r,\lambda}^{1/2} \right)$$

$$+ \sum_r \frac{\nu_r}{2c^2}\, v_k^{r3} P^{r3}. \quad (58\text{b})$$

Dabei ist 186

$$v_1^{r\lambda} = c \sqrt{\frac{2}{\nu_r}} \sqrt{\frac{8}{L^3}}\, f_k^{r\lambda} \cdot \cos \frac{2\pi\nu_r}{c} \varepsilon_{r1} x_1 \cdot \sin \frac{2\pi\nu_r}{c} \varepsilon_{r,2} x_2 \cdot \sin \frac{2\pi\nu_r}{c} \varepsilon_{r,3} x_3, \quad (59)$$

(und zyklische Vertauschung)

wenn bei jedem r für f_k^λ die Matrix

$$\begin{array}{c|ccc} k \backslash \lambda & 1 & 2 & 3 \\ \hline 1 & \dfrac{\varepsilon_2}{\sqrt{\varepsilon_1^2+\varepsilon_2^2}}, & \dfrac{\varepsilon_1\varepsilon_3}{\sqrt{\varepsilon_1^2+\varepsilon_2^2}}, & \varepsilon_1 \\ 2 & -\dfrac{\varepsilon_1}{\sqrt{\varepsilon_1^2+\varepsilon_2^2}}, & \dfrac{\varepsilon_2\varepsilon_3}{\sqrt{\varepsilon_1^2+\varepsilon_2^2}}, & \varepsilon_2 \\ 3 & 0\quad, & -\sqrt{\varepsilon_1^2+\varepsilon_2^2}, & \varepsilon_3 \end{array} \quad (48')$$

gesetzt wird. Man sieht, daß die $\varepsilon_{r,k}$ die Komponenten des Einheitsvektors in Richtung der Wellennormale sind $(\sum_k \varepsilon_k^2 = 1)$ und für jedes r

$$\varkappa = \nu' \varepsilon_1, \quad \lambda = \nu' \varepsilon_2, \quad \mu = \nu' \varepsilon_3 \quad \left(\nu' = \frac{2L}{c}\nu\right)$$

gesetzt ist.

Hieraus folgt

$$\operatorname{div} \mathfrak{E} = -4\pi c \operatorname{div} \Pi$$

$$= \sum_r \frac{8\pi^2}{c} \sqrt{\frac{\nu_r^3}{2}} \sqrt{\frac{8}{L^3}} \sin \frac{2\pi\nu_r}{c} \varepsilon_{r,1} x_1 \cdot \sin \frac{2\pi\nu_r}{c} \varepsilon_{r,2} x_2 \cdot \sin \frac{2\pi\nu_r}{c} \varepsilon_{r,3} x_3 \cdot P_{r3},$$

also ergibt die Gleichung

$$\operatorname{div} \mathfrak{E} + 4\pi e \sum_\varrho \psi_\varrho^* \psi_\varrho = 0$$

mittels des Fourierschen Satzes nach P_{r3} aufgelöst

$$P_{r3} + e \int v_{0r}(x_i) \sum_{\varrho} \psi_\varrho^* \psi_\varrho \, dV = 0, \tag{60}$$

worin v_{0r} gemäß (54) definiert ist. Ferner wird die Hamiltonfunktion gemäß (42) unter Streichung der Nullpunktsenergie der Strahlung

$$\begin{aligned} \bar{H} = & \sum_{r,\lambda} M_{r\lambda} h \nu_{r\lambda} + \sum_r \pi \nu_r (P_{r3})^2 \\ & + \int dV \left(\frac{hc}{2\pi i} \alpha^k_{\varrho\sigma} \psi_\varrho^* \frac{\partial \psi_\sigma}{\partial x_k} + mc^2 \alpha^4_{\varrho\sigma} \psi_\varrho^* \psi_\sigma \right) \\ & + e \sum_r \sqrt{\frac{h}{4\pi}} \cdot \sum_{\lambda=1,2} \frac{1}{i} \left(M_{r\lambda}^{1/2} \cdot e^{\frac{2\pi i}{h} \chi_{r\lambda}} - e^{-\frac{2\pi i}{h} \chi_{r\lambda}} \cdot M_{r\lambda}^{1/2} \right) \\ & \int v_k^{r\lambda} \alpha^k_{\varrho\sigma} \psi_\varrho^* \psi_\sigma \, dV + e \sum_r Q^{r3} \int v_k^{r3} \alpha^k_{\varrho\sigma} \psi_\varrho^* \psi_\sigma \, dV. \end{aligned} \tag{61}$$

187 Die beiden Relationen (60) und (61) schreiben wir nun als Operatorgleichungen, die auf das Funktional $\varphi\{N_\varrho(x_i), M_{r\lambda}, P_{r3}\}$ wirken. Dabei berücksichtigen wir, daß $e^{\pm \frac{2\pi i}{h} \chi}$ den Wert M bzw. in $M \mp 1$ verwandelt und für Q^{r3} einzusetzen ist $\frac{ih}{2\pi} \frac{\partial}{\partial P_{r3}}$. Dann haben wir

$$\left(P_{r3} + e \int v_{0r}(x_i) \cdot \sum_\varrho N_\varrho(x_i) \, dV \right) \varphi\{N_\varrho(x_i), M_{r\lambda}, P_{r3}\} = 0. \tag{60'}$$

$$\begin{aligned} & \left[-E + \sum_{r,\lambda} M_{r\lambda} h \nu_{r\lambda} + \sum_r \pi \nu_r (P_{r3})^2 \right] \psi\{N_\varrho(x_i), M_{r\lambda}, P_{r3}\} \\ & + \left[\int dV \left(\frac{hc}{2\pi i} \alpha^k_{\varrho\sigma} \psi_\varrho^* \frac{\partial \psi_\sigma}{\partial x_k} + mc^2 \alpha^4_{\varrho\sigma} \psi_\varrho^* \psi_\sigma \right) \right] \varphi\{N_\varrho(x_i), M_{r\lambda}, P_{r3}\} \\ & + e \sum_r \sqrt{\frac{h}{4\pi}} \cdot i \cdot \sum_{\lambda=1,2} \left(\int v_k^{r\lambda} \alpha^k_{\varrho\sigma} \psi_\varrho^* \psi_\sigma \, dV \right) \\ & \qquad [(M_{r\lambda} + 1)^{1/2} \varphi\{N_\varrho(x_i) \ldots M_1 \ldots M_{r\lambda} + 1 \ldots P_{r3}\} \\ & \qquad - M_{r\lambda}^{1/2} \varphi\{N_\varrho(x_i) \ldots M_1 \ldots M_{r\lambda} - 1 \ldots P_{r3}\}] \\ & + e \sum_r \frac{ih}{2\pi} \left(\int v_k^{r3} \alpha^k_{\varrho\sigma} \psi_\varrho^* \psi_\sigma \, dV \right) \frac{\partial}{\partial P_{r3}} \varphi\{N_\varrho(x_i), M_1 \ldots P_{r3}\} = 0. \end{aligned} \tag{61'}$$

Es kommt nun darauf an, wie Operatoren der Form

$$\int \sum_{\varrho,\sigma} f_{\varrho\sigma}(x_i) \psi_\varrho^* \psi_\sigma \, dV \quad \text{und} \quad \int \sum_{\varrho,\sigma} f_{\varrho\sigma}(x_i) \psi_\varrho^* \frac{\partial \psi_\sigma}{\partial x_k} dV$$

(die f sind c-Zahlen) auf ein Funktional $\Phi\{N_\varrho(x_i)\}$ wirken, wenn $N_\varrho(x_i) = \psi_\varrho^* \psi_\varrho$ und die kanonischen V. R.

$$[\psi_\varrho, \psi_\sigma^{*\prime}] = \delta_{\varrho\sigma} \delta(\mathfrak{r}, \mathfrak{r}')$$

bestehen; ferner auf das betreffende Resultat für $\varphi(q_{i1}, \ldots q_{ip}, \ldots q_{iN})$.

Die erforderliche Transformationstheorie ist schon mehrmals ausgeführt worden†. Jedoch ist es zweckmäßig, erst die $\psi(x_i)$ durch Treppenfunktionen zu ersetzen, hernach zum Konfigurationsraum überzugehen und erst am Ende die Funktionen wieder kontinuierlich werden zu lassen. Es seien also die Zellen, innerhalb deren ψ^* und ψ gleiche Werte annehmen, von der gleichen Größe $\varDelta V$ und man setze

$$a_{\varrho, x_i} = \psi_\varrho(x_i), \qquad a^*_{\varrho, x_i} = \psi^*_\varrho(x_i)\, \varDelta V,$$

so daß gilt

$$[a_{\varrho, x_i}, \quad a^*_{\sigma, x_{i'}}]_\pm = \delta_{\varrho\sigma}\, \delta_{x_i x_{i'}},$$

worin die x_i nur diskrete Werte durchlaufen. Man sieht, daß 188

$$N_{\varrho, x_i} = a^*_{\varrho x_i}\, a_{\varrho x_i}$$

bei fester Gesamtzahl N der Teilchen — diese Voraussetzung ist zunächst wesentlich — die Eigenwerte

$$\sum_{p=1}^{N} \delta_{\varrho \varrho_p} \cdot \delta_{x_i q_{ip}}$$

besitzt, wobei mehrere Wertepaare ϱ_p, q_p auch übereinstimmen können.

$$N_\varrho(x_i) = \psi^*_\varrho(x_i)\, \psi_\varrho(x_i) = \lim \frac{1}{\varDelta V} a^*_{\varrho, x_i}\, a_{\varrho, x_i}$$

hat also die Eigenwerte

$$\sum_{p=1}^{N} \delta_{\varrho \varrho_p} \cdot \delta(x_i - q_{ip}),$$

worin jetzt die Diracsche δ-Funktion auftritt.

Der Übergang zum Konfigurationsraum, d. h. die Zuordnung von

$$\varphi(\varrho_1, q_1 \ldots \varrho_N, q_N) \text{ zu } \Phi\{N_{\varrho, x_i}\}$$

erfolgt gemäß den Gleichungen

$$\left.\begin{aligned}
\Phi(1_{\varrho_1 q_1}, 1_{\varrho_2 q_2} \ldots 1_{\varrho_N q_N}) &= (N!)^{1/2}\, \varphi(\varrho_1, q_1 \ldots \varrho_N, q_N), \\
\Phi(1_{\varrho_1 q_1}, \ldots 2_{\varrho_\tau q_\tau} \ldots 1_{\varrho_{N-1} q_{N-1}}) &= \left(\frac{N!}{2!}\right)^{1/2} \varphi(\varrho_1 q_1 \ldots \varrho_\tau q_\tau, \varrho_\tau q_\tau \ldots), \\
\Phi(N^{(1)}_{\varrho_1, q_1}, \quad N^{(2)}_{\varrho_2 q_2} \ldots) &= \left(\frac{(N!)}{\prod\limits_\tau N^{(2)}!}\right)^{1/2} \varphi(\underbrace{\varrho_1 q_1 \cdots \varrho_1 q_1}_{N^{(1)}\,\text{mal}}, \underbrace{\varrho_2, q_2 \cdots \varrho_2 q_2 \cdots}_{N^{(2)}\,\text{mal}}, \ldots)
\end{aligned}\right\} \quad (62)$$

† P. A. M. Dirac, Proc. Roy. Soc. (A) **114**, 243, 1927; P. Jordan und O. Klein, ZS. f. Phys. **45**, 751, 1927; P. Jordan, ebenda **45**, 766, 1927; P. Jordan und E. Wigner, ebenda **47**, 631, 1928. 187

Man sieht, daß in der ersten Zeile alle Paare ϱ_p, q_p voneinander verschieden sind, in der zweiten Zeile sind zwei einander gleich, und in der letzten stimmen allgemein je $N^{(1)}$, $N^{(2)}$ .... Werte überein. Bei der Einstein-Bose-Statistik ist hierin $\varphi(\varrho_1 q_1 \cdots \varrho_N q_N)$ symmetrisch, beim Ausschließungsprinzip antisymmetrisch; im letzteren Fall tritt nur die erste Zeile von (62) in Kraft.

Die weitere Rechnung möge der Einfachheit halber für die Einstein-Bose-Statistik durchgeführt werden. Dann gilt

$$a^*_{\varrho, x_i} = N^{1/2}_{\varrho x_i} e^{-i\Theta_{\varrho, x_i}}; \quad a_{\varrho, x_i} = e^{i\Theta_{\varrho, x_i}} N^{1/2}_{\varrho, x_i}$$

und es verwandelt $e^{\pm i\Theta_{\varrho, x_i}}$ als Operator bzw. N_{ϱ, x_i} in $N_{\varrho, x_i} \pm 1$. Also haben wir

$$\Big(\sum_{\varrho, \sigma, x_i} f_{\varrho, \sigma, x_i} a^*_{\varrho, x_i} a_{\sigma, x_i}\Big) \Phi\{N_{\varrho', x'_i}\}$$

$$= \sum_{\varrho, \sigma, x_i} f_{\varrho, \sigma, x_i} N^{1/2}_{\varrho, x_i} (N_{\sigma, x_i} + 1)^{1/2} \Phi\{N_{\varrho', x_{i'}} - \delta_{\varrho\varrho'} \delta_{x_i x'_i} + \delta_{\sigma\varrho'} \delta_{x_i x'_i}\} \quad (63)$$

189 Bei bestimmtem ϱ, σ, x_i unterscheidet sich das Argument von Φ auf der rechten Seite von dem auf der linken Seite dadurch, daß der Wert von N in der Zelle ϱ, x_i um Eins vermindert, dagegen der Wert von N in der Zelle σ, x_i um Eins vermehrt wird; war der Wert von N in der Zelle ϱ, x_i gleich Null, so sorgt der Faktor $N^{1/2}_{\varrho, x_i}$ dafür, daß die rechte Seite verschwindet. Setzen wir für N_{ϱ', x'_i} speziell den Eigenwert $\sum_{\varrho} \delta_{\varrho' \varrho_p} \cdot \delta_{x'_i q_{ip}}$ ein, und führen den Übergang zum Konfigurationsraum gemäß (62) durch, so kommt

$$\Big(\sum_{\varrho, \sigma, x_i} f_{\varrho, \sigma, x_i} a^*_{\varrho, x_i} a_{\sigma, x_i}\Big) \varphi(\varrho_1 q_1, \cdots \varrho_N q_N)$$

$$= \sum_{\varrho, \sigma, x_i} f_{\varrho, \sigma, x_i} \sum_p \delta_{\varrho\varrho_p} \delta_{x_i q_{ip}} \varphi(\varrho_1, q_{i1} \cdots \sigma, q_{ip} \cdots \varrho_N, q_{iN})$$

$$= \sum_\sigma \sum_p f_{\varrho_p, \sigma, q_{ip}} \varphi(\varrho_1 q_{i1}, \cdots \sigma, q_{ip} \cdots \varrho_N q_{iN}). \quad (64)$$

Die Faktoren $N^{1/2}_{\varrho, x_i} (N_{\sigma, x_i} + 1)^{1/2}$ in (63) heben sich hierbei gegen die aus (62) entspringenden kombinatorischen Faktoren gerade weg. Der Übergang zum Kontinuum läßt sich in (64) ohne weiteres vollziehen. Es wird

$$\varphi_{\varrho_1 \cdots \varrho_N}(q_1 \cdots q_N) = \lim (\Delta V)^{-N/2} \varphi(\varrho_1, q_1 \cdots \varrho_N, q_N)$$

$$\Phi\{N_\varrho(x_i)\} = \lim (\Delta V)^{-N/2} \Phi\{N_{\varrho, x_i}\} \cdot$$

Also erhalten wir für

$$N_\varrho(x_i) = \sum_{p=1}^{N} \delta_{\varrho, \varrho_p} \cdot \delta(x_i - q_{ip})$$

die Zuordnung

$$\left(\int f_{\varrho\sigma}(x_i)\,\psi_\varrho^*(x_i)\,\psi_\sigma(x_i)\,dV\right)\Phi\left\{\sum_{p=1}^{N}\delta_{\varrho,\varrho_p}\,\delta(x_i-q_{ip})\right\}$$

$$\to\sum_{p=1}^{N}\sum_{\sigma_p} f_{\varrho_p,\sigma_p}(q_{ip})\,\varphi_{\varrho_1\cdots\sigma_p\cdots\varrho_N}(q_{i1},\ldots q_{iN}). \tag{65}$$

Speziell für $f_{\varrho,\sigma}=\delta_{\varrho,\sigma}f$ folgt

$$\left(\int f(x_i)\,N(x_i)\,dV\right)\Phi\left\{\sum_{p=1}^{N}\delta_{\varrho,\varrho_p}\,\delta(x_i-q_{ip})\right\}$$

$$\to\sum_{p=1}^{N} f(q_{ip})\,\varphi_{\varrho_1\cdots\varrho_N}(q_{i1},\ldots q_{iN}). \tag{66}$$

Ebenso zeigt man

$$\left(\int\sum_{\varrho,\sigma} f_{\varrho\sigma}(x_i)\,\psi_\varrho^*\frac{\partial\psi_\sigma}{\partial x_k}\,dV\right)\Phi\left\{\sum_{p=1}^{N}\delta_{\varrho,\varrho_p}\cdot\delta(x_i-q_{iq})\right\}$$

$$\to\sum_{p=1}^{N}\sum_{\sigma_p} f_{\varrho_p,\sigma_p}(q_{ip})\frac{\partial}{\partial q_{kp}}\varphi_{\varrho_1\cdots\sigma_p\cdots\varrho_N}(q_{i1},\ldots q_{iN}). \tag{67}$$

Wie aus den Überlegungen von Jordan und Wigner hervorgeht, 190
bleiben die Aussagen (65), (66), (67) auch für den Fall des Ausschließungsprinzips richtig, wenn die Funktion φ als in den Paaren ϱ_p, q_p antisymmetrisch vorausgesetzt wird. (Die Reihenfolge der Argumente $\varrho_1 q_1 \ldots \varrho_N, q_N$ ist hierbei für die Bestimmung gewisser Vorzeichenfunktionen maßgebend.)

Unsere Gleichungen (60'), (61') können wir nun unmittelbar in den Konfigurationsraum umschreiben. Man erhält

$$\left[P_{r3}+e\sum_{p=1}^{N}v_{0r}(q_{ip})\right]\varphi_{\varrho_1\ldots\varrho_N}(q_{i_1}\ldots q_{iN},M_{r\lambda},P_{r3})=0. \tag{68}$$

$$\begin{aligned}
&\left[-E+\sum_{r,\lambda}M_{r\lambda}h\nu_{r\lambda}+\sum_r \pi\nu_r(P_{r3})^2\right]\varphi_{\varrho_1\ldots\varrho_N}(q_{i1}\cdots q_{iN},M_{r\lambda},P_{r\lambda})\\
&+\sum_{k,p,\sigma_p}\left(\frac{hc}{2\pi i}\alpha^k_{\varrho_p,\sigma_p}\frac{\partial}{\partial q_{kp}}+mc^2\alpha^4_{\varrho_p\sigma_p}\right)\varphi_{\varrho_1\ldots\sigma_p\ldots\varrho_N}(q_{ip},M_{r\lambda},P_{r3})\\
&+e\sum_r\sqrt{\frac{h}{4\pi}}\,i\sum_{\lambda=1,2}\sum_{k,p,\sigma_p}v_k^{r\lambda}(q_{ip})\,\alpha^k_{\varrho_p,\sigma_p}\\
&\quad\left[(M_{r\lambda}+1)^{1/2}\varphi_{\varrho_1\ldots\sigma_p\ldots\varrho_N}(q_{ip},M_1\ldots M_{r\lambda}+1\ldots P_{r3})\right.\\
&\quad\left.-M_{r\lambda}^{1/2}\varphi_{\varrho_1\ldots\sigma_p\ldots\varrho_N}(q_{ip},M_1\ldots M_{r,\lambda}-1\ldots P_{r3})\right]\\
&+e\sum_r\frac{ih}{2\pi}\sum_{k,p,\sigma_p}v_k^{r3}(q_{ip})\,\alpha^k_{\varrho_p\sigma_p}\frac{\partial}{\partial P_{r3}}\varphi_{\varrho_1\ldots\sigma_p\ldots\varrho_N}(q_{ip},M_{r\lambda},P_{r3})=0.
\end{aligned} \tag{69}$$

Wie weit diese Gleichungen durch die Schrödingerschen Gleichungen im Konfigurationsraum approximiert werden, wird in einer demnächsterscheinenden Arbeit von R. Oppenheimer genauer untersucht. Auch hierbei gibt die Selbstenergie der Elektronen zu Schwierigkeiten Anlaß.

Es sei noch erwähnt, wie das hier angewendete Verfahren des Überganges in den Konfigurationsraum für den Fall des Vorhandenseins von Zerstrahlungsprozessen zu verallgemeinern ist. In diesem Falle bleibt die Anzahl der Teilchen nicht mehr konstant. Es ist jedoch möglich, mit einem System von Funktionen

$$\varphi(M_{r\lambda}, P_{r3}),\ \varphi(q_{i1}, M_{r\lambda}, P_{r3}) \ldots \varphi(q_{i1}, \ldots q_{iN}, M_{r\lambda}, P_{r3}) \ldots$$

in verschiedendimensionalen Räumen zu rechnen, die bzw. dem Falle entsprechen, daß kein, eins, ... N ... Teilchen vorhanden sind. Diese Funktionen sind dann bei einer bestimmten Theorie durch ein simultanes System von Differentialgleichungen zu verknüpfen. Für die speziellen, in § 2, Gleichung (12) angegebenen Zusatzglieder würde es keine Schwierigkeiten machen, dieses Gleichungssystem aufzustellen. Doch soll hiervon abgesehen werden, da diesen speziellen Termen wohl kaum eine physikalische Bedeutung zukommt.

3

Wolfgang Pauli

Einige die Quantenmechanik betreffende Erkundigungsfragen*

„Ich habe ein paar ‚Schulmeister-Fragen' betreffs Quantentheorie niedergeschrieben, die ich schrecklich gerne (selbstkritisch) publizieren möchte."

Ehrenfest an Born, 18. Januar 1932

„Mit ungeheurer Freude empfing und las ich gestern Ihren Brief! Ich hatte aus Angst vor Bohr und Ihnen (‚und sonst niemanden in der Welt') mehr als ein Jahr an dem Entschluß herumgewürgt, ein paar Zeilen drucken zu lassen, bis mich schließlich eine Art Verzweiflung dazu trieb. Denn immer hilfloser fühle ich mich als Schulmeister den jüngeren Leuten gegenüber, die natürlich überzeugt sind, daß ich alles wissen und alles verstehen muß.
Ihr Brief was deshalb eine große Erleichterung für mich und ich hoffe jetzt nur noch, daß mich nicht Bohr ‚höflich, allzu höflich' behandeln wird!"

Ehrenfest an Pauli, 31. Oktober 1932

„Sie können *sich keine Vorstellung davon machen, wie mich Ihr herrlicher Brief gefreut hat. ...* Mir *war* Ihr *Brief Balsam, Balsam, Balsam. Immer, immer wieder muß ich hier, wenn ich mit den hochbegabten Jungen spreche (wie Neumann, Wigner, London usw.) das Gefühl haben: sie* verstehen *es nicht, was mir an dem üppig aufschiessenden Theorienwalde der letzten Jahre so ganz und gar unerträglich ist. Sie sind zu höflich (leider!), es ausdrücklich zu sagen, aber im Herzen glauben sie immer doch, die Anpassung an die ganz neuen Rechen- und Denkmethoden, die Loslösung von den alten fällt mir zu schwer."*

Schrödinger an Ehrenfest, 30. September 1932

§ 1. Über die Rolle der imaginären Einheit und den Begriff der räumlichen Wahrscheinlichkeitsdichte eines Teilchens in der Wellenmechanik. § 2. Die Analogie zwischen Photonen und Elektronen und ihre Grenzen. § 3. Zur Frage der Formulierbarkeit der Quantenmechanik als Nahewirkungstheorie. 573

Unter dem voranstehenden Titel hat Herr P. Ehrenfest[1]) mehrere bestimmte Fragen zur Diskussion gestellt. Da ich anläßlich der Abfassung

* **Pauli (1933a)**

[1]) P. Ehrenfest, ZS. f. Phys. 78, 555, 1932.

eines zusammenfassenden Artikels teilweise auf ganz ähnliche Fragen gestoßen bin, möge es mir erlaubt sein, hier einige Bemerkungen darüber zu veröffentlichen. Diese beanspruchen weder neu zu sein, noch endgültige Antworten auf die aufgeworfenen Fragen darzustellen. Sie mögen nur dazu dienen, die von Ehrenfest eingeführte Fiktion eines „guten Tones", der verlangt, diese Fragen als „sinnlos" beiseite zu schieben, wieder aus der Welt zu schaffen und zugleich auf den Zusammenhang dieser Fragen mit den noch ungelösten Problemen der relativistischen Quantentheorie (Zustände negativer Energie, Selbstenergie des Elektrons) hinzuweisen. Hierbei beschränke ich mich auf die in den Abschnitten A und B sowie den darauffolgenden Bemerkungen der Ehrenfestschen Note erörterten Fragen, während ich die in deren Abschnitt C enthaltenen, mehr mathematisch-gruppentheoretischen Fragen außer Betracht lasse, weil ich mich für ihre Diskussion nicht kompetent fühle.

§ 1. *Über die Rolle der imaginären Einheit und den Begriff der räumlichen Wahrscheinlichkeitsdichte eines Teilchens in der Wellenmechanik.*

Wir beginnen damit, für den Fall eines Teilchens, zunächst bei Abwesenheit äußerer Kraftfelder, ausgehend von der Vorstellung (symbolischer, d. h. selbst nicht direkt beobachtbarer) Wellen im vierdimensionalen Raum-Zeit-Kontinuum, eine Folge von Annahmen versuchsweise zu formulieren, von denen jede jeweils weitergehend ist als die vorhergehenden. Damit wird jedoch nicht beabsichtigt, eine vollständige Axiomatik der Wellenmechanik zu erreichen, sondern hauptsächlich die besondere Rolle des Begriffes der räumlichen Wahrscheinlichkeitsdichte zu betonen, dessen
574 Existenz nach meiner Meinung zu Unrecht gewöhnlich als selbstverständlich vorausgesetzt wird. Dieser Begriff ist entscheidend für die im folgenden § 2 zu erörternde Frage der Analogie zwischen Licht und Materie und ihrer Grenzen und läßt auch am besten den Grund für das Auftreten der imaginären Einheit in der Schrödingergleichung erkennen[1]).

I. 1. Es gibt ein Wellenfeld mit Superpositionsprinzip, beschrieben durch eine noch unbestimmte Anzahl von Komponenten $\psi_1, \psi_2, \ldots$ Sind $\psi_\varrho^{(1)}(\vec{x}, t)$, $\psi_\varrho^{(2)}(\vec{x}, t)$ mögliche Felder, so ist auch $c_1 \psi_\varrho^{(1)}(\vec{x}, t) + c_2 \psi_\varrho^{(2)}(\vec{x}, t)$ mit beliebigen (den Index ϱ nicht enthaltenden) Konstanten c_1, c_2 ein mögliches Feld.

---

[1]) In der Matrixmechanik von Heisenberg, Born und Jordan war der *formale* Grund für ihr Auftreten das *Multiplikationsgesetz der Matrizen* in Verbindung mit dem Kombinationsprinzip für die Spektralfrequenzen des emittierten Lichtes.

I. 2. Bei Fourierzerlegung der $\psi_\varrho(\vec{x}, t)$ (in Integral oder Summe) entsteht

$$\psi_\varrho(\vec{x}, t) = \sum_{k} \left\{ a_\varrho(\vec{k})\, e^{i(\vec{k}\vec{x} - \nu t)} + b_\varrho(\vec{k})\, e^{-i(\vec{k}\vec{x} - \nu t)} \right\} \tag{I}$$

$\left(\text{bzw.} \int d k \text{ statt } \sum_k\right)$, worin die positive Größe ν eine Funktion von $|k|$ ist; die Größen ν und $\vec{k}$ sind gemäß der fundamentalen Beziehung

$$E = h\nu, \qquad \vec{p} = h\vec{k}$$

(h = Wirkungsquantum dividiert durch 2π, ν = Kreisfrequenz) mit den mechanischen Größen Energie—Impuls verbunden. Deshalb genügen sie den Relationen

$$\nu = \frac{h}{2m}\,|k|^2 \qquad \text{für unrelativ. Massenpunkte,}$$

$$\frac{\nu^2}{c^2} = \frac{m^2 c^2}{h^2} + |k|^2 \qquad \text{für relativ. Massenpunkte,}$$

$$\frac{\nu^2}{c^2} = |k|^2 \qquad \text{für Photon.}$$

Zu jedem $\vec{k}$ soll es eine ebene Welle wirklich geben. *Welche Abhängigkeitsrelationen aber zwischen den* (im allgemeinen komplexen) $a_\varrho(\vec{k})$, $b_\varrho(\vec{k})$ *bei der zu gegebenem* $\vec{k}$ *gehörigen allgemeinsten möglichen Welle gehören*, darüber wird hier noch nichts angenommen. Es könnte z. B. sein, daß $b_\varrho(\vec{k}) = 0$ sein muß, oder auch $b_\varrho(\vec{k}) = \overset{*}{a}_\varrho(\vec{k})$, d. h. ψ_ϱ reell.

I. 3. Die Absolutbeträge $|a_\varrho(\vec{k})|$ und $|b_\varrho(\vec{k})|$ von a_ϱ und b_ϱ sollen 575
meßbare Größen sein, und bis auf einen eventuell von $|k|$ abhängigen Normierungsfaktor soll $|a_\varrho(\vec{k})|^2 + |b_\varrho(\vec{k})|^2$ der Wahrscheinlichkeit, den (durch h dividierten) Impuls des Teilchens im Gebiet $\vec{k}$, $\vec{k} + d\vec{k}$ zu treffen, proportional sein.

Daraus folgt schon einiges, und zwar insbesondere die Möglichkeit des Grenzüberganges zur Strahlenoptik (klassischen Mechanik), wo man vom Zerfließen der Pakete absehen kann. Dies ist nämlich erlaubt bei Lineardimensionen der Pakete, die groß gegen das Reziproke des „mittleren" $|\vec{k}|$ sind. Ferner folgt der Umstand, daß

$$\vec{v} = \frac{\partial \nu}{\partial \vec{k}}$$

die Gruppengeschwindigkeit ist. Endlich die Unbestimmtheitsrelationen

also
$$\Delta \vec{x} \cdot \Delta \vec{k} \sim 1, \quad \Delta t \cdot \Delta \nu \sim 1,$$
$$\Delta \vec{x} \cdot \Delta \vec{p} \sim h, \quad \Delta t \cdot \Delta E \sim h$$

als der Größenordnung nach richtige Relationen. (Die Ausdehnung der Pakete ist hier noch nicht *quantitativ* definierbar, aber das schadet nichts.)

Bis hierher sind Maxwellfeld und Materiewellenfeld analog, auch wäre das Feld eines einzigen reellen Skalars noch mit den eingeführten Annahmen verträglich. Nun kommt eine *neue* Annahmengruppe:

II. 1. Die Wahrscheinlichkeit, $W(\vec{x}, t)\, dx_1\, dx_2\, dx_3$, das Teilchen zur exakten Zeit t, im infinitesimalen Volumenelement $\vec{x}, \vec{x} + d\vec{x}$ zu finden, ist stets ein sinnvoller Begriff. Es muß dann erstens $W(\vec{x})$ wesentlich positiv sein:

$$W(\vec{x}, t) \geqq 0. \tag{1}$$

Zweitens muß

$$\int W(\vec{x}, t)\, dx_1\, dx_2\, dx_3 = 1, \tag{2}$$

also jedenfalls unabhängig von t sein.

Hier möge besonders stark betont werden, daß diese Annahme, $W(\vec{x}, t)$ sei stets ein sinnvoller Begriff, weder selbstverständlich ist, noch aus dem in den Unbestimmtheitsrelationen zum Ausdruck kommenden Gesichtspunkt der Komplementarität (Annahmengruppe I) gefolgert werden kann. Denn es handelt sich um die Bestimmung des Teilchenortes auch *außerhalb der Gültigkeit der klassischen Mechanik*, d. h. in Raum- und Zeitgebieten, deren Dimensionen klein sind verglichen mit der mittleren Wellenlänge
576 bzw. Schwingungsperiode des betrachteten Wellenpaketes. Die Existenz von $W(\vec{x}, t)$ ist allerdings evident, wenn gezeigt werden kann:

II. 1'. Es existieren stets Experimente, aus deren Ergebnis mit Sicherheit geschlossen werden kann, ob das Teilchen zur Zeit t sich im Volumenelement $\vec{x}, \vec{x} + d\vec{x}$ befindet oder nicht (derart, daß im ersteren Fall die gleichzeitige direkte Wirkung des Teilchens an einem anderen Ort ausgeschlossen ist). Sobald derartige Experimente nicht immer existieren, kann man über die Existenz eines $W(\vec{x}, t)$ im Zweifel sein. Ich komme auf diese Zweifel später zurück.

Nun komme ich zur anfangs gestellten Frage über die Notwendigkeit von mindestens *zwei* reellen Skalaren bei den de Broglie-Schrödinger-Wellen. Ich behaupte, diese Notwendigkeit und damit auch die imaginäre

Einheit kommt hinein *beim Suchen nach einem Ausdruck für die Wahrscheinlichkeitsdichte W, der die Forderungen* (1) *und* (2) *befriedigt und der die zeitlichen Ableitungen der ψ nicht enthält.* Die letztere Forderung ist nötig, um den Begriff „Anzahl der benutzten Skalare" eindeutig zu machen. Ein *einziger* reeller Skalar, der einer Differentialgleichung zweiter Ordnung in t genügt, ist ja äquivalent der Benutzung von *zwei* reellen Skalaren, die Differentialgleichungen erster Ordnung in t genügen $\left(\text{man setze dann } \frac{\partial \psi_1}{\partial t} = \psi_2\right)$. Das Umgekehrte gilt auch, wie sogleich erläutert wird. Stellen wir also das Axiom auf.

II. 2. Wenn die $\psi_\varrho(\vec{x}, t)$ für ein bestimmtes t_0 als Funktionen von $\vec{x}$ bekannt sind, so soll W für diese Zeit t_0 durch die $\psi_\varrho(\vec{x}, t_0)$ allein bestimmt sein, und zwar soll, als die einfachste Möglichkeit, W quadratisch (bzw. bilinear) von den Funktionsverläufen der $\psi_\varrho(\vec{x}, t)$ abhängen.

Erläuterung. Ein bilinearer Operator $W(\vec{x}, t)$ ordnet zwei Sätzen $\psi_\varrho^{(1)}(\vec{x})$ und $\psi_\varrho^{(2)}(\vec{x})$ von Funktionen eine Funktion von $\vec{x}$, t zu, derart, daß

$$W(\vec{x}, t)\left\{f_\varrho(\vec{x}'), c_1 g_\varrho^{(1)}(\vec{x}'') + c_2 g_\varrho^{(2)}(\vec{x}'')\right\}$$
$$= c_1 W(\vec{x}, t)\left\{f_\varrho(\vec{x}'), g_\varrho^{(1)}(\vec{x}'')\right\} + c_2 W(\vec{x}, t)\left\{f_\varrho(\vec{x}'), g_\varrho^{(2)}(\vec{x}'')\right\}$$

und

$$W(\vec{x}, t)\left\{c_1 f_\varrho^{(1)}(\vec{x}') + c_2 f_\varrho^{(2)}(\vec{x}'), g_\varrho(\vec{x}'')\right\}$$
$$= c_1 W(\vec{x}, t)\left\{f_\varrho^{(1)}(\vec{x}'), g_\varrho(\vec{x}'')\right\} + c_2 W(\vec{x}, t)\left\{f_\varrho^{(2)}(\vec{x}'), g_\varrho(\vec{x}'')\right\}.$$

Ist der Operator lokal, so ist er eine quadratische Form aus den ψ_ϱ und endlich vielen räumlichen Ableitungen; ist er nicht lokal, so kann er von der Form sein

$$\sum_{\varrho, \sigma} \iint a_{\varrho\sigma}(\vec{x}, \vec{x}', \vec{x}'')\, \psi_\varrho(\vec{x}', t)\, \psi_\sigma(\vec{x}'', t)\, \mathrm{d}\vec{x}'\, \mathrm{d}\vec{x}''.$$

Es wäre natürlich a priori möglich gewesen, daß man zu Formen vierter 577
oder höherer Ordnung hätte gehen müssen, aber die Erfahrung zeigt, daß man mit den quadratischen Formen auskommt.

Nun ist die Diskussion im relativistischen Fall und im *unrelativistischen Fall* verschieden. Betrachten wir zunächst den letzteren. Im kräftefreien Fall sieht man sofort: Für ein bestimmtes $\vec{k}$ läßt sich aus dem Realteil einer einzigen Welle der Form (I) und seinen räumlichen Ableitungen *kein* in den Amplituden quadratischer Ausdruck angeben, der ein zeitlich konstantes Volumenintegral hat, da die zeitliche Abhaltung des quadratischen Ausdrucks im Integranden einen willkürlich vorschreibbaren Wert hat. Ist jetzt ψ speziell der Teil von (I), der allein die a_ϱ, ψ^* also der Teil von (I), der allein die b_ϱ enthält, so ist

$$\int \psi^2\, \mathrm{d}V \quad \text{und} \quad \int \psi^{*2}\, \mathrm{d}V$$

zeitlich variabel, allein
$$\int \psi \psi^* \mathrm{d} V$$
ist konstant und es genügen die so spezialisierten ψ und ψ^* den Differentialgleichungen erster Ordnung
$$-\frac{h}{i} \frac{\partial \psi}{\partial t} = H \psi, \quad \frac{h}{i} \frac{\partial \psi^*}{\partial t} = (H \psi)^*, \quad H = E_0 - \frac{h^2}{2m} \Delta\,{}^{1)},$$
also,
$$W(\vec{x}, t) = \psi^* \psi. \tag{II}$$
Die andere Möglichkeit, einen einzigen reellen Skalar U einzuführen, der einer Differentialgleichung zweiter Ordnung in t genügt, also ψ und ψ^* durch ein einziges *reelles* „Potential“ und seine (bei gegebenem t willkürlich wählbare) erste Ableitung $\partial U/\partial t$ auszudrücken, ist in der Tat vorhanden; und zwar nicht nur im kräftefreien Fall, sondern allgemein, wenn H die Zeit nicht explizite enthält und reell ist. Man setze
$$\psi = \left(-\frac{h}{i} \frac{\partial}{\partial t} + H\right) U, \quad \text{also} \quad \psi^* = \left(\frac{h}{i} \frac{\partial}{\partial t} + H\right) U \tag{3}$$
und für das reelle U die Differentialgleichung
$$\left(-h^2 \frac{\partial^2}{\partial t^2} + (H)^2\right) U = 0, \tag{III}$$
also im kräftefreien Fall
$$-h^2 \frac{\partial^2 U}{\partial t^2} + \left[E_0^2 - 2 E_0 \frac{h^2}{2m} \Delta + \left(\frac{h^2}{2m}\right)^2 \Delta \Delta\right] U = 0.$$
578 Aus der allgemeinsten reellen Lösung von (III) bekommt man die allgemeinste komplexe Lösung von (II). Die Dichte W wird
$$W(\vec{x}, t) = h^2 \left(\frac{\partial U}{\partial t}\right)^2 + (H U)^2, \tag{4}$$
deren zeitliche Konstanz auch direkt aus (III) folgt, wenn immer H reellselbstadjungiert ist und die Zeit nicht explizite enthält. Ist H hermitesch, aber nicht reell, so ist auch U nicht reell. Am physikalischen Inhalt der Theorie ändert sich durch die Einführung von U nichts, nur die Formeln werden komplizierter. Dies äußert sich nicht nur in der Transformationstheorie, sondern auch bei der *Zusammensetzung zweier unabhängiger Systeme* zu einem Gesamtsystem. An Stelle der einfachen *Produktbildung* $\psi = \psi_1 \cdot \psi_2$ tritt bei den U etwas wesentlich Komplizierteres.

577 [1]) $E_0 = m_0 c^2$ kann man je nach Geschmack mitnehmen oder fortlassen.

Im *relativistischen Fall* muß man noch weiter fordern:

II. 3. Es gibt zu W einen Stromvektor $\vec{J}$, so daß die Kontinuitätsgleichung

$$\frac{\partial W}{\partial t} + \operatorname{div} \vec{J} = 0$$

gilt und $\left(\frac{\vec{J}}{c}, iW\right)$ einen Vierervektor bilden.

Dann folgt bei Abwesenheit von Kräften die Diracgleichung als (im wesentlichen) die einzige Möglichkeit. Insbesondere wird die Einführung von Größen mit *zwei*deutigen Darstellungen der Lorentzgruppe unerläßlich, um neben II. 3. auch die Forderung (1), daß W positiv definit sei, zu erfüllen. Dies ergibt sich am einfachsten aus der ursprünglichen Argumentation von Dirac und soll deshalb hier nicht weiter ausgeführt werden.

§ 2. Die Fragen der Analogie zwischen Photonen und Elektronen und ihrer Grenzen.

Es muß hier zunächst eine in der Note von Ehrenfest nicht eingeführte Unterscheidung zwischen zwei verschiedenen Arten von Feldern sorgfältig durchgeführt werden. Diese nennen wir einerseits *große Felder,* die eine *große* und unter Umständen *unbestimmte Anzahl* von Teilchen beschreiben (bei der Materie mit Ψ_ϱ, bei den Photonen mit $\vec{E}, \vec{H}$ bezeichnet); andererseits *kleine* Felder, die einem *einzigen* Teilchen zugeordnet sind (bei der Materie mit ψ_ϱ, beim Photon mit $\vec{e}, \vec{h}$ bezeichnet). Die kleinen Felder sind selbst prinzipiell nicht direkt meßbar, sondern dies ist höchstens der Fall für aus ihnen oder ihren Fourierkomponenten quadratisch gebildete Wahr- 579
scheinlichkeitsdichten. Die großen Felder sind in der Quantentheorie q-Zahlen (Operatoren oder Matrizen); für die Materie eingeführt von Klein, Jordan und Wigner, für die Photonen zu deuten als die mit einer gewissen durch die Endlichkeit des Wirkungsquantums begrenzten Genauigkeit klassisch meßbaren elektromagnetischen Feldstärken. Nur die kleinen Felder unter sich und die großen Felder unter sich dürfen überhaupt in Analogie gesetzt werden [trotzdem sowohl das kleine $(\vec{e}, \vec{h})$- als auch das große $(\vec{E}, \vec{H})$-Feld im Falle der Abwesenheit von Ladungen *beide* den Maxwellschen Gleichungen genügen[1])]. Aber selbst diese beiden an sich richtigen Analogien haben ihre Grenzen, die nun diskutiert werden sollen.

[1]) L. de Broglies kürzlicher Versuch (C. R. **195**, 536 u. 862, 1932), die Gültigkeit der Maxwellschen Gleichungen für das $(\vec{e}\ \vec{h})$-Feld aufzugeben, scheint dem Verfasser angesichts der hieraus entspringenden physikalischen Konsequenzen nicht geglückt zu sein.

1. Grenzen der Analogie zwischen $(\vec{e}, \vec{h})$*- und* ψ_ϱ*-Feld.* Betrachten wir die Maxwellschen Gleichungen für das Vakuum (Fehlen von Ladungen) für das $\vec{e}, \vec{h}$-Feld eines Photons einerseits, die Diracsche Gleichung für ein kräftefreies Materieteilchen andererseits. Die $(\vec{e}, \vec{h})$ seien reell, die ψ_ϱ können, wenn man will, zunächst auch reell gewählt werden[2]). Da trifft man zunächst den von Ehrenfest bereits hervorgehobenen Unterschied:

a) Für das Photon existiert kein Viererstromvektor, der die Kontinuitätsgleichung befriedigt und positiv definite Dichte hat (Annahmen II. 2. und II. 3. sind nicht simultan erfüllbar). Wir müssen daraus schließen, daß für das Photonfeld außerhalb der Gültigkeit der geometrischen Optik (Strahlenoptik) für ein nicht monochromatisches Feld der Begriff der raum-zeitlich-lokalen Teilchendichte $W(\vec{x}, t)$ nicht sinnvoll existiert. Ich halte diese Feststellung für endgültig und *teile* voll und ganz die von Ehrenfest in Bemerkung B, 3 geäußerte Ansicht, daß „all die virtuosen Abhandlungen über die Analogien zwischen den Maxwellschen Gleichungen einerseits und speziell den Diracgleichungen andererseits absolut nichts ergeben haben". Man kann sogar sagen: Diese Abhandlungen haben etwas ergeben, was der Ansicht ihrer Verfasser entgegengesetzt ist: nämlich, daß der in Rede stehende Unterschied selbst durch noch so allgemeine mathematische Formalismen nicht beseitigt werden kann. Die Nicht-
580 existenz eines den Annahmen II. genügenden W ist es, die es möglich macht, beim elektromagnetischen Feld mit *eindeutigen* Darstellungen der Lorentzgruppe (ohne Spinoren) auszukommen. Der physikalische Unterschied spiegelt sich direkt wieder in dem (ebenfalls auf keine Weise forteskamotierbaren) mathematischen Unterschied zwischen Feldgrößen, die bei der Lorentzgruppe sich gemäß *eindeutigen* Darstellungen, und solchen, die sich nach *zweideutigen* Darstellungen transformieren.

An dieser Stelle glaube ich auch die didaktische Frage beantworten zu können, wie man bei der Einführung in die Quantenmechanik die Analogien zwischen Photon und Elektron behandeln soll. Die Analogien betreffen diejenigen Eigenschaften der kleinen Felder des Photons und Elektrons, *die bereits aus dem Annahmenkreis* I *folgen* und bei denen kein exakter Begriff der Teilchendichte in Raum-Zeitgebieten, die mit Wellenlänge-Schwingungsperiode vergleichbare Dimensionen besitzen, benötigt wird (z. B. Wilsonbahn der γ-Strahlen = geometrisch-optischer Strahl des Lichtquants).

579 [2]) Man beachte, daß im kräftefreien Fall bei geeigneter Wahl der Matrizen α^i, β die Diracschen Gleichungen *reelle* Lösungen für ψ_ϱ besitzen.

Das Fehlen des exakten Wahrscheinlichkeitsdichtebegriffes beim Photon (es haben nicht nur Landau und Peierls den richtigen Ausdruck für diese Dichte nicht finden können, sondern es *gibt keinen* richtigen Ausdruck für sie) äußert sich in der Konsequenz: *Das Verschwinden des* $(\vec{e}, \vec{h})$*-Feldes an einer Raum-Zeitstelle hat keine direkte physikalische Bedeutung*, im Gegensatz zum Verschwinden des ψ_ϱ-Feldes an einer Raum-Zeitstelle.

Noch eine Bemerkung über *monochromatische* Strahlungsfelder sei hier angefügt. In einem solchen sind die (über verglichen mit der Schwingungsdauer lange Zeiten erstreckten) zeitlichen Mittelwerte irgendwelcher quadratischer Funktionen der Feldstärken $\vec{e}$ und $\vec{h}$ als Raumfunktionen exakt meßbar. In Gebieten, die klein sind verglichen mit der Wellenlänge, wird durch die gewöhnlich benutzten Apparate[1]) in Interferenzfeldern, aber nicht $|\overline{e^2}| + |\overline{h^2}|$, sondern $|\overline{e^2}|$ bestimmt, wie dies bekanntlich bei den Versuchen über stehende Lichtwellen zutage tritt. Wichtig ist, daß die „$|\overline{e^2}|$-Apparate" und die „$|\overline{h^2}|$-Apparate" verschiedene Raumfunktionen ergeben.

b) Wir kommen nun zu einem *zweiten* Unterschied des $(\vec{e}, \vec{h})$-Feldes von dem ψ_ϱ-Feld, der von Ehrenfest in der Bemerkung B. 1. berührt wird und der mit der beim jetzigen Stand unserer Kenntnis allein durchführbaren Behandlung der „Zustände negativer Energie" zusammenhängt. Diese Behandlung ist für Elektron und Photon verschieden. Die *reellen* 581
Lösungen der Maxwellgleichungen für das $(\vec{e}, \vec{h})$-Feld haben die Eigenschaft, daß die Energiedichte $\varrho = \frac{1}{2}(\vec{e}^2 + \vec{h}^2)$ (zwar ein zeitlich konstantes Volumenintegral besitzt, aber) an einer vorgegebenen Raumstelle nicht zeitlich konstant ist, sondern Oszillationen der Frequenz $2\,\nu$ aufweist, wenn ν die Frequenz des Feldes selber ist. In einer Theorie, die so aufgebaut ist, als ob der genaue raum-zeitliche Verlauf von ϱ und damit auch jene Oszillationen beobachtbar wären[1]), beschreiben diese reellen Lösungen also keine [siehe untere Fußnote]
stationären Zustände. In dem Bestreben, solche Lösungen der Feldgleichungen zu finden, bei denen ϱ an jeder Raumstelle *genau* zeitlich konstant ist, wird man dazu geführt, das $(\vec{e}, \vec{h})$*-Feld und den Ausdruck für* ϱ *zu modifizieren*. Unsere Theorie der Lichtemission und Absorption ist so gemacht, daß im Falle eines Photons mit bestimmter Frequenz und Fort-

[1]) Photozellen, photographische Platten. 580

[1]) Man beachte: Die Oszillationen der $(\vec{e}, \vec{h})$- bzw. ψ_ϱ-Felder *selbst* sind es trivialerweise nicht! 581

schreitungsrichtung die Zeitabhängigkeit der Wellenfunktionen durch den komplexen Faktor $e^{i\nu t}$ beschrieben wird und daß außerdem nur *der* Teil des $(\vec{e}, \vec{h})$-Feldes gebraucht werden darf, bei dem die Zeitabhängigkeit bei Fourierzerlegung allein die $e^{-i\nu t}$ mit *positivem* ν enthält. *Dieser* Teil von $\vec{e}$ heißt $\vec{f}$, der andere $\vec{f}^*$. Es zeigt sich, daß dann neben

$$\vec{e} = \vec{f} + \vec{f}^*$$

auch gilt

$$\vec{h} = -\frac{i}{\sqrt{\Delta}} \operatorname{rot} (\vec{f} - \vec{f}^*).$$

Der Teil des $(\vec{e}, \vec{h})$-Feldes, der die Zeitabhängigkeit $e^{+i\nu t}$ $(\nu > 0)$ hat, würde Lichtemission im Grundzustand und Lichtabsorption im oberen Zustand ergeben (Photonen negativer Energie). Ferner ersetzt man $\frac{1}{2}(|e|^2 + |h|^2)$ durch den Ausdruck

$$\varrho = 2 \vec{f} \vec{f}^*,$$

der im stationären Zustand keine zeitabhängigen Bestandteile mehr enthält. Die erwähnte Eigenschaft der Theorie der Wechselwirkung von Licht und Materie ist sehr allgemeiner Art, da sie nicht aus der speziellen Wahl des Hamiltonoperators, sondern bereits aus der Forderung folgt, daß die Wellenfunktion des Gesamtsystems in erster Näherung in ein Produkt zerfallen soll, dessen Faktoren sich auf die Materie allein bzw. das elektromagnetische Feld allein beziehen. (Die Wichtigkeit dieser Forderung wurde bereits im § 1 erwähnt.)

582 [Nebenbei sei bemerkt, daß eine analoge Zerlegung des großen (q-Zahl) $(\vec{E}, \vec{H})$-Feldes in $\vec{F}$ und $\vec{F}^*$ dann nötig ist, wenn man die Nullpunktsenergie der Strahlung fortschaffen will.]

Nun ergibt sich ein Unterschied zum Materiefeld:

Auch bei Wechselwirkung mit der Materie bleibt das Fehlen von „Photonen negativer Energie" bestehen, während beim Materiefeld bekanntlich die Übergänge von „Zuständen positiver Energie" zu „Zuständen negativer Energie" nicht eliminiert werden konnten.

Diese Größen $\vec{f}$ und $\vec{f}^*$ bringen den nichtlokalen Operator $\sqrt{-\Delta}$ oder $1/\sqrt{-\Delta}$ notwendig in die Theorie hinein; nicht nur bei ihrer zeitlichen Abhängigkeit tritt er auf, sondern auch bei ihrem (bei Anwesenheit von Ladungen, die ihre zeitliche Abhängigkeit modifizieren) geradezu *unübersehbaren* Verhalten bei Lorentztransformationen. Es sei noch besonders darauf hingewiesen, daß bei den Diracwellen die Nebenbedingung, nur Felder mit Zuständen positiver Energie zu verwenden (Schrödinger), ebenfalls einen dem $\sqrt{-\Delta}$-Operator analogen *nichtlokalen* Operator (nämlich

$\sqrt{mc^2 + \Delta}$) in die Theorie hineinbringen würde. *Diese nichtlokalen Operatoren,* die wohl *allgemein* als unnatürlich empfunden werden, sind charakteristisch für das Ausschließen von Zuständen negativer Energie.

Hier sind wir auf das ungelöste Problem gestoßen, was mit den „Zuständen negativer Energie" vernünftigerweise zu geschehen hat. Wird es bei der Festsetzung: „Einem stationären Zustand entspricht notwendig eine Lösung mit der Zeitabhängigkeit $e^{-i\nu t}$" immer bleiben? Das hängt natürlich davon ab, wie man die Wechselwirkung zwischen Licht und Materie beschreiben kann.

Noch wichtiger ist die Frage: Wird auch in einer künftigen Theorie des *Materie*feldes, welche die Schwierigkeiten der Zustände negativer Energie zu vermeiden gestatten wird, der Begriff der Wahrscheinlichkeitsdichte W bestehen bleiben? Der Verfasser vermutet, daß eine solche künftige Theorie eine wesentliche Modifikation des Raum-Zeitbegriffes (nicht nur des Feldbegriffes) in Gebieten der Dimension h/mc bzw. h/mc^2 bringen wird. Werden in einer solchen Theorie die hier diskutierten Unterschiede zwischen Photonen und Elektronen vergrößert oder verkleinert werden? Diese Frage müssen wir offen lassen.

Wir kommen zu einer weniger schwierigen Frage.

2. *Unterschiede zwischen dem Ψ_ϱ- und dem $(\vec{E}, \vec{H})$-Feld.* Das $(\vec{E}, \vec{H})$-Feld hat die Eigenschaft, daß es im Grenzfall großer Lichtquantenzahlen ein klassisch meßbares Feld ist, d. h. daß dort nicht nur die Amplituden, sondern auch die Phasen mit relativ sehr hoher Genauigkeit meßbar werden. 583
Dabei ist aber wesentlich und entscheidend: *Jede Messung von $\vec{E}$ oder $\vec{H}$ in einem endlichen Zeitintervall ist mit einer unbestimmten Änderung der Anzahl der vorhandenen Photonen verbunden.* Man sieht dies daran, daß bei der Phasenmessung von $\vec{E}$ oder $\vec{H}$ die Lorentzkraft benutzt werden muß. Der benutzte geladene Probekörper wird bei seiner Beschleunigung in dem zu messenden Feld strahlen und (je nach der Phasenbeziehung mit dem zu messenden Strahlungsfeld) Energie emittieren oder absorbieren, also die Lichtquantenzahl verändern. (Nach der Zeitdauer T der Messung richtet sich dabei die mittlere Frequenz $\nu \sim 1/T$ der gestreuten Quanten.) Dies ist keine Zufälligkeit des Meßverfahrens, sondern folgt auch aus dem Formalismus: Lichtquantenzahl N und $\vec{E}$ oder $\vec{H}$ sind nicht vertauschbar, die Versuchsanordnungen zur Messung dieser Größen schließen also einander aus (Komplementarität wie bei p und q).

Das Ψ_ϱ-Feld hat nun der Fermistatistik statt der Bosestatistik zu gehorchen und das macht es schon allein unmöglich, es so wie ein klassisches

Feld zu messen. Die Eigenwerte der Funktionen $\Psi_\varrho(\vec{x})$ bestehen dann nämlich nicht aus der Gesamtheit aller kontinuierlichen Funktionen, sondern aus einer viel geringeren Mannigfaltigkeit gewisser Treppenfunktionen. Daher sind in diesem Falle die Ψ_ϱ kein Feld im gewöhnlichen Sinne. Denken wir uns andererseits fingierte Elementarteilchen mit Bosestatistik bzw. betrachten wir α-Teilchen und nehmen an, daß sie zwar Kräfte aufeinander ausüben und unter dem Einfluß äußerer Strahlungsfelder erfahren, daß sie aber nicht zertrümmert werden und man von besonderen Struktureffekten absehen kann, d. h. daß sie sich wie Elementarpartikel verhalten. Dann gilt nach Peierls[1]: In einer Gesamtheit von gleichen Teilchen, selbst von solchen mit Bosestatistik, ist das Ψ_ϱ-Feld *prinzipiell unmeßbar, solange keine Prozesse stattfinden, bei denen die Gesamtzahl der Teilchen sich ändert.* Es gehen dann eben in die Hamiltonfunktion nur Matrixelemente von $\Psi_\varrho^* \Psi_\sigma$ oder $\Psi_\varrho^* \frac{\partial}{\partial x} \Psi_\sigma$ ein (welche Größen mit der Gesamtzahl der Teilchen vertauschbar sind). Die Wahl der Phasen der Ψ_ϱ und daher die Ortsabhängigkeit von Real- und Imaginärteil ist gleichgültig. *In dem Fehlen jener Prozesse* (über Zerstrahlungsprozesse wissen wir nichts) *liegt auch das Fehlen des Analogons zur Lorentzkraft beim Materiefeld.*

584 *§ 3. Zur Frage der Formulierbarkeit der Quantenmechanik als Nahewirkungstheorie.*

Die in Rede stehende Frage ist eine sehr komplexe und von ihr gilt in besonderem Maße, daß das letzte Wort darüber durch die gegenwärtige Quantentheorie noch keineswegs gesprochen ist. Immerhin scheint es mir, daß sie auch in anderer Weise betrachtet werden kann, als es von Ehrenfest in seiner Note geschehen ist.

Zunächst scheint es nicht unbedingt empfehlenswert, den Begriff der *vieldimensionalen Theorie*, d. h. einer Theorie, die N Teilchen durch einen $3N + 1$-dimensionalen Konfigurationsraum beschreibt — mit dem Begriff der *Fernwirkungstheorie* zu identifizieren. Auch in der klassischen statistischen Mechanik wird z. B. ein vieldimensionaler Phasenraum (wenn man die Zeit als besondere Dimension mitzählt, hat dieser freilich $6N + 1$ statt $3N + 1$ Dimensionen bei N Teilchen) zur Beschreibung des statistischen Verhaltens einer Gesamtheit von Teilchen eingeführt, und zwar selbst

583 [1]) Diese Bemerkung von Peierls stammt aus seinem unveröffentlichten Züricher Habilitationsvortrag über die Analogie zwischen Licht und Materie und wird hier mit seiner freundlichen Erlaubnis benutzt.

dann, wenn die Kräfte zwischen den Teilchen eine endliche Ausbreitungsgeschwindigkeit besitzen, wo also von Fernwirkung kaum die Rede sein kann. Dabei können die $3N$ Ortskoordinaten der Teilchen als ihre Lagen im gewöhnlichen dreidimensionalen Raum beschreibend aufgefaßt werden.

Deshalb soll die in Rede stehende Frage hier nicht vom Standpunkt der Möglichkeit der Rückkehr zum vierdimensionalen Kontinuum diskutiert werden, als vielmehr in folgender Weise. In der klassischen Theorie geht man dadurch von der Fern- zur Nahewirkungstheorie über, daß man das Coulombsche Gesetz durch Hinzufügen des elektrischen Feldes als Zwischenbegriff in Differentialgleichungen des Feldes umschreibt. Die hier zu diskutierende Frage ist nun diese: *Kann man etwas Analoges auch in der Quantenmechanik machen?*

Berücksichtigen wir zunächst wie in der ursprünglichen Schrödingerschen Theorie des Konfigurationsraumes nur die elektrostatische Wechselwirkung der Teilchen, vernachlässigen also die Retardierung und die magnetische Wechselwirkung. Dann führen wir als Zwischenbegriff das von dem c-Zahl-Raum (und der c-Zahl-Zeit) abhängige Feld $E(\vec{x}, t)$ ein. Dabei sind durch $\vec{x}$ die Koordinaten des *Aufpunktes* bestimmt im Gegensatz zu den $3N$ Koordinaten $\vec{X}^{(s)}$, $s = 1, \ldots, N$ der N Teilchen. Die x_1, x_2, x_3 sind mit allen Größen vertauschbar, die $\vec{X}^{(s)}$ sind mit den Impulsen $\vec{p}^{(s)} = \frac{h}{i} \frac{\partial}{\partial X^{(s)}}$ nicht vertauschbar. Das Feld $\vec{E}(\vec{x})$ ist mit den $\vec{X}^{(s)}$ vertauschbar, aber nicht mit den $\vec{p}^{(s)}$. Es soll nämlich als Ersatz des Coulomb- 585
schen Gesetzes die Gleichung gelten:

$$\operatorname{div} \vec{E}(\vec{x}) = 4\pi \sum_1^N e_s \delta(\vec{x} - \vec{X}^{(s)}). \tag{*}$$

Ist $r_s = |\vec{x} - \vec{X}^{(s)}|$ die Entfernung des s-ten Teilchens vom Aufpunkt, so wird in der Tat

$$\vec{E}(\vec{x}) = \sum \frac{e_s}{r_s^2} \cdot \frac{\vec{x} - \vec{X}^{(s)}}{r_s}.$$

Als Schrödingergleichung hat man nun anzusetzen

$$-\frac{h}{i}\frac{\partial \psi}{\partial t} = \left[-\sum_s \frac{h^2}{2m_s} \Delta_s + \frac{1}{2}\int \vec{E}^2(x)\, dx_1\, dx_2\, dx_3\right] \psi(t, \vec{X}^{(s)})$$

$$\left(\Delta_s = \sum_{k=1}^{3} \frac{\partial^2}{\partial X_k^{(s)2}}\right).$$

Das *wäre* identisch mit der Schrödingergleichung, wenn nicht gelten würde

$$\frac{1}{2}\int \vec{E}^2(x)\,dx_1\,dx_2\,dx_3 = \frac{1}{2}\sum_{s,s'}\frac{e_s e_{s'}}{r_{ss'}},$$

worin $s = s'$ *nicht* ausgeschlossen ist. Die Selbstenergieterme $\frac{1}{r_{ss}} = \infty$ sind also darin enthalten. Im übrigen könnte man sie *endlich* machen, wenn man in (*) statt der δ-Funktion eine endliche, in einem Gebiet mit Lineardimensionen von der Größenordnung des Elektronenradius merklich von Null verschiedene D-Funktion, die für die Gestalt des Elektrons charakteristisch wäre, einführen würde.

Das angedeutete Verfahren läßt sich, wie in der Quantenelektrodynamik gezeigt wird[1]), so verallgemeinern, daß die magnetischen und die Strahlungswirkungen (Retardierung) mit beschrieben werden. Auch die D-Funktion der Elektronengestalt ließe sich mitführen, nur wäre diese Gestalt dann nicht relativistisch invariant (genau wie in der klassischen Theorie).

Es hat gewisse Vorteile, nicht das große Ψ-Feld für die Materie und nicht das Landau-Peierls-Feld für die Lichtquanten, sondern $\vec{E}, \vec{H}$ (nicht vertauschbar!) und den Konfigurationsraum der $X_k^{(s)}$ für die Materie zu verwenden, weil *diese* Größen es sind, die sich in Grenzfällen *klassisch* verhalten. Für punktförmige Teilchen gibt es dann eine Eigenschaft der Gleichungen, die als
586 relativistische Invarianz betrachtet werden kann und die (ohne Benutzung des großen Ψ-Feldes) bewiesen werden kann. Auch abgesehen von der Selbstenergiefrage scheint mir die Theorie aber nicht befriedigend zu sein: *nicht* wegen einer Fernwirkungsannahme, die nach meiner Meinung *nicht* mehr besteht, sondern wegen der merkwürdigen Auszeichnung des Raumes vor der Zeit, die zum Ausdruck kommt in der Benutzung des *einen* t für die Zeit statt der Verwendung von Partikelzeiten $t^{(s)}$ neben der Aufpunktszeit t, die erst die Theorie mehr symmetrisch machen würde.

Es ist andererseits wahrscheinlich, daß die Selbstenergiefrage nur durch eine Modifikation des jetzigen Raum-Zeitbegriffes eine befriedigende Lösung wird finden können. Eine solche Modifikation würde auch die Begriffe „Nahewirkung" und „Fernwirkung" umgestalten müssen, da diese ja wesentlich den gewöhnlichen Raum-Zeit-Begriff voraussetzen.

Zürich, Physikalisches Institut der Eidgen. Technischen Hochschule.

---

585 [1]) Vgl. hierzu den eingangs erwähnten, in Druck befindlichen Artikel des Verfassers im Handbuch der Physik.

4

Wolfgang Pauli und Viktor F. Weisskopf

Über die Quantisierung der skalaren relativistischen Wellengleichung*

„The interest in the scalar (relativistic) field subsided until Pauli and Weisskopf (1934) showed that a consistent and physically reasonable theory of the scalar field can be constructed just by applying to it the canonical rules of field quantization as set up in 1929 by Heisenberg und Pauli, in their first paper on quantum electrodynamics. [...] Indeed, the topic remained academic until the π meson was discovered..."

Wentzel (1960), S. 62 f.

„An interesting episode in the fight for the elimination of vacuum electons was the quantization of the Klein-Gordon relativistic wave equation for scalar particles. [...] The problem attracted the attention of Pauli and myself because we saw that the quantized Klein-Gordon equation gives rise to particles and antiparticles and to pair creation and annihilation processes without introducing a vacuum full of particles. [...] Pauli called our work the 'anti-Dirac paper', he considered it as a weapon in the fight against the filled vacuum, which he never liked. [...] We had no idea that the world of particles would abound with spin-zero entities a quarter of a century later."

Weisskopf (1981), S. 75

Zusammenfassung. In der vorliegenden Arbeit wird die konsequente An- 709
wendung des Heisenberg-Pauli'schen Formalismus der Quantisierung der Wellenfelder auf die skalare relativistische Wellengleichung für Materiefelder im Falle von Einstein-Bose-Statistik der Teilchen durchgeführt. Dabei ergibt sich ohne weitere Hypothese die Existenz von zu einander entgegengesetzt geladenen Teilchen gleicher Ruhmasse, die unter Absorption bzw. Emission von elektromagnetischer Strahlung paarweise erzeugt bzw. vernichtet werden können. Die Häufigkeit dieser Prozesse erweist sich als von derselben Grössenordnung wie die für Teilchen derselben Ladung und Masse aus der Dirac'schen Löchertheorie folgende (§ 4). Die hier untersuchte, ebenfalls den Relativitätsforderungen genügende korrespondenzmässige Möglichkeit von entgegengesetzt geladenen Teilchen ohne

* Pauli und Weisskopf (1934a)

Spin mit Einstein-Bose-Statistik hat gegenüber der Löchertheorie den Vorzug, dass die Energie von selbst immer positiv ist. Ebenso aber wie aus der ursprünglichen Fassung der Löchertheorie folgt aus der hier besprochenen Theorie neben den unendlich grossen Selbstenergien auch eine unendliche Polarisierbarkeit des Vakuums.

§ 1. Der Zusammenhang der skalaren relativistischen Wellengleichung mit der Existenz entgegengesetzt geladener Teilchen.

Bekanntlich ist die skalare relativistische Wellengleichung, die mit Einführung der Operatoren

$$E = i h \frac{\partial}{\partial t}, \quad p_k = -i h \frac{\partial}{\partial x^k} \qquad (1)$$

$$(k = 1, 2, 3)$$

im kräftefreien Fall geschrieben werden kann,

$$\frac{E^2}{c^2} - \sum_{k=1}^{3} p_k^2 - m^2 c^2 = 0 \qquad (2)$$

(hier und im folgenden bedeutet stets h die durch 2π dividierte Planck'sche Konstante, ferner m die Ruhemasse des Elektrons und c die Lichtgeschwindigkeit), allgemein zugunsten der Dirac-
710 schen vierkomponentigen Wellengleichung verlassen worden, da erstere nicht den Spin der Teilchen liefert und daher für Elektronen sicher eine ungenügende Approximation der Erfahrung darstellt. Es bedarf daher einer besonderen Rechtfertigung, wenn im Folgenden die Diskussion der Konsequenzen aus der ersteren Wellengleichung wieder aufgenommen wird. Wir glauben eine solche Rechtfertigung insbesondere durch den Nachweis geben zu können, dass die empirische Entdeckung des Positrons und ihre theoretische Deutung durch die von Dirac herrührende Neuinterpretation der in seiner ursprünglichen Theorie auftretenden Zustände negativer Energie eine Revision derjenigen auf der allgemeinen quantenmechanischen Transformationstheorie basierenden a priori Argumente Dirac's erforderlich macht, mit denen von ihm ursprünglich der Übergang von der skalaren relativistischen Wellengleichung zu seiner Spinorwellengleichung begründet wurde. Im folgenden soll nämlich gezeigt werden, dass bei Anwendung der allgemeinen Vorschriften zur Quantisierung von Wellenfeldern, die früher von Heisenberg und Pauli[1]) formuliert wurden, auf das vorliegende Problem nicht nur keine allge-

[1]) Zeitschr. f. Phys. **56**, 1, 1929.

meinen Einwände gegen die skalare Wellengleichung vom Standpunkt der quantenmechanischen Transformationstheorie aufrecht erhalten werden können, sondern dass man auf diese Weise unter Wahrung der relativistischen und der Eichinvarianz der Theorie *ohne jede weitere Hypothese zur Konsequenz des Vorhandenseins entgegen gesetzt geladener Teilchen, und des Auftretens von Prozessen der Erzeugung und Vernichtung solcher Teilchenpaare gelangt, wobei überdies von selbst die Energie des Materiewellenfeldes sich als stets positiv ergibt.* Für die Teilchen muss hierbei die Statistik symmetrischer Zustände (EINSTEIN-BOSE-Statistik) angenommen werden, aber es ist wohl nur als befriedigend anzusehen, dass ohne gleichzeitige Einführung des Spins die Einführung des Ausschliessungsprinzips sich nicht unter Wahrung der relativistischen Invarianz der Theorie durchführen lässt.

Was nun das erwähnte a priori-Argument DIRAC's gegen die skalare relativistische Wellengleichung[2]) betrifft, so beruht es wesentlich auf zwei Voraussetzungen.

1. Es ist in der relativistischen Quantentheorie widerspruchsfrei möglich, ein *Einkörperproblem* zu formulieren.

2. Die (statistisch zu interpretierende) räumliche Teilchen- 711
dichte $\varrho(x)$ ist ein sinnvoller Begriff. Nach Integration über ein beliebiges endliches Volumen erhält man aus ihr eine „Observable" (im Sinne der Transformationstheorie) mit den Eigenwerten 0 und $+1$.

Sobald die erste Voraussetzung zutrifft, ist es nämlich nicht notwendig, den Formalismus der Quantelung der Wellenfelder auf das Problem anzuwenden; es ist dann vielmehr möglich, mit dem gewöhnlichen Wellenfeld im dreidimensionalen Raum auszukommen. Die zweite Voraussetzung hat zur Folge, dass die Teilchendichte nicht nur die vierte Komponente eines Vierervektors sein und einer Kontinuitätsgleichung genügen muss, sondern auch die Eigenschaft haben muss, niemals negativ zu sein. Überdies werden die Eigenwerte der zugehörigen Dichtematrix nach Integration über ein unendliches Volumgebiet, wie DIRAC zeigte, nur dann die richtigen, wenn die Teilchendichte von der Form ist[1]):

$$\varrho(x) = \sum_r \psi_r^* \psi_r \cdot$$

---

[2]) Man findet dieses am ausführlichsten dargestellt in den Leipziger Vor- 710
trägen 1932 (gesammelt erschienen unter dem Titel Quantentheorie und Chemie), S. 85ff.

[1]) Erst aus dieser Form für ϱ wird dann weiter geschlossen, dass die Wellen- 711
gleichungen von erster Ordnung in $\partial/\partial t$ sein müssen.

Dagegen hat die Teilchendichte, die zur skalaren relativistischen Wellengleichung gehört, die Form

$$\varrho(x) = \psi^* \left(i h \frac{\partial \psi}{\partial t} - e\,\Phi_0 \psi\right) - \left(i h \frac{\partial \psi^*}{\partial t} + e\,\Phi_0 \psi^*\right) \psi \tag{3}$$

wenn e die Ladung des Teilchens und Φ_0 das äussere skalare Potential bedeutet. Da diese nicht von der verlangten Form ist, scheint ein Widerspruch hergestellt.

Bekanntlich hat nun Dirac — gestützt auf den Umstand, dass auf Grund seiner Wellengleichung ein Wellenpaket aus Zuständen negativer Energie sich in einem äusseren Feld so bewegt, wie es einem Teilchen mit entgegengesetzter Ladung, gleicher Masse und positiver Energie entsprechen würde — die Zustände negativer Energie zur Deutung des Positrons in folgender Weise herangezogen. Es sollen nur die Abweichungen von dem Fall, wo alle Zustände negativer Energie besetzt sind, die „Löcher“ in der Besetzung der Zustände negativer Energie, beobachtbar sein, das heisst zur „wahren“ (felderzeugenden) Ladungsdichte und zur eigentlichen (dann positiven) Energie beitragen.

712 Ohne auf die Schwierigkeiten einer widerspruchsfreien und relativistisch und eichenvarianten Formulierung dieser Dirac'schen Löchertheorie von Elektron und Positron im Falle äusserer Felder, die ja mehrfach in der Literatur diskutiert worden sind, näher einzugehen, können wir folgendes feststellen:

1. Wegen der Prozesse der Paarerzeugung und wegen der neuen Interpretation der Zustände negativer Energie überhaupt ist es nicht mehr möglich, sich auf ein Einkörperproblem zu beschränken.

2. Die Teilchendichte hat keinen direkten physikalischen Sinn mehr[1]). Im kräftefreien Fall ist allerdings noch die Zahl der Teilchen mit gegebenem Impuls (Wahrscheinlichkeitsdichte

---

[1]) Ist ψ_ϱ^+ der „positive“ (aus Zuständen positiver Energie zusammengesetzte), ψ_ϱ^- der „negative“ Teil der Wellenfunktion in der Dirac'schen Löchertheorie, so hat die Ladungsdichte als Operator die Form

$$\varrho(x) = \sum_{\varrho=1}^{4} \left\{\psi_\varrho^{+*} \psi_\varrho^{+} - \psi_\varrho^{-*} \psi_\varrho^{-} + \psi_\varrho^{+} \psi_\varrho^{-} + \psi_\varrho^{+*} \psi_\varrho^{-*}\right\}.$$

Wegen des Auftretens der gemischten Glieder lässt sie sich schon bei Abwesenheit äusserer Kräfte nicht so in zwei Teile teilen, dass jeder Teil für sich einer Kontinuitätsgleichung genügt und die 4-Komponente eines Vierervektors bildet.

im Impulsraum) und daher auch die Gesamtzahl der vorhandenen Teilchen eine sinnvolle „Observable".

3. Dagegen ist nicht nur die Gesamtladung, sondern auch die Ladungsdichte $\varrho(x)$ eine sinnvolle Observable. Nach Integration über ein beliebiges endliches Volum muss sie — auch bei Vorhandensein äusserer Felder — (bei Anwendung des Formalismus der Quantisierung der Wellen) die Eigenwerte $0, \pm 1, \pm 2, \ldots \pm N, \ldots$ haben, die jetzt sowohl positiv wie negativ sein können. (Im Fall des Ausschliessungsprinzips ist die Zahl N bei gegebener Grösse des betrachteten Raumgebietes nach oben begrenzt.)* Die Ladungsdichte $\varrho(x)$ und die Gesamtzahl der vorhandenen Teilchen sind übrigens nicht vertauschbar.

Diese Forderungen sind nun gegenüber den ursprünglichen eines echten relativistischen Einkörperproblems so weit modifiziert, *dass für die spezielle Form* $\sum_r \psi_r^* \psi_r$ *bei der Ladungsdichte kein Grund mehr vorliegt.* Wir werden überdies zeigen, dass die zuletzt formulierten Forderungen in der skalaren relativistischen Theorie für spinlose Teilchen mit Einstein-Bose-Statistik ebenso erfüllt sind wie in der Dirac'schen Löchertheorie. Hiebei ist naturgemäss der Ausdruck (3) nicht mehr als Teilchendichte, sondern als Ladungsdichte zu interpretieren.

Das Hauptinteresse der letzteren Theorie scheint uns darin 713
zu liegen, dass in ihr automatisch — das heisst ohne eine neue, der Löcheridee äquivalente Hypothese und ohne dem Formalismus der Quantentheorie fremd gegenüberstehende Grenzübergangs- und Subtraktionskunstgriffe[1]) — die Energie der materiellen Teilchen nach Ausführung der Quantisierung der Wellenfelder stets positiv ist. Dies ergibt sich daraus, dass die Hamiltonfunktion des Materiewellenfeldes in der hier diskutierten skalaren Theorie — im Gegensatz zum entsprechenden Ausdruck der Dirac'schen Spinortheorie — die stets *positiv definite* Form annimmt:

$$\overline{H} = \int dV \left\{ \left| i h \frac{\partial \psi}{\partial t} - e \Phi_0 \psi \right|^2 + \sum_{k=1}^{3} \left| i h c \frac{\partial \psi}{\partial x^k} + e \Phi_k \psi \right|^2 + m^2 c^4 |\psi|^2 \right\}. \tag{4}$$

Angesichts der Hypothesenfreiheit dieser skalaren relativistischen Theorie könnte man vielleicht auf den ersten Blick über-

* Den in Klammern stehenden Satz hat Pauli in einem seiner Sonderdrucke gestrichen. [Anmerkung der Herausgeber]

[1]) P. A. M. Dirac, Proc. Cambr. Phil. Soc. **30**, Pt. II, 150, 1934. — R. Peierls, Proc. Roy. Soc. **146**, 420, 1934. — W. Heisenberg, ZS. f. Ph. **90**, 209, 1934.

rascht sein, warum „die Natur" von dieser Möglichkeit der Existenz entgegengesetzt geladener Teilchen ohne Spin mit Bose-Statistik, die durch Zerstrahlung bzw. Materialisationsprozesse entstehen und vergehen können, „keinen Gebrauch gemacht hat"[2]. Man muss aber bedenken, dass die Frage der Anwendbarkeit der hier diskutierten Theorie, z. B auf α-Teilchen wegen der sich hiebei geltend machenden Effekte der Kernstruktur, wohl ausserhalb des Gültigkeitsbereiches der jetzigen Quantentheorie überhaupt liegen dürfte. Auch führt die hier diskutierte Theorie, wie in § 4 gezeigt wird, bei den Fragen der Polarisation des Vakuums zu ähnlichen Unendlichkeiten wie die ursprüngliche Form der Löchertheorie[3]. Sie führt übrigens ebenfalls zu einer unendlichen Selbstenergie nicht nur der elektrischen Teilchen, sondern auch zu einer unendlichen materiellen Selbstenergie der Lichtquanten[4]. Ein weiterer Fortschritt in diesen Fragen dürfte daher wohl erst durch ein theoretisches Verständnis des numerischen Wertes der Sommerfeld'schen Feinstrukturkonstanten zu erwarten sein.

714 **§ 2. Durchführung der Quantisierung des Wellenfeldes[1] im kräftefreien Fall.**

Die Lagrangefunktion der skalaren relativistischen Theorie lautet (mit $\mu, \nu \ldots = 1$ bis 4 und $x_4 = ict$):

$$L = -h^2 c^2 \sum_{\nu=1}^{4} \frac{\partial \psi^*}{\partial x_\nu} \frac{\partial \psi}{\partial x_\nu} - m^2 c^4 \psi^* \psi$$

$$= h^2 \frac{\partial \psi^*}{\partial t} \frac{\partial \psi}{d t} - h^2 c^2 \sum_{k=1}^{3} \frac{\partial \psi^*}{\partial x^k} \frac{\partial \psi}{\partial x^k} - m^2 c^4 \psi^* \psi . \tag{5}$$

Der relativistische Energie-Impulstensor wird

$$T_{\mu\nu} = -h^2 c^2 \left(\frac{\partial \psi^*}{\partial x^\mu} \frac{\partial \psi}{\partial x^\nu} + \frac{\partial \psi^*}{\partial x^\nu} \frac{\partial \psi}{\partial x^\mu} \right) - L\, \delta_{\mu\nu} \tag{6}$$

---

713 [2] Vgl. P. A. M. DIRAC, Proc. Roy. Soc. **133**, 60, 1931, bes. S. 71.

[3] P. A. M. DIRAC, Solvay-Report 1933.

[4] Analog wie bei W. HEISENBERG, l. c. — Über den Wert des Umstandes, dass in manchen Formulierungen der Löchertheorie zwar die Polarisationseffekte endlich, die Selbstenergien aber doch unendlich sind, kann man im Zweifel sein.

714 [1] Über die Ausdrücke für Lagrangefunktion, Energie-Impulstensor und Stromvektor in der skalaren relativistischen Theorie vgl. z. B. W. GORDON, Zeitschr. f. Phys. **40**, 117, 1926.

also die Energie (Hamiltonfunktion)

$$\overline{H} = \int T_{44}\, d\, V$$
$$= \int \left\{ h^2 \frac{\partial \psi^*}{\partial t} \frac{\partial \psi}{\partial t} + h^2 c^2 \sum_{k=1}^{3} \frac{\partial \psi^*}{\partial x^k} \frac{\partial \psi}{\partial x^k} + m^2 c^4 \psi^* \psi \right\} d\, V \qquad (7)$$

und der Impuls

$$G_k = \frac{i}{c} \int T_{4k}\, d\, V = - \int h^2 \left(\frac{\partial \psi^*}{\partial t} \frac{\partial \psi}{\partial x^k} + \frac{\partial \psi^*}{\partial x^k} \frac{\partial \psi}{\partial t} \right) d\, V . \qquad (8)$$

Wir haben nun ψ^* und ψ als q-Zahlen (auf das Schrödingerfunktional wirkende Operatoren) aufzufassen, wobei ψ^* hermitesch konjugiert zu ψ ist. Wir bezeichnen im folgenden stets die zu einer gegebenen q-Zahl hermitesch Konjugierte mit einem *. Wir haben dann die zu ψ und ψ^* kanonisch konjugierten Impulse π und π^* zu bilden nach der Regel:

$$\pi = \frac{1}{h} \frac{\partial L}{\partial \left(\frac{\partial \psi}{\partial t} \right)} = h \frac{\partial \psi^*}{\partial t}, \quad \pi^* = \frac{1}{h} \frac{\partial L}{\partial \left(\frac{\partial \psi^*}{\partial t} \right)} = h \frac{\partial \psi}{\partial t}, \qquad (9)$$

die bei Teilchen mit Einstein-Bose-Statistik den kanonischen Vertauschungsrelationen (abgekürzt: V.-R.) genügen:

$$i\,[\pi(x, t), \psi(x', t)] = \delta(x - x'), \quad i\,[\pi^*(x, t), \psi^*(x', t)] = \delta(x - x') \qquad (\mathrm{I})$$

worin auf der rechten Seite $\delta(x - x')$ die bekannte Dirac'sche 715
δ-Funktion bedeutet und wie üblich

$$[A, B] = AB - BA \qquad (10)$$

gesetzt ist. Die Grössen ψ, ψ^* sowie π, π^* untereinander, ferner π mit ψ^*, sowie π^* mit ψ sind vertauschbar.

Die Anwendung der Regel

$$\frac{\partial f}{\partial t} = \frac{i}{h} [\overline{H}, f] \qquad (11)$$

auf ψ, ψ^* führt auf eine Identität, die Anwendung auf π, π^* mit Hilfe von (9) führt zu den Wellengleichungen

$$h^2 \frac{\partial \psi}{\partial t^2} = h^2 c^2 \Delta \psi - m^2 c^4 \psi \qquad (12)$$

$$h^2 \frac{\partial \psi^*}{\partial t^2} = h^2 c^2 \Delta \psi^* - m^2 c^4 \psi^* . \qquad (12^*)$$

Ferner ist, wie es sein muss, die Regel

$$\frac{\partial f}{\partial x^k} = -\frac{i}{h}[G_k, f] \tag{13}$$

für alle Grössen f erfüllt. Man wird sehen, dass nur im Ausdruck für den Impuls eine Zweideutigkeit der Reihenfolge der Faktoren eintritt. Diese wurde so gewählt, dass der Integrand des Ausdruckes (8), der die Impulsdichte darstellt, ein hermitescher Operator ist.

Wir kommen nun zu den Ausdrücken für die (in der Einheit der elektrischen Teilchenladung e gemessenen) Ladungsdichte ϱ und Stromdichte $\vec{i} = c\vec{s}$, die mit $s_4 = i\varrho$ zum Vierervektor s_ν zusammengefasst ist, der der Kontinuitätsgleichung

$$\sum_{\nu=1}^{4} \frac{\partial s_\nu}{\partial x_\nu} = 0 \quad \text{oder} \quad \frac{\partial \varrho}{\partial t} + \operatorname{div} \vec{i} = 0 \tag{14}$$

genügt.

Diese sind gegeben durch

$$s_\nu = hci\left(\overline{\frac{\partial \psi^*}{\partial x^\nu}\psi} - \overline{\frac{\partial \psi}{\partial x^\nu}\psi^*}\right) \tag{15}$$

716 oder

$$\varrho = -hi\left(\overline{\frac{\partial \psi^*}{\partial t}\psi} - \overline{\frac{\partial \psi}{\partial t}\psi^*}\right) = -hi\left(\frac{\partial \psi^*}{\partial t}\psi - \frac{\partial \psi}{\partial t}\psi^*\right)$$

$$= -hi\left(\psi\frac{\partial \psi^*}{\partial t} - \psi^*\frac{\partial \psi}{\partial t}\right) \tag{15a}$$

$$s_k = hci\left(\frac{\partial \psi^*}{\partial x^k}\psi - \frac{\partial \psi}{\partial x^k}\psi^*\right) \tag{15b}$$

Die Striche auf der rechten Seite beziehen sich auf die Zweideutigkeit der Reihenfolge der Faktoren im Ausdruck für die Dichte ϱ und sollen bedeuten, dass die einzelnen Summanden hermitisiert werden sollen. Eine Festlegung der Faktorenreihenfolge auf Grund der Forderung der Hermitizität des Dichteoperators allein ist hier nicht möglich. Die hier getroffene Festsetzung erweist sich aber als die zweckmässigere, da sie zu keiner Nullpunktsdichte Anlass gibt, wie später gezeigt wird. Sie ist überdies mit der relativistischen Invarianz und der Kontinuitätsgleichung im Einklang.

Wie man sieht, kann man die Dichte mit Rücksicht auf (9) auch schreiben:

$$\varrho = -i(\pi\psi - \pi^*\psi^*) = -i(\psi\pi - \psi^*\pi^*). \tag{16}$$

Wir wollen nun beweisen, dass diese an einer bestimmten Raumstelle x_0 die Eigenwerte

$$\varrho(x) = N \cdot \delta(x - x_0)$$

mit $N = 0, \pm 1, \ldots$ besitzt. Zu diesem Zweck ist es am einfachsten, ψ in hermitesche Operatoren

$$\psi = \frac{1}{\sqrt{2}}(u_1 + i\,u_2), \quad \psi^* = \frac{1}{\sqrt{2}}(u_1 - i\,u_2)$$

und entsprechend

$$\pi^* = \frac{1}{\sqrt{2}}(p_1 + i\,p_2), \quad \pi = \frac{1}{\sqrt{2}}(p_1 - i\,p_2)$$

zu zerlegen, wobei folgt

$$u_1 = \frac{1}{\sqrt{2}}(\psi + \psi^*), \quad u_2 = \frac{-i}{\sqrt{2}}(\psi - \psi^*)$$

$$p_1 = h\frac{\partial u_1}{\partial t} = \frac{1}{\sqrt{2}}(\pi^* + \pi), \quad p_2 = h\frac{\partial u_2}{\partial t} = \frac{-i}{\sqrt{2}}(\pi^* - \pi).$$

Dann gilt

$$i\,[p_1(x), u_1(x')] = \delta(x - x'), \quad i\,[p_2(x), u_2(x)] = \delta(x - x'),$$

während jede Grösse mit dem Index 1 mit jeder Grösse mit dem 717
2 vertauschbar ist. Während Energie, Impuls und Wellengleichungen additiv zerfallen in Ausdrücke die bzw. nur von p_1, u_1 und von p_2, u_2 abhängen, gilt dann

$$\varrho = p_1 u_2 - p_2 u_1. \tag{16a}$$

Auf Grund der Analogie mit dem Ausdruck für eine Komponente des Drehimpulses erkennt man hieraus sofort, dass $\varrho(x)$ die Eigenwerte $N \,.\, \delta(x - x')$ mit $N = 0, \pm 1, \ldots$ besitzt. (Der Faktor $\delta(x - x')$ kann hierin z. B. durch einen Grenzübergang von einer diskreten Einteilung des Raumes zu einer kontinuierlichen gerechtfertigt werden.) Da die Werte der Dichte an verschiedenen Raumstellen miteinander vertauschbar sind, folgt also in der Tat, dass die innerhalb eines beliebigen endlichen Gebietes v befindliche Ladung

$$e_v = \int_v \varrho\, dV$$

(in der Einheit e gemessen) die Eigenwerte $0, \pm 1, \ldots \pm N$ besitzt.

Wir bemerken noch, dass in der vorliegenden Theorie alle Relationen einschliesslich der V.-R. richtig bleiben, wenn man alle Operatoren mit ihren hermitesch konjugierten (also ψ mit ψ^*, π mit π^*) vertauscht. Da hierbei der Viererstrom sein Vorzeichen wechselt, ergibt sich hieraus die Symmetrie der Theorie in bezug auf positive und negative Ladungen.

Nebenbei sei hier noch bemerkt, dass eine Zerlegung der Dichte ϱ in vertauschbare Teile mit nur positiven und nur negativen Eigenwerten zwar auf unendlich viele Weisen möglich ist, dass aber keiner dieser Teile für sich einer Kontinuitätsgleichung genügt und auch nicht relativistisch invariant ist[1]).

718 Wir wollen nun, was sowohl für Anwendungen von Wichtigkeit ist als auch an und für sich physikalisches Interesse beansprucht, untersuchen, wie sich die Verhältnisse im Impulsraum gestalten. Um statt Integralen im Impulsraum Summen zu erhalten, verwenden wir die bekannte formale Methode, den Wellenfeldern die Bedingung aufzuerlegen, einen Würfel der Kantenlänge L, also mit dem Volumen $L^3 = V$, als Perioditätsgebiet zu haben, so dass die Komponenten des Ausbreitungsvektors $\vec{k}$ der Wellen ganzzahlige Vielfache von $\frac{2\pi}{L}$ sein müssen. Wir verwenden ferner

$$u_k = \frac{1}{\sqrt{V}} e^{i(\vec{k}\vec{x})} \tag{17}$$

als ein vollständiges System orthogonaler normierter c-Zahl-Eigenfunktionen, für die also gilt

$$\int_V u_k^*(x)\, u_l(x)\, dV = \delta_{kl}. \tag{18}$$

717 [1]) Man erhält solche Zerlegungen z. B. unter Einführung einer beliebigen Konstante a von der Dimension Wurzel aus Energie (z. B. $a = \sqrt{mc^2}$) gemäss dem Ansatz

$$\pi = \frac{a}{\sqrt{2}}(\varphi_1 + \varphi_2^*), \qquad \psi = \frac{-i}{\sqrt{2}\,a}(\varphi_1^* - \varphi_2)$$

$$\pi^* = \frac{a}{\sqrt{2}}(\varphi_1^* + \varphi_2), \qquad \psi^* = \frac{-i}{\sqrt{2}\,a}(\varphi_2^* - \varphi_1).$$

Es ist dann

$$[\varphi_1(x), \varphi_1^*(x')] = \delta(x - x'), \; [\varphi_2(x), \varphi_2^*(x')] = \delta(x - x'),$$

während Grössen mit Index 1 und solche mit dem Index 2 kommutieren. Und es gilt

$$\varrho = \varphi_2^* \varphi_2 - \varphi_1^* \varphi_1.$$

Hieraus ergibt sich ein neuer Beweis für die Eigenwerte von ϱ.

Hierbei schreiben wir als Index k hier und im folgenden der Einfachheit halber stets nur einen Index statt der den drei Komponenten von $\vec{k}$ entsprechenden drei Indices und ähnliches soll gelten für Summen über k.

Zerlegen wir nun die Funktionen ψ, π, ψ^*, π^* nach den u_k gemäss

$$\psi = \frac{1}{\sqrt{V}} \sum_k q_k \, e^{i(\vec{k}\vec{x})}, \quad \psi^* = \frac{1}{\sqrt{V}} \sum_k q_k^* \, e^{-i(\vec{k}\vec{x})} \tag{19a}$$

$$\pi^* = \frac{1}{\sqrt{V}} \sum_k p_k^* \, e^{i(\vec{k}\vec{x})}, \quad \pi = \frac{1}{\sqrt{V}} \sum_k p_k \, e^{-i(\vec{k}\vec{x})} \tag{19b}$$

mit den Umkehrformeln

$$q_k = \frac{1}{\sqrt{V}} \int_V \psi \, e^{-i(\vec{k}\vec{x})} \, dV, \quad q_k^* = \frac{1}{\sqrt{V}} \int_V \psi^* \, e^{i(\vec{k}\vec{x})} \, dV \tag{19c}$$

$$p_k^* = \frac{1}{\sqrt{V}} \int_V \pi^* \, e^{-i(\vec{k}\vec{x})} \, dV, \quad p_k = \frac{1}{\sqrt{V}} \int_V \pi \, e^{i(\vec{k}\vec{x})} \, dV \tag{19d}$$

so genügen die q-Zahlen $p_k, q_k\ p_k^*, q_k^*$ (man beachte, dass p_k, q_k nicht hermitesche Operatoren und p_k^*, q_k^* die hermiteschen Konjugierten von $p_k\, q_k$ sind) gemäss (I) den V.-R.

$$i[p_k, q_l] = \delta_{kl}, \quad i[p_k^*, q_l^*] = \delta_{kl}, \tag{II}$$

während die q_k und q_l^* untereinander, die p_k und p_l^* unterein- 719
ander, sowie die p_k mit dem q_l^* und die p_k^* mit den q_l kommutieren. Überdies gilt nach (9)

$$p_k = h \dot{q}_k^*, \quad p_k^* = h \dot{q}_k. \tag{20}$$

Für Hamilton-Funktion und Impuls erhält man nach (7) und (8)

$$\overline{H} = \sum_k (p_k^* p_k + E_k^2 q_k^* q_k) \tag{21}$$

$$\vec{G} = -i h \sum_k \vec{k} (p_k q_k - q_k^* p_k^*). \tag{22}$$

Hierin ist zur Abkürzung gesetzt

$$E_k^2 = c^2(h^2 k^2 + m^2 c^2). \tag{23}$$

Wir werden im folgenden unter

$$E_k = + c \sqrt{h^2 k^2 + m^2 c^2} \tag{23a}$$

stets die positive Wurzel verstehen.

Man bestätigt leicht die Gültigkeit der Regel (11) für p_k, q_k, p_k^*, q_k^*; insbesondere ergibt sich

$$\dot{p}_k = \frac{i}{h}[\overline{H}, p_k] = -\frac{1}{h} E_k^2 q_k^*, \tag{24a}$$

$$\dot{p}_k^* = \frac{i}{h}[\overline{H}, p_k^*] = -\frac{1}{h} E_k^2 q_k. \tag{24b}$$

Wir schreiben weiter auf Grund von (16) und (15b) noch die Ausdrücke für die Gesamtladung

$$\bar{e} = \int\limits_V \varrho \, dV$$

und den Gesamtstrom

$$\frac{1}{c}\vec{J} = \int\limits_V \vec{s} \, dV$$

in ihrer Zerlegung nach den Anteilen der verschiedenen Impulseigenfunktionen hin. Wir erhalten

$$\bar{e} = -i \sum_k (p_k q_k - p_k^* q_k^*), \tag{25}$$

$$\frac{1}{c}\vec{J} = 2hc \sum_k \vec{k} \, q_k^* q_k. \tag{26}$$

Man wird sehen, dass der letztere nicht zeitlich konstant ist.

720 Wir wollen nun zeigen, dass die Anteile der einzelnen Eigenschwingung k zur Gesamtladung, zur Energie und zum Impuls sich zugleich in zwei Teile zerlegen lassen, die einer einfachen physikalischen Interpretation fähig sind. Zu diesem Zweck führen wir folgende Variable a_k, a_k^*, b_k, b_k^* ein:

$$p_k = \frac{\sqrt{E_k}}{\sqrt{2}}(a_k^* + b_k), \quad q_k = \frac{-i}{\sqrt{2}\sqrt{E_k}}(-a_k + b_k^*) \tag{27}$$

$$p_k^* = \frac{\sqrt{E_k}}{\sqrt{2}}(a_k + b_k^*), \quad q_k^* = \frac{-i}{\sqrt{2}\sqrt{E_k}}(a_k^* - b_k) \tag{27*}$$

mit den Umkehrformeln

$$a_k = \frac{1}{\sqrt{2}}\left(\frac{1}{\sqrt{E_k}} p_k^* - i\sqrt{E_k}\, q_k\right), \quad a_k^* = \frac{1}{\sqrt{2}}\left(\frac{1}{\sqrt{E_k}} p_k + i\sqrt{E_k}\, q_k^*\right) \tag{28a}$$

$$b_k = \frac{1}{\sqrt{2}}\left(\frac{1}{\sqrt{E_k}} p_k - i\sqrt{E_k}\, q_k^*\right), \quad b_k^* = \frac{1}{\sqrt{2}}\left(\frac{1}{\sqrt{E_k}} p_k^* + i\sqrt{E_k}\, q_k\right) \tag{28b}$$

Für die neuen Variablen folgen die V.-R.

$$[a_k, a_l^*] = \delta_{kl}, \; [b_k, b_l^*] = \delta_{kl}, \tag{III}$$

während die a_k oder a_k^* untereinander, die b_k oder b_k^* untereinander, sowie die a_k mit den b_l^* und die a_k^* mit den b_l kommutieren. — Man erhält weiter

$$\begin{aligned} \overline{H} &= \sum_k E_k \tfrac{1}{2} (a_k a_k^* + a_k^* a_k + b_k^* b_k + b_k b_k^*) \\ &= \sum_k E_k (a_k^* a_k + b_k^* b_k + 1) \end{aligned} \tag{29}$$

$$\begin{aligned} \vec{G} &= h \sum_k \vec{k}\, \tfrac{1}{2} (a_k^* a_k + a_k a_k^* - b_k^* b_k - b_k b_k^*) \\ &= h \sum_k \vec{k}\, (a_k^* a_k - b_k^* b_k). \end{aligned} \tag{30}$$

Ferner für die Gesamtladung

$$\begin{aligned} \bar{e} &= \sum_k \tfrac{1}{2} (a_k^* a_k + a_k a_k^* - b_k^* b_k - b_k b_k^*) \\ &= \sum_k (a_k^* a_k - b_k^* b_k). \end{aligned} \tag{31}$$

Schliesslich ergibt sich nach (26) für den Gesamtstrom 721

$$\begin{aligned} \frac{1}{c} \vec{J} &= h c \sum_k \frac{\vec{k}}{E_k} (a_k^* a_k + b_k b_k^* - a_k^* b_k^* - a_k b_k) \\ &= h c \sum_k \frac{\vec{k}}{E_k} (a_k^* a_k + b_k^* b_k - a_k^* b_k^* - a_k b_k + 1). \end{aligned} \tag{32}$$

Die V.-R. für die $a, b, a^* b^*$ haben zur Folge, dass die Operatoren

$$N_k^+ = a_k^* a_k, \qquad N_k^- = b_k^* b_k \tag{33}$$

vertauschbar sind und beide die niemals negativen ganzzahligen Eigenwerte $0, 1, 2 \ldots$ besitzen. Die Ausdrücke für Ladung, Energie und Impuls berechtigen uns in dem hier betrachteten kräftefreien Fall zu folgender Interpretation:

Es bedeutet N_k^+ die Zahl der Teilchen mit der Ladungszahl $+1$ und dem Impuls $h\vec{k}$, und N_k^- die Zahl der Teilchen mit der Ladungszahl -1 und dem Impuls $-h\vec{k}$[1]).

---

[1]) Nochmals sei bemerkt, dass eine entsprechende Definition für eine räumliche Dichte $\varrho^+(x)$ und $\varrho^-(x)$ der Teilchensorten nicht in physikalisch sinnvoller Weise möglich ist. Bildet man z. B. aus a_k und b_k

$$a(x) = \frac{1}{\sqrt{V}} \sum_k a_k e^{i(\vec{k}\vec{x})}, \quad b(x) = \frac{1}{\sqrt{V}} \sum_k b_k e^{-i(\vec{k}\vec{x})}$$

so zeigt sich, dass der Ausdruck $a^*(x)a(x) - b^*(x)b(x)$ *nicht* mit der Ladungsdichte übereinstimmt.

Es sei noch darauf hingewiesen, dass der Term mit $+1$ im Energieausdruck eine Nullpunktsenergie (Vakuumenergie) der Materiewellen bedeutet, die aber, ganz analog wie die Nullpunktsenergie der elektromagnetischen Strahlung, bei allen Anwendungen und unbeschadet der relativistischen Invarianz der Theorie fortgestrichen werden kann. Ähnliches gilt vom Term mit $+1$ im Ausdruck für den Strom. Von entscheidender physikalischer Wichtigkeit ist, dass auch abgesehen von diesem Term die Energie von selbst stets positiv ist.

Wichtig sind die Terme mit $a_k b_k$ und $a_k^* b_k^*$ im Ausdruck für den Strom, welche dessen zeitliche Konstanz selbst im kräftefreien Fall verhindern. Wie man aus den Bewegungsgleichungen

$$\dot{a}_k = -i\frac{E_k}{h}a_k, \qquad \dot{b}_k = -i\frac{E_k}{h}b_k \tag{34}$$

und ihren Integralen

$$a_k = a_k(0)\,e^{-i\frac{E_k}{h}t}, \qquad b_k = b_k(0)\,e^{-i\frac{E_k}{h}t} \tag{35}$$

$$a_k^* = a_k^*(0)\,e^{+i\frac{E_k}{h}t}, \qquad b_k^* = b_k^*(0)\,e^{+i\frac{E_k}{h}t} \tag{35*}$$

722 ersieht, die sich gemäss (11) aus (III) und (29) ergeben, haben diese Terme eine enge Analogie zur Schrödinger'schen Zitterbewegung und geben, wie im folgenden § gezeigt wird, bei Vorhandensein geeigneter äusserer Felder in der Tat Anlass zu Prozessen der Paarerzeugung bzw. Paarvernichtung.

Wie bereits in der Einleitung erwähnt, ist eine widerspruchsfreie Durchführung der skalaren relativistischen Wellentheorie für Teilchen mit Ausschliessungsprinzip nicht möglich, da sich, wie eine nähere Untersuchung der Hamiltonfunktion mit den Variablen a und b zeigt, bei Gültigkeit der Fermi-Statistik die relativistische Invarianz des Viererstromes nicht erreichen lässt. Es hängt dies auch damit zusammen, dass aus den Gleichungen

$$\psi(x)\,\psi^*(x') + \psi^*(x')\,\psi(x) = 0, \quad \psi(x)\,\psi(x') + \psi(x')\,\psi(x) = 0$$

$\psi(x) = 0$ und $\psi^*(x) = 0$ folgen würde.

§ 3. Fall des Vorhandenseins äusserer Kräfte.

Man gelangt für ein Teilchen mit der Ladung e vom kräftefreien Fall zum Fall des Vorhandenseins eines äusseren elektromagnetischen Feldes mit dem Viererpotential $\Phi_\mu (\Phi_4 = i\,\Phi_0)$, wenn man den Operator p_μ ersetzt durch

$$p_\mu \longrightarrow p_\mu - \frac{e}{c}\Phi_\mu, \tag{36}$$

was den Substitutionen

$$\frac{\partial \psi}{\partial x^\mu} \longrightarrow \frac{\partial \psi}{\partial x^\mu} - \frac{i\,e}{h\,c}\,\Phi_\mu \psi, \quad \frac{\partial \psi^*}{\partial x^\mu} \longrightarrow \frac{\partial \psi^*}{\partial x^\mu} + \frac{i\,e}{h\,c}\,\Phi_\mu \psi^* \tag{36a}$$

entspricht[1]). Die Lagrangefunktion des Materiefeldes wird dann

$$L = -h^2 c^2 \sum_{\nu=1}^{4} \left(\frac{\partial \psi^*}{\partial x^\nu} + \frac{i\,e}{hc}\,\Phi_\nu \psi^*\right)\left(\frac{\partial \psi}{\partial x^\nu} - \frac{i\,e}{h\,c}\,\Phi_\nu \psi\right) - m^2 c^4 \psi^* \psi$$

$$= h^2 \left(\frac{\partial \psi^*}{\partial t} - \frac{i\,e}{h}\,\Phi_0 \psi^*\right)\left(\frac{\partial \psi}{\partial t} + \frac{i\,e}{h}\,\Phi_0 \psi\right)$$

$$-h^2 c^2 \sum_{k=1}^{3} \left(\frac{\partial \psi^*}{\partial x^k} + \frac{i\,e}{h\,c}\,\Phi_k \psi^*\right)\left(\frac{\partial \psi}{\partial x^k} - \frac{i\,e}{h\,c}\,\Phi_k \psi\right) - m^2 c^4 \psi^* \psi. \tag{37}$$

Die Hamiltonfunktion des Materiefeldes 723

$$\overline{H}^m = \int \left\{ \left(h\,\frac{\partial \psi^*}{\partial t} - i\,e\,\Phi_0 \psi^*\right)\left(h\,\frac{\partial \psi}{\partial t} + i\,e\,\Phi_0 \psi\right) \right.$$

$$\left. + \sum_{k=1}^{3} \left(h\,c\,\frac{\partial \psi^*}{\partial x^k} + i\,e\,\Phi_k \psi^*\right)\left(h\,c\,\frac{\partial \psi}{\partial x^k} - i\,e\,\Phi_k \psi\right) + m^2 c^4 \psi^* \psi \right\} d\,V. \tag{37a}$$

Addiert man hiezu die Ausdrücke für die elektromagnetische Lagrangefunktion

$$L^{\mathrm{elm}} = \frac{1}{8\pi}\,(E^2 - H^2) \tag{38}$$

bzw. für die elektromagnetische Energie

$$\overline{H}^{\mathrm{elm}} = \frac{1}{8\pi} \int (E^2 + H^2)\,d\,V \tag{38a}$$

so erhält man das Energieintegral

$$\overline{H}^m + \overline{H}^{\mathrm{elm}} = \mathrm{const.}$$

und ferner durch Variieren des Wirkungsintegrals

$$\int (L^m + L^{\mathrm{elm}})\,d\,V\,d\,t$$

---

[1]) In der Dirac'schen Theorie wird die Substitution 722

$$p_\mu \longrightarrow p_\mu + \frac{e}{c}\,\Phi_\mu$$

eingeführt, da die Elektronenladung dort mit $(-e)$ bezeichnet wird. Unsere Bezeichnungen sind in Übereinstimmung mit W. Gordon, l. c.

nach den Feldgrössen ψ, ψ^*, Φ_μ, einerseits die Wellengleichungen

$$\left(h\frac{\partial}{\partial t} - i\,e\,\Phi_0\right)\left(h\frac{\partial}{\partial t} - i\,e\,\Phi_0\right)\psi$$
$$= \sum_{k=1}^{3}\left(h\,c\frac{\partial}{\partial x^k} + i\,e\,\Phi_k\right)\left(h\,c\frac{\partial}{\partial x^k} + i\,e\,\Phi_k\right)\psi + m^2 c^4\,\psi \qquad (39)$$

$$\left(h\frac{\partial}{\partial t} + i\,e\,\Phi_0\right)\left(h\frac{\partial}{\partial t} + i\,e\,\Phi_0\right)\psi^*$$
$$= \sum_{k=1}^{3}\left(h\,c\frac{\partial}{\partial x^k} - i\,e\,\Phi_k\right)\left(h\,c\frac{\partial}{\partial x^k} - i\,e\,\Phi_k\right)\psi^* + m^2 c^4\,\psi^* \qquad (39^*)$$

anderseits die Maxwell'schen Gleichungen

$$\operatorname{rot}\vec{H} - \frac{1}{c}\dot{\vec{E}} = 4\pi e\,\frac{1}{c}\,\vec{i} = 4\pi e\,\vec{s} \qquad (40)$$

$$\operatorname{div}.\ \vec{E} = 4\pi e\,\varrho \qquad (41)$$

724 mit den folgenden Ausdrücken für ϱ und $\vec{s}$:

$$\varrho = i\left[\left(h\frac{\partial\psi}{\partial t} + i\,e\,\Phi_0\,\psi\right)\psi^* - \left(h\frac{\partial\psi^*}{\partial t} - i\,e\,\Phi_0\,\psi^*\right)\psi\right]$$
$$= h\,i\left(\frac{\partial\psi}{\partial t}\,\psi^* - \frac{\partial\psi^*}{\partial t}\,\psi\right) - 2\,e\,\Phi_0\,\psi^*\,\psi \qquad (42)$$

$$s_k = i\left[\left(h\,c\frac{\partial\psi^*}{\partial x^k} + i\,e\Phi_k\,\psi^*\right)\psi - \left(h\,c\frac{\partial\psi}{\partial x^k} - i\,e\,\Phi_k\,\psi\right)\psi^*\right]$$
$$= i\,h\,c\left(\frac{\partial\psi^*}{\partial x^k}\,\psi - \frac{\partial\psi}{\partial x^k}\,\psi^*\right) - 2\,e\,\Phi_k\,\psi^*\,\psi \qquad (43)$$

die sich von den entsprechenden Ausdrücken des kräftefreien Falles (15a) und (15b) um charakteristische Zusätze unterscheiden. Sowohl aus den Wellengleichungen (39) als auch aus den Maxwell'schen Gleichungen folgt die Gültigkeit der Kontinuitätsgleichung (14) für die neuen Ausdrücke von ϱ und s_k. Eine unmittelbare Folge von (36) ist die Invarianz der Lagrange- und Hamiltonfunktion und auch der Ausdrücke für Strom und Ladungsdichte gegenüber den Eichtransformationen

$$\Phi_\mu' = \Phi_\mu + \frac{\partial\lambda}{\partial x^\mu}, \qquad \psi' = \psi\, e^{i\frac{e}{hc}\lambda} \qquad (36\text{b})$$

Wichtig ist ferner, dass die Wellengleichungen, die Maxwell'schen Gleichungen und die Hamilton-Funktion bestehen bleiben, wenn man ψ mit ψ^* vertauscht und gleichzeitig e durch $-e$ ersetzt, was die Symmetrie der Theorie in bezug auf positive und negative Ladung zur Folge hat. Alle diese Aussagen bleiben bestehen, wenn man ψ, ψ^*, Φ_μ als q-Zahlen betrachtet.

Wichtig ist, dass die Bedeutung von π, π^* gegenüber (9) abgeändert ist gemäss

$$\pi = \frac{1}{h} \frac{\partial L}{\partial \left(\frac{\partial \psi}{\partial t}\right)} = h \frac{\partial \psi^*}{\partial t} - i e \Phi_0 \psi^* \tag{44}$$

$$\pi^* = \frac{1}{h} \frac{\partial L}{\partial \left(\frac{\partial \psi^*}{\partial t}\right)} = h \frac{\partial \psi}{\partial t} + i e \Phi_0 \psi . \tag{44*}$$

Diese neuen π genügen jetzt den V.-R. (I)

$$i[\pi(x,t), \psi(x',t)] = \delta(x-x'), \quad i[\pi^*(x,t), \psi^*(x,' t)] = \delta(x-x') \tag{I}$$

und sind mit den elektromagnetischen Feldgrössen vertauschbar. Gemäss (42) wird dann die Ladungsdichte wieder formal über- 725
einstimmend mit (16)

$$\varrho = i(\pi^* \psi^* - \pi \psi) = i(\psi^* \pi^* - \psi \pi) . \tag{16}$$

Daher bleiben die Eigenwerte der Ladungsdichte auch bei Vorhandensein eines äusseren Potentials dieselben wie im kräftefreien Fall.

Der materielle Teil (37a) der Hamiltonfunktion schreibt sich nun

$$\overline{H}^m = \overline{H}_0 + \overline{H}_1$$

mit

$$\overline{H}_0 = \int \left\{ \pi \pi^* + h^2 c^2 \sum_{k=1}^{3} \frac{\partial \psi^*}{\partial x^k} \frac{\partial \psi}{\partial x^k} + m^2 c^4 \psi^* \psi \right\} dV \tag{45$_0$}$$

$$\overline{H}_1 = \int \left\{ e h c \sum_{k=1}^{3} \Phi_k \left(\psi^* \frac{\partial \psi}{\partial x^k} - \frac{\partial \psi^*}{\partial x^k} \psi \right) + e^2 \sum_{k=1}^{3} \Phi_k^2 \psi^* \psi \right\} dV \tag{45$_1$}$$

Mit den bekannten V.-R. für die Feldstärken und elektromagnetischen Potentiale kann dann die Quantenelektrodynamik in der gewohnten Weise formuliert werden, wobei die Maxwellschen Gleichungen (40) aus Anwendung der Regel (11) gemäss

$$\frac{\partial \vec{E}}{\partial t} = \frac{i}{h} [\overline{H}, \vec{E}]$$

gewonnen werden können. Wir möchten hierauf nicht näher eingehen, möchten nur an die bekannten Komplikationen erinnern, die dadurch entstehen, dass die Gleichung (41) nur mit den eichinvarianten Grössen $\psi\pi$, $\psi^*\pi^*$, $\bar{E}$, $\bar{H}$ vertauschbar ist mit den anderen wie $\pi, \pi^*, \psi, \psi^*, \Phi_\mu$ aber nicht. Soll die Regel (11)

$$\frac{\partial f}{\partial t} = \frac{i}{h}[\bar{H}, f]$$

auch für diese Grössen gültig sein, so muss man einen Ausdruck der Form

$$\int \Phi_0 (4\pi e \varrho - \mathrm{div.}\, \bar{E})\, dV$$

formal zu der Summe aus (38a), (45_0) und (45_1) addieren[1]).

Für den nicht mit (37a) übereinstimmenden Teil H'

$$H' = \bar{H}_0 + \bar{H}_1 + \bar{H}_2 \tag{47}$$

$$\bar{H}_2 = e \int \Phi_0 \varrho\, d V = i e \int \Phi_0 (\pi^* \psi^* - \pi \psi)\, d V \tag{45_2}$$

726 der Hamiltonfunktion gilt also

$$\dot{\pi} = \frac{i}{h}[H', \pi], \qquad \dot{\psi} = \frac{i}{h}[H', \psi] \tag{48}$$

und entsprechende Relationen für die kanonisch konjugierten π^*, ψ^*.

Diese (nicht eichinvariante) Hamiltonfunktion H′ hat daher auch die Eigenschaft zeitlich konstant zu sein, wenn die Potentiale Φ_0 und Φ_k zwar von den Raumkoordinaten, aber nicht von der Zeit abhängen. Für viele Zwecke genügt es, die Viererpotentiale als gegebene c-Zahlfunktionen zu betrachten. In diesem Fall muss mit der durch H' gegebenen Hamiltonfunktion gerechnet werden. Diese ergibt sich übrigens auch durch die kanonische Umformung von L^m nach der Formel:

$$H' = \int \pi\, \dot{\psi}\, d V + \int \pi^*\, \dot{\psi}^*\, d V - L^m.$$

Wir wollen nun die Zusatzteile H_1 und H_2 der Hamiltonfunktion auch im Impulsraum anschreiben, wie dies mit dem ursprünglichen Teil H_0 bereits im vorigen § geschehen ist [vgl.

725 [1]) Vgl. hiezu W. Heisenberg und W. Pauli, Zeitschr. f. Phys. **59**, 168, 1930; insbes. S. 179, Gl. (38).

Gl. (21)]. Sind in bezug auf das orthogonale Funktionssystem (17) in üblicher Weise die Matrixelemente einer Funktion $f(x)$ (z. B. der Potentiale) definiert durch

$$f_{kl} = \frac{1}{V} \int f(\vec{x})\, e^{-i(\vec{k}-\vec{l})}\, dV, \tag{49}$$

so erhalten wir aus (19a), (19b) unmittelbar

$$\overline{H}_2 = i\, e \sum_l \sum_k \Phi^\circ_{kl} (p_l^* q_k^* - p_k q_l) \tag{50}$$

$$\overline{H}_1 = - \sum_l \sum_k [h c e (\vec{\Phi}_{kl}, \vec{k} + \vec{l}) - e^2 (\vec{\Phi})^2{}_{kl}]\, q_k^* q_l \tag{51}$$

oder mit Einführung der Variablen a_k, b_k gemäss (27), (28), in welchen H_0 durch (29) gegeben ist:

$$\overline{H}_2 = \tfrac{1}{2}\, e \sum_e \sum_k \Phi^\circ_{kl} \left[\frac{E_k + E_l}{\sqrt{E_k E_l}} (a_k^* a_l - b_l^* b_k) + \frac{E_k - E_l}{\sqrt{E_k E_l}} (a_l b_k - a_k^* b_l^*) \right] \tag{52}$$

$$\overline{H}_1 = \tfrac{1}{2} \sum_l \sum_k \frac{1}{\sqrt{E_k E_l}} [h c e (\vec{\Phi}_{kl}, \vec{k} + \vec{l}) - e^2 (\vec{\Phi})^2{}_{kl}]$$
$$(a_k^* a_l + b_k b_l^* - a_k^* b_l^* - b_k a_l). \tag{53}$$

§ 4. Die Paarerzeugung durch Lichtquanten und die Polarisation des Vakuums. 727

Aus den Vertauschungsrelationen (III) für die a_k^*, a_k bzw. b_k^*, b_k folgen in bekannter Weise die Eigenschaften dieser Operatoren bei ihrer Anwendung auf ein von den Besetzungszahlen N_k^+, N_k^- abhängiges Schrödingerfunktional $c(\ldots N_k^+ \ldots ; \ldots N_k^- \ldots)$. Es ist

$$\begin{aligned}
a_k^* c(\ldots N_k^+ \ldots ; \ldots N_k^- \ldots) &= \sqrt{N_k^+ + 1}\, c(\ldots N_k^+ + 1 \ldots ; \ldots N_k^- \ldots) \\
a_k c(\ldots N_k^+ \ldots ; \ldots N_k^- \ldots) &= \sqrt{N_k^+}\, c(\ldots N_k^+ - 1 \ldots ; \ldots N_k^- \ldots) \\
b_k^* c(\ldots N_k^+ \ldots ; \ldots N_k^- \ldots) &= \sqrt{N_k^- + 1}\, c(\ldots N_k^+ \ldots ; \ldots N_k^- + 1 \ldots) \\
b_k c(\ldots N_k^+ \ldots ; \ldots N_k^- \ldots) &= \sqrt{N_k^-}\, c(\ldots N_k^+ \ldots ; \ldots N_k^- - 1 \ldots)
\end{aligned} \tag{54}$$

Man sieht dann leicht, dass die Zusätze $\overline{H}_1$ und $\overline{H}_2$, die bei Vorhandensein von äusseren Feldern zu der Hamiltonfunktion hinzutreten, infolge der Faktoren $a_k^* b_l^*$ und $b_k a_l$ Glieder enthalten, die zur Paarerzeugung und Paarvernichtung Anlass geben. Diese Glieder führen nämlich zu Matrixelementen zwischen Zuständen, die sich gerade um ein positives und ein negatives Teilchen unterscheiden, während die Faktoren $a_k^* a_l$ bzw. $b_k b_l^*$ nur Übergänge eines positiven bzw. eines negativen Teilchens von einem Zustand zum andern liefern.

Wir wollen nun im folgenden die Wahrscheinlichkeit der Paarerzeugung durch ein Lichtquant der Energie $h\nu > 2\,mc^2$ auf Grund der Ausdrücke (52) und (53) berechnen, um sie mit den entsprechenden Ausdrücken der Löchertheorie, wie sie von Bethe und Heitler[1]) gerechnet wurden, zu vergleichen.

Infolge des Energie- und Impulssatzes verschwindet diese Wahrscheinlichkeit im feldfreien Raum. Wir nehmen daher an, es herrsche im Raum ein durch ein zeitunabhängiges skalares Potential Φ_0 darstellbares elektrisches Feld (etwa das Coulombfeld eines Kerns), das den Impulsüberschuss aufnehmen kann.

Wir berücksichtigen den Einfluss des Feldes ebenso wie Bethe und Heitler nur in erster Näherung, indem wir vom feldfreien Raume ausgehen und sowohl Φ_0 als auch das Potential der Lichtwelle als Störung auffassen.

Wenn wir nun nach der Wahrscheinlichkeit W fragen, dass pro Zeiteinheit ein positives und ein negatives Teilchen mit den Impulsen $h\vec{k}$ bzw. $-h\vec{l}$ und der Energie E_k bzw. E_l durch Absorption eines Lichtquants $h\nu = E_k + E_l$ im leeren Raum entsteht,
728 so erhalten wir erst in zweiter Näherung ein von Null verschiedenes Resultat:

$$W = \frac{1}{h^2}\left|\sum_c \frac{\overline{H}_1(AC)\,\overline{H}_2(CB)}{E_B - E_C} + \frac{\overline{H}_2(AC)\,\overline{H}_1(CB)}{E_A - E_C}\right|^2. \tag{55}$$

A sei der Zustand des Vakuums (alle $N = 0$), B sei der Endzustand ($N_k^+ = 1, N_l^- = 1$, alle andern $N = 0$), C bedeute irgend einen Zwischenzustand. $\overline{H}_1$ $(AC)\ldots$ etc. bedeutet das Matrixelement von $\overline{H}_1$ zwischen den Zuständen A und C, wobei in $\overline{H}_2$ das skalare Potential Φ_0 und in $\overline{H}_1$ das Vektorpotential $\vec{\Phi}$ der Lichtwelle mit der Frequenz ν einzusetzen ist. Infolge des Impulssatzes, der sich bei der Berechnung von $\overline{H}_1$ ergibt, kommen nur folgende 4 Zwischenzustände in Frage:

$$\left.\begin{array}{l} C_1 \to N_k^+ = 1,\; N_{k-n}^- = 1 \\ C_2 \to N_{l+n}^+ = 1,\; N_l^- = 1 \\ C_3 \to N_k^+ = 1,\; N_{l+n}^- = 1 \\ C_4 \to N_{k-n} = 1,\; N_l^- = 1 \end{array}\right\} \text{alle andern } N = 0$$

---

727 [1]) Proc. Roy. Soc. **146**, 83, 1934.

Die betreffenden Matrixelemente lassen sich aus (52) und (53) berechnen und führen zu einem Ausdruck, den wir als differentiellen Wirkungsquerschnitt $d\Phi$ anschreiben, dass ein unpolarisiertes Lichtquant der Frequenz ν ein positives Teilchen mit der Energie zwischen E_+ und $E_+ + dE$ ein negatives mit der Energie zwischen E_- und $E_- - dE$ erzeugt ($E_+ + E_- = h\nu$) und deren Impulse $\vec{p}_+$ und $\vec{p}_-$ mit der Richtung des Lichtquants die Winkel ϑ_+ und ϑ_- einschliessen:

$$dQ = \frac{1}{8\pi^3}\frac{e^2}{hc}\frac{1}{h^3\nu^3}\sin\vartheta_+\sin\vartheta_- d\vartheta_+ d\vartheta_- d\varphi \frac{p_+p_-}{h^4} dE \mid \Phi_0(\vec{q})\mid^2$$

$$\cdot\left\{\frac{E_-^2 p_+^2 \sin^2\vartheta_+}{(E_+ - cp_+\cos\vartheta_+)^2} + \frac{E_+^2 p_-^2 \sin^2\vartheta_-}{(E_- - cp_-\cos\vartheta_-)^2} + \frac{2E_+E_-p_+p_-\sin\vartheta_+\sin\vartheta_-\cos\varphi}{(E_+ - cp_+\cos\vartheta_+)(E_- - cp_-\cos\vartheta_-)}\right\}. \quad (56)$$

φ ist der Winkel zwischen den Ebenen, die aus der Richtung des Lichtquants und den Richtungen p_+ bzw. p_- gebildet werden.

$\Phi_0(\vec{q})$ bedeutet hier das Matrixelement

$$\Phi_0(\vec{q}) = \int \Phi_0(x)\, e^{i(\vec{q},\vec{x})}\, dV.$$

Es enthält im Gegensatz zu (49) nicht mehr das Gesamtvolumen V), wobei $h\vec{q}$ der an das elektrische Feld abgegebene Impulsüberschuss 729

$$h\vec{q} = (\vec{p}_+ - \vec{p}_- - h\vec{n})$$

ist. $\vec{n}$ ist der Ausbreitungsvektor des Lichtquants.

Im Coulombfeld $\Phi_0 = \frac{Ze}{r}$ ist zu setzen:

$$\Phi_0(\vec{q}) = 4\pi Z e \frac{1}{q^4}.$$

Der entsprechende Ausdruck in der Löchertheorie lautet nach Bethe und Heitler:

$$dQ = \frac{1}{8\pi^3}\frac{e^2}{hc}\frac{1}{h^3\nu^3}\sin\vartheta_+\sin\vartheta_- d\vartheta_+ d\vartheta_- d\varphi\frac{p_+p_-}{h^4} dE\,|\Phi_0(\vec{q})|^2.$$

$$\cdot\left\{\frac{p_+^2\sin_+^2\vartheta_+(E_-^2 - h^2c^2q^2/4)}{(E_+ - cp_+\cos\vartheta_+)^2} + \frac{p_-^2\sin_-^2\vartheta_-(E_+^2 - h^2c^2q^2/4)}{(E_- - cp_-\cos\vartheta_-)^2} + \frac{2p_-p_+\sin\vartheta_-\sin\vartheta_+\cos\varphi\,(E_-E_+ + c^2h^2q^2/4)}{(E_+ - cp_+\cos\vartheta_+)(E_- - cp_-\cos\vartheta_-)} - \frac{\frac{1}{2}h^2\nu^2[p_+^2\sin^2\vartheta_+ + p_-^2\sin^2\vartheta_- + 2p_+p_-\sin\vartheta_+\sin\vartheta_-\cos\varphi]}{(E_+ - cp_+\cos\vartheta_+)(E_- - cp_-\cos\vartheta_-)}\right\}.$$

Er unterscheidet sich von dem aus der skalaren Wellengleichung gewonnenen Ausdruck (56) nur durch das dritte Glied in der geschwungenen Klammer und in den dort auftretenden Gliedern mit q^2. Die letzteren sind aber bei hohen Energien zu vernachlässigen, da $hc\,|\vec{q}| \ll h\nu$ für $h\nu \gg mc^2$.

Setzt man für Φ_0 das Coulombpotential ein, so lässt sich die Integration über die Winkel für den Grenzfall $h\nu \gg mc^2$ leicht ausführen[1]). Man erhält:

$$dQ = \frac{Z^2 e^2}{hc}\left(\frac{e^2}{mc^2}\right)^2 \frac{32}{3}\,\frac{E_+ E_-}{h^3 \nu^3}\left(\lg \frac{2 E_+ E_-}{h\nu m c^2} - \tfrac{1}{2}\right)$$

und für den Gesamtquerschnitt:

$$Q = \frac{Z^2 e^2}{hc}\left(\frac{e^2}{mc^2}\right)^2 \left(\frac{16}{9}\lg\frac{2h\nu}{mc^2} - \frac{104}{27}\right).$$

730 Die entsprechenden Formeln der Löchertheorie lauten nach Bethe und Heitler:

$$dQ = \frac{Z^2 e^2}{hc}\left(\frac{e^2}{mc^2}\right)^2 4\,\frac{E_+^2 + E_-^2 + \frac{2}{3}E_+ E_-}{h^3\nu^3}\left(\lg\frac{2E_+E_-}{h\nu m c^2} - \frac{1}{2}\right)$$

bezw.

$$Q = \frac{Z^2 e^2}{hc}\left(\frac{e^2}{mc^2}\right)^2 \left(\frac{28}{9}\lg\frac{2h\nu}{mc^2} - \frac{218}{27}\right).$$

Der Querschnitt für die Paarerzeugung ist also in der hier behandelten Theorie für den Limes $h\nu \gg mc^2$ etwa um den Faktor 4/7 kleiner.

Zum Schlusse sei noch die Polarisation des Vakuums durch ein elektrostatisches Feld berechnet. Wir berechnen zu diesem Zweck die zusätzliche Ladungsdichte $\varrho(x)$, die durch das Feld Φ_0 einer im Raume vorhandenen „äusseren" Ladungsdichte $\varrho_0(x)$ entsteht; $\varrho(x)$ ist dann die durch ein Potential Φ_0 induzierte Ladungsdichte in einem Raum, der in bezug auf die durch die Wellengleichung beschriebenen positiven und negativen Teilchen *leer* ist.

729 [1]) Wir schulden Herrn Bethe für die Überlassung des Manuskriptes seiner in den Proc. Cambr. Phil. Soc. erscheinenden Arbeit, in der ähnliche Integrationen durchgeführt werden, vielen Dank.

Es ist vorteilhaft, eine Fourierzerlegung der Dichte vorzunehmen. Man erhält dann aus (16) und (19) für den Fourierkoeffizienten:

$$\varrho(\vec{\zeta}) = \frac{1}{V}\int \varrho(\vec{x})\, e^{-i(\vec{\zeta}\vec{x})}\, dV = \sum_k (p_l^* q_k^* - p_k q_l)$$

wobei $\vec{l} = \vec{k} + \vec{\zeta}$. Weiter entsteht nach (27) durch Einführung der Operatoren a und b:

$$\varrho(\vec{\zeta}) = \frac{1}{2}\sum_k \left\{ \frac{E_k - E_l}{\sqrt{E_k E_l}} (a_k^* a_l - b_l^* b_k) + \frac{E_k + E_l}{\sqrt{E_k E_l}} (a_k^* b_l^* - a_l b_k) \right\}. \quad (57)$$

Diesen Operator haben wir nun auf das durch das äussere Feld Φ_0 gestörte Schrödingerfunktional des leeren Raumes $c(..0..;..0..)$ anzuwenden. Durch eine Störungsrechnung ergibt sich in erster Näherung aus (52):

$$c(\ldots 0 \ldots; \ldots 0 \ldots) = c_0(\ldots 0 \ldots; \ldots 0 \ldots)$$
$$-\frac{1}{2}\sum_{kl} \Phi_{kl}^0 \frac{E_k - E_l}{\sqrt{E_k E_l}\,(E_k + E_l)}\, c_0(\ldots 1_k \ldots; \ldots 1_l \ldots), \quad (58)$$

wobei $c_0(\ldots 0 \ldots; \ldots 0 \ldots)$ und $c_0(..1_k..; \ldots 1_l \ldots)$ die Funktionale des feldfreien Zustandes im Vakuum bzw. im Falle: $(N_k^+ = 1,\ N_l^- = 1$, alle andern $N = 0)$ bedeuten. Bildet man nun 731
den Erwartungswert des Operators $\varrho(\vec{\zeta})$ für den Zustand $c(\ldots 0.; .0..)$ so erhält man

$$\bar{\varrho}(\vec{\zeta}) = -\frac{l}{2}\Phi_0(\vec{\zeta})\sum_k \frac{(E_k - E_l)^2}{E_k E_l (E_k + E_l)}, \quad \vec{l} = \vec{k} + \vec{\zeta}.$$

Die Summe über k divergiert logarithmisch, wie man leicht sehen kann. Man erhält nämlich nach Integration über die Richtungen von $\vec{k}$:

$$\bar{\varrho}(\vec{\zeta}) = -\frac{e}{12\, hc\pi^2 \zeta^2}\Phi_0(\vec{\zeta})\int_{k_0}^{\infty} \frac{d|k|}{|k|} + \text{endl. Glieder}.$$

Kehrt man in den Koordinatenraum zurück, so ergibt dies:

$$\bar{\varrho}(x) = K\, \Delta\, \Phi_0 + \text{endl. Glieder}$$

$$K = \frac{1}{12\pi^2}\frac{e}{hc}\int \frac{d|k|}{|k|}.$$

Die induzierte Ladungsdichte hat entgegengesetztes Vorzeichen, wie die äussere Dichte $\varrho_0 = -\frac{1}{4\pi} \Delta \Phi_0$ und ist zu dieser proportional, mit dem divergierenden Proportionalitätsfaktor $4\pi K$, was zur Folge hätte, dass jede äussere Ladung durch die induzierte vollständig kompensiert würde. Dieses Resultat stimmt mit dem von DIRAC[1]) auf Grund seiner Löchertheorie berechneten vollständig überein. Selbst der Faktor K des divergierenden Gliedes ist der gleiche.

Zürich, Physikalisches Institut der E. T. H.

[1]) P. A. M. DIRAC, Solvay-Bericht 1933.

Kapitel X
Neutrinohypothese und Erhaltungssätze

1
Brief Paulis an Oskar Klein*
12. Dezember 1930

„Natürlich bin ich mir klar, daß die Neutronenhypothese Bohr und den Bohrianern nicht in ihren Kram paßt. [...] Die vielen Ausrufezeichen deute ich als Schrecken darüber, daß der Energiesatz möglicherweise doch gelten könnte."

Pauli an Klein, 8. Januar 1931

[Zürich,] 12. Dezember [1930]

Lieber Klein!

Ich möchte Dir heute gerne ein paar Worte schreiben und zwar über verschiedene Dinge. Zunächst habe ich gehört, Du hast jetzt das Ziel unserer sozialen Klasse erreicht, bist Oberbonze in Stockholm und kannst fortan einen (hoffentlich) von materiellen Sorgen freien Lebenswandel im bürgerlichen Mittelstand führen mit einem Glück und Zufriedenheit spendenden Heim. (Einen solchen Lebenswandel nennt man „ehrenvoll".) Wenn dann noch Dein Knie ganz ausgeheilt sein wird, brauchst Du nur noch täglich zum Gott des Mittelstandes zu beten, daß er Dein Bankkonto immer beschützen möge. – Wenn dieses die einzigen Aussichten wären, welche die Übernahme der Professur in Stockholm für Dich und Deine Mitbürger

* Enthalten in Pauli [1979/85], Band II, S. 43–47

eröffnen würde, dann würde ich Dir aber kaum dazu gratulieren. In Wirklichkeit aber kann ich dies mit gutem Gewissen tun (die voranstehende Einleitung sollte Dir hauptsächlich zum Bewußtsein bringen, daß die Änderung Deiner äußeren Position, die Du jetzt vollführst, menschlich für Dich nicht ganz ungefährlich ist), denn ich hoffe, Du wirst jetzt das Wort erfüllen „Gehet hin und *lehret* die Völker". Deine großen pädagogischen Fähigkeiten waren immer eine Deiner stärksten Seiten und für sie wird in Schweden ein weites Anwendungsfeld vorhanden sein. Bis jetzt gab es ja in Schweden praktisch fast keine theoretische Physik (Oseen[1] zählte, als er jünger war, in dieser Hinsicht stark negativ, er hat die jungen Leute geistig völlig verdorben* und seine Einwirkung war ein auslesendes Verfahren, dem gegenüber nur die Tauglichsten fortbestehen konnten; jetzt ist Oseen allerdings infolge seines zunehmenden Alters schon weniger schädlich geworden und zählt schon fast als Null.) – ein Mißverhältnis besonders auch zur Experimentalphysik, die ja durch Siegbahn[3] und Hulthén[4] so glänzend vertreten ist. Nun braucht man in Schweden

* Man muß sich nur den geistigen Krüppel Faxén[2] anschauen! Seine bloße Existenz ist eine Anklage gegen Oseen.

1 Carl Wilhelm Oseen (1879–1944) studierte in Lund und Göttingen. Nach seiner Tätigkeit als Lektor für Physik in Lund erhielt er 1909 einen Ruf auf den Lehrstuhl für mathematische Physik an der Universität Uppsala. Oseen gehörte mit Klein zu Bohrs Begleitern, als dieser im Juni 1922 zu seinen berühmten Vorträgen nach Göttingen kam. Wahrscheinlich ist Pauli Oseen auch später noch öfters in Kopenhagen begegnet. Oseen gehörte auch zu den ersten schwedischen Physikern, die Bohrs Theorie akzeptierten. 1933 wurde er zum Direktor des seit dem Tode von Svante Arrhenius 1927 verwaisten Instituts für physikalische Chemie des Stockholmer Nobelinstituts ernannt, das nun in ein Institut für theoretische Physik umgewandelt wurde. Oskar Klein war Assistent bei Arrhenius gewesen, bevor er 1918 zu Bohr nach Kopenhagen ging.

2 Olaf Hilding Faxén (1892–1970) ist ein Schüler von Oseen und bekleidete seit 1927 – mit einer Unterbrechung von 1930–1935 in Göteborg – eine Professur an der Technischen Hochschule in Stockholm. Während eines Kopenhagener Aufenthalts im Sommer 1927 leitete er in gemeinsamer Arbeit mit Johan Holtsmark die bekannte Formel für die Streuung langsamer Elektronen an Atomen her. – Nicht erwähnt in dieser Aufzählung ist der schwedische Theoretiker Ivar Waller, der seit 1925 an der Universität Uppsala lehrte und mehrere bedeutende Beiträge zur Strahlungstheorie geliefert hatte.

3 Karl Manne Siegbahn (1886–1978) war noch während seiner Assistentenzeit 1907–1915 in Lund bei Johannes Robert Rydberg mehrmals zu einem Studienaufenthalt in Deutschland und Frankreich gewesen. Nach Rydbergs Tod übernahm er 1920 dessen Stelle, bis er 1923 an die Universität in Uppsala berufen wurde. 1937 wurde ihm auf Antrag des schwedischen Reichstags ein eigens für ihn errichtetes Institut für Experimentalphysik in Stockholm übergeben. Siegbahn gehört zu den Pionieren der Röntgenspektroskopie und ohne seine Präzisionsmessungen wären die großen Fortschritte der Bohrschen Atomphysik jener Jahre nicht denkbar. Max Born sagte 1920 von ihm: „Der beste Röntgenspektroskopiker ist heute wohl der Schwede Siegbahn", und Sommerfeld schlug Siegbahn im Juni 1918 gegenüber Einstein als einen der ersten ausländischen Physiker vor, die man zu einem Vortrag nach Berlin einladen sollte. Seine Untersuchungen sind in dem 1924 zuerst in deutscher Sprache publizierten Werke „Spektroskopie der Röntgenstrahlen" zusammengefaßt. Ende der dreißiger Jahre wandte er sich kernphysikalischen Problemen zu.

4 Erik Vilhelm Hulthén (1891–1972) ist Schüler von Manne Siegbahn. Nach seiner Promotion 1923 wurde er Lektor in Lund und später seit 1929 Professor für Expimentalphysik an der Techniken Hochschule Stockholm. Während seines zweijährigen Studienaufenthaltes (1927–1929) in Kopenhagen dürfte ihn Pauli kennen und schätzen gelernt haben.

einen mit der *modernen* theoretischen Physik vertrauten Mann, der es versteht, die jungen Leute mit Begeisterung zu erfüllen (ich verstehe das übrigens kaum) und der der großen Schule schwedischer Experimentalphysiker eine ebensogroße und ebensogute von Theoretikern an die Seite stellen soll. Sollte Dir das gelingen – ich hoffe es nicht nur, sondern halte es sogar für wahrscheinlich – dann wirst Du schon ganz zufrieden sein können und brauchtest Dich weder um den Gott des Mittelstandes noch um die fünfte Dimension (oder Ähnliches) weiter zu kümmern.
Die letztere Bemerkung führt mich dazu, Deine bisherige Tätigkeit in der reinen Forschung zu überblicken. Ich habe Dir schon einmal gesagt, ich sei nicht der Meinung, daß das Auffinden neuer Naturgesetze und das Wegweisen in ganz neue Richtungen eine große Stärke von Dir ist, obgleich Du in dieser Hinsicht stets einen gewissen Ehrgeiz entwickelt hast. (Einmal warst Du übrigens nahe daran, Dich schwer zu verirren – und zwar in das Programm einer reinen Feldphysik ohne Diskontinuitäten nach klassischem Muster, – und wenn Bohr an dieser Stelle Deines geistigen Lebensweges nicht entscheidend und rettend eingegriffen hätte, wäre vielleicht sogar ein unwiderrufliches Unglück geschehen[5].) Viel schöner finde ich diejenigen Deiner Arbeiten, die ohne solche Ambitionen Anwendungen bekannter Theorien bringen, aus denen man etwas lernen kann, wie z. B. die über die gekreuzten Felder[6], die Potentialschwelle in der Diracschen Theorie[7], die Arbeit mit Nishina über die neue Streuformel[8], etc. ... Möge sich die Reihe (*trotz* der Professur, welche ja Deine Zeit stark mit anderen Dingen beanspruchen wird) noch schön und lange fortsetzen!
Ich hoffe bestimmt, Dich in nicht allzu ferner Zeit (vielleicht etwa in einem Jahr) in Stockholm besuchen zu können und werde mich dann freuen, diese Stadt kennen zu lernen sowie auch Deinen neuen Wirkungskreis.

Wenn ich nun von mir selbst erzählen darf, so habe ich mich in den letzten Monaten, einem lange gehegten Plan folgend, sehr mit moderner abstrakter Algebra beschäftigt, über welches Gebiet ich schon viel gelernt habe. Ob diese Beschäftigung einmal fruchtbar werden wird, so daß ich auf diesem Gebiet auch etwas werde produzieren

5 Pauli bezieht sich hier auf Kleins frühere Versuche, die Verbindung zur Quantentheorie durch eine fünfdimensionale Verallgemeinerung der Relativitätstheorie herzustellen. Heisenberg und Pauli lehnten diese Arbeiten damals ab und Pauli gratulierte Bohr, weil es ihm schließlich gelungen sei, Klein veranlaßt zu haben, seine fünfdimensionalen Betrachtungen zurückzustellen. – Drei Jahre später hat Pauli selbst einen Beitrag zur fünfdimensionalen Feldtheorie geliefert.

6 O. Klein: Über die gleichzeitige Wirkung von gekreuzten homogenen elektrischen und magnetischen Feldern auf das Wasserstoffatom. I. Z. Phys. **22**, 109–118 (1924).

7 O. Klein: Die Reflexion von Elektronen an einem Potentialsprung nach der relativistischen Dynamik von Dirac. Z. Phys. **53**, 157–165 (1929).

8 O. Klein und Y. Nishina: Über die Streuung von Strahlung durch freie Elektronen nach der neuen relativistischen Quantendynamik von Dirac. Z. Phys. **52**, 853–868 (1929). – Die hierin abgeleitete Streuformel von Klein-Nishima hatte sich ausgezeichnet bewährt bei der Auswertung der Nebelspuren von Rückstoßelektronen der Ra-γ-Strahlung durch Dmitri Wladimir Skobelzyn: Die spektrale Verteilung und die mittlere Wellenlänge der Ra-γ-Strahlen. Z. Phys. **58**, 595–612 (1929). Abweichungen waren erst bei den Messungen von Meitner und Hupfeld aufgetreten.

können, das kann ich natürlich noch nicht sagen; aber jedenfalls gewährt mir diese Beschäftigung die angenehme Freude eines mit Interesse Lernenden.[9]
Sonst habe ich noch etwas Kernphysik getrieben, aber nicht mit viel Erfolg. Anläßlich der Lösung einer Schulaufgabe über die Hyperfeinstruktur von Li^+ – welche Lösung Du in Form einer gemeinsamen Arbeit von Herrn Güttinger und mir demnächst in der Zeitschrift für Physik finden wirst[10] – habe ich mir über die „verkehrte“ Statistik der Kerne sowie über das kontinuierliche β-Spektrum noch einmal gründlich den Kopf zerbrochen. Dann fiel mir folgender möglicher Ausweg ein (ein Ausweg der Verzweiflung allerdings): Es könnten die Kerne außer Elektronen und Protonen noch andere Elementarteilchen enthalten und zwar müßten diese elektrisch neutral sein, der Fermi-Statistik gehorchen und den Spin 1/2 haben. Nennen wir diese Teilchen *Neutronen*. Es ist klar, daß man dann die „verkehrte“ Statistik verstehen kann. Auch die β-Spektren könnte man dann mit Beibehaltung des Energiesatzes verstehen, wenn man annimmt, daß beim β-Zerfall außer dem Elektron immer noch ein Neutron ausgeschleudert wird. Aus den Atomgewichtsbestimmungen von Anfangs- und Endprodukten radioaktiver Zerfallsreihen müßte man dann schließen, daß die Neutronenmasse nicht größer sein kann als 0,01 Protonmasse; sie *könnte* aber demnach größer sein als die Elektronenmasse. – Nun kommt es aber wesentlich darauf an, welche Kräfte auf diese Neutronen wirken. Würden überhaupt keine oder zu schwache Kräfte auf sie wirken, so könnten sie ja gar nicht im Kern bleiben. Das vom Standpunkt der Diracschen Theorie fast einzig mögliche Modell des Neutrons wäre dieses, daß es in einem äußeren Feld $F_{\mu\nu}$ der Wellengleichung

$$\gamma^{\mu} \frac{h}{2\pi i} \frac{\partial \psi}{\partial x_{\mu}} + \mu (i \gamma^{\mu} \gamma^{\nu}) F_{\mu\nu} \psi - imc\psi = 0$$

(Wie üblich $\gamma^{\mu}\gamma^{\nu} + \gamma^{\nu}\gamma^{\mu} = 2\delta_{\mu\nu}$.)
genügt. Wegen $e = 0$ sind hierin die Terme mit dem Potential gestrichen; ferner *folgt* für solche Teilchen, daß sie sich für langsame Geschwindigkeiten wie ein magnetischer Dipol vom Moment μ verhalten (die Konstante μ hat die Dimension Ladung mal Länge). – Aber das hat alles einen großen Haken. Nimmt man nämlich für μ ein gewöhnliches Magneton an, so wäre, wie eine einfache Abschätzung zeigt, die ionisierende Wirkung der Neutronen nicht wesentlich kleiner als die der β-Teilchen und alle Wilsonaufnahmen müßten geradezu wimmeln von Neutronen. Selbst wenn man μ von der Größenordnung des Protonenmagnetons und m so groß wie möglich (0,01 Protonmasse) ansetzt, wird die ionisierende Wirkung voraussichtlich nicht größenordnungsmäßig kleiner als die der γ-Strahlen resultieren. Wenn die

9 Während seiner Hamburger Zeit hatte Pauli besonders guten Kontakt zu den Mathematikern, und er beteiligte sich auch aktiv am Seminar für höhere Mathematik. Insbesondere mit Erich Hecke und Emil Artin unterhielt er freundschaftliche Beziehungen. Artins Vorlesung über Darstellungstheorie halbeinfacher Systeme (eine 44 Seiten umfassende sorgfältige Ausarbeitung befindet sich in Paulis Nachlaß), die Pauli im Wintersemester 1927/28 besuchte, leistete ihm später noch gute Dienste bei der mathematischen Ausgestaltung der Mesonentheorie.

10 P. Güttinger und W. Pauli: Zur Hyperfeinstruktur von Li^+. Teil II. Z. Phys. **67**, 743–765 (1931).

Neutronen also wirklich existieren würden, wäre es wohl kaum verständlich, daß man sie noch nicht beobachtet hat. Deshalb glaube ich auch selber nicht so ganz an die Neutronen, habe nichts darüber publiziert und habe nur einige Experimentalphysiker veranlaßt, nach durchdringlichen Teilchen dieser Art besonders zu suchen. Ich würde sehr gerne wissen, was Bohr dazu meint.

Überschrift für das folgende: „Nicht um zu kritisieren, nur um zu verstehen!"[11]
In dieser Verbindung habe ich ferner für den Fall, daß die Neutronenidee sich als falsch herausstellen sollte, über die Möglichkeit eines Versagens des Energiesatzes für die Elektronen im Kern nachgedacht und möchte gerne auf dem Wege über Dich, Bohr um einige Auskünfte darüber bitten. Ich kann mich vorläufig nicht entschließen, an ein Versagen des Energiesatzes ernstlich zu glauben und zwar aus folgenden Gründen (von denen ich natürlich zugebe, daß sie nicht *absolut* zwingend sind).
Erstens scheint es mir, daß der Erhaltungssatz für Energie-Impuls dem für die Ladung doch sehr weitgehend analog ist und ich kann keinen theoretischen Grund dafür sehen, warum letzterer noch gelten sollte (wie wir es ja empirisch für den β-Zerfall wissen), wenn ersterer versagt. Zweitens müßte bei einer Verletzung des Energiesatzes auch mit dem *Gewicht* etwas sehr merkwürdiges passieren. Denke Dir einen geschlossenen Kasten, in welchem β-Strahlen radioaktiv zerfallen; die β-Teilchen mögen dann irgendwie an der Wand absorbiert werden und den Kasten nicht verlassen können. Einzelbeobachtungen darüber, was im Kasten vor sich geht, mögen nicht gemacht werden, es möge nur das Gesamtgewicht des Kastens (beliebig genau) festgestellt werden. Wenn dann der Energiesatz beim β-Zerfall nicht gelten würde, müßte das Gesamtgewicht des geschlossenen Kastens sich dabei ändern (dieser Schluß scheint mir ganz zwingend)[12]. Dies widerstrebt meinem physikalischen Gefühl auf das äußerste! Denn es muß dann sogar auch für das Gravitationsfeld, das von dem ganzen Kasten (samt seinem radioaktiven Inhalt) selber *erzeugt*

---

11 Dieser Ausspruch ist eine der häufig von Bohr benutzten Redewendungen, und er steht deshalb auch als Motto über der Faustparodie, die zum zehnjährigen Jubiläum des Bohr-Institutes 1932 verfaßt wurde.

12 Gamow berichtet (auf S. 73 f.) seines Buches *Thirty years that shook Physics*, New York 1966, auch über eine allerdings nicht publizierte Idee von Bohr über die Energieerzeugung in den Sternen, die sich auf eine Vorstellung der Nichterhaltung der Energie stützt. Der innere Kern eines strahlenden Sternes sollte demzufolge aus reiner Kernmaterie bestehen, welche von einem Mantel aus freien Elektronen und Protonen umgeben ist. Im dynamischen Gleichgewicht muß die Anzahl der von dem Kern emittierten β-Teilchen gleich der Anzahl der von dem Mantel in den Kern eindringenden Elektronen sein. Da Bohr nun annimmt, daß alle Elektronen den Kern immer mit der gleichen Energie verlassen, die Hüllenelektronen jedoch gemäß einer thermischen Verteilung unterschiedliche Energie aufweisen, findet ein ständiger Abfluß von Energie vom Kern nach außen statt. Wegen der vorausgesetzten Nichterhaltung der Energie beim β-Zerfall wäre es auf diese Weise möglich, daß ein solcher Stern ewig strahlen könnte. Andeutungen dieser Art finden sich am Ende von Bohrs Vortrag auf dem Kernphysikerkongreß in Rom im Oktober 1931 und am Schluß seiner Faraday-Lecture im Februar 1932. Desgleichen erwähnte Bohr diese Anwendung seiner Ideen über die Nichterhaltung der Energie auf die Energieerzeugung in den Sternen in einer nicht veröffentlichten Note aus dem Jahre 1929 für die Zeitschrift Nature.

wird (daß man dieses wegen seiner Kleinheit *praktisch* nicht messen kann, tut nichts zur Sache), angenommen werden, daß es sich ändern kann, während wegen der Erhaltung der Ladung das nach außen erzeugte elektrostatische Feld (beide Felder scheinen mir doch analog zu sein; das wirst Du ja übrigens auch aus Deiner fünfdimensionalen Vergangenheit noch wissen) unverändert bleiben soll. Ich möchte Bohr doch ernstlich fragen, ob er das glaubt, bzw. wie er das plausibel machen kann! Ich wäre ihm also *sehr* dankbar, wenn ich bald von ihm einen Brief darüber bekommen würde, der mit dem Satz beginnt: „Wir sind ja ganz einig, *aber* ..."

Landau hat interessante Ungleichungen und das Versagen vieler Begriffe aus Kopenhagen hierhergebracht, die mich wirklich interessiert haben. Leider konnte er nichts darüber sagen, welche Begriffe bei der Kernphysik *nicht* versagen und das wäre doch wichtiger! Ferner waren Landaus Berichte über Bohrs Ideen betreffend die Nicht-Existenz beliebig kleiner Maßstäbe sehr unvollständig, da dem Landau diese Ideen nicht sehr sympatisch sind. Ich teile aber *diese* Einstellung Landaus nicht ganz und ich halte es durchaus für möglich, daß die Aufstellung einer relativistischen Quantenelektrodynamik in dieser Richtung zu suchen ist.

Nun viele Grüße an Dich und Deine Familie sowie an Bohr, und allen Kopenhagener Freunden ein „glaedelig Jul"!

Dein alter Freund W. Pauli

2

Wolfgang Pauli

Discussion du rapport de W. Heisenberg*

7. Solvay-Kongreß 1933

„*Vielen Dank für Deinen Kern-Bericht, den ich etwa gleichzeitig mit der Einladung zum Solvay-Kongreß erhielt.*
... Du erwähnst meine Vermutung, daß beim β-Zerfall Energie in noch unbekannter Form als durchdringende Strahlung den Kern verläßt. Ich möchte mich durchaus öffentlich zu dieser Ansicht bekennen, möchte es aber offen lassen, ob diese Strahlung aus Neutrinos oder irgend einem noch unbekannten X besteht.
Fast noch wichtiger als die Erhaltungssätze von Energie und Impuls bei Kernprozessen sind mir aber die Erhaltungssätze aller diskret quantisierten Größen, also:
1. Das Gesamtimpulsmoment soll bei Kernprozessen stets erhalten bleiben. Da Bahnmomente und Lichtquantendrehimpulse ganzzahlig sind, folgt: Die Halb- bzw. Ganzzahligkeit des Gesamtspinmomentes aller am Kernprozeß beteiligten materiellen Teilchen soll beim Kernprozeß bestehen bleiben.
2. Der Symmetriecharakter des Gesamtsystems *(Fermi- oder Bose-statistik) soll sich beim Kernprozeß (Aufbau oder Zertrümmerung) nicht ändern.*
Ich möchte diese Annahmen als Arbeitshypothesen zunächst unbedingt *festhalten ...*"
Pauli an Heisenberg, 14. Juli 1933

La difficulté provenant de l'existence du spectre continu des rayons β consiste, comme on sait, en ce que la durée moyenne de vie des noyaux qui émettent ces rayons, comme celle des noyaux des corps radioactifs qui en résultent, possède des valeurs bien déterminées. On en conclut nécessairement que l'état, ainsi que l'énergie et la masse du noyau qui reste après l'expulsion de la particule β sont aussi bien déterminés. Je n'insiste pas sur les efforts qu'on pourrait tenter pour échapper à cette conclusion, mais je crois, conformément à l'opinion de M. Bohr, qu'on se heurtera toujours à des difficultés insurmontables dans l'explication des faits expérimentaux.

* Pauli (1933 f), S. 324–325

Dans cet ordre d'idées, deux interprétations des expériences se présentent. Celle que défend M. Bohr admet que les lois de la conservation de l'énergie et de l'impulsion sont en défaut quand il s'agit d'un processus nucléaire où des particules légères jouent un rôle essentiel. Cette hypothèse ne me paraît pas satisfaisante, ni même plausible. D'abord, la charge électrique est conservée dans le processus, et je ne vois pas pourquoi la conservation de la charge serait plus fondamentale que celle de l'énergie et de l'impulsion. Ensuite, ce sont précisément des relations énergétiques qui règlent plusieurs propriétés caractéristiques des spectres β (existence d'une limite supérieure et rapport avec les spectres γ, critère de stabilité de Heisenberg). Si les lois de conservation n'étaient pas valables, il faudrait bien conclure de ces relations qu'une désintégration β est toujours accompagnée d'une perte d'énergie et jamais d'un gain; cette conclusion implique une irréversibilité des processus à l'égard du temps, qui ne me paraît guère acceptable.

En juin 1931, à l'occasion d'une conférence à Pasadena, j'ai proposé l'interprétation suivante: les lois de conservation restent valables, l'expulsion des particules β étant accompagnée d'une radiation très pénétrante de particules neutres, qui n'a pas été observée jusqu'ici. La somme des énergies de la particule β et de la particule neutre (ou des particules neutres, puisqu'on ne sait pas s'il n'y en a qu'une ou s'il y en a plusieurs) émises par le noyau dans un seul processus, sera égale à l'énergie qui correspond à la limite supérieure du spectre β. Il va sans dire que nous n'admettons pas seulement la conservation de l'énergie, mais aussi celle de l'impulsion, celle de l'impulsion angulaire et celle du caractère de la statistique dans tous les processus élémentaires.

Quant aux propriétés de ces particules neutres, les poids atomiques des éléments radioactifs nous apprennent tout d'abord que leur masse ne peut pas dépasser beaucoup celle de l'électron. Pour les distinguer des neutrons lourds, M. Fermi a proposé le nom "neutrino". Il est possible que la masse propre des neutrinos soit égale à zéro, de sorte qu'ils devraient se propager avec la vitesse de la lumière, comme les photons. Toutefois leur pouvoir pénétrant dépasserait de beaucoup celcui des photons de même énergie. Il me paraît admissible que les neutrinos possédent un spin $\frac{1}{2}$ et qu'ils obéissent à la statistique de Fermi, bien que les expériences ne nous fournissent aucune preuve directe de cette hypothèse. Nous ne savons rien de l'interaction des neutrinos avec les autres particules matérielles et avec les photons: l'hypothèse qu'ils possèdent un moment magnétique, comme je l'avais proposé utrefois (la théorie de Dirac conduit à prévoir la possibilité de l'existence de particules neutres magnétiques), ne me paraît du tout fondée.

Dans cet ordre d'idées, l'étude expérimentale du bilan de l'impulsion dans les désintégrations β constitue un problème de la plus haute importance; on peut prévoir que les difficultés seront très grandes à cause de la petitesse de l'énergie du noyau de recul.

3
Wolfgang Pauli
Die Erhaltungssätze in der Relativitätstheorie und in der Kernphysik*

"The tendency towards invariant formulations of physical laws, initiated by Einstein, has become the style of theoretical physics in our days, upheld and developed by Pauli during all his life by example, stimulation, and criticism. For Pauli, the invariants in physics were the symbols of ultimate truth which must be attained by penetrating through the accidental details of things. The search for symmetry and general validity transcended the limits of physics in Pauli's work; it penetrated his thinking and striving throughout all phases of hif life, in all fields of philosophy and psychology. Some of his writings dating from his last years reflect his thoughts in this direction."

Kronig und Weisskopf (1964), S VIII

Meine Bemerkungen über die Erhaltungssätze in der älteren und neueren Physik möchte ich in drei Teile gliedern.

Im ersten Teil geht es um die Erhaltungssätze in der Mechanik des Massenpunktes, wobei wir mit der klassischen Mechanik beginnen und danach zur relativistischen Mechanik übergehen.

Der zweite Teil ist der Feldphysik vorbehalten, wobei wir sowohl die Elektrizitätslehre als auch die allgemeine Relativitätstheorie behandeln.

Im dritten Teil gehen wir schließlich zur modernen Physik über, insbesondere zur Kernphysik.

Zwei Begriffe spielen in der Punktmechanik eine besonders wichtige Rolle. Erstens der Begriff des Impulses oder der Bewegungsgröße. Der Impuls des Teilchens mit der Masse m und der Geschwindigkeit v ist gleich mv. Der Teilchenimpuls ist eine Richtungs- oder Vektorgröße. Der zweite wichtigste Begriff der Mechanik des

* Pauli (1938d). Eine von I. E. Tamm ins Russische übertragene Fassung von Paulis Vortrag vom 27. Oktober 1937 an der Moskauer Zelinskij-Universität erschien in *Sovremennye problemy fiziko-chimii i chimiceskoj technologii.* Sbornik 2. Moskau 1938. Dort S. 21–35. (Siehe hierzu auch den Beitrag von V. J. Frenkel in Kap. II, 5.) Die vorliegende Rückübersetzung aus dem Russischen wurde von Ottmar Pertschi bei der Übersetzungsstelle der Universitätsbibliothek Stuttgart angefertigt.

Massenpunktes ist die kinetische Energie $mv^2/2$, eine richtungsunabhängige oder skalare Größe. Den Unterschied zwischen den Vektorgrößen und den Skalaren kann man entweder durch einen Pfeil: $m\vec{v}$, oder durch Fettschreibung: **mv**, markieren.
In Verbindung mit diesen wohlbekannten Begriffen von Impuls und Energie möchte ich einige Bemerkungen grundsätzlicher Art machen.
Bekannt ist der heftige philosophische Streit zwischen den zwei philosophischen Schulen des 17. Jahrhunderts, zwischen den Adepten Leibniz' auf der einen Seite und den Schülern Descartes andererseits über die Frage, welcher von diesen beiden Begriffen, das Bewegungsmaß oder die Energie, am wesentlichsten und am wichtigsten ist.
Descartes' Schüler behaupteten, **mv**, d.h. die Bewegungsgröße sei das wahre Maß der Bewegung.
Leibniz' Schüler hingegen ließen für das wahre Maß der Bewegung nur $\frac{mv^2}{2}$ gelten, also die kinetische Energie.
Derartige Streitereien unter den philosophischen Schulen erwiesen sich infolge der weiteren Entwicklung häufig als inhaltsleer. So war es auch im vorliegenden Fall, da sich beide Begriffe – Impuls und Energie – als gleich wichtig und gleich wesentlich erwiesen.
Es war jedoch unbefriedigend, daß man es mit zwei verschiedenen, miteinander nicht zusammenhängenden Begriffen zu tun hatte: dem Impuls und der Energie, der Vektorgröße und dem Skalar, und mit zwei verschiedenen Erhaltungssätzen: der Erhaltung des Impulses und der Erhaltung der Energie.
Es ist bemerkenswert, daß bereits im 17. Jahrhundert Huygens in seinem Werk *"De percussione" (Über den Stoß)* auf die gemeinsame Beziehung dieser Gesetze hingewiesen hat.
Wendet man den Erhaltungssatz der kinetischen Energie auf ein System kollidierender Körper an und fordert, daß die Energieerhaltung auch dann gelte, wenn man der Geschwindigkeit eines jeden Körpers eine beliebige, jedoch für alle Körper gleichartige zusätzliche Geschwindigkeit beigibt (d.h. bei Betrachtung des Stoßes aus der Sicht von sich bewegenden Bezugssystemen), dann folgt, wie Huygens zeigte, der Satz von der Impulserhaltung.
Dies kann man folgendermaßen darstellen. Die Masse der kollidierenden Körper bezeichnen wir mit m_i $(i = 1, 2, 3 \ldots)$, ihre Geschwindigkeit vor dem Stoß mit u_i und die Geschwindigkeit nach dem Zusammenstoßen mit U_i. Der Satz von der Energieerhaltung lautet dann

$$\frac{1}{2} \sum_i m_i u_i^2 = \frac{1}{2} \sum_i m_i U_i^2. \tag{1}$$

Wir geben nun dem gesamten System zusätzlich die Geschwindigkeit **v** (oder, was das Gleiche ist, betrachten dieses System in Koordinaten, die mit der Geschwindigkeit **v** fortschreiten). Dann sind die jeweiligen Geschwindigkeiten vor und nach dem Zusammenstoß $\mathbf{u}_i + \mathbf{v}$ und $\mathbf{U}_i + \mathbf{v}$, und die Energieerhaltung wird ausgedrückt durch die Beziehung

$$\frac{1}{2} \sum_i m_i (\mathbf{u}_i + \mathbf{v})^2 = \frac{1}{2} \sum_i m_i (\mathbf{U}_i + \mathbf{v})^2.$$

Somit erhalten wir:

$$\frac{1}{2} \sum_i m_i (u_i^2 + 2\mathbf{v}\mathbf{u}_i + v^2) = \frac{1}{2} \sum_i m_i (U_i^2 + 2\mathbf{v}\mathbf{U}_i + v^2).$$

oder, ausgehend von Gleichung (1):

$$\sum_i m_i \mathbf{v}\mathbf{u}_i = \sum_i m_i \mathbf{v}\mathbf{U}_i,$$

d. h.

$$\mathbf{v} \sum_i m_i \mathbf{u}_i = \mathbf{v} \sum_i m_i \mathbf{U}_i.$$

Diese Gleichung kann bei beliebiger Geschwindigkeit **v** nur dann gelten, wenn

$$\sum_i m_i \mathbf{u}_i = \sum_i m_i \mathbf{U}_i. \qquad (2)$$

Diese letzte Gleichung drückt an sich den Impulserhaltungssatz aus.
Somit folgt die Impulserhaltung aus der Forderung, daß der Energiesatz in einem beliebigen gleichförmig bewegten Bezugssystem gültig sei.
Diese Überlegungen hat Huygens in der genannten Arbeit ausführlich und klar dargelegt. Auf der beigefügten Illustration ist der bewegte Betrachter ein Mensch, der in einem Boot einen Fluß befährt.

Huygens Versuch*

* Die Abbildung, die auch in der deutschen Übersetzung von Huygens Schrift „Über die Bewegung der Körper durch den Stoss" (Ostwalds Klassiker Nr. 138, Leipzig 1903; S. 4) wiedergegeben ist, wurde von den Herausgebern hinzugefügt. Es ist anzunehmen, daß Pauli sie durch Machs „Mechanik", wo sie ebenfalls erscheint, kennenlernte.

Huygens' Überlegungen, die zwei Erhaltungssätze miteinander verbinden: die Energieerhaltung und die Impulserhaltung, können wesentlich verallgemeinert werden. Wir dürfen nicht von einer speziellen Abhängigkeit der Energie von der Geschwindigkeit ausgehen, sondern müssen diese Abhängigkeit von der Forderung nach sehr allgemeinen Prinzipien ableiten.

Wir nehmen eine beliebige Abhängigkeit der Energie E des Körpers von seiner Geschwindigkeit $\mathbf{u}$ an:

$$E = mf(\mathbf{u}),$$

wobei m die Masse des Körpers und $f(\mathbf{u})$ eine beliebige Funktion von $\mathbf{u}$ ist. Da der Raum isotrop und die Energie keine Richtungsgröße ist, kann E nur vom absoluten Wert der Geschwindigkeit u abhängen, aber nicht vom Wert seiner einzelnen Komponenten:

$$E = mf(u).$$

Analog dazu nehmen wir an, die Bewegungsgröße oder der Impuls $\mathbf{p}$ des Körpers sei proportional zu seiner Masse und nach seiner Geschwindigkeit gerichtet. Der absolute Wert werde durch eine beliebige Geschwindigkeitsfunktion ausgedrückt: $\mathbf{p} = m\mathbf{u}g(u)$.

Unter diesen Voraussetzungen lassen sich die Energie- und Impulserhaltungssätze folgendermaßen ausdrücken:

$$\sum_i m_i f(u_i) = \sum_i m_i f(U_i). \tag{3}$$

$$\sum_i m_i \mathbf{u}_i g(u_i) = \sum_i m_i \mathbf{U}_i g(U_i). \tag{4}$$

Wir fordern nunmehr, daß alle Erhaltungssätze in einem beliebig bewegten Bezugssystem gelten, d. h. daß die Gleichungen (3) und (4) auch dann gültig sind, wenn $\mathbf{u}_i$ durch $\mathbf{u}_i + \mathbf{v}$ und $\mathbf{U}_i$ durch $\mathbf{U}_i + \mathbf{v}$ ersetzt werden, wobei $\mathbf{v}$ einen beliebigen Vektor bezeichnet.

Diese Forderung kann bei beliebigem Aussehen der Funktionen $f(u)$ und $g(u)$ nicht erfüllt werden, auch wenn sie – allgemein – zu einer ganzen Reihe von untereinander unabhängigen Funktionen führt. Davon kann man sich leicht überzeugen, wenn man z. B. $f(u) = u^4$ annimmt. Im allgemeinen führt die genannte Forderung zu Beziehungen derart wie

$$\sum_i m_i u_{ix}^2 F(u_i^2) = = \sum_i m_i U_{ix}^2 F(U_i^2),$$

die Tensorcharakter besitzen und nicht aus der Skalar- oder Vektorbeziehung (3) und (4) folgen können.

Die unkomplizierte Berechnung, die wir hier weglassen (siehe *Anmerkung 1* am Ende der Vorlesung), führt zu folgendem Ergebnis: die einzige Abhängigkeisform der Energie und des Impulses von der Geschwindigkeit, bei der die Erhaltungssätze in bewegten Bezugssystemen gültig bleiben, stimmen mit den üblichen Definitionen dieser Begriffe überein:

$$f(u) = \text{const}\, u^2, \qquad E = \text{const}\, u^2,$$
$$g(u) = \text{const}, \qquad \mathbf{p} = \text{const}\, \mathbf{u}.$$

Diese Schlußfolgerung ist etwas allgemeiner als Huygens' Überlegung, der eine bestimmte Annahme über die Abhängigskeitsform der Energie von der Geschwindigkeit zugrunde lag.

Ich erlaubte mir eine etwas ausführlichere Darlegung dieser Frage, um die genannten Überlegungen auch auf die Relativitätstheorie zu übertragen. Die dabei einzige notwendige Veränderung besteht darin, daß das klassische Gesetz über die Zusammensetzung der Geschwindigkeiten durch das entsprechende relativistische Additionstheorem ersetzt werden muß. Die Zusammensetzung der zwei parallelen Geschwindigkeiten u und v führt zur resultierenden Geschwindigkeit u', die nach der Relativitätstheorie nicht $u + v$ ist, sondern $u' = (u + v)/(1 + uv/c^2)$, wobei c die Lichtgeschwindigkeit bezeichnet. In dem Fall, wo die Geschwindigkeiten nicht parallel sind, sieht das Additionstheorem komplizierter aus; bei beliebiger Richtung der Geschwindigkeiten gilt jedoch folgende Abhängigkeit:

$$\sqrt{1 - \frac{u'^2}{c^2}} = \frac{\sqrt{1 - \frac{u^2}{c^2}}\sqrt{1 - \frac{v^2}{c^2}}}{1 + \frac{uv \cos(\mathbf{u}, \mathbf{v})}{c^2}}. \tag{5}$$

Verändert man bei den vorhergehenden Überlegungen nur dieses kinematische Additionstheorem, dann kommen wir (siehe *Anmerkung 2* am Ende der Vorlesung) eindeutig zu folgender Geschwindigkeitsabhängigkeit von Energie und Impuls:

$$E = \frac{mc^2}{\sqrt{1 - \frac{u^2}{c^2}}}, \qquad \mathbf{p} = \frac{m\mathbf{u}}{\sqrt{1 - \frac{u^2}{c^2}}}, \tag{6}$$

in diesen Ausdrücken haben wir auf bestimmte Weise nur eine beliebige additive Konstante hinzugefügt.

Diese und nur diese Ausdrücke für E und $\mathbf{p}$ erfüllen die Forderung, daß die Erhaltungssätze in bewegten Bezugssystemen gültig bleiben.

Die genannte Schlußfolgerung der relativistischen Ausdrücke für Energie und Impuls sind analog zu der Schlußfolgerung von Langevin, aber etwas verschieden in der Form.

Schließlich sei bemerkt, daß die Relativitätstheorie sowohl die Begriffe Energie und Impuls als auch ihre Erhaltungssätze zu einem verbindet. Gleich wie man die Menge der drei Raumkoordinaten x, y, z und der Zeit t in vierdimensionaler Interpretation der Relativitätstheorie durch die vierdimensionalen Koordinaten eines Raum-Zeit-Punktes darstellen kann, so werden auch die drei Vektorkomponenten des Impulses $\mathbf{p}$ und der Energieskalar E in der Relativitätstheorie zu einem einzigen vierdimensionalen Energie- und Impulsvektor verknüpft. Gleichzeitig sind beide Erhaltungssätze von Energie und Impuls untrennbar miteinander durch einen einzigen Erhaltungssatz verbunden.

Ich möchte nun zum zweiten Teil meines Vortrags übergehen und mich einer anderen Betrachtungsweise physikalischer Probleme zuwenden, die im letzten Jahrhundert aufkam und äußerst große Bedeutung gewann, nämlich der Feldphysik. Während im 18. Jahrhundert im wesentlichen die Teilchenphysik vorherrschte, gewann im 19. Jahrhundert, besonders in seiner 2. Hälfte, die Feldphysik sehr große Bedeutung, unter der man die Beschreibung physikalischer Erscheinungen mittels stetiger Funktionen von Raum und Zeit zu verstehen hat.

Die Vorstellungen der Feldphysik bewegen sich in dem bekannten Widerspruch zur Physik des Massenpunktes, und tatsächlich blieb der Begriff des Teilchens der Feldphysik im Wesen immer fremd.

Dennoch ist notwendig, beide Begriffe zu verwenden: sowohl den des Teilchens als auch den des Feldes, wie sich dies besonders klar an der Wellenmechanik erkennen läßt, über die ich im weiteren Verlauf einige Bemerkungen machen will.

Ein bemerkenswertes und bekanntes Beispiel der Feldphysik ist die Maxwellsche Elektrizitätstheorie. In dieser Theorie wird das elektromagnetische Feld mit den zwei Vektoren **E** und **H** beschrieben. Der Vektor **E** als Intensitätsvektor des elektrischen Feldes darf auf keinen Fall mit der Energie E verwechselt werden, wobei wir beide mit dem gleichen Buchstaben kennzeichnen, ersteren jedoch in Fettschrift. Der Vektor **H** bezeichnet die Intensität des Magnetfeldes. Diese beiden Begriffe werden in der Relativitätstheorie zusammen gesehen und vereinigen sich in vierdimensionaler Interpretation zu einer einzigen Größe, dem vierdimensionalen Feldtensor (**H**, **E**) so, wie die Energie E und der Impuls **p** des Teilchens sich durch die Relativitätstheorie in dem einzigen vierdimensionalen Vektor von Energie und Impuls (**p**, E) vereinigen.

Die Größen **H** und **E** erfüllen das bekannte Maxwellsche Gleichungssystem:

$$\operatorname{rot}\mathbf{H} - \frac{1}{c}\frac{\partial \mathbf{E}}{\partial t} = \frac{4\pi}{c}\mathbf{i}; \qquad \operatorname{rot}\mathbf{E} + \frac{1}{c}\frac{\partial H}{\partial t} = 0;$$

$$\operatorname{div}\mathbf{E} = 4\pi\rho; \qquad \operatorname{div}\mathbf{H} = 0,$$

wobei ρ die elektrische Ladungsdichte und **i** die Stromdichte bezeichnet. Weiter brauche ich nicht auf die Einzelheiten dieser Gleichungen eingehen. Ich möchte die Aufmerksamkeit nur auf eine einzige bestimmte Frage lenken, und zwar auf den bekannten Erhaltungssatz der elektrischen Ladung, nach dem die algebraische Summe Σe der elektrischen Ladungen bei allen physikalischen Erscheinungen konstant bleibt. Neben den Erhaltungssätzen von Energie und Impuls ist dieses Gesetz eines der allgemeinsten Gesetze in der Physik.

Es bedarf der wichtigen Anmerkung, daß der Erhaltungssatz der Elektrizität abgeleitet werden kann, wenn man allein von den Maxwellschen Gleichungen ausgeht. Nach diesen Gleichungen kann die Gesamtladung e, die sich innerhalb eines Volumens V befindet: $e = \int_V \rho \, \mathrm{d}V$, auch ausgedrückt werden als Strom des elektrischen Vektors **E** durch die unser Volumen V begrenzende Oberfläche S:

$$e = \frac{1}{4\pi}\oint_S E_n \, \mathrm{d}S. \tag{7}$$

Ich kann Gleichung (7) als eine *Definition* der innerhalb des Volumens V befindlichen Ladung ansehen. Sind nun die Maxwellschen Gleichungen *an der Oberfläche S* des Volumens V gültig, dann erfahre ich, wie sich die Ladung e innerhalb des Volumens bei beliebigen darin vonstatten gehenden Vorgängen verändert, wobei es gleichgültig ist, ob die Maxwellschen Gleichungen auch innerhalb des Volumens V weiter gültig sind.

Tatsächlich folgt aus Gleichung (7) und den Maxwellschen Gleichungen in Anwendung auf die Oberfläche S, daß die Veränderung der Ladung des Volumens

$$\frac{\mathrm{d}e}{\mathrm{d}t} = -\oint_S i_n \,\mathrm{d}S \tag{8}$$

beträgt. Ist die Normalkomponente der Strochdichte i_n an der Oberfläche gleich null, dann ist $\frac{\mathrm{d}e}{\mathrm{d}t} = 0$ und die Ladung konstant. Man kann immer eine so weit entfernte Oberfläche S wählen, daß die Stromdichte auf ihr verschwindet, dann wird die Erhaltung der Ladung in dem durch sie begrenzten Volumen V *ganz unabhängig davon bewiesen, ob die Maxwellschen Gleichungen auf die Prozesse anwendbar sind, die im Inneren* dieses Volumens ablaufen.

Der genannte Beweis der Ladungserhaltung ist ein ideales Beispiel dafür, wie die Erhaltungssätze als Folgerungen aus der Feldtheorie abgeleitet werden können.

Mit dem Energieerhaltungssatz in der Maxwellschen Theorie verhält es sich jedoch anders: diesen kann man nicht allein aus den Maxwellschen Gleichungen ableiten. Um ihn zu beweisen, muß man außer den Maxwellschen Gleichungen auch noch das Bewegungsgesetz der elektrischen Ladungen kennen, z. B. die Bewegungsgleichungen der Ladungen unter Einfluß der Lorentzschen Kraft.

Das Ladungsbewegungsgesetz ist eine neue These, die nicht aus den Maxwellschen Gleichungen folgt. Dies geht z. B. daraus hervor, daß die Maxwellschen Gleichungen bekanntlich eine Lösung für den Fall von zwei elektrischen Ladungen besitzen, die sich voneinander in einem bestimmten Abstand befinden. Allein aus den Maxwellschen Gleichungen kann nicht beurteilt werden, ob diese Ladungen dauernd ruhen oder ob sie unter Einfluß der gegenseitigen Anziehung bzw. Abstoßung sich zu bewegen beginnen. Um diese Frage beantworten zu können, muß man das Ladungsbewegungsgesetz kennen oder irgendein Variationsprinzip auf die Maxwellschen Gleichungen anwenden, was der Einführung des bestimmten Bewegungsgesetzes in nichtexpliziter Form gleichkommt.

Anders verhält es sich mit der allgemeinen Relativitätstheorie. Dort erweist es sich als möglich, den Erhaltungssatz von Energie und Impuls aus den allgemeinen Gleichungen der Theorie ohne irgendwelche zusätzliche Annahmen abzuleiten.

Diese Ableitung ist analog zur Ableitung des Ladungserhaltungssatzes aus den Maxwellschen Gleichungen.

Damit verhält es sich folgendermaßen: ähnlich wie in der Maxwellschen Theorie das Elektromagnetfeld durch die beiden Vektoren **E** und **H**, die sechs Komponenten besitzen, beschrieben wird, ist in der allgemeinen Relativitätstheorie das Schwerefeld beschrieben durch die Komponenten eines bestimmten Potentials $g_{\mu\nu}$ $(\mu, \nu = 1, 2, 3, 4)$. Diese Komponenten sind symmetrisch in den Indizes μ und ν: $g_{\mu\nu} = g_{\nu\mu}$; die Anzahl der unabhängigen Komponenten ist gleich zehn. Gleich wie **E** und **H** den Maxwellschen Differentialgleichungen genügen, so erfüllen auch die $g_{\mu\nu}$ ein bestimmtes hinreichend komplexes Differentialgleichungssystem zweiter Ordnung. In gekürzter Form können diese Gleichungen folgendermaßen geschrieben werden:

$$G_{\mu\nu} = -k\, T_{\mu\nu}, \tag{9}$$

wobei $G_{\mu\nu}$ gewisse von $g_{\mu\nu}$ abhängige Differentialausdrücke zweiter Ordnung bezeichnen, und $T_{\mu\nu}$ die Komponenten des sogenannten Tensors von Energie und Impuls, der die räumliche Verteilung von Energie und Impuls charakterisiert. Insbesondere ist das Volumenintegral

$$\int_v T_{44}\, dV = E \tag{10}$$

gleich der im Integrationsvolumen V enthaltenen Energie, und die Volumenimpulse

$$\int_v T_{4\kappa}\, dV = p_\kappa \quad (\kappa = 1, 2, 3) \tag{11}$$

sind gleich den Komponenten des vollständigen, in V enthaltenen Impulses. Ansonsten habe ich in diesen Gleichungen der Einfachheit halber die trivialen Faktoren wie etwa 1 oder c weggelassen.
Die Komponenten des Tensors $T_{\mu\nu}$ spielen in den Schwerefeldgleichungen dieselbe Rolle, wie in den Maxwellschen Gleichungen die Dichten der elektrischen Ladungen und Ströme.
Die Erhaltungssätze von Energie und Impuls ermittelt man aus den Gleichungen (9) des Schwerefeldes, genau so wie den Ladungserhaltungssatz aus den Gleichungen des Elektromagnetfeldes. Derart wie die zeitliche Veränderung der Ladung e im Volumen V durch das Integral (8) ausgedrückt werden kann, so können auch die zeitlichen Veränderungen von Energie und Impuls (10) und (11) des Volumens V durch Integrale ausgedrückt werden, die sich über seine Oberfläche S erstrecken. Ist diese Fläche ausreichend genug entfernt, so gehen die entsprechenden Oberflächenintegrale gegen null, woraus die Erhaltung von Energie und Impuls im Volumen V folgt.
Äußerst wesentlich für diesen Beweis ist die hinreichende Annahme, daß die Gleichungen der Relativitätstheorie *an der Oberfläche S* dieses Volumens gelten; trifft dies zu, dann wird die Erhaltung der gesamten Energie und des Impulses im Volumen V ganz unabhängig davon bewiesen, ob die Gleichungen der Theorie im Inneren von V anwendbar sind.
Diese Schlußfolgerungen stammen von Einstein und bedeuten einen großen Fortschritt.
Die Analogie zwischen der Elektrizitätstheorie und der Gravitationstheorie kann man noch weiter fortführen. Die Aufgabe der sogenannten einheitlichen Feldtheorie, deren Aufbau sogar unseren Einstein und auch andere Forscher fesselte, ist die Erfassung der Gesetze von Elektrizität und Schwerkraft in einem einzigen System. Diesen Versuchen liegt das Bestreben nach Synthese aller drei Erhaltungssätze zugrunde: Energieerhaltung, Impulserhaltung und Ladungserhaltung.
Ohne weiter auf eine Erörterung dieser Fragen einzugehen, möchte ich nur sagen, daß durch die Arbeiten zahlreicher Physiker, darunter der des Leningrader Physikers Mandel, bewiesen wurde, daß es möglich ist, eine derartige einheitliche Theorie aufzustellen. Durch Hinzunahme einer zusätzlichen fünften Koordinate zu den Raumkoordinaten x, y, z und der Zeit t oder aber, was geeigneter ist, durch den Übergang von x, y, z, t zu fünf entsprechenden homogenen Koordinaten kann man eine einheitliche Theorie der Elektrizität und der Schwerkraft aufstellen, in der insbesondere alle fünf Gleichungen, die die Erhaltungssätze ausdrücken (Energie, drei Impulskomponenten und Ladung), formal durch eine einzige Gleichung dargestellt werden.

Zum Schluß dieses Teils meines Vortrages möchte ich noch einmal die Analogie zwischen den drei wichtigsten Erhaltungssätzen von Energie, Impuls und elektrischer Ladung hervorheben, eine Analogie, die meiner Meinung nach von großer Bedeutung ist.
Ich komme jetzt auf die außerordentlich schwierige Frage zu sprechen, die die Erhaltungssätze in der Quantentheorie betreffen und in letzter Zeit zu sehr lebhaften Auseinandersetzungen führten.
Zweifel an der Anwendbarkeit der Erhaltungssätze auf atomare Erscheinungen kamen fast gleichzeitig mit der Entstehung der Quantentheorie auf, im Zusammenhang mit den Schwierigkeiten, denen man beim Versuch der quantenmäßigen Erklärung verschiedener Interferenzerscheinungen begegnete. 1923 unternahmen Bohr und Slater den Versuch, diese Schwierigkeiten aufgrund einer statistischen Interpretation der Erhaltungssätze zu lösen, d. h. durch die Annahme, die Energie werde im Durchschnitt nur infolge der großen Zahl der Fälle erhalten, aber in jedem Einzelakt könne der Erhaltungssatz verletzt werden. Dieser Versuch erwies sich jedoch als nicht stichhaltig.
Denn ist, erstens, der Erhaltungssatz ungültig, dann ist überhaupt sehr schwer zu verstehen, warum er in diesem Fall dennoch im statistischen Durchschnitt erfüllt werden sollte.
Zweitens wurde die Unzulässigkeit einer statistischen Interpretation der Erhaltungssätze auch empirisch aufgezeigt. Bekanntlich beobachtet man bei der Streuung der Röntgenstrahlen den Compton-Effekt. Er besteht darin, daß das Röntgen-(Licht-) Quant $h\nu$ (ν Frequenz des Lichtes oder der Röntgenstrahlen, h Plancksche Quantenkonstante) beim Zusammenstoß mit dem Elektron in einem gewissen Winkel φ von der ursprünglichen Flugrichtung abweicht, wobei seine Frequenz ν abnimmt. Somit kann die Anwendbarkeit dieser Gesetze auf individuelle atomare Akte im Versuch verifiziert werden. Zwar kann man den Flug des abgelenkten Quants nicht direkt registrieren, man kann ihn jedoch durch die sekundären Elektronen feststellen, die durch dieses Quant ausgelöst werden.
Messungen zeigten, daß der Compton-Effekt in völliger Übereinstimmung mit den Erhaltungssätzen abläuft. Es zeigte sich insbesondere, daß die Beziehung zwischen den Winkeln φ und θ der Streuung des Quants und des Elektrons den Erhaltungssätzen entspricht. Außerdem bewiesen Bothe und Geiger mit der sogenannten Koinzidenzmethode, daß die Streuung des Elektrons und die des Quants tatsächlich gleichzeitig stattfinden.
In allerjüngster Zeit, etwa vor 1 1/2 bis 2 Jahren, kamen im Zusammenhang mit Shanklands Versuchen erneut Zweifel an der Richtigkeit dieser empirischen Ergebnisse auf. Sie wurden jedoch alsbald durch die Arbeiten zahlreicher Physiker ausgeräumt, so daß das Aufkommen dieser Zweifel an sich nur zu einer strengeren empirischen Begründung der Anwendbarkeit der Erhaltungssätze führte.
Bohr selbst hat in letzter Zeit ganz eindeutig darauf hingewiesen, daß die gegenwärtige Situation der Physik keine Möglichkeit und keine Begründungen für ein Wiederaufleben der alten Versuche von 1923 einer statistischen Interpretation der Erhaltungssätze bietet. Die Erhaltungssätze sind im Gegenteil offensichtlich bei den atomaren Erscheinungen vollkommen erfüllt; auch konnten alle in diesem Bereich auftretenden Schwierigkeiten nicht durch eine Aufgabe dieser Gesetze ausgeräumt werden, sondern aufgrund des Bohrschen „Komplementaritäts“-Prinzips [im Original deutsch – Anm. d. Übers.].

Ein wichtiger Spezialfall dieses Komplementaritätsprinzips ist die bekannte Heisenbergsche Unschräferelation: $\Delta x \cdot \Delta p \geqslant h$, die die Unschärfe der Lage des Teilchens Δx mit der Unschärfe seines Impulses Δp verknüpft (h bezeichnet die Plancksche Quantenkonstante). Vollkommen analog dazu ist die andere Heisenbergsche Relation: $\Delta E \cdot \Delta t \geqslant h$, die die Dauer Δt des Meßvorgangs der Teilchenenergie mit der Unschärfe dieser Energie ΔE verbindet. Nach Bohrs Terminologie sind die Begriffe Lage und Impuls wie auch Zeit und Energie sich gegenseitig ergänzende Begriffe.

Für die Darlegung dieser komplizierten und wichtigen Fragen wäre ein gesonderter Vortrag erforderlich. Ohne auf Einzelheiten einzugehen, sage ich deshalb nur, daß die gegenwärtige Quantenmechanik sich im gesamten Bereich der Atomphysik bewährt (ich schließe darin nicht das Gebiet der Kernphysik ein).

Diese Theorie erfüllt die logischen und empirischen Forderungen, die wir an jede physikalische Theorie stellen müssen.

Den logischen Forderungen entsprechend muß die Theorie erstens frei sein von inneren Widersprüchen und, zweitens, auf einer möglichst geringen Zahl von Ausgangshypothesen und Voraussetzungen beruhen.

Was die empirischen Forderungen angeht, ist die Theorie in Übereinstimmung mit dem Experiment richtig, wenn sie die physikalischen Erscheinungen „wiedergab" [im Original deutsch. – Anm. d. Übers.], die zu einem bestimmten Bereich ihrer Anwendbarkeit gehören.

Die Quantentheorie erfüllt diese Forderungen alle; deshalb muß man sie als eine wohlbegründete Theorie annehmen und anerkennen und man darf sie nicht mit willkürlichen Vorurteilen verwerfen. Ebensowenig kann man die Haltung einiger weniger älterer deutscher Physiker ernstnehmen, die sich gegen die Relativitätstheorie und die Quantentheorie ausgesprochen haben.

Insbesondere muß man philosophischen Versuchen gegenübertreten, der physikalischen Theorie Vorschriften zu machen. Die Philosophie muß im Gegenteil ihr Begriffssystem nach den experimentellen Tatsachen ausrichten.

Und da die Quantentheorie alle Forderungen erfüllt, die man hinsichtlich einer physikalischen Theorie stellen kann, müssen wir sie als eine vollständige und abgeschlossene Theorie anerkennen.

Kehren wir zur Ausgangsfrage zurück. Wie bereits bemerkt, bleiben die Erhaltungssätze auch in der Quantentheorie gültig. Man muß jedoch beachten, daß die experimentelle Überprüfung des Energieerhaltungssatzes nicht in einem genau bestimmten Zeitpunkt durchgeführt werden kann, und daß die Überprüfung der Impulserhaltung mit der Berücksichtigung der Unschärfe der Lage des Systems zusammenhängt. Umgekehrt erzeugt z. B. die Messung der Lage des Systems eine Impulsunschärfe, weil bei dieser Messung dem System durch die Meßgeräte unkontrollierbare Impulse erteilt werden.

Übergehend zu Fragen der Kernphysik muß man vor allem darauf hinweisen, daß wir es hier mit einem völlig neuen Gebiet zu tun haben, mit dem erst in allerjüngster Zeit mit Erfolg gearbeitet wurde. Schwierigkeiten mit dem Energieerhaltungssatz traten bereits seit längerem im Zusammenhang mit den Erscheinungen der Beta-Radioaktivität auf. Beim Beta-Zerfall entweicht aus dem radioaktiven Kern bekanntlich ein Elektron hoher Geschwindigkeit. Die Schwierigkeit beruht darauf, daß beta-radioaktive Substanzen nicht Elektronen bestimmter Energie emittieren, sondern Elektronen mit unterschiedlichen Energien (ein kontinuierliches Energiespektrum). Der Beta-Zerfall verläuft übrigens nach dem gleichen reinen Wahrscheinlichkeitsgesetz (zeitliche Exponentialabhängigkeit) wie der Alpha-Zerfall; beim Alpha-Zerfall werden aber nur Alpha-Teilchen mit völlig bestimmter Energie aus dem Kern herausgeschleudert. Der neue Kern, der sich aufgrund des Beta-Zerfalls gebildet hat, befindet sich in einem genau bestimmten Zustand: seine Masse ist genau vorgegeben und, falls er alpha-radioaktiv ist, strahlt er auch die Alpha-Teilchen mit völlig bestimmter Energie aus. Deshalb ist schwer zu verstehen, warum die Beta-Elektronen keine exakt bestimmte Energie besitzen.

In diesem Zusammenhang wurde u. a. erst kürzlich der Zweifel geäußert, ob die Beta-Teilchen tatsächlich Elektronen mit einer bestimmten Masse seien. Man kann diese Zweifel anscheinend für völlig ausgeräumt halten.

Man hat versucht, die Energieschwankung der Beta-Elektronen mit der quantenmechanischen Unschärferelation in Verbindung zu bringen:

$$\Delta E \cdot \Delta t \geqslant h.$$

Dieser Vorschlag ist jedoch nicht stichhaltig. Beim Messen der Energie der Beta-Elektronen wollen wir nicht die Einzelheiten des Zerfallsvorgangs verfolgen; die einzige Beschränkung der Meßdauer hängt mit der Lebensdauer τ des radioaktiven Kerns zusammen. In atomaren Zeitmaßstäben gesehen, ist diese Dauer τ äußerst groß. Deshalb kann sie praktisch zu keiner Unschärfe im Energiewert führen.

Schließlich wurde vielfach die Behauptung aufgestellt, der Beta-Zerfall laufe unter Verletzung des Energieerhaltungssatzes ab. Ich habe mich persönlich gegen diese Behauptung ausgesprochen.

Erstens glaube ich, daß die Analogie zwischen den Gesetzen der Energieerhaltung und der Erhaltung der elektrischen Ladung eine tiefe Bedeutung besitzen und eine zuverlässige Richtschnur sein können. Verwirft man die Energieerhaltung, so kann man den Ladungserhaltungssatz kaum aufrechterhalten, und dieser letztgenannte Satz hat bislang niemals zu irgendwelchen Schwierigkeiten geführt. Deshalb habe ich von Anfang an abgelehnt, an eine Verletzung der Energieerhaltung zu glauben.

Desweiteren muß man jene, auf der allgemeinen Relativitätstheorie beruhenden Vorstellungen in Betracht ziehen, von denen im zweiten Teil des Vortrags die Rede war. Wir sahen – auch wenn man nicht auf die Untersuchung der im Inneren eines Volumens ablaufenden Vorgänge eingeht und sich allein auf eine Anwendung der Relativitätstheorie auf die an der Oberfläche dieses Volumens ablaufenden Vorgänge beschränkt –, daß man die Erhaltung der im Volumen befindlichen Energie beweisen kann. Deshalb können die spezifischen Besonderheiten der Kernprozesse diese Schlußfolgerungen nicht ändern.

Im weiteren Verlauf wurden an diese Vorstellungen grundsätzlicher Art auch experimentell ermittelte Angaben angefügt. Ellis und Mott klärten die wichtige Bedeutung der Grenze des Energie-Spektrums der Beta-Elektronen, d. h. der Maximalenergie, mit der das Elektron aus dem Kern herausfliegen kann. Nimmt man an, daß der Kern in jedem Akt des Beta-Zerfalls gerade diese Maximalenergie verliert, bewährt sich der Energieerhaltungssatz im Versuch sehr gut. Ellis und Mott bewiesen dies, indem sie die Summe der freigesetzten Energien bei verschiedenen Zerfallsweisen an den Verzweigungsstellen der radioaktiven Familien verglichen.

All dies führte mich zu der Hypothese, nach der in jedem Akt des Beta-Zerfalls gleichzeitig mit dem Elektron auch noch ein anderes Teilchen aus dem Kern herausfliegt, das die Differenz zwischen der vom Kern verlorenen Energie und der Energie des Beta-Elektrons mit sich führt. Dieses Teilchen muß eine äußerst große Durchdringungsfähigkeit besitzen, was sich dadurch erklären ließe, daß es bislang experimentell nicht nachgewiesen wurde. In diesem Zusammenhang muß seine elektrische Ladung gleich null werden. Desweiteren muß man voraussetzen, daß das Elektron einen inneren Drehimpuls (Spin) besitzt, der gleich $\frac{1}{2}h$ ist. Was seine Masse betrifft, so muß sie ohne Zweifel wesentlich geringer sein als die Masse des Protons, und wahrscheinlich darf sie nicht größer sein als die Masse des Elektrons. Am wahrscheinlichsten ist, daß seine Ruhemasse ähnlich der Ruhemasse des Lichtquants gleich null ist und es sich mit Lichtgeschwindigkeit fortbewegt. Im übrigen ist die Möglichkeit nicht ausgeschlossen, daß dieses Teilchen eine Masse besitzt, die mit der Masse des Elektrons vergleichbar ist.

Diese Hypothese habe ich zum ersten Mal 1931 in Vorlesungen vertreten, die ich seinerzeit an der Kalifornischen Universität hielt. Ich konnte mich damals jedoch nicht entschließen, sie zu veröffentlichen.[1]

Danach entwickelte Fermi auf der Grundlage dieser Hypothese die Theorie des Beta-Zerfalls und gab sogar dem hypothetischen Teilchen die inzwischen allgemein gebräuchlich gewordene Bezeichnung „Neutrino", was auf italienisch „kleines Neutron" heißt.

Wie die obigen Vorstellungen, so sprechen auch eine Reihe anderer Fakten zugunsten der Existenz des Neutrinos, auch wenn man es als unbefriedigend ansehen muß, daß es bislang nicht gelang, das Neutrino unmittelbar experimentell nachzuweisen. Über die in dieser Hinsicht vorhandenen Perspektiven gehen die Meinungen auseinander. Heisenberg insbesondere hat im vergangenen Jahr eine Hypothese über die Natur der sogenannten kosmischen Schauer aufgestellt. Nach dieser Hypothese muß in den kosmischen Schauern ein Neutrino mit so großer Energie vorkommen, daß man sie unter den bekannten Bedingungen mit den heutigen Meßmethoden feststellen können müßte. Die Frage nach der Richtigkeit der Heisenbergschen Hypothese ist jedoch noch offen und kann nur im Verlauf der weiteren Untersuchung des Problems beantwortet werden. Auf jeden Fall verspricht die weitere Untersuchung der kosmischen Schauer sehr viel Neues, insbesondere hinsichtlich der Neutrino-Frage.

Lassen Sie mich hiermit meinen Vortrag schließen, in dem ich versuchte, einen kurzen Abriß der Evolution der Erhaltungssätze der Physik zu geben.

Anmerkung 1: Gegeben seien die Gleichungen der Erhaltung von Energie und Impuls:

$$\Sigma m_i f(u_i^2) = \Sigma m_i f(U_i^2), \tag{a}$$

$$\Sigma m_i \mathbf{u}_i g(u_i^2) = \Sigma m_i \mathbf{U}_i g(U_i^2), \tag{b}$$

wobei die Funktionen f und g beliebig sind.

1 Anmerkung des russischen Übersetzers: Mit seiner Erlaubnis schriftlich dargelegt wurde Paulis Hypothese erstmals von zwei seiner Seminarteilnehmer, Carlson und Oppenheimer, im Jahre 1932.

Wir stellen die Forderung auf, daß die Erhaltungssätze in beweglichen Bezugssystemen gültig bleiben, d. h. bei Ersatz von $\mathbf{u}_i$ durch $\mathbf{u}'_i = \mathbf{u}_i + \mathbf{v}$ und $\mathbf{U}_i$ durch $\mathbf{U}'_i = \mathbf{U}_i + \mathbf{v}$:

$$\Sigma m_i f(u_i'^2) = \Sigma m_i f(U_i'^2) \tag{c}$$

$$\Sigma m_i \, \mathbf{u}'_i \, g(u_i'^2) = \Sigma m_i \, \mathbf{U}'_i \, g(U_i'^2). \tag{d}$$

Bei Taylor-Entwicklung von $f(u_i'^2)$ ist:

$$f(u_i'^2) = f(u_i^2 + 2\mathbf{u}_i\mathbf{v} + v^2) = f(u_i^2) + (2\mathbf{v}\mathbf{u}_i + v^2)\, f'(u_i^2) + \frac{1}{2}(2\mathbf{v}\mathbf{u}_i + v^2)^2 f''(u_i^2) + \ldots$$

wobei f', f'' usw. Ableitungen der Funktion $f(u_i^2)$ bezeichnen.
Wir beschränken uns auf Potenzen von v nicht höher als v^2 und erhalten

$$f(u_i'^2) = f(u_i^2) + 2\mathbf{v}\mathbf{u}_i f(u_i^2) + v^2 f'(u_i^2) + 2(\mathbf{v}\mathbf{u}_i)^2 f''(u_i^2).$$

Wir setzen diese Entwicklung in (c) ein, vergleichen die Koeffizienten jeder Potenz von v und erhalten erstens wiederum Gleichung (a) und außerdem

$$\Sigma m_i \, \mathbf{u}_i f'(u_i^2) = \Sigma m_i \, \mathbf{U}_i f'(U_i^2),$$

$$\Sigma m_i \, [f'(u_i^2) + 2u_i^2 \cos^2(\mathbf{v}, \mathbf{u}_i) f''(u_i^2)] = \Sigma m_i \, [f'(U_i^2) + 2U_i^2 \cos^2(\mathbf{v}, \mathbf{U}_i) f''(U_i^2)].$$

Die erste dieser Gleichungen wird aufgrund von (b) dann und nur dann erfüllt, wenn

$$f'(u_i^2) = \text{const}\, g(u_i^2);$$

die zweite Gleichung wird hingegen nur unter der Bedingung $f'(u_i^2) = \text{const}$ und $f''(u_i^2) = 0$ erfüllt. Somit ist

$$f = a\,u^2 + c, \; g = b,$$

wobei a, b und c beliebige Konstanten sind.
Man kann sich leicht davon überzeugen, daß die Erhaltungssätze bei einer derartigen Wahl der Funktionen f und g exakt gültig sind in beweglichen Bezugssystemen (und nicht nur bis zu den Gliedern der Größenordnung v^2). Fordern wir, daß die kinetische Energie gegen null geht bei $u = 0$, so müssen wir $c = 0$ annehmen und erhalten: $E = amu^2$, $p = bmu$, so daß von der Wahl der Konstanten a und b nur die Maßeinheiten von Energie und Impuls abhängen.
Anmerkung 2: Im Falle der Relativitätstheorie sieht man die beliebigen Funktionen f und g in den Gleichungen (a) und (b) geeigneterweise nicht als Funktionen des Geschwindigkeitsquadrats u^2 an, sondern als Funktionen der mit ihm verwandten Größe k:

$$k = \frac{1}{\sqrt{1 - \frac{u^2}{c^2}}}.$$

Beim Übergang zum beweglichen Koordinatensystem erhalten wir auf Grund des relativistischen Additionstheorems der Geschwindigkeiten:

$$k' = \frac{1}{\sqrt{1-\frac{u'^2}{c^2}}} = \frac{1+\frac{\mathbf{uv}}{c^2}}{\sqrt{1-\frac{u^2}{c^2}}\sqrt{1-\frac{v^2}{c^2}}} = k\,\frac{1+\frac{\mathbf{uv}}{c^2}}{\sqrt{1-\frac{v^2}{c^2}}},$$

oder, indem wir uns auf Glieder nicht größer als $\frac{v^2}{c^2}$ beschränken:

$$k' = k + k\left(\frac{\mathbf{uv}}{c^2} + \frac{v^2}{2c^2}\right).$$

Somit ist

$$f(k') = f(k) + \frac{k}{c^2}\left(\mathbf{uv} + \frac{v^2}{2}\right) f'(k) + \frac{k^2}{2c^4}\left(\mathbf{uv} + \frac{v^2}{2}\right)^2 f''(k) + \ldots$$

oder, bis auf quadratische Glieder in $\frac{v}{c}$:

$$f(k') = f(k) + \mathbf{vu}\,\frac{k}{c^2} f'(k) + \frac{v^2\,k}{2c^2}\left(f'(k) + \frac{u^2\,k}{c^2}\cos^2(\mathbf{u},\mathbf{v})\,f''(k)\right).$$

Wir setzen diese Entwicklung in den Ausdruck des Energieerhaltungssatzes im beweglichen Bezugssystem ein:

$$\Sigma m_i\, f(k_i') = \Sigma m_i\, f(K_i'),$$

vergleichen die Koeffizienten jeder Potenz von v und erhalten

$$\Sigma m_i\, f(k_i) = \Sigma m_i\, f(K_i),$$

$$\Sigma m_i\, \mathbf{u}_i\, k_i\, f'(k_i) = \Sigma m_i\, \mathbf{U}_i\, K_i\, f'(K_i),$$

$$\Sigma m_i\, k_i \left\{ f'(k_i) + \frac{u_i^2}{c^2}\, k_i \cos^2(\mathbf{u}_i, \mathbf{v})\, f''(k_i) \right\} = \Sigma m_i\, K_i \left\{ f'(K_i) + \frac{U_i^2}{c^2}\, K_i \cos^2(\mathbf{U}_i, \mathbf{v})\, f''(K_i) \right\}.$$

Die erste dieser Gleichungen stimmt mit (a) überein, die zweite wird infolge von (b) dann und nur dann erfüllt, wenn

$$kf'(k) = \text{const}\, g(k).$$

Was die dritte Gleichung betrifft, so zerfällt sie in zwei Gleichungen; in eine Tensorgleichung:

$$\Sigma m_i\, k_i^2\, u_i^2 \cos^2(\mathbf{u}_i \mathbf{v})\, f''(k_i) = \Sigma m_i\, K_i^2\, U_i^2 \cos^2(\mathbf{U}_i, \mathbf{v})\, f''(K_i)$$

und in eine Skalargleichung:

$$\Sigma m_i\, k_i\, f'(k_i) = \Sigma m_i\, K_i\, f'(K_i).$$

Die Tensorgleichung kann nur unter der Bedingung

$$f''(k) = 0$$

erfüllt werden, die Skalargleichung hingegen infolge von (a), wenn

$$kf'(k) = \text{const}\, f(k).$$

Die Gesamtheit dieser Relationen führt zu dem Ergebnis

$$f = ak, \qquad g = bk,$$

wobei a und b beliebige Konstanten sind.

Angemerkt sei, daß im Unterschied zum nichtrelativistischen Fall zum Ausdruck für f, und gleichzeitig damit auch zur Energie E, keine additive Konstante gehört.

Man kann sich leicht davon überzeugen, daß die Erhaltungssätze bei dieser Wahl der Funktionen f und g in einem beweglichen Bezugssystem (und nicht nur bis zu den Gliedern der Größenordnung $\frac{v^2}{c^2}$) exakt gültig sind. Somit ist

$$E = amk = \frac{am}{\sqrt{1 - \frac{u^2}{c^2}}}, \qquad \mathbf{p} = bm\mathbf{u}k = \frac{bm\mathbf{u}}{\sqrt{1 - \frac{u^2}{c^2}}}.$$

4

Wolfgang Pauli

Einige grundlegende Bemerkungen über die Theorie des Beta-Zerfalls*

Zusammenfassung. **Es wird gezeigt, daß die exakte Durchführung der Fermischen Theorie des β-Zerfalls zu einer unendlichen Selbstenergie der Teilchen führt und daß somit die Anwendung der höheren Näherungen der Störungstheorie auf den β-Zerfall (z. B. in der Heisenbergschen Theorie der kosmischen showers) unberechtigt ist.**

Ich möchte über einige bisher unveröffentlichte Untersuchungen zur Theorie des β-Zerfalls berichten, die zwar nicht zu positiven Ergebnissen führten, zweifelsohne jedoch von Interesse sind.

Das Problem besteht darin: in welchem Maße ist die Verwendung der Störungstheorie bei Anwendung auf die Fermi-Theorie der β-Radioaktivität zulässig. Diese Theorie beruht insgesamt auf den folgenden Annahmen. Die volle Hamilton-Funktion des Systems H wird angesehen als Summe des „ungestörten" Operators H_0 und eines zusätzlichen Operators Ω, der die der β-Radioaktivität entsprechende Wechselwirkung der Teilchen berücksichtigt: $H = H_0 + \Omega$. Dieser Operator Ω wird dabei als klein angesehen, d. h. derart, daß man eine vernünftige Lösung des Problems in Form einer Potenzreihe dieses kleinen Operators oder, genauer ausgedrückt, einer Potenzreihe der Fermi-Konstante g, die als Faktor in Ω steht, findet.

Für das Weitere mißt man geeigneterweise die Energie in den inversen Längeneinheiten, nämlich in den Einheite Energie/$\hbar c$ und führt dementsprechend anstelle der Fermi-Konstante g die zu ihr proportionale Konstante f ein, die die Dimension eines Längenquadrats besitzt.

Die Hauptfrage lautet also folgendermaßen: Ist die Entwicklung nach den sukzessiven Potenzen der Konstante f zulässig? Insbesondere Ivanenko und Sokolov kamen zu der Annahme, daß die sich aufgrund der Theorie des β-Zerfalls ergebenden Kräfte der Wechselwirkung zwischen den schweren Teilchen nur deshalb zu gering sind, weil man sich bei der Berechnung dieser Kräfte nur auf die ersten Glieder der Entwicklung nach den Potenzen von f beschränkt; wenn diese Entwicklung schlecht konvergiert, dann können ihre ersten Glieder größenordnungsmäßig zu falschen Ergebnissen führen. Auch wenn ich nicht glauben kann, daß eine genaue Lösung des Problems die Kernkräfte richtig erklären könnte, so möchte ich mir

* Pauli (1938c). Die vorliegende Rückübersetzung aus dem Russischen wurde an der Übersetzungsstelle der Universitätsbibliothek Stuttgart von Ottmar Pertschi angefertigt. Die Zusammenfassung ist original.

dennoch die Aufgabe stellen, um dem Problem auf den Grund zu gehen, wobei ich die Entwicklung nach den Potenzen von f außer Acht lasse.

Die Lösung dieser Aufgabe ist möglich, wenn man folgendermaßen vorgeht. Wir schneiden zuerst das Wellenlängenspektrum unserer Teilchen bei einer bestimmten kleinsten Wellenlänge ab oder, was zu annähernd demselben Ergebnis führt. Wir betrachten den Raum als irgendein kristallines Medium mit der Gitterperiode d. Dann werden die Wellenfunktionen der Teilchen, ähnlich den elastischen Wellen in Kristallen, nur in den Gitterpunkten dieses Kristallgitters bestimmt, welches allerdings rein fiktiven Charakter besitzt und nur als irgendein Rechenverfahren eingeführt wird. Dank dieses Vorgehens wird unsere Aufgabe lösbar. Um eine Lösung zu erhalten, muß man schließlich im Schlußergebnis zum Grenzwert $d = 0$ übergehen.

Davon abgesehen machen wir noch die folgende unwesentliche Vereinfachung. Anstelle dessen, daß wir die Erzeugung und Vernichtung von zwei leichten Teilchen (des Elektrons und des Neutrinos) bei Umwandlung des Protons in ein Neutron und umgekehrt untersuchen, betrachten wir nur die leichten Teilchen einer Sorte, die, in Wechselwirkung untereinander nach einem zum Fermi-Gesetz analogen Gesetz, ein neues Paar derselben Teilchen erzeugen können. Verständlicherweise hat diese Paarbildung nichts gemein mit der Paarbildung Elektron-Positron unter dem Einfluß der elektromagnetischen Kräfte.

Die ungestörte Hamilton-Funktion unseres Systems hat die allgemeine Form

$$H_0 = -i \int \sum_{k=1}^{3} \psi^* \alpha^k \nabla_k \psi \, dV, \tag{1}$$

als Störoperator kann man

$$\Omega = f \int (\psi^* \beta \psi)^2 \, dV \tag{2}$$

wählen.[1] Auf andere mögliche Ansätze von Ω kommen wir später zu sprechen.

Nach dem vorher Gesagten nehmen wir nun an, daß der Raum einem Gitter mit der Periode d ähnlich ist. Dabei führt man geeigneterweise anstelle der Wellenfunktion ψ eine neue Funktion a ein, die durch das Verhältnis

$$\psi = \frac{a}{\sqrt{v}}$$

bestimmt wird, mit $v = d^3$. Die Vertauschungsregeln für die Funktion a haben eine ganz einfache Gestalt:[2]

$$a_n^* a_{n'} + a_{n'} a_n^* = \delta_{nn'},$$

1 Anm. d. Hrsg.: α^k, β sind Dirac-Matrizen, die Teilchenmasse ist null gesetzt und $\hbar = c = 1$.

2 Anm. d. Hrsg.: Hier steht im Original fälschlicherweise $a_n^* - a_{n'}$ anstatt $a_n^* a_{n'}$.

wobei der Index n die Gesamtheit der drei ganzen Zahlen n_1, n_2, n_3 bezeichnet, mit denen die Punkte des Kristallgitters durchnumeriert sind. Die Raumintegration in den Gleichungen (1) und (2) wird nun durch die Summation über die Gitterpunkte ersetzt:

$$\iiint \ldots dx\, dy\, dz \rightarrow d^3 \sum_{n_1, n_2, n_3,} \ldots$$

so daß das Volumen der Elementarzelle d^3 bei Einführung der Funktion a in den ungestörten Hamilton-Operator aus ihm herausfällt:[3]

$$H_0 = -i \sum_n a_n^* \alpha^k \nabla_k a_n.$$

Im Störoperator Ω geht die Wellenfunktion jedoch nicht im Quadrat ein, sondern in vierter Potenz, und deshalb fällt das Volumen der Elementarzelle nicht aus Ω heraus:

$$\Omega = \frac{f}{v} \sum_n (a_n^* \beta a_n)^2.$$

Da die zum Nenner dieses Ausdrucks gehörende Größe $v = d^3$ gegen Null strebt, hat das Glied Ω, wenn wir im Schlußergebnis zum Grenzwert $d = 0$ übergehen, Übergewicht gegenüber H_0, und man kann die Aufgabe lösen, indem man die kinetische Energie H_0 im Vergleich mit der Energie der Wechselwirkung vernachlässigt. In dieser Näherung kann die Aufgabe bis zum Schluß genau gelöst werden.

Es zeigt sich erstens, daß der Raum auch bei Fehlen der Teilchen eine bestimmte „Nullpunktsenergie" besitzt, deren Dichte gleich

$$\epsilon = \frac{Af}{v^2} \tag{3}$$

ist – wobei A einen bestimmten numerischen Faktor bezeichnet – und bei $d = 0$ unendlich wird. Die unendlich große Nullpunktsenergie könnte man als unveränderliche zusätzliche Konstante unberücksichtigt lassen, aber – und dies ist um vieles schlechter – die Selbstenergie des Teilchens ist gleich[4]

$$\epsilon_1 = \frac{Bf}{v} \tag{4}$$

– wobei B eine bestimmte Zahl bezeichnet – und folglich bei $d = 0$ ebenfalls unendlich.

3 Anm. d. Hrsg.: Hier ist über $k = 1, 2, 3$ zu summieren.

4 Anm. d. Hrsg.: ϵ ist der Vakuum-Erwartungswert pro Volumen, ϵ_1 der Ein-Teilchen-Erwartungswert.

Wenn dies ein allgemeines Ergebnis wäre, dann müßte man die Fermi-Theorie als widerlegt ansehen, da nur der Grenzfall $d = 0$ einen physikalischen Sinn ergibt, weil, abgesehen von allem Anderen, durch Einführen eines endlichen d die Lorentzinvarianz der Theorie verletzt wird.

Der Ausdruck (2) für den Operator Ω ist jedoch nicht der einzig mögliche. Man kann eine ganze Reihe anderer relativistisch invarianter Ausdrücke vierter Ordnung in der Funktion ψ wählen. Unter diesen Möglichkeiten gibt es eine bestimmte, bei deren Wahl die Konstanten A und B in den Gleichungen (3) und (4) gleich null sind. Deshalb fallen die Schwierigkeiten mit den Unendlichkeiten weg, und es ist anscheinend alles in Ordnung. In diesem Einzelfall, $A = B = 0$, kann man jedoch bereits nicht mehr den ungestörten Operator H_0 im Vergleich mit Ω vernachlässigen und muß die Dichte der Nullpunktsenergie ϵ und die Selbstenergie des Teilchens ϵ_1 bestimmen, die durch das Glied H_0 bedingt sind. Diese Größen hängen nicht von der Konstante f ab, wobei

$$\epsilon = \frac{A'}{d^4}$$

ist, d. h. wie im Vorhergehenden bei $d = 0$ gegen unendlich strebt; die Selbstenergie des Teilchens ist bei $d = 0$ aber nicht nur nicht unendlich, sondern wird bei $d = 0$ selbst null:

$$\epsilon_1 = Bk^2 d,$$

wobei k die Wellenzahl des Teilchens bezeichnet.[5]

Somit verschwinden tatsächlich die Schwierigkeiten mit der Unendlichkeit der Selbstenergie in diesem Sonderfall, der nicht nur durch die Gestalt des Operators Ω, sonders bereits durch das Vorzeichen der Konstante f völlig bestimmt ist. Diese Energie steht jedoch nicht in Abhängigkeit von der charakteristischen Konstante f, sondern nur von der Hilfskonstante d, die keinen physikalischen Sinn hat und im Endergebnis notwendigerweise gleich null gesetzt ist. Somit erweisen sich die Hoffnungen, welche Heisenberg für die Situation hegte, daß man in der Theorie des β-Zerfalls einer neuen universellen Konstante f mit der Dimension eines Längenquadrats begegnet, als grundlos. In seiner Theorie der kosmischen Schauer hat Heisenberg die Hoffnung gehegt, diese universelle Länge $\sqrt{f}$ mit der charakteristischen Wellenlänge λ_0 der leichten Teilchen in den kosmischen Schauern in Verbindung bringen zu können.

Auf der Grundlage des Dargelegten muß man erkennen, daß Heisenbergs Theorie der Schauer unbefriedigend ist, weil sie den Versuch darstellt, bestimmte physikalische Ergebnisse auf der Grundlage höherer Näherungen der Störungstheorie zu ermitteln, während die konsequente Durchführung der Theorie entweder zu unendlicher Selbstenergie der Teilchen, oder in einem bestimmten Einzelfall zu einem Ergebnis führt, aus dem die charakteristische Länge $\sqrt{f}$ völlig herausfällt.

Zusammenfassend kann man sagen, daß die Theorie des β-Zerfalls einen beschränkten Anwendungsbereich hat. Wenn wir ein Wellenlängenspektrum an einer bestimm-

5 Anm. d. Hrsg.: Die Konstante B ist hier identisch mit dem B in (4), doch ist ein Faktor $k\ d$ zweifelhaft.

ten Mindestgrenze λ_{gr} abschneiden, dann können wir die ersten Näherungen dieser Theorie bedingt verwenden; man muß jedoch davon Abstand nehmen, die höheren Näherungen der Störungstheorie untersuchen zu wollen.

Zum Schluß möchte ich noch hinzufügen, daß es in letzter Zeit immer klarer wird, daß das Hauptproblem der Physik gegenwärtig darin besteht, das richtige Verfahren zur Quantelung von Systemen zu finden, die eine unendlich große Anzahl von Freiheitsgraden besitzen. Die Schwierigkeiten, die der Anwendung der modernen Quantentheorie Grenzen setzen und die bislang mit Schwierigkeiten anderer Art verbunden schienen, haben ihre Ursache in Wirklichkeit gerade in jenem Hauptproblem der Quantelung von Systemen mit unendlich vielen Freiheitsgraden. Vielleicht kann das Studium des Verhaltens von sehr schnellen kosmischen Teilchen die experimentelle Grundlage für die Lösung dieser Hauptaufgabe der modernen theoretischen Physik vorbereiten.

5

Wolfgang Pauli

Exclusion Principle, Lorentz Group and Reflection of Space-Time and Charge*

I am just writing down the reflection-paper for the Bohr-volume. ... Writing down my ideas I feel that 'His Majesty' = Julien Schwinger should know every thing what is in this paper. But he will never tell it, so this will be forever 'unobservable'.

Pauli an Rosenfeld, 28. September 1954

Pauli's last achievement is the very curious Lüders-Pauli theorem, which states essentially that in virtue of certain purely formal transformation properties of fields all equations must remain invariant under the combined transformations of change of sign of the space coordinates, change of sign of the time, and replacement of all particles by their antiparticles. This theorem has taken on special significance quite recently when the discovery of parity non-conservation in weak interactions has revealed that in nature one does not have invariance with respect to each of these transformations taken separetely.

Landau (1959), S. 625

DEDICATION

THE 70th anniversary of NIELS BOHR's birthday reminds me of a long 30
and still continuing common pilgrimage since the year 1922, in which so many stations are involved. Without pretension of completeness I mention here only some of them in their relation to the particular subject of this paper which, I hope, he will permit me to dedicate to him on the occasion of this celebration.

After a brief period of spiritual and human confusion, caused by a provisional restriction to "Anschaulichkeit," a general agreement was reached following the substitution of abstract mathematical symbols, as for instance psi, for concrete pictures. Especially the concrete picture of rotation has been replaced by mathematical characteristics of the

---

* Pauli (1955d)

representations of the group of rotations in three dimensional space. This group was soon amplified to the Lorentz group in the work of DIRAC. Fortunately, with his fine instinct for physical realities, he started his argument without knowing the end of it: a theory which has exact symmetry with respect to the sign of the electric charge, the energy of which is always positive, and which predicts the creation and annihilation of pairs. To reach this end DIRAC's ideas cooperated with the exclusion principle in a new and surprising way.

The mathematical group was further amplified by including the reflections of space and time. Already in a rather early stage of the theory WIGNER developed interesting consequences for time reversal out of the apparently trivial remark that by definition the replacement of a function by its conjugate complex is not a "linear operator." Later SCHWINGER gave an alternative formulation by showing that one sees more if one reads both ways: not only from left to right, but also from right to left, a lesson which I modestly try to apply.

I believe that this paper also illustrates the fact that a rigorous mathematical formalism and epistemological analysis are both indis-
31 pensable in physics in a complementary way in the sense of NIELS BOHR. While I try to use the former to connect all mentioned features of the theory with help of a richer "fulness" of plus and minus signs in an increasing "clarity," the latter makes me aware that the final "truth" on the subject is still "dwelling in the abyss"*.

§ 1. Introduction

Although I have treated the subject of the connection between spin (half-integral or integral) and statistics (antisymmetric or symmetric wave-functions, and anticommutators or commutators of the field observables used in field quantization) some time ago in several papers (see [1] to [5]) there are still reasons to resume and to amend this old discussion. One reason is that in the old papers I restricted the arguments essentially to the case of free particles. Today the investigation of interactions between different kinds of particles or fields is much more in the centre of general interest and this changes in part the weight of the old arguments. For instance, in order to exclude theoretically the possibility of the quantization of fields with integral spin with anticommutators, I introduced a particular postulate, that the commutators of physical quantities have to vanish in points with space-like distance. This has been done in order to get rid of the possibility of making the commutator of the field in the absence of force equal to the $\Delta^{(1)}$-function instead of the Δ-function. However, this anomalous quantiza-

---

* I refer here to BOHR's favourite verses of SCHILLER:

"Nur die Fülle führt zur Klarheit
Und im Abgrund wohnt die Wahrheit."

tion cannot be extended to a rule consistent with the field equations in the case that any local interaction of the particles with each other (non-linearity of the field equation) or with other particles is taken into account. Hence in this more general case the particular postulate in question seems to be superfluous.

Regarding the case of half-integral spin the original argument of DIRAC that the energy-values have to be positive which led him to his theory of holes, seems to me still the best theoretical *a priori* argument in favour of the validity of the exclusion principle for these spin values. It is true that also for the quantization of spinor-fields with anti-commutators the positive sign of the energy (relative to the energy of the vacuum as zero) is guaranteed for free particles only. If interactions are taken into account, in order to avoid infinities, we must apply a particular technique of additional rules, the so-called renormalization of the constants of mass and charge. Although some progress has been made in this way, the success of this method is certainly only a limited
one and only for particular interactions. As this method is essentially 32
based on the assumption that the theory for free particles (without interactions) holds exactly for the so-called one particle states*, the old argument of DIRAC in his theory of holes is still valid at least for these particular states.

Another reason to resume the discussion is the fact that more recently attempts have been made to establish a connection between the properties of the fields for reflections of space-time and of charge, or more precisely, for particle-antiparticle conjugation† on the one hand and spin-statistics on the other hand. Since, for instance, the charge-density for spin $\frac{1}{2}$-particles is positive-definite in the *c*-number theory, the idea suggested itself to derive the quantization of this kind of field with anticommutators (exclusion principle) from the postulate of charge-symmetry. For a single spinor field this was indeed rather easy, but for the case of several spin $\frac{1}{2}$-fields the situation is more complicated if one does not assume a particular kind of transformation for charge-conjugation but only assumes the existence of some suitable transformation without using the postulate of positive energies (see [4]). In this paper we shall therefore *assume* the normal transformation for particle-antiparticle conjugation (AC) which connects every spinor-field with its own conjugate complex also in the case of several spinor fields. Formally in order to obtain charge-symmetry it is then necessary, taking into account the quantization of the field with the help of anticommutators, to anti-symmetrize every expression bilinear in the field variables in its transcription from the *c*-number to the *q*-number theory, as was first shown by HEISENBERG [8].

---

* A formulation of the renormalization technique without reference to perturbation methods is given by G. KÄLLÉN [6]. An interesting non-relativistic example is discussed by LEE [7].

† Abbreviated hereafter as AC.

Following further along this line of thought progress was made by SCHWINGER [9] who gave a simple general expression for the transformation of different kinds of fields, if simultaneously not only every particle transforms into its anti-particle (which includes charge conjugation), but also the space-time coordinates change their sign. This I shall call in the following the *strong reflection* and abbreviate it by SR. It is an essential part of the transformation given by SCHWINGER that in the expression for all operators the order of factors has to be reversed, in other words all formulas have to be read from right to left instead of from left to right. I shall denote this part of the SR in the following briefly with the word "inversion." The particular transformation rule given by SCHWINGER for SR only holds if the half-integral spin fields
33 are quantized with anticommutators, the integral spin-fields with commutators*.

By combining the SR with the AC one gets another transformation, for which space-time is reflected, but the electric charge preserves its sign and no change of particle into antiparticle takes place. This I call the *weak reflection* and denote it by WR. The WR has been formulated already in the non-relativistic quantum mechanics by WIGNER [10] and has then been generalized to the relativistic case (see for instance [11]). It can easily be seen (see WATANABE [12]) that the WR holds, irrespective of the commutation rules for the fields, so that unlike the case of SR or AC no conclusions can be drawn from it regarding statistics.

In § 2 of this paper I give the formulas for WR and SR for the simplest cases of spin 0, spin $\frac{1}{2}$ and spin 1 fields without claiming to say anything new†. The formulas for WR I give in a form slightly different from that of the group of collaborators in Princeton but entirely equivalent to their formulation. I am restricting myself, however, in this paper to the discussion of the reflection of all coordinates simultaneously, while I do not consider the reflection of space or time separately. This has the advantage that I do not need to assume that the interaction energy is invariant with respect to this separate reflection.

At first glance it seems to be a matter of pure convenience whether one starts with SR, AC or WR, *each one of these three transformations being the product of the other two*. But it was realized by LÜDERS in a paper written in Copenhagen [13] that both WR and AC lead to the same

* The reader of SCHWINGER's paper easily gets the wrong impression that *every* transformation which reverses the sign of the space-time coordinates necessarily reverses the sign of the electric charge too. This is obviously not the case. A careful reading of the paper shows, however, that it does not permit one to draw certain conclusions about SCHWINGER's own opinion on this point.

† To my surprise Dr. G. LÜDERS informed me that equation (21a) is not contained in the published literature. At that same time he was so kind to propose slight improvements, which have been incorporated in the text. Meanwhile a paper appeared by H. UMEZAWA, S. KAMEFUCHI, and S. TANAKA, *Progs. Theor. Phys.* 12, 383, 1954, where also this and similar examples are treated.

additional restrictions for the Hamiltonians‡ and he reached the important conclusion that the SR follows from more general postulates than either of the other two (WR or AC). His proof, however, is not easy to understand, because it uses unnecessary assumptions.

It is the main purpose of this paper to give a proof for the validity of the SR under more general premises by a combination of a transformation given earlier by the author [2] and of SCHWINGER's technique of "inversion" (§ 3). We do not try to derive here, from the existence of an
SR alone, the connection between spin and statistics, but we *assume* 34
here this connection to hold (A). Regarding special relativity we only assume the invariance of the Lagrangian with respect to proper Lorentz-transformations (continuous Lorentz group) abbreviated by L_4 (B). We assume further for the sake of simplicity the *local* character of the field equation, which means that all field quantities are spinors or tensors of finite rank and that the interaction part of the Lagrangian (or the Hamiltonian) contains only derivatives of finite order of these field quantities (C). (Possible generalizations of these assumptions will be briefly indicated at the end of § 3.) It is convenient to assume* that "kinematically independent spinor fields anticommute" (D). It would also be possible to admit groups of spinors commuting with each other, but it seems mathematically artificial to forbid the occurrence of linear combinations between them. In order to apply assumptions (A) and (B) it is convenient to decompose the field quantities into parts which transform with respect to proper Lorentz-transformations according to *irreducible* representations (assumed to be of finite order). Each of them is conventionally characterized by a pair of indices $\left(\frac{m}{2}, \frac{n}{2}\right)$ with integers m, n. If the quantity in question is written as a spinor, which is symmetrical in each of the two groups of indices, the numbers of undotted and dotted indices are m and n respectively. If $m + n$ is odd (even) we say that the field in question is a Fermion (Boson) field.

Using this definition we can now define the "ordering of products" as follows†:

"Each product of M Boson fields and N Fermion fields is to be replaced by the sum, divided by $(M + N)\,!$, of all permutations of the factors, each of the terms being multiplied by $+1$ or -1 for an even or odd permutation of the Fermion fields, respectively." Here assumption (A) is implicitly used, which states that for Fermion and Boson fields only anticommutators and commutators respectively are equal to c-numbers.

The main difference between our premises and those of LÜDERS is that we use neither the assumption that the theory is invariant with

‡ This was shown for the coupling between one Boson field and one Dirac field ([14], 33
[15], [16]) and for the Fermi coupling of four Dirac fields ([17], [18]). Compare below § 2.

* Compare LÜDERS [13], postulate Ia. 34

† Compare LÜDERS [13], postulate IIa, which is slightly generalized here.

respect to space or time reflection separately, nor that the Hamiltonian is Hermitian‡. Further the independence of the argument on the gauge group has been made more obvious. This generalization means, of course, that a charge integral does not necessarily exist. Nevertheless
35 one can derive a generalized SR for which every ordered local vector changes its sign (like the space-time coordinate vector) and every ordered local tensor of the second rank or scalar stays unchanged.

For the proof I return to the use of a transformation, given in [2], which uses a division of all spinors and tensors into *four* classes according to whether the numbers m and n, introduced above, are even or odd. The transformation in question can then be formulated as follows: For SR the fields have to be multiplied by

$$\left.\begin{aligned}(-i)(-1)^m &= i(-1)^n \text{ for } m+n \text{ odd (Fermions)}\\ (-1)^m &= (-1)^n \text{ for } m+n \text{ even (Bosons)}\end{aligned}\right\} \quad \text{(T)}$$

For vectors ($m = n = 1$) this means reversal of the sign, which also holds for the space-time coordinates.

The theorem which will be proved in § 3 is this*: *If (T) holds for the original field quantities and for the space-time coordinates, it also holds for all ordered products of them or their derivatives of finite order after application of the inversion.*

It can easily be shown that all equations which are covariant under proper Lorentz-transformations remain valid after application of (T), because invariant operations do not change the parity of m or n for a product of spinors.

For the consistency of the transformation (T) it is of decisive importance that, owing to the factor i applied in the first line of (T), all invariant reality conditions are preserved under (T).

This is characteristic for the q-number theory, while in the c-number theory reality restrictions for spinors are not preserved for space-time reflections†.

It is remarkable, however, that in the q-number theory the SR appears as a "gift," if one only assumes the continuous L_4 (without gauge group) and the connection between spin and statistics without further restrictions on the Lagrangians‡. [siehe unterste Fußnote]

34 ‡ The particular kind of connection of the two dual spaces of state vectors over the complex conjugate is necessary, but for other physical reasons than the existence of an SR. Compare SCHWINGER's transposed operators [9], p. 925 f.

35 * Compare also SCHWINGER [9] note 8, p. 925.

† This circumstance is closely connected with FEYNMAN's formal method of quantizing spinor fields according to Bose statistics with the help of "negative probabilities" (see [5]).

‡ I have no definite opinion as to whether or not the generality of this result was already known to SCHWINGER.

§ 2. (*a*) The weak reflection (WR)

In the following we consider Lorentz-invariant quantized field theories including interactions between different fields, for which we shall discuss simple examples. We shall always assume here that half-integral spins are quantized with anticommutators (exclusion principle) and integral spin with commutators (Bose statistics) without deriving 36
it from other postulates. The imaginary fourth coordinate is used with $x_4 = it$, Greek indices running from 1 to 4, and the usual units $\hbar = c = 1$. Spinor indices are not written out but in order to distinguish spinors from scalars, the former will be denoted by ψ, in case of several spinor fields distinguished by indices, the latter by ϕ or Φ. The electromagnetic potential we denote by ϕ_μ, the corresponding field strengths, given by the curl of it, by $f_{\mu\nu} = -f_{\nu\mu}$.

In this paper we are only dealing with simultaneous reflections of all space-time coordinates,

$$x'_\nu = -x_\nu, \tag{1}$$

while the separate reflections of space or time alone are not discussed. The reason for this will become more obvious in § 3. Consequently we do not use here the prefix "pseudo" which remains reserved for the space reflections. Quantities which transform in the same way for all three kinds of reflections here considered (WR, AC and SR) are in general denoted by the same letter, for instance ϕ_μ can also mean a vector meson field which transforms like the electromagnetic field with respect to these three reflections. Moreover we shall introduce another kind of scalar and vector field, denoted by Φ and Φ_μ which transform differently from ϕ and ϕ_μ for the reflections WR and AC.

We start now with the discussion of the weak reflection which by definition leaves the operator

$$Q = \int(-ij_4(x))d^3x \tag{2}$$

of the electric charge unchanged:

$$Q' = Q. \tag{3}$$

As we restrict ourselves here to *local* transformation of fields which connect only the fields at the same space-time point, we generalize (3) to the postulate

$$j'_\mu(x) = j_\mu(-x). \tag{4}$$

From MAXWELL's equation and (4) it follows for the field strengths

$$f'_{\mu\nu}(x) = -f_{\mu\nu}(-x) \tag{5}$$

and (apart from a possible additional gauge transformation) for the potentials

$$\phi'_\mu(x) = \phi_\mu(-x). \tag{6}$$

We shall generalize here the electromagnetic concept of charge to a distinction between particle and anti-particle which may also include

neutrons and neutrinos. The operator Q has then the more general
37 meaning of the difference between the numbers of particles and antiparticles which is an integral of the field equation owing to a generalized gauge group. This group distinguishes two kinds of complex (non-Hermitian) fields denoted with and without a star which are multiplied by gauge-transformations with opposite phase factors $e^{i\alpha}$ and $e^{-i\alpha}$ respectively. The commutators of these two kinds of fields with Q have correspondingly an opposite sign

$$[Q, f] = -f, \qquad [Q, f^\star] = +f^\star. \tag{7}$$

The f's are not yet specified hereby, they can be spinors, scalars or vectors, etc., describing particles distinguishable from their antiparticles. If the field f belongs to the one class, the Hermitian conjugate field $f^\star$ belongs to the other class.

Independently of the gauge group there exist the energy-momentum operators P_μ (the fourth component P_4 being the energy multiplied by i) which are connected with the translation group $x'_\mu = x_\mu + a_\mu$ for space-time and which fulfil the commutation rule

$$i[P_\mu, f] = -\frac{\partial f}{\partial x_\mu} \tag{8}$$

for all field variables f.

For space-time reflections (1) the right-hand side of this equation changes its sign relative to the factor f on the left-hand side, whatever the transformation law of f may be. However, it is not possible to change the sign of P_μ as the sign of the energy (with the vacuum as zero) has to stay positive for physical reasons. Moreover, for scalar and vector fields the energy is a positive definite quadratic form which can also formally never change its sign. We therefore claim the invariance

$$P'_\mu = P_\mu \tag{9}$$

which for our local transformations can be generalized to the invariance of the energy-momentum density and the Lagrangian-density:

$$T'_{\mu\nu}(x) = T_{\mu\nu}(-x), \qquad L'(x) = L(-x) \tag{9a}$$

for all three kinds of reflections here considered.

In order to obtain the desired change of the sign of the left-hand side of (8) it is necessary to allow non-linear operations to be applied to the state vector of the system. WIGNER chose for it the transition to the conjugate complex (to be distinguished from the Hermitian conjugate) of the state vector and of all operators. SCHWINGER chose the *inversion* defined by the rule that all operator relations have to read from right
38 to left instead of from left to right. The two procedures are *equivalent* as all physical observables are represented by Hermitian operators.

For merely formal reasons we follow here the rule of SCHWINGER in order to avoid the necessity of introducing the conjugate complex in addition to the Hermitian conjugate (it is the latter which is here denoted by a star) and further because we do not discuss here explicitly the state vectors but restrict ourselves to the discussion of the field operators (Heisenberg-representation). Hence we introduce here the rules:

The inversion (reversal of the order of all factors) has to be an essential part of the transformation of the fields, if time is reversed, that means both for WR and for SR.

Considering now the commutation rule (7) for Q we have to distinguish WR, for which *by definition* Q retains its sign (see (3)), from SR where the sign of Q is reversed. Taking into account that for the inversion the commutators in (7) already produce a change of sign we reach the conclusion:

For WR any f has always to be transformed into a $f^\star$ and vice versa, while for SR any f has to be transformed into another f (and any $f^\star$ into another $f^\star$).

More specifically one has to put in the case of WR, which we discuss first, for a complex scalar field (charged scalar meson)

$$\phi'(x) = \phi^\star(-x), \qquad \phi^{\star\prime}(x) = \phi(-x) \tag{10}$$

and for a spinor field $\psi(x)$ and its adjoint

$$\bar{\psi}(x) = \psi^\star(x)\gamma_4, \tag{11}$$

$$\psi'(x) = \Omega^{-1}\bar{\psi}(-x), \qquad \bar{\psi}'(x) = \psi(-x)\Omega. \tag{12}$$

In the latter equations the matrix Ω transforms the Hermitian Dirac matrices γ_μ which satisfy

$$\gamma_\mu\gamma_\nu + \gamma_\nu\gamma_\mu = 2\delta_{\mu\nu} \tag{13}$$

into the transposed matrices $(\gamma_\mu)^T$ according to

$$(\gamma_\mu)^T = \Omega\gamma_\mu\Omega^{-1}. \tag{14}$$

The unitary matrix Ω satisfies*

$$\Omega\Omega^\star = 1, \qquad \Omega^T = -\Omega. \tag{15}$$

One should bear in mind that in the transformation here indicated an additional gauge transformation with a constant phase (which includes, for instance, an additional change of sign in (10)) is still free. This 39
becomes important if interactions are considered by which the particles in question can be emitted or absorbed and if several independent fields are considered. One checks easily that with this transformation and the following inversion the Klein–Gordon equation for scalars and the

* See [1], where Ω was denoted by B. 38

Dirac equations for spinors are preserved. Using (5) one checks further that this also holds in an external electro-magnetic field. The invariance of the current vectors (see (4))

$$j_\mu(x) = ie\left(\frac{\partial\phi^\star}{\partial x_\mu}\phi - \phi^\star\frac{\partial\phi}{\partial x_\mu}\right) \tag{16}$$

and

$$j_\mu(x) = ie\,\bar{\psi}(x)\gamma_\mu\psi(x) \tag{17}$$

respectively is fulfilled after inversion is performed. The latter transforms for instance $\psi(-x)\,(\gamma_\mu)^T\bar{\psi}(-x)$ into $\bar{\psi}(-x)\gamma_\mu\psi(-x)$.

Moreover the invariance of energy-momentum density and Lagrangian density (see (9) and (9a)) holds for these spin 0 and spin $\frac{1}{2}$ particles in an external electromagnetic field.

By decomposing the field into plane waves it can be shown that the transformation (10) or (12) can be interpreted as replacing every emission operator by an absorption operator of the same eigenvibration *without* interchange of particle and anti-particle.

The form of the WR here given makes it obvious *that the commutation rules for the fields do not enter here.* The general reason is that the substitution of an $f^\star$ for an f in a product, let us say, of the form $f^\star g$ brings it first to the form $gf^\star$ while the following inversion re-establishes the original order $f^\star g$, so that finally the order of factors is preserved. *Therefore this WR transformation holds, whether or not the normal connection of spin* $\frac{1}{2}$ *with exclusion principle and of spin* 0 *with Bose-statistics is assumed* (see [12]).

For the discussion of further examples it is useful to give here besides the current also the transformation of the five other covariant bilinear forms of the spinor ψ and its adjoint $\bar{\psi}$ with the help of the matrices

$$\gamma_5 = \gamma_1\gamma_2\gamma_3\gamma_4 \tag{18}$$

and

$$\gamma_{[\mu\nu]} = \tfrac{1}{2}(\gamma_\mu\gamma_\nu - \gamma_\nu\gamma_\mu). \tag{19}$$

These are determined by the signs in the equations (see (14))

$$\left.\begin{aligned} (\gamma_5)^T &= \Omega\gamma_5\Omega^{-1}, & \gamma^T_{[\mu\nu]} &= -\,\Omega\gamma_{[\mu\nu]}\Omega^{-1} \\ [\gamma_5\gamma_\mu]^T &= -\,\Omega\gamma_5\gamma_\mu\Omega^{-1}, & [\gamma_5\gamma_{[\mu\nu]}]^T &= -\,\Omega\gamma_5\gamma_{[\mu\nu]}\Omega^{-1}. \end{aligned}\right\} \tag{14a}$$

40 In this way one obtains (besides the change of the argument x into $-x$) for WR:

$$\left.\begin{aligned} &\text{the + sign for:} \quad \bar{\psi}\psi, \quad i\bar{\psi}\gamma_\mu\psi, \quad i\bar{\psi}\gamma_5\psi, \\ &\text{the − sign for:} \quad i\bar{\psi}\gamma_5\gamma_\mu\psi, \quad i\bar{\psi}\gamma_{[\mu\nu]}\psi, \quad \bar{\psi}\gamma_5\gamma_{[\mu\nu]}\psi. \end{aligned}\right\} \tag{20}$$

The factors i are added here in such a way that owing to (11) the given expressions become Hermitian.

We discuss now as an example the interaction of one Boson field with a Dirac-spinor field. First we assume the former to be a real (Hermitian) field, corresponding to neutral particles, either a scalar or a vector. The invariance with respect to proper Lorentz transformations gives the following possibilities for the Lagrangian density of the interaction

$$\left.\begin{array}{l}\Phi\bar{\psi}\psi;\ \ \Phi(i\bar{\psi}\gamma_5\psi)\\[2mm] \dfrac{\partial\phi}{\partial x_\mu}(i\bar{\psi}\gamma_\mu\psi)+H.c.;\quad \phi_\mu(i\bar{\psi}\gamma_\mu\psi)\\[2mm] \dfrac{\partial\Phi}{\partial x_\mu}(i\bar{\psi}\gamma_5\gamma_\mu\psi)+H.c.;\quad \Phi_\mu(i\bar{\psi}\gamma_5\gamma_\mu\psi)\\[2mm] \left(\dfrac{\partial\phi_\nu}{\partial x_\mu}-\dfrac{\partial\phi_\mu}{\partial x_\nu}\right)i\bar{\psi}\gamma_{[\mu\nu]}\psi+H.c.\\[2mm] \left(\dfrac{\partial\phi_\nu}{\partial x_\mu}-\dfrac{\partial\phi_\mu}{\partial x_\nu}\right)(\bar{\psi}\gamma_5\gamma_{[\mu\nu]}\psi).\end{array}\right\}\tag{21}$$

Here "$+\ H.c.$" means that the Hermitian conjugate expression, which is necessary because of the derivatives, must be added.

For WR the Boson field has to be transformed in such a way that the Lagrangian density (21) stays invariant (see (9a)). It turns out then that one must transform the fields written with a capital letter differently from the fields with a small letter, namely

$$\phi'(x)=-\phi(-x),\qquad \phi'_\mu(x)=\phi_\mu(-x),\tag{22a}$$

$$\Phi'(x)=+\Phi(-x),\qquad \Phi'_\mu(x)=-\Phi_\mu(-x).\tag{22b}$$

The notation is chosen in such a way that ϕ_μ transforms like the electromagnetic potential (see (6)) and like $\dfrac{\partial\phi}{\partial x_\mu}$ and that Φ_μ transforms like $\dfrac{\partial\Phi}{\partial x_\mu}$.

Terms belonging to different kinds of fields cannot be mixed, for 41
instance the combinations

$$C_1\phi(\bar{\psi}\psi)+C_2\frac{\partial\phi}{\partial x_\mu}(i\bar{\psi}\gamma_\mu\psi)$$

or

$$C_1\phi_\mu(i\bar{\psi}\gamma_5\gamma_\mu\psi)+C_2\left(\frac{\partial\phi_\nu}{\partial x_\mu}-\frac{\partial\phi_\mu}{\partial x_\nu}\right)(\bar{\psi}\gamma_5\gamma_{[\mu\nu]}\psi)$$

are both forbidden, as is already known* (see [14], [15], [16]).

---

* We do not discuss here the additional restrictions due to the space-reflection alone. They are not sufficient to exclude the forbidden combinations indicated in the text.

We consider now the analogous but somewhat more general case of a charged Boson described by a complex scalar field ϕ in interaction with one charged spin $\frac{1}{2}$ particle, for instance a proton described by a Dirac-spinor ψ_P and another neutral spin $\frac{1}{2}$-particle, for instance a neutron, whose Dirac spinor field we denote by ψ_N. The result is somewhat different as here all combinations of interaction energies can occur but with *additional reality restrictions* for the coefficients.

We write here the Lagrangian density of the interaction in the forms

$$
\begin{aligned}
& C_1\phi(\bar{\psi}_P\psi_N) + C_1^\star\phi^\star(\bar{\psi}_N\psi_P) \\
& \quad + C_2\phi(i\bar{\psi}_P\gamma_5\psi_N) + C_2^\star\phi^\star(i\bar{\psi}_N\gamma_5\psi_P) \\
& \quad + iC_3\frac{\partial\phi}{\partial x_\mu}(i\bar{\psi}_P\gamma_\mu\psi_N) - iC_3^\star\frac{\partial\phi^\star}{\partial x_\mu}(i\bar{\psi}_N\gamma_\mu\psi_P) + H.c. \\
& \quad + C_4\frac{\partial\phi}{\partial x_\mu}(i\bar{\psi}_P\gamma_5\gamma_\mu\psi_N) + C_4^\star\frac{\partial\phi^\star}{\partial x_\mu}(i\bar{\psi}_N\gamma_5\gamma_\mu\psi_P) + H.c. \\
& \quad + C_5\phi_\mu(i\bar{\psi}_P\gamma_\mu\psi_N) + C_5^\star\phi_\mu^\star(i\bar{\psi}_N\gamma_\mu\psi_P) \\
& \quad + iC_6\phi_\mu(i\bar{\psi}_P\gamma_5\gamma_\mu\psi_N) - iC_6^\star\phi_\mu^\star(i\bar{\psi}_N\gamma_5\gamma_\mu\psi_P) \\
& \quad + \left(\frac{\partial\phi_\nu}{\partial x_\mu} - \frac{\partial\phi_\mu}{\partial x_\nu}\right)\{C_7(i\bar{\psi}_P\gamma_{[\mu\nu]}\psi_N) + C_8(\bar{\psi}_P\gamma_5\gamma_{[\mu\nu]}\psi_N)\} + H.c. \\
& \quad + \left(\frac{\partial\phi_\nu^\star}{\partial x_\mu} - \frac{\partial\phi_\mu^\star}{\partial x_\nu}\right)\{C_7^\star(i\bar{\psi}_N\gamma_{[\mu\nu]}\psi_P) + C_8^\star(\bar{\psi}_N\gamma_5\gamma_{[\mu\nu]}\psi_P)\} + H.c. \qquad (21a)
\end{aligned}
$$

Before discussing the reflection, we notice that the multiplication with different phase factors of the two spinor fields and of the two Boson fields is equivalent to the multiplication of $C_1, \ldots, C_4$ and of $C_5, \ldots, C_8$, respectively, by *common* phase factors, which are therefore only conventional. Apart from this the essential result of the trans-
42 formation (12) of the two spinor fields and the subsequent inversion is here to substitute for every expression $\bar{\psi}_A O \psi_B$, its conjugate $\bar{\psi}_B O \psi_A$, with a sign given by (20). For the complex Boson field it is here sufficient to apply the transformation (10) amended by a similar transformation for the vector field, namely

$$
\left.
\begin{aligned}
\phi'(x) &= \phi^\star(-x), \; \phi^{\star\prime}(x) = \phi(-x); \\
\phi'_\mu(x) &= \phi_\mu^\star(-x), \; \phi_\mu^{\prime\star}(x) = \phi_\mu(-x).
\end{aligned}
\right\} \qquad (10a)
$$

We have taken care of the signs (20) by properly inserting the factor i in the third and fifth line of (21a). We obtain then the simple condition: the coefficients $C_1, \ldots, C_7$ must be real, *apart from two trivial phase factors which can be normalized to unity**.

* Here again we do not discuss additional restrictions due to space reflection alone. The latter makes it necessary to separate the "pseudo" terms which contain explicitly the γ_5 from the others.

Very similar to this is the example of the Fermi coupling of four Dirac fields describing protons ψ_P, neutrons ψ_N, electrons ψ_e and neutrinos ψ_n. The general possibility for the interaction energy (or Lagrangian) density without derivatives is here

$$\begin{aligned}
&C_1(\bar\psi_P\psi_N)(\bar\psi_e\psi_n) + C_1^\star(\bar\psi_N\psi_P)(\bar\psi_n\psi_e)\\
&\quad + C_2(\bar\psi_P\gamma_\mu\psi_N)(\bar\psi_e\gamma_\mu\psi_n) + C_2^\star(\bar\psi_N\gamma_\mu\psi_P)(\bar\psi_n\gamma_\mu\psi_e)\\
&\quad + C_3(\bar\psi_P\gamma_{[\mu\nu]}\psi_N)(\bar\psi_e\gamma_{[\mu\nu]}\psi_n) + C_3^\star(\bar\psi_N\gamma_{[\mu\nu]}\psi_P)(\bar\psi_n\gamma_{[\mu\nu]}\psi_e)\\
&\quad + C_4(\bar\psi_P\gamma_5\psi_N)(\bar\psi_e\gamma_5\psi_n) + C_4^\star(\bar\psi_N\gamma_5\psi_P)(\bar\psi_n\gamma_5\psi_e)\\
&\quad + C_5(\bar\psi_P\gamma_5\gamma_\mu\psi_N)(\bar\psi_e\gamma_5\gamma_\mu\psi_n) + C_5^\star(\bar\psi_N\gamma_5\gamma_\mu\psi_P)(\bar\psi_n\gamma_5\gamma_\mu\psi_e)\\
&\quad + C_6 i(\bar\psi_P\gamma_5\psi_N)(\bar\psi_e\psi_n) + C_6^\star i(\bar\psi_N\gamma_5\psi_P)(\bar\psi_n\psi_e)\\
&\quad + C_7 i(\bar\psi_P\psi_N)(\bar\psi_e\gamma_5\psi_n) + C_7^\star i(\bar\psi_N\psi_P)(\bar\psi_n\gamma_5\psi_e)\\
&\quad + i\{C_8(\bar\psi_P\gamma_5\gamma_\mu\psi_N)(\bar\psi_e\gamma_\mu\psi_n) - C_8^\star(\bar\psi_N\gamma_5\gamma_\mu\psi_P)(\bar\psi_n\gamma_\mu\psi_e)\}\\
&\quad + i\{C_9(\bar\psi_P\gamma_\mu\psi_N)(\bar\psi_e\gamma_5\gamma_\mu\psi_n) - C_9^\star(\bar\psi_N\gamma_\mu\psi_P)(\bar\psi_n\gamma_5\gamma_\mu\psi_e)\}\\
&\quad + C_{10} i(\bar\psi_P\gamma_5\gamma_{[\mu\nu]}\psi_N)(\bar\psi_e\gamma_{[\mu\nu]}\psi_n) + C_{10}^\star i(\bar\psi_N\gamma_5\gamma_{[\mu\nu]}\psi_P)(\bar\psi_n\gamma_{[\mu\nu]}\psi_e). \qquad (23)
\end{aligned}$$

Here too the multiplication of the four spinor fields with *different* constant phase factors is equivalent to the multiplication of $C_1, \ldots, C_{10}$ with a *common* phase-factor which is therefore only conventional. Such phase-factors are also arbitrary in the matrices Ω defined by (14), (15) for the four spinor-fields, which again will give rise to a possible common phase-factor of $C_1, \ldots, C_{10}$ after the WR transformation. Apart from this the essential result of the transformation (12) and the 43
subsequent inversion applied to the four spinor fields is here again *to substitute for every expression* $\bar\psi_A \mathrm{O} \psi_B$ *its conjugate* $\bar\psi_B \mathrm{O} \psi_A$. The signs given by (20) cancel except for the coefficients C_8 and C_9 for which again a factor i has been added. Then we get the condition *that the coefficients* $C_1, \ldots, C_{10}$ *must be real* (apart from a trivial *common* phase-factor which can be normalized to unity). This result is also well known (see [17], [18])*. Summarizing we see:

(1) The transformation law of a quantity with respect to proper Lorentz-transformations does not determine uniquely its behaviour for WR. The latter also depends on the assumed interaction energy.

(2) The invariance with respect to WR imposes further restrictions upon the Lagrangian density of the interaction besides its invariance for proper Lorentz transformations.

---

* The invariance for space reflections alone not considered here would exclude the coexistence of the interactions with the coefficients $C_1 \ldots C_5$ and $C_6 \ldots C_{10}$.

A. S. Wightman and L. Michel kindly inform me that they are preparing a paper where the questions of invariance for space reflections for the interactions describing the β-decay will be treated in detail.

The discussion of the SR will show us now that just the contrary is true in this other case: *No further restrictions are necessary besides the proper Lorentz invariance to guarantee invariance for SR and the transformation of a quantity for SR follows uniquely from its spinor or tensor character.* A general proof for this will be given in § 3.

As SR is the product of WR and AC this statement is equivalent to the other that *the same* additional restrictions are imposed upon the interaction Lagrangian densities by AC as by WR and that the transformation of a certain kind of tensor or spinor for WR uniquely determines its transformation for AC. (In the literature the latter confirmation has been made before the former discussion in various cases.) We could, of course, derive the SR as the product of WR and AC, the latter being well known, but we prefer to treat the former here directly.

§ 2. (*b*) The strong reflection (SR)

The invariance (9), (9a) for energy-momentum density and Lagrangian density is here equally valid as in the WR and *here, too, the inversion defined above is an essential part of the transformation.* However, by definition, the "charge" operator Q and the corresponding current $j_\mu(x)$ have to change their sign:

$$Q' = -Q, \qquad j'_\mu(x) = -j_\mu(-x). \tag{24}$$

44 From this follow just the opposite signs as in (5), (6) for the electromagnetic field quantities:

$$\phi'_\mu(x) = -\phi_\mu(-x), \qquad f'_{\mu\nu}(x) = +f_{\mu\nu}(--x). \tag{25}$$

From (7) it follows that no transition to the complex conjugate operators will take place here.

For scalars and spinors we have according to SCHWINGER the simple law (again apart from a possible gauge transformation with a constant phase factor)

$$\phi'(x) = \phi(-x), \qquad \phi'^{\star}(x) = \phi^{\star}(-x) \qquad \text{for scalars} \tag{26}$$

$$\psi'(x) = \gamma_5\psi(-x), \qquad \bar{\psi}'(x) = -\bar{\psi}(-x)\gamma_5 \quad \text{for spinors} \tag{27}$$

The minus sign in the last formula has its origin in the anti-commutativity of γ_5 with the γ_4 occurring in

$$\bar{\psi}(x) = \psi^{\star}(x)\gamma_4 \tag{11}$$

so that the latter equation also holds after the transformation. The arbitrary phase-factor, still open besides (27), implies the particular possibility of replacing (27) by

$$\psi'(x) = i\gamma_5\psi(-x), \qquad \bar{\psi}'(x) = -(-i)\bar{\psi}(-x)\gamma_5. \tag{27a}$$

While the operation (27) performed twice gives the identity, the other possibility (27a) performed twice gives a change of the sign of all spinors. I mention here only briefly that for the Majorana theory (where particles and anti-particles are made identical) only the second possibility (27a) is admissible. The matrix γ_5 is necessary to preserve the validity of the Dirac equation.

The physical sense of the transformation (27) is the substitution of every emission (absorption) operator by the corresponding absorption (emission) operator of the anti-particle.

Without quantization the transformation (27) would give invariance of the current rather than a change of its sign. For the effect of the inversion, however, *the commutation laws are here essential.* This is different from WR but the same holds for AC, too.

In order to guarantee the change of the sign of the current, indicated in (24), one has to assume for spinors the quantization by anticommutators, for scalars by commutators. This statement has to be understood in such a way that the particular transformation (26) or (27), followed by an inversion is its premise. Moreover one has then to write the current (17) for spinors as an antisymmetrized product

$$j_\mu(x) = \mathrm{ie}\,\tfrac{1}{2}\{\bar{\psi}(x)\gamma_\mu\psi(x) - \psi(x)(\gamma_\mu)^T\bar{\psi}(x)\} \qquad (17a)$$

so that the inversion just changes the sign. For the current of scalars one 45
has to proceed in an analogous way with symmetrization*. *If this additional rule is applied the transformations* (26), (27) *followed by inversion fulfil all requirements for SR.*

Passing to the more general bilinear forms discussed earlier (see eq. (20)) the resulting sign is now different: it is + or − according as γ_5 commutes or anti-commutes with the matrix between $\bar{\psi}$ and ψ. This gives the following table of signs (for the last column compare [16]).

	WR	*SR*	*AC*
$(\bar{\psi}\psi)$, $i(\bar{\psi}\gamma_5\psi)$	+	+	+
$i\bar{\psi}\gamma_\mu\psi$	+	−	−
$i\bar{\psi}\gamma_5\gamma_\mu\psi$	−	−	+
$i\bar{\psi}\gamma_{[\mu\nu]}\psi \sim \bar{\psi}\gamma_5\gamma_{[\mu\nu]}\psi$	−	+	−

* In order to avoid ambiguities due to infinities the commutator $[A(x), B(x)]$ of two field quantities should be defined as

$$\lim_{\xi\to 0} \tfrac{1}{2}([A(x-\xi),\ B(x+\xi)] + [A(x+\xi),\ B(x-\xi)])$$

In every horizontal line each of the three signs is the product of the two others. For SR the matrix γ_5 has no influence on the sign†, the vectors and skewsymmetric tensors transform just like the analogous electromagnetic quantities (see (24) and (25) respectively) and the scalars are invariant. The first column of the table contains abbreviations in as much as each $\bar{\psi}O\psi$ should be properly replaced by its antisymmetrization

$$\tfrac{1}{2}(\bar{\psi}O\psi - \psi O^T\bar{\psi}).$$

Investigating the interaction densities (21), (21a) and (23) we see that after antisymmetrization of the products they are automatically invariant for SR, *if all scalars and skewsymmetric tensors are invariants and all vectors change their sign.* This actually holds generally if it is assumed for all original Boson fields, as in an expression of the form

$$\tfrac{1}{2}(\bar{\psi}_A O\psi_B - \psi_B O^T\bar{\psi}_A)$$

the indices A and B are not exchanged in this case. Therefore, the invariance for SR holds in these examples for arbitrary phases of all complex coefficients.

46 § 2. (*c*) **Particle-Anti-particle conjugation (AC)**

Combining these results for SR with the earlier results for WR, one gets the following simple rules for AC (which one could also have derived directly):

For spinors

$$\left.\begin{aligned} \psi'(x) &= C^{-1}\bar{\psi}(x), \quad \bar{\psi}'(x) = \psi(x)\, C; \\ C &= \Omega\gamma_5, \quad CC^\star = 1, \quad C^T = -C, \quad \gamma_\mu^T = -C\gamma_\mu C^{-1}; \end{aligned}\right\} \quad \text{(AC)}$$

for real Boson fields with small letters in (21) (including electromagnetic potentials) change of sign, for capital letters invariance:

$$\left.\begin{aligned} \phi'(x) &= -\phi(x), \quad \Phi'(x) = +\Phi(x); \\ \phi'_\mu(x) &= -\phi_\mu(x), \quad \Phi'_\mu(x) = +\Phi_\mu(x); \end{aligned}\right\} \quad \text{(AC)}$$

for the complex Boson fields in (21a)

$$\left.\begin{aligned} \phi'(x) &= \phi^\star(+x), \quad \phi'^\star(x) = \phi(+x); \\ \phi'_\mu(x) &= -\phi^\star_\mu(+x), \quad \phi'^\star_\mu(x) = -\phi_\mu(+x). \end{aligned}\right\} \quad \text{(AC)}$$

The same reality restrictions for the coefficients are essential for AC as for WR. For AC the commutation laws of the fields are just as essential as for SR.

45 † The concept "pseudo" does not exist here, but only for separate spatial or temporal reflections.

Concluding the discussion of particular examples*, we pass now to the proof of our general statement on SR.

§ 3. General proof of an SR as a consequence of the continuous Lorentz group and of the spin-statistics connection

We assume here that the theory is *local*, which means that only derivatives with respect to the coordinates of a finite order occur and that all field quantities transform with respect to the continuous Lorentz group (abbreviated L_4), in which no reflections are included, according to representations of finite degree (spinors or tensors). The *irreducible* representations of L_4 are usually characterized by two numbers, for which we choose the integers m, n equal to twice the conventional quantum numbers, so that the degree of this representation is $(m + 1)(n + 1)$. The decomposition of a direct product of two irreducible representations into irreducible parts gives always numbers m of the same parity and numbers n of the same parity, in other words
the different numbers m or n so obtained differ by an even integer. This 47
can easily be seen, for instance, in the spinor calculus which introduces two groups of indices, the dotted and the undotted ones with only two values for each index. The irreducible spinors are symmetric in every group of indices and m and n can then be identified with the numbers of indices in these two groups respectively. The only invariant operations are the direct product of two quantities and the contraction with the skewsymmetric tensor $\varepsilon_{12} = -\varepsilon_{21} = 1$ which reduces the number of indices of one group by two. This suggests a division of all spinors into *four classes defined by the parity of the integers m and n* [2].

A Dirac spinor with four components can be decomposed into two irreducible parts, with two components each, characterized by (1,0) and (0,1) corresponding to the diagonalization of the matrix γ_5 with its two eigen values $+1$ and -1. The transformation

$$\psi' = \gamma_5 \psi \tag{27}$$

which we applied to Dirac spinors yields then for the irreducible quantities $u(1,0)$ and $v(0,1)$ the simple form

$$u'(1,0) = u(1,0), \quad v'(0,1) = -v(0,1). \tag{27 bis}$$

The simplest generalization of it for a quantity of the type (n,m), denoted by $u(n,m)$, would be the rule

$$u'(n,m) = (-1)^m u(n,m). \tag{28}$$

Indeed, $(-1)^m$ only depends on the parity of m; that means it is a character of the class and in the multiplication of any two quantities

---

* For the isotopic spin formalism regarding AC we refer to a very general discussion 46
by Michel [20], regarding WR to Eisenbud and Wigner [19].
For SR the isotopic spin does not play any role in the transformations.

$u(n',m')$ and $u(n'',m'')$ the characters are multiplied too. *Hence every equation which is invariant with respect to the continuous L_4 remains valid if every covariant quantity is multiplied by* $(-1)^m$. As a vector corresponds to $n = m = 1$, the transformation (28) changes the sign of every vector* and it seems to be suitable as a general rule for SR.

There is, however, an important qualification to the last italicized statement, namely: *provided that no reality conditions are used.* As the dotted and the undotted spinor indices transform according to complex conjugate representations, this also holds for two quantities $u(n,m)$ and $v(m,n)$. Invariant reality conditions have therefore the form

$$(u(n,m))^\star = v(m,n). \tag{29}$$

It is obvious that such a condition is *not* generally preserved under the transformation (28), as hereby the left-hand side is multiplied by
48 $(-1)^m$, the right-hand side by $(-1)^n$ which only agrees if m and n have the same parity ($m + n$ even).

[siehe untere Fußnote] This can also be verified by using Dirac spinors, because a general application of (28) also implies*

$$\bar\psi'(x) = +\bar\psi(-x)\gamma_5, \quad \psi'(x) = \gamma_5\psi(-x) \tag{27F}$$

while the relation

$$\bar\psi = \psi^\star\gamma_4, \tag{11}$$

---

47 * The self-dual tensor with $(n,m) = (2,0)$ or $(0,2)$, and the symmetric tensor with trace zero $(2,2)$ remains invariant like the scalar $(0,0)$.

48 * To show this we apply the spinor calculus according to which

$$u^1 = u_2, \quad u^2 = -u_1 \tag{R}$$

transform contragradiently (inversely) to (u_1, u_2). Use is here made of the fact that the determinant of the transformation has the value 1. Moreover $v_{\dot 1}, v_{\dot 2}$ transform as complex conjugate to u_1, u_2.

For the representation

$$\gamma_5 = \begin{pmatrix} I & 0 \\ 0 & -I \end{pmatrix}, \quad \gamma_4 = \begin{pmatrix} 0 & I \\ I & 0 \end{pmatrix}$$

with two row matrices in each place, the four components of ψ and $\bar\psi$ can then be written

$$\psi \sim (u_1, u_2;\ v^{\dot 1}, v^{\dot 2}), \quad \bar\psi \sim (\bar u^1, \bar u^2;\ \bar v_{\dot 1}, \bar v_{\dot 2}).$$

The relation (11), namely $\bar\psi = \psi^\star\gamma_4$, then gives

$$\bar u^1 = (v^{\dot 1})^\star, \quad \bar u^2 = (v^{\dot 2})^\star; \qquad \bar v_{\dot 1} = u_1{}^\star, \quad \bar v_{\dot 2} = u_2{}^\star$$

which is of the form (29). The real invariants $\bar\psi\psi$ and $(-i)(\bar\psi\gamma_5\psi)$ are then twice the real and imaginary part of

$$u_1(v^{\dot 1})^\star + u_2(v^{\dot 2})^\star = u_1 v_{\dot 2}{}^\star - u_2 v_{\dot 1}{}^\star.$$

The second form follows from the rule (R) for the raising of the spinor indices. As $v_{\dot 1}{}^\star, v_{\dot 2}{}^\star$ transform like v_1, v_2 the invariance of the final expression is obvious.

which is a particular case of (29) leads to

$$\bar{\psi}'(x) = -\bar{\psi}(-x)\gamma_5 \tag{27}$$

as was already indicated.

The transformation (27F) is indeed the correct rule for SR in Feynman's theory which quantizes the Dirac spinors according to Bose statistics by *abandoning the reality conditions.* In this theory $\psi^\star$ is not any longer the Hermitian conjugate of ψ but the "self-adjoint" with respect to an indefinite metric in the Hilbert space ("negative probabilities") [5]. Then it is no longer a contradiction to assume $\psi' = \gamma_5\psi$ and $\psi'^\star = -\psi^\star\gamma_5$.

This mathematical possibility, however, has no connection with physics for which the reality conditions are essential. Therefore I proposed in 1940 [2] the transformation

$$u'(1,0) = iu(1,0),\ v'(0,1) = -iv(0,1) \tag{30}$$

which preserves invariant reality conditions of the form 49

$$v(0,1) = (u(1,0))^\star.$$

This is equivalent to the alternative (27a) given before, namely

$$\psi'(x) = i\gamma_5\psi(-x),\ \bar{\psi}'(x) = i\bar{\psi}(-x)\gamma_5. \tag{27a}$$

This is now consistent from the *standpoint of the L_4 alone* (without use of the gauge-group) as, for γ_5 diagonal, ψ and $\bar{\psi}$ transform here in the same way*.

The proper generalization of (30) is obviously

$$\left.\begin{aligned} u'(n,m) &= (-i)(-1)^n u(n,m) = i(-1)^m u(n,m) \text{ for } n+m \text{ odd} \\ u'(n,m) &= (-1)^n u(n,m) = (-1)^m u(n,m) \text{ for } n+m \text{ even} \end{aligned}\right\} \tag{31}$$

which is in agreement with the general reality condition (29). The first line follows from (30) for all transformations which only depend on the class of the quantities, and the second line is necessary for SR, as vectors must change their sign, while scalars must remain invariant.

No difficulty arises for a product of an arbitrary number of factors with $n + m$ even, which we may call Boson fields in contrast to Fermion fields with $m + n$ odd. Nor is there anything new for a product of an arbitrary number of Boson fields with *one* Fermion field. This includes the possibility of applying also *derivatives of the fields with respect to the coordinates, of a finite order*, as they are formally of the class $n + m$ even.

---

* With respect to the L_4, $\bar{\psi}$ transforms in the same way as $\psi\Omega\gamma_5 = \psi C$, with Ω defined by (14). Compare ref. [1].

However, *the transformation law* (31) *is not generally preserved for a product of two or more factors of the class $n + m$ odd (Fermions).* Consider a product of N Fermion factors corresponding to symbols

$$(n_k, m_k) \text{ with } k = 1, \ldots N.$$

Putting

$$n = \sum_{k=1}^{N} n_k, \quad m = \sum_{k=1}^{N} m_k$$

we have to compare

$$(-i)^N (-1)^n \text{ with } \begin{cases} (-i)(-1)^n \text{ for } N \text{ odd,} \\ (-1)^n \text{ for } N \text{ even.} \end{cases}$$

This gives an *extra factor*

$$\begin{aligned} &(-i)^{N-1} \text{ for } N \text{ odd,} \\ &(-i)^{N} \quad \text{ for } N \text{ even.} \end{aligned}$$

With a new integer ν this can also be written

$$\left.\begin{aligned} &\text{both for} \quad N = 2\nu + 1 \text{ (odd)} \\ &\text{and for} \quad N = 2\nu \text{ (even)} \end{aligned}\right\} : (-i)^{2\nu} = (-1)^{\nu}. \tag{32}$$

To dispose of this extra factor we have now to apply the *second quantization with anticommutators for Fermions*, commutators for Bosons.* This enables us first to assume that *all products of field quantities have to be antisymmetrized for all permutations of the Fermion fields and symmetrized for all possible positions of the Boson fields*† (ordering of products).

Then we must apply for SR the *inversion* of all products (read them from right to left instead of from left to right) in addition to the transformation (31) for the original field quantities.

Now we prove the *Lemma*:

If the transformation (31) *is applied to the original field quantities, the same law* (31) *holds after the application of inversion for any covariant with respect to L_4 constructed with ordered products of the original field quantities and their derivatives of finite order*‡.

To prove the Lemma we simply observe that the sign defined by (32) is also the character‖ of the permutation

$$(1,2, \ldots, N) \rightarrow (N, N-1, \ldots, 2,1)$$

and that the inversion multiplies any product by this character (the Bosons do not play any role here). Therefore the extra factor (32) is just cancelled by the character of the inversion.

* It is included here that kinematically independent Fermion fields also anticommute.

† Compare the rule of LÜDERS [13] for it, which was quoted in the introduction.

‡ It is not even necessary that the original field quantities or the finally constructed quantities belong to an *irreducible* representation of the L_4. It suffices that they belong to a certain *class* among the four possible ones.

‖ By the character of a permutation is understood as usual the sign which is $+1$ or -1 according to whether the permutation is even or odd. The sign, defined by (32) can also be written $(-1)^{N(N-1)/2}$.

The Lemma is sufficient to guarantee the existence of an SR for all L_4 invariant local field theories in which the ordering of the products is properly taken into account, as any L_4 covariant field equation puts a quantity of definite tensor or spinor character equal to zero and as the invariance of all scalars with respect to SR according to (31) extends to arbitrary functions of scalars only.

The considerations of this section could be generalized in two respects. First WIGNER's irreducible representation of infinite degree for L_4 having zero rest mass, which introduces a continuous variable instead of the
spin-index could also be taken into consideration. We did not discuss 51
this here because this representation does not seem to have any connection with physics.

Secondly an extension of these considerations to non-local theories could be further investigated. As the form factors are usually not considered as new fields but supposed to be scalars the additional assumption is necessary here that the form factor be invariant for a reversal of the signs of all coordinates.

ACKNOWLEDGMENTS

I am indebted to R. JOST and G. LÜDERS for interesting discussions on the generality of the "strong reflection." I am also indebted to M. GELL-MANN for valuable information on the general attitude of the group of workers at the Princeton University towards the problems of reflections. The latter discussions took place during my stay at the French Summer School for theoretical physics in Les Houches during the summer of 1952.

REFERENCES

[1] W. PAULI; *Inst. H. Poincaré Ann.* **6**, 137, 1936
[2] W. PAULI; *Phys. Rev.* **58**, 716, 1940
[3] W. PAULI; *Rev. Mod. Phys.* **13**, 203, 1941
[4] W. PAULI and F. J. BELINFANTE; *Physica* **7**, 177, 1940
[5] W. PAULI; *Progr. Theor. Phys.* **5**, 526, 1950
[6] G. KÄLLÉN; *Helv. Phys. Acta* **25**, 417, 1952
[7] D. T. LEE; *Phys. Rev.* **95**, 1329, 1954
[8] W. HEISENBERG; *Z. Phys.* **90**, 209 and **92**, 692, 1934
[9] J. SCHWINGER; *Phys. Rev.* **82**, 914, 1951
[10] E. WIGNER; *Gött. Nachr.* (*Math. Naturw. Klasse*) 1932, p. 546
[11] T. D. NEWTON, E. P. WIGNER; *Rev. Mod. Phys.* **21**, 400, 1949.
[12] S. WATANABE; *Phys. Rev.* **84**, 1008, 1951
[13] G. LÜDERS; *Det. Kong. Danske Videnskabernes Selskab, Mat.-fysiske Meddelelser*, **28**, Nr. 5, 1954
[14] G. LÜDERS, R. OEHNSE and W. E. THIRRING; *Z. Naturforsch.* **7a**, 213, 1952
[15] A. PAIS and R. JOST; *Phys. Rev.* **87**, 871, 1952
[16] G. LÜDERS; *Z. Phys.* **133**, 325, 1952
[17] L. C. BIEDENHARN and M. E. ROSE; *Phys. Rev.* **83**, 459, 1951
[18] H. A. TOLHOEK and S. R. DE GROOT; *Phys. Rev.* **84**, 151, 1951
[19] L. EISENBUD and E. P. WIGNER; *Proc. Nat. Acad. U.S.A.* **27**, 281, 1941
[20] L. MICHEL; *Nuovo Cimento* **10**, 319, 1953

6
Wolfgang Pauli
Announcement

"It is always hard to look for a leading principle in the work of a great man, in particular if his work covers all fundamental problems of physics. Pauli's work has one common denominator: his striving for symmetry and invariance. Relativity theory fascinated him all his life because of the fundamental rôle of invariants in its formalism. In his work on quantum electrodynamics and especially in his later papers on field theory, the fundamental symmetries were alsways made the central point of his arguments."

Kronig und Weisskopf (1964), S. VIII

In reiceived on June 15th the following telegram from F. Reines and C. Cowan (Los Alamos): "We are happy to inform you that we have definitely detected neutrinos from fission fragments by observing inverse beta decay of protons. Observed cross-section agrees well with expected $6 \cdot 10^{-44}$ cm²".
Not much is known of the details of the experiment but the reaction in question is:

neutrino + proton → positron + neutron

$$\nu \quad + \quad P \quad \rightarrow \quad e^{+} \quad + \quad N$$

The detection was made by coincidence of the annihilation radiation of the positron and the capture of the neutron. I make this announcement because otherwise everybody would ask me separately.

* Pauli (1956c)

7

Wolfgang Pauli
Zur älteren und neueren Geschichte des Neutrinos*

> *"At the moment here is a great agitation in connection with the problem of β-decay. Fermi proposed a new theory (in the course of publication) which, however, makes use of a gloomy person called Signore Neutrino (the nephew of Pauli). But this theory explains exellently the empirical connection between λ and* E_{max} *of β-disintegrating bodies. Bohr, on the other hand (well, you know-that he absolutely does not like this chargeless, massless little thing!) thinks that continous β-spectra is compensated by the emission of gravitational waves (!!!), which play the role of neutrino, but are much more physical things. It is of course 'nur um zu lernen' and very difficult to put through – but looks very promising."*
>
> *Gamow an Goudsmit, 8. März 1934*

Bald nach dem ersten Weltkrieg entstanden Diskussionen über die Energieverteilung der beim Betazerfall aus dem Kern emittierten Elektronen. Ein kontinuierliches Spektrum dieser Elektronen war nachgewiesen sowie auch diskrete Linien. War das kontinuierliche Spektrum primär und waren die Linien alle als innere Konversion aus dem Kern emittierter monochromatischer Gammastrahlung in der Atomhülle zu deuten? Diese, wie wir heute wissen, richtige Meinung wurde von *C. D. Ellis*, einem Mitarbeiter *Rutherfords*, vertreten, während *L. Meitner* aus theoretischen Erwägungen dem heftig widersprach. Das RaE emittierte keine γ-Strahlen diskreter Energie und zeigte auch keine diskreten Elektronenenergien. Aber konnte nicht die kontinuierliche Verbreiterung des Energiespektrums durch Sekundärprozesse bedingt sein? Dies war der Gesichtspunkt von *L. Meitner*, während *Ellis* dies für zum mindesten sehr unwahrscheinlich hielt. Die Polemik endete mit einem Experiment: der kalorischen Messung der absoluten Energie der primären Betastrahlung von RaE. Das Ergebnis von *Ellis* und *Wooster* (1927), daß diese Energie mit dem Maximum der Energieverteilung der Elektronen zusammenfällt, nicht mit deren oberer Grenze, wurde später (1930) von *L. Meitner* und *W. Orthmann* mit einer verbesserten Apparatur genau bestätigt. Überdies konnten diese zeigen, daß auch keine Gammastrahlen mit kontinuierlichem Spektrum von RaE emittiert werden.

* Pauli (1957a)

Ernste Zweifel an der Gültigkeit des Energiesatzes beim Betazerfall wurden von *N. Bohr* geäußert. Die Sachlage mußte jedoch im Zusammenhang mit den damaligen Vorstellungen vom Kernbau beurteilt werden. Immer hatte man das Vorhandensein von Elektronen im Kern angenommen, und *Rutherford* stellte 1920 die Hypothese einer nuklearen Verbindung von Elektron und Proton auf, der er den Namen Neutron gab.

Als die Wellenmechanik zum Ergebnis führte, daß zweierlei Symmetriecharaktere von Teilchen (Bosonen und Fermionen) existieren, und Methoden lehrte, um diese festzustellen, wurde dies bald auf Kerne angewendet. Wäre die Vorstellung von Protonen und Elektronen als Bausteinen der Kerne richtig, so müßte die Parität der Ladungszahl die Parität des Kernspins sowie den Symmetriecharakter des Kerns bestimmen. Dies ist jedoch nicht der Fall. Die erste nachgewiesene Ausnahme war Stickstoff (Ladung 7) mit ganzzahligem Spin (Wert 1) und Bosonsymmetrie (*Kronig* 1928, *Heitler* und *Herzberg* 1929). Bald folgten andere Kerne wie ^{6}Li und das Deuteron ^{2}H. Allmählich lernte man, daß die Massenzahl die Parität des Kernspins und ihren Symmetriecharakter bestimmt, nicht die Ladungszahl, was jedoch erst 1933 nach der Entdeckung des Neutrons (Spin 1/2, Fermion) ganz klar wurde.

Dieses war der Hintergrund der Idee des Autors, daß beim Betazerfall noch ein weiteres elektrisch neutrales Teilchen emittiert werden müsse. Auf diese Weise konnte sowohl der Symmetriecharakter der Kernstatistik und die Parität des Kernspins als auch der Energiedefekt beim Betazerfall verstanden werden. Dessen einseitiges Vorzeichen (Energieverlust, niemals Energiegewinn) machte ihm *Bohr*s Gesichtspunkt einer nur statistischen Gültigkeit des Erhaltungssatzes der Energie unwahrscheinlich, wogegen auch andere theoretische Gründe sprachen.

Der Autor verliest seinen Brief an *Geiger* und *L. Meitner* anläßlich eines Kongresses in Tübingen (1930), erwähnt seinen ersten, nicht veröffentlichten Vortrag (Pasadena, Frühling 1931) sowie den Kongreß in Rom (Hersbst 1931), an dem *Fermi* dem neuen Teilchen den Namen „Neutrino" gab, zum Unterschied vom schweren „Neutron" der *Rutherford*-Schule, das bald darauf (1932) von *Chadwick* und *Joliot* experimentell gefunden wurde. Schließlich gibt der Autor seine kurze Publikation im Solvay-Kongreß 1933 wieder, der die endgültige Klärung brachte. Unmittelbar nach diesem publizierte *Fermi* seine vorläufige Mitteilung über seine quantitative Theorie des Betazerfalls, die auf der Idee des Neutrinos basierte (ausführliche Mitteilung 1934). Unabhängig davon fand auch *F. Perrin* (1933) den statistischen Gewichtsfaktor, der praktisch allein die Form des Betaspektrums bestimmt, und zog durch Vergleich mit dem Experiment ebenso wie *Fermi* den Schluß, daß die Neutrinos die Ruhemasse 0 haben müssen (heutige obere Grenze für diese 0,002 Elektronmasse). Der Erfolg der neuen Theorie veranlaßte schließlich (1936) *Bohr*, seine Opposition aufzugeben.

Das Durchdringungsvermögen der Neutrinos ist so groß, daß etwa 100 Lichtjahre Pb nötig wären, um diese zu absorbieren. Dennoch ist es dank der starken Neutrinoquellen, die in den Uranreaktoren vorliegen (10^{20} Neutrinos pro sec) gelungen, durch besonders gebaute Verstärker die Absorption der Neutrinos in der Reaktion $p + \nu \rightarrow n + e^+$ nachzuweisen mit einem Wirkungsquerschnitt von nur $6{,}3 \cdot 10^{-44}$ cm^2, im Einklang mit der Theorie (*C. L. Cowan*, *F. Reines* et al. 1956).

Der Autor geht ferner auf die Frage ein, ob es zwei Sorten von Neutrinos gibt, von denen die eine mit e^-, die andere mit e^+ emittiert wird und vice versa für Neutrinoabsorption. Experimente von *R. Davis* machen dies plausibel, und der Autor hält es auch für theoretisch befriedigend, was er an Hand des Begriffes einer „Leptonladung" erläutert.

Zum Schluß weist der Autor darauf hin, daß wir beim heutigen Stand der Theorie genötigt sind, jedes neue Teilchen durch ein besonderes Feld mit besonderen Kopplungskonstanten zu beschreiben, wodurch die experimentell schon gut erforschten Reaktionen des Neutrinos mit Mesonen zur Zeit theoretisch mehr registriert als interpretiert werden. Insbesondere ist das Ausbleiben des Zerfalls des Pions in Elektron und Neutrino ein großes Rätsel der heutigen Physik. Auch harrt der numerische Wert der Konstante der *Fermi*schen Theorie (Dimension eines Wirkungsquerschnittes) noch einer Erklärung, die vielleicht in ferner Zukunft liegt.

(Autoreferat)

8

Wolfgang Pauli
General Remarks on Parity non-Conservation*

„Ich bin allerdings bereit zu wetten, daß das Experiment – ich höre, es wird tatsächlich gemacht und zwar sowohl in Washington als auch in Leiden – zu Gunsten der Spiegelinvarianz ausfallen wird. Denn – trotz Yang und Lee – glaube ich nicht, *daß Gott ein ‚schwacher Linkshänder' ist. Damit will ich sagen, daß ich keine logische Verbindung zwischen der* Stärke *einer Wechselwirkung und ihrer links-rechts-Invarianz sehen kann."*

Pauli an Schafroth, 22. Dezember 1956

„Blatt schreibt mir, das Experiment von C. S. Wu mit den gerichteten Kernspins habe asymmetrische Winkelverteilung der Elektronen ergeben! Sehr aufregend. (Wie sicher ist die Nachricht?)"

Pauli an Weisskopf, 19. Januar 1957

„Nun ist der erste Schock vorüber und ich beginne mich wieder ‚zusammenzuklauben' = ‚zsamklauen' (wie die Leute in München sagen)."

Pauli an Weisskopf, 19. Januar 1957

I only want to make a very brief statement because I am always asked what I think of the situation. It seems to me that the main principal problem is whether or not we can answer such questions as why there is violation of parity – why the neutrino rest mass must be zero; whether we can answer such questions at the present state of theoretical physics and in particular of quantum field theory. I am a little doubtful and I prefer just to take the more modest view that at the present state of quantized field theories in general we can not hope to find answers to these questions, particularly not to the question why there is parity violation for weak interactions and parity conservation for strong interactions.
What I hope we shall be able to do already now is to get a phenomenological description of parity non-conserving weak interactions and to determine all the constants which can here be applied. From this more modest point of view I also published an article on the conservation of a leptonic charge but I want to point out that this should not be interpreted that I am in any way against this con-

* Pauli (1958b)

servation law. I only hope that this is a formal contribution which may facilitate to decide whether or not this conservation law holds and if you ask me I would say I would prefer that it should turn out to be correct. I understand also that Dr. Alder in his discussion assumed that this conservation law holds. On the other hand from this more modest point of view I am a bit skeptical regarding the two-component theories. The situation seems to me a bit different from the situation for the conservation of electronic charge an I am a bit doubtful whether this particular reduction of the number of states to one half will turn out to be correct. But I admit of course that it is still possible that the two-component theory may turn out to be valid. I think this is all that I can say at present.

Kapitel XI
Spin und Statistik

1

Wolfgang Pauli und Markus Fierz

Über relativistische Feldgleichungen von Teilchen mit beliebigem Spin im elektromagnetischen Feld*

„In 1937, the interest in quantized fields of a more general nature received a tremendous uplift by the discovery of the cosmic ray 'mesotrons' and the subsequent boom of the 'meson theory of nuclear forces'...
The general problem of constructing wave equations and Lagrangians for charged particles of spin s in an external field turned out to be very difficult for s > 1. [...] Fierz and Pauli tackled the problem...“

Wentzel (1960), S. 63. 67

In einer früheren Arbeit hat der eine von uns[2]) die Theorie 297
kräftefreier Teilchen mit beliebigem Spin grösser als $1 \cdot \hbar$ behandelt. Es zeigte sich, dass die Feldgrössen, mit deren Hilfe man die Teilchen beschreibt, neben der Wellengleichung

$$\Box A \ldots = \varkappa^2 A \ldots \tag{1}$$

* Pauli und Fierz (1939b)

[2]) M. Fierz, Helv. Phys. Acta XII 1939, S. 3.

(die Punkte stehen für irgendwelche Indices. Es ist

$$\Box \equiv \sum_{k=1}^{4} \frac{\partial^2}{\partial x_k^2}; \quad x_k = x, y, z, ict; \quad \varkappa = \frac{mc}{\hbar}$$

wo m die Teilchenmasse) noch gewisse zusätzliche Differentialgleichungen erfüllen müssen. Im Falle ganzzahligen Spins lauten diese Gleichungen

$$\frac{\partial A_{ik\ldots}}{\partial x_i} = 0 \tag{2}$$

(über zweimal vorkommende Indices ist stets zu summieren). Sie besagen, dass die Viererdivergenz des symmetrischen Feldtensors $A_{ik\ldots}$ verschwindet. Diese zusätzlichen Gleichungen bedeuten, dass in dem Wellenfelde nur Feldquanten mit dem Spin $f \cdot \hbar$ vorhanden sind; und nicht auch solche mit dem Spin $(f-1)\hbar, \ldots$. Dies ist notwendig, da eine nähere Discussion zeigt, dass diese Teilchen kleineren Spins stets auch negative Energien (bzw. im Falle halbzahligen Spins negative Ladungen) haben können, was physikalisch unzulässig ist. Will man nun die Gleichungen vom Typus 1), 2) für den Fall einer Wechselwirkung z. B. mit elektromagne-
298 tischen Feldern verallgemeinern, so ist darauf zu achten, dass durch die Zusatzglieder in den Gleichungen deren Verträglichkeit nicht zerstört wird. Um eine richtige Verallgemeinerung zu erhalten, erwies es sich als zweckmässig, zuerst die Gleichungen des kräftefreien Falls aus einem Variationsproblem herzuleiten. Zu diesem Variationsproblem kann man dann Zusätze machen, die die Wechselwirkung mit anderen Feldern beschreiben. Man erhält auf diese Weise mathematisch korrekte Verallgemeinerungen der kräftefreien Theorie. Um nun aus einem Variationsproblem neben der Wellengleichung die Zusatzbedingungen herleiten zu können, ist es nötig, neben den Feldgrössen, die zum Spin f gehören, auch solche, die zu kleinerem Spin gehören, als Hilfsgrössen einzuführen. Man variiert dann nach sämtlichen, im Variationsprinzip vorkommenden Grössen unabhängig. Das Variationsprinzip ist so anzusetzen, dass als Folge der entstehenden Feldgleichungen nicht nur die Zusatzbedingungen gelten, sondern auch die Hilfsgrössen identisch verschwinden. Es ist für jeden Spin f möglich ein solches Variationsproblem anzugeben, wobei die Anzahl der benötigten Hilfsgrössen wie f^2 anwächst. Die Theorien werden für grosse Werte von f sehr kompliziert. Falls man nun äussere Kräfte einführt, werden die Zusatzbedingungen modifiziert; auch verschwinden die Hilfsgrössen nicht mehr. Es bleiben aber immer so viele Nebenbedingungen (im Sinne des kanonischen Formalis-

mus) bestehen, dass die Anzahl der unabhängigen Lösungen auch bei Anwesenheit von Kräften gleich $2f+1$ bleibt, wie im kräftefreien Fall.

Das Verfahren soll hier an der Theorie für den Spin $2\hbar$ illustriert werden. Man mache für L folgenden Ansatz:

$$L = \varkappa^2 A_{ik} A_{ik} + \frac{\partial A_{ik}}{\partial x_l}\frac{\partial A_{ik}}{\partial x_l} - 2\frac{\partial A_{rk}}{\partial x_r}\frac{\partial A_{sk}}{\partial x_s} - \frac{3}{4}\varkappa^2 C^2 - \frac{3}{8}\frac{\partial C}{\partial x_l}\frac{\partial C}{\partial x_l} + \frac{\partial A_{rk}}{\partial x_r}\frac{\partial C}{\partial x_k}.$$

A_{ik} ist symmetrisch in i und k und hat die Spur null:

$$\sum_{k=1}^{4} A_{kk} = 0.$$

C ist ein skalares Hilfsfeld. Durch Variation nach A_{ik} und C gemäss

$$\delta \int L d^4 x = 0$$

erhält man die Gleichungen 299

$$2\varkappa^2 A_{ik} - 2\,\square A_{ik} + 2\left\{\frac{\partial^2 A_{sk}}{\partial x_i \partial x_s} + \frac{\partial^2 A_{si}}{\partial x_s \partial x_k} - \frac{1}{2}\delta_{ik}\frac{\partial^2 A_{sr}}{\partial x_s \partial x_r}\right\} - \frac{\partial^2 C}{\partial x_i \partial x_k} + \frac{\delta_{ik}}{4}\square C = 0. \tag{3}$$

$$-\frac{3}{2}\varkappa^2 C + \frac{3}{4}\square C - \frac{\partial^2 A_{sr}}{\partial x_s \partial x_r} = 0. \tag{4}$$

Man kann nun aus diesen Gleichungen folgern, dass C und $\frac{\partial A_{ik}}{\partial x_i}$ verschwinden müssen. Man bilde z. B. zuerst die Viererdivergenz von (3) nach dem Index i. Dann erhält man

$$2\varkappa^2 \frac{\partial A_{ik}}{\partial x_i} + \frac{\partial}{\partial x_k}\left\{\frac{\partial^2 A_{sr}}{\partial x_r \partial x_s} - \frac{3}{4}\square C\right\} = 0. \tag{5}$$

Nun beachte man die Gleichung (4), mit deren Hilfe aus (5) folgt:

$$\frac{\partial A_{ik}}{\partial x_i} - \frac{3}{4}\frac{\partial C}{\partial x_k} = 0. \tag{6}$$

Differenziert man diese Gleichung noch nach x_k und summiert über k, so folgt

$$\frac{\partial^2 A_{rs}}{\partial x_r \partial x_s} - \frac{3}{4} \Box C = 0.$$

Durch nochmaligen Vergleich mit (4) folgt jetzt $C = 0$ und somit aus (6) die Zusatzbedingung

$$\frac{\partial A_{ik}}{\partial x_i} = 0.$$

Ersetzt man in L die Operation

$$\frac{\partial}{\partial x_k} \text{ durch } \frac{\partial}{\partial x_k} - \frac{i e}{\hbar c} \Phi_k,$$

wo Φ_k das Vektorpotential des elektromagnetischen Feldes bedeutet, so erhält man eine Theorie für Teilchen mit Spin $2\hbar$ im elektromagnetischen Feld.

300 Wenn man die Ruhemasse $\varkappa \cdot \frac{\hbar}{c}$ der Teilchen null setzt, erhält man eine Theorie für Teilchen mit Spin $2\hbar$ und Ruhemasse null. Setzt man

$$\gamma_{ik} = A_{ik} + \frac{1}{4} \delta_{ik} C, \qquad \gamma \equiv \sum_{k=1}^{4} \gamma_{kk} = C$$

so wird aus den Feldgleichungen ($\varkappa = 0$)

$$-\Box \gamma_{ik} - \frac{\partial^2 \gamma}{\partial x_i \partial x_k} + \frac{\partial^2 \gamma_{rk}}{\partial x_r \partial x_i} + \frac{\partial^2 \gamma_{ri}}{\partial x_r \partial x_k} + \frac{1}{2} \delta_{ik} \left\{ \Box \gamma - \frac{\partial^2 \gamma_{rs}}{\partial x_r \partial x_s} \right\} = 0$$

$$\Box \gamma - \frac{\partial^2 \gamma_{rs}}{\partial x_r \partial x_s} = 0.$$

Diese Gleichungen sind identisch mit denjenigen, die EINSTEIN[1]) aus der allgemeinen Relativitätstheorie für schwache Gravitationsfelder abgeleitet hat, indem er

$$g_{ik} = \delta_{ik} + \gamma_{ik}$$

setzte und Grössen der Ordnung $(\gamma_{ik})^2$ vernachlässigte. Die Gravitationsquanten haben demnach den Spin $2 \cdot \hbar$.

---

[1]) A. EINSTEIN, Berl. Berichte, **1916**, S. 688; **1918**, S. 154.

2

Wolfgang Pauli und Frederik J. Belinfante

On the statistical behaviour of known and unknown elementary particles*

„In physikalischer Hinsicht scheint es mir nur befriedrigend, daß ohne Spin *auch kein Ausschließungsprinzip erreichbar ist, da beides doch so eng verknüpft ist."*

Pauli an Heisenberg, 28. Juni 1934

„At the end of his paper, Pauli states that in his opinion the connection between spin and statistic is one of the most important applications of the special relativity principle. In fact, it is the fullfilment of his early wish to deduce the exclusion principle from other physical principles."

van der Waerden (1960), S. 244

„Whereas the exclusion principle is obviously indispensable if there are negative states, it is much less obvious why the quantizaion according to the exclusion principle should be ruled out for integral spin. For Pauli, this was understandably a question of deep concern. Essential here is the postulate 'that measurements at two space points with a space-like distance can never disturb each other, since no signals can be transmitted with velocities greater than that of hight.'"

Wentzel (1960), S. 64 f.

Zusammenfassung

Es wird untersucht, in wie weit Spekulationen über die Statistik will- 177
kürlicher, hypothetischer Teilchen in einer relativistisch invarianten Theorie möglich sind, wenn alle oder ein Teil der folgenden drei Postulate vorausgesetzt werden: (I) die Energie ist positiv; (II) Observable an verschiedenen Raum-Zeitpunkten mit raumartiger Verbindungslinie sind kommutativ; (III) es gibt zwei äquivalente Beschreibungen der Natur, in welchen die Elementarladungen entgegengesetzte Vorzeichen haben und

* **Pauli und Belinfante (1940)**

in welchen einander entsprechende Feldgrössen sich bei Lorentz-Transformationen in gleicher Weise transformieren.

Der eine von uns (P.) hatte bereits gezeigt, dass allgemein bei ganzzahligem Spin aus (II) allein Einstein-Bose-Statistik, bei halbzahligem Spin aus (I) allein Fermi-Dirac-Statistik folgt. Ferner hatte der andere von uns (B.) gezeigt, dass für eine gewisse Klasse von Teilchen, (die alle bisher in der Natur beobachteten umfasst, und die dadurch charakterisiert ist, dass sie höchstens durch *einen* Undor von gegebener Stufe beschrieben wird), aus dem durch ein spezielles Transformationsgesetz spezialisierten Postulat (III) für ganzen Spin E.-B.-Statistik, für halbzahligen Spin F.-D.-Statistik gefolgert werden kann. In der vorliegenden Note wird in den typischen Fällen von Spin 0 und Spin ½ durch Beispiele gezeigt, dass im allgemeinen Fall mehrerer Undoren von gleicher Stufe aus (III) nicht mehr eindeutig auf die Statistik der Teilchen geschlossen werden kann, während (II) bzw. (I) für ganzen bzw. halben Spin hiezu stets hinreichend bleiben. In den speziellen Fällen des Skalarfeldes, des Vektorfeldes und des Dirac-Elektrons, wo nur ein einziger Undor gegebener Stufe in die Theorie eingeht, folgt dagegen das Transformationsgesetz der Ladungskonjugierung eindeutig, so dass hier (III) zur Festlegung der Statistik ausreicht.

§ 1. *Introduction.* In a recent paper one of the authors [1]) has indicated a general principle, from which the statistical behaviour
178 (that is, the sign occurring in the commutation relations of the field components) of all particles and quanta empirically known until now can be deduced in a simple way. This principle was the following. Let the field of the particles and quanta in question be described by a set of undors [2]) $\Psi_{k_1 \ldots k_n}$, which are functions of the co-ordinates

$$x^1 = x_1 = x,\ x^2 = x_2 = y,\ x^3 = x_3 = z,\ x^0 = -x_0 = ct$$

and which satisfy certain first order partial differential equations (field equations), in which some constants of the dimension of a charge may occur.

Under an infinitesimal Lorentz transformation or spatial rotation of the frame of reference, so that the components of a given vector ξ are transformed according to *)

$$\delta\xi^\nu = \xi_\mu\, \delta\omega^{\mu\nu}, \tag{1}$$

these undors are transformed according to [3])

$$\delta\Psi = \tfrac{1}{4}\, \delta\omega^{\mu\nu}\, \Gamma_\nu\, \Gamma_\mu\, \Psi, \tag{2}$$

---

*) Greek indices run from 0 to 3; summation signs are omitted. Attention is drawn to the definition (4) of the matrices γ_μ, which differs a little from the definition given in previous papers of one of the authors [1]) [2]) [3]) [4]).

where

$$\Gamma_\mu = \sum_{j=1}^{n} \gamma_\mu^{(j)}. \tag{3}$$

Here the $\gamma_\mu^{(j)}$ are matrices operating on the index k_j of $\Psi_{k_1 \ldots . k_n}$ and satisfying the relations

$$\gamma_{\{\mu}^{(j)} \gamma_{\nu\}}^{(j)} \equiv \gamma_\mu^{(j)} \gamma_\nu^{(j)} + \gamma_\nu^{(j)} \gamma_\mu^{(j)} = 2g_{\mu\nu}. \tag{4}$$

Operating on the conjugate complex $\Psi^*_{\dot{k}_1 \ldots . \dot{k}_n}$ of an undor by the linear operator

$$\pounds = \prod_{j=1}^{n} \pounds^{(j)}, \tag{5}$$

where $\pounds^{(j)}$ is a matrix operating on the index $\dot{k}_j$ of $\Psi^*_{\dot{k}_1 \ldots . \dot{k}_n}$ and satisfying the relations

$$\gamma_\mu^{(j)} \pounds^{(j)} = \pounds^{(j)} \gamma_\mu^{(j)*}, \tag{6}$$

we find again an undor

$$\Psi^{\pounds} = \pounds \Psi^*. \tag{7}$$

We can normalize $\pounds$ in such a way that 179

$$\Psi^{\pounds\pounds} = \Psi, \tag{8}$$

by putting

$$\pounds^{(j)} \pounds^{(j)*} = 1. \tag{9}$$

Instead of by (5)—(7), we might have constructed an undor $\Psi^{(\pounds)}$ from Ψ^* by

$$\Psi^{(\pounds)} = \mathfrak{S} \pounds \Psi^*, \tag{10}$$

where $\mathfrak{S}$ is a scalar operator – for instance a product of an even *) number of factor $\gamma_5^{(j)}$, which are defined by †)

$$\gamma_5^{(j)} = i\gamma_1^{(j)} \gamma_2^{(j)} \gamma_3^{(j)} \gamma_0^{(j)}. \tag{11}$$

---

* See footnote on the next page.

†) Attention is drawn to the fact that there is a difference of a sign between the γ_5 defined in this paper [1]) and the γ_5 defined in some papers of one of the authors [5]).

In a similar way we can form an undor again from Ψ^* by means of *)

$$\Psi^{Q} = Q\Psi^* \text{ or } \Psi^{(Q)} = \mathfrak{S}Q\Psi^*, \text{ with } Q = \gamma_5^{(1)}\pounds, \tag{12}$$

so that

$$\Psi^{QQ} = -\Psi. \tag{13}$$

Now, it can be shown [6]) [1]) that, if the undors Ψ describing the fields of experimentally known particles or quanta (such as electrons, nuclons §), photons, mesons), are transformed according to (7), we obtain a set of undors $\Psi^{\pounds}$, which satisfy again a set of field equations, in which, however, all (real) constants of the dimension of a charge, for instance e, have been changed into their opposite:

$$e^L = -e^* \tag{14}$$

This is true only [5]) for transformation according to (7) and not to
180 (12). Further, this invariance of the field equations and a similar *invariance of all physically significant formulae* (such as for instance the total energy or the total electric charge) exist *only on account of the commutation relations* holding between the undors. By the transformation

$$\Psi \to \Psi^L \text{ together with } e \to e^L, \tag{15}$$

therefore, where Ψ^L is given by

$$\Psi^L = \Psi^{\pounds}, \tag{16}$$

we pass from one description of the fields of particles and quanta (by the undors Ψ) to another description (by $\Psi^{\pounds}$), which is *completely equivalent* to the original one and was called – according to a terminology of Kramers [6]) – the *charge-conjugated* description of the physical world.

---

179 *) If we require that Ψ and $\Psi^{\pounds}$ shall transform in exactly the same way under a spatial reflection through the origin, this reflection must be given by

$$\Psi'_{k_1\ldots k_n} = \pm\, \gamma_0^{(1)} \ldots \gamma_0^{(n)}\, \Psi_{k_1\ldots k_n}.$$

An undor, for which the reflection takes this form, we shall call an *ordinary* undor.

If we require that Ψ and Ψ^{Q} shall transform in exactly the same way, however, Ψ must not be an ordinary undor, but a quantity („*quasi*-undor"), for which reflection is defined by

$$\Psi'_{k_1\ldots k_n} = \pm\, i\gamma_0^{(1)} \ldots \gamma_0^{(n)}\, \Psi_{k_1\ldots k_n}.$$

An *odd* number of factors $\gamma_5^{(j)}$ changes an ordinary undor into a quasi-undor, and a quasi-undor into an ordinary one.

180 §) The particle that is a proton in its charged state and a neutron in its neutral state, we have called a *nuclon*.

On the other hand it is plain that, postulating that the transformation (15) specified by (16) shall leave all physically significant quantities unaltered *), we obtain some information about the commutation relations holding between some undor components. This information is sufficient, indeed, to determine the sign occurring in the commutation relations, that is, to make a definite choice between commutativity and anticommutativity of the field components Ψ and Ψ^*, though the c-number occurring in the usual commutation relations (for instance some δ-function) remains entirely undetermined in this way. It was shown by the one of us [1]) that for a certain collection of hypothetical particles †) described by one undor of an arbitrarily given rank it follows from this postulate that particles with an integer spin must satisfy Einstein-Bose statistics and those with a half-odd spin must satisfy Fermi-Dirac statistics.

On the other hand it was shown by the other of us [7]), in a very general way, that a similar result for arbitrary particles described by a field satisfying a set of linear homogeneous differential equations could be obtained from the following two postulates:

(I) for these particles *there is no infinite number of states of negative* 181
energy;

(II) *observables in points connected by a space-like vector are purely commutative.*

These two postulates can be understood from a physical point of view. The first postulate is necessary since otherwise particles would drop into states of lower and lower energy creating an infinite number of quanta or pairs of particles. According to the second postulate simultaneous measurements in points connected by a space-like vector must be always possible; as it should be, since the field in the one point cannot influence the field in the other point, if the connecting vector is space-like.

Invariance under the transformation (15) *with the specification* (16) is a specialized case of invariance under some *unspecified* transformation (15) of the undors together with inversion of the signs of

---

*) One may call this property the „*charge-invariance*" of the theory. Since the trans- 180
formation (15) was specified by (16), we shall call it *specified* charge-invariance in the following. We admit that the name „charge-invariance" is a little misleading since this property may exist for neutral as well as for charged particles.

†) All particles experimentally known until now are contained in this collection.

the constants of the dimension of a charge (14). Invariance of all physical quantities under another transformation than (16), but still of the type of (14)—(15), would also have meant that there is a description of the physical world, in which every "elementary charge" has the opposite sign. The existence of such a generalized charge-conjugated description may perhaps be infered from some speculations on a possible symmetry between positive and negative charges, which – though not existing on the earth – may still be a fundamental property of nature. (Anyhow, we know that it exists for all *known* particles [1])). Therefore, *without specialization by* (16) *), we shall postulate

(III) *invariance of all physically significant formulae and quantities under some transformation* (15), where Ψ represents some set of undors $\psi^{(1)}, \psi^{(2)}, \ldots$ and Ψ^L a similar set of undors $\psi^{(1)L}, \psi^{(2)L}, \ldots$ transforming in the same way as Ψ. We do *not* postulate, however, that after the transformation from Ψ to Ψ^L – which we shall call "unspecified charge-conjugation" – the components of the undor $\psi^{(n)L}$ are linear combinations of the components of only $\psi^{(n)*}$ again.

In the following we shall discuss the bearing of the postulates (I), (II) and (III) on the question of the statistical behaviour of hypothetical particles with a spin 0 or $\hbar/2$. For a spin $\geq \hbar$ similar considerations – though more complicate – are possible.

182 § 2. *Particles or quanta with a spin* 0. In this section we shall discuss some possibilities of a quantum-theory of particles, which are (at least partly) described by a (complex) function s of the co-ordinates x^ν, which is a scalar at least with respect to spatial rotations and Lorentz transformations and which satisfies – if all external forces are neglected – a Klein-Gordon equation

$$(\Box - \varkappa^2)s = 0, \quad (\Box \equiv \nabla^\nu\nabla_\nu; \quad \nabla_\nu \equiv \partial/\partial x^\nu; \quad \varkappa = mc/\hbar). \quad (17)$$

Here we shall discuss the case of particles or quanta with a non-vanishing mass ($\varkappa \neq 0$) *).

181 *) One might call the property postulated by (III) the „*unspecified charge-invariance*" of the theory.

182 *) For scalar particles with a *vanishing mass* the first order equations are given by

$$\varphi_\nu = \nabla_\nu s, \quad \nabla^\nu \varphi_\nu = 0. \quad (18—19a)$$

They can be derived from

$$L = K\{\varphi^{*\nu}(\varphi_\nu - \nabla_\nu s) + s^* \nabla_\nu \varphi^\nu\} \quad (21a)$$

and the total energy is given in this case by

$$H = \iiint \sum_{\nu=0}^{3} \varphi^*_\nu \varphi_\nu \, dx\, dy\, dz \; (- \text{ c-number}). \quad (22a)$$

The further discussion of the possible commutation relations and laws of charge-conjugation in this case is analogous to that for scalar particles with a non-vanishing mass.

Putting in this case

$$\varkappa\varphi_\nu = \nabla_\nu s, \tag{18}$$

we find from (17):

$$\varkappa s = \nabla^\nu \varphi_\nu. \tag{19}$$

The equations (18)—(19) together form the first order field equations. They can be derived from a Lagrangian

$$L = \iiiint L \, dx \, dy \, dz \, dt, \tag{20}$$

where the Lagrangian function L depending on the field components s, φ_ν, s^*, etc. and (linearly) on their (first order) derivatives is given by

$$L = K \{\varphi^{*\nu}(\varkappa\varphi_\nu - \nabla_\nu s) - s^*(\varkappa s - \nabla_\nu \varphi^\nu)\}, \tag{21}$$

so that, if K is a real constant, the total Lagrangian L (20) is real.

For the total energy we find [8])

$$H = \varkappa K \iiint \{s^* s + \sum_{\nu=0}^{3} \varphi_\nu^* \varphi_\nu\} \, dx \, dy \, dz \; (- \text{ c-number}). \tag{22}$$

As regards the commutation relations, we shall *assume* that they are of the form

$$[s(x)\,;\, s^*(x')] = c(x, x')\,; \tag{23}$$

$$[s(x)\,;\, s(x')] = [s^*(x)\,;\, s^*(x')] = 0\,; \tag{24}$$

where the bracket symbol $[A\,;\,B]$ denotes either the commutator 183
$[A\,;\,B]_-$ or the anti-commutator $[A\,;\,B]_+$:

$$[A\,;\,B]_\pm = AB \pm BA, \tag{25}$$

and where $c(x, x')$ is a c-number function of x_ν and x'_ν. The commutation relations for the other field components are derived from (23)—(24) by means of the equations (18).

From (23)—(24) we conclude that c is a scalar function, which, on account of (17), must satisfy the equations

$$(\Box - \varkappa^2)\, c(x, x') = (\Box' - \varkappa^2)\, c(x, x') = 0, \tag{26}$$

($\Box'$ operates on x' like $\Box$ on x).

Further we remark that the postulate (II) of § 1 is satisfied, if we assume for all pairs of field components q_1, q_2:

$$[q_1(\vec{x}, x_0)\,;\, q_2(\vec{x}, x_0)] = 0 \quad \text{for } x_0 = x_0' \text{ but } \vec{x} \neq \vec{x}', \tag{27}$$

where $\vec{x}$ denotes x^1, x^2, x^3. Since (27) should hold for s with s^* as well as for s with φ_0^*, both c and $\nabla_0 c$ must vanish for $x_0 = x_0'$, $\vec{x} \neq \vec{x}'$, so that from the scalar character of c it follows that c must be equal to [8]) [7])

$$c(x, x') = iC \,.\, \mathfrak{D}(x - x'). \tag{28}$$

Here C is a constant and

$$\mathfrak{D}(x) \equiv \mathfrak{D}(\vec{x}, x_0) = \left(\frac{1}{2\pi}\right)^3 \int\int\int e^{i\vec{k}\cdot\vec{x}} \frac{\sin k^0 x_0}{k^0} \, dk_x \, dk_y \, dk_z \tag{29}$$

$$(k^0 = + \sqrt{k_x^2 + k_y^2 + k_z^2 + \varkappa^2})$$

is a solution of (26) satisfying the conditions

$$\mathfrak{D} = \mathfrak{D}^*; \quad \mathfrak{D}(\vec{x}, 0) = 0; \quad \left(\frac{\partial \mathfrak{D}}{\partial x_0}\right)_{x_0 = 0} = \delta(\vec{x}). \tag{30}$$

All other solutions of (26) are excluded by the postulate (II). We remark that $\mathfrak{D}$ depends on $|\vec{x}|$ and x_0 only and is an odd function of x_0, so that

$$\mathfrak{D}^*(x) = - \mathfrak{D}(- x). \tag{31}$$

The commutation relations now must read

$$[s(x);\ s^*(x')]_- = iC\mathfrak{D}(x - x'), \tag{32}$$

184 since Fermi-Dirac statistics are excluded by the fact that, for $x = x'$ (compare (23) with (28), (30)), from

$$ss^* + s^*s = 0 \tag{33}$$

it would follow that the field vanishes entirely [7]):

$$s = 0. \tag{34}$$

Further iC must be purely imaginary on account of (31) and

$$[s(x);\ s^*(x')]^* = [s(x');\ s^*(x)]. \tag{35}$$

The total energy (22) is automatically positive, in accordance with postulate (I).

If e is the charge *) of the particles under consideration, we can introduce their interaction with the Maxwellian field by

---

*) If the charge of the field under consideration would vanish, the necessity of taking the conjugate complex of the field components for the purpose of charge-conjugation would follow only, if some interaction exists between the neutral particles under consideration and some other particles, which possess an electric charge. Of course, for neutral particles the *possibility* exists that they are described by real tensors or, more generally, by *neutrettors* [2]) [1]).

changing in (17)—(21) ∇_ν into

$$D_\nu = \nabla_\nu + (e/i\hbar c)\mathfrak{A}_\nu, \tag{36}$$

where $\mathfrak{A}_\nu$ denotes the electromagnetic potential four-vector. From s, φ_ν, etc., we must now derive quantities s^L, φ_ν^L, etc., satisfying the same field equations except for a change of the sign of e — that is, equations, in which D_ν has been changed into D_ν^* everywhere. The only possibility of such a charge-conjugation is (apart from an arbitrary factor) given by complex conjugation:

$$s^L = s^*, \text{ (therefore, } \varphi_\nu^L = \varphi_\nu^*;\ s^{*L} = s, \varphi_\nu^{*L} = \varphi_\nu). \tag{37}$$

For Einstein-Bose statistics the total Lagrangian L (20)—(21) is automatically invariant under this transformation (37), so that also the postulate (III) is satisfied.

It must be emphasized that the fact that the law of charge-conjugation is uniquely determined by the Lagrangian (20)—(21) is a consequence of the fact that, besides s^* and φ_ν^*, no other quantities transforming in the same way as s and φ_ν and describing particles with a charge $(-e)$ are considered as components of the field. If such field components *would* have occurred, there might also have been some ambiguity in the commutation relations. Still any anti-commutativity of the form of (23)—(24) can be excluded in this 185
case, *on account of the postulate* (II) [7], so that all laws of charge-conjugation, which do not yield charge-invariance in the case of Einstein-Bose statistics, must be excluded on the strenghth of this postulate (II).

The proof that *only the postulate (II)* — and no combination of (I) and (III) — necessitates Einstein-Bose statistics for fields consisting of more than one scalar, is given by the following example of a possible theory of particles with vanishing spin but obeying Fermi-Dirac statistics, in which the total energy is strictly positive and in which charge-invariance exists. (The postulate (II) will not be satisfied, of course.) This example was given by one of the authors in a previous paper [8]. Let us introduce the operator $\sqrt{\varkappa^2 - \Delta}$ defined by

$$f(\vec{x}, x_0) = \iiint a(\vec{k}, x_0)\, e^{i\vec{k}\cdot\vec{x}}\, dk_x\, dk_y\, dk_z,$$

$$\sqrt{\varkappa^2 - \Delta}\,.\, f(\vec{x}, x_0) = \iiint a(\vec{k}, x_0)\, e^{i\vec{k}\cdot\vec{x}}\, k^0\, dk_x\, dk_y\, dk_z, \tag{38}$$

$$(k^0 = + \sqrt{\varkappa^2 + k_x^2 + k_y^2 + k_z^2}),$$

and the function $\mathfrak{D}_1(x)$ defined by

$$\mathfrak{D}_1(\vec{x}, x_0) = \left(\frac{1}{2\pi}\right)^3 \iiint e^{i\vec{k}.\vec{x}} \frac{\cos k^0 x_0}{k^0} \, dk_x \, dk_y \, dk_z, \qquad (39)$$

so that $\mathfrak{D}_1^*(x) = + \mathfrak{D}_1(-x)$. We remark that $\mathfrak{D}_1 \pm i\mathfrak{D}$ satisfies the equations

$$\begin{aligned} (\mathfrak{D}_1 \pm i\mathfrak{D})^*(x) &= (\mathfrak{D}_1 \pm i\mathfrak{D})\,(-x), \\ \nabla^0(\mathfrak{D}_1 \pm i\mathfrak{D}) &= \pm i\sqrt{\varkappa^2 - \Delta}\,.\,(\mathfrak{D}_1 \pm i\mathfrak{D}). \end{aligned} \qquad (40)$$

Now, we first consider the field given by (17)—(19), but we shall split up the scalar s and the four-vector φ_ν, into two parts according to

$$s = s^{(+)} + s^{(-)}; \quad \nabla_\nu s^{(\pm)} = \varkappa \varphi_\nu^{(\pm)}, \qquad (41)$$

$$\nabla^0 s^{(\pm)} = \pm i\sqrt{\varkappa^2 - \Delta}\,.\,s^{(\pm)}. \qquad (42)$$

On account of (42), the commutation relations for $s^{(+)}$ and $s^{(-)}$ take the following form (compare (40)):

$$\begin{aligned} [s^{(\pm)}(x);\ s^{(\pm)*}(x')] &= C^{(\pm)}\,.\,(\mathfrak{D}_1 \pm i\mathfrak{D})\,(x - x'), \\ [s^{(\pm)}(x);\ s^{(\mp)*}(x')] &= 0, \\ [s; s] \;=\; [s^*; s^*] &= 0, \text{ etc.} \end{aligned} \qquad (43)$$

186 Here $C^{(+)}$ and $C^{(-)}$ are real constants. — The equations (17)—(19) and (42) remain valid under the following law of charge-conjugation:

$$s^{(\pm)L} = s^{(\mp)*}. \qquad (44)$$

Now, instead of regarding (20)—(21) as the total L a g r a n g i a n of our system — in which, after substitution of (41), the integrals over time of the cross products of terms denoted by (+) and by (—) would vanish — we shall interchange $s^{(-)}$ and $s^{(-)*}$ and regard

$$L = K\,\{\varphi^{(+)*\nu}\,(\varkappa\varphi_\nu^{(+)} - \nabla_\nu s^{(+)}) - s^{(+)*}\,(\varkappa s^{(+)} - \nabla_\nu \varphi^{(+)\nu}) + \\ + \varphi^{(-)\nu}\,(\varkappa\varphi_\nu^{(-)*} - \nabla_\nu s^{(-)*}) - s^{(-)}\,(\varkappa s^{(-)*} - \nabla_\nu \varphi^{(-)*\nu})\} \qquad (45)$$

as the L a g r a n g i a n function. From this L a g r a n g i a n the field equations (18)—(19) can be derived for $s^{(+)}$ and for $s^{(-)}$; the two equations (42) must then be added as additional conditions. For the total energy we find the following strictly positive expression [8]:

$$H = \varkappa K \iiint \{s^{(+)*}\,s^{(+)} + s^{(-)}\,s^{(-)*} + \\ + \sum_{\nu=0}^{3} (\varphi_\nu^{(+)*}\,\varphi_\nu^{(+)} + \varphi_\nu^{(-)}\,\varphi_\nu^{(-)*})\}\,dx\,dy\,dz. \qquad (46)$$

Charge-invariance (III) and positive energy (I) are now ensured by (44) and (46) for Fermi-Dirac as well as for Einstein-Bose statistics. Therefore, we may regard the bracket symbols in (43) (compare (25)) as anti-commutators; at least, if in (43) we take $C^{(+)}/C^{(-)} > 0$, in order to avoid relations of the type of (33).

Thus we see that *the postulates (I) and (III) certainly do not exclude Fermi-Dirac statistics in the case of spin* = 0, in this more general case that more than one scalar and its conjugate complex are regarded as field components; *the postulate (II), however, always suffices for this purpose in the case of integer spin* [7]).

§ 3. *Particles or quanta with a spin* $\hbar/2$. In this section we shall discuss some possibilities of a quantum-theory of particles, which are (at least partly) described by a four-component function ψ_k of the co-ordinates, which transforms like an undor of the first rank [2]) at least with respect to spatial rotations and Lorentz transformations and which satisfies – if all external forces are neglected – a Klein-Gordon equation

$$(\Box - \varkappa^2)\, \psi = 0, \qquad (\Box \equiv \nabla^\nu \nabla_\nu). \tag{47}$$

We shall put 187

$$\nabla_{op} = \gamma^\nu \nabla_\nu, \text{ so that } \nabla_{op}^2 = \Box, \tag{48}$$

where γ_ν are the matrices determined by (2)—(4). Then it can be easily shown that the four-component quantity

$$\nabla_{op}\, \psi = -\varkappa \chi \tag{49}$$

transforms in exactly the same way as ψ did. With the definition (49), the equation (47) takes, on account of (48), the form of

$$\nabla_{op} \chi = -\varkappa \psi. \tag{50}$$

The equations (49)—(50) together form the first order field equations. They take a particularly simple form, if [4])

$$\chi = \pm \psi. \tag{51}$$

Admitting that $\varkappa$ may be negative, we can choose the + sign in (51), so that in this particular case (51) the first order equations (49)—(50) pass into the Dirac equation

$$(\nabla_{op} + \varkappa)\, \psi = 0. \tag{52}$$

Now we introduce the matrix $\gamma^5 = \gamma_5$ defined by (11) and put

$$\alpha^\mu = \gamma_0 \gamma^\mu = - \gamma^0 \gamma^\mu, (\mu = 0, 1, 2, 3, 5), \tag{53}$$

so that [1])

$$\alpha^0 = 1; \quad \gamma_5 = - i \alpha_1 \alpha_2 \alpha_3. \tag{54}$$

Then it can be proved that a hermitian matrix ϑ exists such that [2]) *)

$$\vartheta\alpha^\mu = (\vartheta\alpha^\mu)^\dagger, \quad (\mu = 0, 1, 2, 3, 5), \tag{55}$$

where the cross † denotes the *adjoint* (hermitian conjugate) of a matrix **). This matrix ϑ shall be normalized in such a way that $e\psi^\dagger\vartheta\psi$ represents the electric charge density of the field. Further we put §)

$$\beta = i\vartheta\gamma^0 \; (= \vartheta\alpha^1\alpha^2\alpha^3\alpha^5 = \beta^\dagger). \tag{56}$$

188 Now the equation (52) can be derived from a scalar Lagrangian (20) with

$$L = - K\psi^\dagger\beta\, (\nabla_{op} + \varkappa)\psi, \tag{57}$$

or, in covariant undor-notation [2]),

$$L = iK\psi^{\mathfrak{k}l}\, (\nabla_l{}^k + \varkappa\delta_l^k)\, \psi_k, \tag{58}$$

[siehe unterste Fußnote] where we have put *)

$$\psi^{\mathfrak{k}l} \equiv i\psi^\dagger\beta \; (\equiv \psi^+) \tag{59}$$

and

$$\nabla_l{}^k \equiv (\gamma^\nu)_l{}^k \,.\, \nabla_\nu \equiv (\nabla_{op})_l{}^k, \tag{48a}$$

so that

$$\nabla_m{}^l\, \nabla_l{}^k = \delta_m^k \,.\, \nabla_\nu\nabla^\nu = \delta_m^k\, \Box. \tag{48b}$$

The total energy is now given by

$$H = (iK/c) \iiint \psi^\dagger\, \vartheta\, \partial\psi/\partial t \,.\, dx\, dy\, dz \; (- c\text{-number}). \tag{60}$$

---

187 *) This matrix ϑ was called A in a previous paper of the one of the authors [5]).

**) Since ψ is a matrix of one column and four rows, the adjoint $\psi^\dagger$ is a matrix with one row and four columns. Its elements are conjugate complex to those of ψ.

§) This matrix β was called β in a previous paper of the one of the authors [5]) but $\vartheta\beta$ n a paper of the other [2]) [1]).

188 *) Attention is drawn to the fact that the relation between covariant and contravariant undors defined by (59) differs by a factor i from that defined in the paper of one of the authors on undor calculus [2]).

In analogy to the preceding section, we shall *assume* that the commutation relations are of the form of

$$[\psi_k(x);\ \psi^{\mathfrak{L}l}(x')] = c_k^{\ l}(x, x'), \tag{61}$$

$$[\psi_k(x);\ \psi_l(x')] = [\psi_k^{\mathfrak{L}}(x);\ \psi_l^{\mathfrak{L}}(x')] = 0. \tag{62}$$

Since $c_k^{\ l}(x, x')$ must be a mixed undor of the second rank (compare (61)) and must satisfy the equations (26) and (27), on account of (47) and the postulate (II), the undor $c_k^{\ l}(x, x')$ must be of the form of

$$c_k^{\ l}(x, x') = C(\nabla_k^{\ l} + a\,\delta_k^l)\,\mathfrak{D}(x - x'), \tag{63}$$

where C and a are constants and where $\mathfrak{D}(x)$ is given by (29). In our particular case (52) the constant a is determined by

$$(\nabla_{op} + \varkappa)c = 0. \tag{64}$$

Inserting

$$(\Box - \varkappa^2)\mathfrak{D} = 0. \tag{26a}$$

we find (compare (48))

$$C(\nabla_{op} + \varkappa)\ (\nabla_{op} + a)\mathfrak{D} = 0 = C(\nabla_{op} + \varkappa)\ (\nabla_{op} - \varkappa)\mathfrak{D},$$

or

$$(a + \varkappa)\ (\nabla_{op} + \varkappa)\mathfrak{D} = 0,$$

so that

$$a = -\varkappa \text{ and } c = C(\nabla_{op} - \varkappa)\mathfrak{D}. \tag{65}$$

Making use of (31), of (59) and (48*a*) and of (compare (53), (55), (56))

$$\boldsymbol{\beta\gamma}^\mu = -\,i\boldsymbol{\vartheta\alpha}^\mu = \text{anti-hermitian} = -\,(\boldsymbol{\beta\gamma}^\mu)^\dagger = -\,\boldsymbol{\gamma}^{\mu\dagger}\boldsymbol{\beta}, \tag{66}$$

we find (compare (35)) that C must be real, again.

The equation (52) is charge-invariant only under the transformation [5] [6] [2]

$$\psi^L = \psi^{\mathfrak{L}} \equiv \mathfrak{L}\psi^*. \tag{67}$$

Charge-invariance of all physical quantities derivable from the Lagrangian (20), (57) is obtained for (67) only in the case of *anti-commutativity* of the components of ψ^* and ψ [1]), so that postulate (III) requires Fermi-Dirac statistics. This is also required in order to make the total energy (60) strictly positive after quantization of the field, so that the postulates (I) and (III) are equivalent in this case.

Again everything is complicated, if we admit that the field may consist of more undors than ψ and $\psi^{\mathfrak{L}}$ (or ψ^*) only. *For instance* the *original* equations (49)—(50) *without the restriction* (51) may then describe the field. In *this* case it is convenient to introduce the undors

$$\Psi_{(\pm)}\sqrt{2} = \psi \pm \chi, \tag{68}$$

which satisfy the first order field equations

$$(\nabla_{op} \pm \varkappa)\,\Psi_{(\pm)} = 0, \tag{69}$$

so that we may regard this field as describing a mixture of Dirac particles (52) of positive and negative mass ($\pm\,\varkappa\hbar/c$). The equations (69) are invariant under either of the following transformations (where $\Psi^{\mathfrak{L}} = \mathfrak{L}\Psi^*$, $\Psi^{Q} = Q\Psi^*$, compare (6)—(7) and (12)):

$$\text{either}\quad \Psi^{L}_{(\pm)} = a_{(\pm)}\Psi^{\mathfrak{L}}_{(\pm)} \ \text{ with } \ |a_{(\pm)}|^2 = 1, \tag{70a}$$

$$\text{or}\quad \Psi^{L}_{(\pm)} = a_{(\mp)}\Psi^{Q}_{(\mp)} \ \text{ with } \ (a^*_{\pm}\,a_{\mp})^2 = 1, \tag{70b}$$

$$\text{so that}\quad \Psi^{LL}_{(\pm)} = \Psi_{(\pm)} \ \text{ or perhaps } \ \Psi^{LL}_{(\pm)} = -\,\Psi_{(\pm)}. \tag{70c}$$

In the case of (70*b*) the fields of the particles with positive and negative mass are "interchanged" under charge-conjugation.

The field equations (69) can be derived from a Lagrangian (20) with

$$L = -\,K_{(+)}\,\Psi^{\dagger}_{(+)}\,\boldsymbol{\beta}(\nabla_{op} + \varkappa)\,\Psi_{(+)} - K_{(-)}\Psi^{\dagger}_{(-)}\,\boldsymbol{\beta}(\nabla_{op} - \varkappa)\,\Psi_{(-)}, \tag{71}$$

190 so that the total energy is equal to

$$H = (i/c)\iiint\{K_{(+)}\,\Psi^{\dagger}_{(+)}\,\boldsymbol{\vartheta}\,\partial\Psi_{(+)}/\partial t + {} + K_{(-)}\,\Psi^{\dagger}_{(-)}\,\boldsymbol{\vartheta}\,\partial\Psi_{(-)}/\partial t\}\,dx\,dy\,dz\ (-\ c\text{-number}). \tag{72}$$

In analogy to (61), (62), (65) this field can be quantized according to

$$\begin{aligned}&[\Psi_{(\pm)_k}(x)\,;\,\Psi^{\mathfrak{L}l}_{(\pm)}(x')] = C_{(\pm)}(\nabla_k{}^l \mp \varkappa\delta^l_k)\,\mathfrak{D}(x-x'),\\ &[\Psi_{(\pm)_k}(x)\,;\,\Psi^{\mathfrak{L}l}_{(\mp)}(x')] = 0, \qquad\qquad C_{(\pm)} = \text{real},\end{aligned} \tag{73}$$

further

$$[\Psi\,;\,\Psi] = [\Psi^{\mathfrak{L}}\,;\,\Psi^{\mathfrak{L}}] = 0. \tag{74}$$

For $x = x'$ we find from (73), on account of (48*a*), (30) and (59), (56):

$$[\Psi_{(\pm)_k}(x)\,;\,\Psi^{*}_{(\pm)_{\dot k}}(x)] = C_{(\pm)}\,\delta(\vec{0})\,\boldsymbol{\vartheta}^{-1}_{k\dot k}\,. \tag{75}$$

In the usual representations of undors the matrix $\boldsymbol{\vartheta}$ is unity [5]). This matrix remains unity as long as only *unitary* transformations to other representations of undors are admitted [2]). If we make use of these particular representations only, we can simplify (75) to

$$[\Psi_{(\pm)_k}(x)\,;\,\{\Psi_{(\pm)_k}(x)\}^*] = C_{(\pm)}\,\delta(\vec{0}), \tag{75a}$$

so that in the case of Fermi-Dirac statistics the $C_{(\pm)}$ now must be positive constants, whereas from (75) it follows that $\Psi_{(+)}$ vanishes, if $C_{(+)} = 0$, and that $\Psi_{(-)}$ vanishes, if $C_{(-)} = 0$ (compare (33)—(34)). In this connection it is of importance to remark that the relations (73)—(74) are *canonical* commutation relations (from which for instance $i\hbar\dot{F} = [F; H]_-$ follows) only, if

$$C_{(+)}\,K_{(+)} = C_{(-)}\,K_{(-)} = \hbar c, \tag{76}$$

so that *canonical commutation relations are excluded in the case of Fermi-Dirac statistics, if* $K_{(+)} : K_{(-)} < 0$. On the other hand *Einstein-Bose statistics are excluded entirely* by postulate (I), since no choice of $K_{(\pm)}$ and $C_{(\pm)}$ would make the energy (72) strictly positive in this case.

If we postulate (III) charge-invariance of all quantities derivable from the Lagrangian given by (71), the law (70*b*) of charge-conjugation yields Fermi-Dirac statistics only, if

$$|a_{(+)}|^2 = 1 : |a_{(-)}|^2 = K_{(+)} : K_{(-)}, \tag{77}$$

but Einstein-Bose statistics, if

$$|a_{(+)}|^2 = 1 : |a_{(-)}|^2 = -\,K_{(+)} : K_{(-)},$$

whereas for any other choice of $K_{(\pm)}$ and $a_{(\pm)}$ charge-invariance is 191
possible neither for E.-B. nor for F.-D. statistics. Therefore, it is not possible to exclude Einstein-Bose statistics by the postulates (II) and (III) alone in our case. If, however, we *combine* the postulates (III) and (I), we can exclude the law (70*b*) of charge-conjugation, if the relation (77) does not exist between the constants $K_{(\pm)}$ in the Lagrangian and the constants $a_{(\pm)}$ occurring in this law of charge-conjugation. For instance $K_{(+)} : K_{(-)} \leq 0$ would not be consistent with (77).

On the other hand we find for *any* $K_{(+)}$ and $K_{(-)}$ Fermi-Dirac statistics from the postulate of charge-invariance, if we define charge-conjugation in the usual way by (70*a*) and not by (70*b*). In this case (70*a*) the postulates (I) and (III) are equivalent, again.

§ 4. *Conclusion.* In the preceding sections we have seen that, as soon as two scalars (38), (40) or two undors of a given rank (68)—(71) are introduced, where one scalar (21) or one undor (51)—(57) would suffice, there are several possibilities of building up a quantized field theory of free elementary particles. Generally neither the L a g r a n g i a n, nor the commutation relations, nor the law of charge-conjugation (which was left unspecified by (15) without (16)) is then *a priori* unambiguously determined by the first order field equations.

Still the postulates of positive energy (I) and of commutativity of observables in points connected by a space-like vector (II) are sufficient in these cases to decide between commutativity and anti-commutativity [7], though the c-numbers occurring in the commutation relations are no longer uniquely determined. The postulate of *unspecified* charge-invariance of all physically significant quantities (III) will in these cases in general *not* be sufficient for this purpose (compare the discussion of (44)—(45) in § 2 and of (70*b*) and (77) in § 3), though in the last case considered in § 3 it was quite sufficient for this purpose to postulate *specified* charge-invariance (that is, invariance under (15) *with* the specification (16)).

In the case of *integer spin* (field of tensors) the postulates (I) and (III) are both entirely superfluous, since they are fulfilled automatically, if (II) is satisfied. On the other hand, there exist cases with integer spin and F e r m i-D i r a c statistics, where (I) and (III) are fulfilled but not (II).

192 The first order field equations of *the particles actually known until now* have the property of determining the law of charge-conjugation unambiguously, whereas there is only one way of building up for them the (first order) L a g r a n g i a n without introducing superfluous quantities. Then, the commutation relations are entirely determined by either the postulates (I) and (II), or the postulates (III) and (II), if we assume that they are of the usual type (compare for instance (23)—(24) or (61)—(62)). In this case the postulate (III) determines the sign to be used in the bracket symbols $[A; B]$, whereas (II) determines the c-numbers, to which these bracket symbols must be equal. On the other hand, if these c-numbers are known (from (II)), the sign in the bracket symbols is again determined *automatically* in the case of integer spin [7], whereas in the case of half odd spin it can now be deduced from (III) as well as from (I).

Received Dec. 23rd, 1939.

REFERENCES 192

1) F. J. Belinfante, Physica **6**, 870, 1939.
2) F. J. Belinfante, Physica **6**, 849, 1939.
3) F. J. Belinfante, Physica **6**, 887, 1939.
4) F. J. Belinfante, „Theory of Heavy Quanta" (thesis Leiden 1939), **III**, § 4. (M. Nijhoff, The Hague, 1939).
5) W. Pauli, Ann. Inst. H. Poincaré **6**, 109, 1936.
6) H. A. Kramers, Proc. roy. Acad. Amsterdam **40**, 814, 1937.
7) W. Pauli, „Bericht über die allgemeinen Eigenschaften der Elementarteilchen", **I**, § 3. (8me Conseil d. Phys. Solvay, 1939). *In the press.*
8) W. Pauli, Ann. Inst. H. Poincaré **6**, 137, 1936.

Kapitel XII
Naturphilosophie

1
Wolfgang Pauli
Der Einfluß archetypischer Vorstellungen auf die Bildung naturwissenschaftlicher Theorien bei Kepler*

„Ich bin ja auf Kepler als Trinitarier und Fludd als Quaternarier gestoßen – und fühlte bei mir selbst, mit deren Polemik, einen inneren Konflikt mitschwingen. Ich habe gewisse Züge von beiden, sollte aber jetzt in der zweiten Lebenshälfte zur quaternären Einstellung übergehen. Das Problem ist, daß dabei die positiven Werte der trinitarischen Einstellung nicht geopftert werden dürfen. [...]
Übrigens möchte ich bemerken, daß einst (in Hamburg) mein Weg zum Ausschließungsprinzip eben mit dem schwierigen Übergang von 3 zu 4 zu tun hatte: nämlich mit der Notwendigkeit, dem Elektron statt der drei *Translationen noch einen weiteren* vierten *Freiheitsgrad* [...] *zuzuschreiben. Mich dazu durchzuringen, daß entgegen der naiven ‚Anschauung' auch die vierte Quantenzahl die Eigenschaft eines und desselben Elektrons ist* [...] *– das war eigentlich die Hauptarbeit* [...]."

Pauli an Fierz, 3. Oktober 1951

* Pauli (1947/48). – Beim Wiederabdruck wurden einige Korrekturen berücksichtigt, die Pauli in seinem Handexemplar vermerkt hatte. (Anm. d. Hrsg.)

Obwohl der Gegenstand der Vorlesung ein historischer ist, handelt es sich nicht um eine bloße Aufzählung wissenschaftshistorischer Tatbestände und auch nicht in erster Linie um die Würdigung eines großen Naturforschers, sondern um die Illustration bestimmter Gesichtspunkte über das Entstehen und die Entwicklung naturwissenschaftlicher Begriffe und Theorien an Hand eines historischen Beispiels.
Im Gegensatz zur rein empiristischen Auffassung, wonach die Naturgesetze aus dem Erfahrungsmaterial allein praktisch mit Sicherheit entnommen werden können, ist von vielen Physikern neuerdings wieder die Rolle der Richtung der Aufmerksamkeit und der Intuition bei den im allgemeinen über die bloße Erfahrung weit hinausgehenden, zur Aufstellung eines Systems von Naturgesetzen, d. h. einer wissenschaftlichen Theorie nötigen Begriffe und Ideen, betont worden. Vom Standpunkt dieser nicht rein empiristischen Auffassung entsteht nun die Frage, welches denn die Brücke sei, die zwischen den Sinneswahrnehmungen auf der einen Seite und den Begriffen auf der anderen Seite eine Verbindung herstellte. Es scheint am meisten befriedigend, an dieser Stelle das Postulat einer unserer Willkür entzogenen Ordnung des Kosmos einzuführen, die von der Welt der Erscheinungen verschieden ist. Ob man vom „Teilhaben der Naturdinge an den Ideen" oder von einem „Verhalten der metaphysischen, d. h. an sich realen Dinge" spricht, die Beziehung zwischen Sinneswahrnehmung und Idee bleibt eine Folge der Tatsache, daß sowohl die Seele des Erkennenden als auch das in der Wahrnehmung Erkannte einer objektiv gedachten Ordnung unterworfen sind. Jede Teilerkenntnis dieser Ordnung in der Natur führt zu einer Formulierung von Aussagen, welche einerseits die Welt der Phänomene betreffen, andererseits über diese hinausgehen, indem sie allgemeine logische Begriffe „idealisierend" verwenden. Der Vorgang des Verstehens der Natur sowie auch die Beglückung, die der Mensch beim Verstehen, d. h. beim Bewußtwerden einer neuen Erkenntnis empfindet, scheint demnach auf einem zur Deckung Kommen von präexistenten inneren Bildern der menschlichen Psyche mit äußeren Objekten und ihrem Verhalten zu beruhen. Diese Auffassung der Naturerkenntnis geht bekanntlich auf Plato zurück und wird auch von Kepler in sehr klarer Weise vertreten. Dieser spricht in der Tat von Ideen, die im Geist Gottes präexistent sind und die der Seele als dem Ebenbild Gottes mit-ein-erschaffen wurden. Diese Urbilder, welche die Seele mit Hilfe eines angeborenen Instinktes wahrnehmen könne, nennt Kepler *archetypisch*. Die Übereinstimmung mit den von Prof. Jung in die moderne Psychologie eingeführten, als „Instinkte des Vorstellens" funktionierenden „urtümlichen Bildern" oder Archetypen ist eine sehr weitgehende. Indem die moderne Psychologie den Nachweis erbringt, daß jedes Verstehen ein langwieriger Prozeß ist, der lange vor der rationalen Formulierbarkeit des Bewußtseinsinhaltes durch Prozesse im Unbewußtsein eingeleitet wird, hat sie die Aufmerksamkeit wieder auf die vorbewußte, archaische Stufe der Erkenntnis gelenkt. Auf dieser Stufe sind an Stelle von klaren Begriffen Bilder mit starkem emotionalen Gehalt vorhanden, die nicht gedacht, sondern gleichsam malend geschaut werden. Insofern diese Bilder ein „Ausdruck für einen geahnten, aber noch unbekannten Sachverhalt" sind, können sie gemäß der von Prof. Jung aufgestellten Definition des Symbols auch als symbolisch bezeichnet werden. Als anordnende Operatoren und Bildner in dieser Welt der symbolischen Bilder funktionieren die Archetypen als die gesuchte Brücke zwischen den Sinneswahrnehmungen und den Ideen und sind demnach eine notwendige Voraussetzung für die Entstehung einer naturwissenschaft-

lichen Theorie. Jedoch muß man sich davor hüten, dieses a priori der Erkenntnis ins Bewußtsein zu verlegen und auf bestimmte rational formulierbare Ideen zu beziehen.

Für den Zweck der Illustration der Beziehung zwischen archetypischen Vorstellungen und naturwissenschaftlichen Theorien ist Johannes Kepler (1571–1630) besonders geeignet, da seine Ideen eine Zwischenstufe zwischen der früheren magisch-symbolischen und der modernen quantitativ-mathematischen Naturbeschreibung darstellen. Seine wichtigsten Schriften (im Folgenden mit den beigefügten Nummern zitiert) sind:

1) Mysterium Cosmographicum, 1. Aufl. 1596, 2. Aufl. 1621.
2) Ad Vitellionem Paralipomena, 1604.
3) De Stella nova in pede serpentarii, 1606.
4) De motibus stellae Martis, 1609.
5) Tertius interveniens, 1610.
6) Dioptrice, 1611.
7) Harmonices mundi (5 Bücher), 1619.
8) Epitome astronomiae Copernicanae, 1618–1621.

Es wird kurz darauf hingewiesen, daß Keplers berühmte drei Gesetze der Planetenbewegung, auf die Newton bald darauf (1687) seine Theorie der Gravitation basierte, nicht das waren, was Kepler ursprünglich gesucht hat. Er ist ein echter geistiger Nachkomme der Pythagoräer, der von der alten Idee der Sphärenmusik fasziniert war und der überall harmonische Proportionen suchte, in denen für ihn alle Schönheit gelegen war. Zu den höchsten Werten gehört für ihn die Geometrie, deren Sätze „von Ewigkeit her im Geiste Gottes sind". Sein Grundsatz ist „Geometria est archetypus pulchritudinis mundi" (die Geometrie ist das Urbild der Schönheit der Welt).

Nach einer kurzen biographischen Skizze wird die hierachische Anordnung von Keplers archetypischen Vorstellungen ausführlich besprochen. An höchster Stelle steht die unanschauliche trinitarische christliche Gottheit. Das schönste Bild, welches Gottes eigene Seinsform darstellt, ist für Kepler die dreidimensionale Kugel. Bereits in seinem Jugendwerk (1) sagt er:

> „Das Abbild des dreieinigen Gottes ist in der Kugel, nämlich des Vaters im Zentrum, des Sohnes in der Oberfläche und des Heiligen Geistes im Gleichmaß der Bezogenheit zwischen Punkt und Zwischenraum (oder Umkreis)."

Hierdurch ist ein Zusammenhang der Trinität mit der Dreidimensionalität des Raumes hergestellt. Die vom Mittelpunkt zur Oberfläche verlaufende Bewegung oder Emanation – ein Bild, das bei ihm im engen Anschluß an die Neuplatoniker (besonders Plotin) immer wiederkehrt – ist ihm das Sinnbild der Schöpfung, während die gekrümmte Oberfläche das ewige Sein Gottes darstellen soll. Es liegt nahe, ersteres mit der Extraversion, letztere mit der Introversion in Verbindung zu bringen. Aus späteren Schriften Keplers (2, 5, 7) wird nachgewiesen, daß Kepler nach den Ideen im göttlichen Geist als das nächst niedrigere Abbild Gottes in der Körperwelt die Himmelskörper mit der Sonne als Mittelpunkt betrachtet, die wiederum das sphärische Bild der Trinität verwirklichen, wenn auch weniger vollkommen als dieses. Die Sonne im Zentrum als Quelle des Lichtes und der Wärme und damit des Lebens ist ihm besonders geeignet, Gottvater darzustellen. Die Idee dieser Entsprechung ist bei Kepler als primär vorhanden anzunehmen. Weil er Sonne und Planeten mit diesem archetypischen Bild im Hintergrund anschaut, glaubt er mit religiöser Leidenschaft an das heliozentrische System. Dieser heliozentrische Glaube veranlaßt ihn sodann, nach den wahren Gesetzen der Proportion der Planetenbewegung als dem wahren Ausdruck der Schönheit der Schöpfung zu suchen.

Im Hinblick auf den später erörterten Zusammenstoß Keplers mit Fludd als dem Vertreter der traditionellen Alchemie, ist es von Wichtigkeit, daß Keplers Symbol, das mit dem von Prof. Jung als *Mandala* bezeichneten Typus die sphärische Form gemeinsam hat, keinerlei Hinweis auf eine Vierzahl oder Quaternität enthält. Vielleicht hängt dies mit dem Fehlen einer Zeitsymbolik in Keplers sphärischem Bild zusammen. Die geradlinige, vom Zentrum fort gerichtete Bewegung ist die einzige, die in Keplers Symbol enthalten ist; insofern diese von der Kugeloberfläche aufgefangen wird, kann man das Symbol als statisch bezeichnen. Da die Trinität vor Kepler nie in dieser besonderen Weise bildlich dargestellt worden ist und Kepler am Beginn des naturwissenschaftlichen Zeitalters steht, liegt es nahe anzunehmen, daß Keplers Mandala eine Einstellung oder seelische Haltung versinnbildlicht, die an Bedeutung weit über Keplers Person hinausgehend, diejenige Naturwissenschaft hervorbringt, die wir heute die klassische nennen. Von einem inneren Zentrum aus scheint sich die Psyche im Sinne einer Extraversion nach außen zu bewegen in die Körperwelt, in der nach Voraussetzung alles Geschehen ein *automatisches* ist, so daß der Geist diese Körperwelt mit seinen Ideen gleichsam ruhend umspannt.

Die nächste Stufe in Keplers hierarchischer Ordnung des Kosmos sind die *Einzelseelen*. Eine solche Einzelseele schreibt er nicht nur dem Menschen zu, sondern, in Anlehnung an die Lehre vom Archeus des Paracelsus, auch den Planeten. Da die Erde für den Kopernikaner ihre Sonderstellung verloren hat, muß Kepler auch dieser eine Seele, die anima terrae, zuschreiben. Sie soll sich auch als formgestaltendes Vermögen (facultas formatrix) im Erinnern äußern und ist für die meteorischen Erscheinungen verantwortlich gedacht. Für Kepler ist die Einzelseele, als Abbild Gottes, teils ein Punkt, teils ein Kreis: anima est punctum qualitativum. Welche Funktionen der Seele dem zentralen Punkt und welche andere dem peripheren Kreis zugeschrieben werden, wird an Zitaten (7) erläutert. Mit diesem Bild der Seele als Punkt und auch als Kreis hängen Keplers besondere Ansichten über *Astrologie* zusammen (vgl. besonders 5). Die Begründung der Astrologie liegt für Kepler in der Fähigkeit der Einzelseele, mit Hilfe des „instinctus" auf gewisse harmonische Proportionen, die speziellen rationalen Einteilungen des Kreises entsprechen, zu reagieren. Analog zur Empfindung des Wohlklanges in der Musik soll die Seele eine spezifische Reaktionsfähigkeit haben für die Proportionen der Winkel, welche die von den Sternen, insbesondere den Planeten auf die Erde eintreffenden *Lichtstrahlen* miteinander bilden. Kepler will also die Astrologie auf optische Resonanzeffekte im Sinne der naturwissenschaftlichen Kausalität zurückführen. Diese Resonanz wiederum beruht nach ihm darauf, daß die Seele um die harmonischen Proportionen weiß, weil sie durch die Kreisform ein Ebenbild Gottes ist (1, 5, 7). Nicht die Gestirne sind nach Kepler die Ursache der astrologischen Wirkungen, sondern die Einzelseelen mit ihrem auf gewisse Proportionen spezifisch selektiven Reaktionsvermögen. Indem dieses einerseits die Einflüsse der Körperwelt auffängt, andererseits auf einer Abbildung Gottes beruht, werden diese Einzelseelen, die anima terrae und die anima hominis, bei Kepler zu wesentlichen Trägern der Weltharmonie (harmonia mundi).

Keplers Anschauungen über die Weltharmonie haben den Widerspruch des angesehenen Arztes und Rosenkreuzers Robert Fludd in Oxford erregt, der als Vertreter der traditionellen hermetischen (alchemistischen) Philosphie gegen Keplers „Harmonia mundi" eine heftige Polemik publizierte.[1] Die geistige „Gegenwelt", mit der Kepler hier zusammenstieß, ist eine archaisch-magische Naturbeschreibung, gipfelnd in einem Wandlungsmysterium. *Fludd*[2] geht aus von zwei polaren Grundprinzipien, dem von oben kommenden lichten Prinzip der *Form* und dem von unten aufsteigenden dunklen Prinzip der *Materie*. Gemäß der exakten Symmetrie von oben und unten ist die Welt das Spiegelbild des unsichtbaren, trinitarischen Gottes, der sich in ihr offenbart. Zwischen diesen polaren Gegensätzen findet ein beständiger Kampf statt: von unten aus der Erde wächst wie ein Baum die materielle Pyramide empor, wobei die Materie nach oben feiner wird; zugleich wächst von oben nach unten mit der Spitze auf der Erde die formale Pyramide genau spiegelbildlich zur materiellen. In der Mitte, der Sphäre der Sonne, wo diese polaren Prinzipien sich gerade die Waage halten, wird im Mysterium der chymischen Hochzeit das infans solaris erzeugt, das zugleich die aus dem Stoff befreite Weltseele darstellt. In Anlehnung an die alten pythagoräischen Ideen ergeben bei Fludd die Proportionen der Teile dieser Pyramiden die Weltmusik, wobei folgende einfache musikalische Intervalle die Hauptrolle spielen:

Disdiapason	= Doppeloktav,	Proportio	quadrupla	4:1
Diapason	= Oktav,	"	dupla	2:1
Diapente	= Quint,	"	sesquialtera	3:2
Diatessaron	= Quart,	"	sesquitertia	4:3

Es wird dies durch mehrere Figuren illustriert.

Offenbar hat Fludd Kepler so heftig angegriffen, weil er fühlte, daß Kepler trotz des gemeinsamen Ausgangspunktes ähnlicher archetypischer Vorstellungen das Kind eines Geistes war, der eine ernste Bedrohung für Fludds archaische Mysterienwelt darstellte. Während für Kepler der objektiven Wissenschaft das angehört, was quantitativ mathematisch bewiesen ist, hat für Fludd nur das eine objektive Bedeutung, was direkt mit den alchemistischen oder rosenkreuzerischen Mysterien zusammenhängt. Deshalb verwirft er die durch Keplers „Diagrammata" dargestellten Quantitäten als „schmutzige Substanz" und anerkennt nur seine hyroglyphischen Figuren („picturae", „aenigmata") als wahren symbolischen Ausdruck der „inneren Natur" der Weltharmonie. Er wirft Kepler auch vor, dieser habe die Weltharmonie zu stark ins Subjekt verlegt, somit aus der Körperwelt herausgenommen, statt sie in der im Stoffe schlafenden anima mundi zu belassen. Demgegenüber vertritt Kepler klar den modernen Standpunkt, daß die Seele des erkennenden Menschen in der Natur sei.

Allgemein hat man den Eindruck, daß Fludd stets im Unrecht ist, wo er sich auf eine astronomische oder physikalische Diskussion einläßt. Dennoch scheint die

1 Die hier in Betracht kommenden Schriften Fludds „Discursus analyticus" und „replicatio", die Fludd auf Keplers „Apologia" folgen ließ, waren dem Autor leider nicht im Original zugänglich. Doch hat der Herausgeber von Keplers gesammelten Werken dessen „Apologia" mit mehreren Zitaten von Fludd als Anhang ergänzt.

2 Cosmi Maioris scilicet et Minoris Metaphysica, Physica atque Technica Historia, 1. Ausgabe, Oppenheim 1621.

Polemik zwischen Fludd und Kepler auch für den Modernen von Bedeutung zu sein. Einen wichtigen Fingerzeig enthält nämlich Fludds gegen Kepler erhobener Vorwurf „du zwingst mich, die Würde des *Quaternariums* zu verteidigen (cogis me ad defendam dignitatem quaternarii). Dieses ist für den Modernen ein Symbol für eine *Vollständigkeit des Erlebens*, die innerhalb der naturwissenschaftlichen Betrachtungsweise nicht möglich ist, und die der archaische Standpunkt, der auch die Emotionen und gefühlsmäßigen Wertungen der Seele mit seinen symbolischen Bildern auszudrücken versucht, vor dem wissenschaftlichen Standpunkt voraus hat.

Zum Schluß wird versucht, diese im 17. Jahrhundert aufgetretene Problematik mit dem heute allgemein vorhandenen Wunsch nach einer größeren Einheitlichkeit unseres Weltbildes in Verbindung zu bringen. Zunächst wird vorgeschlagen, der Bedeutung der vorwissenschaftlichen Stufe der Erkenntnis für das Werden der wissenschaftlichen Ideen dadurch Rechnung zu tragen, daß der Untersuchung der naturwissenschaftlichen Erkenntnisse nach außen eine Untersuchung dieser Erkenntnisse nach innen an die Seite gestellt wird. Während erstere die Anpassung unserer Kenntnisse an die äußeren Objekte zum Gegenstand hat, sollte letztere die bei der Entstehung unserer wissenschaftlichen Begriffe benutzten archetypischen Bilder ans Licht bringen. Nur durch beide Untersuchungsrichtungen zusammengenommen dürfte sich eine Vollständigkeit des Verstehens erreichen lassen.

Sodann wird darauf hingewiesen, daß die moderne Mikrophysik dazu geführt hat, daß wir heute zwar Naturwissenschaften, aber kein naturwissenschaftliches Weltbild mehr besitzen. Hierdurch dürfte aber gerade ein Fortschritt in Richtung auf ein einheitliches Gesamtweltbild, in welchem die Naturwissenschaften nur ein Teil sind, erleichtert werden. Die moderne Quantenphysik hat sich nämlich dem quaternären Standpunkt, welcher im 17. Jahrhundert der aufkeimenden Naturwissenschaft polemisch entgegen getreten ist, insofern wieder angenähert, als sie der Rolle des Beobachters innerhalb der Physik in befriedigenderer Weise Rechnung trägt, als die klassische Physik. Im Gegensatz zum „losgelösten Beobachter" der letzteren, postuliert erstere eine unkontrollierbare Wechselwirkung zwischen Beobachter oder Beobachtungsmittel und beobachtetem System bei jeder Messung, wodurch die in der klassischen Physik vorausgesetzte deterministische Auffassung der Phänomene undurchführbar wird. Die auswählende Beobachtung, die das nach vorherbestimmten Regeln ablaufende Spiel unterbricht, kann gemäß dem Standpunkt der modernen Physik als wesentlich nicht automatisches Geschehen mit einer Schöpfung im Mikrokosmos oder auch mit einer Wandlung mit nicht voraussagbarem Resultat verglichen werden.

Die zum religiösen Wandlungserlebnis führende Rückwirkung der Erkenntnis auf den Erkennenden, für welche außer der Alchemie auch die heliozentrische Idee lehrreiche Beispiele gibt, reicht jedoch über die Naturwissenschaften hinaus und läßt sich nur erfassen durch Symbole, die sowohl die emotionale Gefühlsseite des Erlebens bildhaft ausdrücken, als auch in lebendiger Beziehung zum Gesamtwissen der Zeit und zum tatsächlichen Prozeß der Erkenntnis stehen. Eben weil unserer Zeit die Möglichkeit einer solchen Symbolik fremd geworden ist, dürfte es von besonderem Interesse sein, auf eine andere Zeit zurückzugreifen, welcher zwar die Begriffe der von uns nun klassisch genannten wissenschaftlichen Mechanik fremd waren, die es uns aber ermöglicht, den Nachweis zu erbringen für die Existenz von Symbolen mit einer gleichzeitig religiösen und naturwissenschaftlichen Funktion.

(Autoreferat)

Anhang

1
Zeittafel*
Wolfgang Pauli

1900 Am 25. April in Wien geboren und am 13. Mai „nach römisch-katholischem Ritus getauft."

1918 Kurz nach Abschluß der Reifeprüfung am Döblinger Gymnasium in Wien reicht Pauli eine erste wissenschaftliche Untersuchung über allgemeine Relativitätstheorie (1919a) zur Veröffentlichung ein.

Zum Wintersemester matrikuliert er sich an der Ludwig-Maximilians Universität in München.

1921 Studienabschluß mit einer Dissertation über das H_2^+-Molekül (1922a) bei Arnold Sommerfeld.

Veröffentlichung des „Relativitätsartikels" [1921].

Zum Wintersemester wird Pauli planmäßiger Assistent von Max Born am physikalischen Institut der Universität Göttingen.

1922 Schon im folgenden Sommersemester geht Pauli als „wissenschaftlicher Hilfsarbeiter" zu dem mit ihm befreundeten Wilhelm Lenz an das physikalische Staatsinstitut in Hamburg.

Im Juni reist er nach Göttingen, wo Bohr seine berühmten Vorträge über Atomphysik hält. Bei dieser Gelegenheit wird er von Bohr zu einem einjährigen Studienaufenthalt nach Kopenhagen eingeladen, den er bereits im Wintersemester antritt.

Beschäftigung mit der Theorie des anomalen Zeemaneffektes.

1923 Zum Wintersemester kehrt Pauli an das Hamburgische physikalische Staatsinstitut zurück.

* Die in Klammern angefügten Jahreszahlen verweisen auf das Publikationsverzeichnis.

1924 Habilitation in Hamburg.

Im November, bei der Ausarbeitung eines Referats über die Quantentheorie [1929b], entdeckt Pauli das Ausschließungsprinzip (1925b).

1925 Durch die Arbeit an seinem großen Handbuchartikel über Quantentheorie [1926] ist Pauli fast völlig in Anspruch genommen, so daß er sich an den wichtigen Fortschritten, die Heisenberg im Sommer mit seiner Matrizenmechanik erzielte, nur indirekt beteiligen kann.

Im Winter berechnet Pauli das Wasserstoffspektrum mit Hilfe der Matrizenmechanik (1926a) und verschafft damit dem neuen Formalismus allgemeine Anerkennung. Zugleich leistet er energischen Widerstand gegen das „rotierende Elektron" von Uhlenbeck und Goudsmit, das er als einen Rückfall in die alte vorquantenmechanische Vorstellungswelt betrachtete.

1926 Im November wird Pauli der Professorentitel verliehen.

1927 Pauli stellt ein allgemeines Programm zur Entwicklung einer Quentenelektrodynamik auf, an dessen Durchführung sich vor allem Pascual Jordan und Werner Heisenberg beteiligen.

Im Mai publiziert Pauli seine unrelativistische Spintheorie (1927b), in der er die sog. Pauli Matrizen einführt.

Der Streit um die richtige Interpretation der Quantentheorie findet seinen Höhepunkt und vorläufigen Abschluß im September während der Volta-Feier in Como und im Oktober auf dem 5. Solvay-Kongreß in Brüssel.

1928 Zum Sommersemester tritt Pauli die Professur für theoretische Physik an der ETH in Zürich an, die er – mit Unterbrechungen – bis zu seinem Lebensende innehat.

1929 Veröffentlichung der ersten gemeinsamen Arbeit mit Heisenberg über die Grundlegung einer allgemeinen Quantenfeldtheorie (1929a).

1930 Rußlandreise und Teilnahme an einem Kongreß in Odessa während der Sommermonate Juli und August.

Im Dezember erste inoffizielle Bekanntgabe seiner Neutrinohypothese in seinem Brief an die „radioaktiven Damen und Herren."

1931 Erster internationaler Kernphysikerkongreß in Zürich.

Im Sommer, Reise in die USA. Auf der Rückreise besucht Pauli den Kernphysikerkongreß in Rom, wo Fermi zum ersten Mal von der Neutrinohypothese vernimmt.

Im Oktober wird Pauli in Leiden die Lorentzmedaille verliehen.

1932 Arbeit am Handbuchartikel über Wellenmechanik [1933].

1933 Im Oktober auf dem 7. Solvay-Kongreß berichtet Pauli erstmals öffentlich über seine Neutrinohypothese (1933f) im Anschluß an Heisenbergs Referat.

1934 Im April reist Pauli nach London und schließt dort seine Ehe mit Franca Bertram.

Im Juli reicht er gemeinsam mit seinem Assistenten Viktor Weisskopf die sog. „Anti-Dirac-Theorie" ein (1934a).

Im Oktober Teilnahme am internationalen Physikerkongreß in London und Cambridge.

1935 Im März Vorträge über relativistische Quantentheorie (1936b, c) in Paris am Institut Henri Pioncaré.

Zum Wintersemester 1935/36 tritt Pauli seine zweite Amerikareise an. Vorlesungen und Seminare in Princeton (1935b) und Besuch in Berkeley.

1937 Teilnahme am Kongreß für Kernphysik in Moskau (1938c, d, e).

1938 Im März Vortragsreise nach Cambridge und Leiden.

1939 Arbeiten mit seinem Assistenten Markus Fierz über allgemeine relativistische Feldgleichungen für Teilchen mit beliebigem Spin.

Im Sommer bereitet Pauli einen Bericht über den Stand der Elementarteilchenphysik für den im Herbst geplanten Solvay-Kongreß vor (1939d). Aus diesem Bericht entstanden später die zwei Publikationen (1940c) und (1941).

1940 Pauli verläßt im Juli zusammen mit Franca die Schweiz und übernimmt während der Kriegsjahre eine Gastprofessur am Insitute for Advanced Study in Princeton. Während die meisten amerikanischen Physiker „Kriegsphysik" treiben, kann Pauli sich hier in unmittelbarer Nachbarschaft von Einstein weiterhin der Grundlagenforschung widmen.

Arbeiten zur Mesonentheorie der Kernkräfte [1946].

1941 Im Sommersemester übernimmt Pauli eine Gastprofessur an der University of Michigan.

1942 Vorlesungen an der Purdue University.

1945 Verleihung des Nobelpreises (1946a).

Pauli übernimmt für zwei Jahre die Herausgabe des *Physical Review*.

1946 Pauli erwirbt im Januar die amerikanische Staatsbürgerschaft.

Im März Besuch bei Schrödinger in Dublin und Rückkehr in die Schweiz.

Zum Sommersemester Wiederaufnahme der Vorlesungen an der ETH Zürich.

Teilnahme am ersten größeren internationalen Nachkriegskongreß in Cambridge (1947b).

Im Dezember Reise zum Nobelvortrag nach Stockholm (1947a).

1948 Teilnahme am 8. Solvay-Kongreß über Elementarteilchen (1948c).

1949 Konferenz über die Grundlagen der Quantenstatistik in Florenz (1949a). Im Winter Amerikareise.

1950 Konferenz über Elementarteilchenphysik in Paris (1952c).

1951 Im Frühjahr Amerikareise. Nach seiner Rückkehr reist Pauli im Mai nach Lund.

1952 Sommerschule in Les Houches (1952e).

Zum Wintersemester tritt Pauli seine große Indienreise an. Besuch bei Homi Bhabha in Bombay.

1953 Vorträge über nicht-lokale Feldtheorien in Turin (1953b).

Im September auf einer Physikertagung auf Sardinien.

1954 Amerikabesuch im Frühjahr 1954. Internationaler Philosophenkongreß in Zürich (1957f).

1955 Pisa-Konferenz (1956b) im Juni.

Im Juli präsidiert Pauli die Konferenz zum fünfzigjährigen Jubiläum der Relativitätstheorie in Bern (1955e).

Im November nimmt Pauli eine Einladung zu Vorträgen in Hamburg an.

1956 Amerikabesuch. Bekanntgabe des Neutrinonachweises im Juni während des CERN-Symposiums (1956c).

1957 Bekanntgabe der Paritätsverletzung im Januar (1957a).

Konferenz in Rehovot, Israel, im September (1958b).

1958 Amerikareise im Frühjahr. Vorlesungen in Berkeley über Quantenfeldtheorie und Besuch bei Max Delbrück in Pasadena. Anschließend in Brookhaven.

Im April Verleihung der Max-Planck-Medaille in Berlin (in Abwesenheit).

Im Juni Rückflug nach Zürich und Teilnahme am 11. Solvay-Kongreß.

Auseinandersetzung mit Heisenberg über die Spinortheorie der Elementarteilchen während der CERN-Konferenz Ende Juni.

Im August Teilnahme an der Sommerschule in Varenna (1959).

20.–22. November: Besuch in Hamburg und Entgegennahme der Ehrendoktorwürde der Universität.

Am 15. Dezember stirbt Pauli nach kurzer Krankheit im Zürcher Krankenhaus Rotes Kreuz. Am 20. Dezember findet das Begräbnis im Beisein vieler Trauergäste aus dem In- und Ausland im Fraumünster statt.

2

Verzeichnis der Schriften Wolfgang Paulis*

(1919a) Über die Energiekomponenten des Gravitationsfeldes. Physik. Z. **20**, 25–27 (1919)

(1919b) Zur Theorie der Gravitation und der Elektrizität von Hermann Weyl. Physik. Z. **20**, 457–467 (1919); Referat in Phys. Ber. **2**, 661 (1921)

(1919c) Mercurperihelbewegung und Strahlenablenkung in Weyls Gravitationstheorie. Verhandlungen der Deutschen Physikalischen Gesellschaft **21**, 742–750 (1919)

(1920a) Die Ausbreitung des Lichtes in bewegten Medien. Math. Ann. **82**, 113–119 (1920)

(1920b) Theoretische Bemerkungen über den Diamagnetismus einatomiger Gase. Z. Phys. **2**, 201–205 (1920). Referat in Phys. Ber. **2**, 46 (1921)

(1920c) Quantentheorie und Magneton. Physik. Z. **21**, 615–617 (1920). Vorgetragen auf der 86. Naturforscherversammlung in Bad Nauheim im September 1920

(1920d,e) Diskussionsbemerkung zu den Vorträgen von Weyl: Elektrizität und Gravitation. Physik. Z. **21**, 650 (1920) und E. Wagner: Über Spektraluntersuchungen an Röntgenstrahlen. Physik. Z. **21**, 625 (1920)

(1921a) Zur Theorie der Dielektrizitätskonstante zweiatomiger Dipolgase. Z. Physik **6**, 319–327 (1921). Eingegangen am 30.7.1921; Referat in Phys. Ber. **3**, 156 (1922)

(1921b) Referat über die Arbeit von J. M. Burgers: Het atoommodel van Rutherford-Bohr. Arch. Mus. Teyler **4**, 21–25 (1919) in Phys. Ber. **2**, 488–489 (1921)

[1921] Relativitätstheorie. *Encyklopädie der Mathematischen Wissenschaften*, Bd. 5, Teil 2, S. 539–775, Leipzig 1921. (Im Auszug wiedergegeben in Kap. III,1.) Eine englische Übersetzung von G. Field mit Vorwort und Supplementary Notes von Pauli erschien 1958. (Vgl. Pauli [1958].) Eine italienische Übersetzung (von P. Gulmanelli) ohne die ergänzenden Anmerkungen wurde 1958 bei Boringhieri, Turin veröffentlicht. 1963 erschien dort eine zweite deutsche Ausgabe mit den durch K. Schilling ins Deutsche übersetzten ergänzenden Anmerkungen.

(1922a) Über das Modell des Wasserstoffmolekülions. Ann. Physik [4] **68**, 177–240 (1922). (Verbesserte und erweiterte Fassung der Münchener Dissertation). Referat in Phys. Ber. **4**, 642–645 (1923). (Wiedergegeben in Kap. IV,1)

(1922b) Referat über die Arbeit von K. F. Niessen: Zur Quantentheorie des Wasserstoffmolekülions. Dissertation. Utrecht 1922 in Phys. Ber. **4**, 645–646 (1923). (Wiedergegeben in Kap. IV,1)

(1922c) M. Born und W. Pauli: Über die Quantelung gestörter mechanischer Systeme. Z. Physik **10**, 137–158 (1922)

---

* Eine beinahe vollständige Sammlung von Paulis publizierten Schriften ist in den von R. Kronig und V. F. Weisskopf 1964 in zwei Bänden herausgegebenen *Collected Scientific Papers* enthalten. (Siehe im Verzeichnis unter [1964].) In dem folgenden Verzeichnis sind darüber hinaus einige darin nicht erfaßte Veröffentlichungen und einige unpublizierte Manuskripte aus dem Pauli-Archiv (CERN, Genf) aufgeführt. Jahreszahlen in eckigen Klammern kennzeichnen größere Beiträge zu Sammelwerken oder selbständige Werke. Auf alle anderen Schriften wird durch Angabe von Jahreszahlen in runden Klammern hingewiesen.

(1922d) Diskussionsbeitrag zu W. Schottkys Vortrag: Über die Drehung der Atomachsen in festen Körpern. Physik. Z. **23**, 455 (1922)

(1922e) Buchbesprechung: H. Weyl: Raum, Zeit, Materie. Physik. Z. **23**, 256 (1922)

(1923a) H. A. Kramers und W. Pauli: Zur Theorie der Bandenspektren. Z. Physik **13**, 351–367 (1923)

(1923b) Über die Gesetzmäßigkeiten des anomalen Zeemaneffektes. Z. Physik. **16**, 155–164 (1923); Referat in Phys. Ber. **4**, 1396–1397 (1923)

(1923c) Über das thermische Gleichgewicht zwischen Strahlung und freien Elektronen. Z. Physik. **18**, 272–286 (1923); Referat in Phys. Ber. **5**, 489–490 (1924)

[1924] *Störungstheorie*. Physikalisches Handwörterbuch, herausgegeben von A. Berliner und K. Scheel. S. 752–756. Berlin 1924

(1924a) Zur Frage der Zuordnung der Komplexstrukturterme in starken und in schwachen äußeren Feldern. Z. Physik **20**, 371–387 (1924); Referat in Phys. Ber. **5**, 488–489 (1924)

(1924b) Bemerkungen zu den Arbeiten „Dimension der Einsteinschen Lichtquanten" und „Zur Dynamik des Stoßes zwischen einem Lichtquant und einem Elektron" von L. S. Ornstein und H. C. Burger. Z. Physik **22**, 261–265 (1924)

(1924c) Zur Frage der theoretischen Deutung der Satelliten einiger Spektrallinien und ihrer Beeinflussung durch magnetische Felder. Naturwiss. **12**, 741–743 (1924). (Wiedergegeben in Kap. V,1)

(1924d) Referat zu: A. Einstein und P. Ehrenfest: Zur Quantentheorie des Strahlungsgleichgewichts. Z. Phys. **19**, 301–306 (1923); Referat in Phys. Ber. **5**, 450–451 (1924)

(1924e) Referat zu M. Born und W. Heisenberg: Zur Quantentheorie der Molekeln. Ann. Phys. **74**, 1–31 (1924), Phys. Ber. **5**, 1307–1308 (1924)

(1924f) Buchbesprechungen: E. Buchwald: Das Korrespondenzprinzip. Naturwiss. **12**, 36–37 (1924); E. P. Adams: The Quantum Theory. 2. Aufl. Naturwiss. **12**, 412–413 (1924)

(1925a) Über den Einfluß der Geschwindigkeitsabhängigkeit der Elektronenmasse auf den Zeemaneffekt. Z. Physik **31**, 373–385 (1925)

(1925b) Über den Zusammenhang des Abschlusses der Elektronengruppen im Atom mit der Komplexstruktur der Spektren. Z. Phys. **31**, 765–783 (1925). (Wiedergegeben in Kap. VI,3)

(1925c) Über die Intensitäten der im elektrischen Felde erscheinenden Kombinationslinien. Kgl. Danske Videnskab. Selskab, Mat.-Fys. Medd. **7**, 3–20 (1925)

(1925d) Über die Absorption der Reststrahlen in Kristallen. Verhandlungen der Deutschen Physikalischen Gesellschaft (3) **6**, 10–11 (1925)

(1925e) Buchbesprechnung: M. Born: Vorlesungen über Atommechanik. I. Teil. Naturwiss. **13**, 487–488 (1925)

(1925f) Mechanische Grundlagen. (Manuskript, ursprünglich als Einleitung für den Handbuchartikel [1926] verfaßt. (CERN)

[1926] Quantentheorie: *Handbuch der Physik*, herausgegeben von H. Geiger und K. Scheel. Bd. 23, S. 1–278. Berlin Springer 1926

(1926a) Über das Wasserstoffspektrum vom Standpunkt der neuen Quantenmechanik. Z. Phys. **36**, 336–363 (1926). (Wiedergegeben in Kap. VII,1)

(1926b) L. Mensing und W. Pauli: Über die Dielektrizitätskonstante von Dipolgasen nach der Quantenmechanik. Physik. Z. **27**, 509–512 (1926)

(1926c) Buchbesprechung: A. S. Eddington: Relativitätstheorie in mathematischer Behandlung. Naturwiss. **14**, 273–274 (1926)

(1926d) Autobiographie. (Enthalten in Kronig und Weisskopf (1964) S. V f. (Wiedergegeben in Kap. II,1)

(1927a) Über Gasentartung und Paramagnetismus. Z. Phys. **41**, 81–102 (1927). (Wiedergegeben in Kap. VIII,1)

(1927b) Zur Quantenmechanik des magnetischen Elektrons. Z. Physik **43**, 601–623 (1927). (Wiedergegeben in Kap. VIII,2)

(1927c) W. Baade und W. Pauli: Über den auf die Teilchen in den Kometenschweifen ausgeübten Strahlungsdruck. Naturwiss. **15**, 49–50 (1927)

(1927d) Discussione sulla comunicazione Bohr. Atti del Congresso Internazionale dei Fisici. 11–20 Settembre 1927 – V. Como-Pavia-Roma, Volume Secondo. Bologna: Nicola Zanichelli 1928. Dort S. 598.

(1927/28) Darstellungstheorie halbeinfacher Systeme. (Manuskript. Ausarbeitung einer von E. Artin im Wintersemester 1927/28 gehaltenen Vorlesung in Hamburg. PLC, CERN)

[1928] Über das H-Theorem vom Anwachsen der Entropie vom Standpunkt der neuen Quantenmechanik. *Probleme der modernen Physik*. Arnold Sommerfeld zum 60. Geburtstage, gewidmet von seinen Schülern. Hirzel, Leipzig 1928, S. 30–45

(1928a) Discussions. Cinquième Conseil de Physique Solvay, Electrons et Photons, Bruxelles 1927. Gauthier-Villars, Paris 1928. S. 46, 95–98, 134–135, 256–258, 276–277, 280–282, 286. (Teilweise wiedergegeben in Kap. VII,2).

(1928b) P. Jordan und W. Pauli: Zur Quantenelektrodynamik ladungsfreier Felder. Z. Physik **47**, 151–173 (1928)

[1929a] Theorie der schwarzen Strahlung. *Müller-Pouillets Lehrbuch*, Bd. 2, Teil 2. S. 1483–1553. Vieweg, Braunschweig 1929

[1929b] Allgemeine Grundlagen der Quantentheorie des Atombaues. *Müller-Pouillets Lehrbuch*, Bd. 2, Teil 2. S. 1709–1842. Vieweg, Braunschweig 1929

(1929a) W. Heisenberg und W. Pauli: Zur Quantendynamik der Wellenfelder. Z. Physik **56**, 1–61 (1929). (Wiedergegeben in Kap. IX,1)

(1926b) Buchbesprechungen: Ergebnisse der exakten Naturwissenschaften, 7. Band. Naturwiss. **17**, 257–259 (1929). H. A. Lorentz: Vorlesungen über theoretische Physik, Band II, III, IV. Naturwiss. **17**, 279 (1929)

(1930a) W. Heisenberg und P. Pauli: Zur Quantentheorie der Wellenfelder II. Z. Physik **59**, 168–190 (1930). (Wiedergegeben in Kap. IX,2)

(1930b) Les théories quantiques du magnetisme: l'électron magnétique. Vortrag auf dem 6. Solvay Kongreß in Brüssel vom 20. bis 25. Oktober 1930. Veröffentlicht in: *Le Magnetisme*. Gauthier-Villars, Paris 1932, S. 175–238

(1930c) Discussion du Rapport de M. Pauli: 6. Solvay-Kongress (1930b), S. 239–280. Paulis Diskussionsbeiträge, auch zu anderen Vorträgen, findet man auf S. 50, 74, 240–242, 244, 269, 272, 275, 276 und 364

(1930d) Buchbesprechungen: Ergebnisse der exakten Naturwissenschaften, 8. Band. Naturwiss. **18**, 568–570 (1930). M. Born und P. Jordan: Elementare Quantenmechanik. Naturwiss. **18**, 602 (1930)

(1931a) P. Güttinger und W. Pauli: Zur Hyperfeinstruktur von Li^+. Teil II. Z. Phys. **67**, 743–765 (1931)

(1931b) Diskussionsbemerkungen während der Züricher Vorträge über Kernphysik. Physik. Z. **32**, 664 (1931)

(1931c) Buchbesprechungen: P. A. M. Dirac: The Principles of Quantum Mechanics. Naturwiss. **19**, 188 (1931). W. Heisenberg: Die physikalischen Prinzipien der Quantentheorie. Naturwiss. **19**, 188–189 (1931). A. March: Die Grundlagen der Quantenmechanik. Naturwiss. **19**, 867 (1931)

(1932a) Diracs Wellengleichung des Elektrons und geometrische Optik. Helv. Phys. Acta **5**, 179–199 (1932)

(1932b) W. Pauli und J. Solomon: La théorie unitaire d'Einstein et Mayer et les équations de Dirac. [I. Teil.] J. Phys. Radium (7) **3**, 452–463 (1932)

(1932c) W. Pauli und J. Solomon: La théorie unitaire d'Einstein et Mayer et les équations de Dirac. II. Teil. J. Phys. Radium (7) **3**, 582–589 (1932)

(1932d) Buchbesprechungen: Ergebnisse der exakten Naturwissenschaften, 10. Band. Naturwiss. **20**, 186–187 (1932). G. Gamow: Der Bau des Atomkerns und die Radioaktivität. Naturwiss. **20**, 582 (1932)

(1933a) Einige die Quantenmechanik betreffende Erkundigungsfragen. Z. Phys. **80**, 573–586 (1933). (Wiedergegeben in Kap. XI,3)

[1933/58/80] Die allgemeinen Prinzipien der Wellenmechanik. *Handbuch der Physik*, 2. Auflage. Bd. 24, 1. Teil. S. 83–272. Springer, Berlin 1933. In überarbeiteter Form in der neuen Ausgabe des Handbuchs der Physik (herausgegeben von S. Flügge), Band V, Teil 1, Springer, Berlin-Göttingen-Heidelberg 1958. S. 1–168. Vom Teil B (Relativistische Theorien) der ersten Fassung wurden die letzten 30 Seiten weggelassen. Eine englische Übersetzung von P. Achuthan und K. Venkatesan erschien unter dem Titel: *General Principles of Quantum Mechanics*. Springer, Berlin-Heidelberg-New York 1980. Diese Ausgabe enthält den Teil B der 2. Auflage von 1933 und eine historische Einleitung "Pauli and the Development of Quantum Theory" von C. P. Enz. – Eine unautorisierte Übersetzung durch J. Alexander, G. Chew, W. Selove und Ch. Yang von Teil B unter dem Titel *Relativistic Quantum Mechanics* hatte 1946 das Physics Department der Universität von Chicago herausgegeben.

(1933b) Über die Intensität der Streustrahlung freier Elektronen. Helv. Phys. Acta **6**, 279–286 (1933)

(1933c) Über die Formulierung der Naturgesetze mit fünf homogenen Koordinaten. Teil I. (klassische Theorie). Ann. Phys. (5) **18**, 305–336 (1933)

(1933d) Über die Formulierung der Naturgesetze mit fünf homogenen Koordinaten. Teil II. (Die Diracschen Gleichungen für die Materiewellen.) Ann. Phys. (5) **18**, 337–372 (1933)

(1933e) Paul Ehrenfest. Naturwiss. **21**, 841–843 (1933)

(1933f) Discussions. Septième Conseil de Physique Solvay, Noyaux Atomiques, Bruxelles 1933, Gauthier-Villars, Paris 1934. S. 175, 180, 213–214, 215, 224–225, 324–325 (Neutrinovortrag), 330. (Teilweise wiedergegeben in Kap. X,2)

(1933g) Buchbesprechungen: J. H. van Vleck: The Theory of Electric and Magnetic Susceptibilities. Naturwiss. **21**, 239 (1933). Ergebnisse der exakten Naturwissenschaften, 11. Band. Naturwiss. **21**, 301–302 (1933)

(1934a) W. Pauli und V. Weisskopf: Über die Quantisierung der skalaren relativistischen Wellengleichung. Helv. Phys. Acta **7**, 709–731 (1934). (Wiedergegeben in Kap. IX,4)

(1934b) Raum, Zeit und Kausalität in der modernen Physik. Vortrag, gehalten in der philosophischen Gesellschaft Zürich im November 1934. Sientia **59**, 65–76 (1936)

(1935a) Beiträge zur mathematischen Theorie der Diracschen Matrizen. Beitrag zu: P. Zeeman, *Verhandelingen*, Nijhoff, Haag 1935, S. 31–43

(1935b) The Theory of the Positron and related Topics. Report of a Seminar. (Notes by Dr. Banesh Hoffmann.) Princeton: The Institute for Advanced Study 1935–36

(1935c) Buchbesprechung: P. Debye, *Kernphysik*. Naturwiss. **23**, 772–773 (1935)

(1936a) W. Pauli und M. E. Rose: Remarks on the Polarization Effects in the Positron Theory. Phys. Rev. **49**, 462–465 (1936)

(1936b) Contributions mathématiques à la théorie des matrices de Dirac. Ann. Inst. Henri Poincaré **6**, 109–136 (1936)

(1936c) Theorie quantique relativiste des particules obéissant à la statistique de Einstein-Bose. Ann. Inst. Henri Poincaré **6**, 137–152 (1936)

(1937) W. Pauli und M. Fierz: Über das H-Theorem in der Quantenmechanik. Z. Phys. **106**, 572–587 (1937)

(1938a) W. Pauli und M. Fierz: Zur Theorie der Emission langwelliger Lichtquanten. Nuovo Cimento **15**, 167–188 (1938)

(1938b) On Asymptotic Series for Functions in the Theory of Diffraction of Light. Phys. Rev. **54**, 924–931 (1938)

(1938c) Some Basic Remarks about the Theory of β-Decay. (In russischer Sprache; Zusammenfassung auf Deutsch.) Bull. Acad. Sci. U.R.S.S. Série phys. S. 149–152 (1938). (Deutsche Übersetzung der Übersetzungsstelle der Universitätsbibliothek Stuttgart, Nr. 185. Wiedergegeben in Kap. X,4)

(1938d) Die Erhaltungssätze in der Relativitätstheorie und in der Kernphysik. Vortrag in Moskau im September 1937. Der Vortrag wurde von I. Tamm ins Russische übersetzt und erschien in *Modern Problems of Physical Chemistry and Chemical Technology*, Moskau 1938, Band 2, S. 21–35. (Rückübersetzung ins Deutsche der Übersetzungsstelle der Universitätsbibliothek Stuttgart. Wiedergegeben in Kap. X,3)

(1938e) Diskussionsbeiträge auf der 2. Allunionskonferenz über Kernphysik vom 20.–26. September in Moskau. Enthalten in Izvestija Akademija Nauk SSSR. Serija fizičeskaja. Moskva, [3] (1938), Nr. 1–2. S. 126–128; 154; 228; 231–232. Rückübersetzung ins Deutsche der Übersetzungsstelle der Universitätsbibliothek Stuttgart.

(1939a) Über ein Kriterium für Ein- oder Zweiwertigkeit der Eigenfunktionen in der Wellenmechanik. Helv. Phys. Acta **12**, 147–168 (1939).

(1939b) W. Pauli und M. Fierz: Über relativistische Feldgleichungen von Teilchen mit beliebigem Spin im elektromagnetischen Feld. Helv. Phys. Acta **12**, 297–300 (1939). (Wiedergegeben in Kap. XI,1)

(1939c) M. Fierz und W. Pauli: On Relativistic Wave Equations for Particles of Arbitrary Spin in an Electromagnetic Field. Proc. Roy. Soc. (London) A **173**, 211–232 (1939)

(1939d) Allgemeine Eigenschaften der Elementarteilchen (74 Seiten Manuskript für den im Oktober 1939 geplanten, wegen Kriegsausbruch jedoch vertagten 8. Solvay Kongress. Kopien im Bohr-Archiv, Kopenhagen und im Paul-Archiv, CERN, Genf)

(1940) W. Pauli und F. J. Belinfante: On the Statistical Behaviour of Known and Unknown Elementary Particles. Physica **7**, 177–192 (1940). (Wiedergegeben in Kap. XI,2)

(1940a) Über die Invarianz der Diracschen Wellengleichungen gegenüber Ähnlichkeitstransformationen des Linienelementes im Fall verschwindender Ruhmasse. Helv. Phys. Acta **13**, 204–208 (1940)

(1940b) The connection between spin and statistics. Phys. Rev. **58**, 716–722 (1940)

(1941) Relativistic field theories of elementary particles. Rev. Mod. Phys. **13**, 203–232 (1941)

(1942) W. Pauli und S. M. Dancoff: The pseudoscalar meson field with strong coupling. Phys. Rev. **62**, 85–108 (1942)

(1943a) On Dirac's new method of field quantization. (Verbesserte und erweiterte Fassung eines an der Purtue University in Lafayette, Indiana im Juni 1942 gehaltenen Vortrags). Rev. Mod. Phys. **15**, 175–207 (1943)

(1943b) A. Einstein und W. Pauli: On the non-existence of regular stationary solutions of relativistic field equations. Ann. Math. **44**, 131–137 (1943)

(1943c) W. Pauli und S. Kusaka: On the theory of a mixed pseudoscalar and vector meson field. Phys. Rev. **63**, 400–416 (1943)

(1943d) On applications of the λ-limiting process to the theory of the meson field. Phys. Rev. **64**, 332–344 (1943). [Abstract in Phys. Rev. **63**, 221 A (1943)]

(1944) W. Pauli und J. M. Jauch: On the application of Dirac's method of field-quantization on the problem of emission of low frequency photons. Abstract B6. New York Meeting, American Phys. Soc., Jan. 1944. Phys. Rev. **65**, 255–256 (1944)

(1945a) Niels Bohr on his 60th birthday. Rev. Mod. Phys. **17**, 97–101 (1945)

(1945b) W. Pauli und N. Hu: On the strong coupling case for spin-dependent interactions in scalar- and vector-pair theories. Rev. Mod. Phys. **17**, 267–286 (1945)

[1946] *Meson theory of nuclear forces.* (Nach den von J. F. Carlson und A. J. F. Siegert angefertigten Notizen der Paulischen Vorlesungen am MIT, Herbst 1944)

(1946a) Remarks on the history of the exclusion principle. Science **103**, 213–215 (1946). (Wiedergegeben in Kap. VI,4)

(1946b) Diracs Feldquantisierung und Emission von Photonen kleiner Frequenzen. (Vorgetragen auf dem New Yorker Physikerkongreß im Januar 1944.) [Erweiterte Fassung von Pauli und Jauch (1944)]. Helv. Phys. Acta **19**, 234–237 (1946)

[1947] *Vorlesung über statistische Mechanik.* Ausgearbeitet von M. R. Schafroth. ETH Zürich 1947, [2]1951. (Reproduktion: Boringhieri, Torino 1962)

(1947a) Exclusion principle and quantum mechanics. Nobel lecture, delivered at Stockholm, December 13, 1946. In: Les Prix Nobel en 1946. Dort S. 131–147. (Erstdruck: Griffon, Neuchâtel 1947. Deutsche Übersetzung in Pauli [1961/84], S. 129–146)

(1947b) Difficulties of field theories and of field quantization. (Vortrag auf der Internationalen Physikerkonferenz vom 22.–27. Juli 1946 in Cambridge.) Confer. Reports Phys. Soc. Cambridge 1947, S. 5–10

(1947c) Buchbesprechung: H. Reichenbach: Philosophic foundations of quantum mechanics. Dialectica 1, 176–178 (1947)

(1947d) Autobiographie. In: Les Prix Nobel en 1946. Stockholm 1948, S. 107

(1947/48) Der Einfluß archetypischer Vorstellungen auf die Bildung naturwissenschaftlicher Theorien bei Kepler. Autoreferat eines Vortrages. Jahresber. 1947/48 des Psychologischen Clubs Zürich, S. 37–44. (Wiedergegeben in Kap. XII,1)

[1948] *Vorlesung über Optik und Elektronentheorie*. Ausgearbeitet von A. Scheidegger und gänzlich neu bearbeitete Auflage von P. Erdös. ETH Zürich 1948, 1957. (Reproduktion: Boringhieri, Torino 1962)

(1948a) Sommerfelds Beiträge zur Quantentheorie. A. Sommerfeld zum 80. Geburtstag am 5. Dezember 1948 gewidmet. Naturwiss. **35**, 129–132 (1948) (Auch enthalten in Pauli [1961/84], S. 32–41)

(1948b) Die Idee der Komplementarität. Editorial. Dialectica **2**, 307–311 (1948). (Wiedergegeben in Kap. VII,3)

(1948c) Communication de M. W. Pauli; Diskussionsbeiträge auf dem 8. Solvay-Kongreß 1948 in Brüssel. In: Les particules élementaires. Stoops, Bruxelles 1950. Dort S. 193, 284, 286– 289

[1949] *Vorlesung über Elektrodynamik*. Ausgearbeitet von A. Thellung. ETH Zürich 1949. (Reproduktion: Boringhieri, Torino 1962)

(1949a) Note after the conference of Prof. Born [on the Foundations of quantum statistics, Florence, 17.–20. Mai 1949.] Nuovo Cimento **6** (Suppl.), 166–169 (1949)

(1949b) W. Pauli und F. Villars: On the invariant regularization in relativistic quantum theory. Rev. Mod. Phys. **21**, 434–444 (1949)

(1949c) Einstein's contributions to quantum theory. In: P. A. Schilpp, Hrsg.: *Albert Einstein: Philospher scientist*. The Library of Living Philosophers. Vol. VII. London 1949. Dort S. 149–160. (Deutsche Fassung enthalten in Pauli [1961/84], S. 54–63)

(1950a) Die philosophische Bedeutung der Idee der Komplementarität. (Ein im Februar 1949 in der Philosophischen Gesellschaft in Zürich gehaltener Vortrag.) (Enthalten in Pauli [1961/84], S. 10–17)

(1950b) On the connection between spin and statistics. Prog. Theor. Phys. (Kyoto) **5**, 526–543 (1950)

(1950c) Préface, zu H. Schilt: Précis de Physique Générale III. L'Electricité. *Bibliothèque Scientifique*, Vol. 18. Neuchâtel 1950

[1951] *Ausgewählte Kapitel aus der Feldquantisierung*. Ausgearbeitet von U. Hochstrasser und M. R. Schafroth. ETH Zürich 1951. (Reproduktion: Boringhieri, Torino 1962)

(1951a) Buchbesprechung: A. Sommerfeld: Vorlesungen über theoretische Physik. Band IV, Optik. Z. Angew. Math. und Phys. **2**, 215 (1951)

(1951b) Arnold Sommerfeld. Z. Naturforsch. **6a**, 468 (1951). (Die gekürzte in der Z. Angew. Math. und Phys. **2**, 301 (1951) abgedruckte Fassung ist auch in Pauli [1961/84], S. 42 enthalten.)

(1951/52) Bemerkungen zur erkenntnistheoretischen Situation in der Atomphysik. (Manuskript, CERN)

[1952a] C. G. Jung und W. Pauli: *Naturerklärung und Psyche*. Zürich 1952

[1952b] *Vorlesung über Thermodynamik und kinetische Gastheorie*. Ausgearbeitet von E. Jucker. ETH Zürich 1952. Die 2. Aufl. von 1958 enthält auf S. 41–50 im wesentlichen die Arbeit Pauli (1958g). (Reproduktion: Boringhieri, Torino 1962)

(1952a) Die Geschichte des periodischen Systems der Elemente. Vierteljahresschrift der Naturf. Ges. Zürich **97**, 137–139 (1952). (Wiedergegeben in Kap. VI,5)

(1952b) Theorie und Experiment. Dialectica **6**, 141–142 (1952). (Auch enthalten in Pauli [1961/84], S. 91–92)

(1952c) Etat actuel de la théorie quantique des champs. La renormalisation. In: Colloques Intern. Centre Natl. Rech. Scient. **38**, 67–77 (1953). Particules fondamentales et noyaux. Paris, 24.–29. April 1950

(1952d) Der Einfluß archetypischer Vorstellungen auf die Bildung naturwissenschaftlicher Theorien bei Kepler. In: Jung und Pauli [1952], S. 109–194

(1952e) Time Reversal. Conferences donnés par le Prof. W. Pauli a l'École d'Eté de Physique Theorique. Les Houches, Haute-Savoie (France), Eté 1952

(1953a) Der Begriff der Wahrscheinlichkeit und seine Rolle in den Naturwissenschaften. (Autoreferat des Vortrages am Symposium in Bern, 23. August 1952.) Verh. Schweiz. Naturforsch. Ges., Bern 1952, 76–79 (1953)

(1953b) On the Hamiltonian structure of non-local field theories. (Vortrag auf der Konferenz über Non-Local Field Theories, Turin, 9.–14. März 1953.) Nuovo Cimento **10**, 648–667 (1953)

(1953c) Remarques sur le problème des paramètres cachés dans la mécanique quantique et sur la théorie de l'onde pilote. In: *Louis de Broglie, Physicien et Penseur*. Albin Michel, Paris 1953. (Festschrift zum 50. Geburtstag von L. de Broglie.) Dort S. 33–42. (Deutsche Übersetzung in: Louis de Broglie und die Physiker. Hamburg 1955. Dort S. 26–35. Wiedergegeben in Kap. VII,5)

(1953d) Allgemeine Relativitätstheorie. (Manuskript; Ausarbeitung einer 1953 an der ETH gehaltenen Vorlesung durch C. P. Enz; Pauli-Archiv, CERN)

(1953e) Meson-Nucleon Interaction and Differential Geometry (Manuskript auf Englisch vom Juli 1953, Anhang auf Deutsch von Dezember 1953; Pauli-Archiv, CERN). Vom Ganzen existiert eine Transkription auf Englisch von F. J. Dyson (CERN).

(1954a) Wahrscheinlichkeit und Physik. (Erweiterte Fassung von Pauli (1953a) mit Diskussionsbemerkungen.) Dialectica **8**, 112–124 (1954). (Enthalten in Pauli [1961/84], S. 18–23)

(1954b) Naturwissenschaftliche und erkenntnistheoretische Aspekte der Ideen vom Unbewußten. Dialectica **8**, 283–301 (1954). Festschrift zum 80. Geburtstag von C. G. Jung. (Enthalten in Pauli [1961/84], S. 113–128)

[1955] W. Pauli, Hrsg.: *Niels Bohr and the Development of Physics*. Pergamon, London 1955

(1955a) Rydberg and the periodic system of the elements. Proc. Rydberg Centennial Confer. on Atomic Spectroscopy, Lund 1954. Universitetes Årsskrift (Lund) **50**, 22–26 (1955). (Deutsche Übersetzung von W. Westphal in Pauli [1961/84], S. 43–47)

(1955b) Matter as an aspect of the nature of things. In: *Man's Right to Knowledge*. International Symposium Presented in the Honour of the Two-Hundredth Anniversary of Columbia University, 1754–1954. New York 1955. Dort S. 10–18. (Deutsche Übersetzung von W. Westphal in Pauli [1961/84], S. 1–9)

(1955c) Discussion du rapport du Prof. Néel. Dixième Conseil de Physique Solvay 1954; Les électrons dans les métaux. Stoops, Bruxelles 1955, S. 282

(1955d) Exclusion principle, Lorentz group and reflection of space-time and charge. (Enthalten in Pauli [1955], S. 30–51. Wiedergegeben in Kap. X,5)

(1955e) Impressionen über Albert Einstein. Neue Zürcher Zeitung, 22. April 1955. (Enthalten in Pauli [1961/84], S. 81–84)

(1955f) An Hermann Weyl. Hermann Weyl zum Geburtstag am 9. November 1955 gewidmet. (Manuskript, Pauli-Archiv, CERN)

(1955g) Die Wissenschaft und das abendländische Denken. In: M. Göhring, Hrsg.: *Europa – Erbe und Aufgabe*. Internationaler Gelehrtenkongreß, Mainz 1955. Steiner, Wiesbaden 1956, S. 71–79. (Enthalten in Pauli [1961/84], S. 102–112)

(1955h) G. Källén und W. Pauli: On the mathematical structure of T. D. Lee's model of a renormalizable field theory. Kgl. Danske Videnskab. Selskab, Mat.-Fys. Medd. **30**, 3–23 (1955)

(1955i) Opening Talk. – Diskussion. – Schlußwort durch den Präsidenten der Konferenz. – Relativitätstheorie und Wissenschaft. In: Fünfzig Jahre Relativitätstheorie, Bern,

11.–16. Juli 1955. Helv. Phys. Acta (Suppl. IV), S. 27; 68–69; 261–267; 282–286 (1956). (Teilweise wiedergegeben in Pauli [1961/84], S. 76–80 und in Kap. III,3)

(1956a) Buchbesprechung: D. ter Haar: Elements of Statistical Mechanics. Z. Angew. Math. und Phys. 7, 467 (1956)

(1956b) Remarks on problems connected with the renormalization of quantized fields. Nuovo Cimento 4 (Suppl.) 703–710 (1956)

(1956c) Announcement. CERN Symposium on High Energy Accelerators and Pion Physics. Genf, 11.–23. Juni 1956. Proceedings, Band 2, S. 259. (Wiedergegeben in Kap. X,6)

(1956/57) Remarks on the paper by B. Bosco und S. Fubini: On the mathematical structure of the charged scalar theory. (Manuskript, Pauli-Archiv, CERN)

(1956/65) Continous groups in quantum mechanics. Nach Vorlesungen an der ETH, Zürich und an der CERN Theoretical Study Division, Kopenhagen, September 1955. CERN-Report 56–31. Genf 1956. Veröffentlicht in Ergebnisse der exakten Naturwissenschaften 37, 85– 104 (1965)

(1957a) Zur älteren und neueren Geschichte des Neutrinos. (Autoreferat des Vortrages vom 21. Januar 1957.) Vierteljahresschr. Naturforsch. Ges. Zürich **102**, 387–388 (1957). (Wiedergegeben in Kap. X,7). Eine stark erweiterte Fassung, die Pauli als Festgabe zu Lise Meitners 80. Geburtstag ausarbeitete, ist in Pauli [1961/84], S. 156–180 enthalten.

(1957b) Remarks on a paper by H. Lehmann and the CPT-theorem. Notes by C. P. Enz. (Manuskript, Pauli-Archiv, CERN)

(1957c) Ausgewählte Kapitel aus der Wellenmechanik. (Manuskript; Ausarbeitung einer Vorlesung, gehalten an der ETH Zürich im Sommersemester 1957, von C. P. Enz, Pauli-Archiv, CERN)

(1957d) On the conservation of the lepton charge. Nuovo Cimento **6**, 204–215 (1957)

(1957e) Bemerkungen zur jetzigen Lage in der Quantentheorie der Felder. (Manuskript, datiert am 9. Juni 1957, Pauli-Archiv, CERN)

(1957f) Phänomen und physikalische Realität. Vortrag auf dem internationalen Philosophenkongreß 1954 in Zürich. Dialectica **11**, 36–48 (1957). (Enthalten in Pauli [1961/84], S. 93–101)

(1957/58) Theorie der schwachen Wechselwirkung. (Manuskript; Ausarbeitung einer Vorlesung, gehalten an der ETH Zürich im Wintersemester 1957/58, von P. Curtius; Pauli-Archiv, CERN)

[1958] *Theory of Relativity*. Englische Übersetzung von Pauli [1921] durch G. Field. Preface, Supplementary Notes von Pauli. Pergamon, London 1958

(1958a) Albert Einstein in der Entwicklung der Physik. Neue Zürcher Zeitung, 12. Januar 1958. Auch in: Universitas **13**, 593–598 (1958). (Enthalten in Pauli [1961/84], S. 85–90)

(1958b) General remarks on parity non-conservation. In: Proc. Rehovoth Confer. on Nuclear Structure, Rehovoth, 8.–14. September 1957, ed. by H. J. Lipkin. North Holland, Amsterdam 1958. Dort S. 416. (Wiedergegeben in Kap. X,8)

(1958c) Die Verletzung von Spiegelungs-Symmetrien in den Gesetzen der Atomphysik. Experientia **14**, 1–5 (1958). (Enthalten in Pauli [1961/84], S. 147–155)

(1958d) Comment on Heisenberg's Radio Advertisement. (Manuskript, Oppenheimer-Nachlaß; Library of Congress, Washington)

(1958e) W. Heisenberg und W. Pauli: On the isospin group in the theory of elementary particles. (Manuskript, Pauli-Archiv, CERN)

(1958f) Lectures on continous groups and reflections in quantum mechanics. (Notes by R. S. Riddell, Jr.) University of California, Radiation Laboratory Berkely. Spring Term 1958. UCRL-Report No. 8213, Berkeley 1958

(1958g) Zur Thermodynamik dissoziierter Gleichgewichtsgemische in äußeren Kraftfeldern. Festschrift für Jakob Ackeret. Z. Angew. Math. und Physik **9b**, 490–497 (1958)

(1958h) Fundamental theoretical ideas. Introduction by the chairman. – Discussion. 1958 Annual International Conference on High Energy Physics at CERN, 30. Juni – 5. Juli 1958. Proc., Geneva 1958, S. 116; 118; 122 f.; 124–126

(1958i) The indefinite metric with complex roots. – Discussion. 1958 Annual International Conferenz on High Energy Physics at CERN, 30. Juni – 5. Juli 1958. Proc., Geneva 1958, S. 127 f.; 130; 133

(1958j) W. Heisenberg und W. Pauli: On the isospin group in the theory of the elementary particles. (Unveröffentlichtes Manuskript, PLC, CERN)

[1959] *Vorlesung über Wellenmechanik*. Ausgearbeitet von F. Herlach und H. E. Knoepfel, ETH Zürich 1959 (Reproduktion: Boringhieri, Torino 1962)

(1959) W. Pauli und B. Touschek: Report and comment on F. Gürsey's "Group structure of elementary particles". Corso VIII. Problemi matematici della teoria quantistica delle particelle e dei campi. Varenna 21. Juli – 9. August 1958. Nuovo Cimento 14 Supplemento, 205–211 (1959)

[1961/84] *Aufsätze und Vorträge über Physik und Erkenntnistheorie*. Vieweg, Braunschweig 1961. Eine Neuauflage mit einleitenden Bemerkungen von K. v. Meyenn erschien als Band 15 der Facetten der Physik, hrsg. von R. U. Sexl, unter dem Titel *Physik und Erkenntnistheorie*. Vieweg, Braunschweig 1984. Japanische Übersetzung 1975

[1964] *Collected Scientific Papers by Wolfgang Pauli*. Herausgegeben von R. Kronig und V. F. Weisskopf. 2 Bände. Wiley, New York 1964

[1973] *Pauli Lectures on Physics*, edited by C. P. Enz; translated by H. R. Lewis and S. Margulis; Forword by V. F. Weisskopf; Prefaces, Comments by C. P. Enz. Cambridge (USA) MIT 1973. Vol. 1. *Electrodynamics*. Übersetzung von Pauli [1949/62]. – Vol. 2. *Optics and the Theory of Electrons*. Übersetzung von Pauli [1948/57/62]. – Vol. 3. *Thermodynamics and the Kinetic Theory of Gases*. Übersetzung von Pauli [1952b/58/62]. – Vol. 4. *Statistical Mechanics*. Übersetzung von Pauli [1947/51/62]. – Vol. 5. *Wave Mechanics*. Übersetzung von Pauli [1959/62]. – Vol. 6. *Selected Topics in Field Quantization*. Übersetzung von Paul [1951/62]. – Japanische Übersetzung 1976

[1979/85] *Wolfgang Pauli. Wissenschaftlicher Briefwechsel mit Bohr, Einstein, Heisenberg u. a.* Band I: 1919–1929. Herausgegeben von A. Hermann, K. v. Meyenn und V. F. Weisskopf. Springer, New York/Heidelberg/Berlin 1979. – Band II: 1930–1939. Herausgegeben von K. v. Meyenn, unter Mitwirkung von A. Hermann und V. F. Weisskopf. Springer, Berlin/Heidelberg/New York/Tokyo 1985. (Band III: 1940–1949 und Band IV: 1950–1958 in Vorbereitung.)

3
Sekundärliteratur*

V. Bargmann (1960): Relativity. In Fierz und Weisskopf [1960]. S. 187–198

G. Beck (1935): Present state of the neutrino hypothesis. Phys. Rev. 47, 202 (1935)

L. Belloni (1981): Historical remarks on the "classical" electron radius. Lettere al Nuovo Cimento 31, 131–134 (1981)

J. Bernstein (1974): Spontaneous symmetry breaking, gauge theories, the Higgs mechanism and all that. Rev. Mod. Physics 46, 7–48 (1974)

N. Bohr (1960): Foreword. In Fierz und Weisskopf [1960], S. 1–4

J. F. Carlson und J. R. Oppenheimer (1932): The impacts of fast electrons and magnetic neutrons. Phys. Rev. 41, 763–792 (1932)

H. B. G. Casimir (1960): Pauli and the Theory of the Solid State. In Fierz und Weisskopf [1960], S. 137–139

H. B. G. Casimir [1983]: Haphazard Reality. Half a Century of Science. New York Harper & Row 1983

CERN (1969): Catalogque of reprints of scientific papers in the Pauli collection. Geneva 1969. CERN, Bibliographies, 8

M. Delbrück (1972): Out of this World. In: F. Reines, Hrsg.: Cosmology, Fusion and other Matters. (George Gamow Memorial Volume). Boulder, Colorado 1972,S. 280–288

N. Dobrotin (1937): Il Vsesojuznaja konferencija po atomnomu jadru. In: Uspechi fizičeskich nauk. Moskva, 18 (1937), Nr. 4, S. 583–592. (2. Allunions-Konferenz über Kernphysik; russisch)

P. u. T. Ehrenfest (1912): Begriffliche Grundlagen der statistischen Auffassung in der Mechanik, Enc. d. math. Wiss. Band IV, 32, S. 1–90. Leipzig 1912

P. Ehrenfest (1931): Ansprache zur Verleihung der Lorentzmedaille an Professor Wolfgang Pauli am 31. Oktober 1931. Versl. Akad. Amsterdam 40, 121–126 (1931)

P. Ehrenfest [1959]: Collected Scientific Papers. Edited by M. J. Klein, Amsterdam 1959

P. Ehrenfest, A. Ioffe [1973]: Wissenschaftlicher Briefwechsel 1907–1933, [russisch]. Leningrad 1973

A. Einstein (1922): Rezension von Pauli [1921]. Naturwiss. 10, 184–185 (1922)

A. Einstein, M. Born [1969]: Briefwechsel 1916–1955, München 1969. (Dort Pauli-Briefe auf S. 289, 293, 298 und 301)

W. M. Elsasser [1978]: Memoirs of a Physicist in the Atomic Age. New York, Bristol 1978

C. P. Enz (1973a): W. Pauli's Scientific Work. In J. Mehra: The physicist's conception of nature. Reidel, Dordrecht 1973. Dort S. 766–799

C. P. Enz (1973b): Prefaces, Comments in Pauli [1973]

C. P. Enz (1980): Pauli and the development of quantum theory. Vorwort zur englischen Übersetzung von Pauli [1933]. Dort S. III–V

* Veröffentlichungen in Buchform sind durch Jahreszahlen in eckigen Klammern hervorgehoben.

C. P. Enz (1981): 50 years ago Pauli invented the neutrino. Helv. Phys. Acta **54**, 411–418 (1981)
Japanische Übersetzung in KAGAKU (Tokyo) **51**, 438–442 (1981)

C. P. Enz (1983): In memoriam Wolfgang Pauli (1900–1958). Helv. Phys. Acta **56**, 883–887 (1983)

C. P. Enz (1984a): Pauli (Wolfgang) (1900–1958). Encyclopaedia Universalis. Paris 1985

C. P. Enz (1984b): Wolfgang Pauli: fisico e pensatore del Novecento. Nuova Secondaria 2 (Brescia, 15 Ottobre 1984), S. 52–56

C. P. Enz (1985): Wolfgang Pauli, Physicist and Philosopher. In Lahti und Mittelstaedt [1985]. Dort S. 241–255

C. P. Enz (1986a): Bohr, Delbrück, Pauli and Biology. In P. Lahti, Hrsg.: Essays in honour of Kalervo Vihtori Laurikainen on the occasion of his seventieth birthday. Ann. Acad. Sci. Fennicae, Series A, VI. Physica **431**, S. 23–32. Helsinki 1986

C. P. Enz (1986b): Le rôle de l'espace et le problème de localisation en physique moderne, vus en particulier par Wolfgang Pauli. Arch. Sc. Genève **39**, 185–200 (1986)

E. Fermi (1933): Tentativo di una teoria dell' emissione dei raggi "beta". Ricerca Scientifica **4** (2), 491–495 (1935)

E. Fermi (1934): Versuch einer Theorie der β-Strahlen. I. Z. Phys. **88**, 161–171 (1934)

E. Fermi [1952]: Elementary particles. New Haven 1952

E. Fermi [1962]: Collected Papers. I. Chicago 1962

M. E. Fierz (1959): In commemoration of Wolfgang Pauli. Nucl. Phys. **10**, 1–5 (1959)

M. E. Fierz und V. F. Weisskopf (1959): Wolfgang Pauli. Physics Today, Juli 1959, S. 16–19

M. Fierz und V. F. Weisskopf, Hrsg. [1960]: Theoretical Physics in the Twentieth Century: A Memorial Volume to Wolfgang Pauli. Interscience, New York 1960

M. Fierz (1960): Statistische Mechanik. In Fierz und Weisskopf [1960], S. 161–186

M. Fierz (1974): Wolfgang Pauli. In Ch. C. Gillispie, Hrsg.: Dictionary of Scientific Biography. Vol. X. New York 1974, dort S. 422–425

J. I. Frenkel (1958): Sobranie isbrannych trudo W. Moskva 1958 [Auswahl gesammelter Abhandlungen, russisch]. 2 Bände

V. J. Frenkel (1966): Jakov Ilić Frenkel [russisch]. Leningrad 1966

V. J. Frenkel (1971a): Paul Ehrenfest, [russisch]. Moskau 1971

V. J. Frenkel (1971b): O vospriimćvosti k novym fizićeskim idejami i rezul'tatami. In: Naućnoe otkrytie i ego vosprijatie. Moskva: Nauka, 1971, S. 296–307. (Über die Aufnahme neuer physikalischer Ideen und Vorstellungen; russisch)

G. Gamow (1959): The Exclusion Principle. Scient. Amer., Juli 1959

G. Gamow [1961]: Biography of Physics. New York 1961

G. Gamow [1966]: Thirty years that shook physics. The story of quantum theory. New York 1966

J. und R. Gicklhorn (1958): Wolfgang Pauli junior. In: Die Österreichischen Nobelpreisträger. Wien 1958. Dort S. 63–66

S. A. Goudsmit (1961): Pauli and nuclear spin. Physics Today, Juni 1961, S. 18–21

S. A. Goudsmit (1965): Die Entdeckung des Elektronenspins. Phys. Bl. **21**, 445–453 (1965)

J. L. Heilbron (1983): The origin of the exclusion principle. Hist. Stud. Phys. Sci. **13**, 261–310 (1983)

W. Heisenberg (1926): Mehrkörperproblem und Resonanz in der Quantenmechnaik. Z. Phys. **38**, 411–436 (1926)

W. Heisenberg (1959a): Wolfgang Paulis philosophische Auffassungen. Naturwiss. **46**, 661–663 (1959)

W. Heisenberg (1959b): Wolfgang Pauli, 25.4.1900–15.12.1958. Jahrb. Bayer. Akad. Wiss. 1959. Dort S. 183–187

W. Heisenberg (1960): Erinnerungen an die Zeit der Entwicklung der Quantenmechanik. In: Fierz und Weisskopf [1960], S. 40–47

W. Heitler (1960): Wolfgang Pauli, 1900–1958. Helv. Phys. Acta 33, 709–710 (1960)

J. Hendry (1981): Pauli as philosopher. Brit. J. Phil. Sci. 32, 277–282 (1981)

J. Hendry [1984]: The Creation of Quantum Mechanics and the Bohr – Pauli Dialogue. Reidel Dordrecht 1984

K. Hepp (1980): Institut für theoretische Physik [der ETH Zürich]. In: Festschrift zum 125 jährigen Bestehen der ETH Zürich. Zürich 1980. Dort S. 382–384

A. Hermann (1980): Wolfgang Pauli. Das Gewissen der Physik. Bild der Wissenschaft, Mai 1980, S. 114–125

F. Hund [1967]: Geschichte der Quantentheorie. Mannheim 1967

E. H. Hutton (1958): On the Pauli principle. Proc. Int. Congr. Phil. Sci. 2, 12–18 (1955)

C. Jensen (1984): Two one-electron anomalies in the old quantum theory. Hist. Stud. Phys. Sci. 15, 81–106 (1984)

P. Jordan (1973): Erinnerungen an Wolfgang Pauli. Phys. Bl. 29, 291–298 (1973)

P. Jordan (1975): My recollections of Wolfgang Pauli. Amer. J. Phys. 43, 205–208 (1975)

R. Jost (1960): Das Pauli-Prinzip und die Lorentz-Gruppe. In Fierz und Weisskopf [1960]. S. 107–136

R. Jost (1984): Erinnerungen: Erlesenes und Erlebtes. Phys. Bl 41, 178–181 (1984)

N. Kemmer (1959): Prof. Wolfgang E. Pauli, For. Mem. R. S. Nature, April 18, 1959. S. 1089

N. Kemmer (1982): Isospin. Journal de Physique, (supplément 12) 43, 359–390 (1983)

N. Kemmer (1983): Die Anfänge der Mesonentheorie und des verallgemeinerten Isospins. Phys. Bl. 39, 170–175 (1983)

O. Klein (1959): Wolfgang Pauli. Några Minnesord. Kosmos, Fysika Uppsatzer 37, 9–12 (1959)

A. Koestler [1972]: Die Wurzeln des Zufalls. Scherz, Bern 1972

H. A. Kramers [1937]: Quantentheorie des Elektrons und der Strahlung. Leipzig 1937

R. Kronig (1960): The turning point. Enthalten in Fierz und Weisskopf [1960], S. 5–39

R. Kronig und V. F. Weisskopf (1964): Preface. In Pauli [1964], Vol. 1, S. V–IX

R. Ladenburg (1945): The Scientific Work of Wolfgang Pauli, Jr. Informal talk given at the reception on November 21st in honor to Professor Wolfgang Pauli, Nobel Lanreate in Physics 1945. (Manuskript)

P. Lahti und P. Mittelstaedt, Hrsg. [1985]: Symposium on the Foundations of modern Physics. Joensuu, Finland, 16–20 June 1985. Singapore 1985

L. D. Landau (1931): Otćet o naućnoj zagranićnoj kommandirovke v Daniju, Svejcariju i Germaniju v 1929–1931 g. In: Fiziko-technićeskij institut. Archiv. Moskva, f. 1, op. 1, ed. chr. 119. (Rechenschaftsbericht über die wissenschaftliche Auslandsreise nach Dänemark, Schweiz und Deutschland in den Jahren 1929 bis 1931 – Archivmaterial; russisch)

L. D. Landau (1959): Wolfgang Pauli. Soviet Physics Uspekhi 2, 624–627 (1959)

A. Landé (1924): Das Wesen der relativistischen Röntgendubletts. Z. Phys. 24, 88–97 (1924)

K. V. Laurikainen (1984): Wolfgang Pauli and Philosophy. Gesnerus 41, 213–241 (1984)

K. V. Laurikainen (1985): Wolfgang Pauli and the Copenhagen Philosophy. In Lahti und Mittelstaedt [1985], S. 273–287

K. V. Laurikainen [1985]: Atomen tuolla puolen. Wolfgang Pauli ajatuksia hengestäja aincesta, todellisuuden luonteesta ja pahan asemasta maailmassa. Mänttä 1985

L. Loeb (1931): Phys. Rev. 38, 579 (1931)

H. A. Lorentz (1927): Sur la rotation d'un électron qui circule autour d'un noyau. Collected Papers. Vol. VII. S. 179–204. The Hague 1934. (Vortrag auf dem Voltakongreß in Como, im September 1927.)

G. Ludwig (1959): Wolfgang Pauli. Phys. Verh. 1959. S. 162–167

H. Margenau (1944): The exclusion principle and its philosophical importance. Phil. Sci. 11, 187–298 (1944)

H. Margenau [1950]: The nature of Physical Reality. New York 1950

J. Mehra und H. Rechenberg [1982]: The Historical Development of Quantum Theory. Vol. I–IV. New York 1982

K. v. Meyenn und A. Hermann (1976): Wolfgang Paulis Beitrag zur Göttinger Quantenmechanik. Phys. Bl. 32, 145–150 (1976)

K. v. Meyenn (1980/81): Paulis Weg zum Ausschließungsprinzip. Teil I und II. Phys. Bl. 36, 293–298 (1980); 37, 13–19 (1981)

K. v. Meyenn (1982): Pauli, das Neutrino und die Entdeckung des Neutrons vor fünfzig Jahren. Naturwiss. 69, 564–573 (1982)

K. v. Meyenn (1985a): Bericht über die Gedenktagung zu Paulis 25. Todesjahr am 15. und 16. November 1983 in Wien. Ber. Wissenschaftsgeschichte 8, 49–51 (1985)

K. v. Meyenn (1985b): Pauli, Schrödinger and the conflict about the interpretation of quantum mechanics. In Lahti und Mittelstaedt [1985], S. 289–302. [Deutsche Fassung mit vollständigem Literatur- und Anmerkungsteil in Gesnerus 44, 99–123 (1987)]

K. v. Meyenn (1985c): Wolfgang Pauli (1900–1958): ‚Antimetaphysisch statt katholisch getauft'. In: Hundert Jahre Gymnasium Gymnasiumstraße Wien 1985. Dort S. 47–56

K. v. Meyenn (1986): Pauli y la teoria atómica. Investigación y Ciencia, Mai 1986, S. 36–42

K. v. Meyenn (1987): Pauli's Belief in Exact Symmetries. In: M. G. Doncel, A. Hermann, L. Michel und A. Pais, Hrsg.: Symmetries in Physics (1600–1980). Proceedings of the 1st International Meeting on the History of Scientific Ideas, held at Sant Feliu de Guixols, Catalonia, Spain. September 20–26, 1983. Barcelona 1988. Dort S. 329–360

R. Oppenheimer [1980]: Letters and Recollections. Ed. by A. K. Smith and C. Weiner. Cambridge, Mass. 1980

A. Pais (1972): The Early History of the Theory of the Electron 1897–1947. In: A. Salam und E. Wigner (Hrsg.): Aspects of Quantum Theory. Cambridge 1972. Dort S. 79–93

A. Pais [1982]: "Subtle is the Lord..." The Science and the Life of Albert Einstein. Oxford 1982 – Deutsche Ausgabe: „Raffiniert ist der Herrgott ...". Albert Einstein. Eine wissenschaftliche Biographie. Vieweg, Braunschweig 1986

A. Pais [1986]: Inward Bound. Of Matter and Forces in the Physical World. Oxford 1986

E. Panofsky (1945): Rede zur Nobelfeier in Princeton am 10. Dezember 1945. (Manuskript. Pauli-Archiv CERN)

R. Peierls (1960a): Wolfgang Ernst Pauli; 1900–1958. Biogr. Mem. Fellows Roy. Soc. 5, 175–192 (1960)

R. Peierls (1960b): Quantum Theory of Solids. In Fierz und Weisskopf [1960], S. 140–160

R. Peierls [1986]: Bird of Passage. Princeton 1986

B. M. Pontekorvo (1983): Detstvo i junost' nejtrinnoj fiziki: nekotorye vospominanija. In: Priroda. Moskva, 1983, Nr 1, S. 43–57. (Kindheit und Jugend der Neutrino-Physik: einige Erinnerungen; russisch)

L. v. Ranke [1974]: Zwölf Bücher Preußischer Geschichte. 2. Auflage 1874

F. Rasetti und E. Fermi (1926): Sopra l'elettrone rotante. Nuovo Cimento 3, 226–235 (1926)

S. Richter (1976): Wolfgang Pauli und die Entstehung des Spinkonzeptes. Gesnerus 33, 253–270 (1986)

S. Richter, Hrsg. [1977a]: Wolfgang Pauli. Fünf Arbeiten zum Ausschließungsprinzip und zum Neutrino. Darmstadt 1977

S. Richter [1977b]: Wolfgang Pauli. Die Jahre 1918–1930. Skizzen zu einer wissenschaftlichen Biographie. Sauerländer, Aarau 1977

Ju. V. Rumer (1974): Stranićki vospominanij o L. D. Landau. In: Nauka i zizn', Moskva, 1974, Nr 6, S. 99–101. (Einiges aus den Erinnerungen an L. D. Landau; russisch.)

P. Scherrer (1958): Trauerrede für Herrn Prof. Wolfgang Pauli, Fraumünster, 20. Dezember 1958, 15 h. (Manuskript)

P. Scherrer (1959): Wolfgang Pauli †. Phys. Bl. 15, 34–35 (1959)

K. Schmid (1974): Die komplementäre Wirklichkeit des Wissenschaftlers. ETH-Bulletin 8, 17. Dezember 1974

D. Serwer (1977): Unmechanischer Zwang: Pauli, Heisenberg, and the rejection of the mechanical atom, 1923–1925. Hist. Stud. Phys. Sci. 8, 189–256 (1977)

A. Sommerfeld (1915): Die Feinstruktur der Wasserstoff- und der wasserstoffähnlichen Linien. Münchener Berichte 1915, S. 459–500

A. Sommerfeld (1948): Wolfgang Pauli, jun., Vorschlag zum korrespondierenden Mitglied der Bayerischen Akademie der Wissenschaften. (Manuskript, Sommerfeld Nachlaß, Deutsches Museum München)

D. ter Haar (1965): Wolfgang Pauli 1900–1958. Contemporary Physics 6, 465–471 (1965)

H. Thirring (1958): Erinnerungen an Wolfgang Pauli. Ansprache im Österreichischen Rundfunk, II. Programm, Freitag, 19.12.1958, $13^{h}20$. (Manuskript, Pauli-Archiv, CERN)

W. Thirring (1968): Wolfgang Pauli. In: F. G. Smekal, Hrsg.: Österreichs Nobelpreisträger. Wien 1968 S. 147–155

W. Thirring (1984): W. Pauli, Physik und Erkenntnistheorie. (Besprechung). Spektrum der Wissenschaft, November 1984, S. 196

W. Thirring (1986): W. Pauli, Briefwechsel Band II. (Besprechung). Spektrum der Wissenschaft, März 1986, S. 125, 130–131

F. Trendelenburg (1958): Max-Planck-Medaille an W. Pauli. Phys. Bl. 14, 262 (1958)

G. Uhlenbeck (1976): Fifty Years of Spin. Personal reminiscences. Physics Today, Juni 1976. S. 43–48

K. Uller (1923): Auf eine Kritik des Herrn W. Pauli jr. Sonderschrift 1923. Phys. Ber. 10, 808 (1929)

P. Urban (1959): Wolfgang Pauli. Acta Phys. Austr. 12, 217–219 (1959)

P. Urban (1980): Wolfgang Pauli junior. Unser Schaffen 25, 26–27, April 1980

F. Villars (1960): Regularization and non-singular interactions in quantum field theory. In Fierz und Weisskopf [1960], S. 78–106

J. H. van Vleck (1968): My Swiss visits of 1906, 1926 and 1930. Helv. Phys. Acta 41, 1234–1237 (1968)

B. L. van der Waerden (1960): Exclusion Principle and Spin. In Fierz und Weisskopf [1960], S. 199–244

M.-L. von Franz [1980]: Zahl und Zeit. Stuttgart Suhrkamp 1980

I. Waller (1947): The Nobel Prize in Physics for 1945. In Les Prix Nobel en 1945. Stockholm 1947

V. F. Weisskopf (1961): Trauerrede für Wolfgang Pauli. In Pauli [1961/84], S. XXV–XXVI

V. F. Weisskopf (1981): The development of field theory in the last 50 years. Physics Today, November 1981, S. 69–85.

V. F. Weisskopf (1985): Personal memories of Pauli, Physics Today, Dezember 1985. S. 36–41

C. F. v. Weizsäcker (1959): Erinnerungen an Wolfgang Pauli, 25.4.1900–15.12.1958. Z. f. Naturf. 14a, 439–440 (1959)

G. Wentzel (1960): Quantum Theory of Fields (until 1947). In Fierz und Weisskopf [1960], S. 48–77

L. Wessels (1981): What Was Born's Statistical Interpretation? PSA 1980, Vol. 2, S. 187–200

R. S. Westman (1984): Nature, art, and psyche: Jung, Pauli and the Kepler-Fludd polemic. In: B. Vickers, Hrsg.: Occult and scientific mentalities in the Renaissance. Cambridge 1984. Dort S. 177–229

H. Weyl (1946): Encomium. Science 103, 216–218 (1946)

C. S. Wu (1960): The Neutrino. In Fierz und Weisskopf [1960], S. 249–303

4
Namenverzeichnis

Die mit ' gekennzeichneten Seitenangaben beziehen sich auf Literaturzitate.

C

P

R

GPSR Compliance

The European Union's (EU) General Product Safety Regulation (GPSR) is a set of rules that requires consumer products to be safe and our obligations to ensure this.

If you have any concerns about our products, you can contact us on ProductSafety@springernature.com

In case Publisher is established outside the EU, the EU authorized representative is:

Springer Nature Customer Service Center GmbH
Europaplatz 3
69115 Heidelberg, Germany

FSC
www.fsc.org
MIX
Papier | Fördert gute Waldnutzung
FSC® C083411

Zeitfracht Medien GmbH
Ferdinand-Jühlke-Straße 7
99095 Erfurt, Deutschland
produktsicherheit@kolibri360.de